ENCYCLOPÉDIE INDUSTRIELLE
Fondée par M.-C. Lechalas, Inspecteur général des Ponts et Chaussées en retraite

TRAITÉ

DE

CHIMIE ORGANIQUE

APPLIQUÉE

PAR

A. JOANNIS

PROFESSEUR A LA FACULTÉ DES SCIENCES DE BORDEAUX
CHARGÉ DE COURS A LA FACULTÉ DES SCIENCES DE PARIS

TOME II

HYDRATES DE CARBONE
ACIDES MONOBASIQUES A FONCTION SIMPLE
ACIDES POLYBASIQUES A FONCTION SIMPLE ET ACIDES A FONCTIONS MIXTES
ALCALIS ORGANIQUES. — AMIDES, NITRILES, CARBYLAMINES
COMPOSÉS AZOÏQUES ET DIAZOÏQUES. — COMPOSÉS ORGANO-MÉTALLIQUES
MATIÈRES ALBUMINOÏDES
FERMENTATIONS; CONSERVATION DES MATIÈRES FERMENTESCIBLES

PARIS

GAUTHIER-VILLARS ET FILS, IMPRIMEURS-LIBRAIRES

DE L'ÉCOLE POLYTECHNIQUE, DU BUREAU DES LONGITUDES, ETC.

Quai des Grands-Augustins, 55

TRAITÉ

DE

CHIMIE ORGANIQUE APPLIQUÉE

ENCYCLOPÉDIE INDUSTRIELLE
Fondée par M.-C. Lechalas, Inspecteur général des Ponts et Chaussées en retraite

TRAITÉ

DE

CHIMIE ORGANIQUE

APPLIQUÉE

PAR

A. JOANNIS

PROFESSEUR A LA FACULTÉ DES SCIENCES DE BORDEAUX
CHARGÉ DE COURS A LA FACULTÉ DES SCIENCES DE PARIS

TOME II

HYDRATES DE CARBONE
ACIDES MONOBASIQUES A FONCTION SIMPLE
ACIDES POLYBASIQUES A FONCTION SIMPLE ET ACIDES A FONCTIONS MIXTES
ALCALIS ORGANIQUES. — AMIDES, NITRILES, CARBYLAMINES
COMPOSÉS AZOÏQUES ET DIAZOÏQUES. — COMPOSÉS ORGANO-MÉTALLIQUES
MATIÈRES ALBUMINOÏDES
FERMENTATIONS ; CONSERVATION DES MATIÈRES FERMENTESCIBLES

PARIS

GAUTHIER-VILLARS ET FILS, IMPRIMEURS-LIBRAIRES

DE L'ÉCOLE POLYTECHNIQUE, DU BUREAU DES LONGITUDES, ETC.

Quai des Grands-Augustins, 55

1896

CHAPITRE VIII

HYDRATES DE CARBONE

—

§ 1. — Généralités. — § 2. — Étude particulière des hydrates de carbone. — § 3. — Applications

§ 1. — Généralités

278. Définition. — Nous avons vu, tome I, page 576, que l'on désignait sous le nom général d'hydrates de carbone des composés dont la formule générale $C^n(H^2O)^m$ renferme du carbone et les éléments de l'eau. Les sucres qui, à ce point de vue, font partie des hydrates de carbone, ayant une constitution bien connue depuis les travaux de Fischer, ont été étudiés, dans le dernier chapitre du tome I, comme aldéhydes ou cétones à fonction mixte. Mais il existe d'autres hydrates de carbone dont la constitution est inconnue ; nous allons les étudier ici. Certaines de leurs propriétés doivent les faire regarder comme des polysaccharides, c'est-à-dire comme dérivant de plusieurs molécules d'hexoses avec perte d'eau. La plupart, en effet, se transforment en hexoses par hydratation, donnant soit du glucose, du lévulose ou du galactose, soit des mélanges de ces sucres.

279. Propriétés générales. — Les hydrates de carbone sont des corps solides, fixes, amorphes, incristallisables ; ils sont insolubles dans l'alcool, le benzène, les pétroles. L'eau peut agir sur eux de plusieurs façons : les uns sont insolubles dans l'eau qui ne leur fait éprouver aucune modification, telle est la cellulose. D'autres se gonflent sans se dissoudre au contact de l'eau, mais en en absorbant une certaine partie : amidon et mucilages. D'autres, enfin, se dissolvent dans l'eau, comme la gomme arabique et la dextrine. En dehors de ces actions de l'eau, ce liquide peut réagir sur les hydrates de carbone, sous l'influence des acides ou de certains ferments, pour les transformer en hexoses. Quand on part des hydrates de carbone insolubles, cette transformation est précédée de plusieurs autres : l'hydrate de carbone insoluble se transforme en un hydrate susceptible de se gonfler au contact de l'eau, et celui-ci se transforme à son tour en hydrate de carbone soluble ; c'est ce dernier qui se transforme en hexose.

La *chaleur* déshydrate progressivement les hydrates de carbone, en les transformant en composés d'un brun plus ou moins foncé, mal connus, que l'on désigne sous le nom de matières humiques. Une température suffisamment élevée les transforme en charbon. L'action prolongée des *acides* concentrés fait éprouver aux hydrates de carbone des modifications analogues. Parmi les acides, l'acide azotique a une action spéciale : il donne des produits d'oxydation et des dérivés nitrés : les produits d'oxydation consistent principalement en acides saccharique ou mucique ; ou, lorsque l'acide est étendu, en acide oxalique. Les dérivés nitrés sont de véritables éthers ; ce sont des matières explosives dont quelques-unes sont très employées (coton-poudre, etc.).

Les *alcalis* fondus transforment vers 160° les hydrates de carbone en oxalates alcalins. C'est une réaction utilisée pour la préparation industrielle de l'acide oxalique. Les dissolutions alcalines les transforment vers 100° en matières humiques analogues à celles que produisent les acides ; lorsque l'action a lieu en présence de l'air, il y a en même temps fixation d'oxygène.

§ 2. — ÉTUDE PARTICULIÈRE DES HYDRATES DE CARBONE

Nous allons décrire les principaux hydrates de carbone en adoptant l'ordre suivant, un peu arbitraire, mais qui semble cependant correspondre à peu près à l'ordre de complication moléculaire de ces composés. Nous étudierons d'abord les corps solubles, puis les corps que l'eau gonfle sans les dissoudre et, enfin, ceux sur lesquels l'eau est sans action.

280. Dextrines. — On désigne sous le nom de dextrines divers composés isomériques de formule $(C^6H^{10}O^5)^n$ qui sont caractérisés par les propriétés suivantes : ils sont solides, d'un blanc jaunâtre ; ils sont très solubles dans l'eau, avec laquelle ils fournissent des solutions gommeuses, mais ils ne cristallisent pas ; ils sont insolubles dans l'alcool concentré ; l'ébullition, en présence des acides étendus, les transforme en glucose. Par oxydation, ils donnent de l'acide oxalique sans formation d'acide mucique, ce qui les distingue des gommes, avec lesquelles ils ont, d'ailleurs, beaucoup de points de ressemblance.

Toutes les dextrines n'ont pas les mêmes propriétés ;

toutefois certaines variétés, décrites par divers auteurs, semblent être de simples mélanges de glucose et de dextrine. Il est, en effet, fort difficile de séparer ces deux corps qui se produisent simultanément quand on prépare la dextrine. La dextrine a une action énergique sur la lumière polarisée : $(\alpha)_D = + 220°$. Elle ne réduit pas la liqueur de Fehling. Les dextrines qui réduisent ce liquide seraient, d'après certains auteurs, des mélanges de dextrine et de glucose ou de maltose. Les dextrines ne précipitent pas par le tannin, ce qui les distingue de l'amidon soluble. Elles précipitent par l'acétate de plomb. L'iode les colore, en général, en rouge violacé (érythrodextrines); certaines variétés de dextrines ne se colorent pas au contact de ce réactif (achroodextrines).

Préparation. — La dextrine se prépare avec l'amidon (Voir *Préparation industrielle*, p. 27). Dans les laboratoires on part du sirop de dextrine commercial, qui contient aussi du glucose et du maltose, et on le précipite à cinq ou six reprises par l'alcool concentré pour le débarrasser de la majeure partie de ces impuretés. Le dernier précipité obtenu contient encore de 8 à 9 0/0 de glucose. Cette dextrine purifiée est alors traitée, à l'ébullition, par un mélange de chlorure de cuivre et de soude, de façon à détruire le glucose ; puis, la liqueur étant refroidie, on la traite lentement par l'acide chlorhydrique de façon à éviter toute élévation de température, et, enfin, on précipite une dernière fois par l'alcool.

281. Gommes. — Les gommes sont des hydrates de carbone $(C^6H^{10}O^5)$, solides, solubles dans l'eau en donnant des solutions épaisses, agglutinantes. Elles se rapprochent des résines par leur aspect, leur mode de formation, diverses propriétés physiques : elles sont

incristallisables, peu ou point colorées, d'une cassure
vitreuse. Elles s'en distinguent par leur solubilité dans
l'eau, leur insolubilité dans l'alcool : elles se transforment
en galactose par l'action prolongée de l'acide sulfurique
étendu ; elles fournissent, sous l'influence de l'acide
azotique, de l'acide mucique et de l'acide oxalique.
Elles précipitent par l'acétate de plomb. Elles sont lévogyres.

La gomme arabique, sécrétée par diverses espèces
d'acacia, peut être considérée comme le type des gommes.
On a distingué dans les gommes plusieurs matières :
l'arabine, matière soluble dans l'eau, formant la majeure
partie de la gomme arabique ; la cérasine, matière isomère, mais insoluble dans l'eau et se gonflant au contact
de ce liquide ; on la rencontre surtout dans la gomme
des cerisiers ; la bassorine, qui est aussi un isomère de
l'arabine, insoluble et susceptible de gonflement, se
rencontre surtout dans la gomme de Bassora.

Pour extraire l'arabine de la gomme arabique, on la
dissout dans l'eau, on la traite par l'acide chlorhydrique,
et la solution filtrée est précipitée par l'alcool. On obtient
ainsi un précipité amorphe d'un blanc laiteux qui, desséché à 120°, possède la formule $(C^6H^{10}O^5)^n$. La gomme
arabique brute est formée, d'après les travaux de Frémy,
par des gummates alcalins et alcalino-terreux. Dans la
préparation qui vient d'être indiquée, l'acide chlorhydrique détruit ces combinaisons et met l'arabine en
liberté.

Les gummates alcalins et alcalino-terreux, quand on
les chauffe à 150°, deviennent insolubles (métagummates). Une ébullition prolongée permet, d'ailleurs, d'obtenir la transformation inverse, de ramener les métagummates insolubles à l'état de gummates solubles.

La plupart des gommes naturelles sont des mélanges de gummates solubles et de métagummates insolubles. Parmi les gommes on distingue : la gomme arabique vraie qui provient de l'*Acacia arabica*, arbre qui croît dans toute l'Afrique ; la gomme du Sénégal, provenant de l'*Acacia Sénégal*, beaucoup plus importante que la précédente, mais un peu moins soluble ; on la divise en plusieurs qualités d'après sa blancheur ; on distingue aussi la gomme du bas fleuve et la gomme du haut fleuve ; la gomme du Maroc provient de l'*Acacia gummifera* : elle est peu soluble dans l'eau ; la gomme du cap de Bonne-Espérance, fournie par l'*Acacia horrida* est très soluble dans l'eau, mais elle est d'une couleur foncée. Citons encore les gommes d'Australie, les gommes nostras, sécrétées par les cerisiers et les pruniers d'Europe, etc.

Falsifications. — Les gommes en poudre sont souvent falsifiées par de la dextrine, de la fécule et même du carbonate de calcium. On reconnaît ces impuretés en dissolvant la gomme dans l'eau ; s'il y a un résidu notable, faisant effervescence avec un acide, on recherchera la présence du carbonate de calcium. La fécule et la dextrine se reconnaîtront à l'aide de l'iode qui donnera une coloration bleue dans le cas de la fécule, et une coloration rouge violacée dans le cas de la dextrine. La gomme arabique en morceaux est souvent additionnée de gommes de provenances diverses, moins chères, moins solubles, de qualités moindres, comme la gomme du Maroc, ou la gomme nostras.

Usages. — La gomme arabique a de nombreuses applications dans la liquoristerie, la confiserie et la pharmacie. Elle sert aussi pour l'apprêt et l'impression des tissus, la fabrication des allumettes, de l'encre, du cirage même ; on l'emploie pour les étiquettes, les enveloppes, les timbres-poste, etc., etc.

282. Galactine. — C'est une matière dextrogyre que l'acide nitrique transforme en acide mucique comme les gommes. Les acides étendus la transforment à l'ébullition en *d*-galactose. Cette substance, très voisine des gommes, mais d'un pouvoir rotatoire de sens contraire, a été découverte par M. Muntz dans la graine de luzerne.

283. Pectine. — La pectine est une substance solide, blanche, amorphe, de même formule que les corps précédents ; on la trouve dans les fruits avec lesquels on peut former des gelées : poires, framboises, etc. On la retire le plus souvent des poires mûres : pour cela, le jus des poires est traité successivement par de l'acide oxalique pour précipiter la chaux, et par du tannin pour précipiter des matières albuminoïdes : la liqueur, débarrassée de ces précipités, est ensuite additionnée d'alcool : la pectine se précipite, mais à l'état impur. On la purifie par une série d'opérations consistant à la dissoudre dans l'eau et à la précipiter par l'alcool. Elle est soluble dans l'eau en donnant une liqueur épaisse, sirupeuse. Elle ne précipite pas par l'acétate neutre de plomb, mais par l'acétate tribasique de plomb. Une longue ébullition avec l'eau la transforme en parapectine, précipitable par l'acétate neutre.

Sous l'influence des alcalis, ou même des carbonates alcalins, la pectine est transformée en acide pectique ou, plutôt, en pectates alcalins solubles. La même transformation a lieu sous l'influence d'un ferment soluble, la pectose. Dans ce cas, la pectine est transformée en acide pectique insoluble dans l'eau et dans l'alcool ; il possède une consistance de gelée. C'est cette transformation qui se produit dans la formation des gelées de fruit.

Pour préparer l'acide pectique, on râpe des carottes et on les fait bouillir avec de l'acide chlorhydrique très étendu ; la liqueur filtrée est neutralisée, puis rendue alcaline à l'aide du carbonate de sodium. La pectine se change alors en pectate soluble, on filtre et on décompose ce sel par l'acide chlorhydrique : l'acide pectique se dépose en gelée. La formule brute est $C^8H^5O^8$. Une longue ébullition, l'action des alcalis très concentrés ou même l'action prolongée de la pectase le transforment en acide métapectique, très soluble dans l'eau et l'alcool. On peut isoler cet acide en le combinant à la chaux, puis au plomb : le sel de calcium est insoluble dans l'alcool, on le transforme en sel de plomb que l'on décompose par l'acide sulfhydrique ; on obtient ainsi l'acide métapectique.

284. Glycogène. — Le glycogène, qu'on a appelé aussi dextrine animale, a été découvert par Claude Bernard dans le tissu du foie ; ce savant a montré l'importance de la fonction glycogénique de cet organe. Leglycogène se trouve aussi dans le jaune d'œuf et dans le placenta.

Le glycogène s'extrait des foies frais en les hachant en menus morceaux que l'on jette dans l'eau bouillante. Après une heure d'ébullition, on filtre la liqueur et on la précipite par l'alcool. On obtient ainsi un précipité blanc, amorphe, qu'on fait bouillir avec de la potasse pour éliminer diverses matières grasses ou azotées. Puis on ajoute de l'eau, on filtre et, lorsque la liqueur est refroidie, on précipite de nouveau par l'alcool.

Le glycogène est une poudre blanche formant avec l'eau froide une solution opalescente ; il se dissout bien dans l'eau chaude mais est insoluble dans l'alcool et dans l'éther; il est dextrogyre. L'iode le colore en rouge violacé; il ne donne pas d'acide mucique sous l'influence de l'acide nitrique. Il se change facilement en glucose sous l'influence des acides étendus ou par l'action de divers ferments solubles qui se trouvent dans la salive, le foie, etc. De là, la nécessité d'opérer avec les foies frais et rapidement.

285. Lichénine. — C'est une substance que l'on extrait des lichens et de diverses mousses. Elle se gonfle dans l'eau froide, mais se dissout dans l'eau bouillante; la liqueur se prend en gelée par le refroidissement.

On la prépare en traitant successivement le lichen d'Islande par l'éther, l'alcool, la potasse et l'acide chlorhydrique étendus; on fait ensuite bouillir les lichens ainsi lavés dans de l'eau bouillante, puis on filtre à chaud en recueillant ce qui passe dans un vase plein d'alcool. Il se dépose un précipité blanc qui se transforme par dessiccation en une masse jaunâtre et translucide. Elle est insoluble dans l'alcool et l'éther.

Les acides étendus et bouillants transforment la lichénine en glucose; l'acide azotique l'oxyde sans donner d'acide mucique.

286. Inulines $C^{12}H^{20}O^{10}$. — L'inuline est une substance, analogue à l'amidon, que l'on trouve sous forme de petits granules dans les tubercules de dahlia, de topinambour, etc.; elle diffère de l'amidon par l'organisation de ses granules qui ne présentent pas la structure feuilletée des globules d'amidon. Il paraît exister plusieurs inulines distinctes par certaines de leurs propriétés, par leur pouvoir rotatoire moléculaire, par exemple.

Préparation. — On prépare l'inuline comme l'amidon.

en réduisant en pulpe les racines qui en contiennent et en lavant cette pulpe avec de l'eau ; l'eau laiteuse qui s'écoule est mise à déposer. On peut aussi faire bouillir les racines avec de l'eau pendant une heure, filtrer à chaud et ajouter de l'acétate de plomb qui précipite diverses matières étrangères. Après une nouvelle filtration et un traitement à l'acide sulfhydrique, pour enlever l'excès de plomb, on concentre la liqueur, et l'inuline assez soluble à chaud, mais très peu soluble à froid, se dépose : en la redissolvant dans l'eau bouillante et la précipitant par l'alcool, on l'obtient pure.

Propriétés. — C'est une matière blanche, analogue à l'amidon, soluble seulement dans l'eau bouillante ; elle se gonfle dans l'eau froide ; la chaleur la décompose vers 190° en donnant, entre autres produits, de l'acide acétique. L'iode la colore en brun, mais la coloration disparaît bientôt. L'inuline est transformée par l'eau bouillante et par les acides étendus en lévulose ; l'inuline n'est pas attaquée par la diastase. La dissolution ammoniacale d'oxyde de cuivre la dissout. Elle est lévogyre : $[\alpha] = -36°,56$.

On a obtenu avec l'anhydride acétique des dérivés intéressants : avec l'inuline extraite du dahlia, on obtient trois composés, tri-, tétra- et hexacétique. Avec l'inuline extraite de l'aunée on n'a obtenu que les dérivés tri-, penta- et heptacétique ; en outre, les pouvoirs rotatoires des composés triacétiques obtenus avec ces deux inulines sont différents. Voici la formule de ces corps et leurs pouvoirs rotatoires moléculaires.

Composés	Pouv. rotat. moléc.
Inuline du dahlia..............	— 26
$C^{20}H^{17} (C^2H^3O)^2 O^{10}$.............	— 20
$C^{20}H^{16} (C^2H^3O)^4 O^{10}$............	— 14
$C^{20}H^{14} (C^2H^3O)^6 O^{10}$............	très faible
Inuline de l'aunée	— 32
$C^{20}H^{17} (C^2H^3O)^3 O^{10}$............	— 32
$C^{20}H^{15} (C^2H^3O)^5 O^{10}$............	— 25
$C^{20}H^{13} (C^2H^3O)^7 O^{10}$............	très faible.

L'inuline se combine avec les bases alcalines et alcalino-terreuses. En particulier, la combinaison que forme ce corps avec la baryte est insoluble dans un excès d'eau de baryte ; on met souvent à profit cette propriété pour purifier l'inuline. M. Chevastelon a trouvé dans les caïeux d'ail une inuline qui diffère de l'inuline du dahlia par la propriété d'être soluble dans l'eau froide en toutes proportions. C'est une poudre blanche, amorphe, sans odeur, très hygroscopique, qui fond en se décomposant vers 175°. Les acides étendus la transforment aussi en lévulose. Son pouvoir rotatoire est : $[z]_D = -39°$. Cette inuline se combine aussi avec les bases alcalines et alcalino-terreuses. Ces combinaisons sont insolubles dans l'alcool ; la combinaison barytique est insoluble dans un excès d'eau de baryte.

287. Amidon. Fécule. — On désigne sous les noms d'amidon et de fécule la matière amylacée que l'on rencontre en abondance dans la plupart des plantes, sous forme de petits globules arrondis, formés de couches concentriques dont le diamètre varie, avec les plantes que l'on considère, entre 2 et 200 millièmes de millimètre. On désigne plus particulièrement, sous le nom de fécule, la matière amylacée des pommes de terre et, sous le nom d'amidon, celle des céréales. Certaines fécules ont des noms spéciaux, tels sont l'arrow-root, extraite des racines du maranta, le sagou, extrait de la moelle de divers palmiers, le tapioca, etc.

Le grain d'amidon semble formé de deux substances différentes ayant probablement même composition centésimale : l'amylose et la granulose ; l'amylose constitue la partie la plus résistante aux agents chimiques. Ainsi la granulose est la partie qui se colore en bleu ; c'est elle que la salive dissout lentement, que l'acide chlorhydrique à 1 0/0 attaque.

La formule brute de l'amidon, telle qu'elle résulte de l'analyse élémentaire, correspond à $(C^6H^{10}O^5)^n$. La détermination de son poids moléculaire, c'est-à-dire de n, n'a pu être faite jusqu'ici d'une façon absolument certaine, et l'on a proposé de nombreuses formules. On a donné à n les valeurs suivantes : 3 (Sullivan) ; 4 (Mylius) ; 6 (Nægeli) ; 12 (Musculus) ; 20 ou 30 (Brown).

Sa ou ses fonctions sont aussi assez peu connues ; on a pu cependant obtenir des dérivés qui montrent qu'il jouit plusieurs fois de la fonction alcoolique.

Propriétés physiques. — L'amidon est une poudre blanche, incolore, insipide. Sa densité à $19°,7$ est $1,505$. Il est insoluble dans l'eau, l'alcool, l'éther, etc.

Propriétés chimiques. — L'amidon est inaltérable à l'air. Il absorbe facilement l'humidité de l'atmosphère. Séché dans le vide à $140°$, il est anhydre, et sa composition répond alors à la formule indiquée plus haut. Séché dans le vide sec, mais à la température ordinaire, il retient $9,2$ 0/0 d'eau, ce qui correspond sensiblement à la formule $(C^6H^{10}O^5)^n + nH^2O$. L'amidon exposé à l'air renferme des quantités d'eau, variables avec le degré hygrométrique de l'air. La proportion d'eau peut atteindre 35 0/0.

L'eau, chauffée vers 60°, transforme la poudre d'amidon en une masse volumineuse provenant du gonflement considérable de chaque grain, 30 fois le volume primitif environ. Si la quantité d'eau est peu considérable, on obtient ce que l'on appelle l'empois d'amidon. Si la quantité d'eau est plus grande et si on prolonge l'ébullition, l'amidon est partiellement transformé en une matière soluble, que l'on appelle amidon soluble (1) et qui est analogue à la dextrine par ses propriétés. Si l'on chauffe l'amidon en présence de l'eau, en vase clos, de façon à atteindre la température de 160°, il se transforme en dextrine qui a la même composition centésimale et dont la formule est aussi mal fixée (2).

Vers 210° l'amidon commence à se décomposer en perdant de l'eau ; il fournit un produit, la pyrodextrine, à laquelle on a donné la formule $C^{48}H^{76}O^{37}$. C'est une matière brune, insoluble dans l'alcool et l'éther, et donnant avec l'eau une solution d'une teinte sépia très intense. Elle rappelle les composés que l'on obtient avec les sucres dans les mêmes conditions, mais elle est un peu plus stable.

Les *matières oxydantes* détruisent l'amidon ; le bioxyde de manganèse en présence de l'acide sulfurique le trans-

(1) L'amidon soluble a aussi reçu le nom d'amylodextrine. Il semble résulter des travaux de Nægeli qu'il existe au moins deux variétés d'amidon soluble : l'une, amylodextrine I, est colorée en jaune par l'iode ; l'autre, amylodextrine II, est colorée en bleu par le même réactif.

Différents auteurs en ont obtenu d'autres par l'action des acides étendus (Salomon, Brown et Morris), ou du malt (Lintner et Dull) ; elles ont toutes un pouvoir rotatoire considérable, et quelques-unes ont des propriétés réductrices.

(2) Elle serait $(C^6H^{10}O^5)^7$, d'après un travail récent de M. Linebarger qui a déterminé son poids moléculaire par l'osmose (*Amer. Journ.* (3), 426).

forme en acide formique et en acide oxalique. L'acide azotique étendu donne, à la température de l'ébullition, d'assez grandes quantités d'acide oxalique. L'acide azotique concentré transforme l'amidon en plusieurs dérivés nitrés qui peuvent être considérés comme les éthers nitriques de l'amidon. Ce sont la mononitrine $C^{12}H^{19}O^9(AzO^3)$, la dinitrine $C^{12}H^{18}O^8(AzO^2)^2$ qui paraît connue sous deux états isomériques, l'un soluble dans l'acide acétique et insoluble dans l'alcool éthéré, l'autre soluble dans ces deux liquides, et, enfin, la tétranitrine $C^{12}H^{16}O^6(AzO^3)^4$, qui paraît aussi exister sous deux états isomériques, l'un soluble dans l'alcool, et l'autre insoluble. Ces corps s'obtiennent en dissolvant l'amidon dans l'acide azotique et précipitant cette dissolution par l'eau, ce qui donne un mélange de mononitrine et de dinitrine, ou par l'acide sulfurique, ce qui donne de la tétranitrine. Ces divers composés nitrés détonent violemment entre 175 et 200°.

Le *chlore* et le *brome*, agissant en présence de l'oxyde d'argent, transforment d'abord l'amidon en dextrose, puis en acide gluconique $C^6H^{12}O^7$.

L'*iode* donne une réaction caractéristique très sensible qui a fait l'objet d'un très grand nombre de travaux ; il colore l'amidon en bleu intense. Cette réaction se produit avec la solution et l'empois d'amidon et avec l'amidon lui-même. Si l'on chauffe la matière, elle se décolore et, par refroidissement, reprend sa couleur primitive, si la température n'a pas été trop élevée. On peut reconnaître à l'aide de cette réaction la présence de 1/500 de milligramme d'iode. On peut décolorer la liqueur en précipitant sous forme de flocons bleus la matière colorante par l'addition d'une solution de sulfate de sodium. On désigne sous le nom d'*iodure d'amidon* ce composé bleu. M. Bondonneau a montré que l'iodure d'amidon, convenablement purifié, était un corps bien défini ayant une composition constante (environ 14 0/0 d'iode). D'après les travaux de W. Mylius, cette teneur est trop faible; elle atteindrait, d'après lui, 18 à 19 0/0. En outre, une partie de l'iode serait à l'état d'acide iodhydrique. La présence d'un iodure soluble ou d'une petite quantité d'acide iodhydrique serait indispensable, d'après ce savant, pour obtenir avec l'iode le bleuissement de l'amidon : en l'absence de ces composés, on n'obtiendrait qu'une coloration jaune. Tous les corps qui détruisent l'acide iodhydrique (sels d'argent, acide iodique, etc.) empêchent le bleuissement de l'amidon. Si on ajoute, au contraire, à la liqueur jaune obtenue par l'action de l'iode pur sur l'amidon, une trace d'un réducteur tel que le protochlorure d'étain, l'acide sulfhydrique, etc., capable de transformer au contact de l'eau un peu d'iode en acide iodhydrique, la coloration bleue se produit aussitôt. La formule de l'iodure d'amidon est, d'après Mylius $(C^{24}H^{40}O^{20}I)^4HI$. Ce composé donne des sels : le composé de baryum a été analysé, et c'est lui qui a conduit à cette formule.

Les acides étendus transforment partiellement l'amidon en amidon soluble, dextrines diverses, maltose et glucose. On peut représenter la formation de ces corps par les formules suivantes : l'amidon, en agissant sur l'eau et fixant une certaine quantité de ce corps, se dédouble en une dextrine et en maltose $C^{12}H^{22}O^{11}$:

$$(C^6H^{10}O^5)^n + H^2O = (C^6H^{10}O^5)^{n-2} + C^{12}H^{22}O^{11};$$

Amidon   Dextrine   Maltose

le maltose, en présence des acides étendus, fixe aussi de l'eau pour donner du glucose :

$$C^{12}H^{22}O^{11} + H^2O = 2C^6H^{12}O^6.$$

Les acides concentrés agissent sur l'amidon pour donner des dérivés que l'on peut considérer comme des éthers. Ainsi, en chauffant de l'amidon en tubes scellés avec de l'anhydride acétique à 140°, MM. Schutzenberger et Naudin ont obtenu une triacétine $C^6H^7O^2(C^2H^3O^2)^3$. Avec l'acide nitrique on a obtenu des dérivés dont il a été parlé un peu plus haut. Enfin, avec l'acide sulfurique, on a obtenu des composés mal définis $C^6H^{10}O^{5-x}(SO^3)^x$. (HÖNIG et SCHUBERT, *Monat. für Chem.*, VI, 708.)

L'action de la diastase sur l'amidon doit être rapprochée de celle des acides étendus; elle fluidifie l'empois d'amidon en le transformant en substances solubles. La diastase, substance qui se forme dans le grain d'orge pendant sa germination, peut transformer de grandes quantités d'amidon en diverses dextrines et en maltose. La proportion de ce sucre varie avec la température. Entre 50 et 60° les proportions relatives de dextrines et de maltose peuvent être représentées par l'équation suivante :

$$10(C^{12}H^{20}O^{10}) + 8H^2O = 8(C^{12}H^{22}O^{11}) + 4(C^6H^{10}O^5).$$

Amidon   Maltose   Dextrine

Au-dessus de 60° la proportion de maltose diminue et, enfin, au-dessus de 80° la diastase n'agit plus.

Les alcalis transforment l'amidon; celui-ci devient soluble en donnant des composés que l'on peut précipiter par l'alcool; purifiés par ce moyen et analysés, ils ont donné à MM. Pfeiffer et Tollens la composition $C^{24}H^{39}KO^{20}$ et $C^{24}H^{39}NaO^{20}$. C'est là une nouvelle analogie entre l'amidon et les alcools.

Recherche et dosage de l'amidon. — Pour rechercher l'amidon, on utilise la réaction si sensible de l'iode, qui donne avec ce corps une coloration bleu intense; cette réaction se produit aussi bien avec la dissolution d'amidon soluble qu'avec les grains d'amidon ; on l'emploie constamment dans les recherches de botanique pour caractériser l'amidon dans les tissus des plantes.

On peut aussi se proposer de rechercher la nature de la matière première dont l'amidon a été extrait ; dans ce cas, l'examen microscopique de l'amidon donne des renseignements précieux ; les grains d'amidon ont, en effet, des formes, des détails de structure et des dimensions moyennes qui varient assez, selon la provenance. En comparant l'amidon que l'on examine avec des types connus, on peut, le plus souvent, reconnaître la matière première d'où on l'a tiré. On peut aussi traiter l'amidon par l'iode et déterminer la quantité de ce corps qui est absorbé par 1 gramme d'amidon. M. Aimé Girard a, en effet, trouvé que l'amidon de diverses provenances absorbe des poids très différents d'iode. Voici les poids d'iode absorbés par 1 gramme d'amidon, d'après ce savant :

	Gramme
Fécule de pomme de terre............	0,122
Amidon de blé......................	0,059
— maïs.................	0,0525
— arrow-root............	0,0665
— riz...................	0,045
— orge.................	0,071
— seigle...............	0,0695
— igname...............	0,098
— marron d'Inde........	0,058

Ce procédé peut aussi servir à déterminer la quantité d'amidon que peut fournir une matière première quelconque.

Pour doser la quantité d'amidon contenue dans une substance, on peut employer diverses méthodes : on peut saccharifier l'amidon et, une fois cette opération terminée, doser le sucre formé par la liqueur de Fehling ; on peut aussi déterminer la quantité d'iode absorbée par un poids connu de matière (procédé Girard) ; on peut transformer l'amidon en un dérivé barytique que l'on pèse (procédé Asboth) ; on peut aussi le transformer en amidon soluble et mesurer avec un polarimètre la rotation du plan de polarisation (procédé Baudry). Plusieurs de ces méthodes exigent que l'amidon soit séparé de la dextrine ; pour cela un procédé commode consiste à rendre l'amidon soluble, puis à le précipiter par le tannin ; le précipité est ensuite lavé à l'alcool qui enlève le tannin.

1° *Procédé par la liqueur de Fehling :* On fait bouillir l'amidon avec une solution étendue d'acide sulfurique, ou on le traite par une quantité connue d'extrait de malt. Le sucre ainsi produit est dosé par la liqueur de Fehling : 100 parties de sucre correspondent à 105^{gr},6 d'amidon. Dans le cas où, pour produire la transformation, on emploie l'extrait de malt, on détermine, par un dosage effectué sur une quantité de ce corps égale à celle que l'on a employée, la quantité de sucre réducteur due à l'introduction de ce malt.

Lipperer conseille, pour opérer la transformation en sucre, de chauffer à 150° en vase clos, pendant trois heures, la matière à analyser (2 grammes de matière et 100 grammes d'eau) ; on lave ensuite, et on filtre jusqu'à ce que les eaux de lavage, traitées par une goutte d'iode, ne se colorent plus en bleu. On ajoute alors au liquide, qui contient l'amidon à l'état soluble, 20 centimètres cubes d'acide chlorhydrique à 22° B., et l'on chauffe pendant trois heures à 100°, au réfrigérant ascendant. Après filtration et neutralisation, on titre par la liqueur de Fehling.

2° Le *procédé Girard* s'applique au cas où l'amidon provient d'une matière connue ; il convient, en particulier, pour la détermination rapide de l'amidon dans les matières premières que l'on utilise pour la préparation industrielle de ce corps. Voici comment on opère pour déterminer la quantité d'amidon contenue dans les pommes de terre : on prend 2 kilogrammes de pommes de terre, et de chacune on enlève un fuseau de façon à obtenir 300 à 400 grammes de matière possédant la richesse moyenne du lot à examiner. Cet échantillon est passé dans le moulin-râpe Girard qui en fait une pâte très fine ; on en pèse 25 grammes qu'on loge dans un flacon à l'émeri de large ouverture, de 600 centimètres cubes de capacité. Sur ces 25 grammes, on verse 50 centimètres cubes d'acide chlorhydrique à 2/1000, et on abandonne la réaction à elle-même pendant deux ou trois heures. Puis, on ajoute 100 centimètres cubes d'une solution de liqueur de Schweitzer (préparée par le procédé Peligot), et on laisse digérer pendant quelques heures, pendant toute une nuit par exemple ; sous l'influence de cette dissolution ammoniacale d'oxyde de cuivre, l'amidon se gonfle, les grains sont désagrégés. Après un contact suffisant, on sursature par l'acide acétique, la liqueur s'échauffe, et on plonge le flacon dans l'eau courante pour le ramener à la température ordinaire. On ajoute alors de la liqueur normale d'iode (contenant 3,05 d'iode pur et sec et 4 grammes d'iodure de potassium). Dans un essai préliminaire, on opère par 10 centimètres cubes à la fois ; cette quantité de liqueur correspond, avec les 25 grammes de pommes de terre employés, à une teneur de 1 0/0. Après chaque addition de 10 centimètres cubes on agite le flacon et, prenant une goutte de la liqueur avec un agitateur, on la dépose sur un papier amidonné. Au début, tout l'iode mis s'unissant à l'amidon de l'essai, il n'y en a pas en liberté, et le papier ne bleuit pas. Lorsque, après une nouvelle addition de 10 centimètres cubes, le papier bleuit, on connaît à 1 0/0 près la teneur en amidon. On recommence alors sur un second échantillon, que l'on a traité en même temps que le premier et de la même façon, mais on y ajoute de suite autant de fois 10 centimètres cubes que l'on a trouvé de centièmes d'amidon moins un, et l'on achève avec une liqueur décime, contenant 10 fois moins d'iode que la précédente ; on ajoute 10 centimètres cubes à la fois, en essayant, chaque fois, une goutte de la liqueur sur le papier amidonné. Dans ce second essai on arrive à la teneur en amidon à 0,1 0/0 près. On retranche du résultat trouvé un demi-centième ; c'est une correction nécessaire pour tenir compte d'un peu d'iode qui a été absorbé par les matières albuminoïdes et de celui qui a été nécessaire pour produire le bleuissement du papier amidonné.

Ce procédé, dont nous venons de décrire avec détails l'application à l'analyse des tubercules de pommes de terre, s'applique aussi bien aux autres matières. Il faut seulement employer une liqueur iodée d'une richesse différente. Les nombres donnés dans le tableau de M. Girard, reproduit un peu plus haut, permettent de trouver pour chaque matière le poids d'iode à employer ; il suffira de multiplier le poids d'iode, $3^{gr},05$, par le rapport du nombre correspondant au nombre $0^{gr},122$ de la pomme de terre. Ainsi la liqueur normale d'iode pour l'analyse du marron d'Inde devra contenir $\dfrac{3,05 \times 0,058}{0,122}$ par litre. La correction de 1/2 0/0 indiquée plus haut variera un peu avec la nature de la matière première à analyser.

Dans le *procédé Asboth*, on fait bouillir dans de l'eau, pendant une demi-heure, 3 grammes de la matière à analyser; on ajoute une quantité connue de baryte titrée et on précipite par l'alcool; on filtre, on lave et, dans les eaux qui ont passé, on dose la baryte restée en solution (par l'alcalimétrie). On connaît donc par différence la baryte contenue dans le précipité. Comme celui-ci a pour formule $C^{24}H^{40}O^{20}BaO$, d'après Asboth, on déduit le poids de l'amidon du poids de baryte fixée dans le précipité. Ce procédé n'est évidemment applicable qu'en l'absence des différents acides capables de donner des précipités insolubles avec la baryte.

Le *procédé Baudry* permet d'opérer rapidement sur des matières très diverses, céréales, pommes de terre, amidon, etc. On pèse $3^{gr},321$ de matière; on les met dans un ballon de 200 centimètres cubes avec 90 centimètres cubes d'eau et $0^{gr},5$ d'acide salicylique; on fait bouillir jusqu'à ce que l'amidon soit devenu entièrement soluble (une demi-heure suffit); on ajoute alors 10 centimètres cubes d'eau; on laisse refroidir; on verse $1^{cmc},5$ d'ammoniaque et assez d'eau pour compléter exactement 200^{cmc}, on filtre et on examine la liqueur au saccharimètre. Avec le saccharimètre Vivien (100° de l'échelle correspondent à 10 grammes de saccharose, avec le tube de 400 millimètres de long) le nombre de degrés lu donne le pourcentage de l'amidon sans calcul. Si on emploie le saccharimètre Laurent, la prise d'essai sera de $2^{gr},688$.

Préparation de l'amidon. — Dans les laboratoires, pour préparer l'amidon, on fait avec de la farine de blé une pâte épaisse que l'on malaxe sous un courant d'eau: la matière azotée de la farine, le gluten, s'agglomère et

reste dans les mains de l'opérateur, tandis que les grains
d'amidon sont entraînés par l'eau. On laisse ce liquide
déposer l'amidon qu'il tient en suspension; pour enlever le gluten entraîné, on ajoute une petite quantité
d'*eau sûre* provenant d'une opération précédente; sous
l'influence de cette eau riche en ferments, le gluten fermente et se trouve détruit, tandis que l'amidon reste inal-
téré. On lave alors l'amidon à l'eau pure, on l'égoutte
dans une toile, puis on l'essore; la masse est ensuite
séchée à l'étuve; elle se concrète par la dessiccation en
prismes irréguliers et constitue ce que l'on appelle l'amidon en aiguilles.

On prépare la fécule de pommes de terre en râpant
celles-ci, délayant la pulpe dans l'eau et lavant sur un
tamis à l'aide d'un filet d'eau. Les débris de cellules
restent en partie sur le tamis, tandis que l'amidon passe.
On lévige les eaux qui ont traversé le tamis de façon à
séparer l'amidon, qui se dépose d'abord, des débris de
cellules qui ont échappé au tamis et qui restent plus
longtemps que l'amidon en suspension. L'amidon est
ensuite recueilli, lavé, essoré et séché.

Ce sont des procédés analogues que l'on emploie dans
l'industrie.

288. Bassorine et analogues. — La bassorine
est une substance qui se rapproche des gommes par
quelques propriétés, mais elle est insoluble dans l'eau
et se gonfle seulement sous l'influence de ce réactif. Elle
est sécrétée par un cactus.

On peut rapprocher de la bassorine la gomme adragante
sécrétée par divers *Astragalus* de l'Asie-Mineure et de la
Perse. La gomme adragante de Smyrne se présente sous
forme de plaques blanchâtres, semi-transparentes, pré-

sentant des stries concentriques. Elle se gonfle sous l'influence de l'eau.

Diverses substances mucilagineuses, telles que celles que contiennent les graines de coing et de lin, les fleurs, les feuilles et les racines de guimauve, etc., sont des substances peu connues qui semblent voisines des précédentes.

289. Cellulose. — On désigne sous le nom de cellulose une matière assez mal définie au point de vue chimique. Sa composition élémentaire répond à la formule $C^6H^{10}O^5$, mais il est très probable qu'il existe diverses celluloses, isomériques ou polymériques. Les tissus végétaux sont constitués en grande partie par de la cellulose ; mais, tandis que certains tissus, comme la moelle de sureau, le duvet du cotonnier, représentent une cellulose facilement attaquable par les réactifs, soluble dans le réactif de Schweitzer, la cellulose que l'on peut extraire de la levure de bière, ou celle qui constitue les parties dures du bois ou le noyau de la cerise ne sont pas immédiatement solubles dans le réactif de Schweitzer ; il est vrai que, par les traitements convenables qu'on leur fait subir, avec l'intention seulement de les purifier, on peut les dédoubler en celluloses plus simples, plus facilement attaquables.

Quand on veut préparer de la cellulose dans les laboratoires, on utilise surtout le coton, le vieux linge ou, mieux, les papiers à filtrer pour analyses, lavés aux acides, qui constituent une cellulose très sensiblement pure. C'est donc surtout à la cellulose extraite du papier ou du coton que se rapportent les diverses propriétés que l'on a trouvées pour la cellulose et que nous allons décrire.

Propriétés physiques. — La cellulose est blanche,

insoluble dans tous les liquides, sauf dans une dissolution ammoniacale d'oxyde de cuivre (réactif de Schweitzer). L'eau précipite la cellulose de cette dissolution sous forme gélatineuse. Sa densité est 1,45.

La chaleur de formation, rapportée au poids moléculaire 162, ($C^6H^{10}O^5$), est de 217 calories.

Propriétés chimiques. — La *chaleur* décompose la cellulose : on constate, en chauffant lentement, que la décomposition commence vers 210°, et qu'il se produit tout d'abord un peu d'acide formique avec dégagement de vapeur d'eau; puis, le papier brunit, il se dégage divers gaz : des carbures d'hydrogène, principalement du formène, de l'hydrogène, de l'oxyde de carbone et de l'acide carbonique; diverses vapeurs : acide acétique, alcool méthylique, acétone, goudrons, etc., et il reste une matière noire charbonneuse.

L'*hydrogène naissant*, fourni par la décomposition à 180° en vase clos de l'acide iodhydrique, transforme la cellulose en eau et carbures d'hydrogène saturés, principalement en hydrure de duodécylène $C^{12}H^{26}$.

L'*oxygène naissant* la transforme facilement en acide oxalique ou bien encore en acide formique.

Les *alcalis* à la température ordinaire colorent en brun la cellulose, en paraissant former des combinaisons que l'eau décompose; à plus haute température, ils la transforment en acide oxalique.

Les *acides* produisent diverses transformations : en présence des acides l'eau s'unit à la cellulose pour donner un hydrate ou *hydrocellulose* $(C^6H^{10}O^5)H^2O$. Cette combinaison, découverte par M. Girard (1), s'obtient en laissant en contact pendant douze heures du coton cardé avec de

(1) *Comptes rendus de l'Acad. des Sc.*, LXXXI, p. 1105.

l'acide sulfurique à 45° B., ou en faisant passer de l'acide chlorhydrique humide sur du coton maintenu à 100°. On lave ensuite le coton qui n'a pas changé d'aspect, mais qui, une fois sec, est devenu beaucoup plus friable ; il est oxydable lentement à l'air. Avec l'acide sulfurique concentré, ajouté peu à peu de façon à éviter une élévation de température, il se forme une sorte d'empois, et la matière contient de la dextrine. Avec l'acide sulfurique assez concentré on transforme en quelques instants la cellulose en une matière capable de se colorer en bleu par l'iode ; cette matière se forme en particulier dans la fabrication du papier parchemin (V. p. 64), et on admet que c'est elle qui, en servant en quelque sorte d'encollage, agglomère la cellulose non transformée et donne à ce papier la force de résistance remarquable qu'il possède. D'autres substances, le chlorure de zinc, l'acide chlorhydrique concentré, lui font éprouver une modification analogue.

Par l'action prolongée des acides concentrés, on peut transformer la cellulose en cellulose soluble, présentant des propriétés analogues à celles de l'amidon soluble. L'action continuant, la cellulose est transformée en dextrine, puis en deux glucoses fermentescibles, dont l'un est identique au glucose ordinaire.

Avec l'acide sulfurique concentré, on obtient, au bout de quelques jours, des produits noirs mal connus.

L'acide azotique donne des dérivés nitrés très importants étudiés un peu plus loin (V. p. 65).

Un certain nombre d'acides organiques concentrés ou, mieux, d'anhydrides, fournissent avec la cellulose des dérivés que l'on désigne sous le nom de cellulosides : ainsi, en traitant du papier par un mélange d'anhydride acétique et d'acide sulfurique, Franchimont a obtenu un liquide dont l'eau précipite une matière blanche amorphe, soluble dans l'alcool bouillant. Ce corps cristallise par le refroidissement de l'alcool en donnant une matière soluble dans le benzène, dont la formule est $C^{40}H^{65}O^{27}$. On a obtenu des combinaisons avec les acides acétique, butyrique, benzoïque, stéarique, en chauffant du papier ou du coton avec ces corps vers 180°.

290. Vasculose. — La vasculose est une matière que Frémy a distinguée de la cellulose, qu'elle accompagne presque toujours. Sa formule est $C^{18}H^{30}O^{8}$. Elle se trouve surtout dans les parties dures des tissus végétaux; elle constitue en grande partie les vaisseaux et les trachées. Elle est abondante dans les bois durs, 34 0/0 dans le buis, les noyaux de fruits, les coquilles de noix, etc. La vasculose se distingue de la cellulose par diverses propriétés. Entre autres, elle est insoluble dans l'oxyde de cuivre ammoniacal et dans l'acide sulfurique bi-hydraté.

Pour préparer la vasculose, on épuise la moelle de sureau par les dissolvants neutres, les alcalis étendus, puis par l'acide chlorhydrique faible, à l'ébullition. On fait agir ensuite sur la matière ainsi lavée la solution ammoniacale d'oxyde de cuivre, au moins à dix reprises, jusqu'à ce qu'il ne se dissolve plus rien dans ce réactif; on la lave ensuite.

La vasculose n'éprouve aucune altération quand on la fait bouillir avec les acides étendus; elle n'est pas altérée par l'acide sulfurique bi-hydraté, ni par les solutions alcalines bouillantes. Sous pression, vers 130°, les alcalis attaquent la vasculose. Les agents oxydants l'attaquent facilement.

291. Tunicine. — La tunicine, appelée aussi *cellu-*

lose animale, a été découverte par Schmidt et principalement étudiée par M. Berthelot. Cette substance se trouve dans le manteau des tuniciers et des ascidies. Pour obtenir cette matière, on fait bouillir les enveloppes des mollusques tuniciens avec de l'acide chlorhydrique étendu, puis avec le même acide concentré ; on lave, puis on fait bouillir avec une solution concentrée de potasse caustique. On lave une dernière fois et l'on fait sécher. On obtient ainsi une masse blanche.

La tunicine se colore en jaune au contact de l'iode ; mais, si elle a été préalablement imbibée d'acide sulfurique, elle se colore en bleu. La dissolution ammoniacale d'oxyde de cuivre est à peu près sans action sur la tunicine. Elle résiste même à l'action de la potasse en fusion à 220°, et à celle de l'acide chlorhydrique concentré et bouillant. Ces propriétés la distinguent nettement de la cellulose. L'acide sulfurique concentré dissout la tunicine et, si on fait tomber cette dissolution, goutte à goutte, dans de l'eau bouillante, après une heure d'ébullition, elle est transformée en un glucose.

§ 3. — Applications

292. Dextrine. — On prépare industriellement la dextrine par plusieurs procédés. Voici les principaux : le sirop de dextrine se prépare en traitant 1.000 kilogrammes de fécule de pommes de terre par 10 kilogrammes d'extrait de malt, en présence de 800 kilogrammes d'eau ; on opère au voisinage de 70° jusqu'à ce que la matière se soit considérablement éclaircie, la fécule, insoluble, se transformant en dextrine, qui est soluble; on peut aussi se guider, pour arrêter l'opération, sur la coloration que donne l'iode avec un échantillon prélevé sur la masse. Lorsque la réaction est terminée, on élève la température à 100°, aussi rapidement que possible, pour arrêter l'action de la diastase et la transformation de la dextrine en glucose. On concentre ensuite la liqueur de façon à l'amener à consistance de sirop.

Le *procédé Payen*, modifié par Henzé, donne une dextrine solide, d'un blanc jaunâtre : On délaie 1.000 kilogrammes de fécule dans 300 litres d'eau acidulés par 2 kilogrammes d'acide azotique, oxalique, sulfurique ou chlorhydrique. Le dernier acide fournit une dextrine très blanche (*gommeline*). En Angleterre, on emploie aussi l'acide lactique à l'état de petit-lait (1 partie de petit-lait pour 4 parties de fécule) ; la dextrine obtenue ainsi n'est pas très blanche, mais elle est très épaississante et sans réaction acide; quel que soit, d'ailleurs, l'acide employé, la pâte ainsi obtenue est mise sous forme de gâteaux que l'on sèche à l'air libre, puis que l'on écrase et que l'on dispose en couches d'une faible épaisseur, 3 à 4 centimètres, dans une étuve chauffée vers 80°. Lorsque la dessiccation est complète, la masse est finement pulvérisée et tamisée, puis portée dans une étuve où on la maintient vers 115°, pendant deux heures et demie. La masse qui reste alors est de la dextrine commerciale impure, contenant de l'amidon soluble et du glucose; elle se colore par l'iode en rouge plus ou moins violacé; elle est soluble dans l'eau et possède une réaction acide, prononcée surtout quand on emploie l'acide sulfurique. On peut la purifier, comme il a été dit plus haut, page 4, à l'aide de précipitations par l'alcool.

Le *procédé par la chaleur seule* donne un produit contenant plus d'amidon que le précédent et d'une couleur

rousse plus ou moins foncée. Aussi ce dernier procédé
est-il moins employé. L'amidon ou la fécule sont chauffés
en couches minces dans une étuve ou dans un cylindre
muni d'agitateurs, à une température bien réglée, 180°
pour l'amidon, 210° pour la fécule. On se sert parfois
d'un bain d'huile pour obtenir une température uniforme et constante. Le produit obtenu avec la fécule est
désigné sous le nom de *leïogomme* (ou parfois *leïcome*);
en solution, ce produit est plus épaississant que celui
fourni par l'amidon.

Usages. — La dextrine est surtout employée pour remplacer la gomme arabique d'un prix beaucoup plus élevé. Elle
sert à coller, à apprêter les étoffes ; elle est employée
comme épaississant dans l'impression des tissus. Elle sert
à vernir les cartes, les papiers, etc. On l'utilise aussi en
médecine, comme favorisant la formation de la pepsine
dans certaines dyspepsies. Elle est très employée en
chirurgie pour la confection de bandages inamovibles et
d'appareils de contention pour le traitement des fractures.

292 *bis*. **Amidon.** — On peut diviser en trois catégories les méthodes employées pour la préparation industrielle de l'amidon : elles utilisent la fermentation, des
procédés mécaniques ou des réactions chimiques ; elles
varient un peu avec la nature de la matière première
employée.

Amidon de blé. — 1° *Par fermentation*. — Autrefois on
perdait tout le gluten ; on réduisait le blé en farine grossière et on la délayait dans de l'eau ; on exposait le tout
à la fermentation dans de grandes cuves ; il se produisait
des gaz infects ; aussi les usines qui utilisaient ce procédé
devaient s'installer loin des villes. La fermentation durait,
suivant la saison, de douze à vingt jours ; à la fin, il ne

se dégage plus aucun gaz, et l'amidon se dépose. Pendant
cette opération, le gluten seul a disparu, le son que contenait le blé broyé doit être ensuite séparé de l'amidon ;
pour cela, la bouillie liquide qui contient en suspension
le son et l'amidon est puisée avec des seaux et versée
sur de grands tamis disposés au-dessus de grands récipients appelés *bernes*. L'amidon passe à travers les tamis,
le son est retenu ; on le lave assez fréquemment en versant sur le tamis des seaux d'eau et en agitant le son à
la main pour faire partir l'amidon resté adhérent. Le son
recueilli ainsi est utilisé comme engrais ou pour la nourriture des bestiaux. On laisse déposer l'amidon dans les
bernes, on décante l'eau, et on le lave à plusieurs reprises ;
les eaux appelées *rinçures* sont mises à part ; elles laissent
encore déposer de l'amidon. La bouillie d'amidon qui
reste au fond des bernes est tamisée à plusieurs reprises
sur des tamis de soie. Puis, les *blancs* d'amidon sont mis
à égoutter dans des paniers doublés de toile et ensuite
sur une aire en plâtre, dans des greniers bien aérés. On
découpe ces pains avec une bêche après quelque temps,
et les morceaux sont disposés ensuite sur des planchettes
installées sous un hangar ouvert à tous les vents. Le
séchage se termine dans de grandes étuves où la température s'élève jusqu'à 75°.

Ce procédé n'est plus guère employé en France que
pour les blés avariés par l'eau de mer. Il est plus
employé en Allemagne; il a l'avantage de ne pas exiger
de matériel coûteux, mais il a l'inconvénient de perdre
une matière précieuse, le gluten, et d'être très insalubre.

2° *Procédés mécaniques.* — C'est le procédé de laboratoire que nous avons décrit, mais réalisé à l'aide d'appareils mécaniques. Le blé n'est plus seulement concassé
comme dans le procédé précédent, il est réduit en farine

et bluté. On transforme ensuite cette farine en pâte dans
un pétrin mécanique tout à fait semblable à ceux qu'utilise la boulangerie. Ces pétrins sont munis de compteurs
de tours permettant de faire constamment des pâtes très
sensiblement identiques. La pâte doit ensuite attendre
quelques heures (plus ou
moins, suivant la richesse
en gluten) avant d'être
lavée. Ce lavage se fait
dans des amidonnières
dont il existe un grand
nombre de types; nous
n'en décrirons qu'un : il
se compose de deux auges
cylindriques en bois C_1, C_2

dont une partie est à jour et fermée en T_1, T_2 par une toile
métallique n° 80. Chaque cylindre est muni d'un agitateur formé d'un cylindre cannelé auquel une tige A_1, A_2
imprime un mouvement de rotation autour de O_1, O_2.
L'eau arrive par deux tuyaux E percés de trous. On
met à la fois dans chaque auge 30 kilogrammes de pâte,
et on fait arriver l'eau; la pâte perd peu à peu son amidon, que l'eau entraîne, en passant au travers des toiles
métalliques, dans des gouttières G_1 et G_2 qui commu-
niquent avec des bassins de dépôt. L'eau est d'abord très
laiteuse, puis elle devient limpide; l'opération est alors
terminée; il reste 6 à 7 kilogrammes de gluten. L'opération dure environ trois heures, et l'on emploie un volume
d'eau représentant à peu près cinq fois celui de la pâte.

L'eau chargée d'amidon est abandonnée à elle-même
pendant deux jours, puis décantée; on peut l'utiliser
pour la nourriture des bestiaux. On lave ensuite le dépôt
d'amidon avec de l'eau légèrement acidulée par l'acide

sulfurique, puis avec de l'eau pure. Lorsque l'amidon est jaunâtre, on le blanchit avec un peu de chlorure de chaux ou en l'électrolysant en présence de chlorure de magnésium (procédé Hermite). On le lave de nouveau.

Les essoreuses que l'on emploie pour l'amidon sont à parois pleines ; l'amidon est pressé contre le panier, et l'eau se réunit au centre : on la fait écouler et on introduit de nouveau de la bouillie d'amidon. Quand l'essoreuse a reçu une charge complète, on arrête la rotation et on enlève l'amidon au couteau. On emploie souvent, au lieu d'essoreuse, des appareils à succion : un tissu filtrant sur lequel on place le lait d'amidon est soutenu par une toile métallique disposée en forme de cône ; on fait le vide au dessous pour forcer l'eau à traverser le filtre. La filtration est rapide, et l'on obtient une masse plus compacte qu'avec l'essoreuse. La matière est ensuite séchée à l'étuve.

3° *Procédés chimiques*. — Ces procédés consistent à attaquer le gluten qui réunit les grains par des solutions acides ou alcalines étendues. La solution de soude ne doit marquer que 1° B. On emploie aussi parfois l'ammoniaque. Les grains sont mis à digérer dans ce liquide pendant vingt-quatre à trente-six heures, puis la matière est lavée par décantation et tamisée pour la séparer du son. Comme solution acide on emploie l'acide sulfurique à 1 0/0. Les grains séjournent à peu près le même temps dans ce bain, et le reste du traitement est le même ; on emploie souvent en même temps un antiseptique tel que le borax ou l'acide fluorhydrique pour empêcher la fermentation. Ces procédés ne sont guère utilisés pour les blés que quand il s'agit de blés avariés.

AMIDON DE RIZ. — Le riz renferme de 70 à 75 0/0 d'amidon et de 5 à 8 0/0 de matières albuminoïdes (1). On le trempe pendant vingt heures dans une solution de soude à 0°,5 B. ou 1° B., suivant la teneur du riz en azote (1 mètre cube de solution pour 50 kilogrammes); puis, on remplace cette solution par une autre qu'on laisse séjourner douze heures. Pendant tout ce temps, le riz est tenu en suspension par une injection d'air dans le bain. Le riz passe ensuite à la mouture, et le liquide laiteux qui en résulte pénètre dans des tamis rotatifs qui laissent passer l'amidon. Le reste de l'opération, lavage, essorage, se pratique comme pour l'amidon de blé. On obtient environ 90 0/0 de l'amidon contenu dans le riz, c'est-à-dire environ les 2/3 du poids de riz employé.

AMIDON DE MAÏS. — Le grain doit être traité comme le riz par des procédés chimiques. Le maïs renferme environ 65 0/0 d'amidon, 10 0/0 de gluten. L'opération comprend un trempage de huit jours à froid ou de cinq jours à 50° dans un bain d'ammoniaque, d'acide sulfureux ou de bisulfite de sodium. Ces substances volatiles exigent un traitement en vase clos, mais elles présentent l'avantage de pouvoir être récupérées après l'opération. Le grain est ensuite moulu, tamisé, séché, etc.; il est souvent nécessaire de blanchir l'amidon obtenu.

AMIDON DE MARRONS D'INDE. — On a cherché, vers 1860, à extraire l'amidon contenu dans les marrons d'Inde : à cette époque l'amidon s'extrayait des céréales, ce qui avait le double inconvénient d'utiliser une matière pre-

(1) Le dosage de ces matières azotées, qui a une certaine importance, parce que le traitement du riz est d'autant plus facile que ces matières sont en plus petites quantités, se fait par le procédé ordinaire des analyses organiques (dosage de l'azote : méthode de Kjeldbal). Pour avoir la proportion centésimale de ces composés, on multiplie par 6,25 la proportion centésimale trouvée pour l'azote.

mière relativement chère et d'enlever à la consommation une quantité assez importante de cette matière de première nécessité. Depuis, l'emploi du riz pour la fabrication de l'amidon a tué l'industrie des marrons d'Inde. L'extraction de l'amidon se faisait par les procédés chimiques ordinaires, mais le rendement ne dépassait guère 15 0/0.

FÉCULE DE POMMES DE TERRE. — La teneur des pommes de terre en fécule est très variable, entre 12 et 20 0/0. La richesse de ces tubercules en fécule est donc très importante à connaître pour le fabricant ; on la détermine le plus souvent par la densité. Le tableau suivant montre la relation entre la densité et la richesse en fécule (1).

DENSITÉ	FÉCULE 0/0	DENSITÉ	FÉCULE 0/0	DENSITÉ	FÉCULE 0/0
1,080	13,0	1,110	20,3	1,140	26,7
1,085	14,9	1,115	21,4	1,145	27,8
1,090	16,0	1,120	22,5	1,150	28,9
1,095	17,1	1,125	23,5	1,155	30,0
1,100	18,2	1,130	24,6	1,160	30,8
1,105	19,2	1,135	25,7		

Cette densité se détermine à l'aide de balances : un lot de pommes de terre, représentant aussi bien que possible la moyenne du tas, est pesé dans un léger panier métallique ; on en prend, en général, 5 kilogrammes. On plonge ensuite le panier contenant les pommes de terre

(1) Cette densité et, par suite, la richesse en fécule est très importante à connaître pour toutes les applications des pommes de terre. Leur valeur nutritive, leur valeur industrielle, pour la fabrication de la fécule ou de l'alcool, sont proportionnelles à leur teneur en fécule.

dans l'eau, et on détermine la perte de poids qu'il éprouve et qui, exprimée en kilogrammes, est égale au volume, exprimé en litres, des pommes de terre et du panier. On retranche de cette perte de poids la perte de poids due au panier, déterminée une fois pour toutes, et on a le volume des pommes de terre ; en divisant alors leur poids, 5 kilogrammes, par ce volume, on a leur densité.

Les pommes de terre sont lavées et épierrées dans des appareils analogues à ceux qui servent pour les betteraves (Voir *Fabrication du sucre*, tome I, page 608). Les tubercules sont ensuite râpés dans des appareils analogues à ceux qui servent pour cette industrie, mais légèrement modifiés par suite de la résistance moindre des pommes de terre. Un courant entraîne la pulpe hors des râpes et la fait arriver dans une série de tamis tournants garnis de toiles métalliques dont les mailles vont en diminuant ; la pulpe reste, et la fécule est entraînée dans des bassins de dépôt ; on la sépare des matières terreuses et du sable par lévigation : les matières étrangères, plus denses, se déposent d'abord ; on décante le liquide, qui tient la fécule en suspension, dans des bassins où elle se dépose ensuite. On passe alors la fécule dans des tamis de soie ; on l'égoutte dans des essoreuses à paniers pleins, et on la fait sécher, d'abord à la température ordinaire, puis dans des étuves à 50°. La fécule séchée est écrasée sous des cylindres et vendue sous le nom de fécule sèche ; elle contient 18 0/0 d'eau. La pulpe, qui représente à peu près les 2/3 du poids de la pomme de terre, est utilisée pour la nourriture des bestiaux.

Usages de l'amidon et de la fécule. — L'amidon a de nombreux usages : il sert dans le collage du papier, l'apprêt des textiles, l'empesage du linge, la fabrication de la

colle pour relieurs, de la dextrine, etc.; on l'emploie sous
forme de poudre en parfumerie sous le nom de poudre de
riz, en médecine pour calmer les démangeaisons, dartres,
eczémas, etc. Le glycérolé d'amidon est formé de 50 gram.
d'amidon et 700 grammes de glycérine. La fécule est
utilisée pour des usages analogues; elle sert aussi pour la
préparation du glucose et de la dextrine blanche; elle
est utilisée dans l'alimentation; elle entre dans la préparation des pâtes, tapioca, vermicelle, semoule, gruau,
sagou, etc.

Analyse de l'amidon et de la fécule. — Dans les essais
d'amidon et de fécule on dose l'eau, les cendres et la
matière amylacée. L'*eau* se dose par perte de poids de
la matière chauffée à 120° dans un ballon où l'on fait le
vide; on opère sur 10 grammes. Le dosage des *cendres*
se fait aussi sur 10 grammes par incinération dans une
capsule de platine tarée. La *matière amylacée* se dose en
faisant digérer à 100° pendant trois heures 10 grammes
de matière, 80 centimètres cubes d'eau distillée et 1 centimètre cube d'acide sulfurique; l'amidon est alors transformé en glucose que l'on dose par la liqueur de Fehling.
Pour cela, à la solution de glucose obtenue on ajoute de
l'eau, de façon à faire un litre de liqueur. Dans une capsule en porcelaine, on met 5 centimètres cubes de liqueur
de Fehling (correspondant à $0^{gr},025$ de sucre cristallisable), et on ajoute de la solution de glucose, à l'aide
d'une burette graduée, jusqu'à ce que la décoloration soit
produite; le volume V de liqueur de glucose employée
contient le glucose qui provient de $0^{gr},02365$ d'amidon
et, par suite, le litre tout entier de cette solution, ou,
ce qui revient au même, les 10 grammes de l'essai, en

contenaient $\dfrac{1.000}{V} \, 0,02365$.

293. Farines. — La mouture des céréales fournit des farines en poudre fine, provenant de la partie centrale des grains et du son formé par la partie ligneuse de l'enveloppe du grain. Le blutage permet de séparer la farine du son ; une farine est dite blutée à n 0/0 lorsque de 100 kilogrammes de grain moulu on a retiré n kilogrammes de son. On blute d'ordinaire à 25 0/0.

Le tableau suivant donne les proportions centésimales moyennes d'amidon, de dextrine, de matières grasses, etc., pour diverses farines.

	AMIDON	DEXTRINE ET SUCRE	MATIÈRES GRASSES	CELLULOSE	AZOTE	EAU
Blé......	59,7	7,2	1,2	1,7	2,15	14,0
Seigle...	57,5	10,0	2,0	3,0	1,38	16,6
Orge....	54,9	8,8	2,8	2,6	2,06	13,0
Avoine..	53,6	7,9	5,5	4,1	1,83	14,0
Maïs....	58,4	1,5	7,0	1,5	1,97	17,7
Riz.....	77,7		0,4	0,5	0,99	14,4

Parmi ces farines, celles du blé, du seigle et de l'orge, servent seules à faire du pain, grâce à la plasticité du gluten qu'elles contiennent, ce qui permet d'en faire des pâtes. La farine du blé a une composition très variable avec la nature du grain. Les blés durs, qui poussent bien dans les pays chauds, contiennent, en moyenne, 3 0/0 d'azote ; ils servent pour la fabrication du vermicelle, du macaroni, des pâtes d'Italie ; les blés demi-durs, très répandus dans le Midi de la France contiennent environ 2,5 0/0 d'azote ; ils sont utilisés pour les pains de luxe (gruau, viennois, etc.) ; les blés tendres, auxquels conviennent mieux les climats plus tempérés, donnent une farine très blanche, contenant environ 2,1 0/0 d'azote.

Ils sont très employés dans la panification; ils fournissent aussi de l'amidon d'une très bonne qualité.

ANALYSE DES FARINES. — 1° *Dosage de l'humidité*. — On pèse 10 grammes de farine que l'on dessèche à l'étuve à 100°, jusqu'à ce que le poids reste constant : la perte de poids, multipliée par 10, représente l'humidité en centièmes.

2° *Dosage des cendres*. — La farine sèche obtenue dans l'essai précédent est incinérée à basse température pour ne pas volatiliser les chlorures; le poids des cendres obtenues, multiplié par 10, représente les cendres en centièmes. Si l'on obtient une proportion de cendres notablement plus forte que la moyenne, il y a lieu de les examiner pour découvrir les matières ajoutées en fraude.

3° *Dosage de l'acidité, de la dextrine et du sucre*. — On épuise 30 grammes de farine par 300 grammes d'eau, en l'ajoutant par 30 centimètres cubes à la fois; on filtre rapidement, et on ramène le volume à 300 centimètres cubes. Sur 100 centimètres cubes de cette solution, on dose l'acidité à l'aide d'une solution normale décime de potasse, avec la phtaléine du phénol, comme réactif indicateur. 100 centimètres cubes de la même liqueur sont ensuite saccharifiés par l'acide sulfurique, et on dose le glucose ainsi obtenu à l'aide de la liqueur de Fehling, ce qui donne la somme de l'amidon (1), de la dextrine et du sucre. Le restant de la liqueur, soit 100 centimètres cubes, est ensuite évaporé à sec et séché, ce qui donne le poids des matières que l'eau peut enlever à la farine; puis, le résidu sec est calciné, ce qui donne

---

(1) L'amidon étant dosé comme il est dit plus loin, on peut déduire de cette somme et de ce dosage la proportion de dextrine et de sucre, ces deux corps étant comptés ensemble.

le poids des matières minérales solubles. Les résultats
de ces trois essais doivent être multipliés par 10 pour
représenter les proportions en centièmes des substances
dosées.

4° *Dosage du gluten.* — On malaxe dans un mortier
30 grammes de farine avec 15 centimètres cubes d'eau,
de façon à obtenir une pâte ferme bien homogène. On
la renferme dans un nouet en toile fine et on malaxe
sous l'eau, en recueillant l'eau dans un grand vase à
précipité. Lorsque l'eau coule limpide, on retire le gluten
qui reste dans le nouet, et on continue le malaxage en
pétrissant à la main,
jusqu'à ce que le
gluten commence
à s'attacher aux
doigts; on le des-
sèche à 100°, et on
le pèse. Ce poids,
multiplié par 3,33,
donne la proportion
centésimale de glu-
ten.

Pour apprécier la
qualité du gluten,
qui varie beaucoup
avec la nature de la
farine et son état de
conservation, on se
sert d'un aleuromè-
tre. Les figures ci-

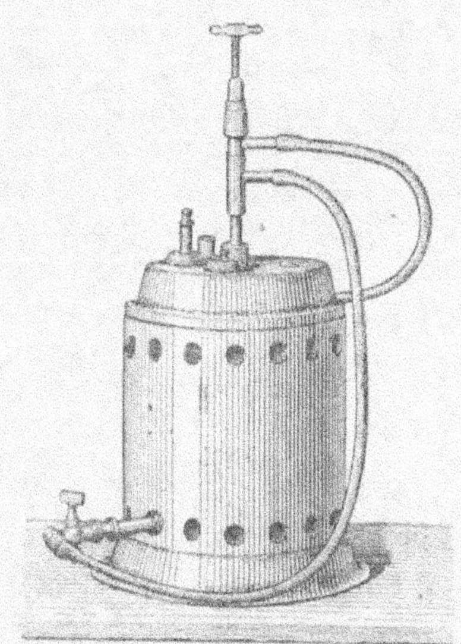

contre représentent l'aleuromètre de Rolland modifié par
Dupré. Cet appareil se compose d'un bain d'huile, chauffé
au gaz. Dans ce bain, on peut plonger un cylindre dans

lequel se meut un piston qui porte une tige graduée d'une façon arbitraire. Le cylindre étant graissé, on introduit au fond 7 grammes de gluten non desséché; puis, on ajuste au dessus le piston, on place le cylindre dans une cavité du bain d'huile, et l'on chauffe à 150°. Tout

d'abord, le gluten ne touche pas le piston, celui-ci se trouve maintenu par une plaque située à sa partie supérieure, plaque qui déborde sur la douille qui guide la tige du piston. Le gluten se gonfle par l'action de la chaleur et, s'il est d'une qualité suffisante pour qu'on puisse employer la farine à la fabrication du pain, il vient toucher le piston et le soulève; il le soulève d'autant plus que la farine est de

meilleure qualité. Les farines de bonne qualité donnent un gluten qui marque environ 25° à cet instrument; les meilleurs glutens ne dépassent pas 50°.

5° *Dosage de l'amidon* (1). — Le liquide trouble, recueilli dans un vase à précipité pendant le dosage du gluten, contient l'amidon en suspension; on le laisse déposer pendant vingt-quatre heures; puis, on décante la partie

____

(1) Voir aussi page 16.

claire, et on verse l'amidon dans une capsule tarée. On dessèche et on pèse. Le poids obtenu, multiplié par 3,33, donne la proportion centésimale de gluten. Ce procédé est rapide, mais peu précis.

Pour doser l'amidon plus exactement, on épuise la farine par l'alcool à 90° qui dissout le sucre et la dextrine. Le résidu est placé dans un flacon avec de l'eau et chauffé au bain-marie pendant une demi-heure pour gonfler l'amidon. Pour saccharifier l'amidon, on ajoute alors 5 centimètres cubes d'une solution d'orge germée. Cette dissolution est obtenue en traitant 2 grammes d'orge germée moulue par 20 centimètres cubes d'eau. Comme cette solution contient un peu de glucose et de dextrine, on place dans un flacon témoin 5 centimètres cubes de cette liqueur avec 60 centimètres cubes d'eau. Les deux flacons sont chauffés ensemble entre 64 et 68° pendant vingt-quatre heures. On filtre, on lave les résidus (1) des deux flacons et on étend à 100 centimètres cubes. On ajoute ensuite 4 grammes d'acide sulfurique, et on chauffe au bain-marie dans des flacons fermés pendant cinq heures. La transformation de l'amidon en glucose est alors terminée ; on dose le glucose par la liqueur de Fehling. La différence des résultats obtenus avec les deux flacons représente l'amidon que l'on voulait doser.

6° *Dosage de la cellulose.* — Ce dosage est surtout important pour les farines mal blutées. On distingue dans ce dosage deux parties : le dosage de la cellulose saccharifiable et le dosage de la cellulose qui ne l'est pas. La cellulose saccharifiable se dose en traitant le résidu recueilli sur un filtre après l'action de la diastase sur la farine par 100 centimètres cubes d'eau contenant

(1) Le résidu du flacon où se trouve la farine sert pour le dosage de la cellulose saccharifiable.

2 grammes d'acide sulfurique monohydraté. On chauffe
le tout pendant six heures au bain-marie dans un flacon
bouché ; puis, on filtre sur un tampon d'amiante, et on
lave à l'eau chaude ; on amène le volume à 200 centimètres

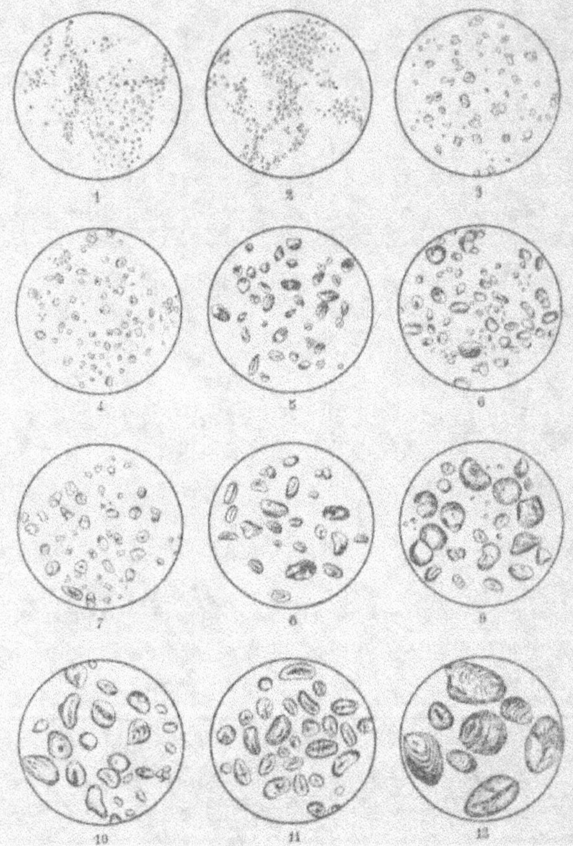

cubes, et on dose le glucose par la liqueur de Fehling. Le
résidu laissé sur le tampon d'amiante est traité par une
solution de potasse à 10 0/0 pendant une heure, à la

température de 100°. On filtre à chaud ; puis, on lave successivement à l'eau, à la potasse, à l'acide acétique, puis à l'eau. Le résidu et l'amiante sont introduits dans une nacelle de platine, puis séchés. Le tout est pesé, incinéré et pesé de nouveau. La différence des poids donne la cellulose non saccharifiable.

7° *Dosage de l'azote*. — Il se fait par les méthodes ordinaires (Will et Warentrapp ou Kjeldhal). On opère sur 1 gramme. La quantité d'azote trouvée, exprimée en grammes et multipliée par 625, donne la proportion centésimale des matières azotées.

8° *Examen microscopique de l'amidon des farines*. — Cet examen est très utile au point de vue de la recherche des falsifications. Souvent la farine de blé est additionnée de farine de diverses céréales ou même d'amidon de légumineuses et de fécule. La figure ci-jointe représente l'aspect de l'amidon retiré de diverses graines et de la pomme de terre.

	DIMENSIONS (1)	
	GRAND DIAMÈTRE	PETIT DIAMÈTRE
1. Amidon de sarrazin..........	10	6
2. — riz	de 5 à 8	3
3. — avoine...........	11	3
4. — marron d'Inde	de 13 à 21	de 8 à 11
5. — lentille...........	20	10
6. — orge...........	de 25 à 33	de 10 à 13
7. — maïs...........	20	13
8. — pois...........	de 39 à 43	de 2 à 3,5
9. — seigle...........	de 43 à 53	de 13 à 18
10. — blé.............	de 33 à 56	de 16 à 28
11. — haricot...........	40	25
12. Fécule de pommes de terre...	de 46 à 57	de 18 à 33

Ces nombres représentent des millièmes de millimètre.

(1) D'après le Dr Saugerres.

294. Industrie de la cellulose. — Cette industrie comprend la fabrication du papier, celle de divers explosifs (celluloses nitrées), et nous y comprendrons aussi les industries chimiques qui se rapportent aux bois.

FABRICATION DU PAPIER

Historique. — Le papier est connu depuis très longtemps. Plusieurs siècles avant notre ère, les Égyptiens fabriquaient, avec une sorte de roseau, le papyrus, un papier assez résistant. On étendait sur une table les feuilles que l'on arrosait avec de l'eau et que l'on soumettait ensuite à l'action d'une presse; puis, les feuilles étaient séchées au soleil. Ce papier primitif fut employé jusqu'au ix° siècle. A ce moment on utilisa le papier de coton, fabriqué en Orient par des procédés restés inconnus. Ce n'est que vers le milieu du xiv° siècle que paraît le papier de chiffons. Il fut d'abord très résistant et notablement rugueux; on le fabriquait en suivant des procédés assez primitifs, exigeant beaucoup de main-d'œuvre et de force motrice. A la fin du siècle dernier, Robert imagina la fabrication continue du papier, et les premiers essais eurent lieu à Essonnes. Depuis, l'industrie du papier a été l'objet de nombreux perfectionnements, aussi bien dans la fabrication elle-même du papier que dans la préparation des pâtes utilisant des matières très diverses. L'emploi des succédanées du chiffon est une des conditions indispensables du développement de cette industrie. Le chiffon ne peut plus suffire, et depuis longtemps, à fournir tout le papier que l'on consomme actuellement. On a essayé la plupart des textiles, les pailles de nos céréales, l'alfa, le jute, les fibres du bois, etc.

Matières premières. — Les matières premières que

l'on utilise dans la fabrication du papier sont nombreuses; ce sont le chiffon et ses succédanés pour la composition de la pâte; les matières nécessaires pour le lessivage, tels que les sels alcalins; les matières servant au blanchiment, dont les principales sont l'hypochlorite de calcium et le bisulfite de sodium; les substances employées pour le collage, gélatine, amidon, etc.; les matières empâtantes, telles que le kaolin, le sulfate de baryum, etc.; enfin, lorsqu'il s'agit de papiers colorés, diverses matières colorantes. Parmi les matières premières qui entrent dans la composition de la pâte et en constituent la partie la plus importante, il faut citer, en premier lieu, les chiffons de chanvre, de coton et de lin; les tissus qui contiennent de la laine exigent un traitement un peu plus compliqué que les précédents; il faut, en effet, détruire l'une des deux fibres pour pouvoir utiliser l'autre; on détruit la laine à l'aide des alcalis caustiques pour utiliser le coton à faire du papier, ou bien l'on détruit le coton par un acide, et la laine peut de nouveau être tissée. Après les chiffons, le bois et la paille sont les matières les plus employées; puis, viennent l'alfa, le bambou, les orties, les chardons, les mousses, etc.

Traitement des chiffons. — On commence par faire subir aux chiffons un triage qui a pour objet de les ranger en un grand nombre de catégories, selon la nature du textile, le degré d'usure, de propreté, la couleur, etc. On coupe ensuite les chiffons par bandes de quelques centimètres en les passant sur des faux fixées à demeure sur une table; puis, on les recoupe en travers de façon à former de petits carrés; on enlève en même temps les boutons, épingles, crochets, ressorts, baleines, ourlets, etc. C'est le délissage. Le blutage consiste à faire passer les

étoffes dans un tambour cylindrique formé par une toile
métallique à larges mailles ; un axe muni de bras en
hélice tourne en sens inverse du cylindre. Les chiffons
perdent ainsi des matières terreuses adhérentes, de la
poussière, etc. On complète ce traitement par un lavage
suivi de lessivage. Le lavage se fait très souvent dans des

bluteurs immergés
dans l'eau ; l'eau in-
troduite dans l'appa-
reil y arrive avec
force en produisant
un mouvement de
va-et-vient des chif-
fons à nettoyer. Le
lessivage se fait dans
de grands cuviers à
circulation avec de
l'eau que l'on addi-
tionne d'un lait de
chaux, ou de carbonate de sodium, ou bien encore de ces
deux corps à la fois. Dans les grandes fabriques on
emploie surtout les lessiveurs cylindriques ou sphériques
pouvant contenir 600 kilogrammes de chiffons, où l'on
envoie de la vapeur sous une pression de 2 ou 3 atmosphères. Ces appareils tournent lentement sur eux-mêmes
pendant le lessivage. La durée d'une opération est d'environ douze heures. Pour le chargement, on amène en
haut le trou d'homme ; pour le déchargement, on l'in-
cline et l'on fait tomber les chiffons dans un bac lorsqu'ils sont convenablement refroidis. Ce refroidissement
doit être lent ; on les porte alors dans un appareil de
rinçage analogue à l'appareil de lavage. Quelquefois le
rinçage se fait dans le lessiveur.

Les chiffons ainsi nettoyés par cette suite d'opérations sont alors défilés ou effilochés pour être réduits en pâte. On commence par transformer la matière en une demi-pâte dans des *piles défileuses*; on la traite ensuite par divers réactifs pour la décolorer, c'est le *blanchiment*. Enfin, on termine dans des *piles raffineuses* la désagrégation des fibres et la transformation en une véritable pâte.

Défilages. — Les piles défileuses se composent d'une auge ayant la forme d'un rectangle dont les petits côtés sont remplacés par deux demi-cylindres ; la longueur est d'environ 3 mètres. Ce bassin présente une cloison CC' qui occupe une partie de sa longueur). D'un côté de

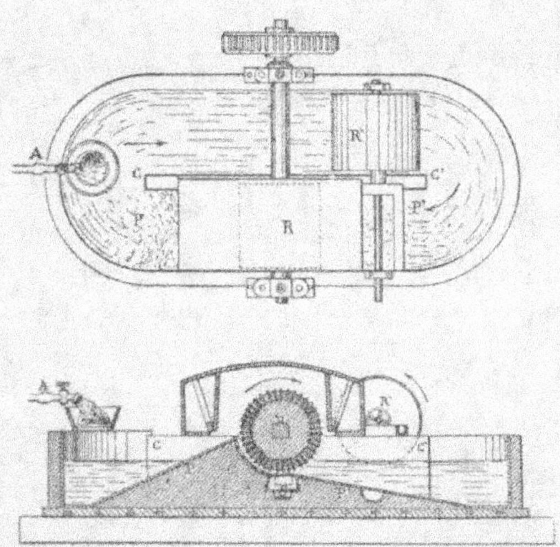

cette cloison se trouvent deux plans inclinés P et P' (en coupe) reliés par une partie cylindrique. En regard de cette partie tourne un cylindre dont la surface latérale est formée de lames tranchantes serrées à l'aide de coins. Une autre pièce fixe S est aussi formée de lames serrées par des coins. Le cylindre R tourne dans le sens indiqué par la flèche, il entraîne des chiffons qui passent entre S et R et sont effilochés entre les lames du cylindre et celles de la pièce fixe. Le cylindre R' qui se trouve de l'autre côté de la cloison est formé par une toile métallique qui laisse passer l'eau, mais arrête les filaments du chiffon. Dans ce tambour se trouvent des tuyaux en spirale qui puisent de l'eau à l'intérieur du tambour à chaque révolution et la font sortir par l'axe creux de ce cylindre. Ce tambour tourne dans le sens indiqué par la flèche sous l'influence du courant d'eau que la rotation du cylindre R provoque. De l'eau pure arrive continuellement en A et remplace celle qui s'échappe par le tambour R'. Cette eau est filtrée à travers un sac de toile de façon à retenir les matières solides que l'eau pourrait apporter. Le cylindre R tourne avec une vitesse d'environ 4 tours par seconde. Pour mettre l'appareil en train, on projette dans l'eau dont l'appareil est rempli une certaine quantité de chiffons. Le contremaître, avec une grande spatule en bois, laisse arriver les chiffons sous le cylindre en quantité modérée pour que l'appareil n'éprouve pas trop de résistances. Du reste, au début, surtout si la masse de chiffons est mise en une seule fois, on soulève le cylindre de façon que l'espace compris entre celui-ci et la partie fixe soit assez considérable. Après quelque temps, la plupart des chiffons sont effilochés, on rapproche le cylindre, et la surveillance devient moins nécessaire. Le travail dure de deux à quatre heures suivant la nature des chiffons et du blanchiment qu'on doit leur faire subir et qui exige des pâtes plus ou moins préparées. Pour vider la pile, on ouvre une soupape de décharge, et l'eau chargée de pâte se rend soit dans les appareils de blanchiment, soit dans des appareils où elle doit s'égoutter. Quelquefois l'opération du blanchiment se fait dans la défileuse même. L'égouttage est obtenu en abandonnant la pâte à elle-même dans de grandes caisses dont le fond est en toile métallique ; la durée de l'égouttage varie depuis deux jours, pour les chiffons fins, jusqu'à huit jours pour les chiffons durs. On peut, d'ailleurs, abréger ce temps en utilisant des essoreuses, des presses ou même des appareils analogues aux filtres-presses dont on se sert dans l'industrie du sucre.

Blanchiment. — L'opération du blanchiment est une des plus délicates de la fabrication du papier. On emploie, pour décolorer la pâte, le chlore gazeux, le chlorure de chaux, le produit appelé chlorozone, le permanganate de sodium, les huiles lourdes, le chlore naissant provenant de l'électrolyse, etc.

Le blanchiment au chlore gazeux se fait en plaçant la pâte bien égouttée et cardée sur des planchers disposés en chicane à l'intérieur d'une chambre où le chlore arrive par la partie supérieure. Le chlore est fabriqué par l'action de l'acide chlorhydrique sur le bioxyde de manganèse ou par l'action de ce dernier corps mélangé de chlorure de sodium sur l'acide sulfurique. Le chlore qui se dégage est lavé dans un peu d'eau. Lorsque le chlore a agi un temps suffisant, on retire la pâte, le défilé, et on le soumet à un lavage énergique. Ce lavage s'opère dans des cylindres tournants dont les parois sont formées d'une toile métallique fine et d'une plus forte pour soutenir la première. Une distribution d'eau qui règne tout le long du cylindre fait tomber sur la partie supérieure de l'eau qui pénètre dans le cylindre et vient laver le défilé, l'excès d'eau retombe constamment à la partie inférieure. Pour s'assurer que le lavage est terminé, on prend de temps à autre un peu de pâte et on la place sur un papier amidonné et ioduré. Si la pâte contient encore du chlore, celui-ci décompose l'iodure de potassium, et l'iode mis en liberté donne avec l'amidon une coloration bleue, d'autant plus intense qu'il y a plus de chlore. On s'arrête lorsque le papier ne donne plus qu'une coloration bleue à peine sensible. Le blanchiment au chlore est difficile à régler, et il est très insalubre.

C'est le chlorure de chaux que l'on emploie le plus souvent pour le blanchiment. Ce produit peut être considéré comme un mélange de chlorure de calcium, d'hypochlorite de calcium et de chaux. On le prépare en faisant arriver du chlore sur de la chaux éteinte. L'hypochlorite de calcium est le composé actif du chlorure de chaux. Lorsqu'on traite par l'eau le chlorure de chaux du commerce, il se dissout presque complètement, l'excès de chaux seul reste insoluble ; c'est la solution que l'on doit faire agir sur la pâte ; comme le chlorure et l'hypochlorite sont très solubles, la solution se fait facilement ; on la tamise et on la décante ; on emploie de 2 à 10 0/0 de chlorure de chaux, selon la nature des chiffons et selon leur couleur. Le blanchiment s'opère soit dans les piles dévideuses, soit dans des appareils un peu plus petits et présentant la même disposition générale, ce sont les piles blanchisseuses.

On a proposé aussi, il y a une quarantaine d'années, l'hypochlorite d'alumine comme agent de blanchiment ; il n'est guère employé vu son prix élevé, si ce n'est pour certains papiers de qualité tout à fait supérieure. Son action sur la pâte était plus modérée, et on pouvait garder plusieurs mois la pâte blanchie avec ce réactif.

Dans le blanchiment au chlorure de chaux, on ajoute
souvent un peu d'acide pour activer l'action du chlorure
de chaux ; l'acide hypochloreux mis en liberté a, en effet,
une action plus rapide. On emploie pour cela soit l'acide
chlorhydrique, soit même, ce qui est préférable, l'acide
carbonique.

Les hypochlorites alcalins que l'on utilise aussi ne
présentent pas les mêmes inconvénients que le chlorure
de chaux, mais ils en présentent d'autres. Il ne se f
pas dans la pâte de sels calcaires insolubles, mais leur
action sur la fibre est trop énergique. Ce sont des produits relativement chers et d'une conservation difficile.
On désigne sous le nom de *chlorozone* un produit que
l'on obtient par l'action de l'acide hypochloreux sur de
la soude ; c'est donc de l'hypochlorite de sodium ; il est
préparé en décomposant par un acide le chlorure de
chaux, en présence d'un courant d'air pour éviter que
cette action ne donne du chlore libre. La solution de
chlorozone peut être solidifiée en la mélangeant avec du
carbonate de sodium desséché qui s'hydrate quand on le
met dans ce mélange en s'emparant de l'eau qui dissol-
vait l'hypochlorite. Le produit devient solide et plus
facile à transporter. Ce produit a sur les fibres des chiffons une action rapide, mais non destructive ; il peut,
d'ailleurs, être utilisé avec le matériel ordinaire, et on a
beaucoup préconisé son emploi.

Le permanganate de sodium, qu'on a proposé d'employer
pour le blanchiment du papier, se prépare avec les résidus de la fabrication du chlore. Ces résidus sont constitués par du chlorure de manganèse impur. En le traitant
par de la craie en quantité ménagée, on précipite le fer
et la silice. La liqueur décantée est ensuite traitée par
de la chaux qui donne un précipité d'oxyde de manga-

nèse ; on le recueille, on le mêle avec de la soude et on le chauffe dans un courant d'air. On traite le produit obtenu, qui est du manganate vert, par du sulfate de magnésium et un peu d'acide. Le permanganate qui se forme décolore les chiffons en cédant son oxygène ; la soude correspondante donne avec le sulfate de magnésium du sulfate de sodium et de la magnésie. La pâte est ensuite traitée par un bain alcalin, puis par de l'acide sulfureux pour enlever l'oxyde de manganèse. Ce procédé n'est guère employé.

Le blanchiment électrique proposé par M. Hermite consiste à électrolyser une solution de chlorure de calcium ou de magnésium. Il se forme dans cette électrolyse des composés oxygénés du chlore qui agissent sur les matières à décolorer. Le prix de revient de l'énergie électrique nécessaire pour cette électrolyse peut varier beaucoup, suivant les conditions d'installation de l'usine. Si celle-ci possède, comme cela arrive d'ailleurs très souvent, une chute d'eau lui permettant d'animer à la fois tous les appareils de l'usine et les dynamos nécessaires pour produire le courant, l'emploi de ce procédé pourra être très avantageux.

Quel que soit le procédé de blanchiment adopté, on procède ensuite au lavage, puis au raffinage.

Raffinage et collage. — Le raffinage se fait en triturant de nouveau les chiffons dans des piles spéciales dites piles raffineuses, qui ne diffèrent que par quelques détails des piles défileuses. La durée du raffinage varie avec la nature des chiffons employés ; elle est de plusieurs heures. Vers la fin, on ajoute les matières destinées à l'encollage et les matières colorantes, et la pâte est envoyée dans les réservoirs qui alimentent les machines à faire le papier. Certaines pâtes ne reçoivent aucune de ces additions. Ainsi, les papiers buvards bleus et roses sont des papiers non collés, faits le plus souvent avec des cotonnades bleues ou roses non blanchies. Souvent aussi les papiers d'imprimerie ne sont pas collés. Les matières employées pour le collage des papiers sont : la gélatine, qui donne un collage excellent, exclusivement employé autrefois, un mélange d'alun et de fécule, très employé actuellement, et le savon de résine.

Le collage à la gélatine est coûteux, difficile à exécuter, mais il donne au papier une belle apparence qui fait en grande partie la valeur des papiers anglais, presque tous collés de cette façon. Il s'exécute sur le papier déjà formé.

Le collage se fait encore à la main pour certains papiers, tels que le papier Whatmann. Les feuilles sont plongées à plusieurs reprises dans le bain de gélatine additionné d'un peu d'alun ; il doit être à une température bien réglée ; les feuilles sont ensuite empilées les unes sur les autres en petits paquets que l'on sépare les uns des autres par des lames de feutre, et soumises à l'action progressive d'une presse qui favorise d'abord la pénétration de la colle dans le papier et qui détermine ensuite le départ de l'excès de gélatine. Les feuilles sont ensuite séparées, suspendues à des cordes, et mises à sécher dans un hangar. Toutes ces opérations doivent être faites avec le plus grand soin ; la température du bain de collage doit être surveillée de près, ainsi que l'immersion des feuilles. L'action de la presse et la rapidité plus ou moins grande du séchage ont aussi une importance considérable sur la qualité du produit. Pour les papiers plus ordinaires obtenus à la machine, on colle d'une façon continue à l'aide d'une machine à coller très coûteuse et très encombrante. Le bain de gélatine amené à la température convenable entre 45 et 70°, suivant la nature du papier, et maintenu à cette température, est disposé dans une cuve de 1^m,50 ou 2 mètres de long et d'une largeur plus grande que celle des papiers à coller. Deux rouleaux immergés à moitié dans cette cuve servent à guider le papier et à le faire plonger dans le bain de gélatine. La distance des deux rouleaux varie avec la nature du papier et la vitesse avec laquelle il se déroule de la machine à papier. On la règle de façon que le papier séjourne dans le bain pendant un temps suffisant pour qu'il s'imprègne bien de gélatine. Les cylindres sur lesquels s'appuie le papier, avant de pénétrer dans le bain, peuvent être chauffés à volonté à l'aide de vapeur que l'on introduit à l'intérieur ; on peut encore par le réglage de cette température faire varier notablement l'intensité du collage. Plus le papier est chaud, plus il s'imbibe facilement quand il arrive dans le bain. Au sortir de la gélatine, le papier passe entre deux cylindres qui le pressent et font sortir l'excès de colle. On emploie le plus souvent des cylindres en cuivre parfaitement dressés, ou des cylindres en fonte recouverts de feutre. Ces cylindres sont disposés au-dessus du bain de gélatine, de façon que le liquide exprimé par la presse retombe dans le bain. On entretient, d'ailleurs, un niveau constant dans celui-ci à l'aide de deux chaudières ; dans l'une on prépare le bain, puis on le laisse se coaguler par le refroidissement ; dans l'autre on refond et on amène à la température convenable la gelée obtenue dans la première. Au sortir des cylindres presseurs le papier se rend dans le séchoir. Celui-ci se compose d'un grand nombre de cylindres de grandes dimensions chauffés à la vapeur d'une façon progressive. Une ventilation puissante rend le séchage plus facile ; les cylindres sécheurs sont souvent au nombre de 50 à 80. On appelle quelquefois le collage à la gélatine *collage animal*, par opposition au *collage végétal* dont nous allons nous occuper maintenant.

Dans le collage végétal on ajoute à la pâte à papier un mélange de savon de résine, de fécule et d'alun. Le savon de résine s'obtient en traitant 150 kilogrammes de résine par 75 kilogrammes de carbonate de sodium, 12 kilogrammes de chaux et 425 kilogrammes d'eau. On fait bouillir pendant une demi-heure; puis, on laisse refroidir. Pour se servir de ce savon on en dissout 100 kilogrammes dans 650 kilogrammes d'eau, et l'on ajoute 25 kilogrammes de fécule; on fait arriver de la vapeur dans la masse et, lorsqu'elle a été maintenue à l'ébullition pendant quelque temps, on l'envoie dans la pâte à papier et, après un quart d'heure, on ajoute une solution d'alun. D'après quelques auteurs, il y a avantage à mettre d'abord la solution d'alun dans la pâte à papier et à ajouter ensuite le savon résineux mélangé à la fécule.

La coloration des pâtes se fait avec des couleurs que l'on fixe sur les fibres à l'aide de diverses matières, la résine par exemple, ou bien avec des matières tinctoriales qui agissent sur la fibre du papier comme dans la teinture des étoffes. Elle a lieu dans la cuve de raffinage.

Fabrication du papier. — Au sortir des piles raffineuses, la pâte se rend dans des réservoirs qui servent à alimenter la machine à papier. On maintient l'homogénéité de la pâte à l'aide d'agitateurs mécaniques ou par un courant d'air insufflé dans la masse. La pâte, en sortant de ce réservoir, passe dans une petite caisse faisant fonction de régulateur et, de là, dans une grande caisse plate où elle se mélange avec de l'eau provenant de l'égouttage de la pâte et contenant beaucoup de fibres

qui rentrent ainsi dans la fabrication. La pâte s'écoule
ensuite par une large gouttière sur une toile métallique
sans fin. Cette toile se déroule, guidée par une série de
cylindres, en même temps qu'elle éprouve des oscillations
rapides dans un plan horizontal, de façon à répartir uni-
formément la pâte qui tombe. L'eau s'écoule, tandis que
les filaments de la pâte restent sur la toile qui les emporte
pendant qu'ils continuent à s'égoutter. La largeur du
papier est réglée à l'aide de deux bandes sans fin en caoutchouc qui s'appliquent sur la toile métallique, la suivant
dans sa marche, et forment ainsi deux rebords qui
empêchent la pâte de couler plus loin. L'épaisseur du
papier est régularisée à l'aide de deux règles parallèles
maintenues à une certaine distance de la toile métallique, distance que l'on peut faire varier à volonté selon
l'épaisseur que l'on veut donner au papier. La toile
métallique, continuant sa marche, passe au-dessus d'une
caisse sur laquelle elle glisse. Dans cette caisse on raréfie
l'air de façon à diminuer la pression de quelques centimètres de mercure; cette aspiration se fait à l'aide d'un
jeu de cloches analogue à certains exhausteurs que l'on
emploie dans l'industrie du gaz d'éclairage. La pâte se
trouve ainsi soumise à une succion qui fait écouler une
certaine quantité d'eau et la rend plus consistante. Le
mouvement de la toile l'emmène ensuite entre deux
cylindres recouverts de feutres constituant la première
presse humide; là, le papier humide, toujours soutenu
par la toile métallique, devient un peu plus consistant et
peut être un instant abandonné à lui-même; il passe
alors de la toile métallique, qui retourne en arrière, à un
feutre sans fin sur lequel il s'appuie et qui l'entraine en
avant; il s'engage ensuite dans deux nouvelles presses
où il se trouve, d'un côté, appuyé sur le feutre et, de

l'autre sur le cylindre de métal ; dans la seconde presse, le côté qui s'était trouvé appuyé contre le feutre se trouve, cette fois, appuyé contre le métal pour que les deux faces aient le même aspect. De là, le papier se rend sur les cylindres sécheurs. Ce sont de gros cylindres chauffés intérieurement avec de la vapeur. Pour que le séchage soit méthodique, on fait circuler la vapeur en sens inverse de l'arrivée du papier, de telle sorte que la vapeur entre dans le cylindre sur lequel le papier s'enroule en dernier lieu ; le papier déjà très sec est donc soumis à une température plus élevée que celle qu'il a subie jusque-là. La vapeur sort, au contraire, par le

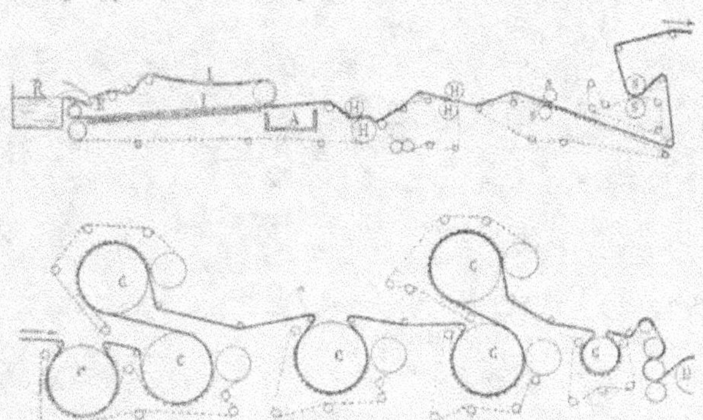

H, H, presses humides. — S, S, presses sèches. — C, C, cylindres sécheurs chauffés à la vapeur. — D, dévidoir. — l, lame de caoutchouc formant rebord. — R, réservoir à pâte. — E, écoulement de la pâte. — A, caisse d'aspirations.

sécheur sur lequel le papier arrive en premier lieu ; la température est peu élevée, mais, comme le papier est très humide, il perd facilement de l'eau à cette température. Le papier se rend alors sur des dévidoirs sur lesquels il s'enroule ; de temps à autre on coupe le papier et l'on change le dévidoir.

La figure ci-dessus représente un schéma d'une machine à papier : la route suivie par le papier est représentée par un trait plein ; les lignes formées de points représentent, à gauche des deux premiers cylindres H, la toile métallique et, partout autre part, les feutres.

Fabrication de la pâte de bois. — Les bois les plus employés pour la fabrication du papier sont les pins, les trembles et les peupliers suisses. On peut les transformer en pâtes par les procédés mécaniques ou chimiques. Dans les procédés mécaniques, les bois sont d'abord écorcés et débités en bûches de 30 à 40 centimètres de longueur, et on les appuie fortement, parallèlement à leurs fibres, sur une meule en grès de très grandes dimensions, $1^m,50$ de diamètre, $0^m,40$ d'épaisseur ; elle fait 2 à 3 tours par seconde. Un courant d'eau entraîne les fibres ainsi produites dans une série de tambours tamiseurs garnis de toiles métalliques de divers numéros, qui classent les fibres d'après leur grosseur. Cette meule absorbe une énergie considérable. Les fibres, égouttées de façon à ne plus contenir que 50 0/0 d'eau environ, sont alors expédiées dans les papeteries ; souvent aussi on les sèche plus complètement. Les fabriques de pâtes de bois se sont beaucoup développées dans ces dernières années, surtout en Norwège et dans le Tyrol ; elles ne fabriquent pas le papier, mais elles vendent la pâte aux papeteries. Certaines grandes papeteries, comme celles d'Essonnes, possèdent, dans des régions forestières, de pareilles fabriques de pâtes qui servent à alimenter la fabrique de papier. Ces pâtes arrivent souvent blanchies, surtout quand, dans la fabrique de pâtes, on dispose d'une force motrice naturelle permettant d'appliquer le procédé Hermite à l'électrolyse. Ces pâtes de bois, préparées ainsi mécaniquement, sont, d'ailleurs, très difficiles à blanchir, et elles ne servent que pour les papiers communs.

Dans les *procédés chimiques* on réduit les bois à l'état de copeaux épais par des procédés mécaniques, et l'on traite ensuite le bois ainsi divisé par des alcalis ou des sulfites alcalins à une température assez élevée et sous pression. On détruit de cette façon les matières gommeuses et la matière incrustante du ligneux, et on libère les fibres. A la sortie de ces appareils la matière est lavée de façon à la purifier et à recueillir la plus grande partie des alcalis employés.

Autrefois on avait essayé l'action de l'eau régale sur les bois ; les résultats étaient moins bons, et le procédé beaucoup plus pénible.

L'attaque par les *alcalis* se fait de plusieurs façons :

Dans le *procédé Houghton*, les copeaux sont mis dans des paniers en fer. Ces paniers sont placés dans de grandes chaudières (20 mètres de long sur 1^m,50 de diamètre) très résistantes. La charge de bois étant de 5.000 kilogrammes, on introduit une lessive de soude caustique à 8° B., représentant 15.000 kilogrammes de soude. On chauffe alors pendant six heures, de façon à ce que la pression atteigne 14 atmosphères ; puis, on laisse refroidir, on évacue la lessive, et on lave le bois qui, après ce traitement, se désagrège avec une grande facilité. Si l'opération n'est pas poussée assez loin, on a une pâte brune très difficile à blanchir ; si elle est poussée trop loin, la pâte manque de liant.

Dans le *procédé Keegan*, on injecte dans le bois débité en petites planches de 1 centimètre d'épaisseur une solution de soude à 20° B., par les procédés ordinaires qui servent à injecter les bois ; puis, on fait écouler l'excès de lessive et on porte la température à 150°. Le bois ne se trouve soumis qu'à l'action d'une quantité minime de lessive, celle qui l'imprègne ; ses fibres sont plus résistantes. Après deux heures, on lave le bois, qui se désagrège très facilement, dans une pile défileuse ordinaire.

Dans le *procédé Sinclair*, on emploie une chaudière verticale; un dispositif analogue à celui des lessiveuses fait constamment circuler la lessive alcaline, qui monte par un tube central et vient se déverser sur la partie supérieure des morceaux de bois.

Le *procédé Cattell* diffère davantage des précédents. Dans une première opération le bois est lavé à l'eau, puis placé dans un bain contenant un borate et un phosphate alcalins; on ajoute, en outre, du pétrole ou du sulfure de carbone pour dissoudre les matières résineuses. Souvent on opère à chaud en vase clos. Au sortir de ce bain, le bois est placé dans un autre, formé de chaux ou de soude et de soufre; on porte à l'ébullition pendant quatre heures; enfin, on termine par un traitement à l'acide sulfureux. On décolore la pâte par le chlorure de chaux.

Les *procédés au sulfite* ou *au bisulfite de calcium* sont nombreux, et ils tendent à être de plus en plus employés. Le sulfite et le bisulfite de calcium sont préparés en faisant arriver de l'acide sulfureux produit par la combustion du soufre ou des pyrites dans de grandes tours pleines de carbonate de calcium, arrosées par de l'eau; en réglant les proportions d'eau et de gaz sulfureux, on obtient une solution plus ou moins saturée, formée de sulfite ou de bisulfite. De temps à autre, on retire par la partie inférieure les résidus des pierres à chaux, et l'on en met d'autres par la partie supérieure. Les appareils où l'on doit faire agir les sulfites sur le bois étaient autrefois doublés en plomb; on les fait maintenant aussi en tôle émaillée. Ces chaudières sont chauffées à la vapeur; on fait arriver celle-ci dans un faux fond ou dans un serpentin en plomb ; on ne dépasse pas une pression de 5 atmosphères. L'opération dure environ dix heures ; on laisse ensuite refroidir la chaudière et on procède au lavage ; il peut se faire dans une pile laveuse ordinaire ; si on ajoute un peu d'acide chlorhydrique au début du lavage, une quantité correspondante d'acide sulfureux est mise en liberté et décolore la fibre, de telle sorte que l'on peut éviter l'opération du blanchiment, au moins pour les papiers ordinaires.

Le blanchiment des pâtes de bois traitées par le bisulfite est beaucoup plus facile que celui des pâtes de bois mécaniques. Le procédé Hermite est un des plus avantageux, surtout quand on dispose d'une force motrice naturelle.

Emploi de la paille dans la fabrication du papier. — La paille a été le premier succédané du chiffon employé dans l'industrie du papier ; son emploi date de plus d'un siècle ; mais, actuellement, bien que considérablement développé, ce procédé n'a pas l'importance de celui qui utilise les fibres du bois.

La paille la plus avantageuse à employer est la paille de blé, parce qu'elle contient moins de silice que les autres, surtout lorsque le terrain sur lequel elle a poussé est peu siliceux. Le maïs fournit un papier très tenace, utilisé surtout pour le papier d'emballage.

La paille est coupée, à l'aide d'appareils spéciaux, en morceaux de 2 centimètres environ ; à la sortie du hache-paille la matière tombe dans une citerne en maçonnerie, contenant un lait de chaux faible dans lequel elle macère pendant au moins une semaine : une partie des matières incrustantes est attaquée et transformée en une matière visqueuse. La paille hachée est ensuite mise à égoutter pendant quelques jours ; puis, elle est soumise à l'action prolongée de meules en présence de l'eau. Les machines à papier qui utilisent la pâte de paille sont un peu plus simples que celle que nous avons décrite. Le papier se forme non plus sur une table constituée par une toile métallique sans fin, mais sur un cylindre tournant recouvert d'une pareille toile métallique. Ce cylindre tourne dans une cuve où arrive la pâte ; le courant qui l'entraîne la fait arriver sur la toile du cylindre ; celle-ci arrête les fibres, tandis que l'eau passe à l'intérieur.

La paille peut aussi être transformée en pâte par des procédés chimiques ; pour cela elle est débitée comme précédemment ; mais, au lieu de l'envoyer sous les meules, on la soumet dans des chaudières à l'action de l'eau bouillante qui enlève déjà certaines matières colorantes ; puis, on introduit une solution alcaline que l'on fait agir pendant six heures. Un lavage à l'eau chaude débarrasse ensuite la paille de la matière alcaline ; on termine par l'action d'une solution étendue d'acide sulfurique que l'on fait agir pendant deux heures environ. On traite ensuite la paille par un bain de chlorure de chaux pour la décolorer ; cette partie de l'opération peut durer dix-huit à vingt heures. Quant à la solution de soude qui a joué dans ce traitement le rôle le plus important, elle doit être évaporée et calcinée dans un four Porion.

Fabrication de la pâte d'alfa. — L'alfa est une graminée très abondante en Algérie ; plusieurs millions d'hectares sont recouverts d'alfa. Aussi le prix de cette substance représente-t-il à peu près uniquement les frais de récolte et de transport. L'alfa est beaucoup plus utilisé en Angleterre qu'en France pour la fabrication des papiers. Le traitement de l'alfa est simple : un lavage à l'eau bouillente, un traitement à la soude vers 100° pendant huit heures, un blanchiment au chlorure de chaux.

Essais et analyses des papiers. — Étant donné un papier, il peut y avoir lieu de déterminer : 1° la nature de la pâte ; 2° le procédé de collage ; 3° les matières d'empâtage ; 4° les matières colorantes ; 5° la solidité du papier.

1° La *nature de la pâte* se déterminera le plus souvent par un examen microscopique en s'aidant de quelques réactifs. Pour cela on commence par désagréger le papier en le faisant bouillir avec une solution de soude à 1 ou 2 0/0 pendant un quart d'heure. Si le papier jaunit pendant ce traitement, il y a lieu de soupçonner la présence de la pâte de bois mécanique. Le papier ainsi réduit, la pâte est ensuite lavée sur un tamis à l'eau pure et soumis à l'action d'une solution d'iode contenant 5 0/0 d'iode et 10 0/0 d'iodure de potassium. Le bois mécanique et le jute sont colorés en jaune ; la paille, le bois chimique et l'alfa ne changent pas ; le coton, le lin et le chanvre sont colorés en brun. Pour reconnaître la présence de fibres animales dans le papier, soie ou laine, on fait bouillir avec de l'acide azotique concentré : les fibres végétales restent incolores, la laine et la soie se colorent en jaune. Par l'action du chlorure de zinc à 60° B., on peut dissoudre la soie ; les fibres végétales et la laine restent inaltérées.

On reconnaît aussi la présence du bois dans un papier en mettant dans un tube à essai 0gr,1 de naphtylamine, quelques gouttes d'acide sulfurique et en chauffant. Puis, on laisse tomber dans ce liquide une bande de papier et on l'examine au microscope ; s'il y a des parties jaunes, elles proviennent de fibres du bois qui se sont colorées par ce traitement, tandis que la cellulose de chiffon reste blanche.

2° *Procédé de collage :* Lorsque le papier est collé avec de l'amidon, la teinture d'iode le tache en bleu ; si l'on s'est servi d'alun, on retrouve dans les cendres une dose notable d'alumine ; il faut, d'ailleurs, se rappeler que cette alumine peut provenir de kaolin que l'on emploie assez souvent pour charger le papier. Dans ce cas, l'alumine doit être accompagnée d'une quantité correspondante de silice. (Les kaolins contiennent, en moyenne, pour 100 d'alumine, de 110 à 120 de silice.) Pour rechercher la gélatine, on fait bouillir le papier avec de l'eau distillée, et l'on regarde si la liqueur filtrée donne un louche avec une infusion de noix de galle ; s'il s'en produisait un sensible, il serait dû à la présence de la gélatine. Pour rechercher la résine, on fait bouillir le papier avec de l'eau acidulée par l'acide sulfurique, on lave et on attaque le résidu par une solution de potasse faible ; cette solution est séparée du papier non attaqué, filtrée, et on ajoute un peu d'acide sulfurique pour neutraliser la potasse ; il se précipite alors une matière floconneuse ; on la lave avec de l'alcool, et on l'évapore ensuite ; on doit trouver la résine comme résidu.

3° Les *matières d'empâtage* se déterminent en calcinant une quantité de papier assez considérable pour avoir un poids notable de cendres. Le papier non empâté fournit moins de 1 0/0 de cendres. On recherche la nature des cendres par les procédés ordinaires de l'analyse minérale ; il y a surtout lieu de rechercher le kaolin, le carbonate de calcium (qui peut être partiellement transformé en chaux par la calcination), les sulfates de baryum, de calcium et de plomb.

4° *Matières colorantes :* On essayera de les dissoudre dans des réactifs appropriés, acides ou bases ; on cherchera dans les cendres les métaux pouvant produire la couleur du papier, et, si l'analyse des cendres donne une indication à ce sujet, on la vérifiera en traitant le papier par un corps capable de dissoudre, de détruire ou de changer cette couleur.

5° *Solidité du papier :* On coupe une bande de 60 centimètres de long sur 5 centimètres de large, et l'on colle les extrémités l'une sur l'autre de façon à en faire un anneau. Dans cet anneau on passe deux baguettes, l'une qui sert à le suspendre, et l'autre à laquelle on fixe un plateau sur lequel on ajoute peu à peu des poids jusqu'à ce que la rupture du papier se produise. Pour avoir des nombres comparables il est indispensable d'opérer toujours de la même façon et de rejeter les essais où le papier se serait déchiré progressivement par suite d'une mauvaise disposition des deux baguettes.

Papier parchemin. — On désigne sous ce nom un papier spécial, rappelant un peu le parchemin par son aspect et quelques-unes de ses propriétés, en particulier par la résistance qu'il présente à la rupture. Sa résistance est les 2/3 de celle du parchemin et quintuple de celle du papier de même épaisseur. Depuis quelques années, l'industrie du papier parchemin s'est considérablement développée; il a d'importantes applications industrielles, telles que le traitement des mélasses; il constitue, en effet, une bonne membrane de dialyseur. En outre, sa résistance, même en feuille mince, le fait maintenant employer beaucoup comme papier d'emballage; son prix de revient est peu supérieur à celui du papier ordinaire, mais, comme il est beaucoup plus résistant, on peut l'employer plus mince, et il devient sensiblement meilleur marché à résistance égale. On l'obtient en immergeant du papier non collé dans de l'acide sulfurique convenablement étendu d'eau et froid, le laissant dans ce bain un temps assez court, puis le lavant à l'eau d'abord, à l'eau ammoniacale ensuite ; on termine par un lavage à l'eau ordinaire. Même à l'état mouillé, il est assez résistant, ce qui permet de l'employer dans les appareils de dialyse. Il y a avantage à faire sécher le papier parchemin à chaud, en le repassant, par exemple, avec un fer chaud, après l'avoir placé entre des feuilles de papier buvard. Dans l'industrie, on fabrique le papier parchemin en le faisant circuler sur une série de cylindres, analogues à ceux des machines à papier. Deux de ces cylindres le font arriver et le maintiennent dans un bain d'acide sulfurique où il reste le temps nécessaire ; deux autres le font plonger ensuite dans un bain d'eau courante ; deux autres le dirigent de même dans un bain d'eau ammoniacale ; deux autres, enfin, dans de l'eau pure. Au sortir de ce dernier bain, le papier passe sur de nouveaux cylindres garnis de drap, où il perd une partie de son eau, et il arrive en dernier lieu sur de grands cylindres polis et chauffés qui le sèchent en le lissant.

La durée que l'on donne à l'immersion varie beaucoup avec l'épaisseur et la nature du papier et avec la concentration du bain. Les fibres de coton sont transformées plus rapidement que celles du lin. Avec un bain formé par 2 parties d'acide à 60° B. et 1 partie d'eau, il faut de quinze à trente secondes (une demi-heure d'après certains auteurs). Dans la préparation industrielle, on préfère employer un bain plus concentré pendant un temps moindre : on prépare le bain en ajoutant 125 grammes d'eau à 1 kilogramme d'acide sulfurique, et on ne laisse séjourner le papier que cinq secondes. On doit éviter les papiers chargés de matières minérales.

On peut aussi remplacer le bain d'acide sulfurique par un bain sirupeux de chlorure de zinc.

295. Celluloses nitrées. — L'acide nitrique, en agissant sur la cellulose, donne différents composés que l'on peut considérer comme dérivant de la cellulose, de l'acide azotique s'étant substitué à de l'eau, ou de l'hydrogène au groupe AzO^2. Il résulte des expériences de M. Vieille que, par l'action de la cellulose sur de l'acide nitrique à divers degrés de concentration ou sur des mélanges à proportions variables d'acide sulfurique et d'acide azotique, on peut obtenir huit dérivés nitrés; le tableau suivant donne les noms et les formules de ces corps, ainsi que le volume de bioxyde d'azote mesuré à 0° et 760 millimètres qu'un gramme de chacun d'eux dégage quand on y dose l'azote par le procédé Schlœsing.

NOMS	FORMULES	BIOXYDE D'AZOTE
Cellulose endécanitrique	$C^{24}H^{29} (AzO^2)^{11} O^{20}$	214
» décanitrique	$C^{24}H^{30} (AzO^2)^{10} O^{20}$	203
» ennéanitrique	$C^{24}H^{31} (AzO^2)^{9} O^{20}$	190
» octonitrique	$C^{24}H^{32} (AzO^2)^{8} O^{20}$	178
» heptanitrique	$C^{24}H^{33} (AzO^2)^{7} O^{20}$	162
» hexanitrique	$C^{24}H^{34} (AzO^2)^{6} O^{20}$	146
» pentanitrique	$C^{24}H^{35} (AzO^2)^{5} O^{20}$	128
» tétranitrique	$C^{24}H^{36} (AzO^2)^{4} O^{20}$	108

L'existence de ces diverses celluloses nitrées est établie par les résultats obtenus par M. Vieille : il résulte de ces expériences qu'étant donné, soit un acide azotique d'une certaine concentration, soit un mélange bien défini d'acide azotique et d'acide sulfurique, on pourra transformer par immersion du coton en coton nitré, d'une façon complète, c'est-à-dire telle que l'iode ne donnera plus avec la cellulose pure la réaction caractéristique. D'autre part, la quantité d'hypoazotide AzO^2 fixée sur un poids constant de coton ira en variant par sauts brusques quand on fera varier d'une façon progressive soit la concentration de l'acide azotique, soit les proportions du mélange des deux acides. Il en résulte qu'avec l'acide azotique, entre deux concentrations limites, ce sera toujours la même cellulose nitrée qui se formera; il en sera de même pour les mélanges d'acide sulfurique et d'acide azotique.

Ces quantités d'hypoazotide fixées sur le coton, et qui varient par sauts brusques, sont justement celles qui correspondent aux volumes de bioxyde d'azote inscrits dans le tableau ci-dessus; elles correspondent aux formules qui s'y trouvent. On peut donc obtenir à volonté l'une ou l'autre de ces celluloses nitrées en se plaçant avec soin dans les conditions de concentration où elles se produisent; auparavant on obtenait souvent des résultats très différents d'une opération à l'autre, parce que l'on ignorait l'existence de ces divers dérivés et leurs circonstances de formation.

Propriétés. — Les celluloses endéca- et décanitrique constituent le coton-poudre proprement dit; elles sont seules employées pour leurs propriétés explosives; elles sont solubles dans l'éther acétique, mais insolubles dans les mélanges d'alcool et d'éther; les celluloses ennéa- et octonitriques sont solubles dans les mélanges d'alcool et d'éther et dans l'éther acétique; elles sont employées en photographie pour la préparation du collodion et dans l'industrie du celluloïd. Les autres celluloses sont sans application. Le coton-poudre est un explosif très violent; il détone par le choc, ou à une température de 120°, en dégageant un volume considérable de gaz, acide carbonique, oxyde de carbone, vapeur d'eau et azote. On augmente encore les effets du coton-poudre en l'employant à l'état de coton-poudre comprimé ou en l'imbibant de

nitroglycérine ; il constitue alors une dynamite d'une
grande puissance. Les autres celluloses nitrées détonent
aussi par la chaleur, mais leurs effets sont moins violents ;
il résulte, en effet, d'expériences faites par la Commission
des Substances explosives que les pressions développées
par la détonation en vase clos des diverses celluloses
nitrées sont à peu près proportionnelles à leur teneur en
azote.

Préparation. — La cellulose décanitrique se prépare
en plongeant du coton cardé dans un mélange de
1 volume d'acide azotique monohydraté et de 3 volumes
d'acide sulfurique. On laisse le coton tremper pendant
dix minutes, puis on essore, on lave à grande eau et
pendant longtemps, jusqu'à disparition complète de la
réaction acide, et on laisse sécher spontanément à la
température ordinaire. Le lavage complet de la matière
est indispensable pour assurer la conservation du produit ; sans cela il s'altère progressivement et peut tout
d'un coup détoner spontanément, comme l'ont montré
de terribles accidents.

La cellulose octonitrique employée pour la fabrication
du collodion et du celluloïd se prépare en immergeant du
coton cardé dans un mélange de 2 parties en poids d'acide
sulfurique monohydraté et de 1 partie d'acide azotique
de densité 1,367 à la température ordinaire. Après un
séjour de vingt-quatre à trente-six heures dans ce bain,
le coton est retiré, pressé, lavé comme précédemment et
séché.

Analyse des celluloses nitrées. — La méthode la plus
commode pour faire cette analyse consiste à prendre un
poids connu de matière, $0^{gr},800$ par exemple, et à la
décomposer par la méthode de M. Schloesing, c'est-à-dire
par l'action du protochlorure de fer et de l'acide chlor-

hydrique. Le chlorure ferreux passe à l'état de chlorure ferrique, l'hypoazotide passe à l'état de bioxyde d'azote que l'on recueille et dont on mesure le volume, et la cellulose nitrée revient à l'état de cellulose ordinaire. Soit $C^{24}H^{40-n}(AzO^2)^n O^{20}$ la formule de la matière à analyser. L'équation suivante rend compte de la réaction :

$$C^{24}H^{40-n}(AzO^2)^n O^{20} + 3n\,FeCl^2 + 3n\,HCl$$

$$= C^{24}H^{40}O^{20} + \frac{3n}{2} Fe^2Cl^6 + nH^2O + nAzO.$$

Cette formule permet de calculer la composition de la cellulose nitrée. Nous voyons, en effet, que tout l'azote que contient cette matière se dégage à l'état de bioxyde d'azote ; la composition de ce gaz étant connue, on pourra calculer le poids d'azote contenu dans le gaz recueilli et, en divisant ce poids par celui de la matière employée, on aura la proportion centésimale de l'azote. On peut aussi rapporter le volume obtenu, ramené par le calcul à la température de 0° et à la pression de 760 millimètres, à 1 gramme de matière ; le tableau donné plus haut permet immédiatement d'en déduire la formule de la cellulose nitrique analysée.

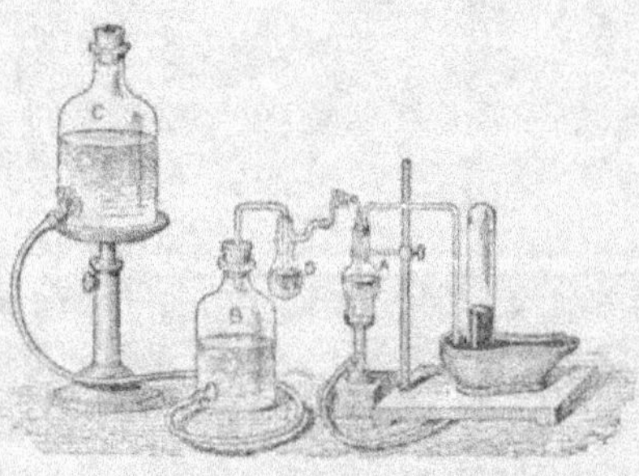

L'opération se fait facilement à l'aide de l'appareil représenté ci-contre : A est le petit ballon où l'on met la matière à analyser, B et C représentent les deux flacons d'un appareil continu Deville à acide carbonique, D est un petit flacon laveur. Une petite pince placée sur le caoutchouc qui relie D à A permet d'envoyer de l'acide carbonique dans l'appareil ou d'arrêter le courant de ce gaz. Dans le ballon A, qui a une capacité de 150 centimètres cubes environ, on introduit 25 grammes de sulfate ferreux (1) pulvérisé, puis $0^{gr},800$ environ de cellulose nitrée que l'on imbibe d'acide chlorhydrique pur, et l'on ajoute un peu d'eau, 75 centimètres cubes. On balaie tout l'air contenu dans l'appareil jusqu'à ce que le gaz qui sort et que l'on reçoit dans une éprouvette sur la cuve à mercure soit entièrement absorbable par la potasse. On chauffe alors doucement le ballon A. Le bioxyde d'azote se dégage ; l'acide carbonique et l'acide chlorhydrique qui l'accompagnent sont absorbés par la potasse. Quand le dégagement gazeux a cessé, on balaie de nouveau l'appareil par un courant d'acide carbonique. On transporte alors l'éprouvette sur un vase plein d'eau, on laisse écouler le mercure et la solution de potasse, et l'on mesure le volume du bioxyde d'azote recueilli ; on détermine en même temps la température et la pression atmosphérique et, par le calcul, on ramène le volume du gaz observé à ce qu'il aurait été si la pression avait été de 760 millimètres et la température de 0°.

296. Industries chimiques des bois. — Les bois figurent dans diverses industries chimiques, soit pour fournir différents principes utiles, tels que le tannin, des matières colorantes, de l'acide acétique, etc. ; soit pour subir divers traitements chimiques qui les rendent plus propres pour les usages auxquels ils sont destinés.

---

(1) Ce sulfate est transformé en chlorure par l'acide chlorhydrique dont on imprègne le coton-poudre après l'avoir pesé.

Un certain nombre de ces industries sont traitées dans d'autres parties de ce livre ; nous y renvoyons le lecteur dans les lignes qui suivent.

Parmi les matières diverses que fournissent les bois se trouvent : les gommes (V. t. II, p. 4), les résines (V. t. I, p. 224), les baumes du Pérou, de Tolu, le benjoin (V. chap. X), les térébenthines et la colophane (V. t. I, p. 224), l'élémi, les extraits de bois colorants et, enfin, les matières tannantes (V. chap. X).

La décomposition du bois fournit du charbon le bois et, quand on opère en vase clos, divers produits gazeux ou volatils (V. *Distillation des bois*, t. II, p. 76).

Le bois est employé dans quelques industries pour la cellulose qu'il contient : fabrication du papier (V. t. II, p. 58), préparation de l'acide oxalique (V. t. II, p. 333).

Les traitements chimiques que l'on fait subir aux bois, pour les rendre plus résistants ou pour les teindre, consistent à y injecter diverses substances. Ce sont ces procédés que nous allons étudier ici.

297. Conservation des bois. — Les bois utilisés dans les constructions, qu'ils soient exposés à l'air, enfouis sous terre ou sous l'eau, sont sujets à diverses causes de détérioration. Les principales sont l'action des insectes et des microbes. Toutes les circonstances qui favorisent le développement de ces êtres rendent plus rapide la destruction des bois. Telles sont l'humidité, une température assez élevée, une texture poreuse, etc. Les procédés utilisés pour la conservation des bois font intervenir presque toujours des substances dites antiseptiques qui détruisent les microbes et les empêchent de se développer. La peinture ou le goudron que l'on met à la surface des bois préservent ceux-ci des germes qui pourraient venir de l'extérieur, mais non de ceux qui peuvent exister déjà à l'intérieur : de plus, ces procédés ne restent efficaces qu'autant que la couche préservatrice persiste. C'est pour éviter d'avoir à entretenir cette couche préservatrice et pour obtenir une préservation plus complète qu'on a imaginé les procédés chimiques d'injection des bois.

Les tissus qui constituent le bois sont formés de vaisseaux dans lesquels se trouvent des liquides quand l'arbre est vivant ou vient d'être abattu ; la circulation de la sève montre qu'il est possible de faire circuler un liquide dans ces tissus. Un premier procédé d'imprégnation des bois consiste à profiter de cette circulation pour déplacer peu à peu la sève par un liquide antiseptique. Lorsque le bois est coupé depuis longtemps et plus ou moins sec, il a perdu une grande partie du liquide qui remplissait les cellules ; l'air qu'il contient alors s'oppose à l'introduction du liquide dont on veut l'imprégner ; deux procédés sont employés pour vaincre cette résistance : l'immersion prolongée et les changements de pression (vide ou compression).

Première méthode. — Dans le *procédé Boucherie*, l'arbre conservant encore au moins une partie de ses feuilles, on met la partie inférieure en communication avec un tonneau contenant le liquide que l'on veut introduire dans le bois. L'arbre peut être abattu : dans ce cas on enveloppe la section avec un sac imperméable dont l'intérieur communique avec le tonneau. L'arbre peut être encore sur pied : on fait alors des trous avec une tarière dans la partie inférieure du tronc, et l'on met ces trous en communication avec le réservoir : ou bien on fait tout autour du pied un trait de scie circulaire et, entourant l'arbre d'un petit bassin, on le remplit du liquide antiseptique. C'est l'évaporation de l'eau de la sève qui se produit dans les feuilles qui détermine l'aspiration du liquide qui la remplace.

Boucherie a indiqué, en outre, un second procédé applicable pour le bois coupé depuis quelque temps, mais encore vert cependant ; on installe la pièce de bois à peu près horizontalement et, les deux extrémités étant rafraîchies à la scie, on applique sur l'une d'elles une rondelle de bois en interposant une corde d'étoupe vers la circonférence, de façon à laisser un petit espace entre l'arbre et la rondelle et à former une fermeture hermétique. Un ajutage que porte la rondelle permet d'introduire le liquide contenu dans un baril situé à une dizaine de mètres de hauteur. Sous l'influence de cette pression voisine d'une atmosphère, la sève est peu à peu déplacée et coule par l'autre extrémité.

Deuxième méthode. — La *méthode de l'immersion* est pratiquée depuis longtemps. Quand on immerge les bois dans l'eau ordinaire, on déplace simplement la sève par de l'eau qui ne contient pas, comme elle, des substances qui favorisent le développement des germes. Quand les bois sont immergés dans l'eau de mer, la préservation est un peu plus complète. On peut aussi les immerger dans des solutions antiseptiques, mais on fait surtout usage de ces liquides quand on emploie les procédés d'injection en vases clos qui constituent la troisième méthode.

Troisième méthode. — On a imaginé de nombreux procédés consistant à soumettre le bois enfermé en vase clos successivement à l'action du vide et de la pression pour éliminer d'abord une partie des gaz et de la sève et la remplacer ensuite par des liquides antiseptiques. L'appareil *Briant*, un des plus anciens (1831), se composait de deux cylindres pouvant communiquer l'un avec l'autre par la partie supérieure au moyen d'un tube à robinet. Dans l'un on plaçait le morceau de bois à injecter ; l'autre était muni de tuyaux fermés à volonté permettant d'introduire de la vapeur d'eau ou de l'air. Quand on introduisait de la vapeur, elle chassait l'air du cylindre ; si, à ce moment, on fermait les robinets et si l'on injectait de l'eau, la vapeur se condensait, et le vide se trouvait ainsi produit à l'intérieur ; on pouvait, à l'aide de ce système, faire le vide dans le premier cylindre contenant le bois ; lorsqu'on pensait que ce vide était suffisant, on interrompait la communication entre les deux cylindres, on introduisait le liquide antiseptique et on le comprimait avec une pompe. L'opération durait environ six heures ; la nature du bois, du liquide employé, rendait, d'ailleurs, la durée de l'opération assez variable. Dans la plupart des appareils qui ont remplacé celui-là, dans l'appareil *Béthel* par exemple, le vide est fait à l'aide d'une pompe pneumatique. Les cylindres où l'on place les pièces de bois sont de très grandes dimensions, une vingtaine de mètres sur $1^m,50$ ou 2 mètres de diamètre. Ils sont très résistants, de façon à pouvoir supporter les pressions de 8 à 10 atmosphères qu'on leur fait subir. La durée du séjour des bois dans cet appareil est très variable, d'une douzaine d'heures en moyenne. Le procédé *Blyte* est un peu différent ; jusqu'ici nous n'avons pas parlé des liquides employés, parce que les procédés précédents permettent de les appliquer tous ; le procédé Blyte est combiné de façon à employer la créosote, mais d'une façon plus économique que dans les autres procédés : pour cela, on opère en présence de la vapeur d'eau entraînant des vapeurs de créosote. De cette façon, l'imprégnation se fait d'une façon plus complète, plus régulière, et nécessite une quantité moindre de matière.

Antiseptiques employés. — Les antiseptiques les plus employés sont les sels de fer, principalement l'acétate, le borate de sodium ou borax, le sulfate de cuivre, le goudron et ses dérivés ; parmi ceux-ci, la créosote est très employée. Le sulfate de cuivre s'élimine peu à peu des bois injectés, surtout quand le bois est plongé dans l'eau ; mais une partie du cuivre est entrée en combinaison avec les matières du bois, et elle suffit à préserver le bois.

298. Distillation des bois. — *Généralités.* — La distillation des bois donne des produits solides consistant en charbon, 29 0/0 en moyenne, et en brai, 3 à 4 0/0 ; en produits liquides représentant à peu près 60 0/0 du poids du bois, et des gaz 16 à 17 0/0. Les produits liquides contiennent surtout : de l'eau, 90 0/0 ; du goudron, 1 à 1,5 pour 0/0 ; de l'alcool méthylique, 1 0/0 ; et de l'acide acétique, 2 0/0 environ. Les gaz contiennent de l'azote, de l'acide carbonique, de l'oxyde de carbone, de l'hydrogène et divers carbures d'hydrogène parmi lesquels le formène est le plus abondant. C'est un ingénieur français, Philippe Lebon, qui a montré, à la fin du siècle dernier, que la distillation du bois en vase clos donnait des gaz combustibles qu'il proposait d'employer pour l'éclairage et des matières liquides, parmi lesquelles il distingua le goudron et l'acide acétique.

Appareils de calcination. — Cette distillation se fait dans de grands cylindres en fer de 2^m,50 de haut sur 1^m,50 de diamètre ; ils contiennent 1.500 kilogrammes de bois. Ces cylindres, qui sont disposés verticalement, ont leur partie supérieure fermée par un couvercle que l'on lute avec de l'argile ; il est muni au centre d'un tube de dégagement par lequel s'échappent les parties volatiles qui sont conduites dans un réfrigérant tubulaire où elles se condensent ; les gaz qui sortent de ce réfrigérant sont dirigés sous le cylindre et enflammés. La durée d'une carbonisation est de cinq à six heures. Dans quelques usines, on emploie des exhausteurs comme dans l'industrie du gaz d'éclairage, ou de la vapeur d'eau surchauffée à 350° que l'on injecte dans les cylindres vers la fin de l'opération.

On emploie aussi pour la calcination des bois des fours continus de diverses espèces. Dans le *four Astley et Parton-Price*, le bois est chargé sur des wagonnets en fer qui circulent sur des rails placés à l'intérieur d'une chambre de carbonisation. Celle-ci est séparée par une cloison mobile d'une chambre de refroidissement. Les deux extrémités du four en P_1 et P_2 sont fermés à l'aide de portes en fer à deux vantaux que l'on lute avec de l'argile. Les gaz et les vapeurs sortent en o et o'. Dans la figure ci-dessous, E représente un wagon chargé prêt à être introduit dans le four ; D est un wagon dont le bois est parfaitement desséché et en partie calciné, C un wagon dont la charge est soumise à une température élevée par suite du voisinage du foyer F, et S est un wagon qui vient de sortir du four et est en train de se refroidir.

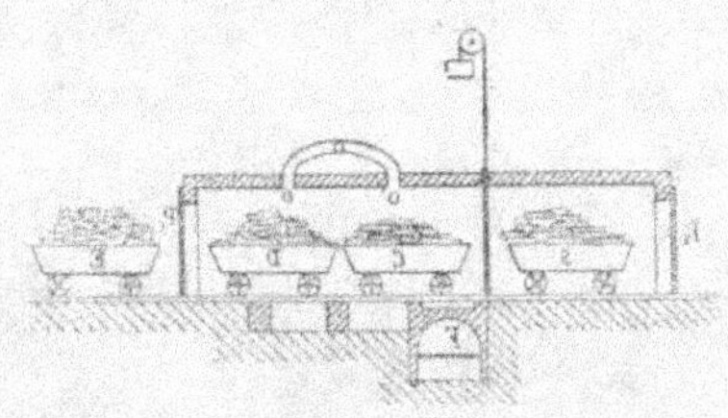

Dans l'*appareil de la Compagnie du pyroligneux*, les cylindres sont transportés à l'aide d'un chariot à l'intérieur d'une sorte de moufle. Là, un système de levier soulève les cylindres, et l'on retire le chariot.

L'*appareil Bresson* a certaines analogies avec les fours
à chaux coulants ; il se compose d'un four en briques à
peu près cylindrique et comprenant trois parties. La partie médiane est en briques réfractaires ; elle est chauffée
à l'aide d'une rampe circulaire de brûleurs, alimentés par
un gazogène ; la partie supérieure est en charbon comprimé, maintenue par une enveloppe de tôle. La partie
inférieure est formée d'une double enveloppe en tôle où
circule de l'eau. Le bois est chargé dans cinq cornues
cylindriques contenant chacune 4 mètres cubes de bois
qui sont empilées les unes sur les autres dans un large
tube en fonte ou en tôle. Ce tube est fermé à son extrémité supérieure par un couvercle que l'on peut lever avec
une grue, et à la partie inférieure par un piston que l'on
peut soulever plus ou moins. Des cinq cornues qui se
trouvent simultanément dans le four, la plus élevée, qui
vient d'être chargée, s'échauffe progressivement, la plus
basse se refroidit, et les autres sont soumises à une température de plus en plus élevée ; toutes les huit heures on
enlève la cornue du bas et, chaque cornue avançant d'un
rang, on peut en remettre une nouvelle à la partie supérieure ; l'intérieur du four ne se trouve pas en communication avec l'air pendant ces manœuvres, de sorte que
l'on ne perd pas de produits volatils ; les gaz et les
vapeurs qui s'échappent des cornues traversent un baril-
let et se rendent dans un condenseur Pelouze et Audoin
(V. *Gaz d'Éclairage*, t. I, p. 170) où elles abandonnent leur
goudron. On emploie aussi, comme dans l'industrie du gaz,
des exhausteurs. Les produits liquides que l'on recueille
dans la distillation du bois sont traités pour en retirer
l'alcool méthylique ou esprit-de-bois, l'acide acétique ou
acide pyroligneux, et les goudrons qu'ils contiennent. On
sépare le goudron par repos et décantation, quelquefois en

s'aidant d'appareils fonctionnant comme les écrémeuses qui servent dans l'industrie du lait. La séparation de l'alcool méthylique et de l'acide acétique se fait en distillant le liquide dans un alambic. Ces alambics, qui ont une capacité d'environ 1.500 litres sont chargés avec 1.000 kilogrammes de liquide brut; l'alambic est surmonté d'une petite colonne rectificatrice contenant au moins trois plateaux et qui rend plus facile la séparation des vapeurs d'alcool méthylique qui bout à 66°,3 et des vapeurs d'acide acétique dont le point d'ébullition est 117°,3. Lorsqu'un essai a montré que le liquide qui distille ne contient plus d'alcool (on a distillé alors environ 125 litres de liquide), on recueille à part les produits qui se dégagent. Quand les 3/4 du liquide ont passé à la distillation, on introduit une nouvelle charge, et l'on recueille de la même façon les liquides qui distillent; puis, on introduit encore une nouvelle charge et l'on pousse la distillation beaucoup plus loin, jusqu'à ce qu'on voie apparaître des taches huileuses de goudron ; on arrête alors l'opération et l'on vide l'alambic en recueillant le goudron qu'il contient. Le premier liquide qu'on a séparé constitue la matière première qui sert à la préparation de l'alcool méthylique (V. t. I, p. 280), et le second sert à la préparation des acétates et de l'acide acétique (V. t. II, p. 110).

CHAPITRE IX

ACIDES MONOBASIQUES A FONCTION SIMPLE

§ 1. — *Généralités.* — § 2. — *Étude particulière
des acides monobasiques à fonction simple.* — § 3. — *Applications*

§ 1. — GÉNÉRALITÉS

299. Définition. — On appelait autrefois acides, les substances ayant une saveur particulière, *aigre*, et possédant la propriété de colorer de la même façon diverses teintures végétales, de rougir, par exemple la teinture de tournesol; on désignait alors sous le nom de sel tout ce qui était cristallisé, aussi bien le sel marin que l'acide oxalique. D'après les idées de Lavoisier la présence de l'oxygène était indispensable dans les acides. Quand on eut découvert le chlore et reconnu qu'il était un corps simple, on dut admettre qu'il existait des acides ne contenant pas d'oxygène; l'acide chlorhydrique, formé uniquement de chlore et d'hydrogène en effet, avait à tel point toutes les propriétés des acides oxygénés qu'on l'avait toujours cru composé d'oxygène jusqu'au moment où l'on admit la nature simple du chlore. Les acides pouvaient dès lors être divisés en deux classes : les oxacides qui contenaient de l'oxygène, et les hydracides qui contenaient de l'hydrogène uni à un corps simple. Pour éviter cette subdivision inutile et ramener tous les acides à un type unique, Davy fut conduit à considérer parmi les oxacides seulement ceux qui contenaient les éléments de l'eau et à les comparer aux hydracides. Les corps qui, comme le gaz carbonique, le gaz sulfureux, ne contenaient pas les éléments de l'eau, furent mis en dehors de la classe des acides par Davy ; ce n'étaient pas des acides ; on les nomme aujourd'hui des anhydrides. Cette élimination faite, les oxacides et des hydracides avaient des propriétés toutes semblables : mis en présence des métaux, ils donnaient un composé neutre, un *sel*, avec dégagement d'hydrogène ; mis en présence des bases, ils donnaient aussi un sel, avec élimination d'eau. Leurs réactions principales étaient donc identiques et si, franchissant un pas de plus, on voulait que leur constitution fût semblable, il fallait les considérer, ainsi que le fit Dulong, comme constitués par l'union de l'hydrogène, soit avec un corps simple (hydracides), soit avec un groupe d'éléments fonctionnant comme corps simple, avec un radical (1). Si nous comparons l'acide chlorhydrique HCl avec l'acide acétique, dont la formule brute est $C^2H^4O^2$, nous serons amené, en suivant les idées de Davy, à écrire sa formule $(C^2H^3O^2)H$, et nous dirons avec Dulong que le radical $(C^2H^3O^2)$ joue le rôle du corps simple, chlore. L'hypothèse des radicaux composés, proposée par Dulong, ne fut pas adoptée, principalement parce que l'on n'avait obtenu aucun des radicaux si nombreux que cette théorie supposait (2). A la suite des travaux de Gerhardt et grâce à la

(1) Cette idée (et même le mot radical) se trouve déjà dans les œuvres de Lavoisier à propos justement des acides organiques ; mais elle a été précisée par Dulong.

(2) Actuellement ce n'est plus une objection; pas plus qu'alors on n'a maintenant isolé le groupe $C^2H^3O^2$. Il résulte même de la théorie de l'atomicité qu'il n'y a pas lieu d'espérer obtenir à l'état de liberté un radical monovalent. Quand on tente d'obtenir un pareil résultat, on

considération des poids moléculaires, on reconnut que les molécules de certains acides monoatomiques, l'acide azotique AzO^3H par exemple, ne contenaient pas les éléments d'une molécule d'eau; on ne pouvait donc les considérer comme provenant de l'union de l'eau et d'un corps anhydre, mais on pouvait les considérer comme résultant de l'union d'un atome d'hydrogène, facilement remplaçable par un atome d'un métal monovalent, avec un groupe qui, s'il n'existe pas isolé, présente, du moins, cette propriété de se retrouver dans un grand nombre de combinaisons obtenues avec l'acide azotique; tout se passe *comme si* ce groupe AzO^3 se transportait en un seul bloc d'une combinaison à l'autre; c'est ce qui justifie l'usage de ces radicaux non isolés et, probablement, non isolables.

Au caractère que nous avons indiqué plus haut comme appartenant aux acides, formation d'un sel par substitution d'un atome de métal monovalent à un atome d'hydrogène, il faut en joindre un second pour définir la fonction acide. Un acide donne, par substitution d'un atome de chlore à un groupe oxhydryle, un chlorure acide jouissant de cette propriété de régénérer en présence de l'eau

obtient un corps résultant de l'union de deux de ces groupes entre eux. Ainsi, quand on traite l'acide cyanhydrique formé par l'union de l'hydrogène avec le radical monovalent — $C \equiv Az$ par un métal tel que le potassium, on n'obtient pas le corps CAz, mais le corps C^2Az^2 provenant de l'union de deux de ces radicaux identiques :

$$Az \equiv C - C \equiv Az.$$

De même, quand on traite le sodium par l'ammoniac liquéfié, ce n'est pas le radical monovalent sodammonium que l'on obtient, mais bien la combinaison $(Na, H^3) :: Az, Az :: (Na, H^3)$.

Les radicaux de valence paire ont pu, au contraire, être isolés dans un assez grand nombre de cas : éthylène, oxyde de carbone, etc.

l'acide primitif et de mettre en liberté de l'acide chlorhydrique suivant les formules :

Acide azotique : AzO^3H ou $AzO^2.OH$
Chlorure d'azotyle : AzO^2Cl

et

$$AzO^2Cl + H^2O = AzO^2.OH + HCl$$

300. Constitution des acides. — Parmi les nombreux acides que l'on connaît, il y a lieu de distinguer immédiatement plusieurs classes, suivant la basicité de l'acide. Une molécule d'acide peut, en effet, éprouver une, deux, trois,... n fois la substitution d'un atome de métal monovalent à un atome d'hydrogène, et le sel formé peut contenir, par conséquent, par molécule un, deux, trois,... n atomes d'un métal monovalent. On dit alors que l'acide est mono-, bi-, tribasique, etc.

Considérons pour le moment les acides monobasiques. Parmi ceux-ci il existe une série de composés ayant des propriétés analogues; leur formule brute est de la forme $C^nH^{2n}O^2$; en faisant n successivement égal à 1, 2, 3..., on obtient tous les acides de cette série. On les appelle les acides gras, parce que la plupart des acides qui entrent dans la composition des matières grasses appartiennent à cette série. Lorsqu'on enlève à une molécule de ces acides une molécule d'anhydride carbonique CO^2, en les chauffant, par exemple, en présence de chaux, on les transforme en carbure saturé, ou en hydrogène pour le premier terme :

$n = 1$ ac. formique	$CH^2O^2 = CO^2 + H^2$	hydrogène ou $H.H$	
$n = 2$ ac. acétique	$C^2H^2O^2 = CO^2 + CH^4$	méthane ou hydrure de méthyle $H.CH^3$	
$n = 3$ ac. propionique	$C^3H^6O^2 = CO^2 + C^2H^6$	éthane ou $H.CH^2.CH^3$.	
$n = 4$ ac. butyrique	$C^4H^8O^2 = CO^2 + C^3H^8$	propane ou $H.CH^2.CH^2.CH^3$.	

Cette série présente donc entre ses différents termes des relations analogues à celles qui existent entre les divers carbures saturés.

Examinons maintenant le plus simple d'entre eux, celui dont le poids moléculaire est le moins élevé. C'est l'acide formique CH^2O^2. Si l'on cherche à grouper les cinq atomes, un de carbone, deux d'hydrogène et deux d'oxygène, de toutes les façons possibles, mais en satisfaisant à la tétravalence du carbone et à la bivalence de l'oxygène, on ne trouve de possibles que les groupes suivants :

$$H - C - OH \qquad et \qquad H - C - H$$
$$\parallel \qquad\qquad\qquad\qquad\qquad \diagdown\;\diagup$$
$$O \qquad\qquad\qquad\qquad\qquad\quad O - O$$

La première formule paraît immédiatement satisfaire mieux à la formule des acides, puisqu'elle comprend un groupe OH et qu'un des caractères des acides est de donner des dérivés où un atome de chlore remplace un groupe oxhydryle OH ; d'autres raisons, d'ailleurs, doivent faire écarter la seconde ; celle-ci possède, en effet, deux atomes d'hydrogène jouant le même rôle ; on devrait donc pouvoir remplacer ces deux atomes d'hydrogène et non pas un seul, par un atome de métal monovalent. Nous adopterons donc pour l'acide formique la première formule que nous écrirons indifféremment :

$$H - C - OH \qquad ou \qquad H.COOH$$
$$\parallel$$
$$O$$

Si l'on voulait appliquer au terme suivant, l'acide acétique, le même mode de raisonnement, en considérant

tous les groupes possibles (1), on en trouverait dix. Sur
ce nombre six seulement possèdent un atome d'hydrogène
jouant un rôle spécial ; les quatre autres doivent être écar-
tés comme n'expliquant pas la formation d'acétates ne
contenant qu'un atome de métal. Parmi ces six groupes
et même parmi les dix, trois seulement contiennent un
groupe méthyle CH^3 et, parmi ces trois, un seulement possède un groupe OH. Or, les relations que nous avons cons-
tatées entre les carbures saturés, d'une part, entre les
acides gras, d'autre part, nous conduisent à penser que,
si le méthane est un hydrure de méthyle et provient de la
substitution dans H.H d'un atome d'hydrogène par un
groupe méthyle CH^3, soit $H.CH^3$, de même l'acide acétique
doit dériver de l'acide formique par la substitution à un
atome d'hydrogène d'un groupe CH^3. C'est ce qui nous a
fait choisir parmi les six groupes que nous avions d'abord
mis à part les trois qui renfermaient le groupe CH^3. Pour
choisir parmi ces trois, nous avons eu recours à la seconde
propriété générale des acides, celle de donner des chlorures acides par la substitution de Cl à OH. L'acide acétique sera donc représenté par les formules équivalentes :

$$\begin{array}{c}
H \\
H-C-C-O-H \\
H \\
\quad\quad \| \\
\quad\quad O
\end{array} \qquad \text{ou} \qquad CH^3.COOH$$

Pour les mêmes raisons, l'acide propionique sera
représenté par la formule

$$C^2H^5.COOH \qquad \text{ou} \qquad CH^3.CH^2.COOH$$

L'acide butyrique aura de même pour formule

(1) En satisfaisant toujours à la tétravalence du carbone et à la bivalence de l'oxygène.

$C^3H^7.COOH$; mais, tandis que pour les acides précédents le groupe uni à COOH ne pouvait être formé que d'une seule façon, à partir de l'acide butyrique, au contraire, il y aura, parmi toutes les formules possibles, plusieurs qui pourront représenter un acide défini, comme il a été dit plus haut. Pour l'acide butyrique, par exemple, on aura

les deux formules $CH^3.CH^2.CH^2.COOH$ et $\begin{matrix} CH^3 \\ CH^3 \end{matrix}\!\!>\!\!C\!\!<\!\!\begin{matrix} COOH, \\ H \end{matrix}$

on voit que ces deux formules ne diffèrent que par le groupement des éléments dans le groupe uni à COOH. Or, on a obtenu deux acides monobasiques ayant la formule brute $C^4H^8O^2$. Les deux formules auxquelles on arrive correspondent donc bien à deux corps existants ; pour savoir celle qui convient à chacun de ces corps, il y aura lieu de considérer la nature des réactions qu'ils fournissent ou de celles qui servent à les obtenir. Ainsi, l'un de ces corps peut être obtenu par l'oxydation de l'alcool butylique normal dont la formule est

$$CH^3.CH^2.CH^2.CH^2.OH,$$

et l'autre par l'oxydation de l'alcool isobutylique dont la formule est

$$\begin{matrix} CH^3 \\ CH^3 \end{matrix}\!\!>\!\!C\!\!<\!\!\begin{matrix} CH^2.OH \\ H \end{matrix}$$

L'analogie des formules des deux acides et des deux alcools est frappante, et l'on passe de la formule d'un alcool à celle de l'acide qu'il peut fournir en changeant $CH^2.OH$ en $CO.OH$. Les formules des alcools butyliques étant fixées comme nous l'avons vu (V. t. I, p. 239), il en résulte que celle des acides l'est aussi.

La constitution d'un acide monobasique de la série

grasse de formule $C_nH^{2n}O^2$ sera donc représentée par $C^{n-1}H^{2n-1}COOH$, et on pourra obtenir autant d'isomères que l'on pourra faire de groupements monovalents avec $C^{n-1}H^{2n-1}$.

Le groupe COOH apparaît donc dans la constitution de ces acides et caractérise ces corps. On le désigne souvent sous le nom de carboxyle.

Considérons maintenant les acides bibasiques. Il existe une série d'acides bibasiques jouissant de propriétés analogues et ayant pour formule générale $C^nH^{2n-2}O^4$. Le plus simple d'entre eux, celui dont le poids moléculaire est le plus faible, c'est l'acide oxalique $C^2H^2O^4$. Si l'on cherche tous les schémas correspondant à cette formule, on trouve qu'ils sont très nombreux ; mais, comme c'est un acide bibasique qu'il s'agit de représenter, on ne doit prendre dans ces schémas que ceux où l'on trouve deux atomes d'hydrogène, jouant le même rôle et deux groupes OH à cause de la double substitution qu'éprouvent les acides de cette famille en présence du chlore. Les deux atomes d'hydrogène contenus dans l'acide oxalique doivent donc être reliés chacun à un atome d'oxygène et ces deux groupes OH doivent jouer le même rôle. Si l'on ajoute à cela ce caractère que possèdent ces acides de ne pouvoir fixer ni H ni Cl, etc., c'est-à-dire d'être complets, on écartera tous les schémas qui présenteront une liaison double ou triple entre deux molécules de carbone. Il restera alors es deux schémas que voici :

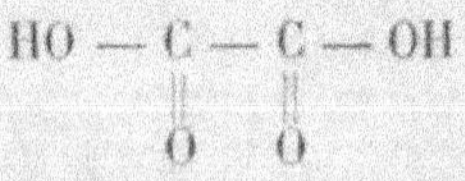

$$HO - C - C - OH$$
$$\quad\ \parallel\ \ \parallel$$
$$\quad\ O\ \ \ O$$

que l'on peut écrire HOOC.COOH ou COOH.COOH

et

$$O = C - C \begin{smallmatrix} \diagup OH \\ \diagdown OH \end{smallmatrix}$$
$$\diagdown \diagup$$
$$O$$

Il faut alors de nouvelles considérations pour choisir entre ces deux formules : 1° Comparons certaines conditions de formation de l'acide formique et de l'acide oxalique ; par l'oxydation du formène on peut obtenir de l'acide formique :

$$H.CH^3 + 30 = H.COOH + H^2O$$

par l'oxydation de l'acide acétique on peut obtenir l'acide oxalique. Or, la formule de l'acide acétique $CH^3.COOH$ diffère de celle du formène par le changement de H en COOH; l'hypothèse la plus simple est que l'acide acétique éprouve une réaction analogue à celle du formène. Si on admet cela, la formule suivante est la traduction de cette hypothèse :

$$COOH.CH^3 + 30 = COOH.COOH + H^2O$$

2° L'oxydation de l'alcool éthylique donne l'acide acétique suivant la formule :

$$\begin{matrix} CH^2.OH \\ | \\ CH^3 \end{matrix} + O^2 = \begin{matrix} CO.OH \\ | \\ CH^3 \end{matrix} + H^2O.$$

De même, l'oxydation du glycol dont nous connaissons la formule de constitution (V. t. I, p. 262) donne de l'acide oxalique. Si on prend pour ce corps la formule

HOOC.COOH, cette réaction est semblable à la précédente :

$$CH^2.OH \atop CH^2.OH \quad + 2O^2 = \quad CO.OH \atop CO.OH \quad + 2H^2O.$$

Elle fait dériver l'acide oxalique, acide bibasique, d'un alcool biatomique comme l'acide acétique, acide monobasique, dérive d'un alcool monoatomique.

On pourrait multiplier ces exemples. Nous adopterons donc la formule $CO.OH \atop CO.OH$ ou COOH.COOH pour l'acide oxalique.

Le glycol est le premier terme de la famille des glycols, comme l'acide oxalique est le premier terme de la famille des acides bibasiques. On pourra rattacher à chaque glycol normal un acide bibasique correspondant ainsi :

Au propylglycol normal $CH^2OH.CH^2.CH^2OH$ correspondra l'acide malonique $COOH.CH^2.COOH$.

Au butylglycol normal $CH^2OH.CH^2.CH^2.CH^2OH$ correspondra l'acide succinique $COOH.CH^2.CH^2.COOH$, etc.

On voit donc apparaître dans les acides bibasiques deux groupes COOH.

Des considérations du même ordre font mettre en évidence dans les acides polybasiques autant de groupes COOH que leur basicité contient d'unités.

A côté de ces acides de basicités diverses, mais complets, il en existe d'autres, au contraire, qui sont incomplets, dont deux carbones au moins sont reliés par un trait double, et peuvent, en fixant H^2 par chaque liaison double, donner un acide complet. La formule de constitution de ces corps s'établit le plus souvent en partant de la formule de l'acide complet auquel ils correspondent. La considération des dérivés chlorés ou bromés qui se forment, en général. très facilement permet presque toujours d'établir la formule de ces corps. Nous n'en donnerons qu'un exemple : on connaît sous les noms d'acide crotonique et isocrotonique deux acides monobasiques incomplets de formule brute $C^4H^6O^2$. L'un, l'acide crotonique, donne en fixant une molécule de brome Br^2 de l'acide dibromobutyrique dont la formule est $CH^3.CHBr.CHBr.COOH$. La formule de l'acide crotonique s'obtiendra en retirant Br aux groupes 2 et 3 qui le contiennent; ces deux groupes deviendront non saturés, et leur carbone sera réuni par une double liaison. La formule de l'acide crotonique sera donc :

$$CH^3.CH : CH.COOH$$

Au composé dibromé, acide dibromobutyrique isomère du précédent, $CH^2Br.CHBr.CH^2.COOH$ correspond l'acide incomplet $CH^2 : CH.CH^2.COOH$ (acide isocrotonique). A l'acide isobutyrique dibromé $\begin{array}{c}CH^3Br\\CH^3\end{array}\!\!>C<\!\!\begin{array}{c}Br\\COOH\end{array}$ correspond l'acide incomplet $\begin{array}{c}CH^3\\CH^2\end{array}\!\!>C - COOH$ (acide méthacrylique, isomère des acides crotoniques).

Nous avons vu dans ce qui précède que les acides monobasiques étaient constitués par l'union d'un groupe monovalent COOH à un groupe monovalent formé de carbone et d'hydrogène et qu'un acide n-basique résultait de l'union de n groupes COOH à un groupe n-valent formé de carbone et d'hydrogène (1). Il existe d'autres séries

---

(1) Ou dans le cas particulier de l'acide oxalique par deux groupes COOH unis directement. Il existe même un cas plus simple où les deux oxhydryles OH sont unis au même groupe CO : c'est celui de l'acide carbonique $CO<\!\!\begin{array}{c}OH\\OH\end{array}$; cet acide est inconnu, il est vrai, mais sa formule, qui résulte de celle des carbonates $CO<\!\!\begin{array}{c}ONa\\ONa\end{array}$, n'est pas douteuse.

d'acides dans lesquels un radical hydrocarboné n-valent contient seulement $n - p$ groupes $CO.OH$, mais contient alors p autres groupes monovalents ou $\frac{p}{2}$ groupes bivalents, etc., ou diverses combinaisons de groupes de valeurs différentes, telles qu'elles satisfassent à elles toutes les p valences disponibles. Ces composés se nomment des acides à fonctions mixtes.

Soit, par exemple, le groupe C^2H^2; il est tétravalent puisqu'il dérive du composé saturé C^2H^6 par la perte de $4H$. Ce radical tétravalent, en fixant deux groupes $COOH$ (caractéristiques des acides) et deux groupes OH (caractéristiques des alcools), donnera un composé complet qui sera acide bibasique et alcool diatomique, c'est l'acide tartrique et ses isomères. On connaît de même des acides-éthers, des acides-aldéhydes, etc.

301. Classification des acides. — La classification des acides résulte de l'étude que nous venons de faire de leur constitution. Il y a lieu de distinguer:

		complets	incomplets
Acides à fonction simple	{	monobasiques bibasiques tribasiques etc...	monobasiques bibasiques tribasiques etc...
Acides à fonctions mixtes	{	Acides-alcools. . . . . . . Acides-phénols . . . . . . Acides-éthers . . . . Acides-aldéhydes . . . . . Acides-alcalis, etc. . . . . Acides-alcools-phénols, etc.	complets ou incomplets » » » » »

Chacun de ces groupes acides-alcools pourra, d'ailleurs, se subdiviser suivant que ces corps seront une ou plusieurs fois acides et alcools ou acides et éthers, etc. Nous n'étudierons dans ce chapitre que les acides monobasiques à fonction simple, complets ou incomplets, en exceptant, toutefois, les acides de la série aromatique. Après chaque acide seront étudiés les sels et les anhydrides correspondants. Les autres acides feront l'objet du chapitre x.

§ 2. — ÉTUDE PARTICULIÈRE DES ACIDES MONOATOMIQUES A FONCTION SIMPLE

A. — ACIDES COMPLETS OU ACIDES GRAS

302. Propriétés générales. — Ces acides, dont la formule brute est $C^n H^{2n} O^2$ ou $C^{n-1} H^{2n-1} COOH$, se forment :

1° Par l'oxydation des carbures saturés à l'aide de l'acide chromique ou du permanganate de potassium :

$$C^n H^{2n+2} + 3O = C^{n-1} H^{2n-1}.COOH + H^2O.$$

2° Par celle des carbures éthyléniques de la même façon :

$$C^n H^{2n} + O^2 = C^{n-1} H^{2n-1}.COOH.$$

3° Ou par celle des carbures acétyléniques avec fixation d'eau :

$$C^n H^{2n-2} + O + H^2O = C^{n-1} H^{2n-1} COOH.$$

4° Par l'oxydation des aldéhydes correspondants :

$$C^{n-1} H^{2n-1} CHO + O = C^{n-1} H^{2n-1}.COOH.$$

5° Par l'oxydation des alcools correspondants :

$$C^nH^{2n+1}.OH + O^2 = C^{n-1}H^{2n-1}.COOH + H^2O.$$

6° On les obtient aussi par réduction des acides bibasiques à l'aide de l'acide iodhydrique qui, à 280°, fournit de l'hydrogène naissant :

$$C^{n-2}H^{2n-4}:(COOH)^2 + 3H^2 = C^{n-1}H^{2n-1}.COOH + 2H^2O.$$

Les acides monobasiques se décomposent en donnant :
1° Des alcools sous l'influence de l'amalgame de sodium (hydrogène naissant) :

$$C^{n-1}H^{2n-1}.COOH + 2H^2 = C^nH^{2n+1}.OH + H^2O.$$

2° Des carbures saturés sous l'influence de l'acide iodhydrique à 280° (hydrogène naissant) :

$$C^{n-1}H^{2n-1}.COOH + 3H^2 = C^nH^{2n+2} + 2H^2O$$

3° Des carbures saturés par l'action de l'hydrate de potassium :

$$C^{n-1}H^{2n-1}.COOH + 2KOH = C^{n-1}H^{2n} + CO^3K^2 + H^2O.$$

4° Ou des aldéhydes quand on distille un de leurs sels avec du formiate de potassium :

$$C^{n-1}H^{2n-1}.COOK + H.COOK = C^{n-1}H^{2n-1}.CHO + CO^3K^2.$$

Ces acides, traités par le chlore, le brome et parfois l'iode, donnent des dérivés de substitution, mais non des produits d'addition, ce qui les distingue des acides monoatomiques incomplets.

Combinaisons dérivées. — A chaque acide monobasique $C^{n-1}H^{2n-1}.COOH$ correspond un sel neutre de formule $C^{n-1}H^{2n-1}COOM'$ ou $C^nH^{2n-1}O^2.M'$ pour les métaux monovalents et $(C^nH^{2n-1}O^2)^2 : M''$ pour les métaux bivalents.

A chaque acide correspondent des dérivés chlorés, bromés, iodés, de formule $C^{n-1}H^{2n-1-p}R^p.COOH$, où R représente un atome de Cl, Br, I. Ces corps sont des acides monobasiques.

A chaque acide monobasique correspond un éther. $C^nH^{2n+1}.OH$ étant un alcool et $C^nH^{2n-1}O^2.H$ un acide, l'éther correspondant sera $C^nH^{2n-1}O^2.C^nH^{2n'+1}$.

A chaque acide monobasique correspond un anhydride $(C^nH^{2n-1}O)^2:O$ obtenu d'après la réaction :

$$2 (C^nH^{2n-1}O^2.H) = (C^nH^{2n-1}O)^2:O + H^2O$$

et des anhydrides mixtes $\left. \begin{array}{l} C^nH^{2n-1}O \\ C^nH^{2n-1}O \end{array} \right\rangle O$ obtenues d'une façon analogue.

303. Acide formique $H.COOH$. — Cet acide a été préparé, tout d'abord, par Fischer qui l'obtint par la distillation des fourmis. Margraff montra, en 1761, les différences que l'acide ainsi obtenu présentait avec l'acide acétique, mais sa composition ne fut établie qu'en 1834 par Liebig. Dumas et Peligot découvrirent ensuite ses relations avec l'alcool méthylique, et M. Berthelot fit sa synthèse, depuis les éléments, en 1856.

Synthèse. — On réalise sa synthèse en traitant l'oxyde de carbone, corps que l'on sait obtenir directement, depuis les éléments, par une dissolution de potasse. La réaction est très lente ; à 100° elle exige une centaine d'heures. L'opération se fait dans un ballon scellé assez

résistant. La réaction qui se produit peut s'exprimer par
la formule :

$$CO + KOH = H.COOK.$$

Il se forme du formiate de potassium que l'on décompose ensuite par l'acide sulfurique, ce qui donne de l'acide formique.

On peut aussi faire passer de l'oxyde de carbone sur de la chaux sodée chauffée à 200°.

Formation. — En dehors des circonstances où l'on a réalisé sa synthèse, l'acide formique peut encore s'obtenir, soit par l'oxydation régulière de l'alcool méthylique, par exemple, sous l'influence du noir de platine :

$$CH^3.OH + O^2 = H.COOH + H^2O$$

soit par celle du formène :

$$CH^4 + 3O = H.COOH + H^2O.$$

L'action de l'acide chlorhydrique sur l'acide cyanhydrique donne de l'acide formique et du chlorure d'ammonium :

$$CAzH + HCl + 2H^2O = AzH^4Cl + H.COOH.$$

Le chloral est transformé par les solutions de potasse en formiate de potassium et chloroforme

$$CCl^3.CHO + KOH = H.COOK + CHCl^3.$$

Le potassium décompose l'acide carbonique en présence de la vapeur d'eau en donnant encore du formiate et de l'hydrate de potassium :

$$CO^2 + H^2O + K^2 = H.COOK + KOH.$$

Préparation. — Le procédé le plus simple pour préparer l'acide formique est celui qu'a indiqué M. Berthelot. L'acide oxalique se dédouble en présence de la glycérine en acide formique et anhydride carbonique suivant la formule :

$$C^2H^2O^4 = CO^2 + H.COOH.$$

Pour réaliser cette réaction, on chauffe au bain-marie 1 kilogramme de glycérine avec 1 kilogramme d'acide oxalique et 100 à 200 grammes d'eau, tant que l'acide carbonique se dégage avec effervescence. Quand le dégagement a cessé, on ajoute un litre d'eau mélangé avec 500 grammes d'acide oxalique, et on distille doucement jusqu'à ce que l'on ait recueilli un litre et quart de liquide ; on ajoute alors une nouvelle dose d'eau et d'acide oxalique, et on continue ainsi la distillation jusqu'à ce qu'on ait obtenu 7 à 8 litres de liquide. L'acide préparé de cette façon est très étendu ; on l'aurait obtenu plus concentré en mettant moins d'eau, mais il faut alors ajouter l'acide oxalique cristallisé par petites portions à la fois.

Pour avoir l'acide formique pur non étendu d'eau (1), on le sature à chaud par le carbonate de plomb, et on filtre la liqueur encore bouillante. Par refroidissement, le formiate de plomb se dépose cristallisé ; on le dessèche et on le décompose à 120° par un courant d'acide sulfhydrique bien sec. L'appareil communique avec un récipient refroidi dans lequel l'acide formique vient se condenser :

$$Pb : (H.COO)^2 + H^2S = PbS + 2 (H.COOH).$$

(1) Quand on n'a pas besoin d'acide formique absolument anhydre, on transforme l'acide formique étendu en formiate de sodium et, après avoir desséché ce sel, on le décompose par de l'acide oxalique desséché ; on obtient aussi de l'acide formique contenant 1 0/0 d'eau.

Autrefois, on employait pour cette préparation le procédé de Liebig qui consistait à chauffer 10 parties de fécule, 37 parties de bioxyde de manganèse, 30 parties d'acide sulfurique étendu de 30 parties d'eau.

Propriétés physiques. — L'acide formique pur est un liquide incolore, fumant à l'air, d'une odeur très vive, qui rappelle celle des fourmis. Il fond à 8°,6 et bout à 104° (Kopp) (1). Sa densité à 0° est 1,223.

Propriétés chimiques. — L'acide formique est formé depuis les éléments (carbone diamant) avec les dégagements de chaleur suivants :

États	gazeux	liquide	solide	dissous
Calories	88^c,2	93^c,0	95^c,5	93^c,1

La *chaleur* le décompose peu à peu, à 260°, en tube scellé, en oxyde de carbone et eau. C'est une réaction inverse de celle qui avait permis, l'eau HOH étant remplacée par la potasse KOH, de faire la synthèse de l'acide formique. La réaction :

$$H.COOH = CO + H^2O$$

dégage 1^c,4, tandis que, grâce à la chaleur de neutralisation de l'acide formique par la potasse (13^c,4), c'est, au contraire, la réaction inverse, celle qui correspond à la synthèse du formiate, qui est exothermique.

L'action de la chaleur donne aussi de l'anhydride carbonique et de l'hydrogène :

$$H.COOH = CO^2 + H^2.$$

---

(1) Les auteurs ne s'accordent pas bien sur son point d'ébullition : Liebig indique 98°,5 sous la pression de 753 millimètres ; Gerhardt, 100° sous la pression de 761 millimètres.

Cette réaction prédomine en présence de la mousse de platine.

Les *corps oxydants* sont réduits par l'acide formique avec formation d'acide carbonique et d'eau :

$$H.COOH + O = CO^2 + H^2O.$$

Les sels d'argent et de mercure sont réduits à l'ébullition par l'acide formique qui se transforme en acide carbonique et eau, conformément à la formule précédente.

Le *chlore* donne avec l'acide formique de l'acide chlorhydrique et de l'acide carbonique :

$$H.COOH + Cl^2 = CO^2 + 2HCl.$$

L'*acide sulfurique* décompose à 100° l'acide formique en le transformant en oxyde de carbone et eau. Cette réaction peut être utilisée avec avantage lorsqu'il s'agit de préparer de l'oxyde de carbone tout à fait pur.

Les alcalis, à la température de leur fusion, transforment partiellement l'acide formique en acide oxalique avec dégagement d'hydrogène :

$$2(H.COOH) = (COOH)^2 + H^2.$$

État naturel. — L'acide formique existe dans les fourmis rouges, les feuilles de pins et de sapins, dans les orties. On le rencontre dans le sang, l'urine, la sueur, le liquide musculaire, mais toujours en très petites quantités. Certaines eaux minérales en contiennent ; par exemple, celles de Pringhofen et de Brückenau.

304. Formiates. — L'acide formique est un acide assez énergique qui décompose les carbonates avec effervescence. Il dégage avec la potasse et la soude des quantités de chaleur un peu moindres que l'acide chlorhydrique ($13^c,4$ au lieu de $13^c,7$), mais un peu plus fortes que l'acide acétique ($13^c,3$). C'est un acide monobasique qui donne, par conséquent, avec les métaux monovalents, des formiates de la formule :

$$HCOO.M'$$

et avec les métaux bivalents les formiates :

$$(HCOO)^2:M''$$

On connaît, en outre, les composés acides du type :

$$HCOOM', \quad HCOOH$$

et des formiates basiques.

Propriétés générales des formiates. — Ils sont solubles en général ; le formiate de plomb, cependant, est très peu soluble, surtout à froid. Les formiates des métaux de la cérite sont insolubles. Les formiates alcalins réduisent les sels d'argent à l'ébullition ; ils réduisent aussi facilement le chlorure mercurique en chlorure mercureux ; la réduction de ce dernier corps à l'état de mercure ne se fait qu'à l'ébullition et très lentement. L'acide sulfurique les décompose en donnant de l'oxyde de carbone.

On prépare les formiates par l'action directe de l'acide formique sur l'oxyde ou sur le métal correspondant.

FORMIATE DE POTASSIUM H.COOK. — Ce sont des cristaux anhydres, déliquescents, qui fondent à 150°. Ils se dissolvent dans l'acide formique concentré et chaud, en donnant un sel acide bien défini K.COOH, H.COOH, sans odeur, mais que l'eau décompose en acide libre et formiate neutre.

FORMIATE DE SODIUM H.COONa. — Prismes anhydres fondant à 200° ; ils donnent, comme le précédent, un composé acide avec un excès d'acide formique.

MM. Merz et Tibirico ont proposé, en 1877, de préparer industriellement le formiate de sodium par le procédé de M. Berthelot, en faisant agir sous forte pression l'oxyde de carbone sur de la chaux sodée ou sur une lessive de soude. L'oxyde de carbone est préparé, mêlé d'hydrogène, par l'action de la vapeur d'eau sur le charbon ; il est absorbé par une solution chlorhydrique de chlorure cuivreux, que l'on chauffe ensuite pour dégager l'oxyde de carbone que l'on envoie dans des cornues chauffées à 250°, où se trouve l'hydrate alcalin.

FORMIATE D'AMMONIUM $HCOO.AzH^4$. — Cristaux anhydres très déliquescents ; il fond à 120°, puis se décompose en donnant de la formiamide, de l'oxyde de carbone, de l'ammoniaque, de l'acide cyanhydrique et de l'eau. Ce sont ces deux derniers produits qu'il donne surtout quand on fait passer sa vapeur dans un tube chauffé vers 160°.

FORMIATE DE CALCIUM $(HCOO)^2 : Ca$. — Cristaux orthorhombiques, anhydres, insolubles dans l'alcool, solubles dans l'eau, 125 grammes par litre.

FORMIATE DE BARYUM $(HCOO)^2 : Ba$. — Cristaux orthorhombiques anhydres, insolubles dans l'alcool, solubles dans l'eau, 250 grammes par litre. La chaleur les décompose en hydrure de méthyle, éthylène, propylène et divers autres carbures.

FORMIATE DE STRONTIUM $(HCOO)^2 : Sr + 2H^2O$. — Ces cristaux orthorhombiques perdent leur eau à 100°.

FORMIATE DE MAGNÉSIUM $(HCOO)^2 : Mg + 2H^2O$. — Soluble dans l'eau, 75 grammes par litre.

FORMIATE D'ALUMINIUM. — Mal défini; solution visqueuse; très déliquescent.

FORMIATE DE ZINC $(HCOO)^2 : Zn + 2H^2O$. — Cristaux clinorhombiques que l'on peut obtenir par l'action de l'acide formique sur le zinc; solubles dans l'eau, 40 grammes par litre.

FORMIATES DE FER. — Il existe un formiate ferreux et un formiate ferrique. Le *formiate ferreux* $(HCOO)^2 : Fe + 2H^2O$ s'obtient par l'action directe de l'acide sur le fer; l'action est lente; il est bon de chauffer pour l'activer et, comme l'acide formique est volatil, de placer la tournure de fer dans un ballon muni d'un réfrigérant ascendant. Très peu soluble dans l'eau; l'eau bouillante le décompose en précipitant un sous-sel jaune. Le *formiate ferrique* $(HCOO)^2 : . Fe.Fe : . (HCOO)^3 + H^2O$ s'obtient en dissolvant l'hydrate ferrique dans l'acide formique. Ce sont des cristaux jaunes assez solubles dans l'eau.

FORMIATE DE CUIVRE $(HCOO)^2 : Cu + 4H^2O$. — Prismes clinorhombiques, d'un bleu clair, qui s'effleurissent dans l'air. Ils sont solubles dans l'eau, 125 grammes par litre.

FORMIATE DE PLOMB $(HCOO)^2 : Pb$. — A peu près insoluble dans l'eau froide et très peu soluble dans l'eau chaude. Par l'addition d'ammoniaque à une solution tiède de formiate de plomb jusqu'à ce qu'il se produise un trouble et, en laissant refroidir, il se forme un formiate basique $(HCOO)^2 : Pb + PbO$.

FORMIATE DE MERCURE. — Le formiate mercurique est peu stable : on peut l'obtenir par l'action directe de l'acide sur l'oxyde rouge de mercure, mais il se décompose presque aussitôt en donnant le formiate mercureux

$(HCOO)^2$: Hg^2. Il est cristallisé en paillettes nacrées peu solubles dans l'eau, 2 grammes environ par litre. Il est peu stable ; la chaleur ($100°$) et la lumière le décomposent suivant la formule :

$$(HCOO)^2\, Hg^2 = Hg^2 + H.COOH + CO^2.$$

FORMIATE D'ARGENT $HCOO.Ag$. — Il est peu soluble ; on l'obtient par double décomposition entre l'azotate d'argent et un formiate alcalin. Il est peu stable, comme le formiate mercureux.

305. Acide acétique $CH^3.COOH$. — L'acide acétique est un des acides organiques les plus anciennement connus ; le vinaigre est, en effet, connu de toute antiquité. De plus, l'acide acétique concentré, tel que le donne la distillation de l'acétate de cuivre a été obtenu par Basile Valentin (xv° siècle). Lauragais l'obtint, le premier, cristallisé. Lavoisier montra qu'on pouvait l'obtenir par l'oxydation de l'alcool. Sa composition a été établie par Berzélius, en 1814. Sa synthèse résulte de la synthèse de l'acétylène, car il suffit de traiter ce gaz par l'acide chromique pour le transformer en acide acétique.

Formation. — L'acide acétique prend naissance dans un grand nombre de circonstances, par exemple par l'oxydation de divers composés, tels que alcool, aldéhyde, carbures :

1° Par l'oxydation de l'alcool ordinaire :

$$C^2H^5.OH + O^2 = CH^3.COOH + H^2O.$$

2° Par l'oxydation de l'aldéhyde :

$$CH^3.CHO + O = CH^3.COOH.$$

3° Par l'oxydation de l'acétylène en présence de l'eau :

$$C^2H^2 + O + H^2O = CH^3.COOH$$

On l'obtient aussi à l'état de sel de potassium, par l'action de l'acide carbonique sur un dérivé alcalin du formène CH^3K (Wanklyn) :

$$CO^2 + CH^3K = CH^3.COOK.$$

Il se forme dans la décomposition d'un très grand nombre de substances organiques par la chaleur ; la distillation sèche du bois (V. t. II, p. 75) fournit un liquide assez riche en acide acétique. De même, la distillation sèche de la gomme, du sucre, etc., en fournit de petites quantités.

Il se produit, enfin, en grande abondance aux dépens de l'alcool contenu dans diverses boissons fermentées sous l'influence d'un ferment spécial, le *Mycoderma aceti*. C'est l'action de ce ferment que l'on utilise pour produire une grande partie de l'acide acétique employé non seulement pour l'alimentation à l'état de vinaigre, mais encore pour divers usages industriels, pour la préparation de divers acétates en particulier. On emploie aussi pour les usages industriels l'acide acétique qui provient de la distillation du bois; on le désigne souvent sous le nom d'acide pyroligneux.

Préparation. — On ne prépare dans les laboratoires que l'acide acétique monohydraté. Pour la préparation de l'acide acétique dans l'industrie, V. *Fermentation*, chapitre xv.

Pour préparer l'acide acétique pur que l'on désigne aussi sous le nom d'acide acétique cristallisable, on décompose l'acétate de sodium fondu par l'acide sulfurique monohydraté :

$$2(CH^3.COONa) + SO^4H^2 = 2CH^3.COOH + SO^4Na^2.$$

On chauffe lentement dans une cornue, et l'on recueille les vapeurs qui se dégagent dans un ballon où le liquide distillé se prend en masse si tout l'appareil a été bien séché.

Un procédé assez pratique pour obtenir à peu de frais de grandes quantités d'acide cristallisable consiste à traiter l'acide du commerce par de l'acétate neutre de potassium ; il se forme un acétate acide $C^2H^3O^2K.C^2H^4O^2H$ que l'on obtient en évaporant la solution à 120°. Il ne se dégage pas d'acide acétique à cette température, mais toute l'eau s'en va. En chauffant ensuite vers 250° le biacétate formé, on le décompose en acide acétique, et l'acétate de potassium régénéré peut servir de nouveau (procédé Melsens).

Propriétés physiques. — L'acide acétique est un liquide incolore, transparent, miscible en toutes proportions dans l'eau, l'alcool et l'éther. Solidifié, ses cristaux fondent à $+ 17°$, mais il reste facilement en surfusion. Il bout à 118°. Sa densité à 15° à l'état liquide est 1,0635. Il dissout un grand nombre de matières organiques ; cette propriété a été utilisée par M. Raoult dans ses expériences sur la cryoscopie et les tensions de vapeur des dissolutions.

Propriétés chimiques. — Sa *chaleur de formation*, depuis les éléments (carbone diamant), est, suivant son état :

États	gazeux	liquide	solide	dissous
Calories	$121^c,5$	$126^c,6$	$129^c,1$	$127^c,0$

La *chaleur* décompose la vapeur d'acide acétique un

peu au-dessous du rouge sombre ; il se produit du formène, de l'acide carbonique et de l'acétone $CH^3.CO.CH^3$:

$$CH^3.COOH = CH^4 + CO^2$$

et

$$2\,(CH^3.COOH) = CH^3.CO.CH^3 + CO^2 + H^2O.$$

Ces divers corps, en réagissant les uns sur les autres
ou en se décomposant eux-mêmes, donnent de l'acétylène, du benzène, du naphtalène, etc., et un dépôt
abondant de charbon.

L'*hydrogène* naissant, obtenu par la décomposition à
280° de l'acide iodhydrique, transforme l'acide acétique
en hydrure d'éthyle :

$$CH^3.COOH + 3H^2 = C^2H^5.H + 2H^2O.$$

Avec l'amalgame de sodium et l'anhydride acétique
$(C^2H^3O)^2 : O$, on obtient de l'alcool :

$$(C^2H^3O)^2 : O + 4H^2 = 2\,(C^2H^5.OH) + H^2O.$$

L'*oxygène* a peu d'action sur l'acide acétique lui-
même, en dehors du phénomène de combustion ; mais
l'oxygène naissant peut transformer les acétates en oxalates ; le permanganate de potassium, par exemple, produit cette transformation :

$$CH^3.COOK + O^2 + KOH = (COOK)^2 + 2H^2O.$$

Le *chlore* l'attaque très lentement à la lumière diffuse,
mais rapidement à la lumière solaire ; il se forme un
mélange d'acide monochloracétique et d'acide trichloracétique :

$$CH^3.COOH + Cl^2 = CH^2Cl.COOH + HCl$$

et

$$CH^3.COOH + 3Cl^2 = CCl^3.COOH + 3HCl.$$

Le brome a une action analogue.

L'*acide sulfurique* concentré donne avec l'acide acétique, quand on chauffe le mélange, de l'anhydride sulfureux et de l'anhydride carbonique.

Le *trichlorure de phosphore* attaque l'acide acétique monohydraté, quand on chauffe ces deux corps, en tubes scellés, à 30 ou 40°. Il se produit du chlorure d'acétyle et de l'acide phosphoreux :

$$3\,(CH^3.COOH) + PCl^3 = 3\,(CH^3CO.Cl) + POH : (OH)^2.$$

Le pentachlorure de phosphore donne aussi du chlorure d'acétyle, mais avec formation d'oxychlorure de phosphore :

$$CH^3.COOH + PCl^5 = CH^3.COCl + HCl + POCl^3.$$

État naturel. — L'acide acétique se rencontre dans quelques liquides de l'organisme à l'état libre ou à l'état de sels. Il se rencontre aussi à cet état dans la sève de la plupart des plantes et à l'état d'éthers dans un certain nombre de graines. Comme il se produit aux dépens de l'alcool par l'intermédiaire d'un ferment, on le rencontre aussi dans divers liquides alcooliques.

306. Acétates. — L'acide acétique, étant un acide monobasique, donne avec les métaux monovalents des sels de la formule :

$$CH^3.COOM', \quad ou \quad CH^3.COO.M', \quad ou \quad C^2H^3O^2.M'$$

et avec les métaux bivalents des sels de la formule :

$$(C^2H^3O^2)^2 : M''.$$

Outre ces sels neutres, on connaît des sels acides et des

sels basiques. On les prépare par l'action directe de l'acide acétique sur les oxydes ou les carbonates ; avec ces sels on doit employer l'acide acétique étendu, l'acide acétique monohydraté n'agissant que très lentement.

Propriétés générales des acétates. — Les acétates sont, en général, assez solubles dans l'eau, sauf ceux d'argent et de mercure qui sont très peu solubles ; ils sont aussi, en général, assez solubles dans l'alcool.

Les *chaleurs de neutralisation* de l'acide acétique par les bases sont voisines de celles de l'acide formique, quoique un peu plus faibles $13^c,3$ au lieu de, $13^c,4$ (soude).

La *chaleur* décompose tous les acétates. Quand l'oxyde du métal de l'acétate est facilement réductible, la décomposition se fait à basse température et donne de l'acide acétique et soit l'oxyde, soit le métal ; l'acétate de cuivre donne, par exemple, entre autres produits, de l'acide acétique monohydraté, de l'acétone et du cuivre. Avec les acétates plus stables, on obtient surtout de l'acétone et le carbonate correspondant, par exemple avec l'acétate de baryum :

$$(C^2H^3O^2)^2 : Ba = CH^3.CO.CH^3 + CO^2 : Ba.$$

Mais, en même temps, on obtient des dérivés de l'acétone, méthylacétone et éthylacétone principalement.

L'*oxygène* naissant transforme les acétates alcalins en oxalates correspondants (V., plus haut, p. 104).

La plupart des acides minéraux décomposent les acétates en mettant l'acide acétique en liberté ; en présence de l'alcool cette décomposition donne de l'éther acétique.

L'oxychlorure de phosphore transforme les acétates en chlorure d'acétyle et orthophosphate :

$$3 (C^2H^3O^2.Na) + PCl^3O = 3 (C^2H^3O.Cl) + PO^4Na^3.$$

Les acétates d'argent et de mercure étant peu solubles, les solutions des acétates donnent des précipités avec les sels d'argent et de mercure, à moins qu'elles ne soient très diluées. Avec le chlorure ferrique il n'y a pas précipité, mais formation d'une coloration rouge très intense.

Les acétates alcalino-terreux chauffés avec un formiate donnent de l'aldéhyde et un carbonate :

$$(C^2H^3O^2)^2 : Ca + (HCOO)^2 : Ca = 2(CH^3.CHO) + 2CO^3 : Ca.$$

Avec la chaux sodée les acétates alcalins donnent surtout du formène :

$$C^2H^3O^2.Na + NaOH = CH^4 + CO^3Na^2.$$

Une des réactions les plus sensibles que l'on puisse utiliser pour rechercher les acétates est leur transformation en cacodyle sous l'influence de l'acide arsénieux. Ce corps a une odeur très forte et caractéristique (V. chap. *Composés organo-métalliques*).

L'électrolyse des acétates donne, au pôle négatif, le métal et, au pôle positif, un mélange d'acide carbonique et d'hydrure d'éthyle.

ACÉTATE DE POTASSIUM $CH^3.COOK$. — L'acétate neutre se présente sous forme de cristaux blancs anhydres très solubles dans l'eau, 2 kilogrammes par litre environ à 0° et 8 kilogrammes à la température de l'ébullition (169°). Il est moins soluble dans l'alcool absolu (500 grammes par litre). Lorsqu'on évapore à siccité la solution aqueuse d'acétate, il se dépose avec une structure lamellaire et constitue ce que l'on appelait autrefois la terre foliée du tartre.

Il se dissout dans l'acide acétique en donnant un acétate acide $C^2H^3O^2K,C^2H^3O^2.H$. Par évaporation de la solution on chasse l'excès d'acide acétique et l'eau, et l'on obtient des lamelles nacrées très stables que l'on peut chauffer dans le vide à 120° sans les décomposer. La décomposition ne commence que vers 148° ; en chauffant jusqu'à 300°, la décomposition est complète ; il reste de l'acétate neutre et l'acide acétique monohydraté a distillé.

On le prépare par l'action de l'acide acétique étendu, de l'acide pyroligneux, par exemple, sur le carbonate de potassium en ne neutralisant pas complètement l'acide, et on le purifie par cristallisation après l'avoir évaporé à sec pour détruire diverses matières goudronneuses provenant de l'acide pyroligneux.

ACÉTATE DE SODIUM $C^2H^3O^2,Na + 3H^2O$. — Se prépare comme le précédent. Il cristallise en gros prismes clinorhombiques. Il est moins soluble dans l'eau que le sel correspondant de potassium, 250 grammes par litre à 0°. La dissolution saturée bout à 124°,4 ; elle contient pour 1 partie de sel $0^{grm},48$ d'eau. L'acétate de sodium s'effleurit à l'air sec et perd ses 3 molécules d'eau. Il fond vers 319°. Ses réactions sont analogues à celles de l'acétate de potassium.

Il est utilisé à l'état de solution saturée à chaud pour le chauffage des wagons ; pour cela on l'enferme dans des boîtes longues en métal ; il se refroidit peu à peu, mais lorsqu'il a atteint la température où il peut cristalliser, les cristaux se développent en dégageant la chaleur latente de solidification qu'ils avaient emmagasinée pendant qu'ils s'étaient dissous ; pendant cette période de cristallisation, la température reste sensiblement constante ; puis, quand elle est terminée, elle va en décroissant. De cette façon, on prolonge notablement la durée d'action utile des chaufferettes de wagons.

ACÉTATE D'AMMONIUM $C^2H^3O^2.AzH^4$. — On l'obtient par l'action directe de l'ammoniaque sur l'acide acétique. C'est un sel blanc, très soluble dans l'eau et dans l'alcool. Il fond à 89° et tend déjà à se décomposer à cette température, en dégageant un peu d'ammoniaque et formant un sel acide. Quand on le chauffe plus fortement, il donne, en outre, de l'acétamide.

Le sel acide $C^2H^3O^2AzH^4 + C^2H^4O^2$ s'obtient par l'action d'une molécule d'ammoniaque sur deux d'acide acétique, ou en chauffant un mélange de chlorhydrate d'ammoniac et d'acétate de sodium ; il se forme du chlorure de sodium, et il distille de l'acétate acide d'ammonium qui se sublime à 121°.

ACÉTATE D'ALUMINIUM. — Ce composé n'a été obtenu qu'à l'état de dissolution ; il a pour formule $(C^2H^3O^2)^6Al^2$. On l'obtient soit en traitant l'hydrate d'aluminium récemment précipité par l'acide acétique étendu, soit par double décomposition, par exemple, entre l'acétate de plomb et le sulfate d'aluminium ou l'alun ordinaire, quand la présence de l'acétate de potassium, qui se forme simultanément, n'est pas nuisible. Quand on concentre la solution obtenue dans ces conditions, après avoir séparé le précipité de sulfate de plomb, on obtient une liqueur de plus en plus sirupeuse, mais le sel ne cristallise pas. Si l'on opère à chaud, il se forme des acétates basiques. On a décrit l'acétate basique $[(C^2H^3O^2)^5, O] ::: Al^2 + 5H^2O$, obtenu en abandonnant à elle-même à la température ordinaire une solution d'acétate d'aluminium. On l'obtient aussi, en variant les conditions de température, avec quatre molécules d'eau (à 37°) ou avec deux molécules d'eau (100°).

L'acétate d'aluminium est très employé en teinture

comme mordant. On l'utilise aussi pour rendre les
étoffes imperméables. Pour cela on trempe les étoffes pendant quelques minutes dans un bain obtenu en mélangeant une solution d'alun (1 kilogramme dans 40 litres
d'eau), avec une solution semblable d'acétate de plomb
(1 kilogramme dans 40 litres d'eau). Il se forme dans ces
conditions un acétate d'aluminium basique qui se fixe
sur le tissu et qui le rend imperméable, parce que ce sel
est gras au toucher et qu'il n'est pas mouillé par l'eau.

Acétate de baryum $(C^2H^3O^2)^2$:Ba $+$ H^{2}O. — Il s'obtient
en dissolvant dans l'acide acétique étendu le carbonate
ou le sulfure de baryum. Il cristallise d'ordinaire avec
une molécule d'eau ; mais, si on refroidit la solution au
voisinage de 0°, il se dépose des cristaux à trois molécules. Ces cristaux s'effleurissent à l'air. Ce sel est assez
soluble dans l'eau, 800 grammes par litre environ ; ils
sont peu solubles dans l'alcool concentré et même insolubles dans l'alcool absolu.

On l'emploie assez souvent, au lieu du sel correspondant de calcium, pour préparer l'acide acétique concentré.

Acétate de calcium $(C^2H^3O^2)^2$:Ca$+$H^{2}O. — On l'obtient
sous forme d'aiguilles brillantes en saturant par de la
chaux l'acide acétique étendu. Quand on emploie dans
cette préparation l'acide pyroligneux brut, on évapore la
masse à sec, et on la calcine légèrement pour détruire
diverses matières goudronneuses ; on reprend ensuite
par l'eau, et on traite la liqueur par de l'albumine ou
du sang caillé ; diverses matières que la solution tenait en
suspension se précipitent, et l'on évapore la liqueur. Pour
obtenir cet acétate cristallisé, on ajoute à la solution suffisamment concentrée (densité : 1,13) de 5 à 10 fois son

volume d'alcool à 90°; on recueille les aiguilles qui se sont déposées après vingt-quatre heures. On peut aussi, pour obtenir l'acétate pur, employer le procédé Förster : on mélange l'acétate de calcium impur avec une quantité équivalente d'acide chlorhydrique, et on traite par de l'alcool de façon à transformer l'acide acétique mis en liberté en éther acétique ; après quelques heures de contact, on distille en ne recueillant que ce qui passe entre 74 et 77°. Ce produit, distillé entre ces limites de température, est de l'éther acétique à peu près pur ; on le saponifie par un lait de chaux contenant une petite quantité de soude; en distillant, on régénère l'alcool, qui sert pour une opération ultérieure, et on obtient de l'acétate de calcium débarrassé des produits empyreumatiques qui l'accompagnent d'ordinaire quand on emploie l'acide pyroligneux.

L'acétate de calcium du commerce a une importance assez grande, parce qu'il permet de préparer économiquement l'acide acétique concentré, utilisé dans diverses industries. Il y a intérêt à le préparer sur les lieux mêmes où on fabrique l'acide pyroligneux par la distillation du bois, de façon à diminuer les frais de transport. La partie la plus délicate de cette fabrication consiste dans la purification du sel et l'enlèvement des matières goudronneuses ; elle se fait d'abord pendant l'évaporation en écumant la dissolution et enlevant ainsi les goudrons qui viennent flotter à la surface ; puis, après l'évaporation à sec, on détruit ceux qui restent par une calcination ménagée. Cette calcination se fait d'une façon méthodique à l'aide d'un four contenant les unes au-dessus des autres trois cornues disposées horizontalement. Elles sont munies suivant leur axe de trois arbres portant une surface hélicoïdale. En faisant tourner ces axes, on fait cheminer la matière solide d'une extrémité à l'autre de chaque cornue. La cornue supérieure reçoit à une de ses extrémités l'acétate sec que laisse tomber une trémie. Le transporteur hélicoïdal de cette cornue l'amène à l'autre

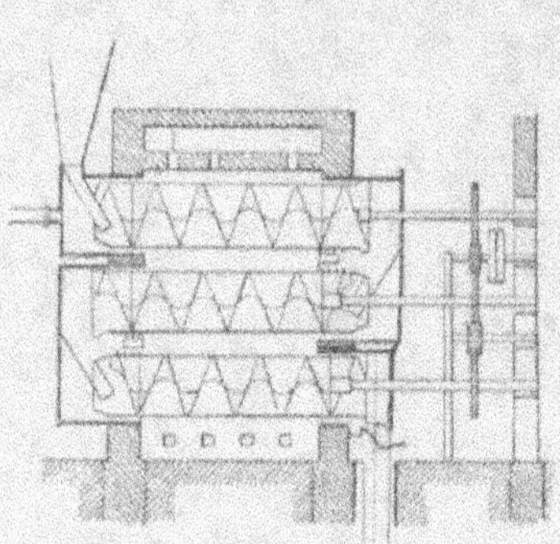

extrémité où il tombe dans la cornue immédiatement inférieure à l'aide d'un plan incliné ; l'hélice de cette cornue le transporte en sens inverse vers l'autre extrémité ; il passe de même dans la troisième cornue à l'aide d'un plan incliné et sort après l'avoir parcourue dans toute sa longueur. Les cornues sont disposées dans un fourneau en maçonnerie de façon que la plus basse soit chauffée le plus fortement. L'air chaud marche de bas en haut, la matière subit donc dans son cheminement des températures de plus en plus élevées. En même temps de l'air sec parcourt les cornues et aide à la calcination. Il faut éviter avec soin une température trop élevée qui transformerait l'acétate en carbonate avec dégagement d'acétone. L'acétate de calcium préparé ainsi contient environ 75 0/0 d'acétate pur.

ACÉTATE DE ZINC $(C^2H^3O^2)^2 : Zn + 3H^2O$. — Cristallise sous forme de lames onctueuses, nacrées, appartenant au système clinorhombique. On le prépare par l'action de l'acide sur le zinc métallique, l'oxyde ou le carbonate. Cet acétate est très soluble ; quand on chauffe l'hydrate, il fond d'abord dans son eau de cristallisation à 100°, puis devient anhydre et fond à 195° ; il est assez volatil à cette température ; si on le chauffe rapidement à une température plus élevée, il se décompose en donnant de l'acétone.

ACÉTATE DE CUIVRE. — On connaît divers acétates de cuivre : les acétates *cuivreux* et *cuivriques*, et divers acétates basiques.

L'acétate *cuivreux* $(C^2H^3O^2)^2 : Cu^2$ se sublime quand on chauffe l'acétate cuivrique vers 270°. Il est cristallisé en aiguilles blanches. L'eau le décompose en acétate cuivrique et en sous-oxyde de cuivre.

L'acétate *cuivrique* $(C^2H^3O^2)^2 : Cu + H^2O$ est aussi connu sous le nom de *verdet cristallisé* ou cristaux de Vénus. On l'obtient par l'action de l'acide acétique sur l'oxyde ou le carbonate de cuivre ou bien encore par double décomposition entre le sulfate de cuivre et l'acétate de plomb ou même l'acétate de sodium. Dans ce dernier cas, lorsqu'on emploie des solutions concentrées et chaudes, l'acétate de cuivre cristallise par le refroidissement sous forme de prismes appartenant au système clinorhombique ; ce sont des cristaux d'un vert bleuâtre. En faisant cristalliser les solutions au voisinage de zéro, on obtient un autre hydrate, qui est bleu et qui contient 5 molécules d'eau. Il perd 4 molécules d'eau vers 30°. L'acétate de cuivre est assez soluble dans l'eau, 200 grammes par litre à la température de l'ébullition, mais il se décompose peu à peu à cette température en perdant de l'acide acétique et se transformant en acétate tribasique. L'hydrate à une molécule d'eau ne devient anhydre que vers 140°. A partir de 240° il commence à dégager des vapeurs d'acide acétique ; puis, à 270°, apparaissent des vapeurs blanches d'acétate cuivreux, de l'acétone, divers gaz combustibles, etc.

Les acétates basiques sont : l'acétate bibasique

$$(C^4H^3O^4)^2\ Cu,\ Cu:(OH)^2 + 5H^2O$$

l'acétate sesquibasique

$$[(C^4H^3O^4)^2\ Cu]^2,\ Cu:(OH)^2 + 5H^2O,$$

et l'acétate tribasique

$$(C^4H^3O^4)^2\ Cu,\ 2[Cu:(OH)^2].$$

Ces divers acétates basiques sont obtenus simultanément dans l'industrie du vert-de-gris. Dans les verts-degris tirant sur le bleu, l'acétate bibasique domine; l'acétate sesquibasique domine, au contraire, dans ceux qui sont franchement verts. On peut isoler ces corps en lessivant ces différents verts et faisant cristalliser les solutions. L'acétate tribasique se prépare soit en faisant bouillir longtemps la solution de l'acétate neutre, soit en traitant cette solution par un excès d'oxyde de cuivre précipité.

Les acétates basiques de cuivre sont employés en peinture à cause de leurs belles couleurs vertes; ils servent encore à faire le vert de Schweinfurt, qui est un acéto-arsénite (V. p. 118); on les emploie aussi dans la teinture et l'impression comme mordants et comme oxydants.

La fabrication du vert-de-gris, ou verdet de Montpellier, se fait dans le Midi de la France par l'action des marcs de raisin sur le cuivre métallique. On emploie pour cela des marcs qui n'ont pas été lavés pour fournir des vins de seconde cuvée; on les emmagasine au moment de la vendange en les tassant fortement et en les plaçant dans des endroits clos de façon à empêcher l'action de l'air et la transformation immédiate de l'alcool en acide acétique. De cette façon on a une provision de marc qui peut alimenter l'usine pendant six mois ou même un an. Le cuivre que l'on emploie est sous forme de lames d'un millimètre d'épaisseur, de 16 centimètres de long sur 8 de large. Voici le détail d'une opération : on prend dans le magasin qui contient du marc une certaine quantité de ce produit, et on le divise de façon que l'air puisse maintenant y avoir un accès facile et on laisse la fermentation acétique s'établir, ce qui exige environ trois jours. Pendant ce temps les plaques de cuivre ont été préparées, si elles n'ont pas encore servi à une opération préalable ; cette préparation se fait en étalant sur leurs deux faces une dissolution contenant 100 parties d'eau, 10 parties de vinaigre et 25 parties de vert-de-gris. On les fait ensuite sécher, d'abord à l'air, puis dans une étuve à 70°, et on les porte toutes chaudes dans le local où l'attaque va se produire. On étale sur le sol une couche de marc de 6 à 7 centimètres d'épaisseur en pleine fermentation, puis on dispose sur cette couche un lit de plaques de cuivre de façon qu'elles ne se touchent pas ; on met ensuite une nouvelle couche de marc, et alternant ainsi les couches de marc et les plaques, on élève le tas à un mètre environ. Un tas de ce genre de 2 mètres de long sur 1 mètre de large et de haut contient environ 200 kilogrammes de cuivre. La fermentation continue ; sous l'influence de l'air et de l'acide acétique, il se forme du vert-de-gris. On reconnaît que le marc est épuisé à ce qu'il commence alors à blanchir. A ce moment, on défait le tas, et l'on dispose les plaquettes sur des chevalets qui peuvent en contenir cent cinquante. On les porte ensuite dans une chambre où l'air est saturé de vapeur d'eau et maintenu vers 30°. Là, on leur fait subir une série d'immersions dans l'eau en laissant un intervalle de quatre ou cinq jours entre ces immersions et en ne les laissant dans l'eau que pendant un quart d'heure environ. Après ce traitement, qui dure de vingt à vingt-cinq jours, on râcle les plaques pour en détacher le vert-de-gris, et elles se trouvent toutes prêtes à subir une nouvelle attaque. Les plaques de cuivre dont le poids était de 200 kilogrammes ont donné environ 20 kilogrammes de vert-de-gris sec, soit 40 kilogrammes de vert-de-gris brut, renfermant 50 0/0 d'eau. Le vert-de-gris ainsi obtenu est mêlé avec un peu d'eau, et la pâte qui en résulte est pétrie à la main et mise sous forme de boules ou de pains ; on la dessèche ensuite dans une étuve. Quand il ne contient plus que 30 à 40 0/0 d'eau, il est dit *sec marchand*. Quelquefois on le livre tout à fait sec sous le nom d'*extra-sec*. Quelquefois aussi on concasse les boules et on le livre au commerce en grains.

On peut aussi le préparer en remplaçant le marc de raisin par de la sciure de bois ou des lames de drap imprégnées d'acide acétique. En arrosant de la sciure de bois avec une solution de glucose additionnée de levure de bière on obtient une matière que l'on utilise comme le marc du procédé de Montpellier.

Quoique les sels de cuivre et, en particulier, les acétates de cuivre soient très vénéneux, on n'observe pas d'accidents chez les ouvriers employés dans les fabriques de verdet.

Vert de Schweinfurt. — Le vert de Schweinfurt est une combinaison d'acétate neutre de cuivre et d'arsénite de cuivre. Sa formule est $(C^2H^3O^2)^2 Cu + 3(As^2O^3Cu)$. On le prépare en traitant à l'ébullition une solution de 4 parties d'acide arsénieux dans 50 parties d'eau par 5 parties de verdet tenu en suspension dans de l'eau. Il se forme au début un précipité vert jaunâtre d'arsénite de cuivre qu'une ébullition prolongée transforme en un précipité cristallin de vert de Schweinfurt.

ACÉTATES DE FER. — On connaît deux acétates de fer, l'acétate *ferreux* $(C^2H^4O^2)^2$: Fe, et l'acétate *ferrique* $(C^2H^3O^2)^6Fe^2$; on connaît, en outre, des combinaisons de ce dernier acétate soit avec le peroxyde de fer qui constituent des acétates plus ou moins bien définis, soit avec l'azotate de fer, ou avec d'autres sels de fer tels que le chlorure, le formiate, etc.

L'acétate *ferreux* se prépare par double décomposition entre l'acétate de plomb ou de calcium et le sulfate de fer, ou plutôt par action directe du fer sur l'acide acétique convenablement étendu. Ce dernier procédé donne plus facilement que le premier de l'acétate ferreux exempt d'acétate ferrique. On l'utilise dans l'industrie pour préparer les solutions employées dans la teinture et l'impression : dans ce cas, l'acétate ferreux est obtenu en traitant la ferraille par de l'acide pyroligneux à l'ébullition ; il se forme des écumes de matières goudronneuses que l'on enlève au fur et à mesure. Après une demi-heure d'ébullition, on laisse refroidir la liqueur et, après vingt-quatre heures, on la soutire dans des cuves contenant de la ferraille où l'acide achève de se saturer pendant une semaine environ. La liqueur marque alors 14° B., et peut être livrée au commerce. Le fer non attaqué, resté dans les cuves, est souvent recouvert d'une matière goudronneuse qui le rend moins attaquable. On l'en débarrasse en le plaçant sur de la paille que l'on allume et qui enflamme ces matières.

L'acétate *ferrique* neutre s'obtient en mettant à digérer pendant plusieurs jours de l'hydrate de sesquioxyde

de fer ou même du carbonate avec de l'acide acétique. On
peut aussi l'obtenir par double décomposition entre de
l'acétate de plomb et du sulfate ferrique, en très léger
excès. Cet excès de sulfate se précipite à l'état de sel
basique, quand on abandonne la liqueur à elle-même.
La dissolution ainsi obtenue est d'un rouge foncé; elle ne
cristallise pas par concentration. Quand on la fait bouillir
elle perd peu à peu tout son acide acétique, et l'oxyde de
fer qui reste, au lieu de se précipiter, se présente sous
une forme spéciale; il ne donne plus avec le ferrocyanure
de potassium la réaction caractéristique des sels de fer.
Cette transformation se produit même en vase clos; l'acide
acétique se sépare de l'oxyde de fer modifié et reste dans
la liqueur. L'acétate ferrique, vendu à l'état de solution
marquant 20° B., est employé pour la teinture et l'impression.

On emploie aussi des combinaisons d'acétates et de
nitrates de fer, connues sous le nom d'acéto-nitrates. On
les obtient en formant d'abord, par l'action de l'acide
azotique sur le fer, un azotate basique insoluble que l'on
met ensuite à digérer avec de l'acide acétique bouillant.
Puis on décante la liqueur qui surnage, pour la séparer
de l'excès de nitrate basique employé, et on la livre au
commerce; elle marque 25° B.

ACÉTATE DE NICKEL $(C^2H^3O^2)^2$: Ni $+ 4H^2O$. — Ce sont
des cristaux vert pomme que l'on prépare par double
décomposition entre l'acétate de plomb et le sulfate de
nickel. Il forme avec divers sels, en particulier avec l'azotate et le sulfate de nickel, des combinaisons employées
en teinture et dans l'impression des tissus. On prépare
la première en traitant par du sulfate de nickel un mélange d'azotate et d'acétate de plomb, et la seconde par

l'action d'un excès de sulfate de nickel sur l'acétate de plomb.

ACÉTATE DE MANGANÈSE $(C^2H^3O^2)^2$:Mn $+$ 4H^{2}O. — Il s'obtient en traitant par l'acide acétique l'hydrate de manganèse fraîchement précipité ou le carbonate. L'évaporation de sa solution le fournit sous forme de cristaux d'un rose pâle, que l'on utilise en assez grandes quantités dans l'impression et la teinture. On l'emploie aussi pour rendre les huiles siccatives.

ACÉTATE DE PLOMB. — L'acétate neutre, ou sel de Saturne, a pour formule $(C^2H^3O^2)^2$:Pb $+$ 3H^{2}O; il cristallise en prismes clinorhombiques, légèrement efflorescents ; leur densité est 2,496. Ils sont assez solubles dans l'eau, 650 grammes par litre à la température ordinaire, et dans l'alcool 125 grammes par litre. La chaleur les fait d'abord fondre dans leur eau de cristallisation (vers 75°), puis les déshydrate et les décompose en partie un peu au-dessous de 100°. Le composé qui se forme contient une molécule d'hydrate de plomb pour deux d'acétate neutre. Sa formule est : 2[$(C^2H^3O^2)^2$:Pb], [Pb:(OH)^2]; il fond vers 280° et se décompose à une température un peu plus élevée en donnant du plomb métallique très divisé, de l'acétone et de l'acide carbonique.

On prépare l'acétate neutre de plomb, en traitant la litharge ou oxyde de plomb par l'acide acétique, ou encore en traitant le plomb par les vapeurs d'acide acétique en présence de l'air. On l'obtient aussi par double décomposition à chaud entre le sulfate de plomb et l'acétate de baryum, ou même de calcium. Ce sel est très employé : il sert, comme nous l'avons vu, à la préparation d'un certain nombre d'acétates ; on l'emploie pour la fabrication de la céruse ou carbonate de plomb, pour celle du jaune de chrome dans la teinture; il est aussi utilisé en médecine. On l'emploie assez souvent pour précipiter dans les dissolutions les matières gommeuses, les tannins, certaines matières colorantes, etc.

Industriellement, on prépare l'acétate de plomb par les trois procédés que nous venons d'indiquer. Le premier est le plus employé : on chauffe dans une chaudière

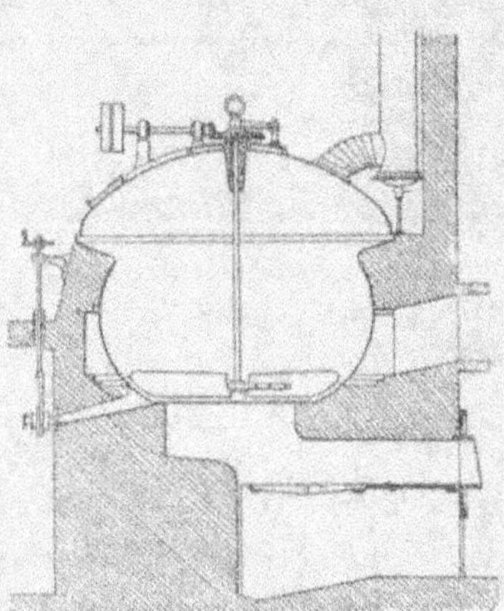

munie d'un agitateur métallique, disposé près du fond, 500 litres d'acide acétique étendu (7° B.) avec de la litharge que l'on ajoute peu à peu pour éviter un trop grand dégagement de chaleur et l'évaporation d'une partie de l'acide. La chaudière est munie d'un couvercle, qui communique avec un appareil condensateur. On a soin de laisser la liqueur légèrement acide à la fin de l'opération, pour éviter la formation d'acétate basique. Le procédé au plomb métallique a l'inconvénient d'être long, d'exiger des appareils plus volumineux et plus coûteux que le précédent. Le procédé au sulfate de plomb présente l'avantage d'utiliser ce sel que l'on obtient, en assez grandes quantités, dans la préparation d'un certain nombre d'acétates, par double décomposition entre le sulfate du métal correspondant et l'acétate de plomb.

On connaît un certain nombre d'acétates basiques, parmi lesquels l'acétate tribasique $(C^2H^3O^2)^2:PbO,[2Pb:(OH)^2]$

est le plus important; il est le plus stable des acétates basiques de plomb. On l'obtient en traitant une solution d'acétate neutre de plomb par la quantité d'ammoniaque correspondante, de façon à transformer en acétate d'ammoniaque les deux tiers de l'acide acétique contenu dans la quantité d'acétate de plomb employé.

Si on ajoutait une plus grande quantité d'ammoniaque, il se déposerait au bout d'un certain temps de l'hydrate de plomb cristallisé $3[Pb:(OH)^2]$.

Ce composé joue le principal rôle dans la fabrication de la céruse, dans le procédé hollandais.

L'acétate sesquibasique $2[(C^2H^3O^2)^2:Pb] + Pb:(OH)^2$ s'obtient par l'action de la chaleur sur l'acétate neutre, vers 280°. On reprend ensuite la masse par l'eau bouillante, et par refroidissement on obtient des lamelles nacrées d'acétate sesquibasique.

L'acétate bibasique $(C^2H^3O^2)^2:Pb + Pb:(OH)^2 + H^2O$ s'obtient en dissolvant 1 molécule de litharge dans 1 molécule d'acétate neutre; cet acétate bibasique cristallise par refroidissement.

L'acétate hexabasique $(C^2H^3O^2)^2:Pb + 5PbO + H^2O$ s'obtient par l'action de l'oxyde de plomb en excès sur les solutions de l'acétate neutre ou des acétates basiques précédents. Il constitue la principale partie de la liqueur appelée extrait de Saturne. La solution ainsi obtenue donne un précipité de carbonate et de sulfate de plomb, quand on l'étend d'eau ordinaire; elle est employée en médecine sous le nom d'eau blanche.

ACÉTATE DE MERCURE. — L'acétate de mercure $(C^2H^3O^2)^2Hg^2$ s'obtient par double décomposition entre l'acétate de sodium et le nitrate mercureux; il se présente sous forme de paillettes nacrées blanches, peu solubles dans l'eau (3 grammes par litre); la chaleur décompose ce corps en mercure et acétate mercurique. Il est employé en médecine.

L'acétate mercureux $(C^2H^3O^2)^2$:Hg s'obtient en dissolvant l'oxyde de mercure dans l'acide acétique; il est assez soluble dans l'eau, 250 grammes par litre à la température ordinaire, et 1 kilogramme à 100°. Il donne avec le sulfure de mercure une combinaison $(C^2H^3O^2)^2$:Hg + HgS, qui se forme quand on met à digérer le sulfure de mercure dans une dissolution d'acétate de mercure, ou quand on traite l'acétate mercurique par une quantité insuffisante d'acide sulfhydrique, le précipité de sulfure qui se forme au début se redissout par l'agitation.

ACÉTATE D'ARGENT $C^2H^3O^2$.Ag. — Ce composé, étant peu soluble, s'obtient facilement par double décomposition entre l'acétate de sodium et l'azotate d'argent. Il se présente sous forme de petites lames nacrées, noircissant sous l'action de la lumière. Ce composé est assez souvent employé en chimie organique, pour produire des doubles décompositions.

ANHYDRIDE ACÉTIQUE $(C^2H^3O)^2$:O. — L'anhydride acétique, ou acide acétique anhydre, a été découvert en 1853 par Gerhardt.

On l'obtient en traitant l'acétate de sodium fondu par de l'oxychlorure de phosphore que l'on fait arriver goutte à goutte; il se fait, dès la température ordinaire, une réaction très vive, et l'oxychlorure se volatilise en partie. On cohobe à plusieurs reprises, puis on distille en recueillant à part les produits qui passent au-dessous de 137°,5. Dans cette réaction, il s'est formé tout d'abord du chlorure d'acétyle, qui a réagi ensuite sur l'acétate alcalin.

pour donner l'anhydride acétique suivant les formules :

$$3 (C^2H^3O^2.Na) + PCl^5O = 3 (C^2H^3O.Cl) + PO^4Na^3$$
$$C^2H^3OCl + C^2H^3O^2.Na = (C^2H^3O)^2:O + NaCl.$$

Ce sont là des réactions générales, car, si on remplace, dans la première, l'acétate alcalin par un autre sel du même genre, le benzoate de sodium par exemple, on obtiendra le dérivé correspondant, le chlorure de benzoyle et en faisant agir celui-ci sur le benzoate de sodium, on aura l'anhydride benzoïque ; on pourra aussi le faire agir sur un autre sel du même groupe, sur l'acétate en particulier, et l'on aura un anhydride mixte, l'anhydride acéto-benzoïque $\begin{matrix} C^2H^3O \\ C^7H^5O \end{matrix}\!\!>\!\!O$.

L'anhydride acétique est un liquide incolore, très réfringent, d'une odeur très piquante. Sa densité, à 20°,5, est 1,073. Il bout à 137°,5. Il s'hydrate lentement au contact de l'air ; quand on le verse dans l'eau, il ne se mélange avec ce liquide que peu à peu.

ACÉTATE DE CHLORE OU ANHYDRIDE HYPOCHLORACÉTIQUE $CH^3CO.O.Cl$. — Ce composé, découvert par M. Schutzenberger, peut être considéré comme un anhydride mixte, dérivant de l'acide acétique et de l'acide hypochloreux, par perte de 1 molécule d'eau ; il s'obtient par l'action du gaz hypochloreux sec sur l'anhydride acétique refroidi. Le gaz est absorbé, et la liqueur devient jaune foncé ; on chauffe ensuite la liqueur à 30° pour chasser l'excès d'acide hypochloreux. Le composé qui reste est un liquide d'odeur vive et piquante, stable à basse température et dans l'obscurité. A 100° il détone violemment. L'eau le décompose en acide acétique et acide hypochloreux. Le brome et l'iode mettent le chlore en liberté et semblent donner des composés correspondants, mais on ne les a pas isolés. Il en est de même de l'acétate de cyanogène, qui semble se former dans l'action du chlorure d'acétyle sur le cyanate d'argent.

Acétate d'iode. — L'acétate d'iode que M. Schutzenberger a pu préparer ne correspond pas à la formule de l'acétate de chlore ; l'iode y joue le rôle de corps trivalent, sa formule est : $CH^3CO.O{>}I$. On l'obtient par l'action du gaz hypochloreux sec sur un mélange d'iode et d'anhydride acétique. Il se présente sous forme de cristaux incolores, déliquescents, que la température de 100° suffit à décomposer brusquement.

Dérivés chlorés de l'acide acétique. — *Acide monochloracétique*. — L'acide monochloracétique $CH^2Cl.COOH$ a été obtenu, pour la première fois, par Leblanc, en faisant réagir vers 100° le chlore sec sur l'acide acétique, sous l'influence de la lumière diffuse. La réaction est lente ; elle est plus rapide au soleil, mais il faut interrompre l'arrivée du chlore quand l'absorption de ce gaz semble arrêtée. En ajoutant 100 grammes d'iode à 1 litre d'acide acétique, on facilite beaucoup l'action du chlore ; l'attaque peut alors avoir lieu sans qu'il soit nécessaire d'exposer l'appareil au soleil. On le sépare par distillation fractionnée.

L'acide monochloracétique est solide ; il cristallise en tables rhomboïdales, fusibles entre 45 et 47°. Il bout à 185°. Il est à peu près inodore.

C'est un acide monobasique, qui donne des sels solubles et des éthers dont on a préparé un certain nombre. Quand on chauffe longtemps vers 100° le monochloracétate de potassium il se transforme en glycolate de potassium $CH^2OH.COOH$.

En présence d'une solution alcoolique d'ammoniaque, l'acide monochloracétique se transforme en glycocolle, $CH^2AzH^2.COOH$.

Acide dichloracétique $CHCl^2.COOH$. — Ce composé s'obtient en même temps que l'acide monochloracétique, dans les préparations indiquées pour ce corps. Quand on veut le préparer, on abandonne dans de grands flacons, que l'on expose au soleil, des mélanges de chlore sec et d'acide monochloracétique. C'est un liquide ayant à 15° une densité de 1,5216; il bout à 195°. L'eau le décompose rapidement en acide acétique et acide chlorhydrique.

On connaît divers sels formés par cet acide, ainsi que différents éthers; les bichloracétates sont solubles, mais cristallisent difficilement.

Acide trichloracétique. — L'acide trichloracétique a été obtenu par Dumas, en faisant agir le chlore sec sur l'acide acétique anhydre, dans de grands flacons bien bouchés exposés au soleil; il se produit une réaction complexe : après un jour ou deux, on trouve les flacons tapissés intérieurement de cristaux; c'est un mélange d'acide oxalique et d'acide trichloracétique. En même temps, il s'est formé divers gaz : acide chlorhydrique, acide carbonique, oxychlorure de carbone, qui se dégagent quand on ouvre les flacons. Pour recueillir l'acide trichloracétique, on reprend la matière par l'eau et on évapore la solution; l'acide oxalique cristallise le premier. On peut aussi traiter à chaud la solution, par de l'acide phosphorique anhydre, qui décompose seulement l'acide oxalique. La liqueur distillée contient l'acide trichloracétique.

On peut encore décomposer le chloral par l'acide azotique fumant. Sous l'influence de cette action oxydante, il se transforme en acide trichloracétique :

$$CCl^3.CHO + O = CCl^3.COOH.$$

Au contraire, sous l'influence de l'hydrogène naissant l'acide trichloracétique donne de l'acide acétique.

L'acide trichloracétique se présente sous forme de cristaux blancs très déliquescents ; il fond à 46° et bout vers 200°.

La potasse le décompose à l'ébullition, en donnant du chloroforme, du chlorure, du formiate et du carbonate de potassium.

L'acide trichloracétique est un acide monobasique, qui forme des sels bien définis, solubles dans l'eau. Ils se décomposent par l'action de la chaleur, en donnant le chlorure métallique correspondant à l'oxyde et de l'oxychlorure de carbone.

On connaît aussi un certain nombre d'éthers, dérivant de l'acide trichloracétique.

DÉRIVÉS BROMÉS ET IODÉS DE L'ACIDE ACÉTIQUE. — *Acide monobromacétique* $CH^2Br.COOH$. — C'est un composé solide, cristallisant en rhomboèdres, qu'on obtient par l'action directe du brome sur l'acide acétique. Il fond au-dessous de 100° et bout à 208°.

Acide tribromacétique $CBr^3.COOH$. — S'obtient en traitant par l'eau le bromure d'acétyle tribromé. Corps cristallisé fondant à 135°, bouillant à 250°.

Acide monoiodacétique $CH^2I.COOH$. — Par l'action de l'iodure de potassium sur le bromacétate d'éthyle, on obtient l'éther correspondant, l'iodoacétate d'éthyle que l'on saponifie par la baryte, ce qui donne le monoiodacétate de baryum, qu'on décompose ensuite par l'acide sulfurique. Cristaux incolores fondant à 82°, que la chaleur décompose à une température plus élevée.

Acide biiodacétique. — Ce composé s'obtient par l'action de l'éther bibromacétique sur l'iodure de potassium. Il se forme du bromure de potassium et de l'éther biiodacétique; on le saponifie par un lait de chaux, et l'on décompose le biiodacétate de calcium ainsi formé par l'acide chlorhydrique. On obtient de cette façon l'acide biiodacétique sous forme de cristaux jaunes, peu solubles dans l'eau, très solubles dans l'alcool et l'éther.

Tous ces composés sont des acides monobasiques; ils donnent des sels bien définis et des éthers.

307. Acide propionique $C^3H^6O^2$ *ou* $CH^3.CH^2.COOH$.

— Ce composé a été découvert par Gottlieb dans l'action de la potasse sur divers hydrates de carbone, tels que le sucre, la cellulose, etc.

Préparation. — Linnemann l'obtient par l'action de l'acide sulfurique légèrement étendu (7 parties d'acide pour 3 parties d'eau) sur le propionitrile (7 parties). On fait le mélange peu à peu et, après douze heures, on le chauffe dans un appareil à reflux pendant environ six heures. Après cela on distille, et on transforme, à l'aide de soude, l'acide propionique formé en sel de sodium ; le propionitrile non transformé est ensuite traité de nouveau. Quant au propionate de sodium, après l'avoir séché on le traite par le gaz acide chlorhydrique sec.

L'acide propionique se forme dans un grand nombre de circonstances, en particulier dans diverses fermentations : tartrate de calcium, cuir, pois, lentilles, etc. C'est un des acides qui accompagnent l'acide acétique dans les produits de la distillation des bois.

Parmi les réactions qui lui donnent naissance, citons sa préparation et l'action de l'oxyde de carbone sur l'alcoolate de baryum, parce qu'elles constituent des procédés de synthèse.

L'acide propionique est un liquide huileux, d'une odeur de choux aigres. Sa densité est 1,016; il fond à — 21° et bout à 141°.

Il est soluble dans l'eau en toutes proportions, mais on le sépare de ce liquide en y ajoutant du chlorure de calcium.

308. Propionates. — L'acide propionique est un acide monobasique qui donne, avec les métaux monovalents, des sels du type $C^2H^5.CO.OM'$ ou $C^3H^5O^2.M'$ et avec les métaux bivalents des sels du type $(C^3H^5O^2)^2 : M''$.

La plupart des propionates sont solubles dans l'eau et cristallisables.

PROPIONATE DE POTASSIUM $C^3H^5O^2.K$. — Écailles nacrées déliquescentes, très solubles.

PROPIONATE DE SODIUM $C^3H^5O^2.Na$. — Très soluble, incristallisable.

PROPIONATE DE CALCIUM $(C^3H^5O^2)^2 : Ca + H^2O$. — Aiguilles soyeuses, efflorescentes, solubles dans l'eau : 30 grammes par litre.

PROPIONATE DE BARYUM $(C^3H^5O^2)^2 : Ba$. — Connu aussi à l'état de combinaison avec 1 molécule d'eau, très soluble dans l'eau, 600 grammes par litre.

PROPIONATE DE CUIVRE $(C^3H^5O^2)^2 : Cu + H^2O$. — Petits prismes peu solubles dans l'eau, très solubles dans l'alcool.

PROPIONATE DE PLOMB $(C^3H^5O^2)^2 : Pb$. — Incristallisable ; on connaît des composés basiques $(C^3H^5O^2)^2 : Pb + PbO$ et $3(C^3H^5O^2)^2 : Pb + 4PbO$. Ce dernier composé est assez soluble dans l'eau froide et presque insoluble dans l'eau bouillante, et on peut l'employer pour séparer l'acide propionique des acides acétique et formique.

PROPIONATE D'ARGENT $C^3H^5O^2.Ag$. — Peu soluble dans l'eau (8 grammes par litre) (1).

ANHYDRIDE PROPIONIQUE $(C^3H^5O^2)^2:O$. — Il s'obtient par la méthode générale : action du chlorure de propionyle sur le propionate de sodium bien sec. C'est un composé liquide qui bout vers 165°.

DÉRIVÉS CHLORÉS, BROMÉS ET IODÉS DE L'ACIDE PROPIONIQUE. — L'acide propionique ayant pour formule $C^2H^5.COOH$ ou, en développant, $CH^3.CH^2.COOH$, les corps halogènes, en se substituant à l'hydrogène, doivent pouvoir donner des composés monosubstitués isomériques. On ne connaît deux composés de ce genre que pour les dérivés iodés. Parmi les composés bisubstitués on a obtenu divers isomères.

Acide α-chloropropionique $CH^3CHCl.COOH$. — Ce composé, qui est identique avec l'acide chlorolactique découvert par Wurtz, s'obtient par l'action du chlorure de lactyle ou chlorure de chloropropionyle sur l'eau. C'est un liquide, de densité 1,28 à 0°, qui bout à 186°.

Acides dichloropropioniques. — On en connaît deux : l'un, l'acide α-dichloropropionique $CH^3.CCl^2.COOH$, et l'autre, l'acide β-dichloropropionique $CH^2Cl.CHCl.COOH$ obtenu par l'action du perchlorure de phosphore sur l'acide glycérique et l'action ultérieure de l'eau. On connaît divers sels et divers éthers de ces deux acides.

Acide α-monobromopropionique $CH^2.CHBr.COOH$. — S'obtient par l'action directe du brome sur l'acide pro-

(1) On a décrit aussi un assez grand nombre de propionates doubles.

pionique. Il bout vers 202° et se solidifie à — 17°. La réaction la plus intéressante de ce corps a été signalée par MM. Friedel et Machuca. Au contact de l'oxyde d'argent, il se transforme en acide lactique. Cette réaction constitue donc une synthèse de l'acide lactique.

Acides dibromopropioniques. — On en connaît trois, correspondant aux formules :

$$CH^3.CBr^2.COOH, CH^2Br.CHBr.COOH \text{ et } CHBr^2.CH^2.COOH.$$

On connaît aussi un acide tribromopropionique et un acide tétrabromopropionique, ainsi que des composés mixtes, où se trouvent à la fois du chlore et du brome.

Acide α-iodopropionique $CH^3.CHI.COOH$. — C'est un liquide à peu près insoluble dans l'eau ; on l'obtient par l'action du biiodure de phosphore sur l'acide lactique concentré.

Acide β-iodopropionique $CH^2I.CH^2.COOH$. — Ce sont des cristaux blancs, fusibles à 82°, que l'on obtient par l'action de l'iodure de phosphore sur l'acide glycérique.

Ces divers composés forment des sels et des éthers, dont on a préparé un certain nombre.

309. Acides butyriques $C^4H^8O^2$. — On connaît deux acides butyriques isomères (1). L'un est l'acide butyrique dit normal, dont la formule développée est $CH^3.CH^2.CH^2.COOH$, et l'autre, l'acide isobutyrique $(CH^3)^2:CH.COOH$.

ACIDE BUTYRIQUE NORMAL. — Il a été découvert par Chevreul, qui a constaté sa présence à l'état d'éther glycérique dans le beurre.

(1) En dehors de ces deux acides isomères, il existe un composé qui a même formule, mais qui est un éther et non un acide, c'est l'éther acétique $CH^3COO.C^2H^5$.

L'acide butyrique normal est un liquide incolore, doué d'une odeur désagréable de beurre rance. Il est assez soluble dans l'eau. Sa densité à 14° est 0,958. Il bout à 163°.

L'acide butyrique s'obtient dans la fermentation du sucre et de divers autres hydrates de carbone, en présence d'un vibrion spécial, le *Bacillus amylobacter*, dont Pasteur et M. Van Tieghem ont montré le rôle. Pour préparer cet acide on prend 3 kilogrammes de sucre de canne, que l'on dissout dans 13 litres d'eau, on ajoute un peu d'acide tartrique ; puis, après quelques jours, 100 gr. de vieux fromage, 4 litres de lait et $1^{k},5$ de craie. On abandonne le mélange à la fermentation dans une étuve maintenue vers 30°. L'acide lactique est un des premiers produits de cette fermentation, mais il disparaît ensuite pour donner de l'acide butyrique. Après deux mois environ, la réaction est terminée; on traite la matière par 4 kilogrammes de carbonate de sodium cristallisé; il se forme du carbonate de calcium que l'on sépare par filtration, la liqueur est ensuite concentrée, puis traitée par l'acide sulfurique : l'acide butyrique mis en liberté vient surnager la liqueur. On le purifie en le transformant de nouveau en butyrate, que l'on fait cristalliser à plusieurs reprises. La formule suivante rend compte de la transformation qu'éprouve le glucose fourni par le sucre de canne :

$$C^{6}H^{12}O^{6} = C^{4}H^{8}O^{2} + 2CO^{2} + 2H^{2}.$$

On obtient dans l'industrie d'assez grandes quantités de butyrate de calcium, en filtrant sur du noir animal la glycérine provenant des stéarineries. Ce butyrate, qui se forme peu à peu dans le noir, peut être ensuite extrait par des lavages à l'alcool.

On peut encore l'obtenir par l'action de la potasse, ou même de l'eau, sur le nitrile butyrique C^4H^7CAz.

L'acide butyrique est transformé par les *oxydants*, le permanganate de potassium ou l'acide azotique, en acide succinique.

Le *chlore* et le *brome* donnent divers composés substitués ; l'action de l'*iode* est très faible.

L'acide butyrique forme facilement des éthers, surtout en présence d'un peu d'acide sulfurique ; il donne en particulier avec la glycérine, trois butyrines (M. Berthelot).

C'est un acide monobasique, qui donne divers butyrates presque tous solubles. Quand on les chauffe, un grand nombre fournissent de la butyrone.

ACIDE ISOBUTYRIQUE $(CH^3)^2$:$CH.COOH$. — Ce composé, qui a été découvert par Erlenmeyer, peut s'obtenir par une réaction analogue à l'une de celles qui fournissent l'acide butyrique, mais en y remplaçant le nitrile butyrique par le nitrile isobutyrique ou cyanure d'isopropyle :

$$C^3H^7.CAz + 2H^2O = AzH^3 + C^3H^7.COOH.$$

Ce liquide a pour densité 0,95 à 20°, et bout à 154°. Odeur analogue à celle de l'acide butyrique normal.

On connaît divers acides provenant des précédents par la substitution du chlore à l'hydrogène ; les acides ainsi obtenus sont monobasiques ; ils donnent des sels et des éthers, dont quelques-uns ont été préparés.

310. Acides valérianiques $C^5H^{10}O^2$. — On connaît quatre acides valérianiques isomères ; ce sont : 1° l'acide valérianique normal $CH^3.CH^2.CH^2.CH^2.COOH$, que l'on appelle aussi parfois l'acide propylacétique ; 2° l'acide isovalérianique ou isopropylacétique ou valérianique ordinaire $(CH^3)^2:CH.CH^2.COOH$; 3° l'acide éthylméthylacétique $(CH^3.CH^2, CH^3) : CH.COOH$; 4° l'acide triméthylacétique $(CH^3)^3:C.COOH$.

ACIDE VALÉRIANIQUE NORMAL : $CH^3.CH^2.CH^2.CH^2.COOH$. — Il s'obtient en traitant par la potasse alcoolique, dans un appareil à reflux, le cyanure de butyle normal. Après quelques heures d'ébullition, on distille au réfrigérant descendant. l'alcool passe avec de l'ammoniaque et diverses amines. Quant au valérianate de potassium formé, il reste dans l'appareil distillatoire. On le dissout dans l'eau et on le traite par l'acide sulfurique, en évitant avec soin d'en employer un excès. L'acide valérianique est mis en liberté et vient former une couche huileuse au-dessus de la liqueur. On le lave à l'eau. Cet acide bout vers 185° sous la pression 736 millimètres. Sa densité à 20° est 0.94.

Les valérianates sont presque tous solubles. Celui de cuivre est un des moins solubles.

ACIDE ISOVALÉRIANIQUE OU VALÉRIANIQUE ORDINAIRE $(CH^3)^2 : CH.CH^2.COOH$. — Il a été découvert, en 1817, par Chevreul, dans l'huile de marsouin (acide delphinique). Il existe aussi dans les racines de diverses plantes, de l'*Angelica officinalis* en particulier.

On prépare cet acide en oxydant l'alcool amylique à l'aide d'un mélange de bichromate de potassium et d'acide sulfurique ; l'acide sulfurique est d'abord ajouté à l'alcool, puis on introduit peu à peu le bichromate à l'état de dissolution. Lorsque la réaction est calmée, on chauffe et on distille ; le produit distillé contient une dissolution aqueuse d'acide valérique au-dessous d'une couche hui-

leuse de valéral. On décante celle-ci et on sature l'acide
à l'aide de carbonate de sodium ; on traite ensuite le sel
par l'acide sulfurique étendu dans un appareil distillatoire,
et on rectifie l'acide.

On l'obtient aussi par la distillation de l'extrait
aqueux de la racine de valériane, ou par la saponification de l'huile de marsouin à l'aide de la chaux. L'isova-
lérianate de calcium est soluble, tandis que la plupart des
savons calcaires qui l'accompagnent sont insolubles. Les
eaux-mères sont concentrées et traitées par l'acide chlorhydrique. L'acide mis en liberté est décanté et distillé en
ne recueillant que ce qui passe vers 175°-180°.

L'acide valérianique ordinaire est un liquide plus
léger que l'eau, de densité 0,955 à 0°, huileux, d'une
odeur désagréable et caractéristique. Il bout à 178°. Très
peu soluble dans l'eau, il se dissout dans l'alcool et l'éther
en toutes proportions. Le chlore donne des produits substitués. Le brome et l'iode se dissolvent sans former de
pareils composés.

ACIDE ÉTHYLMÉTHYLACÉTIQUE $(CH^3.CH^2,CH^2):CH.COOH$.
— Il a été obtenu en décomposant par la chaleur l'acide
éthylméthylmalonique $(CH^3.CH^2,CH^3):C:(COOH)^2$.

ACIDE TRIMÉTHYLACÉTIQUE $(CH^3)^3:.C.COOH$. — On
obtient ce composé, d'après Boutlerow qui l'a découvert,
en mélangeant 100 grammes d'iodure de butyle tertiaire
avec 110 grammes de cyanure double de mercure et de
potassium bien sec, additionné de 75 grammes de talc
pulvérisé, pour ménager la réaction, et en abandonnant
le tout dans un matras refroidi par un courant d'eau. On
obtient après deux ou trois jours, entre autres produits, du
triméthylacétonitrile que l'on chauffe pendant quelques
heures à 100°, avec de l'acide chlorhydrique fumant.

L'acide triméthylacétique est mis en liberté; on le transforme en sel de potassium à l'aide de carbonate de potassium; puis, on le traite par de l'acide sulfurique dans un appareil distillatoire; l'acide distille. C'est un solide qui fond à 35°,4 et bout à 163°,7. Sa densité à 50° est 0,905.

On a préparé divers sels de cet acide; les sels alcalino-terreux et le sel de magnésium cristallisent avec 5 molécules d'eau. Le sel d'argent est peu soluble.

311. Isovalérianates. — Les isovalérianates sont des sels bien définis, que l'on obtient par l'action directe de l'acide sur les oxydes ou les carbonates correspondants. Divers isovalérianates sont employés en médecine, en particulier ceux d'ammoniaque, de zinc et de divers alcaloïdes, comme la quinine et l'atropine. Ils sont presque tous solubles dans l'eau et dans l'alcool; ils possèdent un toucher gras, et laissent sur le papier une tache huileuse, mais qui disparaît assez rapidement. Par la distillation, la plupart donnent de la valérone, de l'amylène et divers autres carbures.

Les isovalérianates ont une odeur très faible à l'état sec; mouillés, ils possèdent l'odeur de l'acide valérianique.

VALÉRIANATE D'AMMONIUM (iso) $C^5H^9O^2.AzH^4$. — S'obtient par la saturation de l'acide à l'aide de gaz ammoniac. Très soluble dans l'eau et dans l'alcool. Il est employé en médecine.

VALÉRIANATE DE FER (iso) $(C^5H^9O^2)^2:Fe$. — On ne connaît à l'état neutre que le sel ferreux; il s'obtient par l'action directe de l'acide sur le métal. On obtient un valérianate ferrique basique par l'action du valérianate de sodium sur le perchlorure de fer.

VALÉRIANATE DE ZINC (iso) $(C^5H^9O^2)^2 : Zn$. — Peut s'obtenir par l'action de l'acide sur le métal ou sur le carbonate de zinc. C'est un sel peu soluble (20 grammes par litre) à la température ordinaire. Les solutions chaudes le déposent par refroidissement en lamelles nacrées, ayant l'aspect de l'acide borique.

VALÉRIANATE DE MERCURE (iso) $(C^5H^9O^2) : Hg$. — Se présente sous forme de petites aiguilles blanches, quand on décompose le chlorure mercurique par un valérianate alcalin.

ANHYDRIDE VALÉRIANIQUE $(C^5H^9O^2)^2 : O$. — S'obtient par la décomposition de 6 molécules de valérianate de potassium, par un peu plus de 1 molécule d'oxychlorure de phosphore. Le produit distillé est lavé avec une solution de carbonate de sodium, puis dissous dans l'éther qui l'abandonne ensuite par évaporation. C'est un liquide qui bout à 215°. Sa densité à 15° est 0.934.

312. Acides caproïques ou **hexanoïques** $C^6H^{12}O^2$. — La théorie indique l'existence de huit acides caproïques; on en connaît cinq. Le plus connu est l'acide normal $CH^3.CH^2.CH^2.CH^2.CH^2.COOH$. Il a été découvert par Chevreul, en 1818, dans le beurre. On peut l'extraire du beurre de vache ou de chèvre par un traitement assez compliqué, nécessaire pour séparer divers autres acides gras. On peut prendre aussi comme matière première l'huile de coco. Wurtz a préparé, par l'action de la potasse alcoolique sur un cyanure d'amyle, un acide caproïque qui a toutes les propriétés de l'acide ordinaire, mais qui s'en distingue par son pouvoir rotatoire, l'acide ordinaire étant inactif.

C'est un liquide huileux, d'une odeur désagréable, de densité 0,945 à 0° ; il bout à 205°.

Les caproates sont, en général, assez solubles, les sels alcalins sont très solubles, le caproate d'argent est un précipité amorphe moins soluble dans l'eau que le butyrate. On connaît divers éthers dérivant de l'acide caproïque.

313. Acides œnanthyliques *ou* **heptanoïques** $C^7H^{14}O^2$. — L'acide œnanthylique est l'acide heptanoïque normal $CH^3.CH^2.CH^2.CH^2.CH^2.CH^2.COOH$. Il s'obtient, comme les précédents, par la saponification du cyanure d'hexyle ou par l'oxydation, soit de l'alcool heptylique normal, soit de l'œnanthol, aldéhyde de ce même alcool.

C'est un liquide huileux, d'une odeur faible, qui se solidifie à + 10° et bout à 224°. Sa densité à 0° est 0,935.

Les œnanthylates alcalins sont solubles ; la plupart des autres sont très peu solubles et s'obtiennent par double décomposition.

314. Acide caprylique *ou* **octanoïque** $C^8H^{16}O^2$. — On connaît plusieurs isomères ayant cette formule. L'acide caprylique est l'acide normal ; il se trouve dans le beurre, l'huile de coco, etc., à l'état d'éther glycérique. Chevreul l'a retiré du beurre en soumettant à la saponification les parties liquides qu'on en peut extraire par la presse. Le savon potassique obtenu est transformé à l'état de savon barytique, et on sépare les divers sels barytiques par des cristallisations. L'huile de coco peut être employée aussi comme matière première.

L'acide caprylique fond vers 15°, il bout à 236°. Sa densité à 20° est 0,99. Il est peu soluble dans l'eau. C'est un acide monobasique.

Les caprylates alcalins sont très solubles dans l'eau ; les autres le sont fort peu.

315. Acide pélargonique *ou* **nonylique** $C^9H^{18}O^2$. — Il se rencontre dans l'huile essentielle de géranium d'où on peut l'extraire en distillant cette plante en présence de l'eau. On l'obtient par l'oxydation de l'essence de rue au moyen de l'acide azotique. On obtient ainsi un liquide qui se solidifie à 12°,5 et bout à 254°. Il est peu soluble dans l'alcool et dans l'éther. Les pélargonates alcalins sont très solubles, les autres sont très peu solubles.

316. Acide caprique *ou* **décylique** $C^{10}H^{20}O^2$. — Ce composé, découvert dans le beurre, où il existe à l'état d'éther glycérique, par Chevreul, s'obtient, en même temps que l'acide pélargonique, quand on oxyde l'essence de rue par l'acide azotique. C'est un corps solide qui fond à 30° et bout à 270°. Il possède une légère odeur de bouc. Il est insoluble dans l'eau froide, très peu soluble dans l'eau bouillante, très soluble dans l'alcool et l'éther. A l'exception des caprates alcalins qui sont solubles dans l'eau, les sels de cet acide sont, en général, insolubles.

317. Acide laurique *ou* **duodécylique** (1) $C^{12}H^{24}O^2$. — Cet acide a été découvert par Narston dans les baies du laurier ; on le trouve aussi dans le beurre de coco et, en petites quantités, dans le blanc de baleine. On l'extrait le plus souvent du beurre de coco. C'est un corps solide, qui fond vers 43°,5 ; il peut être distillé, mais en présence de la vapeur d'eau. Il est insoluble dans l'eau, soluble dans l'alcool et dans l'éther.

(1) Le composé $C^{11}H^{22}O^2$ n'est pas connu.

Les laurates sont peu ou pas solubles dans l'eau, assez solubles dans l'alcool. La plupart de ces sels fondent vers 100°.

318. Acide myristique *ou* **tétradécylique** $C^{14}H^{28}O^2$. — C'est un corps solide découvert par Stayfair dans le beurre de muscade. On l'extrait le plus souvent du blanc de baleine qui n'en renferme cependant que de petites quantités. La purification est délicate ; on le sépare des acides qui l'accompagnent par une série de cristallisations dans l'alcool, jusqu'à ce que le point de fusion du produit obtenu reste fixe et égal à 53°,8, point de fusion de l'acide pur.

Les myristates sont à peu près insolubles à l'exception des sels alcalins.

319. Acide palmitique *ou* **hexadécylique** $C^{16}H^{32}O^2$. — L'acide palmitique se trouve en grande quantité dans l'huile de palme à l'état d'éther glycérique. A ce même état, il entre dans la composition de la plupart des matières grasses animales ; graisses de bœuf, mouton, porc, huile de dauphin, huile de morue, graisse humaine, etc. On l'extrait le plus souvent de l'huile de palme. Pour l'en retirer, on distille l'huile de palme en présence de la vapeur d'eau surchauffée ; l'éther est saponifié ; il se produit de la glycérine, et les acides qui constituaient les éthers de l'huile de palme sont mis en liberté ; ce sont surtout l'acide palmitique solide et l'acide oléique liquide. L'ensemble des acides gras est solide, on en retire par l'action de la presse hydraulique l'acide oléique, et l'acide palmitique reste sous forme de gâteaux blancs.

L'acide palmitique fond à 62° et bout entre 329-356° (?) sous la pression atmosphérique.

L'acide palmitique est employé avec avantage dans l'industrie des bougies, par suite de son point de fusion élevé (V. *Fabrication des bougies*).

Les palmitates alcalins entrent dans la composition d'un grand nombre de savons.

320. Acide margarique $C^{17}H^{34}O^2$. — Le nom d'acide margarique a été donné, par Chevreul, en 1820, à une matière acide qu'il avait obtenue dans la saponification des graisses; c'était une matière fondant à 60°. En même temps, il avait obtenu l'acide stéarique (qu'il appelait acide margareux), qui fond à 75°. Il avait indiqué que l'acide margarique pouvait bien n'être qu'un mélange d'acide stéarique et d'un acide plus fusible. C'est l'opinion qu'a soutenue ensuite Heintz qui, partant de ce principe, d'ailleurs contestable, que toutes les graisses animales contiennent un nombre pair d'atomes de carbone, a conclu que l'acide margarique de Chevreul n'était qu'un mélange d'acide stéarique et d'acide palmitique (90 0/0 de ce dernier). Heintz a préparé par la saponification du cyanure de cétyle, en suivant la méthode générale dont nous avons vu plusieurs applications à propos de divers acides gras (V. *Acide butyrique*, p. 133), l'acide gras de formule $C^{17}H^{34}O^2$ auquel il réserve le nom d'acide margarique. Il a trouvé pour point de fusion de l'acide purifié 59°,9. C'est le point même indiqué par Chevreul. Depuis les expériences de Heintz, Krafft a pu, en partant de l'acide stéarique, qui contient 18 atomes de carbone, obtenir un acide $C^{17}H^{34}O^2$, qui fond comme celui de Heintz (59°,8 au lieu de 59°,9).

321. Acide stéarique $C^{18}H^{36}O^2$. — Cet acide a été découvert en 1811 par Chevreul. Il se rencontre en abondance à l'état d'éther glycérique dans la plupart des matières grasses animales et végétales.

Pour préparer l'acide stéarique, on prend pour point de départ l'acide stéarique du commerce, dont nous verrons plus loin la fabrication (V. t. II. p. 214). C'est un mélange formé surtout d'acide stéarique et d'acide margarique. Pour en retirer l'acide stéarique à peu près pur, on le fait cristalliser un grand nombre de fois dans l'alcool jusqu'à ce que son point de fusion se soit fixé à 70°. Pour l'obtenir tout à fait pur, on prépare un stéarate de potassium acide $(C^{18}H^{35}O^2)$ K + $C^{18}K^{36}O^2$ à l'aide de l'acide stéarique du commerce, et on fait cristalliser ce sel une douzaine de fois dans l'alcool, en rejetant chaque fois les eaux-mères. On dessèche ensuite les cristaux pour enlever tout l'alcool, et on les décompose par l'acide sulfurique étendu. On vérifie que le point de fusion de l'acide obtenu est bien 70°.

L'acide stéarique est cristallisé en lamelles nacrées, très minces; il et insoluble dans l'eau, mais soluble dans l'alcool (25 grammes par litre à froid) et dans l'éther (125 grammes par litre à froid). Il fond à 70° et émet des vapeurs vers 360°, mais en se décomposant partiellement. Toutefois, on peut le distiller dans le vide ou l'entraîner par un courant de vapeur d'eau surchauffée.

Les stéarates sont insolubles dans l'eau à l'exception des stéarates alcalins. On connaît des stéarates neutres, tels que celui de potassium $C^{18}H^{35}O^2K$, et des bistéarates, tels que $C^{18}H^{35}O^2K$ + $C^{18}H^{36}O^2$. Pour obtenir les stéarates neutres alcalins, on traite l'acide stéarique par une quantité sensiblement équivalente d'alcali, et on fait cristalliser à plusieurs reprises dans l'alcool bouillant le stéarate formé; il cristallise par refroidissement. Si on dissout ce stéarate neutre dans 100 fois son poids d'eau distillée,

il donne le stéarate acide sous forme de petites paillettes
nacrées.

322. Acide cérotique $C^{27}H^{54}O^2$. — Ce composé
s'obtient en traitant la cire d'abeilles et diverses espèces de
cires par l'alcool bouillant. L'acide se dépose par refroidissement ; on le purifie en le faisant cristalliser à plusieurs reprises dans l'éther.

Il se forme dans l'oxydation de la paraffine par l'acide
azotique.

C'est un corps solide cristallisé qui fond à 78°.

323. Acide mélissique $C^{30}H^{60}O^2$. — Ce composé
a été obtenu par Brodie dans l'action de la chaux potas-
sée sur l'alcool correspondant, l'alcool mélissique. C'est
un corps solide cristallisé qui fond entre 88° et 89°.

B. — ACIDES MONOBASIQUES INCOMPLETS

324. Acide acrylique $CH^2 : CH.COOH$. — Ce composé a été obtenu par Redtenbacher, en oxydant l'acroléine à l'aide de l'oxyde d'argent. Pour le préparer, on
traite l'acroléine étendue de 3 fois son poids d'eau par de
l'oxyde d'argent récemment précipité.

On abandonne le tout à l'abri de la lumière pendant
deux ou trois jours ; puis, on porte la liqueur à l'ébullition et on neutralise par le carbonate de sodium. Après
filtration, la liqueur est évaporée à sec, puis reprise par
l'acide sulfurique étendu qui décompose l'acrylate de
sodium ainsi qu'un autre sel formé simultanément,
l'hexacrylate. La liqueur, filtrée et distillée, donne l'acide
acrylique.

C'est un liquide incolore qui se solidifie à $+ 8°$ et bout à $140°$. L'hydrogène naissant fourni par l'amalgame de sodium le transforme en acide propionique :

$$CH^2{:}CH.COOH + H^2 = CH^3.CH^2.COOH.$$

L'hydrate de potassium le transforme en un mélange de formiate et d'acétate de potassium avec mise en liberté d'hydrogène :

$$CH^2{:}CH.COOH + 2KOH = H.COOK + CH^3.COOK + H^2.$$

L'acide acrylique est monobasique ; il donne des acrylates très solubles, à l'exception des composés d'argent et de plomb qui sont peu solubles.

Ces sels ne sont pas très stables. Abandonnés à eux-mêmes, ils se transforment peu à peu en acétate.

325. Acide crotonique $C^4H^6O^2$. — On connaît trois acides ayant cette formule, ce sont: 1° l'acide isocrotonique $CH^2 : CH.CH^2.COOH$; 2° l'acide méthacrylique $CH^2 : C : (CH^3,COOH)$; 3° l'acide crotonique proprement dit a pour formule développée $CH^3.CH : CH.COOH$.

Le composé que l'on extrait de l'huile de croton, obtenue en pressant les graines de pignons d'Inde (*croton tiglium*), paraît se rapprocher de l'acide méthacrylique ; il est beaucoup plus volatil que les acides crotonique et isocrotonique.

On obtient l'acide crotonique en transformant l'iodure d'allyle en cyanure d'allyle à l'aide du cyanure de potassium et en traitant ensuite ce cyanure d'allyle par la potasse alcoolique. On cesse de chauffer quand il ne se dégage plus d'ammoniaque, on sature par l'acide carbonique, et l'on obtient le crotonate de potassium assez pur par quelques cristallisations; puis on le traite par l'acide sulfurique étendu et on distille.

L'acide crotonique est un corps solide qui fond à 72° et bout à 182°.

La potasse en fusion donne une réaction analogue à celle qu'elle fournit avec l'acide acrylique, mais on obtient ici, au lieu de formiate, une seconde molécule d'acétate :

$$CH^3.CH : CH.COOH + 2KOH = 2(CH^3.COOK) + H^2.$$

L'acide crotonique est un acide monobasique ; les crotonates alcalins et celui de baryum sont très solubles dans l'eau; les autres sont peu solubles.

L'acide crotonique fournit des dérivés bromés, mono-, bi-, et tri-substitués, et des dérivés chlorés (1).

L'acide isocrotonique $CH^2 : CH.CH^2.COOH$ s'obtient par l'action de l'amalgame de sodium sur l'acide chloro-isocrotonique. C'est un liquide de densité 1,018 à 25° qui bout à 171°,9. Si on le chauffe quelques heures au voisinage de cette température, il se transforme en acide crotonique.

326. Acide angélique $C^4H^7.COOH$. — On connaît trois composés ayant cette formule, ce sont l'acide angé-

---

(1) En s'appuyant sur l'existence de quatre acides monochloro-crotoniques, M. Wislicenus a proposé de représenter les formules des acides crotonique et isocrotonique d'une autre façon que celle qui a été reproduite plus haut.

Les formules ci-dessous font intervenir la position relative des groupes reliés aux deux atomes de carbone, réunis par la liaison double, au lieu de ne faire intervenir que les relations ordinaires de liaisons :

$$
\begin{array}{ll}
H - C - CH^3 & CH^3 - C - H \\
\quad \| & \qquad \| \\
H - C - CO.OH & H - C - CO.OH \\
\text{acide crotonique} & \text{acide isocrotonique}
\end{array}
$$

lique, l'acide méthylcrotonique et l'acide tiglique. L'acide angélique se trouve dans la racine d'angélique.

L'essence de camomille romaine contient des éthers formés par cet acide avec les alcools amylique et butylique. L'acide angélique se retire de l'extrait aqueux de la racine d'angélique par distillation. On l'extrait aussi de l'huile de camomille en la saponifiant par la potasse alcoolique, dans un ballon à réfrigérant ascendant; puis on chasse les alcools par distillation, et enfin on décompose l'angélate de potassium par l'acide sulfurique et on distille.

C'est un corps solide, cristallisé en aiguilles, qui fond à 45° et bout à 180°.

La potasse le transforme en acétate et propionate de potassium.

L'acide angélique se transforme spontanément, mais lentement, en acide méthylcrotonique.

L'acide angélique est monobasique ; ses sels alcalins et alcalino-terreux sont très solubles. Les autres ne le sont pas, en général.

327. Acide oléique $C^{17}H^{33}(COOH)$. — Cet acide a été découvert par Chevreul, il accompagne presque toujours les acides gras de formule $C^nH^{2n}O^2$ dans les matières grasses naturelles.

Préparation. — On l'obtient en grande quantité comme produit secondaire de la fabrication de l'acide stéarique (V. t. II, p. 227), en même temps que cet acide et, comme il est liquide, on le sépare de l'acide stéarique et des autres acides solides en comprimant à la presse hydraulique le mélange des acides. Pour avoir l'acide oléique pur, on abandonne l'acide du commerce à un froid prolongé ; une partie des acides stéarique et margarique qu'il tenait en dissolution se dépose; on transforme ensuite l'acide en oléate de potassium et on décompose ce corps par le chlorure de baryum; l'oléate de baryum précipité est ensuite purifié par des cristallisations répétées dans l'alcool, puis décomposé, au sein d'un gaz inerte, par l'acide tartrique.

L'acide oléique, une fois solidifié par un froid suffisant, fond à + 14°; il peut être distillé dans le vide sans décomposition. Sa densité à 19° est 0,808. Il s'oxyde facilement et devient moins facile à solidifier par le froid. L'acide nitreux le convertit en son isomère, l'acide élaïdique; cet acide fond à 44°. Au contact de la potasse en fusion, l'acide oléique se transforme en un mélange de palmitate et d'acétate de potassium. On a proposé d'utiliser industriellement cette réaction pour transformer l'acide oléique en acide gras solide, susceptible d'être utilisé pour la fabrication des bougies :

$$C^{18}H^{34}O^2 + 2KOH = C^{16}H^{31}KO^2 + C^2H^3KO^2 + H^2.$$

L'opération exige une température d'environ 250° mais la transformation n'est pas complète et, lorsqu'on décompose les sels alcalins par l'acide chlorhydrique, l'acide palmitique est accompagné d'une certaine proportion d'acide oléique.

Cet acide est employé en grandes quantités pour la fabrication des savons.

L'acide oléique est monobasique; il donne des oléates en général insolubles dans l'eau, mais solubles dans l'alcool ou l'éther; les oléates alcalins sont solubles dans l'eau; l'oléate de sodium est solide; l'oléate de potassium est mou. Les oléates alcalins s'obtiennent directement par la saturation des bases par l'acide oléique.

L'oléate de baryum se prépare en précipitant l'oléate d'ammonium par le chlorure de baryum. Les autres oléates s'obtiennent par double décomposition, entre les sulfates métalliques correspondants et l'oléate de baryum.

328. Acide sorbique $C^5H^7.COOH$. — L'acide sorbique et son isomère, l'acide parasorbique, se retirent des baies vertes du *Sorbus aucuparia*. Le jus de ces baies, incomplètement neutralisé par la chaux, est distillé. L'eau entraîne les vapeurs d'acide parasorbique qui est un peu volatil ; il bout à 221°. Lorsqu'on chauffe cet acide en présence de l'acide chlorhydrique à 100°, il se transforme en acide sorbique. L'acide sorbique est un corps solide, cristallisé en longues aiguilles blanches, qui fondent à 134° et distillent à 225°. Tandis que les acides précédents, moins incomplets, donnaient, avec le chlore et le brome, des produits de substitution, l'acide sorbique donne avec le brome le composé $C^5H^7Br^2.COOH$. On peut aussi fixer de l'hydrogène sur l'acide sorbique. On obtient alors de l'acide hydrosorbique $C^5H^9.COOH$.

329. Acide camphique $C^9H^{15}.COOH$. — Ce composé a été découvert par M. Berthelot, qui l'a obtenu par l'oxydation du bornéol :

$$C^{10}H^{18}O + O^2 = C^9H^{15}.COOH + H^2O$$

ou par celle du camphre :

$$C^{10}H^{16}O + O^2 = C^9H^{15}.COOH.$$

On prépare l'acide camphique par l'action de la potasse alcoolique sur le camphre : en évaporant à sec, on obtient une masse principalement formée de camphate et d'hydrate de potassium. On reprend la liqueur par l'eau,

et on la neutralise exactement par l'acide sulfurique
étendu ; on évapore à sec ; le mélange de camphate et de
sulfate de potassium est alors repris par de l'alcool qui
ne dissout que le camphate. La solution alcoolique est
étendue d'eau, soumise à l'ébullition pour expulser
l'alcool, puis décomposée par l'acide sulfurique : l'acide
camphique se précipite.

L'acide camphique est un corps solide, d'aspect résineux, à peu près insoluble dans l'eau froide, mais
soluble dans l'eau bouillante. Il est doué du pouvoir rotatoire (dextrogyre). Son pouvoir rotatoire moléculaire en
solution alcoolique est $+ 15°,8$ à la température de $21°$.

§ 3. — Acides monoatomiques de la série aromatique

330. Acide benzoïque $C^6H^5(COOH)$. — L'acide
benzoïque est connu depuis longtemps ; on le trouve men-
tionné dans les écrits de Blaise de Vigenère (1608). Sa
composition a été établie par Liebig et Wœhler, en 1832,
et ses relations avec le benzène démontrées par les travaux de Peligot, en 1833.

Formation. — L'acide benzoïque se forme dans beaucoup de circonstances : dans l'oxydation d'un grand
nombre de matières organiques, soit de carbures d'hydrogène, comme le toluène C^7H^8, par exemple, le styrolène,
le cumène, etc., soit dans l'oxydation de l'alcool benzylique $C^7H^7.OH$ ou de son aldéhyde, l'essence d'amandes
amères, $C^6H^5.CHO$, soit dans l'oxydation d'acides, comme
l'acide cinnamique, etc.

L'action du sodium sur un mélange de benzène monobromé et d'acide carbonique fournit du benzoate de

sodium :

$$C^6H^5Br + CO^2 + 2Na = NaBr + C^6H^5.(COONa).$$

En enlevant, au contraire, de l'acide carbonique à de l'acide phtalique $C^6H^4:(COOH)^2$, on le transforme en acide benzoïque :

$$C^6H^4:(COOH)^2 = CO^2 + C^6H^5.(COOH).$$

La décomposition plus ou moins complexe d'un grand nombre de substances, telles que diverses matières albuminoïdes, l'acide quinique, l'acide hippurique, etc., donne aussi naissance à de l'acide benzoïque.

Préparation. — Dans le procédé le plus ancien, encore employé dans les laboratoires, on chauffe le benjoin dans un tet en terre, sur lequel on a collé une feuille de papier à filtrer et par dessus un cône élevé en papier fort. Le tet en terre est chauffé lentement au bain de sable : l'acide benzoïque émet des vapeurs qui traversent le papier à filtrer et viennent se condenser en paillettes cristallines ou en aiguilles, sur les parois du cône. On obtient un rendement plus considérable en traitant le benjoin par le carbonate de sodium en solution saturée ; il se forme un benzoate de sodium que l'on décompose par l'acide sulfurique étendu. L'acide benzoïque, peu soluble, se précipite ; on le purifie en le faisant cristalliser dans l'alcool.

On peut retirer l'acide benzoïque en assez grande quantité de l'urine des herbivores ; l'acide hippurique $CH^2.AzH(C^7H^5O).COOH$, que contient cette urine se dédouble, sous l'influence de ferments, en donnant de l'acide benzoïque.

On peut aussi l'obtenir en grand, en chauffant vers 340°,

pendant quelques heures, un mélange d'hydrate et de
phtalate de calcium.

Préparation industrielle. — L'acide benzoïque du commerce s'extrait du benjoin, de l'urine des herbivores ou
se prépare avec le toluène.

Procédé au benjoin. — On attaque le benjoin, réduit
en poudre, par un lait de chaux, auquel on ajoute peu à
peu de nouvelles quantités de chaux. La solution de
benzoate de calcium est ensuite saturée exactement par
de l'acide chlorhydrique ; l'acide benzoïque est précipité ;
on le recueille et on l'égoutte dans une essoreuse. Après
dessiccation dans une étuve, on le purifie par deux sublimations successives ; 10 kilogrammes de benjoin donnent en
moyenne $2^{kg},4$ d'acide benzoïque précipité et $1^{kg},2$ d'acide
benzoïque bisublimé. Les résidus sont recueillis, et quand
on en a une quantité suffisante, on les traite comme le
benjoin lui-même. Ces résidus donnent environ 15 0/0
d'acide bisublimé.

L'acide benzoïque ainsi obtenu (1) a l'odeur agréable
du benjoin.

Procédé à l'urine des herbivores. — L'acide hippurique que contient l'urine des herbivores (de 12 à
14 grammes par litre) est la substance utile pour la production de l'acide benzoïque. On abandonne à la putréfaction, par exemple 500 litres d'urine de cheval ou
mieux de vache, et on la traite ensuite par un lait de chaux
contenant de 20 à 30 litres d'eau et 5 kilogrammes de
chaux vive. On porte ite la mpérature à l'ébullition, à
l'aide d'un jet de vapeur et on maintient cette température pendant un quart d'heure, puis on laisse refroidir ;
l'opération se fait dans une cuve fermée, afin de pouvoir

---

(1) L'acide benzoïque pur est sans odeur.

recueillir les gaz qui se dégagent et de les envoyer dans une tour à coke, arrosée d'eau acidulée, pour arrêter l'ammoniac. La matière est ensuite passée aux filtres-presses, évaporée au dixième, puis traitée par l'acide chlorhydrique concentré ; ou bien la liqueur, telle qu'elle sort des filtres-presses, est additionnée de sel marin solide qui se dissout, et traitée alors par l'acide chlorhydrique. L'acide benzoïque peu soluble se précipite ; les eaux-mères n'en retiennent que peu, parce que, en concentrant la liqueur, on a réduit son volume des 9/10, ou bien parce que, dans le second procédé, l'addition de sel marin a considérablement réduit la solubilité de l'acide dans l'eau. L'acide benzoïque précipité est ensuite essoré et lavé dans l'essoreuse. On le purifie souvent en le transformant de nouveau en benzoate de calcium, que l'on décompose ensuite par l'acide chlorhydrique. L'acide ainsi obtenu a une odeur d'urine très désagréable, mais qu'on lui enlève facilement en le sublimant avec 5 0/0 de benjoin qui lui communique son odeur agréable.

Procédé au toluène. — C'est actuellement le plus important. La réaction utilisée consiste dans l'oxydation du toluène ou méthyl-benzène par l'oxygène naissant :

$$C^6H^5.CH^3 + 3O = C^6H^5.COOH + H^2O.$$

L'oxygène naissant peut être fourni par le bichromate ou le permanganate de potassium en présence d'acide sulfurique. Mais il vaut mieux employer l'acide azotique et le faire agir sur le toluène chloré ou chlorure de benzyle $C^6H^5.CH^2Cl$. Ce composé s'obtient d'ailleurs facilement par l'action du chlore sur le toluène à la température d'ébullition de ce corps. Cette opération se fait dans de grands ballons en verre munis de réfrigérants ascendants et chauffés au bain de sable. Au début la

température est voisine de 110°, point d'ébullition du
toluène. A mesure que l'action du chlore se poursuit, la
température d'ébullition s'élève et, lorsqu'elle a atteint
145°, on cesse l'action du chlore et l'on remplace le
réfrigérant ascendant, qui avait servi à faire refluer dans
le ballon le toluène et le chlorure de benzyle qui s'échap-
paient en vapeur, par un réfrigérant descendant, et l'on
continue de chauffer; tout le liquide qui passe à la distillation avant 180° (le point d'ébullition du chlorure de
benzyle est 183°) est mélangé à du toluène et soumis à
l'action du chlore dans une action suivante; ce qui passe
au delà est soumis à l'action de l'acide azotique et transformé en acide benzoïque. Pour cela, on traite dans une
chaudière en fonte émaillée 100 kilogrammes de chlorure
de benzyle par 300 kilogrammes d'acide azotique à 25° B.,
dilués dans 200 litres d'eau. Cette chaudière porte un
couvercle percé de divers orifices qui font communiquer
l'intérieur : 1° avec un premier serpentin faisant fonction de réfrigérant ascendant, et renvoyant constamment
dans la chaudière le liquide provenant de la condensation des vapeurs qui s'en échappent; 2° avec un second
serpentin faisant fonction de réfrigérant descendant;
3° avec une sorte d'entonnoir qui sert au chargement.
Toutes ces communications peuvent être interceptées à
volonté par des robinets. La chaudière est munie d'un
double fond qui sert à chauffer à la vapeur; elle porte en
outre à l'intérieur un serpentin percé de trous par lequel
on peut faire arriver de la vapeur d'eau dans la chaudière. Lorsque les matières viennent d'être introduites
on élève la température en envoyant de la vapeur
dans le double fond. La chaudière ne communique
alors qu'avec le serpentin ascendant; on chauffe ainsi
pendant une dizaine d'heures. Il s'est formé pendant

cette ébullition de l'acide et de l'aldéhyde benzoïque ;
pour les séparer on ferme le robinet du réfrigérant ascendant, on introduit un lait de chaux (40 kilogrammes de chaux pour 100 litres d'eau) par l'entonnoir et l'on ouvre le robinet du réfrigérant descendant. La chaux a saturé l'acide benzoïque ; en envoyant de la vapeur dans la chaudière même, à l'aide du serpentin, on facilite la volatilisation de l'aldéhyde benzoïque qui vient se condenser dans le réfrigérant. Quand cette distillation est terminée, le contenu de la chaudière est évacué par un large tube de décharge, et le liquide qui en sort se rend aux filtres-presses où il est recueilli et lavé à l'eau froide ; il est ensuite passé à l'essoreuse, séché à l'étuve et purifié par une ou deux sublimations comme dans les procédés différents. Avec 100 kilogrammes de chlorure de benzyle on obtient 80 kilogrammes d'acide benzoïque sublimé.

Propriétés. — L'acide benzoïque est un corps solide, inodore quand il est pur ; d'une saveur acide, il fond à 121° et bout à 249°. Les vapeurs se condensent en aiguilles ou en lamelles nacrées. Il est peu soluble dans l'eau froide (5 grammes par litre), plus soluble dans l'eau bouillante (82 grammes par litre), très soluble dans l'alcool, l'éther, la glycérine, les huiles, etc. Les *acides azotique* et *sulfurique* étendus sont sans action ; concentrés ils donnent les acides nitro- ou sulfobenzoïque. Le *chlore* donne divers produits de substitution. L'*hydrogène naissant* le transforme en alcool benzylique et en acide hydrobenzoïque $C^7H^{10}O^2$.

L'acide iodhydrique le transforme partiellement en aldéhyde benzylique.

L'acide benzoïque distillé en présence de la *chaux* se dédouble en benzène et acide carbonique qui s'unit à la chaux.

Benzoates. — L'acide benzoïque est un acide monobasique qui forme des sels généralement solubles dans l'eau et dans l'alcool. Le benzoate d'*ammonium* $C^7H^5O^2.AzH^4$ est déliquescent, très soluble ; sa solution perd peu à peu de l'ammoniaque et donne des cristaux d'un sel acide $C^7H^5O^2.AzH^4 + C^7H^6O^2$. Les benzoates de *potassium* et de *sodium* sont des sels très solubles. Ceux de *baryum* et de *calcium* cristallisent avec 2 molécules d'eau ; ils sont notablement moins solubles que les précédents. Les benzoates de *magnésium*, de *fer*, de *zinc*, sont assez solubles. Ceux de *cuivre*, de *plomb*, de *mercure* et d'*argent* sont très peu solubles à froid, mais solubles à chaud.

Dérivés de l'acide benzoïque. — Parmi les dérivés que fournissent les corps simples de la famille du *chlore* on connaît :

L'*acide orthochlorobenzoïque*, qui fond à 137°, sa formule est $C^7H^5ClO^2$;

L'*acide métachlorobenzoïque*, isomère du précédent ;

L'*acide parachlorobenzoïque*, qui fond à 236° et qui est isomère des précédents ;

Divers *acides bichlorobenzoïques* $C^7H^4Cl^2O^2$ (on en connaît quatre sur les six prévus par la théorie) ;

Divers *acides tétrachlorobenzoïques* isomères et un *acide pentachlorobenzoïque*.

On connaît un certain nombre de dérivés fluorés, bromés et iodés.

On a préparé aussi les trois acides mononitrobenzoïques isomériques dont on peut prévoir l'existence d'après la constitution du benzène ; ils correspondent aux positions ortho, méta et para.

On connaît, en outre, de nombreux composés mixtes où plusieurs atomes d'hydrogène de l'acide benzoïque sont remplacés par des éléments halogènes et par des groupes (AzO²) dans le même composé; les composés sont très nombreux par suite des diverses permutations que l'on peut faire entre ces corps Cl, Br, I, AzO² et à cause du nombre assez grand d'isomères que présente chacun d'eux.

Usages. — L'acide benzoïque est surtout employé dans l'industrie des couleurs d'aniline.

ANHYDRIDE ACÉTOBENZOÏQUE. — Il se prépare en faisant réagir le chlorure d'acétyle sur le benzoate de sodium bien desséché. C'est un liquide huileux, dont la densité est voisine de 1, que l'eau ne décompose que très lentement, même à la température de l'ébullition.

Il bout vers 150°, mais se décompose en anhydride acétique et anhydride benzoïque. Il éprouve une décomposition analogue sous l'influence des alcalis.

331. Acides toluiques $C^8H^8O^2$ *ou* $C^7H^7.COOH$ *ou* $C^6H^4\!\!<^{COOH}_{CH^3}$. — Les acides toluiques peuvent être considérés comme dérivant du toluène, et, comme ce carbure se comporte dans ses réactions comme un dérivé du benzène, comme du méthylbenzène, il en résulte que les acides toluiques sont des dérivés bisubstitués du benzène, un groupe méthyle CH^3 et un groupe $COOH$ caractéristique de la fonction acide ayant remplacé deux atomes d'hydrogène.

Nous avons vu, à propos du benzène, que les dérivés bisubstitués de ce carbure présentent trois états isomériques que l'on désigne avec les préfixes ortho, méta et para. Les trois acides toluiques correspondants sont connus. On les obtient en partant des trois toluènes monochlorés isomériques ou des trois diméthylbenzènes (xylènes) isomériques.

Il existe, en outre, un autre acide de même composition $C^8H^8O^2$, mais se rattachant à un autre groupe que les trois acides toluiques, c'est l'acide phénylacétique.

ACIDE ORTHOTOLUIQUE. — Ce corps se prépare à l'aide de l'orthotoluène monochloré que l'on transforme en dérivé cyané correspondant à l'aide du cyanure de potassium :

$$C^6H^4 : (CH^3, Cl) + KCAz = C^6H^4 : (CH^3, CAz) + KCl.$$

Ce dérivé cyané, traité par l'acide chlorhydrique concentré, donne du chlorure d'ammonium et de l'acide orthotoluique :

$$C^6H^4 : (CH^3, CAz) + HCl + 2H^2O = AzH^4Cl + C^7H^7.COOH.$$

On peut aussi obtenir cet acide par l'oxydation de l'orthodiméthylbenzène (orthoxylène) :

$$C^6H^4 : (CH^3)^2 + 3O = C^7H^7.COOH + H^2O.$$

L'oxygène naissant (permanganate de potassium) le transforme en acide phtalique $C^6H^4 : (COOH)^2$.

L'acide orthotoluique, découvert par Fittig et Bieber, est un corps solide, cristallisé en longues aiguilles, qui fond à 102°; il est peu soluble à froid, assez soluble à chaud.

C'est un acide monobasique donnant avec les alcalis et les alcalino-terreux des sels assez solubles.

ACIDE MÉTATOLUIQUE. — S'obtient comme le précédent, mais en partant du métatoluène monochloré ou métadiméthylbenzène (métaxylène).

Ce composé, découvert par Ahrens, cristallise en aiguilles fusibles à 110°.

Il est plus soluble dans l'eau que ses deux isomères. L'oxygène naissant (acide chromique) le transforme en acide isophtalique ou métaphtalique $C^6H^4:(COOH)^2$.

C'est un acide monobasique; les sels de baryum et de calcium cristallisent avec 2 molécules d'eau et sont assez solubles dans l'eau.

ACIDE PARATOLUIQUE. — Il s'obtient, comme les précédents, en employant soit le paratoluène monochloré, soit le paradiméthylbenzène (paraxylène). Quand on emploie le xylène commercial qui contient du méta- et du paraxylène, on obtient à la fois les deux acides méta- et paratoluique. L'acide paratoluique a été découvert par Mad; c'est le premier acide toluique que l'on ait préparé. Il est peu soluble dans l'eau froide, très soluble dans l'eau bouillante, dans l'alcool et dans l'éther; il fond à 175° et peut être sublimé à 275°.

L'oxydation le transforme en acide paraphtalique.

C'est un acide monobasique qui donne avec les métaux alcalins des sels très solubles, mais qui cristallisent mal; les autres sels sont peu solubles.

332. Acide phénylacétique $C^6H^5.CH^2.COOH$. — Dans ce composé 1 atome d'hydrogène seulement a été modifié par substitution du groupe monovalent $CH^2.COOH$. Ce corps a été découvert par Cannizaro. On l'obtient en traitant l'éther benzylchlorhydrique par du cyanure de potassium, puis le dérivé cyané correspondant par de l'acide chlorhydrique qui le transforme en acide phénylacétique avec mise en liberté de chlorure d'ammonium.

C'est un corps solide cristallisé en lamelles qui fondent à 76°,5 et se subliment à 261°.

L'oxyde naissant (acide chromique) le transforme en acide benzoïque.

333. Acide cuminique $C^{10}H^{12}O^2$ *ou* $C^9H^{11}.COOH$ *ou* $C^6H^4 : (C^3H^7, COOH)$. — Ce composé, découvert par Gerhardt et Cahours, se prépare en faisant tomber goutte à goutte de l'aldéhyde cuminique sur de la potasse en fusion :

$$C^6H^4 \begin{cases} C^3H^7 \\ CHO \end{cases} + KOH = C^6H^4 \begin{cases} C^3H^7 \\ COOK \end{cases} + H^2.$$

Le cuminate de potassium ainsi formé se dissout, quand on traite la masse par l'eau, et la solution laisse déposer l'acide cuminique quand on y ajoute de l'acide chlorhydrique. On purifie le précipité obtenu par des cristallisations dans l'alcool.

L'acide cuminique cristallise en lamelles d'une saveur acide et d'une odeur de punaises. Il fond à 92° et se sublime à 250°.

Il est peu soluble dans l'eau froide, notablement plus soluble dans l'eau chaude; il se dissout abondamment dans l'alcool et dans l'éther.

On connaît plusieurs isomères de cet acide.

ANHYDRIDE ACÉTOCUMINIQUE. — Se prépare à l'aide du chlorure d'acétyle sur le cuminate de sodium. L'eau décompose ce corps assez rapidement; la présence des alcalis active cette décomposition. Vers l'ébullition il se décompose en donnant les deux anhydrides correspondants.

On peut aussi placer près de ces composés des corps qui appartiennent au type $C^2H^3O .O.R$. R étant un corps simple monovalent.

Parmi ces composés, on connaît surtout l'acétate de chlore.

334. Acide cinnamique $C^9H^8O^2$ *ou* $C^8H^7.COOH$. — Ce composé, obtenu par Trommsdorff, en 1780, n'est bien connu que depuis les travaux de Dumas et Peligot (1834). Il se trouve dans divers baumes, ceux du Pérou et de Tolu, par exemple, ainsi que dans le styrax. On peut l'obtenir par l'oxydation de son aldéhyde, qui est l'essence de cannelle, ou par la réaction du chlorure d'acétyle sur l'aldéhyde benzoïque en tubes scellés à 120°.

Pour préparer ce corps on l'extrait du styrax ou bien des baumes du Pérou et de Tolu. Il est plus avantageux d'employer le styrax liquide. Pour cela on le distille en présence de 5 à 6 fois son poids d'eau additionnée de carbonate de sodium. Le résidu qui contient le cinnamate de sodium est traité par l'acide chlorhydrique bouillant; l'acide cinnamique mis en liberté est, à cette température, un liquide huileux qui se sépare en partie de la liqueur et se prend en masse par le refroidissement; la partie qui était restée en dissolution se précipite alors en petites paillettes. L'acide impur est purifié par distillation.

C'est un corps solide, qui cristallise dans le système monoclinique. Il fond à 137° et bout vers 293°.

L'oxygène naissant le transforme d'abord en aldéhyde, puis en acide benzoïque.

L'acide cinnamique, quand on le distille en présence de chaux, donne du styrolène.

L'acide cinnamique est un acide monobasique qui donne des cinnamates, en général insolubles dans l'eau. Les cinnamates alcalins sont très solubles et les cinnamates alcalino-terreux sont un peu solubles.

Principales propriétés des acides à fonction simple

	Noms	Formules brutes	Formules de constitution	Chaleur de formation à l'état solide	Densités	Solubilité dans : eau	Solubilité dans : alcool	Solubilité dans : éther	Préparations
ACIDES COMPLETS	Acide formique	CH_2O_2	$H.COOH$	101,3 (liquide)	123 à 9				Action de l'acide sulfurique sur le glycérine.
	» acétique	$C_2H_4O_2$	$CH_3.COOH$	113,2 (liquide)	[illeg.]	misc.	misc.	misc.	[illegible]
	» propionique	$C_3H_6O_2$	$CH_3.CH_2.COOH$	133 (liquide)	[illeg.]	[illeg.]			[illegible]
	» butyrique	$C_4H_8O_2$	$CH_3.CH_2.CH_2.COOH$	132,5 (liquide)	[illeg.]	tr. sol.			[illegible]
	» isobutyrique	$C_4H_8O_2$	$CH_3.CH.CH_3.COOH$	135,4	[illeg.]	[illeg.]			[illegible]
	» valérianique normal	$C_5H_{10}O_2$	$CH_3.CH_2.CH_2.CH_2.COOH$	173,3 (liquide)	[illeg.]				[illegible]
	» isovalérianique	$C_5H_{10}O_2$	$(CH_3)_2=CH.CH_2.COOH$	[illeg.]	[illeg.]	25	misc.	misc.	[illegible]
	» méthyléthylacétique	$C_5H_{10}O_2$	$CH_3.CH_2.CH_3.CH.COOH$	[illeg.]					[illegible]
	» triméthylacétique	$C_5H_{10}O_2$	$(CH_3)_3=C.COOH$	[illeg.]					[illegible]
	» caproïque	$C_6H_{12}O_2$	$CH_3.CH_2.CH_2.CH_2.CH_2.COOH$	149,3 (liquide)	[illeg.]	p. sol.			[illegible]
	» œnanthique	$C_7H_{14}O_2$	$CH_3.(CH_2)_5.COOH$	[illeg.]		p. sol.			[illegible]
	» caprylique	$C_8H_{16}O_2$	$CH_3.(CH_2)_6.COOH$	167,7 (fonde)	[illeg.]	p. sol.			[illegible]
	» pélargonique	$C_9H_{18}O_2$		182,3 (liquide)		p. sol.	t. sol.	t. sol.	[illegible]
	» caprique	$C_{10}H_{20}O_2$		[illeg.]	[illeg.]	p. sol.	t. sol.	t. sol.	[illegible]
	» laurique	$C_{12}H_{24}O_2$		133,2 (solide)	[illeg.]	ins.			[illegible]
	» myristique	$C_{14}H_{28}O_2$		244,4 (solide)		ins.			[illegible]
	» palmitique	$C_{16}H_{32}O_2$		251 (solide)		ins.			[illegible]
	» margarique	$C_{17}H_{34}O_2$		227 (solide)		ins.			[illegible]
	» stéarique	$C_{18}H_{36}O_2$		200,5 (solide)	7,6	ins.	35	125	[illegible]
ACIDES NON-SATURÉS / AUTRES ACIDES	» arachidique	$C_{20}H_{40}O_2$				ins.			[illegible]
	» cérotique	$C_{27}H_{54}O_2$				ins.			[illegible]
	» mélissique	$C_{30}H_{60}O_2$				ins.			[illegible]
	» acrylique	$C_3H_4O_2$	$CH_2=CH.COOH$			misc.			[illegible]
	» crotonique	$C_4H_6O_2$	$CH_3.CH=CH.COOH$						[illegible]
	» isocrotonique	$C_4H_6O_2$	$CH_3.CH=CH.COOH$						[illegible]
	» méthacrylique	$C_4H_6O_2$	$CH_2=C.(CH_3)COOH$	1 318 à 40					[illegible]
	» angélique	$C_5H_8O_2$				t. sol. p. sol.			[illegible]
	» oléique	$C_{18}H_{34}O_2$		10,800 à (?)	108				[illegible]
	» sorbique	$C_6H_8O_2$							[illegible]
	» campholique	$C_{10}H_{18}O_2$							[illegible]
	» benzoïque	$C_7H_6O_2$	$C_6H_5.COOH$	35,5	1,564	p. s. p. sol.	sol. 200 sol.	t. sol.	[illegible]
	» orthotoluïque	$C_8H_8O_2$	$C_6H_4.CH_3.COOH$						[illegible]
	» métatoluïque	$C_8H_8O_2$	$C_6H_4.CH_3.COOH$			p. sol.	t. sol.	t. sol.	[illegible]
	» paratoluïque	$C_8H_8O_2$	$C_6H_4.CH_3.COOH$						[illegible]
	» phénylacétique	$C_8H_8O_2$	$C_6H_5.CH_2.COOH$						[illegible]
	» cuminique	$C_{10}H_{12}O_2$	$C_6H_4.(C_3H_7).COOH$	149					[illegible]
	» cinnamique	$C_9H_8O_2$				p. sol.	229	sol.	[illegible]

Propriétés principales des sels correspondants [1]

NOMS	FORMULE	CHALEUR de FORMATION	SYSTÈMES CRISTALLINS	POINT de FUSION	SOLUBILITÉ — EAU	SOLUBILITÉ — ALCOOL absolu
Formiates de potassium	$H.COOK$	13,4	orthorh.	150°	t. sol.	p. sol.
» de sodium	$H.COONa$	13,4	orthorh.	200	500	p. sol.
» d'ammonium	$H.COOAzH^4$	11,9	clinorh.	120	t. sol.	p. sol.
» de calcium	$(HCOO)^2 : Ca$	13,5 × 2	orthorh.		125	ins.
» de baryum	$(HCOO)^2 : Ba$	13,5 × 2	orthorh.		250	ins.
» de strontium	$(HCOO)^2 : Sr + 2H^2O$	13,5 × 2	orthorh.		sol.	ins.
» de magnésium	$(HCOO)^2 : Mg + 2H^2O$		orthorh.		75	ins.
» de zinc	$(HCOO)^2 : Zn + 2H^2O$	6,6 × 2	clinorh.		40	ins.
» ferreux	$(HCOO)^2 : Fe + 2H^2O$		orthorh.		t. p. s.	ins.
» ferrique	$(HCOO)^3 : Fe^2 + H^2O$				ass. s.	p. sol.
» de cuivre	$(HCOO)^2 : Cu + 4H^2O$		clinorh		125	2,5
» de plomb	$(HCOO)^2 : Pb$	6,6 × 2	orthorh.		27	ins.
» de mercure	$(HCOO)^2 : Hg$				2	
» d'argent	$HCOO.Ag$				p. sol.	
Acétates de potassium	CH^3COOK	13,3			2 000 à 40°	200
» de sodium	$CH^3COONa + 3H^2O$	13,3	clinorh.	319	250 à 6°	450
» d'ammonium	$CH^3COOAzH^4$	12,0		89	t. sol.	sol.
» de baryum	$(CH^3COO)^2 : Ba + H^2O$	13,4 × 2	clinorh.		80	10
» de strontium	$(CH^3COO)^2 : Sr$	13,4 × 2	clinorh.			
» de calcium	$(CH^3COO)^2 : Ca + H^2O$	13,4 × 2			230	40
» de magnésium	$(CH^3COO)^2 : Mg$				1 000	t. sol.
» de zinc	$(CH^3COO)^2 : Zn + 3H^2O$	8,9 × 2	clinorh.	195	sol.	sol.
» cuivreux	$(CH^3COO)^2 : Cu^2$					
» cuivrique	$(CH^3COO)^2 : Cu + H^2O$	6,2 × 2	clinorh.		80	70
» ferreux	$(CH^3COO)^2 : Fe$	9,9 × 2	clinorh.		t. sol.	
» ferrique	$[(CH^3COO)^3 : Fe]^2$	4,5 × 6				
» de nickel	$(CH^3COO)^2 : Ni + 4H^2O$		clinorh.			ins.
» de manganèse	$(CH^3COO)^2 : Mn + 4H^2O$		clinorh.	160	330	sol.
» de plomb	$(CH^3COO)^2 : Pb + 3H^2O$	6,5 × 2	clinorh.	75	630	125
» mercureux	$(CH^3COO)^2 : Hg^2$				3	ins.
» mercurique	$(CH^3COO)^2 : Hg$				250	
» d'argent	$CH^3COO.Ag$	4,7			10	ins.
Propionates de potassium	$C^3H^5O^2.K$				t. sol.	
» de sodium	$C^3H^5O^2.Na$				t. sol.	
» de calcium	$(C^3H^5O^2)^2 : Ca + H^2O$				30	
» de baryum	$(C^3H^5O^2)^2 : Ba$	13,4 × 2	clinorh.		600	
» de cuivre	$(C^3H^5O^2)^2 : Cu + H^2O$		clinorh.		p. sol.	t. sol.
» de plomb	$(C^3H^5O^2)^2 : Pb$				sol.	
» d'argent	$C^3H^5O^2.Ag$				8	
Butyrate de sodium	$C^4H^7O^2.Na$	13,7			t. sol.	
» de potassium	$C^4H^7O^2.K$				t 250	
» de calcium	$(C^4H^7O^2)^2 : Ca + nH^2O$		orthorh.		180	p. sol.
Valérianate d'ammonium	$C^5H^9O^2.AzH^4$	12,7			t. sol.	t. sol.
» de potassium	$C^5H^9O^2.K$	14,0			t. sol.	280
» de sodium	$C^5H^9O^2.Na$				t. sol.	t. sol.
» de zinc	$(C^5H^9O^2)^2 : Zn$				20	60
Palmitate de potassium	$C^{16}H^{31}O^2.K$				p. sol.	sol.
» de sodium	$C^{16}H^{31}O^2.Na$				déc.	p. sol.
Stéarate de potassium	$C^{18}H^{35}O^2.K$				10 à l'ébull.	p. sol.
» de sodium	$C^{18}H^{35}O^2.Na$				t. p. s.	2
» de plomb	$(C^{18}H^{35}O^2)^2 : Pb$				ins.	p. sol.
Oléate de potassium	$C^{18}H^{33}O^2.K$				250	20
» de calcium	$(C^{18}H^{33}O^2)^2 : Ca$					sol.
» de plomb	$(C^{18}H^{33}O^2)^2 : Pb$			80		p. sol.

(1) Les nombres inscrits dans la colonne des chaleurs de formation représentent la chaleur de formation des sels depuis l'a... étendu et la base dissoute, lorsque ces corps sont solubles.

Les nombres inscrits dans les colonnes des solubilités indiquent le nombre de grammes contenus dans un litre de dissol... saturé vers la température ordinaire quand celle-ci n'est pas indiquée.

§ 4. — APPLICATIONS

Les principales applications des acides qui viennent d'être étudiés sont relatives à l'acide acétique et aux acides gras. La formation de l'acide acétique reposant sur la transformation de l'alcool par un ferment sera exposée au chapitre XVI, *Fermentations*. L'industrie des acides gras se trouve absolument liée à celle de ces acides (savons) et à celle des corps gras naturels (suif, huiles, etc.) qui, bien qu'étant des éthers formés par ces acides avec la glycérine, seront étudiés dans ce chapitre à cause de ces relations. Nous étudierons successivement les corps gras naturels, qui sont les matières premières d'où dérivent les acides et les sels, les acides gras (acide stéarique, etc.) et les sels de ces acides (savons).

A. — CORPS GRAS NATURELS

335. Propriétés générales des corps gras. — Les corps gras naturels, huiles ou graisses, sont des éthers formés par la glycérine $C^3H^5(OH)^3$, alcool triatomique, avec des acides gras. Il résulte des propriétés des alcools triatomiques qu'un acide gras monobasique, tel que l'acide oléique $C^{18}H^{34}O^2$ pourra donner avec la glycérine les trois composés suivants :

La monoléine $C^3H^5 \cdot [(OH)^2, C^{18}H^{33}O^2]$ qui est deux fois alcool et une fois éther;

La dioléine $C^3H^5 \cdot [OH, (C^{18}H^{33}O^2)^2]$ qui est une fois alcool et deux fois éther;

La trioléine $C^3H^5 \cdot (C^{18}H^{33}O^2)^3$ qui est trois fois éther.

Les principaux corps gras dérivent de l'acide oléique $C^{18}H^{34}O^2$, de l'acide stéarique $C^{18}H^{36}O^2$, de l'acide margarique ou palmitique $C^{16}H^{32}O^2$, plus rarement de l'acide butyrique $C^4H^8O^2$ et de quelques autres.

La plupart des corps gras naturels sont des mélanges en proportions non définies et variables des divers éthers formés par la glycérine avec ces acides.

Il résulte de cette constitution que tous les corps gras ont la propriété générale de se décomposer au contact des alcalis en donnant les sels alcalins correspondants (oléates, stéarates, margarates, etc.) et de la glycérine. Cette réaction générale des corps gras, utilisée dans la fabrication des savons, la *saponification*, est une propriété générale des éthers, et ce terme de saponification a été étendu d'une façon générale à l'action des alcalis sur tous les éthers.

Il existe un grand nombre de corps gras naturels que l'on divise pratiquement en deux classes suivant leur consistance à la température ordinaire; les huiles sont liquides, les graisses solides; mais cette distinction est un peu arbitraire, la plupart de ces corps ont, en effet, des points de fusion peu nets et sont des mélanges de corps inégalement fusibles; certaines huiles se solidifient facilement même aux températures ordinaires. On peut aussi distinguer les corps gras d'après leur origine végétale ou animale.

Enfin, le beurre est une matière grasse qui doit être étudiée à part, non parce qu'elle a des propriétés spéciales, mais à cause de son origine, de sa préparation et de ses usages.

Les corps gras constituent la matière première de deux des industries les plus importantes : celle des savons et celle des bougies et des chandelles. Les huiles servent surtout pour l'industrie des savons, les graisses pour celle des bougies. Les corps gras ont, en outre, diverses autres applications ; ils jouent un rôle considérable dans l'alimentation, surtout chez les peuples du Nord ; ils sont employés pour la peinture, le graissage des machines, etc.

336. Industrie du suif. — On désigne sous le nom de suif les diverses graisses que l'on extrait des animaux de boucherie ; la graisse du porc, plus fusible et d'une valeur plus grande au point de vue alimentaire, n'est pas réunie au suif ; on la désigne sous le nom de saindoux, axonge, etc.

La matière grasse se trouve, dans les animaux, contenue à l'intérieur de cellules qu'il faut détruire ou déchirer pour réunir la graisse et la séparer de ces membranes. Le tissu *adipeux* qui renferme ces cellules se trouve surtout dans les replis du péritoine et autour de divers organes tels que les reins. Les corps gras naturels étant, comme nous l'avons remarqué, des mélanges non définis de divers éthers de la glycérine, la composition de la graisse variera avec les diverses espèces animales et même d'un animal à l'autre. La graisse des ruminants est plus dure et fond à une température plus élevée que celle des autres animaux ; aussi est-elle préférée pour l'industrie des chandelles et des bougies. Les différences entre les graisses des diverses espèces de ruminants sont assez faibles. Les différences que produisent le climat et la nourriture sont plus sensibles. Le point de fusion et la dureté des suifs sont des données très importantes à considérer pour l'industrie des chandelles ; on a remarqué que les suifs étaient plus durs et moins fusibles quand ils provenaient d'animaux nourris de fourrage sec ou de grains que quand ils provenaient d'animaux nourris de fourrage vert et surtout de tourteaux de distilleries. Aussi les suifs de Russie sont-ils estimés : ils proviennent d'animaux nourris pendant les deux tiers de l'année avec des fourrages secs ou des grains. Le climat a aussi une certaine influence, moindre que la précédente : les bêtes des climats tempérés ont, en général, une graisse moins fusible que ceux des pays froids.

Le sexe de l'animal a aussi son importance. Les mâles donnent un suif plus dur que celui des femelles, et celles-ci un suif plus dur que celui des animaux châtrés. La valeur des suifs dépend aussi de leur blancheur et de leur odeur.

Au point de vue chimique, le suif est constitué surtout par un mélange de trimargarine, de tristéarine et de trioléine. Au point de vue pratique, voici les propriétés des divers suifs : le suif de bœuf est blanc jaunâtre, il se fige entre 36 et 37°. Il renferme 70 0/0 de tristéarine (corps solide) et 30 0/0 de trioléine (corps liquide). Le suif de veau est blanc rosé, mais il est plus fusible et se corrompt plus rapidement. Le suif de mouton est plus ferme que les précédents et plus blanc que celui de bœuf; par contre, il possède une odeur spéciale, désagréable, qu'il doit à l'hircine qu'il contient. Les suifs de tripes, des boyauderies et des os, ont aussi une odeur forte et désagréable, ainsi qu'une coloration foncée.

Les graisses que l'industrie utilise sont principalement le *suif en branches* ou suif des abattoirs, que l'on retire des animaux quand on enlève les intestins; c'est le suif qui entoure les intestins et divers organes; la *dégraisse* est le suif que les bouchers retirent en détaillant la viande; la *graisse verte*, ou graisse de pot, ou résidus de cuisine que l'on recueille dans les grands établissements; le *flambart* est la graisse qui surnage l'eau, dans laquelle les charcutiers font cuire le porc.

337. Fonte des suifs. — La plupart de ces graisses sont constituées par des cellules emprisonnant le corps gras. L'opération qui sépare les cellules des corps gras se nomme la *fonte*. On distingue trois procédés principaux, désignés sous les noms de fonte aux cretons, fonte aux acides et fonte aux alcalis.

Fonte aux cretons. — Le suif est coupé en morceaux par des hachoirs, ou écrasé sous des meules et mis dans une grande chaudière en cuivre, de 1 à 2 mètres cubes, chauffée à feu nu; à mesure que la matière fond, on ajoute de nouvelles graisses, jusqu'à ce que la chaudière soit pleine aux deux tiers. Avec un instrument en bois, on écrase la graisse contre les parois; lorsque, à l'aspect des membranes qui semblent raccornies, on juge que l'opération est terminée, on puise la graisse fondue dans des poches en fer, et on la verse sur des tamis en cuivre, qui retiennent les débris des cellules et laissent écouler le suif dans des cuves en bois, doublées de plomb. On le fait ensuite couler dans des baquets, ayant la forme de troncs de cône où il se solidifie et forme des pains, pesant en moyenne 25 kilogrammes. Ce suif est connu sous le nom de *suif de place*.

Les membranes qui restent sur les tamis et qui sont imprégnées de graisse sont alors pressées fortement et laissent écouler une nouvelle quantité de suif; le résidu renferme encore des matières grasses; il est très compact et constitue le *pain de cretons*, employé pour la nourriture des chiens (1); quelquefois on l'utilise comme engrais ou bien on en retire les matières grasses qu'il contient encore, à l'aide de sulfure de carbone.

____

(1) Ce pain de cretons contient parfois une quantité de cuivre assez notable pour être nuisible.

Ce procédé présente des avantages et des inconvénients. Il est peu compliqué ; le résidu est utilisable pour la nourriture des animaux ; le suif obtenu peut être utilisé pour la fabrication des chandelles. Par contre, on ne retire pas toute la matière grasse ; d'autre part, cette opération dégage des odeurs absolument intolérables, qui empestent le voisinage dans un rayon assez étendu ; c'est pour cela que, presque partout, on lui a substitué l'un ou l'autre des deux procédés qui nous restent à examiner.

Fonte à l'acide. — Dans la fonte à l'acide, à 1.000 kilogrammes de suif on ajoute 200 kilogrammes d'eau préalablement acidulée par 6 kilogrammes d'acide sulfurique. On porte le tout à l'ébullition dans des chaudières chauffées à feu nu, ou mieux dans des chaudières closes chauffées à la vapeur, où on élève la température à 110°. La même disposition avait été conseillée avec de l'eau pure ; mais il faut alors élever davantage la température et les membranes se transforment en une masse gélatineuse, difficile à séparer du suif. Des différents acides que l'on a essayés, c'est l'acide sulfurique qui a donné les meilleurs résultats, principalement au point de vue de la couleur du suif obtenu, qui est plus blanche qu'avec l'acide chlorhydrique ou l'acide azotique. L'opération dure environ deux ou trois heures ; après ce temps, les membranes ont à peu près disparu ; elles sont en partie dissoutes et le suif surnage ; on facilite souvent la séparation des membranes en ajoutant un peu d'alun. On fait écouler le suif comme précédemment, dans des réservoirs, puis dans des moules. Ce procédé a l'avantage d'être plus rapide, de donner un rendement meilleur et de dégager beaucoup moins d'odeurs. Par contre, les résidus, beaucoup plus faibles, ne peuvent servir pour l'alimentation des animaux à cause de leur acidité; le procédé exige, en outre, des appareils plus perfectionnés et surtout il a l'inconvénient de fournir un suif qui se prête mal à la fabrication des chandelles; il laisse suinter pendant l'été une partie de l'oléine qu'il contient.

Diverses modifications de détail ont été proposées : dans le *procédé Lefébure*, on commence par faire macérer pendant trois jours le suif, dans un bain acidulé à l'acide sulfurique, 1 kilogramme d'acide sulfurique par 100 kilogrammes de suif; puis, au moment de procéder à la fusion, on remplace l'eau acidulée par l'eau pure. Dans le *procédé Lormé*, on commence, au contraire, à traiter le suif par la vapeur d'eau, et ce n'est que les résidus que l'on traite par l'acide sulfurique étendu.

Fonte à la soude. — Dans ce procédé, proposé par Evrard en 1850, on traite le suif par une solution de soude faible, marquant de 1 à 1°,5 B. Pour 100 kilogrammes de suif, on emploie 70 litres de cette solution. On opère dans un courant de vapeur : les membranes se gonflent d'abord, les cellules crèvent et elles se dissolvent même en partie dans la soude pendant que la matière grasse, mise en liberté, se rassemble à la partie supérieure où on la puise; on termine comme dans les procédés précédents. La petite quantité d'acides gras odorants, qui accompagnent les graisses, sont neutralisés, et le suif obtenu par ce procédé a une odeur beaucoup plus faible que les autres. Les acides gras ainsi neutralisés et ceux qui pourraient provenir de la décomposition de la matière grasse par la soude sont ensuite régénérés en traitant ces solutions par l'acide sulfurique faible; ils sont séparés par décantation de la dissolution de sulfate de sodium formée et employés pour la fabrication de savons de qualité inférieure.

Les cretons que fournit ce procédé ne peuvent servir à l'alimentation des animaux.

Ces traitements se font dans des appareils chauffés à feu nu ou à la vapeur. Les figures ci-contre montrent un type de chacun de ces appareils. Dans l'un, la chaudière C est recouverte d'une partie mobile *m* qui ne s'applique pas exactement sur la chaudière, mais em-

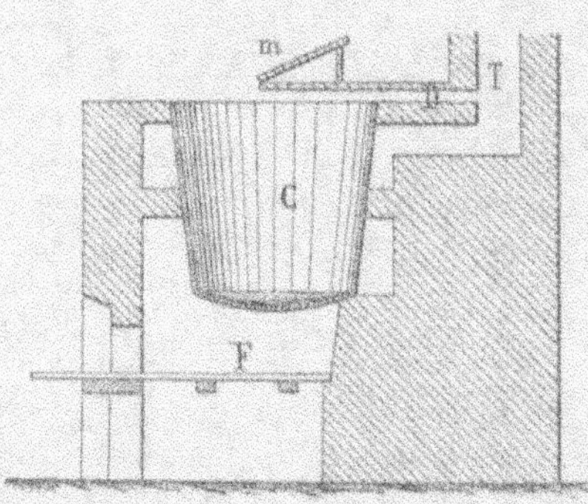

pêche les vapeurs et les gaz infects de se répandre dans l'atmosphère; ils se rendent directement par D dans la cheminée. Le foyer est en F. Dans le second type, S est un serpentin parcouru par de la vapeur d'eau qui entre en *e* et sort condensée en S; V est un tuyau percé d'un grand nombre de petits trous, par lesquels on peut injecter directement de la vapeur; T est un tuyau qui emmène les vapeurs infectes dans un con-

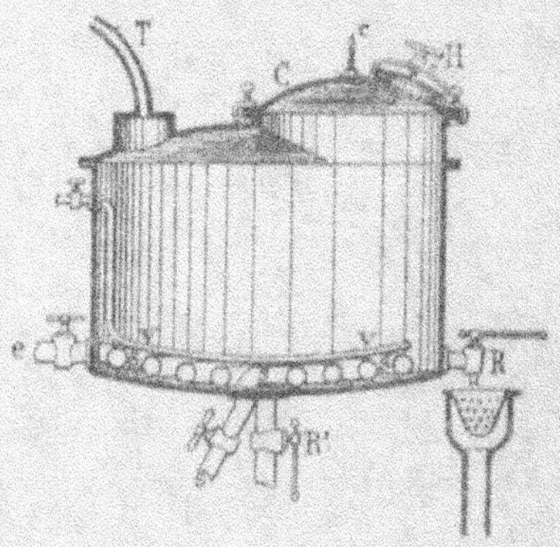

denseur ou sous un foyer. C est un couvercle que l'on soulève avec la chaîne *c*. C'est par là qu'on charge la chaudière. H est un trou d'homme, R le robinet d'évacuation, R' un robinet pour l'enlèvement des résidus.

338. Épuration et traitements divers des suifs. — Les suifs s'altèrent assez rapidement quand on ne les emploie pas peu de temps après leur préparation : des odeurs infectes se dégagent et le suif a besoin d'être épuré avant de pouvoir servir. On a proposé divers procédés d'épuration dont voici les principaux : *procédé Cloez et Girard*. On refond le suif en y ajoutant 1 0/0 de magnésie ou 5 0/0 de noir animal; on filtre ensuite sur des tamis pour retenir le noir. On peut aussi fondre le suif en présence d'eau légèrement alunée et faire arriver dans la masse un courant d'air. On réussit à enlever l'odeur désagréable des suifs de mouton qui ont ranci en faisant fondre le suif, le portant à 160° et y faisant arriver un courant de vapeur. On a utilisé, pendant le siège de Paris, un procédé analogue à celui d'Évrard, pour enlever au suif conservé son odeur rance et le rendre susceptible d'être consommé ; on lui faisait subir trois traitements consécutifs au carbonate de sodium, solutions à 4, puis à 3, et enfin à 2 0/0 de carbonate alcalin ; un lavage à l'eau acidulée par 1 0/0 d'acide chlorhydrique, puis un lavage à l'eau pure terminaient l'opération (Casthelaz). Lorsqu'on a épuré un suif par un des procédés précédents, on le fait souvent fondre en présence de cretons frais, qui ont une odeur spéciale que l'on est habitué à sentir dans le suif fraîchement traité; cette fusion communique au suif épuré cette odeur spéciale.

A côté de ces procédés d'épuration, qui n'ont d'autre but que de rendre au suif altéré une partie de ses qualités primitives, on doit citer les méthodes que l'on a proposées pour donner au suif des qualités nouvelles. Ces méthodes, qui jusqu'ici ont donné peu de résultats, consistent à séparer autant que possible la matière liquide (trioléine) et la matière solide (tristéarine) dont le mélange constitue le suif. On a essayé de produire cette séparation en faisant cristalliser les matières grasses dans l'essence de térébenthine (recherches de Braconnot, d'Éboli) ou bien en ajoutant au suif de la trioléine (Tresca et Éboli), etc. Le procédé Mège-Mouriès, qui fournit la margarine (V. p. 179), est seul employé actuellement, et il permet de séparer la tristéarine de l'oléine et de la margarine.

339. Essai des suifs. — L'essai des suifs peut être fait pour déterminer les qualités d'un suif naturel ou pour rechercher les falsifications qu'on a pu lui faire subir. L'essai d'un suif, fait pour déterminer ses qualités, comporte le dosage de l'humidité et des impuretés et la fixation du titre.

Humidité. — Elle se détermine en maintenant à l'étuve, à 115°, 20 grammes de suif contenus dans une capsule tarée jusqu'à ce qu'il n'y ait plus changement de poids.

Impuretés. — La proportion d'impuretés se détermine en dissolvant le suif dans le sulfure de carbone; les impuretés minérales ou organiques, débris de cellules, etc., restent insolubles; on les recueille sur un filtre taré, on les sèche et on les pèse. Le suif contient en général moins de 1/2 0/0 d'impuretés. Le suif d'os cependant contient de 5 à 20 0/0 de matières insolubles dans le sulfure de carbone; ces matières insolubles contiennent de la gélatine et des matières grasses combinées à du carbonate et à du phosphate de calcium. On procède à l'examen des impuretés quand la proportion dépasse,

pour les suifs ordinaires, 1/2 0/0; on peut ainsi reconnaître diverses fraudes.

Titre. — La détermination du titre est une des plus
importantes; on appelle titre d'un suif le degré centi-
grade auquel se solidifie le mélange des acides gras que
l'on peut retirer du suif. Il faut donc, pour déterminer le
titre d'un suif, saponifier par une base alcaline les éthers
qu'il contient, décomposer par un acide les sels alcalins
obtenus et déterminer enfin le point de solidification des
acides gras ainsi mis en liberté. On peut effectuer ces
diverses opérations de différentes façons : la saponification peut se faire en faisant bouillir longtemps le suif avec
une solution étendue de potasse. On décompose ensuite
le savon obtenu par l'acide sulfurique étendu, et, après
lavage des acides gras, on détermine leur point de fusion.
Il est indispensable de traiter ensuite de nouveau les
acides par la potasse, de faire bouillir quelque temps, et
après traitement par l'acide sulfurique étendu et lavage,
de déterminer le point de solidification des acides gras
qui doit être le même que précédemment. Dans le cas
contraire, la saponification primitive aurait été incomplète. Pour rendre l'opération plus rapide, M. Bouis a
proposé d'opérer avec une solution alcoolique de soude,
la saponification est alors beaucoup plus rapide, mais il
faut enlever complètement tout l'alcool avant de traiter
par l'acide sulfurique le savon obtenu. Voici comment
M. Dalican recommande d'appliquer la méthode Bouis :
on fait fondre 50 grammes de suif et on élève peu à peu
sa température jusqu'à 200°; on fait un mélange de
40 centimètres cubes de soude à 36°,3 et de 25 centimètres cubes d'alcool à 40° que l'on verse sur le suif en
agitant continuellement jusqu'à ce que le savon formé
se solidifie; on ajoute alors un litre d'eau et on fait

bouillir pendant trois quarts d'heure pour chasser tout l'alcool. On verse ensuite l'acide sulfurique, puis on décante l'eau avec une pipette et on détermine le point de solidification de la façon suivante : dans un tube à essai de 2 centimètres de diamètre sur 12 centimètres de haut, on met jusqu'aux deux tiers le mélange des acides gras et on place au centre un thermomètre donnant les dixièmes de degré ; on chauffe le tout avec une lampe à alcool, en ayant soin de ne pas beaucoup dépasser le point de fusion, et on laisse refroidir. On voit à un certain moment la solidification commencer par le bas, puis se propager sur les parois du tube ; on agite alors légèrement l'appareil ; le thermomètre descend aussitôt de quelques dixièmes, puis il remonte un peu et se maintient stationnaire pendant deux minutes environ. C'est cette température qui est prise comme titre du suif. D'après une convention généralement adoptée à Paris, le titre du suif doit être $43°,5$; les différences en plus ou en moins donnent lieu à des plus-values ou à des moins-values sur le prix moyen.

Recherches des falsifications. — On falsifie les suifs de bonne qualité en y introduisant des suifs de qualités inférieures dont le point de fusion est plus bas. Il est difficile de reconnaître ces substances, mais la détermination du titre permettra de reconnaître la qualité du suif et, comme nous le verrons un peu plus loin, la proportion d'acide stéarique qu'on pourra en retirer. Le suif contient quelquefois un peu de carbonate de sodium, parce qu'on l'a battu avec une dissolution de ce sel de façon à ce qu'il retienne une proportion d'eau plus forte que d'ordinaire. On reconnaît facilement sa présence soit par l'incinération, soit en agitant du suif fondu avec de l'eau chaude qui devient alcaline en dissolvant le carbonate.

Quelquefois aussi, mais rarement, on charge le suif avec
du kaolin, du sulfate de baryum, etc. ; il suffit de traiter
le suif par l'eau et de le faire bouillir quelques instants
pour que la matière minérale se dépose. Une falsification
plus fréquente consiste à ajouter aux suifs de la résine ;
on reconnaît la présence de ce corps en transformant le
suif en savon magnésien ; pour cela, on le saponifie par
la soude et on traite le savon formé par un sel de magnésium. Le savon magnésien ainsi formé se précipite ; il est
insoluble, on le lave et on le traite par l'alcool qui ne le
dissout pas, mais dissout la résine. En évaporant l'alcool
la résine reste comme résidu.

Lorsque le prix de la glycérine est suffisamment élevé,
on fraude encore le suif en y ajoutant du suif partiellement privé de sa glycérine, partiellement transformé en
acides gras. L'examen du titre n'indique pas cette fraude.
La teneur en glycérine, qui est alors trop faible, peut
faire soupçonner cette falsification.

Composition des suifs déduite de leur titre. — Les principaux acides gras contenus dans les suifs sont l'acide
oléique qui est liquide et l'acide stéarique qui est solide ;
les quantités de glycérine auxquelles ces acides sont combinés représentent en moyenne 4 0/0 du poids du suif. Il
en résulte que la somme des poids de ces acides contenus dans 100 grammes de suif est d'environ 95 grammes
en tenant compte des 4 grammes de glycérine, de la proportion ordinaire d'humidité et d'impuretés des suifs,
ainsi que de la quantité d'eau fixée pendant la saponification. Ceci étant posé, le tableau suivant permet, d'après
le titre d'un suif, de déterminer approximativement les
poids d'acide oléique et d'acide stéarique contenus dans
100 grammes de suif.

TITRE ou point de SOLIDIFICA-TION	POIDS D'ACIDE stéarique 0/0	POIDS D'ACIDE oléique 0/0	TITRE ou point de SOLIDIFICA-TION	POIDS D'ACIDE stéarique 0/0	POIDS D'ACIDE oléique 0/0
40°,0	35,15	59,85	45°,5	52,25	42,75
40 ,5	36,10	58,90	46 ,0	53,20	41,80
41 ,0	38,00	57,00	46 ,5	55,10	39,90
41 ,5	38,95	56,05	47 ,0	57,95	37,05
42 ,0	39,90	55,10	47 ,5	58,90	36,10
42 ,5	42,75	52,25	48 ,0	61,75	33,25
43 ,0	43,70	51,30	48 ,5	66,50	28,50
43 ,5	44,65	50,35	49 ,0	71,25	23,75
44 ,0	47,50	47,50	49 ,5	72,20	22,80
44 ,5	49,50	45,60	50 ,0	75,05	19,95
45°,0	51,30	43,70			

340. Graisses artificielles diverses. — 1° LARD COMPOUND. — On désigne sous ce nom un produit américain obtenu en mélangeant des huiles de coton comestibles et décolorées avec du *premier jus* (V. p. 179) matière grasse, extraite des suifs à basse température. Ce composé est vendu comme saindoux artificiel et utilisé à la place du saindoux, comme graisse à friture, par exemple.

2° GRAISSE MÉNAGÈRE, SAINDOUX DE FABRIQUE. — Ces produits, analogues au lard compound des Américains, sont fabriqués en France avec des huiles de sésame, d'arachide ou de coton, avec des premiers jus extraits des suifs de mouton.

3° OLÉO. — On désigne sous ce nom, dans l'industrie des corps gras, une matière extraite des suifs et qui est surtout composée d'oléine. Son unique emploi consiste dans la fabrication du beurre artificiel. Le plus souvent il est fabriqué par des usines spéciales qui l'exportent au loin pour être transformé en margarine. C'est ainsi que les oléos d'Amérique sont traités principalement en Hollande.

L'oléo se prépare en fondant le suif en branche, surtout le suif de bœuf à basse température, 60° environ. On coule le liquide ainsi obtenu, composé d'oléine et de stéarine, dans de grands bacs maintenus à la température de 38°. Au bout de quarante-huit heures, il s'est déposé des cristaux de stéarine, qui emprisonnent l'acide oléique resté liquide, la masse a un aspect grenu tout particulier. Cette matière se nomme *premier jus*. On en retire l'oléo en la pressant à la presse hydraulique. Pour cela le premier jus, retiré de la chambre de cristallisation, est aussitôt placé dans des toiles, sur une épaisseur de 1 centimètre, empilées les unes sur les autres, mais séparées par des plaques de tôle qu'on sort d'un bain-marie chauffé à 50°. Le montage se fait rapidement ; on fait agir lentement la presse hydraulique jusqu'à la pression de 150 kilogrammes. Pendant ce temps, il se sépare une partie liquide, l'*oléo*, et il reste de la stéarine que l'on vend sous le nom de *suif pressé*. L'oléo sert à la fabrication des saindoux artificiels.

4° MARGARINE. — L'oléo-margarine est un produit fabriqué par Mège-Mouriès, vers 1859. Dans le procédé primitif, le suif était transformé en oléo-margarine en faisant digérer de la graisse de bœuf fraîche avec de l'eau contenant un peu de carbonate de sodium et l'estomac d'un mouton ou d'un porc, pour fournir un peu de pepsine. On maintenait la température à 45° pendant deux heures ; la pepsine détruisait partiellement les parois des cellules contenant la graisse, celle-ci était mise en liberté et pressée pour séparer la partie facilement fusible de la stéarine.

Pour transformer la partie liquide en margarine, Mège-Mouriès émulsionnait l'oléo avec du lait et de l'eau dans laquelle il avait fait macérer des mamelles de vache ; il obtenait ainsi une sorte de crème que l'on barattait et que l'on traitait à peu près comme le beurre. On colorait la matière en jaune.

Cette industrie s'est beaucoup développée, surtout depuis 1886, époque à laquelle les bas prix du suif obligèrent les fondeurs de suif à se créer de nouveaux débouchés. En même temps, on a supprimé la pepsine et les mamelles de vache qui compliquaient inutilement la fabrication : on fond l'oléo à 45°, on la baratte avec du lait et un peu d'huile (sésame, arachide ou coton) pendant deux heures environ. L'émulsion d'abord formée s'est épaissie, par suite de l'abaissement progressif de la température. On fait tomber la crème ainsi obtenue dans de l'eau glacée ; elle se concrète en masses grumeleuses que l'on égoutte et qu'on laisse mûrir. Il paraît se produire pendant ce repos une fermentation particulière ; quoi qu'il en soit, c'est à ce moment que le parfum spécial du beurre se développe dans la margarine. On malaxe ensuite comme on fait pour le beurre. Souvent on ajoute un peu de beurre au produit pour lui donner un parfum un peu plus prononcé.

341. Huiles. — On désigne, en général, sous le nom d'huiles, les matières grasses naturelles liquides à la température ordinaire ; on désigne aussi sous ce nom des matières pâteuses qui mériteraient plutôt le nom de beurre, comme l'huile de palme, l'huile de laurier, l'huile de coco, etc. On peut distinguer les huiles au point de vue de leur origine en huiles végétales et huiles animales.

Propriétés générales des huiles. — Les propriétés physiques des huiles les plus intéressantes à considérer sont la densité et le point de fusion ; ce sont des constantes que l'on détermine souvent dans les essais des huiles ; la mesure de la conductibilité électrique donne aussi dans quelques cas des renseignements importants. Nous indiquerons ces constantes à propos de l'examen particulier des diverses huiles.

Les propriétés chimiques des diverses huiles sont très voisines. L'action de l'oxygène est une des plus intéressantes à étudier : elle a fait l'objet d'un grand nombre de recherches, parmi lesquelles il faut citer, d'une façon toute particulière, celles de Cloez ; en voici le résumé (1) :

1° Toutes les huiles grasses, sans exception, absorbent l'oxygène de l'air et augmentent en poids de quantités variables pour les diverses espèces d'huiles, placées dans les mêmes conditions, et variables également pour une même huile, soumise à l'oxydation dans des circonstances différentes ;

2° L'élévation de la température exerce une influence très grande sur la rapidité de l'oxydation ;

3° L'intensité de la lumière a aussi une action manifeste sur la marche du phénomène ;

4° La lumière transmise par des verres colorés ralentit plus ou moins la résinification des huiles par l'oxygène de l'air ; en partant du verre incolore, pris comme terme de comparaison, la décroissance de l'oxydation a lieu dans l'ordre suivant : verre incolore, bleu, violet, rouge, vert, jaune ;

5° Dans l'obscurité, l'oxydation se trouve ralentie con-

____

(1) Cloez, *Comptes rendus de l'Académie des Sciences*, LXI, p. 236, 321 et 981.

sidérablement, elle ne commence d'abord qu'au bout d'un temps très lent et, une fois commencée, elle marche moins rapidement que sous l'influence de la lumière ;

6° La présence de diverses matières, le contact de certaines surfaces, accélèrent ou ralentissent plus ou moins l'oxydation ;

7° Dans la résinification des huiles, il y a à la fois perte de carbone et d'hydrogène par la matière et assimilation de gaz oxygène étranger ;

8° Les diverses huiles qui s'oxydent à l'air fournissent, en général, les mêmes produits, à savoir : des composés acides, gazeux et volatils, des acides gras solides et liquides non altérés, et une matière solide insoluble, qui paraît être un principe immédiat défini : les huiles oxydées à l'air ne contiennent plus de glycérine ;

9° Enfin, les huiles siccatives ne se distinguent pas chimiquement des huiles non siccatives; toutes renferment les mêmes principes immédiats, mais dans des proportions différentes.

L'*acide azotique* concentré jaunit d'abord, puis transforme les huiles en divers acides, en acide oxalique, en particulier; il se forme en même temps de petites quantités d'acide cyanhydrique. Le même acide étendu produit la solidification de certaines huiles. Le peroxyde d'azote AzO^2 transforme en élaïdine certaines huiles contenant de l'acide oléique : l'élaïdine est un éther de la glycérine, dont l'acide est l'acide élaïdique, isomère de l'acide oléique.

L'ammoniac transforme un grand nombre d'huiles en amides.

L'acide sulfurique concentré attaque les huiles; elles noircissent, s'échauffent et dégagent souvent de l'acide sulfureux.

L'acide sulfureux solidifie quelques huiles.

342. Extraction des huiles. — Les huiles végétales s'extraient le plus souvent des graines de diverses plantes; quelquefois ce sont les parties charnues du fruit qui contiennent les matières grasses, comme dans les olives.

Les procédés d'extraction varient un peu avec la nature de la matière première employée; toutefois, on opère souvent de la façon suivante : la matière première, concassée ou non, est pressée à froid lentement, au moyen de presses hydrauliques puissantes : on recueille dans un réservoir l'huile qui s'écoule ; lorsque l'huile cesse de couler, les tourteaux ou grignons qui restent contiennent encore de l'huile; pour en extraire la plus grande partie, on fait des lavages à l'eau ou l'on opère à chaud. Quand il s'agit des olives, on mouille les grignons avec de l'eau chaude et on les presse ; on répète cette opération trois fois. On recueille l'huile et l'eau qui s'écoulent dans de grands réservoirs où l'huile se sépare peu à peu et remonte à la surface. Quand il s'agit de graines, on retire les tourteaux des sacs en crins (étrindelles), dans lesquels ils étaient placés pour subir l'action de la presse, on les broie de nouveau, puis on expose sous une petite épaisseur la pâte obtenue sur des plaques de fonte chauffées à la vapeur. Lorsque la masse a atteint 60 à 80°, on la place rapidement dans des sacs de laine que l'on introduit dans des étrindelles et on soumet le tout de nouveau à l'action de la presse hydraulique. On recueille à part les huiles qui s'écoulent ; elles sont moins pures que les huiles de première pression. Souvent enfin, on recommence une troisième fois le broyage des tourteaux, le chauffage et le pressage. Les tourteaux provenant du dernier pressage sont utilisés suivant leur nature, pour la nourriture du bétail, ou comme engrais. Quelquefois aussi, on les traite par le sulfure de carbone, afin d'en extraire la petite quantité d'huile qu'ils retiennent encore, mais qu'une nouvelle pression serait impuissante à donner.

Les huiles pressées à froid sont de qualité supérieure à celles que l'on obtient à chaud; seules, elles sont employées dans l'alimentation. Les autres sont employées dans l'industrie des savons, pour le graissage, l'éclairage, etc. Pour un certain nombre d'usages, pour l'éclairage, en particulier, les huiles doivent être épurées; sans cela, elles brûlent mal; elles déposent, dans les mèches des lampes, des matières qui s'y carbonisent et les rendent moins poreuses; elles sont, en outre, plus sujettes à rancir.

343. Épuration des huiles. — On a proposé un grand nombre de procédés pour l'épuration des huiles; l'un des plus employés consiste à traiter l'huile par l'acide sulfurique concentré en petites quantités. Pour cela, on met l'huile à épurer dans un bac en bois, doublé de plomb, et on y ajoute peu à peu 2 ou 3 0/0 d'acide sulfurique concentré, et on remue jusqu'à ce que toute la matière ait pris une teinte d'un brun verdâtre uniforme. L'acide sulfurique, qui est sans action sur l'huile, attaque les matières organiques, débris de cellules ou autres, qui sont en suspension dans l'huile, et les carbonise; aussi la teinte de l'huile devient de plus en plus foncée; après un repos de vingt-quatre heures, on ajoute un volume d'eau chaude égal aux 2/3 du volume d'huile, puis on brasse énergiquement les deux liquides, jusqu'à ce que l'apparence laiteuse de la masse montre que l'huile se

trouve bien émulsionnée. On fait alors écouler le mélange
dans de grands réservoirs, placés dans un magasin où
l'on entretient une température de 30° et, peu à peu,
l'huile se rassemble à la surface ; on décante la couche
supérieure après quelques jours de repos et on filtre
l'huile. On emploie pour cela du charbon ou des couches
de son et de sable, parfois même de la mousse. Pour
éviter cette filtration, on bat quelquefois l'huile avec
10 0/0 de tourteaux d'huile pulvérisés et bien secs. Après
vingt minutes de battage, on laisse reposer et, au bout de
quelques jours, on soutire les 2/3 de l'huile qui se trouve
limpide et que l'on remplace par la même quantité d'huile
à filtrer ; on recommence le battage, et ainsi de suite ; au
bout d'un certain temps, le tourteau ne clarifie plus
l'huile ; on le retire et on le soumet à la presse, pour
extraire l'huile qu'il retient. 100 kilogrammes de tourteau peuvent servir à clarifier environ 40 tonnes d'huile.

L'opération peut aussi se faire avec une solution concentrée de chlorure de zinc qui attaque les matières
organiques par suite de sa grande affinité pour l'eau. On
a aussi proposé l'emploi du chlore ou des mélanges de
chlorate de potassium et d'acide azotique ; ces procédés,
utilisés surtout en Angleterre et pour certaines espèces
d'huile, doivent être appliqués avec ménagement ; le
chlore forme, en effet, avec les huiles des dérivés chlorés
qui donnent lieu ensuite à un dégagement d'acide chlorhydrique quand on emploie ces huiles pour l'éclairage ;
les dérivés nitreux, qui peuvent se former quand on
emploie l'acide azotique, présentent pour l'éclairage un
inconvénient du même genre ; de plus, si l'on emploie
ces huiles pour les transformer en savon, l'action des
alcalis donne avec ces dérivés nitrés une coloration
rouge.

ÉTUDE PARTICULIÈRE DES PRINCIPALES HUILES (1)

344. Huiles végétales. — HUILE D'OLIVE. — Elle
s'extrait du fruit de l'olivier ; elle est transparente, d'une
légère teinte verdâtre ou jaune ; elle a une saveur agréable
rappelant le goût du fruit. Elle se trouble à quelques degrés
au-dessus de 0° et dépose à —6° de la stéarine ; sa densité
à 15° est 0,91647. L'huile dite fine ou vierge s'obtient par
le pressage à froid. L'huile ordinaire, encore comestible,
s'obtient par le pressage des grignons humectés d'eau
chaude ; les pressages suivants effectués à chaud et les
huiles qu'abandonnent après un long repos les eaux de
lavage des tourteaux sont employées pour l'éclairage ou
pour la fabrication des savons. Les olives contiennent
39,45 0/0 de matières grasses.

Par suite de son prix élevé, l'huile d'olive est une des
huiles les plus falsifiées ; nous verrons plus loin les essais
qui permettent de déceler les principales falsifications.

HUILE DE COLZA. — Cette huile se retire des graines
du *brassica campestris*.

Cette huile est jaune ; elle blanchit peu à peu au contact de l'air ; elle est transparente, d'une odeur et d'une
saveur désagréables. Elle se congèle à 6°,25 en aiguilles,
se réunissant sous forme d'étoiles. Sa densité est 0,912
à 15°. Elle contient, d'après Websky, deux acides gras,
l'acide brassique et l'acide brassoléique ; ces deux acides
sont identiques, d'après Staedeler, le premier à l'acide éru-

---

(1) Dans ce qui suit, les proportions de matières grasses contenues
dans les matières premières et les densités des huiles obtenues sont
données d'après les recherches de Cloez.

cique, acide solide que l'on retire de la graine de moutarde et le second à l'acide liquide que l'on retire de la même graine. L'extraction de l'huile se fait toujours à chaud. La graine de colza contient de 39,50 à 43,40 0/0 de matières grasses.

Les huiles de colza sont souvent falsifiées, principalement avec des huiles de poissons, d'œillette, de lin, etc., et avec de l'acide oléique.

Huile d'œillette. — Elle s'extrait des graines du *papaver somniferum*.

L'huile d'œillette de bonne qualité est très pâle, presque blanche ; elle est comestible. Elle se solidifie à — 18° ; sa densité est 0,925 à 15°.

Elle est très siccative et souvent employée pour la peinture fine. Il existe une deuxième qualité d'huile d'œillette obtenue à chaud, elle est désignée sous le nom d'huile rousse ; elle n'est pas comestible. Les graines d'œillette contiennent de 39 à 44 0/0 de matière grasse.

Huile de lin. — On extrait l'huile des graines du *linum usitatissimum* en les torréfiant légèrement pour détruire la matière mucilagineuse qui les recouvre, puis on les réduit en farine que l'on presse à chaud. L'huile de lin obtenue à température peu élevée est d'un jaune clair. Elle se solidifie à — 27°. Sa densité à 15° est 0,935. Cette huile est très employée en peinture, parce qu'elle est éminemment siccative. On lui donne cette propriété au plus haut point quand on la fait bouillir avec diverses matières oxydantes telles que le minium ou le bioxyde de manganèse ; elle porte alors le nom d'huile de lin cuite ; on peut même la transformer en vernis, en lui ajoutant de 1 à 2 0/0 d'acétate de manganèse. La graine de lin contient en moyenne 38 0/0 de matière grasse. Elle est souvent falsifiée avec de l'huile de poisson.

HUILE DE SÉSAME. — Cette huile qu'on retire des graines du *sesamum orientale* est d'un jaune doré ; elle est comestible quand elle est obtenue à froid. Elle se prend en masse à — 5°. Sa densité à 15° varie de 0,922 à 0,925 suivant la provenance. L'huile obtenue à chaud sert pour la fabrication des savons. Elle est souvent mélangée avec de l'huile d'arachide.

Les graines de sésame contiennent de 49 à 55 0/0 d'huile.

HUILE D'ARACHIDE. — L'huile extraite des graines de l'*Arachis hypogæa*, plante grimpante de l'Inde et de l'Afrique du Sud, que l'on cultive aussi dans le midi de la France, a une couleur pâle, une saveur agréable, quand elle a été obtenue à froid, et elle est comestible. Toutefois elle rancit assez vite. Elle se trouble à 3° au-dessus de 0° en déposant de la stéarine ; elle se solidifie à — 3°. Sa densité à 15° est 0,920. Pressée à chaud, la graine fournit, au contraire, une huile d'odeur forte, mais qui donne des savons très blancs ; lorsqu'on saponifie cette huile et qu'on décompose ensuite le savon formé par l'acide sulfurique, on obtient un mélange de divers acides gras, principalement l'acide margarique, hypogaïque et un acide spécial appelé arachique.

Elle est très employée pour la fabrication des savons. Les arachides décortiquées contiennent de 44 à 50 0/0 de matières grasses.

HUILE DE NOIX. — Cette huile s'extrait des amandes du *juglans regia* (noyer royal). L'huile de première pression, obtenue à froid, est utilisée dans l'alimentation ; elle est incolore et presque sans odeur ; les tourteaux sont ensuite arrosés d'eau bouillante et pressés de nouveau ; ils fournissent une huile appréciée pour les peintures fines. Elle s'épaissit à partir de — 15° et se prend en masse à — 27°,5. Sa densité à 15° est 0,9288. Les amandes de ces noix contiennent 64,32 0/0 de matières grasses.

Huile de coton. — Elle s'extrait des graines d'un cotonnier (*gossypium usitalissimum*). Elle est employée pour la fabrication des savons et même pour l'alimentation dans certains pays. Elle est d'un jaune foncé tirant sur le rouge. Sa densité est 0,930 à 15°.

Huile de chènevis. — L'huile que l'on retire des graines du chauvre (*cannabis sativa*) peut servir pour l'alimentation quand elle a été obtenue à froid, mais le plus souvent on l'emploie pour la peinture à cause de ses propriétés siccatives ou pour la fabrication des savons mous ; elle est jaune verdâtre, d'une odeur peu agréable et d'une saveur fade. Comme l'huile de noix, elle s'épaissit vers — 15° et se prend en masse à — 27°,5. Sa densité est 0,925. On la falsifie souvent avec l'huile de lin. Les graines de chanvre contiennent environ 31,5 0/0 de matières grasses.

Huile de pépins de raisins. — Cette huile, qui s'extrait en pressant la farine de pépins de raisins mouillée d'eau à 50°, est incolore, d'une saveur fade ; elle se solidifie à — 16°. Les pépins ne contiennent que 11,6 0/0 de matières grasses.

Huile de faîne. — Cette huile s'extrait des fruits du hêtre ou *fagus sylvatica*. Elle est comestible. Pour l'obtenir on concasse les faînes, on sépare les amandes des coques, et on les réduit en pâte ; cette pâte est ensuite pressée à froid et abandonnée à elle-même dans de grands réservoirs ou dans des tonneaux ; l'huile décantée peut être lavée à l'eau pour enlever un principe âcre qui disparaît, du reste, avec le temps. Cette huile est parfois vendue comme huile d'olive, très souvent on l'emploie pour falsifier cette dernière. Elle se congèle à — 17°,5. Sa densité est 0,922. Les faînes décortiquées contiennent environ 40 0/0 de matière grasse.

HUILE DE MOUTARDE. — Les graines de moutarde blanche ou noire (*sinapis, alba* ou *nigra*) fournissent une huile inodore, d'une couleur jaunâtre. Elle est utilisée comme combustible, sa densité est voisine de 0,925. Les graines de moutarde contiennent de 31 à 32 0/0 d'huile.

HUILE DE MÉDICINIER. — Les graines du médicinier ou pignon d'Inde (*curcas purgans*) fournissent une huile se solidifiant à — 8°. Sa densité est 0,924. Cette huile donne un très bon savon dur ; elle contient un acide particulier (à l'état d'éther glycérique), c'est l'acide isocétique. Ces graines contiennent jusqu'à 56 0/0 de matière grasse.

HUILE DE NAVETTE. — Elle se retire des graines de divers choux, en particulier des *brassica rapa* et *napus*; elle se solidifie à —3°,75. Sa densité est 0,914. Ces graines contiennent environ 40 0/0 d'huile. Elle a une saveur agréable et on l'emploie souvent pour falsifier l'huile d'olive. Elle donne des savons d'une grande blancheur.

HUILES MÉDICINALES. — Parmi les huiles que l'on utilise pour les usages médicinaux, on peut citer les suivantes :

HUILE D'AMANDES. — Les amandes que l'on emploie pour l'extraction de l'huile sont les amandes douces ou amères (*amygdalus vulgaris*). On enlève les coques et, après avoir frotté les amandes en les secouant vivement dans des sacs, on les crible, puis on les soumet à la pression. L'huile que l'on obtient ainsi, que les amandes soient douces ou amères, est inodore et a une saveur douce. Cette huile est employée en médecine et en parfumerie. Elle se trouble entre — 20° et — 25°. Sa densité est 0,917. Elle est souvent falsifiée avec l'huile d'œillette ou l'huile de sésame. Les amandes douces contiennent environ 55 0/0 et les amandes amères 50 0/0 de matières grasses.

HUILE DE CAMELINE OU DE CAMOMILLE. — Cette huile s'extrait des graines de la cameline cultivée (*camelina sativa*). Sa couleur est jaune d'or, elle se congèle à — 18°. Sa densité est 0,925. On l'emploie comme combustible, dans la fabrication des savons et pour quelques usages médicinaux. Les graines de cameline contiennent environ 32 0/0 de matières grasses.

HUILE DE CROTON. — Elle s'extrait des graines d'un arbrisseau (*croton Tiglium*). Elle est employée comme rubéfiante à l'extérieur et à l'intérieur, à très petites doses, une goutte ou deux, comme purgative. Elle est parfois falsifiée avec l'huile de médicinier et de ricin.

HUILE DE RICIN. — Cette huile s'extrait des graines du ricin (*ricinus communis*). On obtient cette huile en délayant à froid 1 kilogramme de graines réduites en farine dans 250 grammes d'alcool à 36° et en soumettant à la presse la pâte obtenue ; on évapore ensuite l'alcool et on obtient une huile incolore d'un goût et d'une odeur à peine sensible, mais qui se développe assez rapidement si on l'abandonne à l'air. C'est une huile siccative ; elle devient rapidement visqueuse. Sa solubilité dans l'alcool, qui est beaucoup plus considérable que celle des autres huiles, est souvent utilisée pour la reconnaître. Sa densité est 0,963. Les graines de ricin décortiquées fournissent de 68 à 70 0/0 d'huile. Elle est employée en médecine comme purgatif. On la mêle quelquefois avec du collodion, et l'on obtient ainsi un liquide qui s'évapore rapidement et laisse une membrane assez épaisse et assez adhérente sur les objets que l'on a plongés dans le collodion riciné. On peut faire ainsi de petits pansements.

Certaines substances, que l'on désigne le plus souvent sous le nom d'huiles, ont cependant un point de fusion assez élevé qui les rapproche plutôt des beurres, par exemple les huiles de palme, de coco et de laurier.

Huile de palme. — On l'extrait du fruit d'un palmier (*elæis guineensis*). Les fruits, cueillis à la maturité, sont ensuite abandonnés en tas, pendant un mois ; une fermentation se produit qui détruit une partie des matières organiques. On jette les fruits dans une grande chaudière dont on maintient l'eau à l'ébullition pendant longtemps, puis on pile les fruits, on retire les amandes et on fait de nouveau bouillir la coque. L'huile de palme se dégage et vient surnager le liquide ; elle a une saveur douce et parfumée rappelant l'iris. Son point de fusion est compris entre 30 et 35°. Sa densité est 0,965. Elle se conserve mal ; elle devient acide spontanément et contient alors de la glycérine libre. L'huile de palme est employée en grande quantité pour la fabrication des savons et des bougies.

Huile ou beurre de coco. — On l'obtient avec les amandes des noix de coco. Ces amandes sont écrasées et mises à bouillir longtemps avec de l'eau. L'huile de coco vient à la surface ; on la décante et on obtient par refroidissement une masse solide, onctueuse, incolore, fondant vers 20°. Cette huile rancit assez facilement. Elle contient divers acides, principalement de l'acide laurique, de l'acide palmitique et de l'acide myristique, d'après Oudemans. Sa densité est 0,9217. L'amande fraîche de la noix de coco renferme 42 0/0 de matière grasse. Cette huile est très employée dans la fabrication des savons et des bougies. Les savons à l'huile de coco peuvent retenir une quantité considérable d'eau, jusqu'à 75 0/0 sans cesser d'être durs.

HUILE DE LAURIER. — Les baies du laurier (*laurus nobilis*) donnent un beurre verdâtre d'une odeur désagréable. Pour extraire l'huile on pile les baies et, avec un peu d'eau on en fait une pâte que l'on fait bouillir avec de l'eau pendant assez longtemps. Une huile vient flotter à la surface qui se fige pendant le refroidissement. En traitant cette matière par l'alcool, on lui enlève la matière colorante verte, ainsi que la substance odorante, et il reste un beurre solide, blanc et inodore. On l'emploie en médecine vétérinaire. On la falsifie souvent avec de l'axonge; parfois on l'imite entièrement en donnant à de l'axonge une coloration verte au moyen de curcuma et d'indigo. En faisant macérer la graisse ainsi obtenue avec des baies et des feuilles de laurier, on lui communique un peu l'odeur de l'huile de laurier. Parfois on emploie un sel de cuivre pour colorer l'axonge. Ces diverses colorations se reconnaîtront facilement en faisant fondre ce beurre dans l'eau : l'indigo et le curcuma se déposeront : le sel de cuivre se dissoudra.

345. Huiles animales. — HUILE DE BALEINE, DE CACHALOT, DE DAUPHIN, ETC. — Les baleines, les mar-

souins, les phoques, etc., présentent, immédiatement
sous la peau, des plaques épaisses de lard, dont on extrait
des huiles de qualité inférieure. Ces huiles s'obtiennent
en faisant fondre le lard. En outre, les baleines possèdent,
dans la partie antéro-supérieure de la tête, des amas de
matières grasses solides et liquides. L'huile qui se trouve
dans ces cavités crâniennes se fige quand on l'abandonne
à l'air, et on peut en extraire une matière solide connue
sous le nom de blanc de baleine (V. *Alcool cétylique*,
t. I, p. 278), et une matière liquide qui constitue l'huile
de baleine proprement dite. Cette huile est brune et
louche; quand elle est filtrée, elle est jaune rougeâtre;
elle a une odeur désagréable de poisson. Sa densité à 20°
est 0,927. Elle se fige à 0°. L'huile de cachalot est d'une
couleur jaune orangé claire. Elle dépose des cristaux
à — 8°. Sa densité à 15° est 0,884. L'huile de marsouin
est jaune citron, d'une odeur forte et désagréable. Sa densité à 20° est 0,918. Toutes ces huiles sont utilisées pour
la fabrication des savons mous et pour la préparation des
cuirs. Souvent aussi elles servent à frauder les autres
huiles.

HUILES DE POISSONS. — Les huiles sont extraites tantôt
du corps entier des poissons, tantôt seulement de certaines parties, telles que les intestins ou le foie. Pour
extraire l'huile des poissons entiers, on les entasse dans
des tonneaux ouverts, on verse dessus de l'eau bouillante, et l'on pile la matière pour en former une pâte que
l'on abandonne ensuite à la putréfaction spontanée. Elle
se produit bientôt, et il se dégage des produits d'une
odeur infecte; l'huile surnage bientôt la matière; on la
décante au fur et à mesure de sa formation. Cette huile
est employée pour la fabrication des savons et pour l'éclai-

rage. Ce procédé primitif, encore appliqué, était autrefois utilisé même pour extraire l'huile de foie de morue
destinée aux usages médicaux.

On retire aussi des intestins de divers poissons, des
esturgeons en particulier, une huile plus pure que l'on
emploie pour l'alimentation.

HUILE DE FOIE DE MORUE. — L'huile de foie de morue
s'obtient en traitant par la vapeur d'eau les foies frais
des morues, privés de leur vésicule biliaire. Pour obtenir
une huile de qualité supérieure, il est bon d'opérer en
présence de l'acide carbonique pour éviter l'action oxydante de l'air pendant le traitement par la vapeur; on
doit aussi employer des foies frais et blancs. Les foies
gris donnent en effet une huile légèrement colorée. Sous
l'action de la vapeur d'eau les foies laissent suinter une
huile incolore, ayant un goût de poisson frais. Quand ils
ont abandonné toute l'huile qu'ils peuvent donner dans
ces conditions, les foies sont mis dans des chaudières en
fonte chauffées à feu nu, mais doucement ; on remue
continuellement, et il se dégage une huile blonde qui est
utilisée dans le pays pour l'éclairage ; on élève ensuite
davantage la température ; on obtient une huile de plus
en plus brune, que l'on utilise pour la fabrication du
savon ou pour l'industrie du cuir.

HUILE DE PIEDS. — Les pieds des bœufs, vaches, che-
vaux, moutons, peuvent fournir une huile limpide, qui
ne se solidifie pas par le froid, qui ne rancit pas et que
l'on utilise à cause de ces deux propriétés pour le graissage des mécanismes délicats, pendules, etc. On prépare
ces huiles en faisant bouillir les pieds, bien débarrassés
des nerfs et des muscles. Ces huiles sont jaunes ou rou-
geâtres, mais elles peuvent être décolorées par le chlore.

Elles ont peu d'odeur, une saveur plutôt agréable. Leur densité à 15° est 0,916.

Huile de suif. — On désigne souvent dans l'industrie sous le nom impropre d'huile de suif non pas de l'oléine, mais l'acide oléique que l'on extrait du suif quand, après avoir saponifié ce corps et décomposé par un acide les sels obtenus, on soumet à l'action de la presse le mélange d'acide stéarique et d'acide oléique qui provient de cette décomposition (1).

346. Essais des huiles. — Les mélanges d'huiles sont très difficiles à reconnaître avec exactitude. Une huile pure étant donnée, il est facile, avec un peu d'habitude, de la reconnaître ; mais il n'en est plus de même du mélange de deux et à plus forte raison de plusieurs huiles. La composition chimique des diverses huiles est très sensiblement la même, de sorte que, pour déterminer la nature d'une huile pure, on doit s'adresser à quelques réactions très spéciales ou à des mesures de constantes physiques, qui doivent être faites avec une grande précision, les diverses huiles ayant des constantes très voisines. Ces réactions spéciales ne peuvent guère permettre de déceler une impureté dans une huile que lorsqu'elle atteint 5 0/0 ; souvent elles ne sont caractéristiques qu'avec une teneur deux fois plus considérable. S'il y a plus de deux huiles, la recherche est très compliquée. Comme, d'autre part, les huiles, malgré leurs propriétés chimiques et physiques voisines, ont des prix très différents, suivant leur origine, elles sont souvent

(1) On désigne aussi sous le nom d'huile animale de Dippel un liquide très complexe obtenu dans la distillation sèche de la corne et des os. Ce liquide huileux n'a nullement la constitution des huiles. Il contient des amines et des alcaloïdes et doit être étudié avec ces corps.

falsifiées, et cela d'autant plus que la recherche de la fraude est difficile.

On ne peut indiquer de marche générale pour les essais d'huile. Nous donnerons ici une série de réactions et de mesures que l'on appliquera suivant les cas, c'est-à-dire suivant les impuretés que l'on soupçonnera dans les huiles analysées. Dans des recherches de ce genre, il est indispensable d'avoir des échantillons d'huile pure, obtenus, autant que possible, dans le laboratoire même, avec les matières premières. Quand on est arrivé à croire que l'huile à analyser est un mélange de certaines huiles en certaines proportions, il est indispensable de faire un pareil mélange avec les huiles pures dont on dispose, et de vérifier si les réactions que l'on obtient avec ce mélange sont bien celles que l'on avait obtenues avec l'huile analysée.

1° ESSAIS PHYSIQUES. — Les essais physiques des huiles consistent principalement dans la mesure de leur densité, la détermination de leur point de fusion et de celui des acides gras qu'elles contiennent, enfin la mesure de la rotation du plan de polarisation de la lumière. Plus rarement on a utilisé leur indice de réfraction et leur conductibilité. On peut aussi ranger parmi les essais physiques la détermination de l'élévation de température qu'éprouvent les huiles quand on les mélange avec de l'acide sulfurique.

Densité. — La densité des huiles se détermine à l'aide de densimètres très sensibles, c'est-à-dire à gros réservoirs et à tiges fines, ou par tout autre procédé utilisé pour la mesure des densités. Certains aéromètres, destinés à l'examen des mélanges de deux huiles, olive et œillette, par exemple, sont gradués d'une façon empirique toute spéciale : le point 0 correspond à l'affleurement dans l'huile la plus lourde (celle d'œillette, par exemple), et le point 100 à l'affleurement dans l'huile la plus légère (celle d'olive, dans l'exemple considéré). L'espace compris entre 0 et 100 est divisé en 100 parties égales ; la division lue à l'affleurement de l'aréomètre plongé dans un mélange d'huiles d'œillette et d'olive indique immédiatement la proportion centésimale d'huile d'olive dans le mélange. L'observation doit se faire à la température à laquelle l'appareil a été gradué. Les indications de cet instrument ne sont pas très exactes, les densités des huiles étant toutes très voisines, et chacune d'elles étant, d'ailleurs, légèrement variables avec le procédé d'extraction, à chaud ou à froid. De plus, de pareils instruments ne s'appliquent qu'à l'examen d'un mélange de deux huiles bien déterminées. La présence d'une petite quantité d'une autre huile pouvant fausser complètement le résultat. C'est ainsi qu'un mélange de 15 0/0 d'œillette, 35 0/0 de colza et 50 0/0 d'huile d'olive, marquera 100 à un pareil instrument, comme l'huile d'olive pure.

Point de congélation des huiles. — On place l'huile à examiner dans un tube à glucose que l'on plonge dans de l'eau glacée ou dans un mélange réfrigérant. Un thermomètre sensible, donnant les dixièmes de degré, plonge dans le tube à essai. Lorsque l'huile a commencé à se figer sur les parois du tube, on agite le tube contenant l'huile ; le thermomètre baisse un peu, puis remonte, reste stationnaire une ou deux minutes ; c'est cette température que l'on note.

Point de congélation des acides gras. — Pour retirer les acides gras qui entrent dans la constitution des huiles, on prend 50 grammes d'huile que l'on chauffe à 125° et que l'on saponifie par 65 centimètres cubes d'une solution alcoolique de soude (100 centimètres cubes d'alcool à 40°; 160 centimètres cubes de soude caustique à 36° B.). On agite jusqu'à ce que le savon se solidifie. On traite ensuite le savon par un litre d'eau, et l'on fait bouillir pendant trois à quatre heures. On le décompose alors par l'acide sulfurique étendu; on enlève l'eau avec une pipette et on verse les acides gras fondus dans une soucoupe. Le point de congélation des acides gras ainsi obtenus est alors déterminé comme précédemment; cette détermination se fait avec plus d'exactitude que quand on opère avec les corps gras eux-mêmes.

Rotation du plan de polarisation de la lumière. — La mesure de cette rotation se fait en utilisant le tube de 20 centimètres des saccharimètres. La température doit être de 15°. De faibles variations de température ont une influence très notable. Nous avons indiqué dans le tableau, page 213, les rotations relatives à quelques huiles. A l'exception des huiles de ricin et de croton, ces rotations sont faibles.

Indice de réfraction des huiles. — Cet indice pourrait se déterminer par les méthodes générales, mais on préfère, pour l'essai des huiles, les examiner à l'oléoréfractomètre. L'oléo-réfractomètre de MM. Amagat et Jean consiste en une petite cuve à faces parallèles, contenant une huile type. Dans cette huile plonge un prisme creux, dans lequel on peut introduire l'huile que l'on examine. Si dans ce prisme on place l'huile type, tout le système se comporte comme une lame à faces parallèles; un rayon entrant normalement par la première face n'est pas dévié. L'appareil comprend, en outre, comme dans les spectroscopes, un collimateur et un viseur, mais au lieu de viser une fente on vise le bord d'un volet mobile, qui sépare en deux parties, l'une sombre, l'autre claire, l'étendue du champ. L'image de ce bord vient se faire sur une échelle graduée, servant de micromètre. L'huile type se trouvant à la fois dans la cuve et le prisme, on déplace légèrement le petit volet mobile, de façon à ce que la séparation de la partie sombre et de la partie claire se trouve sur le zéro du micromètre; on remplace alors l'huile type qui se trouve dans le prisme par l'huile à essayer. La séparation des deux champs (sombre et lumineux), n'est plus au 0; elle se trouve déviée. Cet appareil donne pour diverses huiles les déviations suivantes :

Huiles	Déviations
Arachide	+ 4
Coton	+ 20
Faîne	+ 18
Noix	+ 36
OEillette	+ 29
Olive d'Aix	+ 0
Sésame	+ 17,5

Conductibilité électrique des huiles. — On comparait autrefois la résistance électrique des huiles, à l'aide d'un appareil appelé diagomètre; on néglige cet essai actuellement.

Échauffement au contact de l'acide sulfurique. — Lorsqu'on met en contact de l'huile et de l'acide sulfurique et que l'on agite, on obtient une élévation de température qui varie notablement avec la nature de l'huile employée: mais, pour que ces essais puissent être utilisés, il est indispensable d'opérer toujours exactement dans les mêmes conditions, d'abord sur des huiles pures de provenance connue, pour fixer les nombres correspondants à l'appareil et au mode d'opération employés.

En employant 50 grammes d'huile et 20 grammes d'acide sulfurique, M. Maumené a obtenu les échauffements suivants :

Huiles	Échauffements
Huile d'olive	42
» de ricin	47
» d'amandes douces	53,5
» de navette	57
» de colza	58
» de faîne	65
» de sésame	68
» d'œillette	74,5
» de chènevis	98
» de noix	101
» de foie de raie	102
» de foie de morue	103
» de lin	133

Il est commode d'employer, pour faire cette opération, le thermolœomètre de M. Jean.

Essais chimiques. — Les essais chimiques se rapportent soit aux huiles, soit aux acides gras que l'on en extrait. Voici les principaux :

1° *Acidité ou chiffre de Bürstynn.* — Les huiles sont souvent légèrement acides ; on exprime leur acidité soit en supposant qu'elle est due à de l'acide oléique libre, soit par le nombre de centimètres cubes de solution normale de potasse (56 grammes de KOH par litre) nécessaires pour saturer 100 grammes d'huile : ce dernier nombre s'appelle *chiffre de Bürstynn*. Chaque unité de ce nombre correspond à $0^{gr},282$ d'acide oléique par 100 grammes d'huile.

Cette détermination se fait en pesant 10 grammes
d'huile, ajoutant 40 centimètres cubes d'alcool à 90 0/0,
et titrant à l'aide d'une solution normale de potasse avec
la phtaléine comme réactif indicateur.

L'huile d'olive destinée à l'alimentation ne doit pas
avoir plus de 7 comme chiffre de Bürstynn (au plus
7 centimètres cubes de potasse normale pour 100 grammes
d'huile).

2° *Nombre de saponification ou chiffre de Kœttstorfer.*
— Cet essai consiste à saponifier l'huile et à déterminer
le nombre de milligrammes de potasse (KOH) nécessaires
pour la saturation des acides gras qui proviennent de la
saponification de 1 gramme d'huile, ainsi que des acides
gras libres. Ce nombre de milligrammes est appelé
chiffre de Kœttstorfer. Quelquefois on retranche de ce
nombre le nombre de milligrammes de potasse employés
pour saturer les acides libres d'un gramme d'huile. Ce
qui reste représente alors l'acidité des acides combinés
à la glycérine à l'état d'éthers. Aussi désigne-t-on ce nouveau nombre sous le nom de *chiffre d'éther*.

Pour faire cette opération, dans un ballon de 200 centimètres cubes environ, on pèse 5 grammes d'huile à
laquelle on ajoute 50 centimètres cubes d'une solution
alcoolique de potasse. Dans un ballon témoin on verse
50 centimètres cubes de la même solution alcaline.
Cette solution est obtenue en ajoutant à 1 litre d'alcool
à 90°, 90 centimètres cubes de lessive de soude à 36° B.
Les deux ballons sont placés ensemble au bain-marie et
chauffés jusqu'à ce que le ballon où est l'huile soit devenue absolument limpide depuis au moins un quart d'heure;
on retire alors les ballons du bain-marie, on ajoute
quelques gouttes de phtaléine, la liqueur se colore en
rouge et, avec de l'acide chlorhydrique demi-normal

($18^c,25$ par litre), on sature la potasse des deux ballons ; au moment où la saturation est obtenue, la liqueur se décolore. Dans le ballon où était l'huile, une partie de la potasse s'est transformée en sels de potasse avec les acides provenant de la saponification ; il faut donc mettre une quantité d'acide chlorhydrique moindre dans ce ballon que dans l'autre. La différence n des centimètres cubes versés dans les deux ballons représente $\frac{n}{2}$ molé-

cules d'acide chlorhydrique (en milligrammes), ou $\frac{n}{2}$ représente aussi le nombre de molécules de potasse KOH (en milligrammes) combinés aux acides gras ; $\frac{n}{2}$ corres-

pond donc à $\frac{n}{2} \times 56$ ou $28n$ milligrammes de potasse (56 étant le poids moléculaire de la potasse KOH). En divisant le nombre obtenu par 5, si l'on a employé 5 grammes d'huile, on rapporte le résultat obtenu à 1 gramme d'huile. Ce quotient est le chiffre de Kœttstorfer.

Le chiffre d'éther se calcule au moyen du chiffre de Kœttstorfer **K** et du chiffre de Burstynn **B**. En effet, $0,26$**B** représente le nombre de milligrammes de potasse qu'exige l'acide libre de 1 gramme d'huile ; il suffit donc de retrancher $0,26$**B** de **K**, pour avoir le chiffre d'éther **E**. On a donc :

$$E = K - 0,26B$$

La plupart des huiles ont un chiffre de Kœttstorfer compris entre 190 et 200.

3° Acides volatils ou chiffre de Reichert Meissl. — Parmi les acides gras transformés en sels pendant la saponification, quelques-uns sont volatils. Voici comment on détermine leur acidité. On saponifie 5 grammes d'huile par 50 centimètres cubes de potasse alcoolique, comme précédemment, mais on évapore à siccité au bain-marie. On place ensuite le savon obtenu dans un appareil distillatoire, on lave la capsule avec 100 centimètres cubes d'eau bouillante que l'on verse sur le savon, enfin on ajoute 40 centimètres cubes d'une solution d'acide phosphorique à 10 0/0. On distille ensuite, après avoir mis un peu de ponce pour faciliter l'ébullition et on recueille 110 centimètres cubes de liquide; on s'arrête à ce moment; la distillation a dû être conduite lentement de façon à durer environ quarante minutes. On filtre et on ne recueille que 100 centimètres cubes du liquide. On ajoute quelques gouttes de phtaléine et on titre avec de la potasse normale décime (5^{gr},6 de KOH par litre).

Le nombre de centimètres cubes nécessaires pour la neutralisation, augmenté de 1/10, parce que l'on n'a pris que 100 centimètres cubes au lieu de 110, est ce que l'on appelle le *chiffre de Reichert-Meissl*; il doit être corrigé en faisant un essai à blanc exactement dans les mêmes conditions, mais sans mettre d'huile, comme pour le nombre de saponification. Le chiffre de Reichert-Meissl est toujours très faible.

4° *Acides insolubles, ou chiffre de Hehner.* — Voici le procédé employé par Dalican. On traite dans une capsule 10 grammes d'huile par un mélange fait à l'avance de 80 centimètres cubes d'alcool à 80 0/0 et de 6 grammes de soude caustique dissoute dans 8 centimètres cubes d'eau; on agite, on chauffe au bain-marie, et lorsque la saponification est complète, après une demi-heure environ, on évapore à sec. On reprend ensuite par 100 centimètres cubes d'eau bouillante pour dissoudre le savon, on lave la capsule et on décompose la solution de savon en ajoutant par petites portions 100 centimètres cubes d'acide chlorhydrique étendu (20 0/0 d'acide). On chauffe au bain-marie jusqu'à ce que les acides gras fondus nagent à la surface; on laisse refroidir; on lave les acides sur un filtre jusqu'à ce que les eaux de lavage ne soient plus acides, on égoutte, puis on dissout les acides gras dans de l'éther; on filtre la solution éthérée en la recevant dans une capsule tarée. Après évaporation de l'éther et dessiccation à 110°, on pèse de nouveau la capsule tarée. Son nouveau poids représente le poids des acides gras insolubles dans l'eau, contenus dans 10 grammes d'huile. En multipliant le nombre obtenu par 10, on a le *chiffre de Hehner*.

3° Indice d'iode ou chiffre de Hübl. — Les acides gras non saturés que contiennent les huiles peuvent se combiner à l'iode. On désigne sous le nom d'indice d'iode ou chiffre de Hübl, la quantité d'iode fixée par 100 grammes d'huile. Pour faire cette détermination, on pèse, dans un flacon bouché à l'émeri de 200 centimètres cubes, environ $0^{gr},5$ d'huile, et l'on ajoute 10 centimètres cubes de chloroforme. On introduit dans ce vase et dans un flacon témoin, contenant aussi 10 centimètres cubes de chloroforme, 20 centimètres cubes d'une solution alcoolique d'iode (50 grammes d'iode pour un litre d'alcool à 95°) et 20 centimètres cubes d'une solution alcoolique de bichlorure de mercure (60 grammes de bichlorure pour 1 litre d'alcool à 95°). On bouche et on laisse réagir à la température ordinaire. Il doit rester un excès d'iode suffisant, un tiers au moins de la quantité mise. S'il en restait moins, on recommencerait en ne prenant que $0^{gr},25$ d'huile. Après trois heures environ, on ajoute 20 centimètres cubes d'une solution d'iodure de potassium (100 grammes par litre), et on titre l'iode existant dans chaque vase, à l'aide d'une solution titrée d'hyposulfite de sodium (solution décime contenant $24^{gr},80$ d'hyposulfite par litre). Cette solution est telle qu'à 1 centimètre cube correspond 0,0126 d'iode. La différence n du nombre de centimètres cubes d'hyposulfite qu'il faut verser dans les deux flacons pour décolorer l'iode représente un poids d'iode fixé égal à $n \times 0,0126$. En multipliant ce nombre, qui est relatif à $0^{gr},5$ d'huile, par 200, on a le nombre relatif à 100 grammes d'huile, c'est-à-dire l'indice d'iode. Voir au tableau, page 213, les indices d'iode des diverses huiles.

6° *Indice de brome.* — On désigne sous le nom d'indice de brome le poids de ce corps capable d'être fixé par 1 gramme d'huile. D'après M. Levallois, on opère de la façon suivante : on saponifie 5 grammes d'huile par une solution alcoolique de potasse, puis on ajoute de l'alcool de façon à compléter 50 centimètres cubes. On prend 5 centimètres cubes de cette solution, qui correspond, par conséquent, à $0^{gr},5$ d'huile, et on décompose le savon qu'elle contient par de l'acide chlorhydrique de façon à mettre en liberté les acides gras. On ajoute alors peu à peu, à l'aide d'une burette graduée, de l'eau bromée, d'un titre connu, jusqu'à ce que la liqueur conserve une teinte jaune permanente. On retranche $0^{gr},1$ de la quantité trouvée pour tenir compte de la petite quantité de brome qui donne la teinte jaune que l'on aperçoit, soit n le nombre de centimètres cubes ainsi corrigé ; on multiplie le résultat obtenu par 2 pour rapporter l'analyse à 1 gramme d'huile. Connaissant la teneur en brome de l'eau bromée, p grammes par centimètre cube, on a le poids de brome fixé par 1 gramme d'huile en multipliant

$2n$ par p; voir au tableau, page 213, les indices de brome de quelques huiles; ces indices ne varient pas toujours, comme les indices d'iode, aussi sont-ils parfois intéressants à déterminer.

7° *Coloration sulfurique.* — Les essais chimiques précédents ainsi que les essais physiques se traduisent par divers nombres qui précisent l'action des divers réactifs ou les diverses propriétés physiques considérées. Les essais que nous allons rapporter maintenant ne sont plus susceptibles d'être traduits par des nombres; mais, malgré ce défaut, ils rendent d'assez grands services dans quelques cas particuliers; ils consistent dans l'observation de phénomènes de coloration qui se produisent quand on met les huiles en contact avec divers réactifs.

La coloration dite sulfurique s'obtient en versant une goutte d'acide sulfurique à 66° B. dans 1 centimètre cube d'huile placée dans un verre de montre. On observe la couleur des stries qui se forment tout d'abord :

COLORATIONS :

jaune brun	jaune plus ou moins verdâtre	vert émeraude	vermillonné	violet pur	bleuâtre
noix	olives	chènevis	colza	foie de morue	moutarde
coton	œillettes		navette		
	amandes		sésame		
	arachides		lin		
	noisette		faine		
	ricin		poisson		

8° *Réaction Behrens.* — La réaction Behrens s'obtient en mélangeant parties égales d'acide sulfurique à 66° B., et d'acide azotique à 40° B. Une fois le mélange refroidi, on verse dans un tube à essais volumes égaux d'huile et de réactif, et l'on observe aussitôt la coloration, car, plus rapidement encore que dans l'essai précédent, la coloration devient brune. Cette réaction sert surtout à reconnaître la présence de l'huile de sésame dans les autres huiles.

Pour les diverses colorations, voir le tableau, page 213.

9° *Acide azotique et mercure.* — On pèse 10 grammes d'huile dans un verre à pied et on y verse, à l'aide d'une pipette, 5 grammes d'acide azotique à 40° B.; on mélange avec un agitateur, et on refroidit en plongeant partiellement le verre dans de l'eau courante : les huiles d'amandes et de noisettes restent incolores, la plupart des huiles deviennent brunes, l'huile d'olive prend une couleur vert pomme caractéristique. Après avoir noté la couleur, on ajoute 1 gramme de mercure, on laisse dissoudre, puis on agite, pendant une minute, le verre restant refroidi par le courant d'eau; au bout de vingt minutes on agite pendant une demi-minute et, après un nouvel espace de vingt minutes, on essaie la consistance de la masse, puis de cinq en cinq minutes, ou même, plus tard, de quart d'heure en quart d'heure. Avec l'huile d'olive, la solidification exige de quarante-cinq à soixante minutes; le culot est verdâtre, il se détache d'une seule pièce. Les autres huiles se distinguent parce qu'elles exigent un temps plus considérable pour se solidifier; la couleur est aussi différente, elle est orangée avec les huiles d'arachide et de coton; l'huile de noisette donne un culot incolore; les autres donnent une masse jaune, plus ou moins orangée; enfin, les huiles de chènevis, d'œillette, de pavot et de ricin ne se solidifient pas.

10° *Réactions diverses.* — L'huile de sésame donne une coloration rouge cerise quand, après avoir été additionnée de la moitié de son volume d'acide chlorhydrique pur et d'une pincée de sucre, on la chauffe légèrement.

Cette réaction est encore plus nette avec les acides gras extraits de l'huile de sésame.

L'huile de coton, et surtout les acides gras que l'on en extrait, réduisent à chaud les solutions alcooliques d'azotate d'argent. On emploie pour cela une solution à 1 0/0, faite avec de l'alcool absolu, et l'on en verse 5 centimètres cubes dans un mélange de 5 centimètres cubes d'huile et de 25 centimètres cubes d'alcool à 98 0/0.

L'huile d'arachide, convenablement traitée par la potasse, donne des cristaux d'arachidate de potassium ; pour les obtenir on prépare une dissolution alcoolique de potasse en faisant dissoudre 11 grammes de potasse caustique dans un mélange de 13 centimètres cubes d'eau et de 100 centimètres cubes d'alcool à 95°. On traite un certain volume d'huile, 15 à 20 centimètres cubes, par un volume double de la solution précédente, et l'on chauffe au bain-marie jusqu'à saponification complète. On laisse alors refroidir en plongeant le vase dans de l'eau à 12 ou 15° : il se dépose des cristaux d'arachidate de potassium. En décomposant ces cristaux pour mettre l'acide arachidique en liberté et en le faisant cristalliser dans l'alcool on doit obtenir un produit fusible à 72°.

Les huiles de poisson se colorent en noir par l'action du chlore.

Les huiles de crucifères et certains échantillons d'huile de sésame donnent du sulfure de potassium quand on les saponifie ; il est facile de reconnaître la présence de ce sulfure par l'action de l'azotate d'argent, qui donne un précipité noir de sulfure d'argent.

11° *Essais particuliers*. — En dehors des essais précédents, destinés à contrôler la pureté des huiles, il en est d'autres qui consistent à chercher si les huiles, pures ou non, sont propres aux usages auxquels on les destine. On emploie surtout les huiles, en dehors de l'alimentation, pour la peinture, le graissage des machines, la confection des savons. Il est bon de pouvoir déterminer, en vue de ces applications spéciales, si l'huile est plus ou moins siccative, plus ou moins consistante, d'une saponification plus ou moins facile.

Pour déterminer la valeur d'une huile siccative on l'abandonne au contact de plomb et de l'air pendant plusieurs jours et l'on détermine son augmentation de poids. Pour cela on prépare du plomb en précipitant un de ses sels par une lame de zinc; on le lave à l'alcool et à l'éther et on le sèche dans le vide. On prend 1 gramme de ce plomb très divisé, on l'étale dans un verre de montre, on tare et, à l'aide d'un tube effilé, on laisse tomber une dizaine de gouttes d'huile sur ce plomb en les espaçant; on pèse, l'augmentation de poids donne le poids d'huile ajoutée. Le verre de montre étant abandonné à l'air dans un endroit éclairé, on le pèse tous les jours. L'huile est d'autant plus siccative que l'absorption d'oxygène est plus grande et plus rapide.

HUILES	POIDS D'OXYGÈNE ABSORBÉ	
	APRÈS 2 JOURS	APRÈS 7 JOURS
Huile de lin	14,3 0/0	»
» de noix	7,9	»
» de pavot	6,8	»
» de coton	5,9	»
» de faîne	4,3	»
» de colza	0	2,9
» de navette	0	2,9
» de sésame	0	2,4
» d'arachides	0	1,8
» d'olive	0	1,7

On compare la consistance d'une huile, destinée au graissage, à la consistance d'une huile type, que l'on sait être bonne pour cet usage, en déterminant successivement les temps nécessaires pour l'écoulement de volumes égaux de l'huile type et de l'huile examinée au travers d'un même tube plus ou moins effilé. La consistance est proportionnelle au temps employé pour cet écoulement. Lorsque l'écoulement est trop lent à la température ordinaire, cette comparaison des deux huiles se fait à une température plus élevée.

Pour rechercher si une huile est plus moins facilement saponifiable, on effectue la saponification à froid, ou en chauffant, s'il le faut, et l'on remarque le temps nécessaire pour que la saponification soit terminée. En opérant toujours sur les mêmes quantités et dans les mêmes conditions de température et de concentration de la lessive de soude, on peut ainsi se faire une idée assez approchée de la valeur relative, à ce point de vue particulier, des huiles que l'on examine.

NOMS	DENSITÉ à 15°	POINT de congélation	PLANTE (d'où l'huile est extraite)
Huile d'olive	0,9164?	+ 3 à + 5	*Olea Europæa*
» de colza	0,913	— 2,25	*Brassica campestris*
» d'œillette	0,923	— 18	*Papaver somniferum*
» de lin	0,935	— 27	*Linum usitatissimum*
» de sésame	0,923	— 5 à — 7	*Sesamum orientale*
» d'arachide	0,922	— 3	*Arachis hypogæa*
» de noix	0,9285	— 27,5	*Juglans regia*
» de coton	0,950		*Gossypium [illegible]*
» de cameris	0,924	— 27,5	*Camelia sativa*
» de pepins de raisins		— 16	*Vitis vinifera*
» de faîne	0,922	— 17,5	*Fagus sylvatica*
» de moutarde	0,925		*Sinapis alba ou nigra*
» de médheinie	0,924	— 8	*Garcia [illegible]*
» de navette	0,915	— 6,5	*Brassica napus et autres*
» d'amandes	0,917	— 20	*Amygdalus vulgaris*
» de vaux-mille	0,925	— 16	*Euphorbia [illegible]*
» de croton	0,960		*Croton tiglium*
» de ricin	0,963		*Ricinus communis*
Huiles ou beurres { de palme	0,965	+ 30 à 36	*Elais guineensis*
{ de coco	0,9207	+ 20	*Cocos nucifera*
{ de laurier			*Laurus nobilis*
Huile de baleine	0,923 à 25°	3	
» de cachalot	0,884	— 8	
» de menhaden	0,918 à 25°		
» de foie de morue	0,922		
» de pieds	0,916		

COLORATION avec le mélange de Heintz (1)	IODE ABSORBÉ pour 100 de l'huile exempte de matière grasse	POINT de solidification des acides gras	SOLUBILITÉ dans l'alcool à 95°	INDICE de SAPONIFICATION	ROTATION au plan de polarisation à 15°	INDICE d'iode	INDICE de sélan
jaune clair	112	+ 23 à +25	76	1,41 à 51	— 0,8	83 à 86	0,500 à 0,541
verdâtre	50	+ 18				100	0,840
rougeâtre	86	+ 16,5	17	1,477 à 15	— 6,7	109 à 130	0,302
rouge brun	133	+ 21				156	1,900
vert pré foncé	66	+ 22,5	14	1,470 à 21	+ 3 à + 8	102 à 108	0,602
	44	+ 21	95	1,469 à 21	0	143 à 149	0,217
vermillonné	101	+ 16	15	1,477 à 16	— 1	106 à 115	0,543
	45	+ 35	54			123	0,136
	70	+ 19				91	
vermillonné verdâtre	65	+ 17	44		— 0,8	104,39	0,659
	44	+ 15			+ 3	36	0,263
verdâtre	67	+ 17	15		+ 19	103	0,450
rose fleur de pêcher	55	+ 6	59	1,473 à 16	— 0,1	99	0,614
rose vert	47	3			+ 16 / + 45	83	0,132
	73	151				84	
		161				84	
						77	
	90					125	
						70	

BOUGIES STÉARIQUES

347. Saponification. — L'industrie des bougies stéariques est une industrie toute française. C'est aux recherches de chimie pure de Chevreul (1811) qu'il faut faire remonter l'origine de cette industrie : les premières tentatives, dues à Gay-Lussac et Chevreul, pour appliquer à l'éclairage l'acide margarique et l'acide stéarique datent de 1825. Ces corps, que l'on extrait du suif, présentaient sur cette matière première, employée pour la confection des chandelles, un certain nombre d'avantages ; leur point de fusion étant plus élevé, les bougies fabriquées avec cet acide ne se ramollissent pas et ne coulent pas comme les chandelles, leur toucher n'est pas gras comme celui du suif, etc. En outre, la lumière des bougies est plus blanche ; elles ne dégagent pas d'odeur en brûlant et ne fument pas.

D'après le premier brevet de Gay-Lussac et Chevreul (5 janvier 1825), on saponifiait les matières grasses par la potasse et la soude, et l'on faisait intervenir l'action dissolvante de l'alcool ; le procédé n'était pas industriel, et il ne fut pas employé en grand. Les premiers essais véritablement industriels datent de 1829, où de Milly et Motard installèrent aux portes de Paris, à la barrière de l'Étoile, la première usine qui fournit, sous le nom de bougie de l'Étoile, un produit qui ne tarda pas à se répandre dans le monde entier. Dans ce procédé la saponification se faisait par la chaux.

Le suif, matière première de l'industrie des bougies stéariques, est un mélange d'éthers tristéarique, trioléique et trimargarique de la glycérine. Sa transformation en acide stéarique comprend trois phases : 1° saponification du suif ; cette opération transforme les éthers en un mélange de stéarate, oléate, margarate; 2° décomposition de ces sels, ce qui donne un mélange des acides stéarique, oléique, margarique; 3° séparation de l'acide stéarique. Cette dernière opération se fait par des procédés mécaniques, tandis que les précédentes utilisent des réactions chimiques.

Les corps gras naturels étant des éthers, leur décomposition en glycérine et en acide peut se faire d'après les propriétés générales des éthers sous l'influence des bases ou de l'eau, et aussi par l'action de l'acide sulfurique qui donne des acides sulfostéarique, sulfomargarique, etc. De là, trois méthodes de saponification : par les bases, par l'eau, par l'acide sulfurique.

Saponification par les bases. — Des diverses bases que l'on peut employer pour produire la saponification, la soude et la potasse sont les plus énergiques; elles fourniraient une saponification rapide si leur prix, relativement élevé, ne s'opposait à leur emploi dans cette industrie. La chaux est, au contraire, une base constamment employée dans l'industrie, à cause de son prix très peu élevé. Pour avoir avec cette base une saponification suffisamment rapide, on opérait avec un poids de chaux presque double de la quantité théorique. Le suif étant mis avec son poids d'eau dans une cuve en bois, on y injectait de la vapeur d'eau de façon à élever la température, et on introduisait un lait de chaux (contenant en chaux vive 17 0/0 du poids du suif); on continuait alors d'envoyer de la vapeur et, avec un *moureron*, sorte de râble en bois, on agitait constamment la matière; il se formait peu à peu un savon calcaire insoluble, et de la glycérine était mise en liberté; vers la fin, le savon calcaire s'agglomérait assez rapidement en grumeaux; l'opération durait environ huit heures. Les eaux chargées de glycérine sont évacuées et servent pour la préparation de ce corps (V. t. I, p. 344). Le savon calcaire est alors repris, placé dans des cuviers en plomb et traité par l'acide sulfurique. On peut éviter ce déplacement en faisant la saponification dans une cuve en bois, doublée de plomb. On met une quantité d'acide sulfurique un peu supérieure (1/8 environ) à ce qui est nécessaire pour neutraliser la quantité de chaux employée, et on l'emploie étendu d'eau de façon à marquer 20° B. environ. Pendant cette saturation on fait arriver de la vapeur et on brasse continuellement ; il se forme un précipité de sulfate de calcium qui se rassemble à la partie inférieure, et les acides gras, fondus, viennent à la surface. On décante ces acides et on les envoie dans des cuves de lavage analogues aux précédentes. Le lavage se fait d'abord vers 80° avec de l'acide sulfurique étendu à 20° B., qui servira à décomposer ensuite, dans une opération ultérieure, le savon calcaire. On procède ensuite à un second lavage à l'eau pure, dont on élève la température jusqu'à 100°. On obtient ainsi des acides gras bruts (1), dont on doit séparer ensuite l'acide stéarique (V. *Séparation des acides gras*, p. 127).

Saponification par la chaux et l'eau. — La méthode précédente a été modifiée de façon à diminuer la quantité de chaux employée ; on diminue ainsi d'abord la consommation en chaux et, par conséquent, en acide sulfurique, et, de plus, le sulfate de calcium formé, étant en quantité moindre, retient moins d'acides gras ; on a donc un meilleur rendement.

En outre, l'extraction de la glycérine est plus facile et la main-d'œuvre considérablement diminuée.

(1) Dans l'industrie on emploie souvent les mots de stéarine et d'oléine pour désigner l'acide stéarique et l'acide oléique.

La saponification par l'eau pure, qui est possible sous une pression élevée, n'est pas pratique. Par contre, en combinant ces deux procédés, action de la chaux et saponification sous pression, on arrive, en employant seulement 2 à 3 0/0 de chaux sous une pression de 8 atmosphères (1), à obtenir une saponification complète. La réaction se produit dans des autoclaves A, tels que celui qui est figuré ci-contre; le chauffage se fait par la vapeur que l'on introduit en V. Latéralement, se trouve un tuyau de charge : D est un tuyau de décharge qui plonge au fond de l'autoclave, H est un trou d'homme pour le nettoyage et S une soupape réglée pour 8 atmosphères. L'autoclave est muni d'une enveloppe pour diminuer le refroidissement. Dans un appareil de ce genre on traite à la fois 2 tonnes de suif; on y ajoute un lait de chaux formé de 1.000 kilogrammes d'eau et de 60 kilo-

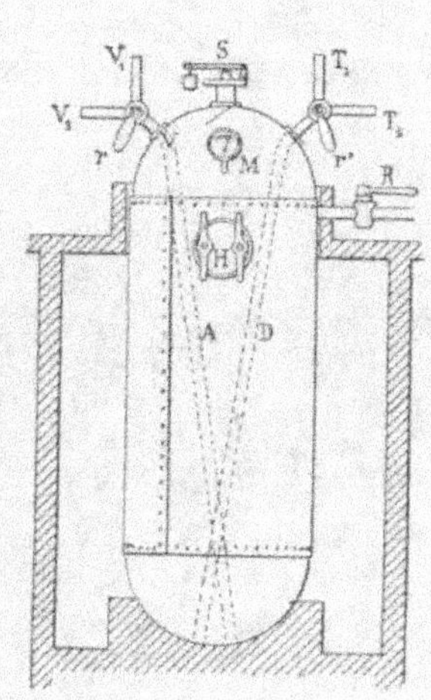

grammes de chaux vive. Le suif est introduit fondu avec un peu d'eau. Pour diminuer la dépense de combustible, on a deux sortes de générateurs : les uns fournissent de la vapeur en V, à 4 atmosphères, qui servent au début à élever la température des autoclaves; les autres donnent de la vapeur à 9 atmosphères, ce qui permet d'atteindre ensuite

(1) En employant 4 à 5 0/0 de chaux il suffit d'opérer sous une pression de 6 atmosphères.

jusqu'à 8 atmosphères dans les autoclaves; la vapeur arrive alors par V_2. La température correspondante (172°) est maintenue pendant quatre heures. Quand l'opération est terminée, on laisse la température descendre et, lorsqu'elle est d'environ 125°, on ouvre le robinet de vidange. Ce robinet peut mettre l'autoclave en communication avec deux réservoirs différents par une rotation de 135°. Dans une première position le robinet fait communiquer par T_1 l'autoclave avec un réservoir où l'on évacue l'eau tenant en dissolution la glycérine. Quand on constate que les matières grasses commencent à passer, on tourne le robinet de 135°, et on dirige par T_2, dans un autre réservoir, la matière un peu pâteuse qui sort alors; elle est formée d'un mélange de savon calcaire solide et d'acide gras libre à l'état de fusion.

On a donné diverses explications de cette réaction. Tout d'abord, il faut remarquer que, dès le début de la réaction, il se forme de la glycérine, du stéarate et de l'oléate de calcium; par conséquent, même en présence d'une quantité de chaux insuffisante, les éthers tristéariques et trioléiques qui constituent le suif ne donnent pas de composés à fonction mixte (éther distéarique ou dioléique et alcool monoatomique). Stas et Pelouze ont admis que la chaux formait d'abord un savon calcaire neutre (stéarate et oléate neutres), que l'eau décomposait en acide et savon basique. Ce dernier continuait la saponification comme la chaux elle-même. On peut remarquer, d'autre part, que les phénomènes de saponification et d'éthérification sont des phénomènes d'équilibre, comme l'ont montré les recherches de M. Berthelot. Il tend donc à se former un équilibre entre les quatre corps: acide stéarique ou oléique, glycérine, eau et matière grasse (tristéarine ou trioléine). La présence de la chaux, qui sature une partie de l'acide mis en liberté, détruit l'équilibre qui tend à se produire, et favorise la saponification. On doit, toutefois, faire observer que les acides mis en liberté sont, à la température des autoclaves, des liquides non miscibles avec l'eau et que, par conséquent, les phénomènes d'équilibre doivent être différents de ceux que M. Berthelot a constatés pour les mélanges où tous les corps sont dissous les uns dans les autres.

Saponification par l'eau. — M. Berthelot a montré, en 1854, qu'on pouvait saponifier les corps gras par l'eau pure, à la condition d'opérer sous pression à la température de 220°. Pour avoir une réaction plus rapide, Tilghmann faisait passer dans des tubes en fer très résistants, maintenus à 330° (plomb fondant), un courant d'eau et de corps gras. Ce mélange était introduit à une extrémité, à l'aide d'une pompe foulante très puissante; il sortait à l'autre extrémité en soulevant une soupape chargée, de façon à maintenir dans l'appareil une pression de 90 atmosphères environ. Si la marche de la pompe était convenablement réglée, la matière était transformée à sa sortie de l'appareil en un mélange de glycérine et d'acide libre. Cet appareil, très dangereux par suite des pressions employées, est abandonné. M. Melsens a depuis cherché à diminuer la pression nécessaire par l'addition d'une petite quantité (1/10) d'acide sulfurique étendu. Il suffisait alors de chauffer à 200°; mais les appareils doivent être doublés en plomb. Si ce métal se déforme, puis se déchire, il peut survenir des explosions par l'action de l'acide sur la tôle.

Procédés à l'acide sulfurique. — Chevreul a montré que, sous l'influence de l'acide sulfurique concentré, les corps gras se dédoublent en acides gras et glycérine (1). Il se formerait dans ces conditions, d'après d'anciennes expériences de Fremy (1836), des composés intermédiaires, les acides sulfostéarique, sulfomargarique, etc. L'eau détruit ces composés de telle façon qu'après avoir fait agir sur les corps gras l'acide sulfurique concentré il suffit de traiter le produit par l'eau pour mettre en liberté les acides gras. Toutefois, la réaction de l'acide sulfurique est très complexe ; une partie des acides gras se trouve détruite. Comme la destruction se porte surtout sur l'acide oléique qui est liquide et qu'elle n'atteint pas les acides solides (stéarique et margarique) qui sont ceux que l'on cherche surtout à préparer, cette action n'a que peu d'importance. La glycérine est aussi détruite, en totalité ou en partie. Il se dégage pendant cette action des gaz d'une odeur insupportable, contenant de l'acroléine, de l'acide sulfureux, etc., et il se forme une matière goudronneuse.

La température, la concentration et la proportion de l'acide, ont une influence considérable sur la durée de la réaction ; elle est d'autant plus courte que la température est plus élevée et l'acide plus concentré ; si on prolonge dans ces conditions le contact entre la matière grasse et l'acide, au-delà du temps nécessaire pour la décomposition totale du corps gras, on perd une quantité plus considérable de matière qui donne des produits secondaires.

Les méthodes fondées sur l'action de l'acide sulfurique peuvent se subdiviser en deux groupes, celles où l'on fait réagir pendant un temps très court les corps gras et l'acide sulfurique concentré et celles où l'on emploie de l'acide plus étendu. Ces dernières présentent sur les pre-

---

(1) On désigne souvent cette réaction sous le nom de saponification sulfurique.

mières un avantage assez marqué au point de vue du rendement. Tandis que les premières donnent de 45 à 50 0/0 d'acides solides (acide stéarique, acide margarique, etc.) ; les secondes peuvent donner jusqu'à 60 0/0 d'acides solides, parce qu'aux acides précédents vient s'ajouter de l'acide élaïdique $C^{18}H^{34}O^2$, isomère de l'acide oléique, fondant à 44°. Le mélange des acides solides est, par suite, un peu plus fusible, mais cet inconvénient est largement compensé par le rendement plus grand que l'on obtient.

Méthodes rapides. — 1° *Méthode Knab.* — On verse dans un vase en plomb 25 kilogrammes d'acide sulfurique à 66° B. et 50 kilogrammes de suif, ces deux corps étant préalablement chauffés à 90°. On agite vivement et, après deux minutes de contact, on fait basculer le vase et tomber dans de l'eau bouillante le mélange qu'il contient ; on continue à faire ainsi de nouveaux traitements partiels, jusqu'à ce que l'on ait traité 1.000 kilogrammes de matière grasse, ce qui exige environ une heure (trois minutes par opération partielle). On prolonge l'action de l'eau bouillante ; les acides gras sont mis peu à peu en liberté et, après un repos de quatre heures, on les décante, on les lave, puis on les distille, car ils ont une couleur noire foncée. Ce procédé consommait trop d'acide sulfurique ; il est abandonné.

2° *Méthode de de Milly.* — En élevant la température de 90 à 100°, de Milly a pu réduire dans une proportion notable la quantité d'acide sulfurique : il suffit de 6 0/0 de cet acide concentré au lieu de 50 0/0 qu'exigeait la méthode précédente. Le contact des matières dure encore deux minutes, mais il se produit d'une façon plus automatique : on fait arriver dans un entonnoir

un filet d'acide sulfurique concentré et un filet de suif
fondu, réglé de façon à avoir 6 d'acide pour 100 de
suif : l'acide et le suif sont chauffés séparément à 120°.
Au sortir de l'entonnoir le mélange des deux liquides
parcourt une gouttière munie de chicanes. Sa longueur
est telle que le trajet se fait en deux minutes ; au sortir de
la gouttière, le mélange tombe dans de l'eau maintenue
en ébullition. On obtient ainsi des acides gras très colorés, presque noirs. Mais la matière noire est soluble dans
l'acide oléique, de telle sorte qu'en soumettant ces acides
à une presse hydraulique, à froid d'abord, puis à chaud,
on obtient des acides solides très blancs ; le liquide qui
sort des presses est noir ; il contient surtout de l'acide
oléique, mais aussi environ 10 0/0 d'acides gras solides
qui y sont en dissolution ; c'est ce liquide seulement
que l'on soumet à la distillation, pour en retirer l'acide
stéarique et non toute la matière noire fournie par l'action
de l'acide sulfurique.

MÉTHODE LENTE. — Un des appareils les plus employés
pour l'application de cette mé-
thode est celui de MM. Masse et
Tribouillet ; il se compose d'une
chaudière C en cuivre ou en fer
doublé de plomb et munie d'un
double fond chauffé à la vapeur.
La chaudière est surmontée
d'une chambre en tôle doublée
de plomb, percée de deux fe-
nêtres F et d'un trou d'homme.
La partie supérieure de cette
chambre laisse passer la tige

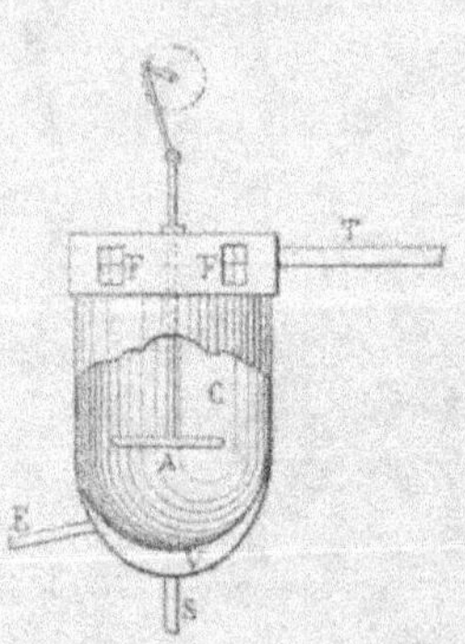

d'un agitateur A, auquel une bielle et une manivelle

donnent un mouvement vertical de va-et-vient, un large tuyau T entraîne les vapeurs qui se forment sous la grille d'un foyer, pour détruire les vapeurs d'une odeur insupportable que dégage cette réaction. La vapeur arrive en E et l'eau de condensation sort en S. La quantité d'acide sulfurique employée est de 10 à 12 0/0 du poids de suif, et l'on chauffe entre 115 et 120°. Souvent, le traitement se fait en deux parties ; on commence, comme nous l'avons indiqué, avec l'acide concentré (12 0/0) et à 115° pendant une demi-heure ; puis on termine la décomposition en prenant de l'acide plus étendu à 30 ou 35° B., mais en élevant la température. La durée totale de l'opération est d'environ six heures. Avec cette modification, on arrive à ne plus détruire que 5 à 6 0/0 de matière grasse, ce qui offre le double avantage d'augmenter le rendement et de diminuer la proportion des matières noires qui rendent plus difficile l'épuration des acides gras bruts.

348. Épuration des acides noirs. — Le traitement du suif par l'acide sulfurique donne des acides gras très colorés, presque noirs. Nous avons vu comment dans un des procédés de de Milly on pouvait, à l'aide de la presse hydraulique, extraire une partie des acides solides que contient la matière sous forme d'une masse blanche. Cette méthode n'est plus guère employée parce que la matière noire formée n'est pas toujours soluble dans l'acide oléique, comme l'exige le procédé de de Milly.

L'épuration des acides noirs se fait par la distillation en présence d'un courant de vapeur surchauffée permettant d'entraîner les vapeurs des acides gras, sans qu'il soit nécessaire d'attendre une température trop élevée où leur décomposition serait considérable. Dans ce procédé, au sortir des appareils à acide sulfurique, les acides noirs sont lavés parfaitement pour les débarrasser de l'acide qu'ils entraînent, puis séchés dans une cuve chauffée par la chaleur perdue de certains foyers. On les introduit alors dans un appareil distillatoire, soit d'une façon intermittente, soit d'une façon continue.

L'appareil employé pour cette distillation se compose d'un alambic surmonté d'un chapiteau par lequel les vapeurs se rendent dans des colonnes de condensation

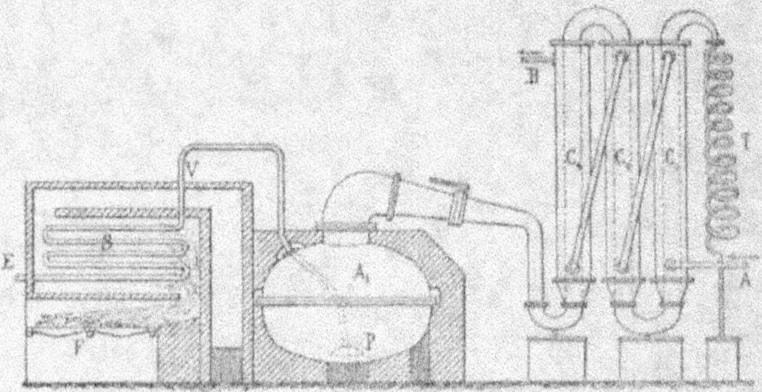

C_1, C_2, C_3. La vapeur d'eau que l'on emploie pour entraîner les acides gras est fournie par un générateur ; elle arrive en E dans des tuyaux en fer qui circulent dans un fourneau S où la vapeur se surchauffe sous l'influence du foyer F. Le tube V, qui amène la vapeur dans l'alambic, se termine par une pomme d'arrosoir percée de trous par lesquels elle s'échappe en traversant la couche des acides gras fondus. La chaleur perdue du foyer F est utilisée pour éviter les pertes de chaleur de l'alambic. Pour cela les gaz chauds qui proviennent du foyer circulent dans des carneaux disposés sous l'alambic. L'appareil condensateur se compose de trois gros tuyaux disposés verticalement, C_1, C_2, C_3, communiquant les uns avec les autres, et d'un serpentin T. Les trois tuyaux sont entourés d'une enveloppe en tôle dans laquelle circule de l'eau qui pénètre en A dans l'enveloppe du troisième pour ressortir en B par l'enveloppe du premier. Le courant d'eau doit être réglé de telle façon que les acides gras volatilisés se condensent à l'état liquide et ne se solidifient pas dans l'appareil; ils coulent dans des réservoirs placés à la partie inférieure des trois gros tuyaux. Le serpentin qui termine les appareils de refroidissement sert à la condensation de ce que l'on appelle les *bleus*; ce sont des liquides formés de carbures d'hydrogène semblables à ceux qui constituent les huiles de pétrole. MM. Cahours et Demarçay ont constaté la présence, dans ces liquides, des hydrures d'amyle, d'hexyle, d'heptyle, de duodécyle et même d'hexadécyle. On peut attribuer la formation de ces carbures à l'action de la vapeur d'eau sur les goudrons qui prennent naissance dans l'alambic pendant la distillation; en effet, la production de ce liquide est d'autant plus abondante qu'il y a plus de goudron formé, et il distille surtout vers la fin des opérations.

Lorsqu'on opère d'une façon intermittente, on verse dans l'alambic de 2 à 6 tonnes d'acides gras fondus, suivant la contenance des appareils. Ces acides sont introduits à la température d'environ 200° ; on injecte aussitôt de la vapeur d'eau surchauffée; la température monte progressivement et les acides distillent. On admet qu'entre 200° et 230° il passe sept fois plus d'eau que d'acide; entre 230° et 260°, trois à quatre fois plus; entre 325° et 350°, poids égaux d'eau et d'acide; toutefois, ces nombres doivent être considérés comme des maxima et, le plus souvent, on consomme notablement moins de vapeur d'eau que ces nombres ne l'indiquent. L'opération dure douze à vingt-quatre heures, suivant le poids des acides.

Lorsqu'une charge est terminée, il faut avoir soin de laisser refroidir suffisamment l'appareil avant de l'ouvrir pour le recharger ; les vapeurs chaudes s'enflamment en effet facilement. Toutes les cinq à six opérations, on vide complètement l'alambic et l'on retire le goudron resté dans l'appareil.

Lorsqu'on opère d'une façon continue, les acides gras pénètrent dans l'alambic par un tube à soupape en soulevant celle-ci. Ils doivent être introduits à une température voisine de celle de l'alambic pour ne pas trop le refroidir. Quand on a introduit ainsi 6 à 10 tonnes d'acide, suivant la contenance des alambics, on laisse refroidir, on nettoye l'appareil et on retire le goudron.

Lorsque le traitement par l'acide sulfurique a été incomplet, ce qui arrive assez souvent, les acides gras sont mélangés d'une certaine quantité des corps gras primitifs. On s'en aperçoit pendant l'épuration à l'abondance de l'acroléine qui se dégage ; les vapeurs de ce corps sont très irritantes, et on les reconnaît facilement. On cesse la distillation quand l'acroléine devient trop abondante et, à l'aide d'un siphon, on expulse le résidu contenu à ce moment dans l'alambic avant d'introduire de nouvelles matières. Ces liquides décantés sont mêlés avec du suif et soumis de nouveau à l'action de l'acide sulfurique.

En résumé, les deux procédés les plus employés pour la transformation en acides gras des éthers qui constituent les matières grasses sont la saponification sous pression, en présence d'une petite quantité de chaux et la décomposition par l'acide sulfurique. Le premier procédé présente l'avantage de fournir 6 1/2 0/0 de glycérine de bonne qualité et de donner, après l'élimination de l'acide oléique, des acides gras à point de fusion voisin de 54°,5 ;

il a l'inconvénient de ne donner que 45 0/0 d'acides
gras solides. Le second donne, au contraire, un rendement plus considérable en acides gras solides 58 0/0, mais
il fournit une quantité plus faible 2 1/2 à 3 0/0 d'une
glycérine colorée, odorante et, par suite, d'une qualité très
inférieure; en outre, les acides solides obtenus fondent
entre 50°,5 et 51°. Les deux procédés présentent donc
des avantages et des inconvénients qui se compensent en
partie, et ils sont souvent utilisés simultanément dans les
mêmes usines.

Il y a même avantage, comme nous le verrons plus loin
pour le traitement ultérieur des acides gras, à employer
les deux méthodes; en mélangeant les produits qu'elles
fournissent, on peut rendre plus facile la cristallisation
des acides bruts.

Les acides gras provenant du traitement sulfurique se
présentent, après cette épuration par distillation, sous
forme d'une masse blanche analogue à celle que l'on
obtient directement par la saponification calcaire. Ils
constituent un mélange d'acides solides à la température
ordinaire et d'acide oléique qui est liquide. Les acides
solides sont l'acide stéarique, l'acide margarique et,
lorsque la matière grasse a été traitée par l'acide sulfurique, l'acide élaïdique. Ces acides ne peuvent servir tels
quels à la fabrication des bougies; il faut éliminer l'acide
oléique, de façon à ne garder que les acides solides
qui constituent un mélange moins fusible que lorsqu'il
contient de l'acide oléique, fusible de 51° à 54°, au lieu
de 44°.

349. Séparation des acides gras. — La séparation des acides gras solides et de l'acide oléique
liquide, dont le mélange constitue les acides gras bruts,

se fait par la compression. L'opération comprend trois
parties, le moulage, le pressage à froid et le pressage à
chaud.

Le *moulage* a pour objet de présenter à la presse les
acides gras sous une forme commode ; autrefois les acides
étaient coulés en gros pains de 25 kilogrammes, puis
réduits à l'état de copeaux et pressés dans des sacs;
actuellement on coule les acides gras bruts dans des
moules formés par la juxtaposition d'un grand nombre de
petits troncs de pyramide à peine évasés. On dispose les
formes qui contiennent ces moules juxtaposés les unes
au-dessous des autres, mais un peu en chicane, de façon
qu'en faisant arroser les acides bruts dans la forme supérieure l'excès des acides se déverse par un trop-plein
dans la forme immédiatement inférieure, quand la première est pleine, puis dans la troisième quand la seconde
est remplie, et ainsi de suite ; on arrête l'arrivée des acides
gras quand il reste encore deux formes à remplir; l'excès
des acides s'écoule peu à peu dans ces formes. On abandonne ensuite le tout au refroidissement spontané, la
matière cristallise lentement et, au bout de douze à vingt-
quatre heures, suivant la température extérieure, on
peut procéder au pressage. Lorsque la cristallisation se
fait mal, on modifie la composition des acides gras bruts
en mélangeant ceux qui proviennent de la saponification
calcaire avec ceux que fournit l'action de l'acide sulfurique ou avec les produits de la saponification de l'huile
de palme. Quand on n'a pas ces divers produits à sa disposition, on ajoute aux matières qui cristallisent mal des
résidus de pressage à chaud.

Il est, en effet, important que les matières soient bien
cristallisées pour que l'opération suivante puisse s'exécuter dans de bonnes conditions.

Le *pressage à froid* (1) se fait en renfermant dans des étoffes de laine ou des treillis de chanvre les petits pains que l'on a démoulés et en soumettant le tout à l'action d'une presse hydraulique verticale. Souvent on interpose entre les couches des plaques de tôle qui régularisent la pression. Lorsque le plateau de la presse est chargé jusqu'en haut, on donne une première pression en manœuvrant la grosse pompe de la presse; lorsque son action s'arrête, on fait descendre le plateau en ouvrant le robinet de décharge et, dans l'espace devenu libre par suite de la première compression, on introduit de nouveaux sacs et on recommence ainsi à deux ou trois reprises, de façon à obtenir une charge complète. On presse alors lentement, d'abord avec la grosse pompe, puis avec la petite qui permet d'atteindre de fortes pressions. Pendant ces opérations l'acide oléique s'écoule peu à peu dans une gouttière pratiquée dans le plateau de la presse. On arrête l'opération quand l'acide oléique cesse de s'écouler; l'épaisseur des pains se trouve alors réduite à moitié; ils retiennent encore environ 10 0/0 d'acide oléique qu'on ne peut leur enlever par ce procédé. On peut avec cette substance fabriquer des bougies, mais la présence de 10 0/0 d'acide oléique rend leur qualité inférieure.

Le *pressage à chaud* permet de terminer l'épuration. Le pressage à chaud se fait à l'aide d'une presse hydraulique horizontale. Les pains sortant des presses à froid sont placés dans des sacs en crins nommés étreindelles (2) et, entre

(1) On a proposé de remplacer le pressage à froid par un essorage dans un appareil à force centrifuge; ce procédé n'est pas employé (Brevet Binet et Taurin).

(2) Ces étreindelles sont assez rapidement mises hors de service par suite de leur durcissement. On a essayé de remplacer le crin par des cheveux pour avoir une durée plus longue.

chaque, on place une plaque creuse dans laquelle on peut
faire circuler un courant de vapeur d'eau. La vapeur est
amenée par des tubes métalliques articulés ou par des

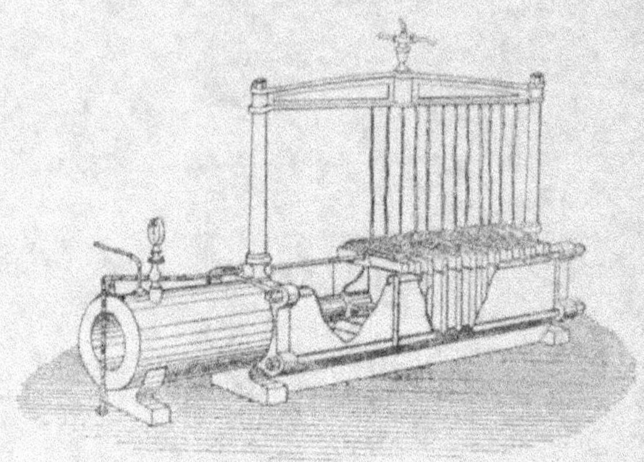

tubes en caoutchouc entoilés. La vapeur est introduite
à une température de 70°; mais, lorsque les plaques sont
à 40°, on commence à mettre l'appareil sous pression. La
pression doit augmenter lentement, de façon à produire
l'écoulement progressif de l'acide oléique, sans cela on a
un rendement moindre en acide solide. L'opération tout
entière, chargement, pressage et déchargement, dure
environ une heure.

Les acides gras qui sortent de l'appareil ne sont pas
blancs dans toute la masse; les bords, moins pressés,
sont bruns parsuite de l'acide oléique qu'ils contiennent;
on les enlève ; pour éliminer la couleur jaune qui couvre
souvent la surface des galettes pressées et qui est due à
de l'oxyde de fer provenant des appareils, on fait fondre
les acides et on les traite par de l'eau acidulée par de
l'acide sulfurique et marquant 3° B. On laisse une heure

en contact, puis on lave à l'eau pure, et on fait cristalliser : on a alors une matière propre à la fabrication des bougies.

Quant à l'acide oléique qui s'écoule des presses à chaud, on le recueille dans des citernes où on l'abandonne au repos ; il contient de l'acide stéarique dont une partie se dépose à la longue et dont l'autre reste en solution. On décante de temps à autre la partie solide et on la presse pour enlever l'acide oléique qui l'imprègne. L'acide oléique qui reste est utilisé pour la fabrication des savons mous et pour l'ensimage des laines.

350. Fabrication des bougies. — La fabrication des bougies comprend les opérations suivantes : préparation des mèches, moulage, blanchiment, polissage et rognage.

La *mèche* est un des éléments les plus importants d'une bougie. On a reconnu dès 1825 (brevet Gay-Lussac et Thénard) qu'on pouvait obtenir des mèches se courbant à l'intérieur de la flamme de façon à venir brûler à l'extérieur en employant un tissu inégalement serré sur ses deux faces ou des mèches tressées que l'on emploie encore aujourd'hui (brevet Cambacérès, 10 février 1825). Dès le début aussi, Cambacérès avait proposé d'employer des mèches trempées dans de l'acide sulfurique étendu, puis séchées de façon à ce que les mèches produisissent moins de cendres. Mais ce procédé avait des inconvénients (1), et, en 1836, de Milly imprégna les mèches d'un mélange d'acide borique et de sulfate d'ammonium. L'acide borique fondu jouit de la propriété de dissoudre les cendres.

____

(1) Il arrivait parfois que la mèche se détruisait peu à peu spontanément à la suite de ce traitement, de sorte que les bougies se trouvaient sans mèches.

Celui qui imprègne les mèches dissout les cendres en formant une petite perle fondue, qui se détache de la mèche de temps à autre en la débarrassant de ses cendres.

Les mèches se font le plus souvent en coton, rarement en lin ou en chanvre ; elles sont formées de l'assemblage de 80 à 90 fils et tressées. La grosseur relative de la mèche, par rapport à la bougie, et le diamètre de celle-ci ont été déterminés empiriquement. Il faut en effet à une bougie de grosseur donnée une mèche de grosseur appropriée : avec une mèche trop grosse on aura une flamme trop grande, absorbant trop de combustible, et la mèche brûlera moins vite que la bougie ne fondra ; la flamme ne tardera pas à devenir fumeuse ; de plus le *godet* qui se forme et qui est plein de bougie fondue n'aurait pas un rebord suffisant pour la contenir et la bougie coulerait ; au contraire, avec une mèche trop petite, on aurait une flamme trop faible pour faire fondre assez rapidement les bords de la bougie, de telle sorte que le godet aurait un rebord exagéré qui enlèverait une partie de la lumière et refroidirait la flamme. Il ne suffit pas, d'ailleurs, qu'il y ait entre les grosseurs de la mèche et de la bougie un rapport convenable ; il faut, en outre, que la bougie, et par suite la mèche, ait une grosseur convenable : on a intérêt, en effet, à augmenter les dimensions de la flamme pour avoir le plus de lumière possible, mais, d'autre part, pour que la combustion se fasse bien, il y a une grosseur de flamme et, par suite, une grosseur de mèche et une grosseur de bougie que l'on ne doit pas dépasser.

Le *moulage* des bougies se faisait autrefois d'une façon discontinue. On versait l'acide stéarique fondu dans des moules très légèrement coniques, préalablement chauffés vers 50° à 55°. La mèche, qui traversait le moule suivant

son axe, était retenue à la partie inférieure par une petite
cheville de bois, et légèrement tendue par un disque de
bois évidé que l'on plaçait à l'ouverture du moule : la partie supérieure de celui-ci portait une *masselotte* destinée
à fournir au moule l'acide fondu pour combattre le
retrait produit par la solidification. L'une des plus grandes
difficultés qu'ait présentées l'industrie des bougies stéariques a été d'empêcher la cristallisation dans les moules.
Les bougies, qui ont une structure cristalline, sont en effet
très cassantes et deviennent même friables. Pendant
quelque temps on y est parvenu en ajoutant de l'acide
arsénieux (un millième environ) à l'acide stéarique ; mais
ce composé est très vénéneux et son emploi fut interdit.

On ajouta ensuite de la cire et l'on put obtenir ainsi
des bougies non cristallines, mais jaunâtres et au prix
d'une augmentation de dépense assez forte. Enfin, de
Milly parvint sans aucune addition à couler les bougies et
à empêcher la cristallisation de l'acide stéarique ou, plus
exactement, à empêcher la formation de grands cristaux,
les seuls que l'on doive éviter. Pour cela on laisse refroidir
l'acide stéarique dans le réservoir qui le contient, et
lorsque des cristaux commencent à se former sur les
parois on agite continuellement. La masse devient alors
laiteuse, par suite de la formation d'un très grand nombre
de tout petits cristaux ; c'est alors seulement qu'on la
verse dans les moules, où elle se prend en masse sans
donner naissance à de grands cristaux. C'est le procédé
ordinaire que l'on emploie en chimie quand on veut avoir
de petits cristaux : on agite la masse pendant la cristallisation.

Actuellement le moulage exige une main-d'œuvre beaucoup moindre par suite du procédé dit de l'*enfilage continu*.

L'appareil se compose de deux parties superposées ; la partie inférieure contient autant de bobines, pouvant tourner autour d'axes horizontaux, que la partie supérieure contient de moules à bougie, c'est-à-dire plusieurs centaines. Sur chaque bobine se trouve enroulée une longue mèche continue. Dans la partie supérieure, les moules à bougie sont disposés verticalement et assemblés régulièrement

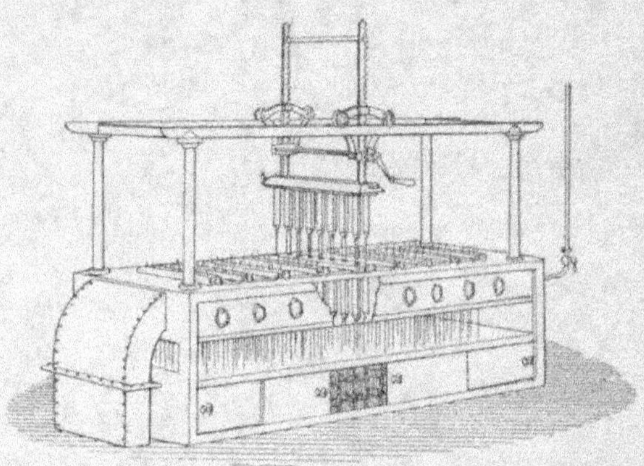

dans des cadres qui permettent de soulever 20 ou 30 moules à la fois. A la partie inférieure, chaque moule se trouve percé d'une petite ouverture qui laisse passer la mèche à frottement doux. A la partie supérieure du moule, des pince-mèches assujettissent celles-ci dans la position qu'elles doivent avoir dans l'axe du moule. Tous les moules se trouvent renfermés dans une grande caisse en tôle, dans laquelle on peut envoyer soit de l'air chaud pour amener les moules à la température de 50 à 55° avant la coulée, soit de l'air à la température ordinaire pour hâter la solidification et permettre de procéder plus tôt au démoulage. Le démoulage se fait en enlevant les pince-mèches, tous ceux d'un groupe en même temps, et en soulevant, à l'aide d'une double crémaillère, mobile sur des roues, une barre de traction à laquelle les masselottes se sont fixées pendant la solidification. On enlève ainsi 20 ou 30 bougies à la fois. Pendant que celles-ci se trouvent soulevées, la mèche se déroule et vient remplacer dans le moule celle qui a formé la bougie précédente. On soulève les bougies d'une hauteur un peu plus grande que leur longueur ; ou rapproche de nouveau les pince-mèches et on coupe la mèche immédiatement au-dessus d'eux ; les bougies formées dans le moulage précédent se trouvent alors libres, et il n'y a plus qu'à les blanchir, les polir et les rogner. Comme ces appareils sont volumineux, ils sont à demeure, et l'acide stéarique fondu est amené depuis les appareils de fusion jusqu'aux moules à l'aide de petits chariots. On a employé aussi des appareils disposés sur un cercle de façon qu'un réservoir central puisse alimenter successivement les divers appareils, soit par une rotation du réservoir, soit par celle des appareils de coulage. Le démoulage se produit aussi quelquefois à l'aide de pistons qui poussent les bougies hors du moule.

Blanchiment. — Au sortir des moules, les bougies sont jaunâtres. On les blanchit en les suspendant à des grillages en fer disposés horizontalement et en les exposant à la lumière du jour, dans de grandes salles vitrées. En quelques heures, la coloration jaune a disparu. On ne peut employer le blanchiment par le chlore ou le chlorure de chaux parce qu'il se formerait des produits de substitution chlorée dont la combustion donnerait naissance à de l'acide chlorhydrique. On a proposé aussi, pour faire disparaître la teinte jaune des bougies, d'ajouter aux acides gras une matière colorante violette, de façon que ces deux couleurs complémentaires donnent aux bougies un aspect

blanc (Tresca et Eboli) ; le mélange de carmin et de bleu
de Prusse ou de bleu d'aniline est souvent employé.

Le *polissage* et le *rognage*, qui étaient autrefois exécu-
tés à la main, sont obtenus aujourd'hui avec une machine
qui se compose d'un tambour cannelé, d'une scie circulaire, d'une table formée de rouleaux tournants réunis à

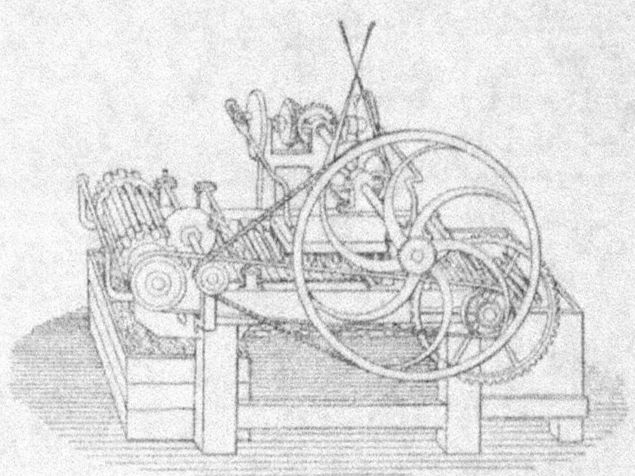

leurs extrémités par les maillons d'une sorte de chaîne
sans fin et d'une large brosse. Le tambour cannelé sert à
maintenir les bougies pendant que la scie circulaire les
coupe à une longueur invariable ; les bougies sont ensuite
transportées dans une caisse située à l'autre extrémité
de la machine par la table sans fin, qui est animée d'un
mouvement de translation en même temps que ses rouleaux tournent et entraînent la bougie dans cette rotation.
Pendant ce parcours, les bougies éprouvent un commencement de polissage ; celui-ci se termine par le passage
sous la brosse qui est animée d'un mouvement de va-et-
vient parallèle à l'axe des bougies qui leur donne le poli
convenable.

Bougies de paraffine. — La principale difficulté que l'on rencontre dans l'industrie des bougies de paraffine est l'opération du moulage. La paraffine éprouve, en effet, un retrait considérable au moment de sa solidification ; il est nécessaire de les couler à une température voisine de celle de leur solidification et dans des moules chauffés à l'avance ; il faut aussi refroidir les moules brusquement en les immergeant dans l'eau : le démoulage présente aussi des difficultés et il ne peut être opéré par les procédés que nous avons décrits pour les bougies stéariques : on les démoule en envoyant de l'air comprimé par le trou qui est à la partie inférieure du moule et qui donne passage à la mèche. Ce démoulage se fait une heure environ après la coulée. Les bougies de paraffine ont un bel aspect, elles donnent une belle lumière, mais elles ont un point de fusion assez bas ($45°$ en général). Aussi est-on obligé de diminuer le rapport des diamètres de la mèche et de la bougie ; pour cela, au lieu de mèches à 90 fils, on emploie des mèches à 65 ou 70 fils. L'inconvénient de ces bougies est de couler plus facilement que les autres et même de se déformer à l'air chaud. Pour la fabrication des bougies dites de paraffine, on emploie rarement de la paraffine pure ; on la mélange avec des proportions variables d'acide stéarique de 5 à 20 0/0. On augmente ainsi un peu la rigidité des bougies, en même temps que leur fabrication est rendue plus facile.

351. Essais des bougies. — Il y a lieu de rechercher dans les bougies la présence de la paraffine, du suif et de la glycérine. On peut aussi rechercher la présence de l'arsenic ; on mettait en effet, autrefois, de l'anhydride arsénieux (1/1000), pour empêcher la cristallisation de l'acide stéarique : l'emploi de ce corps est interdit.

1° *Recherche de la paraffine.* — On ajoute à 300 centimètres cubes d'une lessive de potasse bouillante (densité, 1,15) 6 grammes de bougie et, après une demi-heure, on précipite l'acide stéarique par un léger excès de chlorure de calcium ; on lave ce précipité de stéarate de calcium à l'eau chaude, on le sèche à 100° et on le pèse. On en prend une fraction déterminée, la moitié, par exemple, et on l'épuise dans un appareil à déplacement, avec de l'éther de pétrole. On évapore ensuite ce dissolvant et on pèse le résidu, qui est de la paraffine ; on vérifie ses propriétés.

2° *Recherche du suif et de la glycérine.* — On sature 5 grammes de bougie par 2 grammes de litharge finement pulvérisée, en versant le tout dans 50 centimètres cubes d'eau bouillante. Le savon obtenu, stéarate de plomb, doit être rose, par suite de la présence d'un petit excès de litharge. On laisse refroidir, puis on introduit le savon dans un flacon bouché à l'émeri et contenant un peu d'éther. On agite à plusieurs reprises. Après trois heures de digestion, on filtre et on traite l'éther par l'hydrogène sulfuré. S'il se forme du sulfure de plomb noir, cela indique la présence d'un sel de plomb, soluble dans l'éther, oléate de plomb et, par suite, la présence du suif dans la bougie. Quant au liquide aqueux, qui a séjourné avec le savon plombique, on l'évapore à sec au bain-marie, pour y rechercher la glycérine. S'il reste un résidu sirupeux, on le pèse et on vérifie que c'est de la glycérine, par l'action du bisulfate de potassium, qui donne, en chauffant, des vapeurs d'acroléine, reconnaissables à leur odeur et à la propriété de réduire l'azotate d'argent ammoniacal : il suffit, pour cela, de les condenser dans un petit tube où l'on a mis quelques gouttes de ce réactif.

3° On recherche l'anhydride arsénieux dans les bougies, en en faisant brûler une pendant une heure, dans une allonge, dont les parois ont été humectées d'eau. On a soin de les maintenir humides pendant la durée de la combustion. Les eaux de condensation ainsi obtenues sont récoltées, et on y recherche l'anhydride arsénieux, à l'aide de l'appareil ordinaire de Marsh, utilisé pour rechercher l'arsenic dans les cas d'empoisonnement.

INDUSTRIE DES SAVONS

352. Généralités. — Les savons sont des sels dont l'acide est un de ceux que l'on désigne sous le nom d'acide gras et dont la base est un alcali, potasse ou soude. Par extension, on appelle savons tous les sels formés par ces acides avec les autres bases; la plupart sont insolubles et n'ont pas d'applications ; les savons solubles sont ceux dont la base est un alcali, potasse, soude ou ammoniaque. Les savons de potasse et de soude sont les seuls que l'on emploie en grandes quantités.

Le savon est connu depuis très longtemps : les Gaulois s'en servaient pour lisser leurs cheveux. Les premières savonneries véritables furent établies en Italie et en Espagne (vııᵉ siècle). En France, cette industrie ne commença que vers le xııᵉ siècle, et Marseille fut bientôt le centre de cette industrie; la culture de l'olivier et le voisinage de la mer lui fournissaient l'huile et la soude, matières premières de cette industrie. Jusqu'au xvııᵉ siècle, elle utilisa exclusivement ces produits : mais le développement des tissus de coton eut pour effet d'augmenter la consommation du savon, et jusque vers le commencement du xıxᵉ siècle, les savonniers de Marseille durent aller chercher en Espagne une partie de la soude dont ils

avaient besoin. Le procédé de fabrication de la soude
artificielle qui se développa en France, sous l'influence
du blocus continental, permit ensuite à Marseille de
s'approvisionner de nouveau sur place, en transformant en soude le sel que lui fournissaient les marais
salants du voisinage. En même temps, l'huile d'olive dut
être, au moins en partie, remplacée par un certain nombre
de succédanés divers. La position maritime de Marseille
lui permettait de faire venir à peu de frais les diverses
huiles de graines, l'huile de palme, l'huile de coco, les
suifs de la Plata, etc. Actuellement, Marseille est toujours
le centre le plus important de la fabrication des savons.
Toutefois, Paris, Lyon, Rouen, Nantes et Bordeaux produisent de grandes quantités de savon.

Les savons peuvent être divisés en savons durs et
savons mous. Les savons durs sont les savons à base de
soude ; les savons mous sont à base de potasse. La nature
des acides gras qui entrent dans leur composition a aussi
une certaine influence sur la dureté du savon qu'ils produisent. On a remarqué que le savon était d'autant plus
dur que les acides qui entrent dans leur composition ont
un point de fusion plus élevé.

Au point de vue des procédés, on peut établir la distinction suivante : préparation de savons purs par le procédé dit de la grande chaudière ; préparation de savons
impurs par le procédé de la petite chaudière.

Nous avons vu que, dans l'action des alcalis sur la
matière grasse, les éthers de la glycérine qui constituaient
cette matière étaient transformés en sels alcalins correspondants et en glycérine. Dans le premier procédé, on
isole les sels alcalins ou savons de la glycérine formée
simultanément, ainsi que des impuretés contenues dans
les matières premières. Dans le second procédé, on forme

une masse qui comprend, outre le savon, toute la glycérine et les impuretés de la soude et de la matière grasse.

La fabrication du savon comprend la préparation des
lessives, l'action des lessives sur les matières grasses, ou
saponification proprement dite, et le coulage du savon.

353. Préparation des lessives. — Cette préparation se fait en transformant les soudes brutes en carbonate de sodium par de la chaux, ce qui donne du carbonate
de calcium et de la soude caustique. On emploie plusieurs
sortes de lessives : d'abord des lessives dites caustiques
ou mordantes, contenant de l'hydrate de sodium NaOH
de plusieurs concentrations ; l'une marquant 3 à 10° B.,
une autre 15 à 18° B., et une autre 20 à 25° B. ; puis des
lessives dites douces ou doucettes, contenant à la fois de
l'hydrate de sodium et du carbonate ; enfin, des lessives
salées dites de cuite, contenant de l'hydrate et du chlorure de sodium. Les lessives de potasse se préparent
d'une façon analogue avec le carbonate de potassium
brut, provenant des vinasses de betteraves ou venant
d'Amérique ou de Russie. Quelquefois aussi, pour diminuer le prix de revient, on ajoute aux lessives de potasse
10 0/0 de lessive de soude, mais on ne peut aller au
delà, sans changer l'apparence des savons de potasse.

354. Saponification. — 1° *Saponification à chaud.*
— Cette opération comprend plusieurs phases que l'on
désigne sous les noms d'empâtage, relargage et coction.

Dans l'opération de l'*empâtage* la matière grasse est
émulsionnée au contact d'une lessive alcaline, et la saponification commence. On produit l'empâtage dans de
grandes chaudières de 10 à 30 mètres cubes, faites en
fer battu, ou, comme à Marseille, en maçonnerie, avec

le fond en tôle ou en cuivre. Ces chaudières sont quelquefois chauffées directement, mais il vaut mieux employer le chauffage à la vapeur; la vapeur circule dans des serpentins en fer, placés au fond des cuves; on introduit dans les cuves de la lessive à 10° B., et on la porte à l'ébullition: on fait alors arriver peu à peu les huiles ou les matières grasses fondues, et l'on agite continuelle-

ment la matière avec un râble. Une réaction manifeste se produit: il se forme une écume qui ne tarde pas à tomber; peu à peu la matière prend un peu de consistance et présente l'aspect d'une pâte liée bien blanche: la matière est alors bien émulsionnée et la saponification commencée. Après quatre ou cinq heures, on ajoute une lessive plus forte, marquant 18 à 20°, et on agite pendant un quart d'heure environ. La masse devient plus consistante et l'opération de l'empâtage se trouve terminée, mais non la saponification. On procède alors au rélargage, afin d'éliminer les lessives appauvries et de les remplacer ensuite par des lessives plus concentrées.

L'opération du *relargage*, ou *salage*, se fait en envoyant, par petites portions, sur la masse empâtée, de la lessive de cuite, c'est-à-dire une lessive contenant du chlorure de sodium; cette lessive marque 28 à 30° B. En même temps un ouvrier agite continuellement la matière en manœuvrant verticalement un râble en bois, formé d'une planche en noyer traversée normalement en son milieu par un manche de 4 à 5 mètres de long. Cet ouvrier est placé sur une planche étroite qui repose sur les bords de la chaudière.

On emploie aussi, comme le montre la figure ci-dessous,

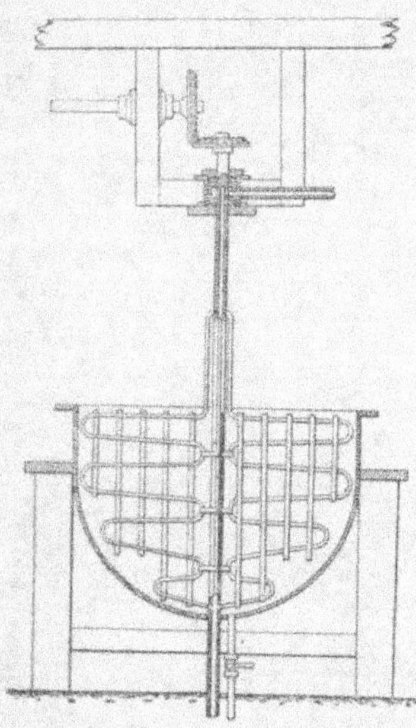

des chaudières munies d'agitateurs mécaniques, formés de serpentins parcourus par un courant de vapeur. Le savon produit se précipite au contact de l'eau salée et se forme en grumeaux; la lessive épuisée se mêle à la lessive de cuite, et se sépare par le repos des grumeaux qui constituent le savon. On décante alors la lessive faible à l'aide d'un robinet placé à la partie inférieure de la chaudière, et on soumet les grumeaux qui restent à l'opération de la coc-

tion ou cuite. Pendant la *coction* on fait agir sur ces grumeaux des lessives plus concentrées, marquant 20 à
25° B., et contenant du sel. L'opération se fait en maintenant les matières à l'ébullition pendant plusieurs heures,
et remplaçant à deux ou trois reprises les lessives par
des lessives nouvelles. On reconnaît à quelques essais
simples, par exemple, à la façon dont se comporte le
savon chaud quand on l'écrase entre les doigts, que la
saponification est terminée; on peut aussi traiter une
prise d'essai par un peu d'eau; le savon doit se dissoudre
sans qu'il se forme d'*yeux* à la surface de l'eau : cela
indiquerait la présence d'huile non encore saponifiée.
Quand ces essais ont donné de bons résultats, on procède
au coulage.

Le *coulage* se fait en versant dans des *mises* le savon
que l'on retire des chaudières de cuite. Ces mises sont

souvent en maçonnerie,
comme à Marseille; lors-
qu'elles sont en bois ou en
fer elles sont formées de
panneaux rectangulaires,
que l'on assemble à l'aide
de tirants et d'écrous, de
façon à former un grand parallélipipède où l'on coule le
savon. Après douze jours environ de séjour dans ces
mises, le savon est suffisamment refroidi; on démonte
les panneaux et on a un gros bloc de savon que l'on
débite en lames avec un fil de fer; ces lames sont
ensuite elles-mêmes débitées en pains par le même
procédé.

2° *Saponification à froid.* — Le procédé de la saponification à froid, ou procédé de la petite chaudière, est surtout employé avec l'huile de cocos, parce que la saponi-

fication de cette huile se produit facilement. On traite cette huile par une lessive de carbonate de sodium marquant à peu près 30° B., à une température d'environ 60°. Ce savon est soluble dans les solutions moyennement concentrées de sel marin et on ne peut, par suite, le séparer de la glycérine et des matières étrangères en le précipitant par ce sel. Aussi obtient-on dans ce procédé des savons qui contiennent toute la glycérine et toutes les impuretés de la soude. Ce savon peut retenir des proportions considérables d'eau, jusqu'à 70 0/0 sans cesser d'être dur ; il produit une mousse fine abondante, mais il a l'inconvénient d'avoir une odeur peu agréable, qu'il faut masquer par des parfums ; il éprouve, en outre, certaines altérations dans l'air sec ; il perd une partie de son eau et il se produit des efflorescences dues à la cristallisation du carbonate de sodium produit par l'action de l'acide carbonique de l'air sur la soude en excès qui n'a pas été éliminée.

355. Purification. — Le savon obtenu par le procédé de la grande chaudière est d'un bleu foncé tirant sur le noir. Il contient environ 16 0/0 d'eau. La coloration est due à des savons de fer mélangés de sulfure de fer qui proviennent de la soude brute employée. On purifie ce savon en le transformant en savon blanc ou en savon marbré à veines bleues. Ce dernier savon a été longtemps préféré au premier parce qu'il contenait moins d'eau que le premier ; il faut en effet qu'il contienne moins de 35 0/0 d'eau pour présenter ces marbrures ; le savon blanc en contient davantage (45 0/0 en moyenne).

Le savon blanc s'obtient par la *liquidation*. On traite le savon noir par une lessive de carbonate de sodium marquant 8° B., et on chauffe en agitant fortement. Après un certain temps on laisse reposer le contenu de la chaudière et on soutire par le robinet placé à la partie inférieure une certaine quantité de lessive. On ajoute ensuite une nouvelle lessive douce à 4° ou 5° B., et on agite de nouveau. On termine par l'addition de petites doses d'une lessive encore plus faible ; le râble avec lequel on agite ramène, lorsqu'il remonte à la surface, un liquide noir et visqueux qui contient la plus grande partie du fer. On laisse alors reposer pendant trente-six à quarante-huit heures, après avoir recouvert la chaudière pour obtenir un refroidissement aussi lent que possible ; le savon ferrugineux, le savon d'alumine, diverses impuretés et l'excès d'alcali se séparent à la partie inférieure. On enlève ensuite l'écume qui se trouve à la partie supérieure, et, à l'aide de vases à deux anses, manœuvrés par deux ouvriers, on enlève le savon et on le verse dans des mises où le refroidissement s'achève et où la solidification se produit. On le sort ensuite des mises, on le découpe et on le met à sécher à l'air sous des hangars.

Le savon marbré s'obtient en ajoutant à la pâte un peu de sulfate de fer pendant l'empâtage. Après la coction la masse a une couleur uniforme d'un gris bleu ; on ajoute à la masse un peu de lessives faibles, et le savon ferrugineux se sépare et tend à se déposer, mais par une agitation convenable on le maintient en suspension, on le coule dans les mises et on les refroidit rapidement pour éviter que les veines bleues formées ne disparaissent.

356. Savons divers. — 1° *Savons mous.* — Les savons mous s'obtiennent en employant des lessives de potasse au lieu des lessives de soude. On peut les fabriquer

avec les diverses matières grasses, qui donnent avec
la soude des savons durs ; toutefois les huiles de graines
sont surtout celles que l'on emploie dans la fabrication de
ces savons. La saponification se produit en faisant bouillir
ces huiles avec des lessives de potasse que l'on ajoute peu
à peu en employant d'abord des lessives faibles, puis des
lessives de plus en plus fortes, et on évapore la masse pour
la concentrer et l'amener à une consistance convenable.
On la coule alors dans des tonneaux et on la livre au commerce. Ce savon a des couleurs variables : il est vert le plus
souvent ; il est noir quand on a employé l'huile de chènevis ou que l'on a ajouté, comme quelquefois, du sulfate
de fer.

Tels sont, sommairement, les méthodes générales qui
servent à la fabrication du savon. Nous allons examiner
maintenant certains procédés particuliers et certains
produits spéciaux d'importance moindre ; l'un des plus
importants est le savon d'acide oléique.

2° *Savons d'acide oléique.* — L'acide oléique est un
produit que l'on obtient en abondance dans l'industrie
des bougies stéariques ; c'était autrefois un produit que
l'on trouvait difficilement à vendre, et les fabricants de
savon ne voulurent pas l'adopter comme matière première
pouvant remplacer les corps gras neutres. M. de Milly,
à qui l'on doit la création de l'industrie stéarique,
dut créer une savonnerie pour utiliser l'acide oléique
qu'il produisait, il obtint un savon de bonne qualité connu
sous le nom de savon de l'Étoile et qui a l'avantage de ne
pouvoir absorber que 20 à 25 0/0 d'eau ; aussi ce savon
est-il d'un prix plus élevé que le savon de Marseille. Il a
l'inconvénient d'avoir une odeur assez forte, mais elle
peut être masquée par des parfums.

3° *Savon résineux.* — On désigne par ce nom un savon

dans lequel on a incorporé de la résine à un savon ordinaire, mais surtout à des savons de suif. En réalité, la résine ne forme pas de véritables savons avec les alcalis, mais elle se dissout dans les solutions de soude. Pour faire ce savon, on projette dans une lessive de soude maintenue à l'ébullition de la résine en poudre fine ; elle s'y dissout. On ajoute ensuite cette solution à du savon de suif déjà formé, mais non encore cuit, ou bien dans du savon de suif *liquide*. On mélange pendant quelque temps les dissolutions, puis on coule dans des mises.

On peut aussi chauffer dans un autoclave un mélange de :

Suif..................	490 kilogrammes.
Huile de palme........	100 —
Résine en poudre......	200 —
Lessive de soude à 25° B.	700 litres.

La saponification dure une heure, quand on l'effectue sous une pression de deux atmosphères.

Les savons résineux ont l'avantage d'être d'un prix assez bas ; on peut les utiliser pour le blanchissage, mais ils donnent des résultats médiocres dans le foulage des draps.

4° *Savons de toilette*. — On les fabrique par trois procédés principaux : 1° On refond le savon ordinaire du commerce pour le purifier et ajouter des parfums ; c'est un procédé très employé en Angleterre ; 2° on parfume les savons à froid sans les refondre ; 3° on fabrique les savons par les méthodes ordinaires (de la grande ou de la petite chaudière), mais avec des matières de première qualité, et on y incorpore avant le coulage divers parfums. C'est le procédé de la petite chaudière qui est le plus employé en Allemagne ; les produits sont de qualité

inférieure. A Paris, au contraire, on emploie le procédé
de la grande chaudière, et les savons de luxe de Paris ont
une réputation universelle.

L'addition des parfums de qualité inférieure se fait
presque toujours à chaud ; pour les parfums très volatils
ou altérables par la chaleur on opère à froid : pour cela
on dessèche un peu le savon, on le réduit en copeaux à
l'aide d'une machine, puis on ajoute à ces copeaux la
substance parfumée que l'on veut employer (essence,
extrait, etc.), et on la soumet à un pilage prolongé, soit
dans des mortiers, soit plutôt dans des appareils animés
d'un mouvement de rotation.

La pâte ainsi obtenue est ensuite mise sous une forme
ovoïde et soumise à l'action d'un balancier qui la transforme en un pain portant diverses inscriptions ou marques
de fabrique.

Les matières colorantes que l'on emploie pour colorer
les savons sont ajoutées à la pâte un peu avant le coulage ; elles sont très variées. Le jaune est produit par le
curcuma, l'ocre jaune, la gomme gutte ; pour le rose on
emploie le vermillon ; pour le brun, du caramel ou de la
terre de Sienne brûlée. Le vert s'obtient avec de l'indigo et de l'ocre, etc. Depuis quelque temps on emploie
aussi des couleurs d'aniline.

5° *Savons transparents.* — Ces savons qui ont un bel
aspect, mais qui ne sont pas d'une qualité supérieure à
celle des savons opaques, se préparent en dissolvant du
savon réduit en copeaux et séché soit dans de l'alcool,
soit dans de la glycérine. Ces savons se colorent à l'aide
de matières colorantes solubles dans l'alcool, cochenille,
couleurs d'aniline, etc.

6° *Savons neutres.* — Les savons du commerce sont
presque tous alcalins, ils renferment un excès d'alcali plus

ou moins grand qui peut avoir un effet nuisible sur les peaux délicates. M. Mialhe a montré que l'on corrigeait la composition de ces savons, en les réduisant en copeaux minces et en les exposant dans une atmosphère d'acide carbonique; les alcalis libres se transforment en bicarbonates; les copeaux sont ensuite moulés comme à l'ordinaire.

7° *Savons à pierre ponce, à amidon, au goudron, etc.* — On a parfois ajouté à des savons des matières diverses, non en fraude, mais pour leur communiquer des propriétés spéciales; on ajoute, par exemple, de la pierre ponce pilée ou du sable fin. Ces savons servent pour le nettoyage des meubles grossiers. Les *savonnettes* employées pour la barbe contiennent souvent une certaine proportion d'amidon très fin. Parfois aussi on ajoute des substances à un point de vue hygiénique (ou soi-disant tel), du goudron par exemple. On fabrique aussi des savons dans lesquels on a incorporé par une agitation énergique de l'air ou de l'acide carbonique; on obtient ainsi un savon très léger, flottant sur l'eau, se dissolvant rapidement, que l'on emploie souvent pour les bains.

357. Essai et analyse des savons. — L'analyse d'un savon comprend le dosage de l'humidité, des alcalis et des acides, la détermination de leur nature, la recherche des alcalis libres, de la glycérine, de la résine, et, en général, des substances qui n'entrent pas d'ordinaire dans la fabrication des savons, mais que l'on y a introduites, soit par fraude, soit pour les rendre meilleurs pour des usages spéciaux.

Dosage de l'eau. — L'échantillon doit être pris de façon à représenter la composition moyenne; on détachera, par exemple, une tranche du pain de savon de façon à avoir des parties centrales et des parties superficielles. L'essai se fait, en général, sur 10 grammes. On réduit l'échantillon en copeaux et on les place dans une étuve que l'on chauffe progressivement de façon à éviter la fusion du savon; à la fin on chauffe jusqu'à 120° jusqu'à ce que la matière ne perde plus de poids. On peut aussi dissoudre le savon dans la plus petite quantité possible d'alcool, ajouter un poids connu de sable fin et sec pour absorber tout le liquide et faire évaporer à l'étuve; l'opération faite par ce procédé est plus rapide; on opère dans ce cas sur 2 grammes de savon (procédé Dalican et Jean).

Dosage des alcalis. — Il peut se présenter plusieurs cas; il peut y avoir à la fois de la potasse et de la soude, et l'on peut avoir aussi à doser séparément les alcalis libres et les alcalis combinés aux acides gras. Dans un premier essai on incinère 10 grammes de savon; les sels alcalins sont transformés en carbonates, les matières organiques détruites; on détermine alors, avec de l'acide sulfurique titré, l'alcalinité des cendres en employant, comme réactif indicateur, la phtaléine du phénol. Si le savon analysé ne contenait qu'une base, ce dosage alcalimétrique donnerait aussitôt la quantité de cette base. S'il contenait à la fois de la soude et de la potasse, cet essai donne la somme de ces bases (exprimées non en grammes, mais en molécules). Il faut alors faire un autre dosage; pour cela on traitera une autre portion de savon incinéré par de l'acide chlorhydrique et on séparera le chlorure de potassium du chlorure de sodium en précipitant le premier avec du chlorure de platine. Le précipité de chloroplatinate de potassium formé permettra de déduire le poids de potasse et par différence le poids de soude. Pour déterminer l'alcali libre, on dissout dans de l'eau distillée un poids connu de savon et on ajoute à la dissolution, limpide ou non, du chlorure de sodium pulvérisé, qui se dissout; on continue jusqu'à ce qu'il reste du chlorure non dissous. Le savon insoluble dans les solutions de sel marin se précipite, tandis que l'excès d'alcali reste dissous dans la liqueur; on filtre et on lave le précipité de savon avec de l'eau salée, tant que celle-ci donne avec le papier de tournesol une réaction alcaline. Dans ce liquide filtré, réuni aux eaux de lavage, on dose l'alcali libre avec une solution titrée d'acide sulfurique. On peut, si cela est nécessaire, séparer la potasse de la soude dans ce liquide en opérant comme précédemment.

Dosage des acides gras. — Le plus souvent, on se contente de peser le mélange des acides gras et de déterminer le point de fusion de ce mélange; ces déterminations sont faciles; il n'en est pas de même lorsqu'il s'agit de reconnaître la nature de ces acides.

Pour doser les acides gras, on opère, en général, sur 10 grammes. On les dissout dans un peu d'eau dans une capsule, et on ajoute peu à peu de l'acide sulfurique étendu, qui déplace les acides gras. Ceux-ci viennent se réunir à la partie supérieure; quand le liquide inférieur est nettement acide, la décomposition est terminée. On opère alors différemment selon que l'on se propose de déterminer uniquement le poids du mélange des acides gras ou que l'on veut obtenir aussi le point de fusion du mélange. Dans le premier cas, on ajoute aux acides gras une quantité connue, 5 grammes, par exemple, d'acide stéarique sec de façon à ce que le mélange des acides gras soit solide et dur, et on laisse refroidir; les acides gras se prennent en masse à la surface, on perce cette croûte et on décante l'eau acide; on la remplace par de l'eau pure, on fait fondre, on agite, puis on laisse refroidir et on verse l'eau de lavage ; on répète ces opérations jusqu'à ce que l'eau de lavage ne soit plus acide ; on laisse alors égoutter et l'on porte dans l'étuve à 110° jusqu'à ce qu'il n'y ait plus perte de poids ; alors toute l'eau est partie. Si l'on veut, au contraire, déterminer à la fois la proportion d'acide gras et leur point de fusion, il ne faut pas ajouter d'acide stéarique. Pour le reste, on opère comme précédemment, mais si les acides gras sont mous par suite de la présence d'une grande quantité d'acide oléique, la décantation sera plus difficile ; on sera parfois obligé de faire deux essais, l'un avec addition de stéarine pour déterminer le poids des acides, l'autre sans addition de ce corps pour déterminer le point de fusion : dans ce dernier essai, les petites quantités de matière que l'on pourra perdre pendant les décantations seront sans importance.

Pour reconnaître dans les savons la présence de matières grasses non saponifiées, on traite le savon desséché par le sulfure de carbone dans un appareil à déplacement ; le sulfure de carbone dissout la matière grasse, mais ne dissout pas le savon. Par évaporation du sulfure, on retrouve la matière grasse, on la pèse et on peut faire quelques essais, pour déterminer sa nature. On peut se servir avec avantage, pour cet essai, du mélange de savon sec et de sable, qui a servi à doser l'humidité, par le procédé Dalican et Jean.

Détermination de la glycérine. — La glycérine est un élément normal des savons mous et des savons faits à froid, par empâtage. Souvent on la dose par différence. Pour la doser directement, on prend 10 grammes de savon, on les dissout dans l'eau et on les décompose par l'acide sulfurique en aussi léger excès que possible ; les acides gras se séparent, on filtre et on lave comme pré-

cédemment. La glycérine se trouve dans les liquides fil-
trés ; on les neutralise avec du carbonate de sodium, on
les évapore à sec, mais à basse température, pour ne pas
détruire la glycérine. La masse sèche est reprise par
l'alcool, qui dissout la glycérine, mais non les sels, sulfates et carbonates alcalins. La solution alcoolique est
ensuite évaporée à basse température ; il est indispensable de vérifier que le résidu possède bien les propriétés
de la glycérine.

Détermination de la résine. — La résine se rencontre assez fréquemment dans les savons, et l'on a indiqué divers procédés pour la doser. Voici un des plus
pratiques : on dissout dans l'eau un poids connu de savon
et on traite la dissolution par une solution de chlorure
de magnésium ; il se forme un précipité de savon de
magnésium insoluble, et la résine se précipite en même
temps ; on lave le précipité avec de l'eau, puis on le
reprend par l'alcool qui dissout la résine ; la solution
alcoolique évaporée donne la résine.

Dosage des matières étrangères. — Les substances
précédentes se rencontrent normalement dans les savons.
Quelques-unes, comme la glycérine et les alcalis libres, en
excès notable, dépendent du procédé employé dans la
fabrication ; la résine est quelquefois ajoutée en fraude,
mais souvent aussi pour donner au produit des qualités
spéciales. Il nous reste à parler des essais à faire pour
reconnaître les substances qui sont, au contraire,
employées frauduleusement. Telles sont les substances
minérales : craie, sulfate de baryum, kaolin, verre
soluble, etc., ou diverses matières organiques, comme la
fécule et la gélatine. Ces diverses substances sont insolubles dans l'alcool, tandis que le savon y est fort
soluble ; on traitera donc 10 grammes de savon par de

l'alcool bouillant à 90°, et l'on examinera s'il reste une
matière non dissoute. Dans les savons naturels de bonne
qualité, ce résidu atteint au plus 1 0/0. Si le résidu est
plus considérable, il y a lieu de soupçonner une fraude
et d'examiner la nature de ce résidu. Après l'avoir lavé à
l'alcool, on le traite par l'eau, qui pourra dissoudre certains sels; on pourra trouver notamment du chlorure et
du sulfate de sodium dans cette eau, on traitera ensuite le
résidu par l'eau bouillante et on cherchera dans cette
liqueur à reconnaître la présence de la fécule, entraînée
à l'état d'empois (à l'aide de l'iode) et la gélatine (à l'aide
d'une infusion de noix de galle); puis on fera agir sur
le résidu de l'acide chlorhydrique étendu, qui décompo-
sera la craie et le verre soluble, en donnant du chlorure
de sodium et un dépôt de silice gélatineuse; on calcinera
ensuite le résidu qui aura résisté à ces divers traitements,
pour constater, d'après l'odeur, s'il contient encore des
matières organiques; enfin, on dosera, s'il y a lieu, dans
le produit de la calcination, les diverses matières minérales qu'on pourra y trouver, principalement le sulfate de
baryum, la silice, l'alumine, le kaolin, etc. L'analyse de
ce résidu se fera suivant les procédés ordinaires de l'analyse minérale.

CHAPITRE X

ACIDES POLYBASIQUES A FONCTION SIMPLE
ET ACIDES A FONCTIONS MIXTES

———

§ 1. — Généralités

358. Il résulte de la discussion à laquelle nous nous sommes livrés à propos des acides, dans le chapitre précédent (p. 82), que l'on doit adopter pour l'acide oxalique, le plus simple des acides bibasiques, fa formule développée $\begin{array}{l} COOH \\ | \\ COOH \end{array}$ qui met en évidence deux groupes caractéristiques de la fonction acide. Pour des raisons du même ordre, on mettra en évidence dans les formules des acides polybasiques autant de groupes COOH que la basicité de l'acide comptera d'unités. Pour les acides à fonction mixte, il y aura aussi à mettre en évidence les groupements caractéristiques de ces fonctions.

§ 2. — ÉTUDE PARTICULIÈRE DES ACIDES POLYBASIQUES A FONCTION SIMPLE

I. — ACIDES BIBASIQUES

A. — ACIDES COMPLETS

359. Acide oxalique $\begin{array}{c} COOH \\ | \\ COOH \end{array}$ *ou* $(COOH)^2$. —

L'acide oxalique a été observé par Savary, en 1773, et préparé par Scheele, en 1784; Bergmann avait obtenu, en 1776, dans l'action du sucre sur l'acide azotique, un acide auquel il donna le nom d'acide saccharin, mais Scheele montra qu'il ne différait pas de l'acide oxalique. La composition de cet acide fut établie par Dulong, en 1813, et celle de divers oxalates par Berzélius. Depuis, l'acide oxalique a fait l'objet d'un grand nombre de travaux. Sa synthèse à partir des éléments a été réalisée par M. Berthelot.

Synthèse. — En faisant tomber goutte à goutte une solution de permanganate de potassium, additionnée de potasse caustique, dans un flacon contenant de l'acétylène, on constate que la liqueur se décolore presque aussitôt; il se forme des flocons bruns de bioxyde de manganèse et de l'oxalate de potassium. Pour mettre ce sel en évidence, il suffit d'aciduler la liqueur par l'acide acétique, de filtrer et d'ajouter un sel de calcium on obtient un précipité ayant tous les caractères de l'oxalate de calcium. Comme l'acétylène et le permanganate de potassium peuvent être formés depuis les éléments, la synthèse de l'acide oxalique se trouve ainsi réalisée, grâce à l'oxygène naissant fourni par le permanganate :

$$C^2H^2 + O^4 = C^2H^2O^4.$$

Cette synthèse peut d'ailleurs être obtenue, comme l'a montré aussi M. Berthelot, par divers autres procédés moins directs, tels que l'oxydation de l'éthylène par le permanganate :

$$C^2H^4 + 5O = C^2H^2O^4 + H^2O$$

ou de l'acide acétique :

$$CH^3.COOH + 3O = C^2H^2O^4 + H^2O$$

par l'oxydation du glycol (que l'on peut obtenir lui-même directement (Wurtz) :

$$CH^2OH.CH^2OH + O^4 = C^2H^2O^4 + 2H^2O$$

ou du glyoxal (Debus) :

$$(CHO)^2 + O^2 = C^2H^2O^4.$$

On peut encore transformer l'éthane C^2H^6 en dérivé perchloré C^2Cl^6 que la potasse alcoolique décompose à 100° en acide oxalique ou plutôt en oxalate neutre de potassium :

$$C^2Cl^6 + 8KOH = 6KCl + C^2O^4K^2 + 4H^2O.$$

Formation. — A côté des procédés de synthèse qui constituent les modes de formation les plus intéressants de ce corps, il faut citer la production d'acide oxalique dans diverses circonstances, telles que l'action de l'acide azotique sur un grand nombre de matières organiques, le sucre, la sciure de bois, etc., ou du permanganate de potassium additionné de potasse, sur les mêmes substances. Le formiate de potassium, chauffé avec l'hydrate de potassium, donne un mélange d'oxalate et de carbonate avec dégagement d'hydrogène :

$$4H.COOK + 2KOH = C^2O^4K^2 + 2CO^3K^2 + 3H^2.$$

Citons encore l'action de l'eau sur le cyanogène qui donne par addition de l'oxalate d'ammonium :

$$C^2Az^2 + 4H^2O = C^2O^4(AzH^4)^2.$$

Préparation. — Le plus ancien procédé de préparation de l'acide oxalique consistait à l'extraire de divers végétaux, appartenant aux rumex et aux oxalis, dans lesquels il se trouve à l'état de sels. Pour cela on soumettait ces plantes à l'action d'une presse, et le jus recueilli était traité par un mélange de chlorure de calcium et de chaux éteinte pour transformer en oxalate neutre de calcium les oxalates acides de potassium contenus dans ce jus ; le précipité était ensuite lavé et traité par l'acide sulfurique en quantité équivalente ; on faisait ensuite cristalliser la liqueur obtenue. Aujourd'hui cette préparation se fait en grand dans l'industrie en utilisant diverses réactions citées plus haut (V. t. II, p. 333).

Propriétés physiques. — C'est un corps solide qui donne des cristaux bien nets, appartenant au système clinorhombique ; il contient alors 2 molécules d'eau de cristallisation, de sorte que sa formule est $C^2H^2O^4 + 2H^2O$. Quand on le chauffe à 100°, ou quand on le fait cristalliser dans l'acide sulfurique étendu, on l'obtient anhydre. Il est soluble dans l'alcool et dans l'eau. Sa solubilité dans l'eau à diverses températures est donnée par le tableau suivant :

Température	Acides dissous dans 100 parties d'eau	Température	Acides dissous dans 100 parties d'eau
0	5,2	60	75,0
10	8,0	70	118,0
20	13,9	80	208,0
30	23,0	90	345,0
40	35,0	98	fond dans son eau
50	51,2		de cristallisation.

La densité de ses solutions à 15° en fonction de sa teneur en acide hydrate $C^2H^2O^4 + 2H^2O$ est résumée dans le tableau suivant :

Densité à 15°	Acide oxalique hydraté 0/0	Densité à 15°	Acide oxalique hydraté 0/0
1,0032	1	1,0226	8
1,0064	2	1,0248	9
1,0096	3	1,0271	10
1,0128	4	1,0289	11
1,0160	5	1,0309	12
1,0182	6	1,0320	12,6 (solution saturée)
1,0204	7		

L'acide oxalique anhydre se volatilise vers 118°, mais en se décomposant partiellement; il peut se sublimer lentement dans un tube vide, à une température inférieure en donnant de petits cristaux d'acide anhydre.

Propriétés chimiques. — L'acide oxalique anhydre est formé depuis les éléments (carbone diamant) avec les dégagements de chaleur suivants :

A l'état solide............	197°,6
A l'état de dissolution.....	194°,7

C'est un acide énergique dégageant avec les bases des quantités de chaleur plus grandes que l'acide chlorhydrique (sauf avec les oxydes de mercure et d'argent) et que l'acide azotique et même un peu supérieures, en général, à celles que donne l'acide sulfurique (sauf pour les alcalis et la baryte). Aussi l'acide oxalique décompose-t-il la plupart des sels et est-il capable de précipiter les dissolutions de sulfate de calcium.

La *chaleur* décompose l'acide oxalique vers 113°, et si l'on continue à chauffer, la température s'élevant peu à peu à 188°, il se forme alors de l'acide formique, de l'eau, de l'anhydride carbonique et de l'oxyde de carbone, tandis qu'une portion de l'acide distille sans altération.

L'*oxygène* à l'état naissant le transforme en anhydride carbonique et eau :

$$C^2H^2O^4 + O = 2CO^2 + H^2O.$$

Telle est, par exemple, l'action de l'acide azotique ou des hydrates alcalins fondus, ou bien encore celle du permanganate de potassium qui, en présence d'un excès d'acide sulfurique, passe à l'état de sulfate manganeux suivant la réaction :

$$K^2Mn^2O^8 + 3SO^4H^2 + 5C^2H^2O^4$$
$$= SO^4K^2 + 2SO^4Mn + 8H^2O + 10CO^2.$$

Cette réaction est constamment utilisée dans les analyses volumétriques pour doser le pouvoir oxydant du permanganate de potassium, parce que l'acide oxalique est un corps qu'il est facile d'avoir pur, et qui peut prendre par suite une quantité exactement connue d'oxygène pour se transformer en eau et acide carbonique (1).

---

(1) 126 grammes d'acide oxalique hydraté pur ($C^2H^2O^4 + 2H^2O$) prennent un atome, soit 16 grammes d'oxygène pour passer à l'état d'acide carbonique et d'eau.

C'est par suite d'une oxydation analogue que les sels d'or sont réduits par l'acide oxalique :

$$3C^2H^2O^4 + 2AuCl^3 = 3CO^2 + 6HCl + 2Au.$$

L'*hydrogène naissant* qui transforme les acides monobasiques en aldéhyde, d'abord, puis en alcool, donne avec l'acide oxalique d'abord un acide-aldéhyde qui est monobasique, c'est l'acide glyoxylique:

$$\begin{array}{c} COOH \\ | \\ COOH \end{array} + H^2 = \begin{array}{c} CHO \\ | \\ COOH \end{array} + H^2O$$

puis l'acide-alcool correspondant, l'acide glycolique:

$$\begin{array}{c} COOH \\ | \\ COOH \end{array} + 2H^2 = \begin{array}{c} CH^2OH \\ | \\ COOH \end{array} + H^2O.$$

L'*acide sulfurique*, chauffé avec l'acide oxalique, le décompose en anhydride carbonique et oxyde de carbone :

$$C^2H^2O^4 = CO + CO^2 + H^2O.$$

La *glycérine* le transforme en acide formique ; c'est une réaction souvent utilisée dans les laboratoires, pour la préparation de l'acide formique :

$$C^2H^2O^4 = CO^2 + H.COOH$$

Usages. — L'acide oxalique est employé en teinture, en combinaison avec l'antimoine ou l'étain et pour enlever certaines couleurs dans l'impression. Il sert aussi dans la tannerie et pour dissoudre le bleu de Prusse (encre bleue). On l'emploie aussi pour nettoyer les métaux (eau de cuivre). Il est utilisé en médecine, mais toujours en petites quantités, car il est extrêmement vénéneux.

360. Oxalates. — L'acide oxalique, étant un acide bibasique, donne avec les métaux deux séries d'oxalates, les oxalates neutres et les oxalates acides. Si M' désigne un métal monovalent, et M″ un métal bivalent, les formules des oxalates correspondants sont :

Pour les oxalates neutres : $C^2O^4M'^2$, et C^2O^4M''.
Pour les oxalates acides : C^2O^4HM', et $(C^2O^4H)^2M''$.

On connaît aussi et on désigne, sous le nom de quadroxalates, des combinaisons de 1 molécule d'oxalate acide avec 1 molécule d'acide oxalique.

Les oxalates alcalins, ainsi que quelques oxalates doubles, formés par les métaux alcalins, sont solubles dans l'eau; les autres sont insolubles.

Oxalate neutre de potassium $C^2O^4K^2 + H^2O$. — S'obtient par la saturation exacte, à l'aide de potasse, d'un des oxalates acides étudiés ci-dessous. Il cristallise en prismes clinorhombiques, très solubles dans l'eau (450 grammes par litre vers 10°).

Oxalate acide de potassium, ou bioxalate $C^2O^4HK + H^2O$. — Il se présente sous forme de cristaux peu solubles dans l'eau, 25 grammes par litre à la température ordinaire, 70 grammes à l'ébullition et 30 grammes par litre dans l'alcool bouillant. Mélangé avec du quadroxalate de potassium, il constitue le sel d'oseille brut, que l'on obtient en faisant cristalliser, après les avoir battus avec du sérum, les sucs de divers rumex et oxalis. Le bioxalate est employé pour décaper les métaux et enlever les taches d'encre.

QUADROXALATE DE POTASSIUM $C^2O^4HK + C^2O^4H^2 + 2H^2O$. — Ce sont des prismes tricliniques que l'on obtient en mélangeant 2 molécules d'acide oxalique avec 1 molécule d'hydrate de potassium. Ce sel est assez soluble dans l'eau (50 grammes environ par litre à 20°). Il se déshydrate à 128°.

OXALATE NEUTRE DE SODIUM $C^2O^4Na^2$. — Il se présente sous forme de petits cristaux anhydres quand on évapore les sucs extraits de diverses plantes marines. Il est assez peu soluble dans l'eau (37 grammes par litre à 21°,8 et 60 grammes à 100°).

OXALATE ACIDE DE SODIUM $C^2O^4HNa + H^2O$.

OXALATE NEUTRE D'AMMONIUM $C^2O^4 : (AzH^4)^2 + H^2O$. — Ce sont des prismes orthorhombiques qu'on obtient directement par la saturation exacte de l'acide oxalique par l'ammoniaque. Il est assez soluble dans l'eau (300 grammes par litre à la température ordinaire). La chaleur le décompose avec formation d'oxamide.

OXALATE ACIDE D'AMMONIUM $C^2O^4 : (AzH^4,H) + H^2O$. — Il est moins soluble que le précédent; il donne, quand on le chauffe, de l'oxamide et de l'acide oxamique. On l'obtient en ajoutant un excès d'une solution d'acide oxalique à une solution saturée d'oxalate neutre; l'oxalate acide, étant moins soluble que ce dernier sel, se précipite.

QUADROXALATE D'AMMONIUM :

$$C^2O^4 : (AzH^4,H) + C^2O^4H^2 + 2H^2O$$

Il s'obtient en mélangeant, en proportions équivalentes, de l'acide oxalique et de l'ammoniac et en faisant cristalliser la liqueur.

OXALATE NEUTRE DE CALCIUM C^2O^4Ca. — Ce sel est connu à l'état anhydre et à l'état d'hydrates, contenant 1, 2 ou 3 molécules d'eau. L'hydrate à 3 molécules d'eau s'obtient par double décomposition à froid ; dans l'air sec il perd 2 molécules d'eau : la dernière n'est chassée qu'au-delà de $200°$. L'oxalate de calcium, obtenu par double décomposition, est une poudre blanche, cristalline, insoluble dans l'eau, dans le chlorhydrate d'ammoniaque, les chlorures alcalins ou alcalino-terreux et l'acide acétique. Il est très peu soluble dans les solutions de chlorure de magnésium à froid ; mais, bouilli avec diverses solutions métalliques, il les transforme en oxalates correspondants. Il se dissout facilement dans les acides chlorhydrique ou azotique étendus.

On ne connaît pas d'oxalate acide de calcium.

OXALATE NEUTRE DE BARYUM $C^2O^4Ba + H^2O$. — S'obtient par double décomposition ; très peu soluble dans l'eau : $0^{gr},38$ à froid, $0^{gr},40$ à chaud par litre. Il perd la moitié de son eau à $100°$.

OXALATE ACIDE DE BARYUM $(C^2O^4)^2BaH^2 + 4H^2O$. — Ce sel se produit quand on verse du chlorure de baryum dans un excès d'acide oxalique, ces deux corps étant en solutions saturées. Il est un peu plus soluble dans l'eau que le précédent, 8 grammes par litre, environ. L'eau chaude le décompose.

OXALATE NEUTRE DE STRONTIUM $C^2O^4Sr + H^2O$ *ou* $+ 3H^2O$. — Poudre blanche cristalline, très peu soluble dans l'eau froide, plus soluble dans l'eau chaude (50 grammes par

litre dans l'eau bouillante). Il garde à 100° un équivalent
d'eau.

OXALATE ACIDE DE STRONTIUM $(C^2O^4)^2SrH^2 + 2H^2O$. —
Se prépare comme l'oxalate acide de baryum.

OXALATE NEUTRE DE MAGNÉSIUM $(C^2O^4)^2Mg + 2H^2O$. —
En saturant l'acide oxalique par le carbonate de magnésium, on obtient l'oxalate neutre sous forme d'une poudre
blanche, très peu soluble dans l'eau : $0^{gr},66$ par litre à 18°.
On ne peut le déshydrater complètement sans le décomposer partiellement. Les doubles décompositions entre
les sels de magnésium et les oxalates alcalins donnent
des précipités qui retiennent toujours une certaine quantité de ces derniers sels. Si on traite de l'oxalate de
magnésium par une solution bouillante d'oxalate de
potassium, on peut même obtenir l'oxalate double
C^2O^4M, $C^2O^4K^2 + 6H^2O$. On connaît un assez grand
nombre de sels doubles de ce genre.

OXALATE D'ALUMINIUM. — S'obtient par l'action de
l'acide oxalique sur l'alumine précipitée. On a proposé
d'employer ce sel pour donner de la dureté aux pierres.
En faisant bouillir une solution d'oxalate alcalin en
présence d'oxalate d'aluminium, on obtient un oxalate
double ; on connaît aussi des combinaisons de l'oxalate
d'aluminium avec les oxalates alcalino-terreux.

OXALATE NEUTRE DE ZINC $C^2O^4Zn + 2H^2O$. — S'obtient
par double décomposition. Il est très peu soluble dans
l'eau ; il forme divers oxalates doubles tels que :

$$C^2O^4Zn, C^2O^4K^2 + 4H^2O \text{ et } C^2O^4Zn, 2C^2O^4(AzH^4)^2 + 3H^2O.$$

OXALATE NEUTRE FERREUX $C^2O^4Fe, 2H^2O$. — Il s'obtient
soit en dissolvant le fer dans l'acide oxalique, soit par

double décomposition, soit par l'action de la lumière sur l'oxalate ferrique additionné d'acide oxalique. Il se présente sous forme d'une poudre jaune cristalline ou même de petits cristaux jaunes, très peu solubles dans l'eau (0^{gr},3 environ par litre).

Oxalate neutre ferrique $(C^2O^4)^3Fe^2$. — Il s'obtient directement en dissolvant l'hydrate ferrique dans une solution d'acide oxalique. C'est une poudre jaune, très peu soluble dans l'eau, soluble dans les solutions d'acide oxalique ; ce sel donne avec les oxalates alcalins et alcalino-terreux des sels doubles cristallisés.

Oxalate neutre de manganèse $C^2O^4Mn + 2H^2O$. — Il s'obtient en dissolvant le carbonate dans l'acide oxalique ou par double décomposition entre un sel de manganèse et l'acide oxalique ; c'est une matière tantôt blanche et tantôt rosée qui contient 2 ou 3 molécules d'eau suivant le procédé de préparation employé. Il est extrêmement peu soluble dans l'eau (0^{gr},4 environ par litre). Il forme avec les oxalates alcalins et, en particulier, avec l'oxalate d'ammonium des sels doubles assez nombreux.

Oxalate d'antimoine $C^2O^4Sb (OH) + 1/2 H^2O$. — On l'obtient en faisant bouillir du protochlorure ou de l'oxychlorure d'antimoine avec une solution d'acide oxalique. Il forme divers oxalates doubles parmi lesquels l'oxalate double d'antimoine et de potassium $(C^2O^4)^3SbK^3 + 6H^2O$ qui est utilisé parfois en teinture. On le prépare en faisant bouillir du sel d'oseille (mélange de bi- et de quadroxalate de potassium) avec de l'oxyde d'antimoine précipité.

Oxalate neutre d'étain C^2O^4Sn. — Il se dépose quand on verse une solution de protochlorure d'étain, dans une solution chaude d'acide oxalique. Il est insoluble dans l'eau et l'acide oxalique ; il donne avec les oxalates alcalins des sels doubles.

OXALATE NEUTRE DE PLOMB C^2O^4Pb. — Il s'obtient par double décomposition. Il est à peu près insoluble dans l'eau, dans l'acide acétique, dans l'ammoniaque et le carbonate d'ammonium. Il se dissout au contraire facilement dans l'acide azotique ; il se dissout aussi dans les solutions bouillantes de divers sels ammoniacaux, en particulier dans le chlorhydrate et l'acétate.

OXALATE BASIQUE DE PLOMB $C^2O^4Pb + 2PbO$. — S'obtient par l'action de l'acétate basique de plomb, sur l'oxalate d'ammonium ou même sur l'oxalate neutre de plomb.

OXALATE NEUTRE DE CUIVRE $C^2O^4Cu + 1/2H^2O$. — C'est un composé bleu verdâtre que l'on obtient par double décomposition ; il est très peu soluble dans l'eau, plus soluble dans les solutions d'acide oxalique ou d'oxalates alcalins avec lesquels il donne des sels doubles. Il peut être déshydraté à 120° ; mais il se décompose un peu au dessus.

OXALATE NEUTRE MERCUREUX $C^2O^4 (Hg^2) + H^2O$. — On l'obtient en décomposant un sel mercureux par l'acide oxalique ou bien en chauffant, à 163°, l'oxalate mercurique. Par ce dernier procédé on l'obtient anhydre. Il se décompose à 175° en détonant.

OXALATE NEUTRE MERCURIQUE C^2O^4Hg. — Il s'obtient par l'action de l'acide oxalique sur un sel ou sur l'oxyde mercuriques. La chaleur le décompose avec explosion. Il forme des oxalates doubles avec les oxalates alcalins.

OXALATE NEUTRE D'ARGENT $C^2O^4Ag^2$. — Il s'obtient par double décomposition entre l'acide oxalique et l'azotate d'argent ; c'est un précipité blanc cristallin, très peu soluble dans l'eau pure, mais un peu soluble dans diverses solutions salines. Il se dissout bien dans l'acide azotique et dans l'ammoniaque ; on peut l'avoir bien cristallisé par l'évaporation de ces deux dernières solutions. La lumière décompose ce corps ; la chaleur le décompose sans explosion, si l'on chauffe lentement ; avec explosion, si on élève rapidement sa température à 150°.

OXALATE D'OR. — Ce composé n'a pas été obtenu : l'acide oxalique réduit les sels d'or à l'état d'or métallique.

OXALATE DE PLATINE ET DE SODIUM $C^2O^4Pt,C^2O^4Na^2 + 2H^2O$. — Ce composé s'obtient en traitant à chaud le platinate de sodium par l'acide oxalique. Il se forme une solution d'abord rouge, puis violette, enfin bleu indigo qui laisse déposer des aiguilles rouges, qui ont la composition indiquée par la formule ci-dessus.

361. Acide malonique $COOH.CH^2.COOH$ *ou* $C^3H^4O^4$. — L'acide malonique, homologue immédiatement supérieur de l'acide oxalique a été obtenu, en 1858, par M. Dessaignes (1) ; il se rattache, par conséquent, au glycol propylénique de la même façon que l'acide oxalique au glycol ordinaire. Il est bibasique.

Formation. — On l'obtient dans l'oxydation du propylène par l'action de l'acide chromique pur, comme l'a montré M. Berthelot :

$$C^3H^6 + 5O = COOH.CH^2.COOH + H^2O$$

ou par l'oxydation de l'acide sarcolactique

$$CH^2OH.CH^2.COOH$$

(1) DESSAIGNES, *Comptes rendus de l'Académie des Sciences*, XLVII, p. 76.

(Dossios), avec séparation d'une molécule d'eau :

$$CH^2OH.CH^2.COOH + O^2 = C^3H^4O^4 + H^2O,$$

ou par l'oxydation de l'acide malique

$$COOH.CHOH.CH^2.COOH$$

par le bichromate de potassium, avec élimination d'eau
et d'acide carbonique (Dessaignes) :

$$COOH.CHOH.CH^2.COOH + O^2 = C^3H^4O^4 + CO^2 + H^2O.$$

L'acide cyanacétique traité par l'hydrate de potassium
donne aussi de l'acide malonique ou plutôt du malonate
de potassium avec mise en liberté d'ammoniac :

$$CH^2CAz.COOH + 2KOH = AzH^3 + C^3H^2K^2O^4.$$

Préparation. — C'est cette dernière réaction qui est
surtout utilisée pour la préparation de l'acide malonique.
L'acide cyanacétique est préparé par l'action du monochloracétate de potassium, sur du cyanure de potassium
bien pur. La réaction, assez vive au début, se modère
bientôt; on la termine en chauffant au bain-marie; on
ajoute ensuite de la potasse caustique, on maintient à
l'ébullition en remplaçant au fur et à mesure l'eau qui
s'évapore tant qu'il se dégage de l'ammoniaque. Lorsque
ce dégagement a cessé, on décompose le malonate de
potassium, par l'acide chlorhydrique, et la masse évaporée
à sec est épuisée par l'éther. L'évaporation de la solution
éthérée donne l'acide.

Propriétés. — L'acide malonique cristallise dans le
système triclinique; il fond à 140°; mais se décompose
déjà à 150° en donnant de l'acide acétique et de l'acide

carbonique. Il est très soluble dans l'eau, l'alcool et l'éther.

Il forme avec les bases des sels en général insolubles; les sels alcalins sont solubles.

362. Acide succinique $COOH.CH^2.CH^2.COOH$ *ou* $(CH^2.COOH)^2$. — Cet acide est connu depuis le XVIe siècle, époque où Agricola l'obtint dans la distillation sèche de l'ambre jaune ou succin. Sa composition a été établie par Berzélius et sa synthèse effectuée par Simpson.

Formation. — Il se produit, lorsque l'on traite par la potasse, l'éther dicyanhydrique du glycol, réaction qui a permis à Simpson (1) d'effectuer la synthèse de cet acide :

$$(CH^2.CAz)^2 + 2KOH + 2H^2O = 2AzH^3 + (CH^2.COOK)^2.$$

Il se produit encore dans l'oxydation de l'acide butyrique (Dessaignes) :

$$CH^3.CH^2.CH^2.COOH + 3O = H^2O + (CH^2.COOH)^2$$

ou dans la réduction de l'acide malique :

$$COOH.CHOH.CH^2.COOH$$

ou de l'acide tartrique $COOH.CHOH.CHOH.COOH$ suivant les formules :

$$COOH.CHOH.CH^2.COOH + H^2 = (CH^2.COOH)^2 + H^2O$$
$$(COOH.CHOH)^2 + 2H^2 = (CH^2.COOH)^2 + 2H^2O.$$

Il se forme en assez grande abondance dans la fermentation du malate de calcium, et en petite quantité dans la

---

(1) Simpson, *Proceed. of the Roy. Soc. London*, X, p. 5, 74, et XI, 190.

fermentation alcoolique du glucose. Il s'en produit aussi dans la distillation sèche du succin.

On peut le considérer comme dérivant du carbure $CH^3.CH^3$ ou $(CH^3)^2$ par la substitution à deux atomes d'hydrogène de deux groupes CO.OH correspondant à sa double basicité. Cette double substitution peut porter sur chacun des groupes CH^3, ce qui donne l'acide succinique $(CH^2.COOH)^2$ ou sur un seulement de ces groupes, ce qui donne l'acide isosuccinique :

$$\left.\begin{array}{l} COOH \\ COOH \end{array}\right\rangle CH - CH^3.$$

Préparation. — Ce sont les deux derniers modes de formation indiqués plus haut que l'on utilise le plus souvent pour la préparation de cet acide. Quand on chauffe l'ambre jaune dans un appareil distillatoire, de l'acide succinique distille et vient cristalliser dans le récipient; on le fait bouillir avec de l'acide azotique pour détruire diverses matières organiques, et on le fait cristalliser dans l'eau.

On obtient de plus grandes quantités de ce corps en mettant en suspension une partie de malate de calcium dans 3 parties d'eau, et en y ajoutant un peu de fromage pourri pour déterminer la fermentation. La matière est maintenue vers 35° pendant une semaine environ, puis elle est traitée par de l'acide sulfurique étendu et bouillant; il se forme du sulfate de calcium très peu soluble, et l'acide succinique reste en dissolution : il cristallise par refroidissement. On obtient, d'après Liebig, 300 grammes d'acide succinique par kilogramme de malate de calcium.

Propriétés. — L'acide succinique est un corps solide, blanc, cristallisé dans le système orthorhombique; sa densité est 1,55. Il est soluble dans l'eau (60 grammes par litre à 15° et 1.200 grammes à 100°), moins soluble dans l'alcool ($7^{gr},7$ par litre d'alcool à l'ébullition) et encore moins dans l'éther. Il fond à 180° et bout vers 235°, mais en se dédoublant partiellement en eau et anhydride succinique.

L'acide succinique résiste très bien à la plupart des agents oxydants. Le permanganate de potassium bouillant le transforme cependant, mais avec lenteur, en acide oxalique. L'hydrogène naissant provenant de la décomposition par la chaleur de l'acide iodhydrique le transforme en acide butyrique, ou, en présence d'un grand excès d'acide iodhydrique, en butane C^4H^{10}. L'acide sulfurique est sans action, même à chaud. L'anhydride sulfurique le transforme en acide sulfosuccinique :

$$\left.\begin{array}{l} COOH \\ SO^3H \end{array}\right\rangle CH.CH^2.COOH$$

L'anhydride phosphorique le convertit en anhydride succinique ; le brome ne l'attaque que très lentement et le transforme en acide succinique monobromé. Celui-ci, traité par l'oxyde d'argent, donne du bromure d'argent et de l'acide malique ; l'oxyde d'argent transforme de même l'acide succinique bibromé en acide tartrique. Ce sont les réactions inverses de celles qui ont été signalées plus haut et qui ont permis d'obtenir l'acide succinique par l'action de 1 ou de 2 molécules d'hydrogène, naissant sur l'acide malique ou l'acide tartrique.

L'acide monobromosuccinique fond à 160° en se décomposant partiellement. L'acide bibromosuccinique et l'acide tribromosuccinique se décomposent avant de fondre.

SUCCINATES. — L'acide succinique étant bibasique forme

avec les métaux des succinates neutres et acides. Les succinates alcalins et le succinate de magnésium sont très solubles ; les autres succinates sont, en général, peu solubles. Le succinate ferrique est tout à fait insoluble, et cette propriété a été utilisée pour la séparation du fer et du manganèse. Les succinates de plomb et d'argent sont insolubles dans les liqueurs neutres.

ACIDE SULFOSUCCINIQUE $\genfrac{}{}{0pt}{}{COOH}{SO^3H}\!\!>\!CH.CH^2.COOH$.—L'acide sulfosuccinique s'obtient en traitant l'acide succinique bien sec par des vapeurs d'anhydride sulfurique. La matière brune qui se forme est maintenue quelque temps à 50°, puis traitée par l'eau, et l'excès d'acide sulfurique est éliminé à l'aide de carbonate de baryum. La solution acide est ensuite évaporée dans le vide. Ce corps est employé dans la fabrication des couleurs artificielles.

ACIDE ISOSUCCINIQUE. — En traitant l'acide α-cyanopropionique par la potasse, Muller a obtenu un acide de même composition que l'acide succinique que Wichelhaus a montré être un isomère du premier. Il s'en distingue, en effet, par plusieurs caractères, dont le plus net est la solubilité du sel ferrique correspondant.

La constitution et la préparation de son sel de potassium sont représentées dans la formule suivante :

$$CH^2.CHCAz.COOH + 2KOH = AzH^3 + CH^2.(CH.COOK).COOK$$

L'acide isosuccinique est un acide bibasique dont les sels sont en général plus solubles que les succinates correspondants.

ANHYDRIDE SUCCINIQUE. —Ce corps, que l'on prépare par l'action de l'anhydride phosphorique ou du perchlorure de phosphore sur l'acide succinique, est un corps solide qui fond à 119° et bout vers 250°.

363. Acide pyrotartrique

$$CH^2(COOH).CH(COOH).CH^3 \text{ ou } C^5H^8O^4.$$

L'acide bibasique $C^5H^8O^4$ peut exister d'après la tétratomicité du carbone sous quatre états isomériques différents. On peut, en effet, le faire dériver de l'hydrure de propyle $CH^3.CH^2.CH^3$ par la substitution de deux groupes COOH à deux atomes d'hydrogène ; cette double substitution peut se faire : 1° dans le même groupe soit dans un des groupes CH^3, soit dans le groupe CH^2, ce qui donne deux isomères ; 2° dans des groupes différents soit un dans CH^3 et l'autre dans CH^2, ou les deux dans les groupes CH^3, ce qui donne encore deux isomères, soit quatre en tout. Ces divers composés ont été obtenus ; mais nous n'étudierons que le plus important et le mieux connu : l'acide pyrotartrique.

Cet acide a été d'abord obtenu par Guiton de Morveau en calcinant de l'acide tartrique. Sa synthèse a été réalisée par Simpson à l'aide de l'action de la potasse sur le propylglycol dicyanhydrique :

$$CH^2(CAz).CH(CAz).CH^3 + 2KOH + 2H^2O$$
$$= 2AzH^3 + CH^2(COOK).CH(COOK).CH^3.$$

On peut aussi l'obtenir par l'action de l'hydrogène naissant sur l'acide itaconique.

Préparation. — Pour préparer l'acide pyrotartrique on commence par fondre de l'acide tartrique et on projette un poids égal de pierre ponce pulvérisée. On laisse la masse se solidifier, puis on l'introduit dans une cornue en verre que l'on chauffe au bain de sable pendant huit heures. Il distille un liquide un peu coloré, qui cristallise après avoir été abandonné à lui-même pendant quelques heures. En ajoutant au liquide distillé un volume d'eau égal au sien, il se sépare une matière huileuse ; la solution aqueuse est alors concentrée au bain-marie et cristallisée. On la purifie par quelques cristallisations dans l'alcool.

Propriétés. — L'acide pyrotartrique cristallise dans le système clinorhombique. Il est très soluble dans l'eau (660 grammes par litre à 20°) dans l'alcool et dans l'éther. Il fond à 112°, et se volatilise vers 200° en se décomposant partiellement en eau et anhydride pyrotartrique $C^5H^6O^3$.

L'acide pyrotartrique est bibasique ; il donne avec les métaux des sels neutres et des sels acides assez solubles, en général ; les pyrotartrates acides cristallisent mieux que les sels neutres ; ceux-ci se présentent assez souvent sous forme de petits mamelons cristallins.

364. Acide adipique $C^6H^{10}O^4$. — Il s'obtient dans l'action des acides gras sur l'acide azotique. Il est assez soluble dans l'eau, l'alcool et l'éther ; il fond vers 150° et peut être sublimé sans décomposition.

365. Acide pimélique $C^7H^{12}O^4$. — Il se prépare par l'action de la potasse en fusion sur l'acide camphorique ou par l'action de l'acide azotique sur l'acide oléique. Il cristallise dans le système triclinique et fond à 114°.

366. Acide subérique $C^8H^{14}O^4$. — Cet acide était obtenu autrefois en traitant 1 partie de liège par 6 parties d'acide azotique (D = 1,26). On le prépare par l'action de l'acide azotique sur l'acide stéarique, et on le sépare des acides sébacique et azélaïque produits simultanément en utilisant la solubilité de ces deux acides dans l'éther.

Propriétés. — L'acide subérique cristallise en fines aiguilles qui appartiennent au système du prisme orthorombique. Il est peu soluble dans l'eau froide (10 grammes par litre à 9°; 54 grammes par litre à 100°).

La dissolution d'acide subérique ne précipite que les sels de plomb. Les subérates alcalins et alcalino-terreux sont, les premiers très solubles, et les seconds un peu solubles dans l'eau; les autres sont insolubles dans l'eau pure, mais solubles dans les liqueurs acides.

367. Acide sébacique $C^{10}H^{18}O^4$. — Il a été découvert par Thénard parmi les produits assez complexes que fournit la distillation de l'acide oléique. Le produit distillé est traité par l'eau bouillante; celle-ci abandonne par refroidissement de l'acide sébacique impur, que l'on transforme en sel de sodium; on purifie ce sel à l'aide de l'alcool. Les rendements sont très faibles, et il vaut mieux attaquer l'huile de ricin qui contient un éther ricinolique de la glycérine par la potasse; on obtient ainsi un sébacate de potassium.

Propriétés. — L'acide sébacique cristallise en aiguilles blanches nacrées et très légères, qui fondent à 127° et peuvent être sublimées. Il est peu soluble à froid et beaucoup plus soluble à chaud.

Les sébates alcalins et alcalino-terreux sont seuls solubles dans l'eau.

B. — ACIDES INCOMPLETS

368. Acide fumarique $C^4H^4O^4$. — L'acide fumarique, obtenu d'abord par Pfaff à l'aide du lichen d'Islande, s'extrait encore aujourd'hui de ce corps ou de la *fumeterre*. Pour cela, on extrait le suc de cette plante et on le traite par l'acétate de plomb. Le précipité est lavé, épuisé à l'alcool bouillant, et le résidu est dissous dans l'ammoniaque. Cette solution est traitée par l'acide sulfhydrique et mise à cristalliser. Le fumarate d'ammonium est ensuite traité par l'acide azotique qui met l'acide fumarique en liberté ; celui-ci, peu soluble, se dépose.

Propriétés. — L'acide fumarique cristallise en prismes hexagonaux, peu solubles dans l'eau (5 grammes par litre à la température ordinaire) ; il est très soluble dans l'alcool et dans l'éther. Il fond vers 200° et se volatilise à une température un peu plus élevée.

Il résiste assez bien aux agents oxydants ; l'hydrogène naissant le transforme en acide succinique. Il est isomère de l'acide maléique.

Les fumarates alcalins et alcalino-terreux sont très solubles ; les autres sont très peu solubles ou insolubles.

369. Acide maléique $C^4H^4O^4$. — Ce composé, découvert par Lassaigne, s'obtient en distillant à 200° de l'acide malique dans une grande cornue en verre. L'acide malique se décompose, en perdant 1 molécule d'eau, en acide maléique qui distille et en acide fumarique, composé isomère qui reste dans la cornue. Le liquide distillé est mis à évaporer ; il donne des prismes clinorhombiques d'acide maléique.

Propriétés. — Il fond vers 130° et bout vers 160°. Il est très soluble dans l'eau (environ 1 kilogramme par litre), très soluble aussi dans l'alcool et dans l'éther. On peut le transformer en acide fumarique en le chauffant en tubes scellés.

Les maléates neutres et acides sont, en général, solubles dans l'eau ; ceux de plomb, de cuivre et d'argent sont insolubles.

370. Acide itaconique et isomères $C^5H^6O^4$. — L'acide itaconique, comme ses isomères les acides citraconique et mésaconique, résulte de l'action de la chaleur sur l'acide citrique. Octaèdres orthorhombiques fusibles à 161°. L'hydrogène naissant le transforme en acide pyrotartrique.

Acide citraconique $C^5H^6O^4$. — C'est un corps solide, bien cristallisé, fusible à 80° ; comme le précédent, l'hydrogène naissant le transforme en acide pyrotartrique.

Acide mésaconique $C^5H^6O^4$. — Cristallise en prismes fusibles à 208° ; il se décompose à 250° en eau et anhydride citraconique. L'hydrogène naissant le transforme aussi en acide pyrotartrique.

C. — ACIDES AROMATIQUES

371. Acides phtaliques $C^6H^4 : (COOH)^2$. — On connaît trois acides phtaliques, que l'on désigne par les préfixes ortho, méta et para.

Acide orthophtalique *ou* phtalique ordinaire. — Il a été obtenu par Laurent, dans le traitement du naphtalène par l'acide azotique.

Préparation. — Laurent préparait l'acide orthophtalique par l'action de l'acide azotique sur le α-tétrachlorure de naphtalène. Pour faire cette opération, on traite 20 grammes de tétrachlorure par 100 grammes d'acide azotique ordinaire, que l'on maintient en ébullition pendant environ douze heures dans un appareil à réfrigérant ascendant. On évapore ensuite à siccité et l'on obtient une masse cristalline de couleur jaunâtre. On traite alors par l'eau chaude, que l'on maintient à l'ébullition, jusqu'à ce que presque tout soit dissous, et la dissolution est filtrée bouillante. Il se dépose par refroidissement des lamelles nacrées d'acide orthophtalique, et l'évaporation de l'eau-mère en fournit une nouvelle quantité. La réaction est représentée par la formule :

$$C^{10}H^8Cl^5 + H^2O + 7O = C^6H^4 : (COOH)^2 + 4HCl + CO^2.$$

Propriétés. — L'acide phtalique se présente sous forme de lamelles, groupées le plus souvent en masses arrondies et appartenant au système orthorhombique. L'acide ordinaire fond vers 180°; préparé par l'action de l'eau sur l'anhydride phtalique, il fond à 213°. Il est peu soluble dans l'eau froide ($7^{gr},7$ par litre à 11°,5) ; il est plus soluble dans l'eau bouillante, l'alcool et l'éther.

La *chaleur* le dédouble à 230° en anhydride phtalique et eau. L'*hydrogène naissant*, provenant de la décomposition de l'acide iodhydrique à 280°, le transforme en hydrures d'heptyle et d'octyle ; l'amalgame de sodium le transforme en acide hydrophtalique $C^8H^8O^4$. Avec l'acide sulfurique anhydre, il donne de l'acide phtalylsulfureux. $C^6H^3.[SO^3H, (COOH)^2]$. Avec la chaux en excès, il donne du benzène et du carbonate de calcium :

$$C^6H^4 : (COOH)^2 + 2CaO = C^6H^6 + 2CO^3Ca.$$

En présence d'une petite quantité de chaux, il donne du benzoate et du carbonate de calcium :

$$2 C^6H^4 : (COOH)^2 + 3CaO = (C^6H^5.COO)^2 : Ca + 2CO^3Ca + H^2O$$

Le chlore et le brome n'attaquent pas l'acide phtalique, mais on peut préparer divers dérivés chlorés et bromés de cet acide, par voie indirecte, par l'oxydation des dérivés chlorés ou bromés du naphtalène, par exemple.

Phtalates. — L'acide phtalique, étant un acide bibasique, donne des sels neutres et des sels acides. Les phtalates alcalins sont très solubles dans l'eau et un peu moins dans l'alcool; les phtalates alcalino-terreux sont très peu solubles, ainsi que les phtalates des autres métaux.

L'acide phtalique est surtout employé pour la préparation de l'anhydride phtalique, utilisé dans l'industrie des matières colorantes.

Anhydride phtalique $C^6H^4 <^{CO}_{CO}> O$ ou $C^6H^4 : (CO)^2 : O$. — Ce composé, découvert par Laurent, s'obtient quand on chauffe lentement l'acide phtalique. Celui-ci se décompose en eau et anhydride phtalique, qui vient se déposer dans les parties froides de l'appareil, sous forme de belles aiguilles élastiques et brillantes. Il fond à 129° et bout à 275°. Ce corps est peu soluble dans l'eau froide; l'eau bouillante le transforme en acide phtalique. Il est, au contraire, très soluble dans l'alcool et dans l'éther. La propriété la plus intéressante de ce corps est sa combinaison avec les divers phénols (Bœyer); ces combinaisons ont reçu le nom de phtaléines; elles sont employées dans l'industrie des matières colorantes.

Phtaléines. — L'anhydride phtalique donne, avec le phénol ordinaire, un corps que l'on nomme la *phtaléine du phénol*, suivant l'équation :

$$C^6H^4 : (CO)^2 : O + 2C^6H^5.OH = CO <^{C^6H^4}_{\quad O}> C : (C^6H^4OH)^2 + H^2O$$

C'est une matière blanc jaunâtre, qui prend, au contact des alcalis, une coloration rouge magnifique.

La résorcine, en éprouvant une réaction analogue, donne la *fluorescéine* :

$$C^6H^4 : (CO)^2 : O + 2[C^6H^4 : (OH)^2]$$
$$= CO \Big\langle \begin{matrix} C^6H^4 \\ O \end{matrix} \Big\rangle C \Big\langle \begin{matrix} C^6H^3OH \\ C^6H^3OH \end{matrix} \Big\rangle O + 2H^2O$$

C'est une masse d'un rouge orange, peu soluble dans l'eau, assez soluble dans les alcalis. Les solutions étendues sont jaunes, et présentent une magnifique fluorescence verte. Ses dérivés constituent de nombreuses matières colorantes ; la fluorescéine tétrabromée $C^{20}H^8Br^4O^5$ est connue sous le nom d'éosine (V. t. II, p. 341).

Les phtaléines peuvent être considérées comme des lactones dérivées du triphénylméthane. La formule typique est représentée par :

$$CO \Big\langle \begin{matrix} C^6H^4 \\ O \end{matrix} \Big\rangle C : (C^6R^5)^2.$$

Dans cette formule, R représente un atome d'hydrogène, de chlore, de brome ou d'iode, ou même un groupe monovalent, tel que OH, CH^3, C^6H^4OH, etc.

On connaît un grand nombre de dérivés appartenant à ce groupe et utilisés comme matières colorantes. Voici les formules des principaux dérivés (V. p. 340) :

Phtalophénone $\qquad CO \Big\langle \begin{matrix} C^6H^4 \\ O \end{matrix} \Big\rangle C : (C^6H^5)^2$

Phtaléine du phénol $\qquad CO \Big\langle \begin{matrix} C^6H^4 \\ O \end{matrix} \Big\rangle C : (C^6H^4OH)^2$

Anhydride de la phtaléine $CO \Big\langle \begin{matrix} C^6H^4 \\ O \end{matrix} \Big\rangle C \Big\langle \begin{matrix} C^6H^4 \\ C^6H^4 \end{matrix} \Big\rangle O$

Phtaléine du phénol et du benzène
$$CO \!\!<^{C^6H^4}_{\quad O}\!\!>\! C \!<^{C^6H^5}_{C^6H^4OH}$$

Fluorescéine
$$CO \!\!<^{C^6H^4}_{\quad O}\!\!>\! C \!<^{C^6H^3OH}_{C^6H^3OH}\!\!>\! O$$

Éosine
$$CO \!\!<^{C^6H^4}_{\quad O}\!\!>\! C \!<^{C^6HBr^2OK}_{C^6HBr^2OK}\!\!>\! O$$

Érythrosine
$$CO \!\!<^{C^6H^4}_{\quad O}\!\!>\! C \!<^{C^6HI^2OK}_{C^6HI^2OK}\!\!>\! O$$

Rose Bengale
$$CO \!\!<^{C^6H^2Cl^2}_{\quad O}\!\!>\! C \!<^{C^6HI^2OK}_{C^6HI^2OK}\!\!>\! O$$

Phloxine
$$CO \!\!<^{C^6H^2Cl^2}_{\quad O}\!\!>\! C \!<^{C^6HBr^2OK}_{C^6HBr^2OK}\!\!>\! O$$

Galléine
$$CO \!\!<^{C^6H^4}_{\quad O}\!\!>\! C \!<^{C^6H^2OH\!-\!O}_{C^6H^2OH\!-\!O}\!>\! O$$

Anhydride tétrachlorophtalique $C^8Cl^4O^3$. — Ce composé s'obtient en chauffant à 60°, dans une chaudière en fonte émaillée, un mélange de 20 kilogrammes d'anhydride phtalique, 30 kilogrammes d'acide sulfurique fumant et de 1 kilogramme d'iode, dans lequel on fait arriver un courant de chlore. On élève ensuite la température jusqu'à 200°, puis on verse la masse dans de l'eau aussi froide que possible ; l'anhydride tétrachlorophtalique se sépare ; on la lave rapidement à l'eau froide et on la sèche.

Ce corps est employé dans la fabrication des matières colorantes.

Acide métaphtalique $C^8H^6O^4$, *ou* isophtalique. — Cet acide, isomère de l'acide phtalique et qui correspond à la position méta, a été découvert par Fittig et Velguth. Ces chimistes l'ont obtenu en traitant l'isoxylène C^8H^{10} par un mélange de bichromate de potassium et d'acide sulfurique. Après quelques jours de contact, il se forme des cristaux que l'on lave et que l'on purifie en les faisant cristalliser dans l'eau. Il est peu soluble dans l'eau, même bouillante, il l'est davantage dans l'alcool ; il fond à 300° et se volatilise sans décomposition. Il est bibasique ; l'isophtalate de calcium et surtout celui de baryum sont beaucoup plus solubles dans l'eau que les phtalates correspondants.

ACIDE PARAPHTALIQUE $C^8H^6O^4$ *ou* TÉRÉPHTALIQUE. — Cet acide, isomère des deux précédents, correspond à la position para des dérivés bisubstitués du benzène. Il a été découvert par Caillot, dans l'oxydation de l'essence de térébenthine par l'acide azotique. On le prépare plus facilement en traitant 1 partie d'essence de cumin par un mélange de 1 partie de bichromate de potassium et de 8 parties d'acide sulfurique étendu de 12 parties d'eau. On prolonge l'ébullition pendant douze heures. Le résidu insoluble est formé d'acide téréphtalique et de son sel de chrome ; on le lave et on le traite par l'ammoniaque, qui transforme le tout en téréphtalate d'ammonium qui est soluble ; on décompose ce sel par l'acide chlorhydrique ; l'acide peu soluble se précipite ; on le lave à l'eau et à l'alcool. Il est insoluble dans l'eau, l'alcool et l'éther. Il se volatilise sans fondre et sans donner d'anhydride. Les téréphtalates alcalins sont solubles ; les autres sont peu solubles.

II. — ACIDES TRIBASIQUES

Les acides tribasiques que l'on connaît sont peu nombreux et peu importants ; les deux principaux sont l'acide tricarballylique $C^3H^5 : .(COOH)^3$ et l'acide aconitique $C^3H^3 : .(COOH)^3$.

372. Acide tricarballylique ou carballylique

$C^3H^5:.(COOH)^3$. — L'acide tricarballylique a été découvert par Maxwell Simpson (1) en traitant le tricyanure d'allyle par la potasse alcoolique :

$$C^3H^5:.(CAz)^3 + 3KOH + 3H^2O = 3AzH^3 + C^3H^5(COOK)^3.$$

Préparation. — L'opération se fait le plus souvent en partant du tribromure d'allyle que l'on chauffe pendant seize heures environ au bain-marie avec du cyanure de potassium et de l'alcool ; il se forme du bromure de potassium et du cyanure d'allyle ; on se débarrasse par filtration du bromure de potassium précipité, et on ajoute à la liqueur de la potasse caustique en morceaux. On la met dans un ballon muni d'un réfrigérant ascendant, tant qu'il se dégage de l'ammoniac. Lorsque ce gaz a cessé de se dégager, on munit l'appareil d'un réfrigérant ordinaire, et on fait distiller l'alcool ; le résidu est ensuite traité par l'acide azotique, qui décompose le tricarballylate de potassium, en mettant l'acide en liberté et détruit en même temps une matière goudronneuse. On évapore à sec au bain-marie, on reprend par l'alcool bouillant ; celui-ci laisse cristalliser par refroidissement de l'acide tricarballylique impur que l'on transforme en tricarballylate d'argent insoluble, à l'aide d'azotate d'argent, et on décompose ensuite ce précipité, mis en suspension dans de l'eau, par un courant d'acide sulfhydrique ; l'acide, ainsi mis en liberté, est purifié par deux ou trois cristallisations dans l'eau.

Cet acide peut aussi s'obtenir en traitant l'acide aconitique par l'amalgame de sodium, qui fournit de l'hydrogène

---

(1) Simpson, *Proceed. of the Royal Society*, XII, p. 235, année 1862.

naissant :

$$C^3H^3:.(COOH)^3 + H^2 = C^3H^5:.(COOH)^3.$$

Propriétés. — C'est un corps solide, blanc, soluble dans l'eau, l'alcool et l'éther ; il fond à 158° et se décompose un peu au dessus. Ses solutions précipitent en brun le perchlorure de fer et en blanc l'acétate de plomb.

373. Acide aconitique $C^3H^3:.(COOH)^3$. — L'acide aconitique a été découvert en 1820 par Peschier [1]. Cet acide se rencontre dans le suc de diverses plantes : de l'*Aconitum napellus*, du pied d'alouette (*Delphinium consolida*), etc. On peut le retirer de ces plantes, en évaporant le suc et en traitant par le carbonate de sodium l'aconitate de calcium qui s'est déposé pendant la concentration ; l'aconitate de sodium est ensuite transformé par l'acétate de plomb en aconitate de plomb, et celui-ci est décomposé par l'acide sulfhydrique : mais il est plus simple de décomposer par la chaleur l'acide citrique.

Préparation. — On obtient l'acide aconitique en chauffant le plus rapidement possible de l'acide citrique dans une cornue de verre. La réaction principale est représentée par la formule suivante :

$$C^3H^3:(OH, COOH)^3 = H^2O + C^3H^3:.(COOH)^3,$$

L'acide citrique perd 1 molécule d'eau en se transformant en acide aconitique. Il se dégage de l'eau, puis des fumées blanches d'acétone et, enfin, des gouttelettes huileuses d'acide itaconique apparaissent. A ce moment, on laisse refroidir l'appareil et on traite le résidu de la

[1] Peschier, *Journ. der Pharm.*, v. Trommsdorff, V, 93, et VIII, 266.

cornue par de l'éther qui dissout facilement l'acide aconitique ; par évaporation, on l'obtient mélangé d'un peu d'acide citrique non décomposé. Pour le purifier, on le dissout dans l'alcool absolu ; on fait passer dans la solution un courant de gaz acide chlorhydrique qui transforme en éther l'acide aconitique, mais non l'acide citrique ; en étendant d'eau, l'éther insoluble se précipite, on le décante, on le saponifie par de la potasse ; puis, l'aconitate de potassium obtenu est transformé au moyen de l'acétate de plomb en aconitate de plomb que l'on décompose ensuite par l'acide sulfhydrique.

Propriétés. — L'acide aconitique est facilement soluble dans l'eau, l'alcool et l'éther. Il fond à 140° et se décompose vers 160° en donnant de l'acide itaconique et de l'acide carbonique. L'hydrogène naissant le transforme en acide tricarballylique ; le perchlorure de phosphore l'attaque en donnant du chlorure d'aconityle. Par fermentation, en le mélant avec du vieux fromage, on le transforme en acide succinique.

ACONITATES. — L'acide aconitique étant un acide tribasique peut donner trois genres de sel : un sel neutre et deux sels acides.

Les aconitates alcalins sont solubles dans l'eau, mais incristallisables ; ils donnent, par évaporation, des masses gommeuses. Les autres sont peu ou pas solubles dans l'eau.

III. — ACIDES TÉTRABASIQUES

374. Acide pyromellique et isomères. — Parmi ces acides, nous citerons sans les étudier les acides pyromellique, préhilique, mellophanique, qui sont isomères

$C^6H^2 (COOH)^4$ et les acides hydropyromellique et hydro-préhétique $C^6H^6 (COOH)^4$.

IV. — ACIDES PENTABASIQUES

375. Acide benzinopentacarbonique. — Signalons, sans l'étudier, l'acide benzinopentacarbonique $C^6H(COOH)^5$.

V. — ACIDES HEXABASIQUES

376. Acide mellique $C^6(COOH)^6$. — Le principal acide de cette classe est l'acide mellique. Il a été découvert par Klaproth, en 1799, dans un minéral, la mellite, que l'on rencontre dans certains lignites. La mellite est un mellate d'aluminium $C^6(COO)^6Al^2$. Il a été surtout étudié par M. Bæyer (1).

Sa synthèse a été obtenue par MM. Friedel et Crafts (2) dans l'action du permanganate de potassium sur l'hexa-méthylbenzène :

$$C^6(CH^3)^6 + 9O^2 = C^6 (COOH)^6 + 6H^2O.$$

Préparation. — On prépare l'acide mellique en décomposant à chaud le mellate d'aluminium par du carbonate d'ammonium ; après un certain temps, on amène la liqueur à l'ébullition pour chasser l'excès de carbonate d'ammonium, puis on filtre pour séparer l'alumine mise en liberté. Le mellate d'ammonium qui reste dans la liqueur est ensuite transformé en un mellate insoluble, soit en mellate de baryum par ébullition avec de l'eau de

---

(1) Bæyer, *Berichte der deuts. Chem. Gesell.*, IV, p. 273.
(2) Friedel et Crafts, *Comptes rendus de l'Acad. des Sciences*, XCI, p. 257.

baryte, soit en mellate de plomb, par double décomposition avec l'acétate de ce métal, soit en mellate d'argent en précipitant la liqueur avec l'azotate d'argent; ces précipités recueillis sont lavés et traités par un acide approprié, sulfurique, sulfhydrique ou chlorhydrique, et la solution obtenue est évaporée.

Propriétés. — L'acide mellique est une poudre blanche, légèrement cristalline, soluble dans l'eau et dans l'alcool; elle est facilement fusible. La chaleur décompose ce corps en donnant de l'acide carbonique et de l'acide pyromellique ou plutôt de l'eau et de l'anhydride pyromellique :

$$C^6(COOH)^6 = 2CO^2 + 2H^2O + C^{10}H^2O^6$$

C'est un acide très stable, qui résiste à l'action de la plupart des réactifs; toutefois l'hydrogène naissant fourni par l'action de l'eau sur l'amalgame de sodium le transforme en acide hydromellique :

$$C^6(COOH)^6 + 3H^2 = C^6H^6(COOH)^6$$

Si on le met en présence d'une petite quantité de chaux, l'acide mellique peut perdre :

1 mol. de CO², en donnant l'acide	benzinopentacarbon.			$C^{11}H^6O^{10}$
2 —	—	—	pyromellique	$C^{10}H^6O^8$
3 —	—	—	trimésique	$C^9H^6O^6$
4 —	—	—	phtalique	$C^8H^6O^4$
5 —	—	—	benzoïque	$C^7H^6O^2$
6 —	—	—	du benzène	C^6H^6

Cette dernière réaction a lieu suivant la formule :

$$C^6(COOH)^6 + 6CaO = C^6H^6 + 6CO^2Ca.$$

Mellates. — L'acide mellique étant hexabasique donne

un grand nombre de sels contenant presque tous de l'eau de cristallisation. Les mellates alcalins sont très solubles.

Les mellates de zinc et de manganèse sont plus solubles à froid qu'à chaud. La plupart des autres sont insolubles et se présentent d'abord sous forme de précipités gélatineux ou floconneux qui se transforment ensuite spontanément en précipités cristallins. Le mellate d'aluminium $C^6(COO)^6Al^2 + 18H^2O$ se trouve dans la nature sous forme d'octaèdres quadratiques bruns ou jaune de miel (pierre de miel) au milieu de certains lignites de Thuringe et de Bohême.

377. Acide hydromellique $C^6H^6:::(COOH)^6$. — Cet acide, hexabasique comme le précédent, s'obtient par l'action de l'hydrogène naissant sur l'acide mellique. Les sels alcalins sont très solubles, mais inscristallisables.

§ 3. — ÉTUDE PARTICULIÈRE DES ACIDES
A FONCTIONS MIXTES

I. — ACIDES-ALCOOLS

Les acides-alcools sont caractérisés au point de vue de leurs propriétés par la faculté de donner des sels avec les bases, et des éthers avec les acides ; ces corps sont eux-mêmes des composés à fonctions mixtes; les premiers sont sels et alcools, les seconds acides et éthers.

Au point de vue des formules schématiques on met en évidence dans les formules de ces composés autant de groupes OH que la fonction alcool compte d'atomicité, et autant de groupes COOH que la basicité de l'acide compte d'unités.

Nous les étudierons par ordre de basicité et, dans chacune de ces classes, par ordre d'atomicité.

A. — ACIDES MONOBASIQUES

1° *Acides monoalcooliques*

378. Acide glycolique $CH^2OH.COOH$. — Le plus simple des acides-alcools est l'acide glycolique, acide monobasique et alcool monoatomique. Il a été découvert, en 1851, par MM. Socoloff et Strecker.

On le prépare en oxydant l'alcool par l'acide azotique; on mélange 4 parties d'acide azotique de densité 1,33 avec 5 parties d'alcool à 95 0/0, et on répartit ce mélange, dans une série de petits vases que l'on plonge dans une masse d'eau pour empêcher la température de s'élever ; elle doit se maintenir entre 15 et 20°. Après quelques jours, tout dégagement gazeux a cessé ; on évapore alors la liqueur au bain-marie, rapidement et par petites quantités à la fois, jusqu'à consistance sirupeuse ; puis on neutralise avec du carbonate de calcium, on ajoute ensuite de la chaux et on fait bouillir pour détruire le glyoxal et l'acide glyoxylique formés simultanément. On filtre, et le glycolate de calcium cristallise par refroidissement ; en le décomposant exactement par l'acide oxalique, on obtient une solution d'acide glycolique que l'on peut faire cristalliser.

L'acide glycolique est un corps solide cristallisé, fondant à 78°, miscible avec l'eau, soluble dans l'alcool et dans l'éther ; il bout vers 150°, mais en se décomposant. Les dérivés les plus intéressants sont les glycolates et la glycollamine $CH^2 : (AzH^2,COOH)$. Les hydrogénants (acide

iodhydrique à 100°), le transforment en acide acétique ;
les oxydants en acide oxalique.

379. Acides lactiques. — α. ACIDE LACTIQUE DE
FERMENTATION $CH_3.CHOH.COOH$. — Cet acide a été découvert, en 1780, par Scheele, et a fait l'objet d'un grand
nombre de travaux importants non seulement au point
de vue de cet acide lui-même et de sa constitution, mais
aussi au point de vue général de l'atomicité et de la basicité des acides. Citons parmi ces travaux ceux de Gerhardt,
Kolbe, Saulemann, Kekulé, etc., et tout particulièrement
ceux de Wurtz.

On prépare l'acide lactique en faisant fermenter divers
sucres à l'aide du ferment lactique. Pour cela, on abandonne à lui-même, à une température de 35 à 40°, du
lait ou du petit-lait additionné de 15 0/0 de glucose et de
quelques millièmes de fromage pourri ; la masse fermente ; il se produit ce que l'on appelle la fermentation
lactique. L'opération peut se faire en grand dans des
baquets. Comme la fermentation lactique est entravée
par la présence des acides, tous les jours on neutralise
l'acide lactique formé avec du carbonate de calcium,
l'acide carbonique se dégage, et il se forme du lactate de
calcium.

Après une dizaine de jours la masse est devenue épaisse,
on l'étend d'eau, on la fait bouillir et on la filtre à chaud
sur une toile ; la liqueur laisse déposer par refroidissement des cristaux de lactate de calcium. On reprend les
cristaux par l'eau, on traite la solution par de l'acide
sulfurique en quantité légèrement insuffisante ; on filtre
pour enlever la majeure partie du sulfate de calcium formé,
puis on concentre à consistance sirupeuse ; en reprenant
ensuite par l'alcool qui ne dissout pas le sulfate de cal-

cium, on obtient une solution qui donne par évaporation de l'acide lactique assez pur.

L'acide lactique est un liquide sirupeux, d'une saveur acide, de densité 1.243 à 20°.

La *chaleur* le décompose; dès 100° il commence à perdre de l'eau en se transformant en *acide dilactique*; dans cette réaction 2 molécules d'acide lactique réagissent l'une sur l'autre, l'une comme alcool, l'autre comme acide en donnant un éther à fonction mixte, qui outre sa fonction éther possède une fonction alcool, provenant de la molécule qui a joué le rôle d'acide, et une fonction acide provenant de celle qui a joué le rôle d'alcool. A une température plus élevée, ce corps se décompose en donnant de la lactide $C^6H^8O^4$.

L'*hydrogène naissant* transforme l'acide iodhydrique en acide propionique :

$$CH^3.CHOH.COOH + H^2 = CH^3.CH^2.COOH + H^2O.$$

L'*oxygène naissant* le transforme en acides formique, acétique et oxalique.

L'acide lactique est un acide monobasique; les lactates sont solubles dans l'eau. On les prépare en faisant agir l'acide lactique sur les carbonates correspondants ou par double décomposition. Les plus importants sont : le lactate de calcium $(C^3H^5O^3)^2 : Ca + 5H^2O$, le lactate ferreux $(C^3H^5O^3)^2 : Fe + 3H^2O$, et le lactate de zinc

$$(C^3H^5O^3)^2 : Zn + 3H^2O.$$

β. Acide lactique normal. $CH^2OH.CH^2.COOH$. — Cet acide, beaucoup moins important que le précédent, s'obtient en traitant l'acide biiodopropionique par l'oxyde d'argent humide. C'est un liquide sirupeux qui se dédouble facilement, sous l'influence de la chaleur, en eau et acide acrylique.

Il existe normalement dans le suc gastrique.

2° Acides monobasiques-bialcooliques

380. Acide glycérique $C^3H^3:[(OH)^2,COOH]$. — Ce composé, découvert simultanément par MM. Debus et Socoloff, s'obtient par l'action ménagée de l'acide azotique sur la glycérine. C'est un liquide sirupeux, assez facilement décomposable par la chaleur qui donne, entre autres produits, de l'acide pyruvique $C^3H^4O^3$.

3° Acides monobasiques-trialcooliques

381. Acide érythroglucique $C^4H^4::[(OH)^3,COOH]$. — Masse sirupeuse obtenue par M. de Luynes dans l'oxydation de l'érythrite par le noir de platine ou l'acide azotique.

4° Acides monobasiques-pentaalcooliques

382. Acide mannitique $C^5H^6:::[(OH)^5,COOH]$. — Masse sirupeuse décomposable à 80°, soluble dans l'eau et dans l'alcool, insoluble dans l'éther, obtenue par l'action du noir de platine sur la mannite.

Dans les mêmes conditions, le glucose donne de l'acide gluconique et le lactose de l'acide lactonique, acides isomères de l'acide mannitique.

B. — ACIDES BIBASIQUES

1° Acides bibasiques-monoalcooliques

383. Acide tartronique $CH:[(COOH)^2,OH]$. — Ce composé, découvert par M. Dessaignes, s'obtient dans l'oxydation de la glycérine et de l'acide glycérique.

384. Acides maliques $COOH.CH^2.CHOH.COOH$. —
L'acide malique a été découvert par Scheele en 1785. Il a
été étudié par Liébig et Pasteur. On connaît trois acides
maliques : l'un dextrogyre, l'autre lévogyre, le troisième
inactif ; l'existence de ces isomères est d'accord avec la
formule précédente et les principes de stéréochimie : il y
a, en effet, dans cette formule, 1 atome de carbone (celui
du groupe CHOH) relié à quatre éléments ou groupes
monovalents différents. On désigne souvent sous le nom
d'acide malique ordinaire ou tout simplement d'acide
malique le composé lévogyre ; c'est le plus important.

L'acide malique, que l'on rencontre dans la plupart des
fruits acides, se trouve presque à l'état de pureté, dans le
suc des baies du sorbier des oiseleurs (*sorbus aucuparia*).
Pour préparer l'acide malique on fait bouillir le suc des
baies du sorbier des oiseleurs, afin de coaguler l'albumine ; puis on ajoute de l'acétate de plomb, qui précipite
l'acide malique à l'état de malate de plomb, d'abord
amorphe, mais qui cristallise peu à peu spontanément.
Après avoir lavé ces cristaux avec une petite quantité
d'eau, on les met en suspension dans de l'eau bouillante
et on les décompose par l'acide sulfhydrique ; le sulfure
de plomb est séparé par filtration et la liqueur évaporée
au bain-marie.

L'acide malique cristallise quand on refroidit ses dissolutions aqueuses très concentrées ; les cristaux sont déliquescents ; ils fondent vers 100°. La chaleur transforme
l'acide malique en acides maléique et fumarique, composés
isomères, avec perte de 1 molécule d'eau, vers 175° ; puis,
à une température plus élevée, l'acide maléique $C^4H^4O^4$
perd lui-même 1 molécule d'eau.

L'*hydrogène naissant* transforme l'acide malique en

acide succinique. Les matières oxydantes le transforment suivant leur énergie plus ou moins grande en acides malonique, acétique ou oxalique.

L'acide malique est un acide bibasique, comme le montre la formule de ses sels. C'est un acide faible. Il ne trouble ni l'eau de chaux, ni l'eau de baryte; il donne un précipité avec l'acétate de plomb.

L'acide malique droit a été obtenu par M. Bremer dans l'action de l'acide iodhydrique sur l'acide racémique.

L'acide malique inactif a été découvert par Pasteur dans l'action de l'acide azoteux sur l'acide aspartique inactif. Il est moins soluble, mais plus facilement cristallisable que l'acide malique ordinaire.

2° Acides bibasiques-bialcooliques

385. Acides tartriques $COOH.CHOH.CHOH.COOH$. — Il existe quatre acides tartriques, deux ont un pouvoir rotatoire égal, mais de signe contraire, les deux autres sont inactifs, mais l'un est dédoublable en acides droit et gauche, tandis que l'autre ne l'est pas. Les propriétés chimiques de ces acides sont les mêmes; les solubilités de ces acides et de leurs sels sont un peu différentes. Les sels formés par ces acides agissent sur la lumière polarisée, comme les acides dont ils dérivent. Les acides actifs, dont les cristaux portent, suivant le signe de leur pouvoir rotatoire, des facettes hémiédriques à droite ou à gauche, donnent des sels présentant le même caractère cristallographique. Les composés correspondants des acides actifs cristallisent suivant des formes symétriques par rapport à un plan, mais non superposables. L'acide tartrique droit est de beaucoup le plus important au point de vue de ses applications.

Les acides tartriques ont un grand nombre de propriétés communes : leur point de fusion est situé au voisinage de 170°. Quand on les chauffe un peu au-delà de cette température, ils se transforment d'abord en acide métatartrique, composé isomérique ; puis la matière se boursoufle en donnant une masse spongieuse contenant du charbon, de l'acide tartrique anhydre de Frémy, de l'acide pyruvique et de l'acide pyrotartrique.

L'*oxygène naissant* provenant de l'acide azotique (1) ou du permanganate de potassium en présence des alcalis, transforme l'acide tartrique en acide tartronique $C^3H^4O^5$, puis en acide oxalique. Avec la potasse en fusion il se forme en même temps un acétate et un oxalate alcalins.

Les sels d'or et d'argent sont réduits par les tartrates en solution alcaline, et cette réaction est utilisée dans l'argenture des glaces.

L'*hydrogène naissant* provenant de la décomposition de l'acide iodhydrique à 120°, transforme l'acide tartrique en acide malique $C^4H^6O^5$ et en acide succinique $C^4H^6O^4$. On peut aussi obtenir de l'acide butyrique et même un carbure d'hydrogène saturé, le butane.

Synthèses. — On peut faire la synthèse de l'acide tartrique inactif en traitant l'acide succinique bibromé par l'oxyde d'argent ; l'acide succinique peut, d'ailleurs, être obtenu lui-même par synthèse ; on obtient aussi de l'acide tartrique inactif par l'oxydation de l'acide malique bromé.

L'oxydation d'un grand nombre de corps donne divers acides tartriques : tels sont le glucose, le saccharose, l'amidon, etc.

---

(1) On peut aussi avec l'acide azotique fumant obtenir l'acide binitrotartrique $(CHOAzO^2.COOH)^2$.

Propriétés particulières des divers acides tartriques.
— Nous avons vu que les quatre acides tartriques se distinguent en deux groupes, d'après leur action sur la lumière polarisée; deux sont actifs, l'acide droit et l'acide gauche; deux sont inactifs, l'acide racémique et l'acide inactif. Les propriétés des deux acides actifs sont extrêmement voisines ; les combinaisons qu'ils donnent avec les bases ont aussi des propriétés très voisines : même densité, solubilités très voisines, même aspect; ils sont symétriques par rapport à un plan. Les combinaisons de ces acides avec les corps ayant une action sur la lumière polarisée, comme l'asparagine, la brucine, etc., ont, au contraire, des propriétés notablement différentes ; le tartrate droit d'asparagine cristallise facilement, tandis que le composé analogue formé avec l'acide tartrique gauche ne cristallise pas; les solubilités des combinaisons de cette espèce sont souvent très différentes; ces composés contiennent généralement des quantités d'eau différentes, etc.

Sous l'influence de la chaleur, les acides droit et gauche se transforment en un mélange d'acide racémique et d'acide inactif. L'acide racémique, chauffé en tube scellé avec de l'eau à 175°, fournit de l'acide tartrique inactif et inversement. Comme l'acide racémique peut être obtenu par la combinaison des acides droit et gauche, et qu'on peut aussi le dédoubler en ces deux acides, il en résulte que l'un quelconque des quatre acides tartriques peut être partiellement transformé en un autre quelconque.

ACIDE TARTRIQUE DROIT. — Il a été découvert, en 1769, par Scheele dans l'action de l'acide sulfurique sur le tartrate de calcium. L'acide tartrique est très répandu dans la nature ; on le trouve dans les sucs extraits d'un grand nombre de plantes.

Propriétés. — L'acide tartrique droit cristallise dans le système du prisme clinorhombique ; sa densité est 1,75. Ses cristaux sont dissymétriques ; ils sont anhydres. 100 parties d'eau dissolvent 136^{gr},6 d'acide tartrique à 22° ; cette solution est accompaguée d'une absorption de chaleur de 3°,45 par molécule. L'acide tartrique est aussi notablement soluble dans l'alcool : 49 parties à 15° dans 100 parties d'alcool à 80 0/0. L'acide tartrique solide est sans action sur la lumière polarisée, mais il est dextrogyre à l'état fondu ou à l'état de solution. Son pouvoir rotatoire pour la raie D du sodium est en solution aqueuse :

$$[\alpha]_0 = 15°,06 - 0,131C$$

C étant le nombre de grammes contenus dans 100 centimètres cubes de la solution.

Usages. — L'acide tartrique est employé dans la teinture et l'impression des tissus, dans la confiserie et la pharmacie. On a proposé aussi de l'employer dans la fabrication du vin.

TARTRATES DROITS. — L'acide tartrique droit donne avec les métaux des tartrates, solubles pour la plupart, et dextrogyres. Les tartrates insolubles dans l'eau se dissolvent facilement dans les acides étendus et quelques-uns dans les solutions alcalines ; ils forment facilement des tartrates doubles. La chaleur les décompose aisément avec dégagement d'une odeur empyreumatique.

TARTRATE NEUTRE D'AMMONIUM $C^4H^4O^6$:$(AzH^4)^2$. — On l'obtient par l'action de l'acide tartrique sur le carbonate d'ammonium ; il perd de l'ammoniac à l'air ; il est très soluble. Pouvoir rotatoire : $[\alpha]_D = + 34°,26$.

TARTRATE ACIDE D'AMMONIUM $C^4H^4O^6$: (AzH^4,H). — On l'obtient en traitant une solution saturée du sel précédent par de l'acide tartrique ; le tartrate acide, peu soluble, se dépose sous forme d'une poudre cristalline. Pouvoir rotatoire : $[\alpha]_D = + 25°,65$.

TARTRATE NEUTRE DE POTASSIUM $C^4H^4O^6$:$K^2 + 1/2H^2O$. — Le sel neutre est connu depuis le xvie siècle sous les noms de tartre soluble (1) ou de tartre tartarisé. Il perd son eau de cristallisation à 180°. On l'obtient en traitant le tartrate acide de potassium par le carbonate de potassium. Il est très soluble dans l'eau, $1^{kg},5$ par litre à la température ordinaire. Pouvoir rotatoire : $[\alpha]_D = + 28°,48$.

TARTRATE ACIDE DE POTASSIUM *ou* CRÈME DE TARTRE. — Ce sel était connu des anciens, ainsi que quelques-unes de ses propriétés. C'est un sel très peu soluble dans l'eau froide ($5^{gr},7$ par litre à 20° et 69 grammes à 100°). On l'obtient en faisant cristalliser à plusieurs reprises le tartre brut (de préférence les tartres blancs). On ajoute parfois un peu d'argile pour fixer la matière colorante. Pour enlever les dernières traces de tartrate de calcium, que les cristaux de bitartrate de potassium retiennent énergiquement, on les met à digérer dans un peu d'acide chlorhydrique étendu de six fois son volume d'eau ; on égoutte ensuite les cristaux et on les fait cristalliser dans l'eau. Pouvoir rotatoire : $[\alpha]_D = + 22°,61$. Il est employé en teinture, en impression et en pharmacie.

(1) On désigne quelquefois sous le nom de crème de tartre soluble un tartrate borico-potassique $C^4H^4O^6$: (BoO,K) ; il est employé en médecine comme purgatif léger.

Tartrate double de potassium et de sodium *ou* sel de Seignette $C^4H^4O^6$: $(Na,K) + 4H^2O$. — On prépare ce sel en traitant le bitartrate de potassium (4 parties) par le carbonate de sodium (3 parties). On porte à l'ébullition 12 parties d'eau, et l'on y projette peu à peu les deux sels. Quand tout est dissous, on filtre, on concentre et, par refroidissement, il se dépose de beaux cristaux de tartrate double. La concentration des eaux-mères peut encore en donner; mais, vers la fin, il se dépose du tartrate de sodium (1). Les cristaux de sel de Seignette sont purifiés par cristallisation.

Ce sel s'effleurit à l'air sec ; il fond vers 70°, perd de l'eau et devient complètement anhydre vers 190°. Il se décompose au-dessus de 220°. L'eau en dissout 415 grammes par litre à 11°. Pouvoir rotatoire : $[\alpha]_D = + 29°,67$.

Le sel de Seignette est employé en médecine; c'est un diurétique et un purgatif léger.

Tartrate neutre de sodium $C^4H^4O^6$: $Na^2 + 2H^2O$. — Ce composé s'obtient en neutralisant l'acide tartrique par le carbonate de sodium. Il cristallise en prismes orthorhombiques, assez solubles dans l'eau, 200 grammes environ par litre vers 0°. Pouvoir rotatoire : $[\alpha]_D = + 30°,85$.

Tartrate acide de sodium $C^4H^4O^6$: $(Na,H) + H^2O$. — Pour le préparer, on divise en deux portions égales une solution d'acide tartrique ; on neutralise l'une exactement par le carbonate de sodium, et on ajoute l'autre portion. Par évaporation, le tartrate acide cristallise en cristaux orthorhombiques, mal formés le plus souvent. L'eau en dissout 110 grammes par litre à froid et à peu près le

____

(1) En traitant ces eaux-mères par le tartrate acide de potassium, on peut obtenir une nouvelle cristallisation de sel de Seignette.

double à l'ébullition. Pouvoir rotatoire : $[\alpha]_D = + 23°,95$. Les cristaux deviennent anhydres à 110°.

TARTRATE NEUTRE DE CALCIUM $C^4H^4O^6 : Ca + 4H^2O$. — On l'obtient par double décomposition entre le tartrate de potassium et le chlorure de calcium ; c'est un précipité cristallin (système orthorhombique). Il est très peu soluble dans l'eau : $0^{gr},16$ par litre à 15° et $2^{gr},8$ à 100°. Les acides, même faibles, le dissolvent aisément ; il en est de même de la potasse et de la soude qui le transforment en sels doubles.

TARTRATE ACIDE DE CALCIUM $(C^4H^5O^6)^2 : Ca$. — On l'obtient en ajoutant à de l'eau de chaux assez d'acide tartrique, pour redissoudre entièrement le précipité de tartrate neutre, formé tout d'abord et en concentrant aussitôt la liqueur ; le tartrate acide cristallise par refroidissement. Ce sel est un peu soluble dans l'eau, 7 grammes par litre à 16°.

TARTRATE NEUTRE D'ANTIMONYLE (1) $C^4H^4O^6 : (SbO)^2 + H^2O$. — C'est une poudre blanche, grenue, que l'on obtient en dissolvant de l'oxyde d'antimoine dans de l'acide tartrique et en ajoutant de l'alcool ; le tartrate neutre, peu soluble, se précipite ; il perd sa molécule d'eau de cristallisation à 100°. Il forme avec les tartrates alcalins des sels doubles, connus sous le nom d'émétiques. L'émétique proprement dit, ou tartre stibié, est le tartrate neutre d'antimonyle et de potassium.

TARTRATE DOUBLE D'ANTIMONYLE ET DE POTASSIUM ou ÉMÉTIQUE $C^4H^4O^6 : (SbO,K) + 1/2\ H^2O$. — On prépare l'émétique en faisant bouillir pendant une heure un

(1) Dans ce sel, l'antimoine fonctionne comme trivalent et le radical SbO (antimonyle) comme monovalent.

mélange de 4 parties de crème de tartre et de 3 parties d'antimoine; on renouvelle l'eau à mesure qu'elle se vaporise. On filtre ensuite le liquide chaud et, par refroidissement, l'émétique cristallise en petits cristaux orthorhombiques. L'émétique est peu soluble dans l'eau froide, 70 grammes par litre, plus soluble dans l'eau bouillante, 520 grammes par litre. Il se déshydrate à 100° et, à 200°, il se transforme en un sel basique, en perdant 1 molécule d'eau. Les acides et les bases décomposent l'émétique, en donnant des sous-sels ou même de l'oxyde d'antimoine. Pouvoir rotatoire : $[\alpha]_D = +156°.2$.

L'émétique est employé dans les laboratoires, pour préparer l'antimoine pur. Il sert en médecine comme vomitif et purgatif; il sert aussi dans l'industrie de la teinture et de l'impression.

TARTRATE DE FER ET DE POTASSIUM $(C^4H^4O^6)^2 :: (Fe^2O^3, K^2)$ (boules de Nancy). — Ce composé s'obtient en faisant digérer à 60° de l'hydrate de sesquioxyde de fer avec de la crème de tartre; on filtre à chaud et on fait évaporer à basse température; on obtient ainsi une masse amorphe, d'apparence cristalline. Ce sel est employé en médecine.

TARTRATE DE BORYLE ET DE POTASSIUM (1) *ou* CRÈME DE TARTRE SOLUBLE $C^4H^4O^6 : (BoO, K)$. — On obtient ce corps en faisant bouillir 24 parties d'eau, en présence de 1 partie d'acide borique et de 2 parties de bitartrate de potassium. On évapore ensuite à consistance sirupeuse et on ajoute de l'alcool; le tartrate double se précipite et l'alcool dissout une partie de l'excès d'acide borique. La masse précipitée est reprise par l'eau; la solution con-

---

(1) Dans ce composé le bore, qui est trivalent, forme le radical BoO (boryle), qui est monovalent.

centrée est de nouveau traitée par l'alcool ; après quelques
opérations de ce genre, l'excès d'acide borique est éliminé.

Il est employé, en médecine, comme purgatif léger.

ACIDE TARTRIQUE GAUCHE. — L'acide tartrique gauche
a été découvert par Pasteur. On l'extrait de l'acide racémique. Le procédé de Pasteur consiste à neutraliser des
poids égaux d'acide racémique par la soude et par l'ammoniaque. Ceci fait, on mélange les solutions et on évapore,
de façon à obtenir une cristallisation ; il se forme des
cristaux de deux espèces : un tartrate double de sodium
et d'ammonium dextrogyre et un sel de même composition, mais lévogyre. Ces deux sortes de cristaux se distinguent par la position d'une facette hémiédrique. On
examine chaque cristal et, par un triage soigneux, on
sépare les deux ordres de cristaux. En les décomposant
ensuite séparément, on obtient l'acide gauche et l'acide
droit. M. Gernez a pu éviter le triage long et minutieux
des deux sortes de cristaux, en utilisant les phénomènes
de sursaturation, qu'il avait particulièrement étudiés. En
mettant un petit cristal droit dans la solution, légèrement sursaturée, des deux tartrates doubles, la sursaturation du tartrate droit cesse seule, et l'on obtient de petits
cristaux de ce sel ; cette cristallisation terminée, on ajoute
un petit cristal gauche et, de même, la sursaturation de
ce sel cesse et l'on obtient des cristaux gauches. Une nouvelle concentration permet ensuite de recommencer ces
deux opérations. On peut aussi traiter l'acide racémique
par une base, douée de pouvoir rotatoire ; les deux tartrates qui se forment ont alors des solubilités assez différentes pour qu'on puisse les faire cristalliser successivement et, en les décomposant, obtenir les acides tartriques

correspondants. Pasteur a indiqué aussi un autre procédé, qui consiste à neutraliser l'acide racémique par de l'ammoniaque et à semer dans le mélange des deux tartrates d'ammonium, droit et gauche, du *Penicillium glaucum*. Cet organisme détruit beaucoup plus rapidement le sel droit que le sel gauche, de sorte qu'au bout d'un certain temps il ne reste plus que du sel gauche, que l'on décompose et dont on retire l'acide gauche.

Les propriétés physiques et chimiques de l'acide gauche et des tartrates gauches (formés avec des bases sans action sur la lumière polarisée) sont les mêmes que celles des composés dextrogyres correspondants. Le pouvoir rotatoire est changé de signe, et les facettes hémiédriques ont une position différente, de telle sorte que les cristaux gauches sont les symétriques par rapport à un plan des cristaux droits.

Acide racémique. — L'acide racémique a été découvert, en 1822, par Kestner, dans les produits de la fabrication de l'acide tartrique droit. Cet acide se produisait pendant la concentration des solutions d'acide tartrique, sous l'influence des températures élevées qu'on employait alors. Depuis qu'on évapore dans le vide, on n'observe plus la formation d'acide racémique. Cet acide peut être considéré comme une combinaison des acides tartriques droit et gauche. Quand on mélange ces deux acides en proportions égales, on obtient de l'acide racémique, et cette formation est accompagnée d'un dégagement de chaleur notable. L'acide racémique est sans action sur la lumière polarisée ; il forme avec les bases des racémates que l'on peut considérer comme des sels doubles, formés par le sel droit et le sel gauche d'une même base. Les racémates sont sans action sur la lumière polarisée.

L'acide racémique s'obtient en chauffant l'acide tartrique droit (6 parties) avec un peu d'eau (1 partie), dans des tubes en verre que l'on ferme à la lampe ou dans des autoclaves en acier émaillé. On maintient les appareils à une température de 175 à 180° pendant trente heures. Lorsqu'on emploie un autoclave, on laisse partir de temps à autre l'acide carbonique qui s'accumule à l'intérieur. Dans ces circonstances l'acide tartrique droit se transforme en acide racémique pendant qu'une partie se décompose en donnant surtout de l'acide carbonique et un résidu noir insoluble ; il se forme aussi un peu d'acide tartrique inactif. On reprend la masse par l'eau, on filtre, on concentre, et l'acide racémique cristallise seul tout d'abord. En concentrant davantage, on obtient encore de l'acide racémique, mais il est souvent mélangé d'acide tartrique droit non transformé ; l'acide tartrique inactif reste dans les eaux-mères.

Acide tartrique inactif. — Cet acide a été découvert par Pasteur. Pour le préparer, on emploie le procédé de M. Jungfleisch : on chauffe en tubes scellés, ou dans des autoclaves, de l'acide tartrique droit, comme pour la préparation de l'acide racémique ; on chauffe à 165° pendant quarante-huit heures ; puis, on divise la matière en deux portions égales ; on neutralise l'une exactement par de la potasse et l'on ajoute l'autre.

Les acides sont ainsi transformés en sels acides de potassium.

Le bitartrate droit et le racémate de potassium sont peu solubles ; ils se déposent les premiers ; le tartrate inactif est, au contraire, très soluble et cristallise ensuite. Les cristaux obtenus ainsi sont colorés, mais en ajoutant un peu d'acétate de plomb et, précipitant le plomb par l'acide sulfhydrique, il se forme du sulfure de plomb qui entraîne la matière colorante.

On transforme ensuite le tartrate inactif de potassium en sel de calcium que l'on décompose par l'acide sulfurique.

L'acide inactif est très soluble dans l'eau : 1,250 grammes par litre à 15°. Il donne avec les bases des sels qui se distinguent des racémates, qui sont comme eux sans action sur la lumière polarisée, par leur solubilité qui est parfois beaucoup plus grande.

3° Acides bibasiques-tétraalcooliques

386. Acide mucique COOH (CHOH)⁴.COOH. — L'acide mucique a été découvert par Scheele, en 1780. C'est un isomère de l'acide saccharique.

On le prépare en chauffant légèrement 1 partie de sucre de lait avec 2 parties d'acide azotique de densité 1,4. Une fois l'attaque terminée, on ajoute à la liqueur un volume d'eau égal au sien. L'acide mucique se dépose sous forme d'une poudre cristalline blanche, peu soluble dans l'eau froide.

L'acide mucique donne de l'acide pyromucique par distillation sèche. L'acide azotique concentré et chaud le transforme en acides racémique et oxalique.

Il forme avec les bases deux sortes de sels : les mucates alcalins sont seuls notablement solubles.

387. Acide saccharique COOH. (CHOH)⁴.COOH. — L'acide saccharique, isomère du précédent, a été découvert par Scheele. On le prépare en faisant agir 7 parties d'acide azotique de densité 1,27 sur 2 parties de sucre de canne. Une action assez vive se manifeste d'abord; quand elle est terminée, on maintient la masse au bain-marie vers 60°, jusqu'à ce qu'elle brunisse. On laisse alors refroidir la liqueur et l'acide oxalique, qui s'est formé simultanément, cristallise en grande partie, tandis que l'acide saccharique, plus soluble, reste en solution. On l'étend alors de son volume d'eau et on la partage en deux portions : l'une est saturée exactement par le carbonate de potassium, puis réunie à l'autre portion : peu à peu il se dépose du saccharate acide de potassium. On en retire l'acide en transformant ce sel en sel de plomb que l'on décompose ensuite par l'acide sulfhydrique.

L'acide saccharique est déliquescent, très soluble dans l'eau et dans l'alcool; il est dextrogyre. Ses sels cristallisent difficilement.

C. — ACIDES TRIBASIQUES

Acides tribasiques-monoalcooliques

Parmi ces acides nous n'étudierons que l'acide citrique.

388. Acide citrique $COOH.COH:(CH^2.COOH)^2$. — L'acide citrique a été découvert par Scheele, en 1784. Sa synthèse a été réalisée pour la première fois par MM. Grimaux et Adam. Ces savants transforment en cyanure la dichloracétone symétrique $(CH^2.Cl)^2:CO$ par l'action directe de l'acide cyanhydrique. Ce cyanure est ensuite transformé par l'action de l'acide chlorhydrique en acide dichloracétonique $(CH^2Cl)^2:COH.COOH$. Ce composé, neutralisé par le carbonate de sodium, est chauffé avec du cyanure de potassium, puis traité par l'acide chlorhydrique gazeux, et chauffé au bain-marie pendant quinze héures. Il s'est formé d'abord de l'acide dicyanacétonique $(CH^2.CAz)^2:COH.COOH$, qui s'est transformé ensuite en acide citrique $(CH^2.COOH)^2:COH.COOH$.

Préparation. — L'acide citrique, qui se trouve assez répandu dans la nature (citrons, groseilles, framboises, etc.), se retire du jus des citrons qui en renferment 6 à 7 0/0. Dans les laboratoires, l'acide citrique se prépare en traitant le citrate de calcium par l'acide sulfurique. On concentre la solution qui laisse déposer, par refroidissement, des cristaux d'acide citrique.

Propriétés. — L'acide citrique cristallise dans le système orthorhombique. Ses cristaux contiennent 1 molécule d'eau qu'ils abandonnent à 100°. Il est très soluble dans l'eau, 1^{kc},3 par litre à froid et 2 kilogrammes à chaud. La chaleur le décompose en donnant de l'oxyde de carbone, de l'acétone, de l'acide aconitique, de l'acide itaconique et de l'acide citraconique. L'acide sulfurique concentré le décompose vers 40° en donnant de l'oxyde de carbone. Les matières oxydantes le transforment : l'acide nitrique en acides oxalique, acétique et carbonique ; le permanganate de potassium en acétone et acide carbonique, etc. La solution d'acide citrique exposée à l'air se recouvre rapidement de moisissures. En présence de craie, la levure de bière le transforme en acides acétique, butyrique et propionique.

L'acide citrique est employé pour les usages domestiques et à bord des navires pour prévenir le scorbut. Il sert à préparer les citrates, en particulier le citrate de magnésium, employé comme purgatif, et les limonades. Dans l'industrie des indiennes, il sert comme rongeant et pour faire des réserves. En teinture, il sert à extraire et à aviver la carthamine, et on obtient, avec le citrate stanneux et la cochenille, des écarlates très brillants.

Les citrates peuvent être mono-, bi- ou tribasiques. Les citrates alcalins, ceux de magnésium, de fer et de zinc, sont très solubles dans l'eau. Les citrates alcalino-terreux sont peu solubles, surtout les sels tribasiques.

II. — ACIDES-PHÉNOLS

Les acides-phénols constituent une classe de composés que l'on peut considérer comme dérivant par oxydation de phénols à fonction mixte, à la fois phénols et alcools ou phénols et aldéhydes. C'est ainsi que l'acide salicylique, l'un des plus importants des acides-phénols, peut être obtenu par l'oxydation de l'alcool-saligénique (alcool-phénol) ou de l'aldéhyde salicylique (aldéhyde-phénol).

La représentation schématique de ces composés s'obtient en mettant en évidence dans les formules de ces corps autant de groupes OH reliés à un noyau aromatique que la fonction phénol compte d'atomicités, et autant de groupes COOH que la basicité de l'acide compte d'unités.

A. — ACIDES MONOPHÉNOLIQUES

389. Acide salicylique *ou* **orthoxybenzoïque** $C^6H^4(OH, COOH)$. — La substitution dans la formule du benzène d'un groupe OH et d'un groupe COOH respectivement à 2 atomes d'hydrogène donne naissance, comme l'expérience le confirme, à un dérivé bisubstitué du benzène, à la fois phénol et acide ; de plus, conformément à la loi générale, ce dérivé bisubstitué existe sous trois états isomériques, que l'on désigne par les préfixes ortho, méta et para. L'acide salicylique est l'acide orthoxybenzoïque.

L'acide salicylique a été découvert par Piria, il a été étudié par Cahours et Gerhard; Kolbe et Lautemann ont réalisé sa synthèse.

Préparation. — Autrefois on préparait l'acide salicylique par le procédé de Cahours, en décomposant par la potasse l'essence de *Gaultheria procumbens*. On le prépare actuellement en utilisant la réaction qui a permis à Kolbe et à Lautemann de faire sa synthèse. Cette réaction consiste à fixer 1 molécule d'anhydride carbonique sur 1 molécule de phénol :

$$C^6H^5.OH + CO^2 = C^6H^4 : (OH, COOH).$$

Pour réaliser cette réaction, on met en présence un léger excès de plomb avec de la soude hydratée et de l'eau ; on introduit le tout dans une cornue métallique et on chauffe rapidement vers 180° ; le phénol et l'eau en excès distillent, et il reste du phénol monosodé. On fait alors passer dans la cornue, maintenue à cette température, un courant d'acide carbonique; ou bien la matière est retirée de la cornue, étalée sur des toiles métalliques disposées dans une étuve et soumise alors à l'action du gaz carbonique. Bientôt du phénol commence à distiller par suite de la formation d'un salicylate basique, résultant de l'action du salicylate neutre sur le phénate de sodium :

$$C^6H^4 : (OH, COONa) + C^6H^5.ONa$$
$$= C^6H^4 : (ONa, COONa) + C^6H^5.OH.$$

On peut éviter ce dégagement de phénol, en faisant réagir l'acide carbonique sous pression, dans un autoclave, sur le phénate de sodium.

On élève la température peu à peu jusque vers 250° et,

quand il ne distille plus de phénol à cette température, la réaction est terminée ; on laisse refroidir l'appareil. Il reste alors dans la cornue une matière d'un blanc grisâtre. C'est du salicylate de sodium sodé. On le dissout dans l'eau et on traite la liqueur par un excès d'acide chlorhydrique. L'acide salicylique, peu soluble, se dépose sous forme de petits cristaux. On les essore et, pour les purifier, on les distille dans un courant de vapeur d'eau, surchauffée vers 170°.

Lorsque dans la préparation de l'acide salicylique, on remplace la soude par la potasse, on n'obtient plus que très peu d'acide salicylique, c'est surtout son isomère, l'acide paraoxybenzoïque, qui se forme. Quand on opère avec la soude, mais à une température inférieure à 180°, on obtient un mélange d'acide salicylique et d'acide paraoxybenzoïque.

Propriétés. — L'acide salicylique cristallise en fines aiguilles, appartenant au système du prisme clinorhombique. Elles fondent à 156° et peuvent être sublimées, si on les chauffe lentement ou dans un courant de vapeur d'eau, sinon elles se décomposent en phénol et acide carbonique.

L'acide salicylique est très peu soluble dans l'eau froide : $0^{gr},55$ par litre à 18°, beaucoup plus soluble dans l'eau bouillante : 50 grammes par litre. Il est très soluble dans l'alcool et dans l'éther.

L'*hydrogène* naissant le transforme en aldéhyde salicylique et alcool saligénique. Le *chlore*, le *brome* et l'*iode* fournissent les dérivés chlorés, bromés et iodés. L'acide salicylique forme des éthers de divers ordres : 1° des éthers neutres contenant un seul radical alcoolique par substitution de ce radical à l'hydrogène du groupe COOH ; le salicylate de méthyle $C^6H^4 : (OH,COO.CH^3)$ appartient à cet ordre; 2° des éthers neutres, contenant deux radicaux alcooliques substitués respectivement à l'hydrogène des deux groupes OH et COOH; 3° des éthers neutres à radical acide substitué à l'hydrogène du groupe OH, et à radical alcoolique substitué à l'hydrogène du groupe COOH; 4° des éthers acides contenant un seul radical alcoolique substitué à l'hydrogène du groupe OH; 5° enfin, des éthers acides, formés par la substitution d'un radical acide à l'hydrogène du groupe OH. Nous étudierons un peu plus loin les plus importants de ces éthers.

L'acide salicylique forme, avec les métaux, des salicylates neutres, des sels-phénols et des salicylates basiques, dans lesquels l'hydrogène des groupes COOH et OH est remplacé par des métaux. Les salicylates alcalins, étant beaucoup plus solubles que l'acide salicylique et ayant les mêmes propriétés antiseptiques que l'acide lui-même, sont souvent employés comme désinfectants.

L'acide salicylique colore en violet les sels de sesquioxyde de fer; c'est là une réaction très sensible de cet acide.

Il est employé en thérapeutique et comme antiseptique: il présente sur le phénol l'avantage d'être sans odeur.

ÉTHERS DE L'ACIDE SALICYLIQUE. — *Salicylate de méthyle* $C^6H^4:(OH,COOCH^3)$. — Le salicylate de méthyle constitue les 9/10 de l'essence de Wintergreen. C'est un liquide incolore, d'une odeur forte, mais agréable; il bout à 222°. On peut le retirer de l'essence de Wintergreen ou le préparer par l'action de l'acide salicylique sur l'alcool méthylique, surtout en présence de l'acide chlorhydrique.

Salicylate de phényle ou salol $C^6H^4:(OH,COO(C^6H^5))$. — Ce composé s'obtient par l'action de l'acide salicylique sur le phénol, en présence d'acide sulfurique. Il est employé comme antiseptique.

390. Acide paraoxybenzoïque C^6H^4 : (OH,COOH). — L'acide paraoxybenzoïque a été découvert par Saytzeff. On le prépare en traitant par la potasse l'acide anisique C^6H^4:(OCH³,COOH), qui est un éther méthylique de l'acide paraoxybenzoïque ou bien par la transformation, sous l'influence de la chaleur, de l'acide salicylique. Pour cela, on chauffe à 120° le salicylate de potassium, jusqu'à ce qu'il ne distille plus de phénol. Le résidu est repris par l'eau et l'acide sulfurique. L'acide paraoxybenzoïque est ensuite extrait par l'éther; on le fait cristalliser dans l'eau, et on lave les cristaux avec du chloroforme pour enlever l'acide salicylique.

Cet acide donne, avec les sels de peroxyde de fer, un précipité jaune, qui sert à le distinguer de l'acide salicylique.

391. Acide métaoxybenzoïque C^6H^4:(OH,COOH). — L'acide métaoxybenzoïque a été découvert par Gerland. On l'obtient par l'action de la potasse fondante sur l'acide métabromobenzoïque ou sur l'acide métasulfobenzoïque. C'est une poudre cristalline, fusible à 200°, peu soluble dans l'eau froide. Cet acide se dédouble moins facilement que les isomères précédents en phénol et acide carbonique; la chaleur seule ne produit pas ce dédoublement; en présence de la chaux, il s'effectue, au contraire, facilement. Il ne colore pas en violet les sels de fer. Les sels qu'il forme avec les métaux alcalins et alcalino-terreux sont solubles, les sels des autres métaux sont insolubles.

392. Acides coumariques C^9H^8 : (OH,COOH). — Ces acides sont aussi appelés oxycinnamiques; ils présentent avec l'acide cinnamique les mêmes relations que les acides oxybenzoïques avec l'acide benzoïque.

L'acide orthocoumarique, découvert par Delalande, se prépare en traitant la coumarine que l'on peut considérer comme l'anhydride de l'acide coumarique par la potasse. Cet acide cristallise en prismes fusibles à 195°, solubles dans l'eau chaude et dans l'alcool. La potasse fondante le transforme en acide salicylique.

L'acide paracoumarique, découvert par Hlasiwetz, s'obtient en traitant à chaud l'aloès par 2 fois son poids d'eau acidulée de 40 /0 d'acide sulfurique. On fait bouillir pendant quelques heures. On sépare une résine et on agite le produit avec de l'éther; l'acide paracoumarique se dépose de sa solution éthérée, pendant l'évaporation, en fines aiguilles, solubles dans l'eau chaude et dans l'alcool. Il fond à 180°. La potasse fondante le transforme en acide paraoxybenzoïque.

COUMARINES $C^9H^6O^4$. — La coumarine ordinaire, ou anhydride de l'acide coumarique, s'obtient en épuisant les fèves Tonka, découpées en tranches minces, par l'alcool à 90°. On fait évaporer l'alcool et on obtient un sirop épais qui se prend en une masse cristalline; on purifie ces cristaux en les redissolvant, traitant la solution par le noir animal et faisant cristalliser plusieurs fois. La coumarine peut aussi être reproduite par l'action de l'hydrure de salicyle iodé sur l'anhydride acétique. C'est là une réaction générale et, en remplaçant l'anhydride acétique par ses homologues, on obtient des composés analogues que l'on appelle des coumarines et que l'on désigne par le nom de l'anhydride qui sert à le produire, telle est la coumarine butyrique, par exemple.

La coumarine ordinaire, ou acétique, cristallise dans le

système orthorhombique. C'est un corps incolore, d'une odeur agréable, fusible à 67°, et bouillant à 291°. On l'a confondu d'abord avec l'acide benzoïque. Elle est peu soluble dans l'eau froide.

B. — ACIDES DIPHÉNOLIQUES

393. Acides dioxybenzoïques

$$C^6H^3 :. [(OH)^2, COOH].$$

Parmi les six acides dioxybenzoïques que l'on connaît, les deux plus importants sont l'acide oxysalicylique et l'acide protocatéchique.

ACIDE OXYSALICYLIQUE. — On l'obtient par l'action de la potasse fondante sur l'un des acides iodosalicyliques ou sur le gentisin, matière cristallisée que l'on retire de la *Gentiana lutea*. Il fond à 97°; il colore en bleu les sels de fer. La chaleur le décompose en hydroquinone et acide carbonique.

ACIDE PROTOCATÉCHIQUE. — On obtient ce composé en fondant avec de la potasse de l'essence de girofle ou de la catéchine. La masse est ensuite reprise par l'eau, et acidulée par l'acide sulfurique. En agitant la liqueur avec de l'éther, l'acide protocatéchique se dissout dans ce liquide et on l'obtient en aiguilles clinorhombiques par l'évaporation de l'éther. Il est un peu soluble dans l'eau : 22 grammes par litre à froid. Il colore les sels de fer en bleu verdâtre, mais en ajoutant peu à peu de la soude, on obtient un beau bleu qui devient rouge par une nouvelle addition de soude. Il fond à 199°, puis se décompose à une température un peu plus élevée en donnant de la pyrocatéchine et de l'acide carbonique.

394. Acide orsellique C^7H^2 :. $[(OH)^2.COOH]$. — Il a été retiré par Stenhouse de certains lichens tinctoriaux. On le prépare en chauffant l'érythrine avec de l'eau de baryte. L'érythrine, qui est l'éther diorsellique de l'érythrite, est saponifiée, et l'on obtient de l'orsellate de baryum que l'on décompose par l'acide sulfurique. On peut aussi employer la picroérythrine (éther monoorsellique du même alcool). Prismes solubles dans l'eau, l'alcool et l'éther, fusibles à 176° et décomposables par la chaleur en orcine et acide carbonique.

C. — ACIDES TRIPHÉNOLIQUES

Nous n'étudierons, parmi ces acides, que l'acide gallique.

395. Acide gallique C^6H^2 ::$[(OH)^3,COOH]$. — L'acide gallique a été découvert par Scheele. Sa synthèse a été réalisée par M. Lautemann. On prépare l'acide gallique à l'aide de la noix de galle; pour cela, on humecte les noix de galle et on les abandonne à elles-mêmes pendant un mois dans une étuve maintenue à 25 ou 30°. La masse fermente, le tannin des noix de galle se décompose, et celles-ci se couvrent de moisissures et se transforment en une sorte de bouillie blanche. On exprime la matière; il en sort un liquide coloré ne contenant que peu d'acide gallique. On épuise alors les noix de galle par l'eau bouillante et la solution abandonne par refroidissement des cristaux d'acide gallique. On les redissout dans 8 fois le poids d'eau bouillante, et on les décolore par le noir animal à chaud et par refroidissement; on obtient des aiguilles soyeuses d'acide gallique.

L'acide gallique renferme 1 molécule d'eau de cristallisation qu'il perd à 100°; il fond à 200°. Il est peu soluble dans l'eau froide, 10 grammes par litre; beaucoup plus soluble dans l'eau bouillante : 330 grammes par litre.

La chaleur le décompose en pyrogallol et acide carbonique. Chauffé avec de l'acide sulfurique concentré, il se transforme en acide rufigallique ou hexaoxyanthraquinone.

L'acide gallique s'oxyde facilement; sa solution noircit à l'air en absorbant l'oxygène; l'absorption est plus rapide en présence des alcalis. Le permanganate de potassium le transforme totalement en acide carbonique. L'acide gallique ne précipite pas la gélatine ni les alcaloïdes comme le fait le tannin, mais il précipite l'émétique. Avec les sels de fer, il donne un précipité bleu foncé. Il réduit les sels d'or et d'argent.

D. — ACIDES TÉTRAPHÉNOLIQUES

396. Acide quinique $C^6H^7(OH)^4 COOH + H^2O$. — L'acide quinique, qui se trouve dans divers végétaux, principalement dans les quinquinas et les graines de café, contient quatre groupes OH et un groupe COOH. C'est, en effet, un acide monobasique qui contient quatre fonctions phénoliques; l'existence d'un tétracétylquinate d'éthyle confirme cette constitution de l'acide quinique. C'est un corps lévogyre, cristallisant dans le système monoclinique; il est presque insoluble dans l'éther et ne se dissout que lentement dans l'eau. Il fond à 161° et perd 1 molécule d'eau de cristallisation vers 200°. La chaleur le décompose en donnant de l'hydroquinone, de l'acide benzoïque, etc. L'oxygène naissant le transforme en quinone, le brome en acide protocatéchique.

Pour le préparer, on fait une décoction de quinquina en employant de l'eau acidulée; puis on traite la liqueur par de la chaux qui précipite les alcaloïdes et forme du quinate de calcium; la liqueur filtrée est concentrée à consistance sirupeuse, et le quinate de calcium se dépose peu à peu. A l'aide de l'acétate de plomb on le transforme en quinate de plomb, et on décompose ce sel par l'acide sulfhydrique.

Les quinates sont, en général, solubles et cristallisables; ils fournissent, quand on les distille, de l'hydroquinone et de la pyrocatéchine.

III. — ACIDES-ÉTHERS

Les acides-éthers dérivent des acides-alcools, comme les éthers à fonction simple dérivent des alcools et des phénols. Nous avons déjà décrit quelques-uns des composés appartenant à cette classe, à propos des acides-alcools, par exemple les salicylates de méthyle (p.314) et de phényle (p.314). Font encore partie de cette classe l'acide cantharique, l'acide pipérique, le paraoxybenzoate de méthyle ou acide anisique (p.321), les acides méthyl- et diméthylprotocatéchique ou acides vanilique et vératrique (p. 321), etc

397. Acide cantharique $C^{10}H^{12}O^4$. — C'est un acide monobasique énergique, cristallisant en prismes orthorhombiques, solubles dans l'eau et l'alcool, insolubles dans l'éther, fusibles à 280°, se décomposant à 400° en donnant du cantharène C^8H^{12} et du xylène. On l'obtient en chauffant en vase clos à 100° de la cantharidine avec de l'acide iodhydrique.

La *cantharidine*, qui est un isomère, s'obtient en
épuisant les cantharides par le chloroforme, évaporant et
traitant l'extrait sec par du sulfure de carbone, qui dissout les matières grasses et laisse la cantharidine insoluble. C'est un toxique violent, insoluble dans l'eau, peu
soluble dans l'alcool, soluble dans l'éther, l'acide acétique, l'huile d'olive, etc. La cantharidine fond à 218°,
mais se sublime déjà à une température notablement
inférieure; à la température ordinaire, elle s'évapore
rapidement à l'air libre, ses vapeurs sont dangereuses à
respirer. Elle possède des propriétés vésicantes énergiques, ainsi que ses différents sels.

398. Acide pipérique $C^{12}H^{10}O^{4}$. — C'est un acide
monobasique qui est en même temps une fois éther
méthylénique. On l'obtient en traitant par la potasse le
pipérin, principe actif des poivres. C'est un corps cristallisant en longues aiguilles feutrées, fusibles à 217°. La
potasse fondante le transforme en acides carbonique,
acétique, oxalique et protocatéchique.

399. Acide anisique *ou* **paraoxybenzoate de
méthyle.** — On l'obtient par l'oxydation, à l'aide de
l'acide azotique, de l'essence d'anis ou d'estragon. Cristaux fusibles à 184°,2, peu solubles dans l'eau froide,
solubles dans l'alcool et dans l'éther.

400. Acide diméthylprotocatéchique *ou* **acide
vératrique** $C^{6}H^{3}.(OCH^{3})^{2}.COOH$. — Il s'obtient en
oxydant par le permanganate de potassium le méthyleu-
génol; on peut aussi le retirer des graines de cévadille.
Aiguilles prismatiques, peu solubles dans l'eau froide,
solubles dans l'alcool, sublimables sans décomposition.

401. Acide glyoxylique CHO.COOH. — C'est le plus simple des acides-aldéhydes qui puisse exister. Ces deux fonctions, acide et aldéhyde, étant respectivement caractérisées par les deux groupes monovalents CHO et COOH, le plus simple des composés ayant ces deux fonctions que la théorie fasse prévoir a pour formule CHO.COOH ou $C^2H^2O^3$; c'est la formule de l'acide glyoxylique. Il a été découvert par Debus ; il résulte de l'oxydation du glycol, de l'acide glycollique ou du glyoxal.

On le prépare en oxydant l'alcool ordinaire par l'acide azotique. C'est un liquide sirupeux. L'oxygène naissant le transforme en acide oxalique, l'hydrogène en acide glycollique. Les bases le transforment, à la température de l'ébullition, en un mélange d'acide oxalique et d'acide glycollique.

402. Acide pyruvique $C^3H^4O^3$. — C'est, après le précédent, le plus simple de ces composés ; il a pour formule CHO.CH^2.COOH. On l'obtient dans la distillation ménagée de l'acide tartrique.

Liquide bouillant à 165°, miscible avec l'eau, l'alcool et l'éther ; l'hydrogène naissant le transforme en acide lactique.

403. Acide éthyldiacétique $C^6H^{10}O^3$. — On l'obtient par l'action de 1 partie de sodium sur 10 parties d'éther acétique. C'est un liquide bouillant à 184°, que la chaleur décompose lentement vers 180° en éther acétique et acide déshydracétique $C^8H^8O^4$. Au rouge sombre, on obtient surtout de l'acétone et de l'acide carbonique. Par l'action de l'iode sur l'éthyldiacétate de sodium, on le transforme en acide succinique.

VI. — ACIDES-ALCOOLS-CÉTONES

404. Acides camphoriques $C^{10}H^{16}O^4$. — On connaît actuellement huit acides camphoriques isomériques, qui diffèrent surtout au point de vue de leur action sur la lumière polarisée. La constitution de ces acides n'est pas complètement élucidée, deux théories ont été proposées pour représenter ces corps. L'une admet la présence de deux groupes COOH, et pour le groupe C^8H^{14} des groupements variables avec les auteurs; l'autre considère cet acide comme un acide monobasique, ayant une fonction cétone et une fonction alcoolique. La formule doit donc mettre en évidence un groupe COOH, un groupe CO et un groupe CHO si l'on admet cette deuxième constitution.

Acide camphorique droit. — Ce composé a été obtenu tout d'abord par Kosegarten, en 1785. Il a été ensuite étudié par Liebig, en 1831, et par Malagutti, en 1837, qui a définitivement établi sa formule brute.

Préparation. — On l'obtient en chauffant au bainmarie, dans un ballon, 150 grammes de camphre ordinaire (camphre droit), avec 2 litres d'acide azotique de densité 1,27. Le ballon est muni d'un tube, qui fonctionne comme réfrigérant ascendant et qui doit être à peu près aussi large que le col du ballon, pour éviter qu'il ne s'obstrue. Ce col est relié au tube à l'aide d'une bague de caoutchouc. Il se dégage des vapeurs nitreuses abondantes, tant que la réaction n'est pas terminée, c'est-à-dire pendant cinquante heures environ. On enlève ensuite le réfrigérant ascendant, on le remplace par un réfrigérant ordinaire et on fait distiller l'acide azotique non attaqué. Le résidu du ballon est alors traité par une solution de carbonate de sodium, filtré et décomposé par l'acide chlorhydrique; l'acide camphorique, peu soluble dans l'eau froide, se précipite. On purifie ce corps en le dissolvant dans l'eau chaude et en le faisant cristalliser par refroidissement.

Propriétés. — Il cristallise en prismes, appartenant au système clinorhombique, fusibles à $186°,5$ (Haller). Il est peu soluble dans l'eau ($60^{gr},7$ par litre à $10°$ et 313 grammes à $80°$, d'après Jungfleisch). Il est plus soluble dans l'alcool et dans l'éther. Son pouvoir rotatoire moléculaire à $20°$ est : $1°$ en solution dans l'eau $+ 46°,2$ (concentration 0,64 0/0); $2°$ en solution dans l'alcool, il varie de $+ 47°,4$ à $+ 47°,7$, suivant la concentration; $3°$ et dans l'acétone entre $+ 50°,75$ et $50°,82$, suivant la concentration.

Sa chaleur de neutralisation par la soude $+ 13^c,57$ pour la première molécule d'hydrate de sodium, $+ 12^c,70$ pour la seconde, $+ 0^c,47$ pour la troisième, paraît indiquer que c'est un acide bibasique, sans fonction phénolique.

La *chaleur* le décompose en fournissant de l'anhydride camphorique $C^{10}H^{14}O^3$, avec élimination de 1 molécule d'eau.

Les *oxydants* le transforment lentement en divers acides gras et en acide camphoronique.

L'hydrogène naissant le décompose en hydrure d'octyle C^8H^{18}, oxyde de carbone, acide carbonique et eau;

$$C^{10}H^{16}O^4 + 2H^2 = CO^2 + CO + C^8H^{18} + H^2O.$$

Avec l'acide phosphorique sirupeux, il donne un carbure C^8H^{14} :

$$C^{10}H^{16}O^4 = CO^2 + CO + H^2O + C^8H^{14}.$$

L'acide camphorique est bibasique ; il forme avec les métaux des camphorates neutres et des camphorates acides.

Les camphorates alcalins et alcalino-terreux sont solubles à l'exception du camphorate de baryum. Les camphorates des autres métaux sont, en général, insolubles. Le camphorate de calcium calciné donne du carbonate de calcium et de la phorone $C^9H^{14}O$.

Nous ne ferons qu'indiquer rapidement les propriétés des autres acides camphoriques.

ACIDE ⍺-CAMPHORIQUE GAUCHE. — Il a été préparé par M. Jungfleisch en dédoublant l'acide racémocamphorique. Il fond à 186°,2 ; son pouvoir rotatoire moléculaire est : — 46°,16 (en solution alcoolique, 1 molécule par litre).

ACIDE RACÉMOCAMPHORIQUE. — S'obtient dans l'oxydation du camphre racémique, ou par la combinaison des deux acides précédents ; il fond à 205° ; il est moins soluble que les acides ⍺-camphoriques droit et gauche. Il est sans action sur la lumière polarisée.

ACIDE ISOCAMPHORIQUE DROIT. — Il a été obtenu par M. Jungfleisch en dédoublant l'acide inactif obtenu en chauffant avec de l'eau l'acide camphorique gauche de matricaire. Pouvoir rotatoire moléculaire : + 48°.

ACIDE ISOCAMPHORIQUE GAUCHE. — Il a été préparé par M. Friedel en soumettant à des cristallisations répétées l'acide mésocamphorique. Il fond à 172°,5 ; son pouvoir

rotatoire moléculaire est : — 48° en solution alcoolique
(d'après Marsh).

ACIDES MÉSOCAMPHORIQUES. — Wreden en a obtenu un
en chauffant l'acide camphorique droit avec un hydracide
(HI ou HCl). Il fond à 113°. Il est sans action sur la
lumière polarisée. Il se dédouble par des cristallisations
répétées en acide isocamphorique gauche et acide α-cam-
phorique droit.

Il existe un autre acide mésocamphorique qui se
dédouble en acide isocamphorique droit et acide α-cam-
phorique gauche. M. Jungfleisch l'a obtenu en chauffant
avec de l'eau l'acide camphorique gauche de matricaire.

ACIDE RACÉMO-ISOCAMPHORIQUE. — Obtenu par M. Jungfleisch en mélangeant parties égales des acides isocam-
phoriques droits et gauches.

ACIDE CAMPHORIQUE INACTIF PAR CONSTITUTION. —
M. Chautard a obtenu ce composé par l'action de la
potasse bouillante sur l'éther paracamphorique. Son
existence, comme composé inactif par constitution, est
douteuse.

VII. — ACIDES-PHÉNOLS-ÉTHERS

405. Acide méthylprotocatéchique *ou* **acide
vanillique** $C^7H^3 : (OCH^3,OH,COOH)$. — Ce composé,
découvert par M. Tiemann, s'obtient en oxydant à l'aide
du permanganate de potassium soit la vanilline (aldéhyde
vanillique), soit la coniférine. C'est un corps solide cristallisant en fines aiguilles, fusibles à 212°.

406. Tannins. — Les tannins sont des principes immédiats assez abondants dans les végétaux et qui se rattachent à des composés phénoliques complexes. On a donné aux tannins ou acides tanniques des noms qui rappellent leur origine : tels sont les acides quinotannique, cachoutannique, quercitannique, gallotannique, etc. Ce dernier est le plus important.

Parmi les divers tannins, les uns forment avec les sels de fer un précipité bleu foncé, les autres un précipité vert. Les premiers donnent quand on les chauffe de l'acide pyrogallique, les seconds de la pyrocatéchine.

ACIDE GALLOTANNIQUE, TANNIN *ou* ACIDE TANNIQUE ORDINAIRE. — C'est le tannin de la noix de galle. Il a été découvert par Lewis (xviiie siècle), et principalement étudié par Pelouze et Hugo Schiff.

Préparation. — Le tannin s'extrait de la noix de galle. Pour cela, on concasse grossièrement les noix de galle et on les fait digérer avec de l'éther et de l'eau (1/10 d'eau) dans des allonges en verre ou industriellement dans de grands cylindres métalliques.

L'acide tannique est insoluble dans l'éther anhydre, mais il se dissout bien dans l'éther aqueux et un peu dans l'eau éthérée. Après un contact de vingt-quatre heures, on extrait le liquide qui, abandonné à lui-même, se sépare en deux couches ; la couche inférieure est une solution sirupeuse de tannin dans l'éther un peu hydraté, tandis que la couche supérieure est de l'éther ne contenant que très peu de tannin et un peu d'acide gallique. On sépare ces deux couches par décantation ; la seconde peut être introduite dans une nouvelle opération ; la première est évaporée ; on recueille l'éther qui distille, et il reste une masse jaune amorphe de tannin.

On peut aussi employer le procédé de Mohr, qui consiste à épuiser les noix de galle par un mélange d'alcool (1 partie) et d'éther (4 parties).

Constitution. — On a considéré d'abord l'acide gallotannique comme un glucoside de l'acide tannique après les recherches de Strecker qui avait opéré sur une matière impure, contenant en effet un glucoside. Hugo Schiff a montré qu'en traitant l'acide gallique par l'oxychlorure de phosphore on obtenait de l'acide chlorhydrique et de l'acide gallotannique. On peut considérer d'après cela l'acide gallotannique comme un anhydride de l'acide gallique. On l'a représenté par la formule

$$[(OH)^2, COOH] : C^6H^2.O.C^6H^2 : [(OH)^2, COOH].$$

On le désigne souvent pour cela sous le nom d'acide digallique.

Propriétés. — L'acide gallotannique est une substance amorphe, jaunâtre, très soluble dans l'eau, qui a la propriété caractéristique, lorsqu'on la met en présence de membranes animales, de se fixer sur ces membranes en formant des composés insolubles et imputrescibles. Cette propriété fait employer l'acide gallotannique dans l'industrie des cuirs. Diverses substances, acides sulfurique, chlorhydrique, phosphorique, arsénique, divers sels de chlorure de sodium, l'acétate de potassium, etc., la gélatine, précipitent le tannin en formant avec lui des combinaisons insolubles.

L'acide gallotannique fond, puis se décompose vers 210° en donnant surtout de l'acide pyrogallique, de l'acide carbonique et de l'acide métagallique.

Tannins divers. — *Acide cachoutannique.* — On le retire du cachou en l'épuisant par l'éther ou en ajoutant de l'acide sulfurique concentré à l'extrait aqueux ; il se forme un précipité brunâtre que l'on décompose par le carbonate de plomb. Le cachou contient de 33 à 50 0/0 d'acide cachoutannique ; il est employé en médecine comme astringent et dans l'industrie des cuirs et de la teinture. Il donne, en effet, par oxydation, des composés bruns insolubles.

Acide cafétannique. — Matière acide et astringente que l'on obtient en précipitant les solutions de café par l'acétate de plomb.

Acide quinotannique. — Tannin contenu dans les quinquinas où il se trouve à l'état de combinaison avec des alcaloïdes. L'infusion de quinquina bouillie avec l'hydrate de magnésie donne un précipité contenant ce tannin et des alcaloïdes. On le redissout dans l'acide acétique, et on précipite par le sous-acétate de plomb.

VII. — ACIDE-ÉTHER-ALDÉHYDE

407. Acide opianique. — Nous ne citerons dans cette classe que *l'acide opianique* $C^{10}H^{10}O^5$ qui est une fois acide, une fois aldéhyde et deux fois éther méthylique. On l'obtient dans l'oxydation de la narcotine. C'est un corps solide, cristallisé, fusible à 140°.

Principales propriétés des acides polybasiques — es acides à fonctions mixtes

	NOMS (1)	FORMULES	CHALEUR de FORMATION (2)	SYSTÈMES CRISTALLINS	SOLUBILITÉ (3) EAU	SOLUBILITÉ ALCOOL absolu	PERTE D'EAU à t°
Oxalates	n. de potassium	$C^2O^4K^2 + H^2O$	28,6	clinorh.			1 à 160°
	a. de potassium	$C^2O^4HK + H^2O$	13,8	orthorh.	25	30 à 80°	
	n. de sodium	$C^2O^4Na^2$	28,6		37 à 22°		
	a. de sodium	$C^2O^4HNa + H^2O$	13,8				
	n. d'ammonium	$C^2O^4(AzH^4)^2 + H^2O$	25,4	orthorh.	300	ins.	efflor.
	a. d'ammonium	$C^2O^4(AzH^4.H) + H^2O$		orthorh.	sol.	ins.	
	n. de calcium	$C^2O^4Ca + 3H^2O$	37,0	quadrat. / clinorh.	ins.	ins.	3 à 130°
	n. de baryum	$C^2O^4Ba + H^2O$	33,4		0,38	ins.	1 à 150°
	a. de baryum	$(C^2O^4)^2BaH^2 + 4H^2O$			3° à 15°		
	n. de strontium	$C^2O^4Sr + H^2O$	35,2		50 à 103		
	n. de magnésium	$C^2O^4Mg + 2H^2O$			0,66 à 18		2 à 150°
	n. de zinc	$C^2O^4Zn + 2H^2O$	25,0		t. p. s.		
	n. de cadmium	$C^2O^4Cd + 3H^2O$			0,08		
	n. ferreux	$C^2O^4Fe + 2H^2O$			0,3		1 à 160
	n. ferrique	$(C^2O^4)^3Fe^2$			t. p. s.	ins.	
	n. de manganèse	$C^2O^4Mn + 2H^2O$	28,6	octaèdre?	0,4		
	d'antimonyl	$C^2O^4Sb(OH) + 1/2H^2O$			p. sol.		1/2 à 100°
	n. d'étain	C^2O^4Sn			ins.		
	n. de plomb	C^2O^4Pb	25,6		ins.		
	n. de cuivre	$C^2O^4Cu + 1/2H^2O$			t. p. s.		1/2 à 120°
	n. mercureux	$C^2O^4Hg^2 + H^2O$			ins.		
	n. mercurique	C^2O^4Hg	14,0		ins.		
	n. d'argent	$C^2O^4Ag^2$	25,8		t. p. s.		
Succinates	n. de potassium	$C^4H^4O^4K^2 + 2H^2O$	26,4		t. sol.	sol.	2 à 100°
	n. de sodium	$C^4H^4O^4Na^2 + 3H^2O$	26,5	clinorh.	sol.	sol.	5 à 100°
	n. d'ammonium	$C^4H^4O^4(AzH^4)^2$	23,0	hexag.	t. sol.	t. sol.	
	n. de calcium	$C^4H^4O^4Ca + 3H^2O$			p. sol.	ins.	3 à 150°
	n. de plomb	$C^4H^4O^4Pb$			t. p. s.	ins.	
Lactates	de sodium	$C^3H^5O^3Na$	13,5		t. sol.	t. sol.	déliq
	de calcium	$(C^3H^5O^3)^2Ca + 5H^2O$			110	20	5 dans vide
	de zinc	$(C^3H^5O^3)^2Zn + 3H^2O$			20	ins.	3 à 160°
	ferreux	$(C^3H^5O^3)^2Fe + 3H^2O$			20	ins.	3 dans vide
	de cuivre	$(C^3H^5O^3)^2Cu + 2H^2O$		orthorh.	120	40	2 dans vide
	Malate de calcium	$C^4H^4O^5Ca + 2H^2O$			t. sol.		1à100; 1à180°
Tartrates	n. de potassium	$C^4H^4O^6K^2 + 1/2H^2O$			1.500	t. p. s.	1/2 à 189°
	a. de potassium (crème de tartre)	$C^4H^5O^6K$			5,7 à 20°	ins.	
	n. de sodium	$C^4H^4O^6Na^2 + 2H^2O$	25,2	orthorh.	200 à 0°	ins.	2 à 200°
	a. de sodium	$C^4H^5O^6Na + H^2O$	12,7	orthorh.	115	ins.	1 à 105°
	de potas. et de sodium (sel de Seignette)	$C^4H^4O^6(Na.K) + 4H^2O$			115 à 11	ins.	35à100; 1à105°
	p. d'ammonium	$C^4H^4O^6(AzH^4)^2$			t. sol.		
	a. d'ammonium	$C^4H^5O^6AzH^4$			29		
	n. de calcium	$(C^4H^4O^6)Ca + 4H^2O$		orthorh.	0,16 à 15		3 à 150°
	a. de calcium	$(C^4H^5O^6)^2Ca$			7 à 16°	ins.	
	d'antimonyle	$C^4H^4O^6(SbO)^2 + H^2O$					
	d'antim. et de potas. (émétique)	$C^4H^4O^6(SbO.K) + 1/2H^2O$		orthorh.	70	ins.	1/2 à 100°
	de fer et de potassium (boules de Nancy)	$(C^4H^4O^6)^3Fe^2O^2,K^2$			sol.	ins.	
	de boryle et de potass. (crème de tartre solubl.)	$C^4H^4O^6(BoO,K)$					
Citrates	de potassium	$C^6H^5O^7K^3 + H^2O$			t. sol.	ins.	1 à 200°
	de sodium	$C^6H^5O^7Na^3 + \frac{11}{2}H^2O$	38,7	orthorh.	400	p. sol	7/2 à 100; 2à200°
	d'ammonium	$C^6H^4O^7(AzH^4)^3$	22,4	orthorh.	sol.	sol.	
	de calcium	$(C^6H^5O^7)^2Ca^3 + 2H^2O$			p. sol.	ins.	2 à 200°
	de magnésium	$(C^6H^5O^7)^2Mg^3 + 14HO$			t. sol.	ins.	14 à 250°
	ferrique	$(C^6H^5O^7)^2Fe^2 + 6H^2O$			t. sol.	ins.	2à130; 3à150°

(1) Les sels neutres sont indiqués par la lettre n, les sels acides par la lettre a.

(2) Les chaleurs de formation sont rapportées à l'état dissous, depuis l'acide et la base dissous, lorsque tous ces corps sont solubles [...] rapportées à l'état dissous, lorsque tous ces corps sont solubles.

(3) La solubilité est exprimée en grammes du corps dissous par litre de dissolvant, à la température ordinaire quand celle-ci n'est pas indiquée.

§ 4. — APPLICATIONS

408. Acide oxalique. — L'acide oxalique se prépare dans l'industrie principalement par l'action de l'acide azotique sur la mélasse ou par l'action de l'hydrate de potassium sur le bois.

Fabrication avec la mélasse. — L'opération se fait dans des cuves en bois doublées de plomb, chauffées à la vapeur par un serpentin. On opère ainsi : on traite 400 kilogrammes de mélasse par 5 kilogrammes d'acide sulfurique concentré, qui précipite la chaux que contient toujours la mélasse ; on fait ensuite arriver la matière, séparée par décantation du précipité de sulfate de calcium, dans une grande cuve de bois doublée aussi de plomb et qui contient 7 tonnes d'eaux-mères provenant des opérations précédentes auxquelles on a ajouté 400 kilogrammes d'acide azotique ; on brasse la matière avec soin ; on élève et on maintient la température à 40° pendant vingt-quatre heures. On ajoute alors une nouvelle dose d'acide sulfurique (30 kilogrammes) et, peu à peu, par charge de 100 kilogrammes, on ajoute 1.000 kilogrammes d'acide azotique. Au bout de douze heures, quand tout l'acide a été ajouté, on active l'arrivée de la vapeur et on porte la masse à l'ébullition pendant soixante heures. On envoie ensuite la liqueur dans des bacs en bois doublés de plomb où l'acide oxalique formé cristallise. Les cristaux sont ensuite essorés dans une turbine, redissous et cristallisés de nouveau. On obtient ainsi en acide oxalique 90 0/0 du poids de mélasse employée.

Fabrication avec la cellulose. — La cellulose s'emploie le plus souvent à l'état de sciure de bois. L'alcali employé pour effectuer la transformation peut être à l'état de dissolution ou de fusion. A l'état de dissolution la réaction n'a lieu qu'à 130°, sous pression par conséquent ; à l'état fondu elle se produit sous la pression ordinaire, mais entre 250 et 300°. On peut employer la potasse ou la soude, mais le premier de ces alcalis donne de meilleurs résultats que le second ou que le mélange des deux ; par contre, il a l'inconvénient d'être le plus coûteux. Les bois tendres, principalement le pin, le sapin et le peuplier, donnent plus d'acide oxalique que les bois durs. Les deux premiers, pris à l'état sec, fournissent 94,7, et le troisième 93,4 pour 100 d'acide oxalique. Le chêne n'en donne que 83,4.

Le bois est amené à l'état de sciure, lessivé à l'eau bouillante pour en extraire diverses substances nuisibles, principalement le tannin, puis lessivé avec une dissolution de soude faible (10 0/0), sous pression, vers 130°. Après ce traitement, analogue à celui que l'on fait subir au bois pour le transformer en papier, on forme une pâte avec la sciure et avec une lessive alcaline marquant 38° B. Cette lessive contient 250 kilogrammes de potasse caustique pour 100 kilogrammes de sciure ou une quantité équivalente d'un mélange de soude et de potasse.

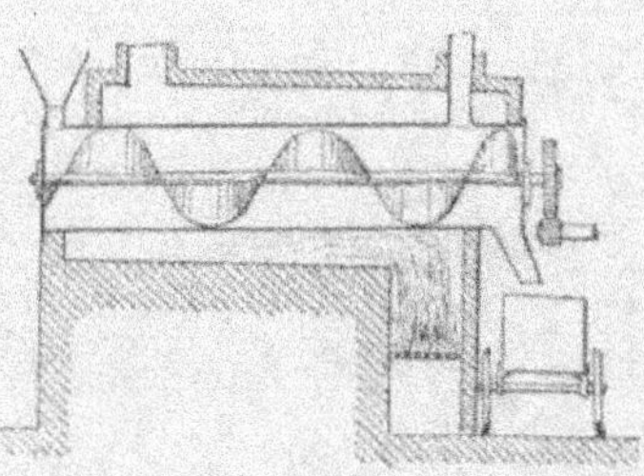

L'appareil où l'on chauffe cette pâte se compose d'un cylindre en fer dont l'axe est traversé par un arbre muni d'une surface hélicoïdale, formant vis d'Archimède, et servant à la fois à brasser la matière et à la transporter d'une extrémité à

l'autre; le mélange d'alcali et de sciure est introduit à
l'aide d'une trémie à une extrémité, il sort à l'autre et
tombe dans un wagonnet en tôle. Les gaz qui se dégagent pendant l'opération contiennent un peu d'acide
acétique et d'alcool méthylique; on les recueille et
on les dirige dans des appareils de condensation. Quant
aux gaz combustibles qui ont échappé à cette condensation, on les utilise pour le chauffage. La masse
poreuse qui sort de cet appareil contient surtout des
carbonates alcalins 50 à 55 0/0, des oxalates alcalins
28 à 30 0/0, de la potasse et de la soude caustiques;
diverses matières organiques volatiles (acide acétique et
alcool méthylique, principalement), ont, en outre, été
recueillies. On lessive la masse avec de l'eau par le procédé méthodique (introduction de l'eau pure sur les matières partiellement épuisées, et sortie des eaux concentrées en passant sur des matières fraîches). A la sortie
des lessiveurs, les liqueurs sont filtrées et concentrées
de façon à marquer 10° B., puis bouillies longtemps avec
un lait de chaux qui transforme les oxalates alcalins en
oxalate de calcium et les carbonates alcalins en carbonate
de calcium et alcalis caustiques. Lorsqu'une prise d'essai,
filtrée et traitée par le chlorure de calcium, ne donne
plus de précipité, il ne reste plus d'oxalate alcalin. On
recueille alors l'oxalate de calcium dans un filtre-presse,
on le lave à l'eau tiède, puis froide; la solution qui contient les alcalis à l'état caustique est évaporée de façon à
marquer 38° B.; elle peut alors servir de nouveau à attaquer de la sciure de bois. Quant au précipité, on le délaye
avec de l'eau dans une cuve en bois doublée de plomb et
on le décompose par de l'acide sulfurique étendu à 20° B.
Après une heure de contact, on élève la température à
l'aide de vapeur dirigée dans un serpentin immergé dans

la masse, la réaction se complète, et le sulfate de calcium formé est éliminé par un nouveau passage dans les filtres-presses. La liqueur qui s'écoule de ces appareils est évaporée, filtrée de nouveau pour enlever le dépôt de sulfate de calcium formé pendant la concentration, et la liqueur, amenée à marquer 30° B., est abandonnée au refroidissement dans des bacs en bois doublés de plomb où l'acide oxalique cristallise. Les eaux-mères sont ramenées à marquer 30° B. par une nouvelle évaporation suivie d'une cristallisation ; les nouvelles eaux-mères sont employées pour étendre l'acide sulfurique qui doit servir à l'attaque d'une nouvelle masse d'oxalate et de carbonate de calcium.

Nous avons indiqué que, dans ce procédé, la potasse donnait de meilleurs résultats que la soude, en particulier une attaque plus prompte et plus complète de la cellulose. Toutefois, pour des raisons économiques, on emploie presque toujours des mélanges de ces deux alcalis. On a fait aussi divers essais pour remplacer ces deux bases par d'autres. L'ammoniaque, même sous pression, et la chaux ont une action trop lente ; la chaux sodée peut être employée, mais sans grand avantage au point de vue économique. La baryte a donné de meilleurs résultats ; mais elle passe à l'état de sulfate de baryum, et il devient nécessaire de récupérer la baryte, ce qui est plus compliqué que la régénération des alcalis exigée par le procédé précédent.

Le bois peut aussi être attaqué par un mélange de 32 0/0 d'acide sulfurique monohydraté, 20 0/0 d'acide azotique monohydraté et 48 0/0 d'eau, à la température de 60° environ. Dans ce procédé, dû à M. Lifschütz, le bois n'est pas réduit à l'état de sciure, mais seulement à l'état de petits cubes de 1 à 2 centimètres de côté ; 100 parties de bois donnent 30 parties d'acide oxalique.

Synthèse industrielle de l'oxalate de sodium. — On
peut aussi obtenir de l'oxalate de sodium en chauffant
rapidement vers 420° dans un appareil analogue à celui
qui sert au traitement de la sciure de bois par les alcalis,
du formiate de sodium obtenu par synthèse (V. t. II, p. 99).
On obtient ainsi une masse saline contenant 70 0/0
d'oxalate de sodium. On lessive la masse, et on la traite,
comme précédemment, par le chlorure de calcium.

Usages. — L'acide oxalique est employé en assez
grande quantité en teinture (oxalate d'antimoine, composition d'étain) et dans l'impression des tissus. On l'utilise encore comme dissolvant du bleu de Prusse et de
quelques autres couleurs pour la fabrication des encres
(encre bleue). Il sert comme décolorant pour diverses
substances (paille, peaux, encre). L'eau de cuivre, utilisée pour le nettoyage des métaux, est une dissolution de
30 grammes d'acide oxalique dans 1 litre d'eau. Il est
employé en médecine comme rafraîchissant (pastilles
contre la soif). C'est un poison assez violent.

409. Acide phtalique et dérivés. — 1° ACIDE
PHTALIQUE. — L'acide orthophtalique se prépare industriellement par le procédé de Laurent (V. t. II, p. 280), qui
consiste essentiellement dans l'oxydation du tétrachlorure de naphtalène par l'acide azotique. L'opération
comprend donc deux parties : la chloruration du naphtalène et l'oxydation du produit obtenu.

Le tétrachlorure de naphtalène s'obtient par l'action
du chlore sur le naphtalène. Pour cela, dans des touries
en grès, contenant chacune 40 kilogrammes de naphtalène et disposées dans un bain-marie, chauffé au début
à 80°, on fait arriver un courant de chlore ; en général,
on met les touries par batteries de quatre. Le naphtalène

est liquide à 80°; l'absorption du chlore se fait rapidement dans ces conditions, et la température s'élève bientôt
jusque vers 200°. On remplace alors l'eau chaude du

bain-marie par un courant d'eau froide; on arrête l'opération quand l'action du chlore, dans les trois premières
touries, est épuisée; elle exige environ dix heures. La
quatrième tourie, qui a absorbé le chlore échappé aux
trois premières, sert dans l'opération suivante; on la met
en tête. Le produit des trois premières touries est jeté
dans 1 mètre cube d'eau bouillante, et ce lavage est
renouvelé trois fois; le tétrachlorure de naphtalène est
ensuite décanté et coulé. Les pains ainsi obtenus contiennent une petite quantité d'un bichlorure liquide, que
l'on chasse en les soumettant à l'action d'une presse
hydraulique. 100 kilogrammes de naphtalène donnent
200 kilogrammes de tétrachlorure.

L'oxydation du tétrachlorure de naphtalène, au moyen
de l'acide azotique, donne ensuite de l'acide phtalique,
de l'acide chlorhydrique et de l'acide carbonique, suivant l'équation :

$$C^{10}H^8Cl^4 + H^2O + 7O = C^6H^4(COOH)^2 + 4HCl + 2CO^2.$$

Le tétrachlorure de naphtalène est versé peu à peu, tous les quarts d'heure, par quantités de 2 kilogrammes à la fois, dans 300 kilogrammes d'acide azotique, placé dans une chaudière en fonte émaillée, chauffée au bain d'huile, jusqu'à ce qu'on en ait introduit 80 kilogrammes. Il se dégage d'abondantes vapeurs rutilantes, que l'on recueille de façon à régénérer une partie de l'acide azotique employé. Après douze heures, la réaction

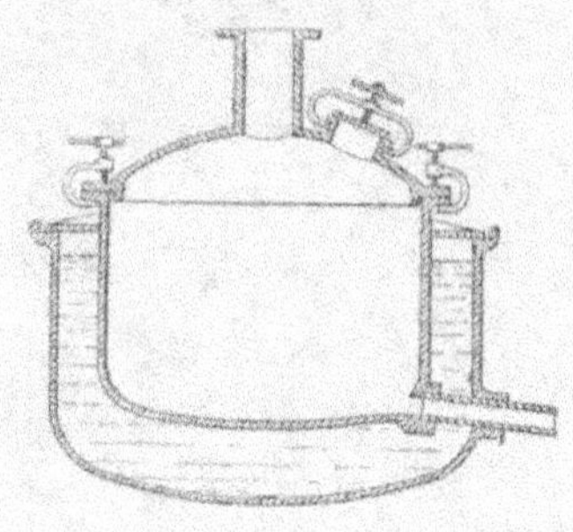

est terminée, et l'on fait écouler le contenu de la chaudière par un tube de vidange, dans une cuve contenant 300 litres d'eau bouillante. Par refroidissement, une partie de l'acide phtalique cristallise : en concentrant des eaux-mères au tiers du volume primitif, elles laissent déposer une nouvelle quantité de cet acide. Ces cristaux sont ensuite purifiés en les dissolvant dans l'eau bouillante et les faisant cristalliser par refroidissement. 100 kilogrammes de chlorure de naphtalène donnent 110 kilogrammes d'acide phtalique.

Vohl a proposé un autre procédé industriel, qui consiste à traiter 12 parties de naphtalène par 109 parties d'acide sulfurique à 66° B. et par 80 parties de bichromate de potassium, que l'on introduit peu à peu. On ajoute ensuite à la masse de l'eau bouillante, ce qui détermine un dégagement abondant d'acide carbonique, et on sature la liqueur par du carbonate de sodium ; on filtre à chaud, pour séparer l'oxyde de chrome, et on traite la liqueur par l'acide chlorhydrique ; il se dépose

une matière jaune (carminaphte de Laurent) que l'on
sépare, puis on évapore la liqueur, qui laisse déposer de
l'acide phtalique et des sels de sodium (sulfate et chlorure).

2° ANHYDRIDE PHTALIQUE. — L'anhydride phtalique
s'obtient facilement en déshydratant par la chaleur (230°),
l'acide phtalique. L'opération se fait en chauffant cet

acide dans un cylindre en fonte, immergé dans un bain
de paraffine ou de phénanthrène, maintenu à 230°. Les
vapeurs se rendent dans une chambre en maçonnerie,
où elles passent à l'état solide. Souvent, on active la
sublimation à l'aide d'un courant d'air fourni par un ventilateur. On obtient ainsi 85 0/0 d'anhydride phtalique.

3° PHTALÉINES (V. t. II, p. 282). — Les phtaléines, qui
donnent facilement naissance à de belles matières colorantes, s'obtiennent par l'action de l'anhydride phtalique
sur les phénols. Le type de ces matières est la phtaléine
du phénol.

Phtaléine du phénol. — Elle se prépare en chauffant
entre 115 et 120°, pendant une douzaine d'heures, 5 parties d'anhydride phtalique, 4 parties d'acide sulfurique
concentré et 10 parties de phénol. La masse fondue est
ensuite lavée à l'eau bouillante. Le résidu est épuisé par
une solution étendue et chaude de soude ; la phtaléine

se dissout. On neutralise la solution par l'acide acétique ; la phtaléine se précipite, déjà plus pure. On la dissout dans l'alcool chaud, on filtre sur du noir animal et on précipite la dissolution en l'étendant d'eau.

Fluorescéine. — On prépare la fluorescéine $C^{20}H^{62}O^5$, en chauffant à 200° au bain d'huile, dans des cornues plates, un mélange de 100 kilogrammes d'anhydride phtalique et de 150 kilogrammes de résorcine. Après plusieurs heures de chauffe, on laisse refroidir ; puis, on épuise la masse par l'eau bouillante, qui dissout la résorcine et l'acide phtalique, qui n'ont pas réagi. En traitant ensuite le résidu par l'alcool, on dissout la fluorescéine et on l'obtient cristallisée par la distillation de l'alcool. C'est une poudre cristalline, rouge brique, qui se décompose sans fondre. Les oxydants faibles sont sans action, le chlore la décompose, mais le brome et l'iode donnent des dérivés substitués intéressants.

Éosine. — Parmi ces dérivés, le plus intéressant est l'*éosine*, sel de potassium de la tétrabromofluorescéine. On l'obtient en dissolvant, dans de la soude caustique, 1 molécule de fluorescéine et en ajoutant un mélange de bromure et de bromate de sodium, obtenu en mettant dans une solution de soude 4 molécules de brome ; au mélange de fluorescéine, de bromure et de bromate, on ajoute alors du chlorate de potassium et de l'acide chlorhydrique ; le brome du bromure et du bromate est mis en liberté, et il se forme de la tétrabromofluorescéine, qui se dépose. On la recueille sur un filtre, on la lave et on la sature exactement par du carbonate de potassium. On évapore ensuite à sec et on obtient ainsi l'éosine jaunâtre. 40 kilogrammes de fluorescéine donnent 82 kilogrammes d'éosine.

Érythrosine. — Cette substance, d'une nuance plus

violacée que l'éosine, est de la fluorescéine tétra-iodée.
On la prépare en traitant la fluorescéine, mise en suspension dans de l'alcool, par de l'iode et du chlorate de
potassium. La réaction est analogue à celle qui donne
l'éosine.

Lutécienne. — On désigne sous ce nom une fluorescéine bromo-nitrée que l'on obtient en ajoutant à une
solution de 9 kilogrammes d'éosine 8 kilogrammes d'azotate de sodium et 15 kilogrammes d'acide sulfurique ;
il se précipite une matière que l'on lave et que l'on traite
ensuite par la soude caustique, pour avoir le dérivé sodé.

Primerose. — C'est un dérivé méthylé de l'éosine. On
l'obtient en chauffant dans un appareil à reflux 5 parties
d'éosine, 10 parties d'alcool méthylique et 9 parties
d'acide sulfurique concentré. On traite ensuite la matière
par l'eau. On peut encore chauffer dans un autoclave
25 kilogrammes d'éosine, 70 kilogrammes d'alcool à
50 0/0, et 8 kilogrammes de chlorure de méthyle. On
procède ensuite par l'eau. Le précipité est lavé et traité
par le carbonate de potassium bouillant qui dissout
l'éosine inaltérée. Ce qui reste est lavé et desséché. Elle
remplace souvent l'éosine en teinture ; elle est d'une
nuance plus fraîche que celle-ci et est, en outre, plus stable.

Rose bengale. — Ce composé s'obtient comme l'érythrosine, mais en remplaçant la fluorescéine par la dichlorofluorescéine.

Phloxine. — Cette substance s'obtient par l'action du
brome sur la dichlorofluorescéine.

Cyanosine. — On désigne sous ce nom un dérivé méthylé de la phloxine. Il s'obtient par un procédé analogue à celui qui donne la primerose.

Toutes ces matières colorantes sont employées en teinture et dans l'industrie des papiers peints.

Galléine. — C'est une matière violette que l'on obtient
en chauffant au bain d'huile à 180° une chaudière en
fonte, et en y projetant 6^{kg},5 d'anhydride phtalique et
20 kilogrammes d'acide gallique chauffé vers son point
de fusion. On élève la température du bain d'huile à
200° et on agite. La matière s'épaissit peu à peu. L'opération dure environ dix heures. On laisse refroidir ; puis,
on concasse, on broie et on traite la matière par l'eau
bouillante. Le résidu est alors dissous dans une solution
de carbonate de sodium. Il se forme un dérivé sodé de la
galléine. On le décompose par l'acide sulfurique ; la galléine se précipite, on la lave et on la sèche.

On l'emploie en teinture ; mais son principal usage est
la fabrication de la céruléine S.

Céruléine. — Ce composé s'obtient en chauffant peu à
peu, jusqu'à 195°, 1 partie de galléine avec 20 parties
d'acide sulfurique concentré. Après cinq heures environ,
on laisse refroidir jusqu'à 120°, et on projette la matière
dans l'eau. On lave jusqu'à ce que les eaux de lavage ne
soient plus acides. C'est une matière noirâtre, soluble en
vert dans les alcalis ; elle est peu employée en teinture,
mais son dérivé bisulfitique, connu sous le nom de céruléine S, teint le coton mordancé en un vert olive très
solide. Ce dérivé résulte de l'union de 2 molécules de
sulfite acide de sodium SO^3NaH avec 1 molécule de céruléine. On l'obtient en laissant la céruléine en contact avec
une solution concentrée de bisulfite de sodium.

410. Acide tartrique. — Les matières premières
de l'industrie de l'acide tartrique sont le tartre brut et la
lie que l'on extrait des tonneaux de vins. Le jus du raisin
contient des tartrates (de potassium et de calcium), des
éthers tartriques et même parfois de l'acide tartrique

libre. Par suite de la transformation du sucre en alcool pendant la fermentation, les bitartrates de potassium et de calcium, très peu solubles dans les liquides alcooliques, se déposent peu à peu sur les parois des tonneaux; il constitue le tartre brut. Les *lies* ou dépôts qui se forment dans les vins contiennent aussi de l'acide tartrique mélangé à diverses substances. Les lies contiennent moins d'acide tartrique que les tartres bruts (1); comme, d'ailleurs, la richesse des tartres et des lies est très variable, il est indispensable de la déterminer avant chaque marché.

Les tartres bruts et les lies contiennent l'acide tartrique à l'état de tartrate de potassium et de calcium; ce dernier sel s'y trouve en proportions notables dans les tartres bruts, lorsque le vin a été plâtré. Le traitement de ces matières premières consiste à transformer tout l'acide tartrique qu'elles contiennent en tartrate de calcium. Ce composé, à peu près insoluble, est ensuite décomposé par l'acide sulfurique; il se forme du sulfate de calcium peu soluble, et la dissolution donne par évaporation des cristaux d'acide tartrique.

Transformation des tartres bruts et des lies en tartrate de calcium. — Les tartres bruts (2) sont introduits dans une cuve en bois contenant de l'eau que l'on porte à l'ébullition par l'arrivée d'un courant de vapeur. On met 5 kilogrammes de tartre par hectolitre d'eau. On ajoute ensuite du carbonate de calcium sous forme de craie pulvérisée (1ᵏ,250 pour 5 kilogrammes de tartre).

(1) Les lies qui se déposent dans les vins plâtrés ne contiennent que très peu d'acide tartrique.

(2) Les tartres bruts du commerce comprennent les tartres rouges ou blancs déposés dans les tonneaux de vins rouges ou blancs, les cristaux d'alambics déposés dans les alambics où on distille le vin et les cristaux de lies obtenus dans le traitement des lies par l'eau bouillante.

Le carbonate de calcium transforme le bitartrate de potassium en tartrate neutre en donnant du tartrate de calcium; on ajoute alors du sulfate de calcium humide provenant d'une opération précédente, et, peu à peu, le tartrate neutre de potassium donne, par double décomposition du sulfate de potassium et du tartrate de calcium. Après un repos de plusieurs heures, on décante la liqueur pour la séparer du dépôt qui s'est formé. On concentre le liquide et on retire à l'état de sulfate de potassium les 4/5 du potassium contenu dans le tartre. Le dépôt, principalement formé de tartrate de calcium, est lavé au filtre-presse et traité comme il est dit plus loin.

Les lies sont d'abord chauffées dans un alambic pour séparer l'alcool qu'elles contiennent, puis elles sont traitées par de l'eau contenant 1/2 0/0 d'acide chlorhydrique; la liqueur est ensuite saturée par du carbonate de calcium. Tout d'abord, il se forme du tartrate de calcium et du tartrate neutre de potassium; puis, ce sel se transforme en chlorure de potassium et tartrate de calcium sous l'influence du chlorure de calcium formé simultanément. On laisse déposer, on lave le dépôt constitué par le tartrate de calcium et on fait cristalliser le chlorure de potassium.

Transformation du tartrate de calcium en acide tartrique. — Le tartrate de calcium obtenu dans les opérations précédentes est délayé dans de l'eau et décomposé par de l'acide sulfurique étendu dans des cuves en bois doublées de plomb et chauffées à la vapeur; il se forme un dépôt de sulfate de calcium, et l'acide tartrique, mêlé d'un petit excès d'acide sulfurique, reste dans la liqueur. Le sulfate de calcium est éliminé par des filtres-presses, et la liqueur est chauffée et mise à évaporer à l'air libre, dans des chaudières plates doublées en plomb ou dans des appareils analogues à ceux qui servent, dans l'industrie du sucre, à la concentration du jus sucré ; ils doivent être doublés en plomb ou être en plomb assez épais pour résister au vide que l'on produit à l'intérieur. Ces appareils, plus coûteux que les premiers, donnent un rendement plus fort, parce que, opérant à plus basse température, on évite la décomposition d'un peu d'acide tartrique par l'acide sulfurique ainsi que les transformations que la chaleur fait éprouver à l'acide tartrique. Pendant l'évaporation, du sulfate de calcium se dépose continuellement. Lorsque la liqueur est suffisamment concentrée, on l'envoie dans des bains de cristallisation munis d'agitateurs. Grâce à ces appareils, les cristaux qui se forment sont très petits, et l'acide granulé ainsi obtenu est facile à laver et à sécher dans des essoreuses ; les eaux-mères et les eaux de lavage sont neutralisées par du carbonate de calcium ; on obtient ainsi, sous forme de tartrate de calcium précipité, l'acide tartrique qu'elles renfermaient. Ce tartrate rentre ensuite dans la fabrication.

Purification de l'acide tartrique brut. — L'acide tartrique granulé est ensuite dissous dans l'eau chaude de façon à marquer 27° B. Cette solution est décolorée par le noir animal, puis concentrée à 40° B., et abandonnée alors à une cristallisation lente, qui fournit de gros cristaux d'acide tartrique.

Essai des tartres et des lies. — L'essai des matières premières utilisées dans l'industrie du tartrier consiste à déterminer le tartrate acide de potassium et le tartrate de calcium qu'elles contiennent. Pour les tartres, on peut, avec une exactitude suffisante pour la pratique, déterminer le bitartrate d'après l'acidité de la liqueur. Pour cela, on traite 10 grammes de tartre pour 1 litre d'eau bouillante, on verse peu à peu une solution de soude, de force connue, et on détermine le moment de la neutralisation à l'aide d'un papier de tournesol. Pour déterminer le tartrate de calcium, on dissout le tartre brut dans de l'acide chlorhydrique étendu de son volume d'eau ; puis, on filtre et on sature exactement le liquide filtré par de l'ammoniaque ; le tartrate de calcium se précipite ; on le recueille sur un filtre taré; après douze heures, on le sèche et on le pèse.

L'analyse des lies est un peu plus longue, parce que, par suite de la présence de diverses matières capables de neutraliser la soude (tannin, etc.), on ne peut employer le titrage alcalimétrique.

On commence par vérifier l'absence des carbonates dans les lies, puis on en calcine un poids connu. Les tartrates sont transformés en carbonates et dans les cendres, on dose les carbonates de potassium et de calcium par les procédés ordinaires. Dans le cas où les lies contiendraient des carbonates (1), on déterminerait la quantité d'acide carbonique qu'ils peuvent fournir, et on retrancherait du poids de carbonate de calcium trouvé dans les cendres celui qui correspond à l'acide carbonique, déterminé avant la calcination. Ce procédé ne donne que des résultats approximatifs, mais il est relativement rapide.

411. Acide citrique. — L'acide citrique s'extrait du jus du citron, de la bergamotte et du limettier (*citrus limetta*). Le jus de citron est concentré sur les lieux mêmes de production, puis envoyé aux usines d'acide citrique (2).

____

(1) On trouve parfois du carbonate de calcium en grandes quantités dans les lies espagnoles (Scheurer-Kestner).

(2) Parfois aussi on transforme sur les lieux mêmes de production l'acide citrique en citrate de calcium. Le citrate de calcium de Sicile renferme de 80 à 90 0/0 de citrate pur.

A. Production du jus. — La récolte des citrons a lieu dans le mois de novembre, en Sicile et en Espagne, avant la maturité complète, mais au moment où la proportion d'acide citrique est maxima. Le traitement des citrons, dans les lieux de production, comporte trois opérations : l'écorçage, le pressage et la concentration du jus.

1° *Écorçage.* — L'écorçage se fait à la main ; un ouvrier sépare l'écorce du citron, met l'écorce de côté pour la fabrication de l'essence de citron, puis coupe en deux chaque citron pelé. Il peut traiter ainsi 4.000 citrons par jour.

2° *Pressage.* — Le pressage se fait dans des pressoirs très analogues à ceux que l'on emploie dans la fabrication du cidre. On obtient en moyenne 50 kilogrammes de jus de citron marquant 4 ou 5° B. par 1.000 citrons. Ce jus contient par litre à l'état libre de 45 à 55 grammes d'acide citrique et environ 5 grammes à l'état de citrate de calcium.

3° *Concentration.* — Le jus obtenu par le pressage est rapidement concentré dans des chaudières, jusqu'à ce qu'il marque 28° B. Il contient alors environ 400 grammes d'acide citrique par litre. Le jus ainsi concentré est passé à travers une toile fine, puis versé bouillant dans des tonneaux et expédié aux fabriques d'acide citrique.

B. Traitement des fabriques. — Le jus concentré à 28° B. des citrons, ainsi que le jus concentré de bergamotte de Messine, qui contient 300 grammes d'acide citrique par litre, et le jus concentré de limetier des Îles Sandwich, qui en contient 575 grammes par litre, sont transformés dans des usines spéciales en citrate de calcium (1), que l'on décompose par l'acide sulfurique.

(1) On a aussi employé soit la baryte, soit la magnésie.

1° *Fabrication du citrate de calcium.* — On étend d'eau le jus concentré des citrons en mettant 1 partie de jus pour 4 parties d'eau; cette eau provient du lavage de divers précipités comme il sera indiqué plus loin; on opère dans des citernes en maçonnerie d'une capacité d'environ 12 mètres cubes. Ces citernes sont pourvues d'agitateurs et d'un serpentin parcouru par un courant d'eau froide, de façon à amener la température du mélange au voisinage de + 5°. À cette température, le jus laisse précipiter diverses matières mucilagineuses; cette séparation peut être rendue plus facile en ajoutant des matières tannantes. On envoie ensuite le jus aux filtres-presses, pour retenir ces matières insolubles, et le jus clair qui en sort est dirigé dans une autre citerne de même capacité, où le serpentin réfrigérateur est remplacé par un serpentin chauffé à la vapeur, qui permet d'amener la masse à 100°. On y verse alors un lait de chaux dosé de façon à transformer tout l'acide citrique en citrate tricalcique. L'acide citrique est ainsi précipité à l'état de citrate insoluble.

On envoie la liqueur bouillante dans des filtres-presses, et on y lave le précipité successivement avec de l'eau bouillante, de l'eau tiède et de l'eau froide. Ces eaux de lavage servent pour diluer les jus concentrés de citron.

2° *Fabrication de l'acide citrique.* — Après ce lavage, le citrate de calcium est retiré des filtres-presses et délayé avec de l'eau dans des cuves de 2 mètres cubes munies d'agitateurs et d'un serpentin en plomb pour le chauffage à la vapeur. On commence à chauffer et à ajouter peu à peu de l'acide sulfurique étendu de cinq fois son volume d'eau, de façon que la liqueur arrive à l'ébullition, quand tout l'acide sulfurique nécessaire pour la saturation de la chaux a été ajouté. On continue à faire bouillir la liqueur pendant un quart d'heure, puis on arrête l'arrivée de la vapeur, et on agite encore une demi-heure avant d'envoyer le tout aux filtres-presses, qui retiennent le sulfate de calcium ; on le lave, et les eaux de lavage servent à étendre les jus concentrés.

Le liquide qui sort des filtres-presses contient surtout de l'acide citrique, un peu d'acide sulfurique, de sulfate de calcium et des matières noires. On le concentre jusqu'à 46° B. dans des cuves en bois doublées de plomb, chauffées à la vapeur entre 65 et 70°. Le sulfate de calcium contenu dans la liqueur se dépose ; on évacue la liqueur décantée dans d'autres cuves analogues, où l'on pousse plus loin la concentration, jusqu'à ce qu'il se forme une pellicule à la surface. On décante alors la liqueur dans des bacs de cristallisation, où il se dépose des cristaux d'un jaune brun constitués par de l'acide citrique impur. Après un séjour de quarante-huit heures dans ces cristallisatoirs, l'eau-mère est concentrée de nouveau et fournit une seconde cristallisation ; puis, après une nouvelle concentration, une troisième cristallisation donnant des produits encore plus noirs. Quant à la dernière eau-mère, on l'ajoute aux jus concentrés et elle rentre ainsi dans la fabrication.

3° Raffinage de l'acide citrique brut. — L'acide citrique brut est redissous dans 2 parties et demie d'eau et additionné de 2 0/0 de noir animal lavé aux acides (exempt de chaux le plus possible), puis porté à l'ébullition pendant dix minutes ; on filtre sur du noir animal et on concentre sans dépasser 70°. La liqueur évaporée jusqu'à formation de pellicule est abandonnée dans des cristallisoirs maintenus à 15°. Les cristaux obtenus sont égouttés, puis mouillés avec de l'eau pure et mis dans une étuve maintenue à 30°. L'évaporation des eaux-mères donne de nouveaux cristaux, que l'on traite de même, et la nouvelle eau-mère retourne aux jus à traiter.

412. Acide salicylique. — On fabrique industriellement l'acide salicylique par la méthode de Kolbe, c'est-à-dire par l'action de l'anhydride carbonique sur le phénate de sodium. Mais le procédé actuellement suivi diffère notablement de l'ancien. Voici les remarques sur lesquelles il repose : l'anhydride carbonique se combine sous pression avec le phénate de sodium à froid en donnant un composé isomérique du salicylate de sodium que l'on peut considérer comme un phénylcarbonate de sodium :

$$CO\left\langle\begin{array}{l}OH\\OH\end{array}\right. \qquad\qquad CO\left\langle\begin{array}{l}OC^6H^5\\ONa\end{array}\right.$$

acide carbonique   phényl carbonate de sodium

En chauffant ensuite rapidement et en vase clos ce composé, on obtient, au-dessus de 130°, une transformation complète de ce corps en salicylate de sodium :

$$CO\left\langle\begin{array}{l}OC^6H^5\\ONa\end{array}\right. \quad=\quad C^6H^4\left\langle\begin{array}{l}OH\\COONa\end{array}\right.$$

Pour réaliser ces réactions successives, on traite du phénate de sodium bien sec, obtenu par l'action du phénol sur une lessive de soude, par de l'anhydride carbonique gazeux, mais sous une pression de 12 à 15 atmosphères, ou même par de l'anhydride carbonique liquide. Dans les deux cas, l'anhydride carbonique est introduit lentement pendant que l'on refroidit l'autoclave à l'aide d'un courant d'eau pour éviter que la température ne s'élève par la compression de l'anhydride carbonique ou

par la chaleur que dégage la formation du phénylcarbonate de sodium. Une fois la transformation terminée, ce
qui exige environ trois heures, quand on opère sur
50 kilogrammes de phénate de sodium, on élève aussi
rapidement que possible la température entre 130 et 140°,
et l'on maintient cette température pendant quatre heures.

On dissout ensuite la masse qui se trouve dans l'autoclave dans 125 litres d'eau chaude, et l'on y ajoute 25 litres
d'acide chlorhydrique, une fois la dissolution effectuée.
L'acide salicylique se précipite. On le fait cristalliser en
le redissolvant dans l'eau bouillante. On a proposé de le
purifier en le distillant dans un courant de vapeur d'eau
surchauffée à 170°. On peut aussi le transformer en salicylate de calcium, que l'on purifie par cristallisation et
que l'on décompose ensuite par l'acide chlorhydrique.

Recherche de l'acide salicylique. — L'acide salicylique
est un antiseptique qui a été employé, et qui l'est encore
en fraude, pour conserver les matières alimentaires. Son
emploi est interdit pour cet usage, depuis 1881, en France
et dans la plupart des pays. Il n'est pas, en effet, absolument inoffensif. On a donc souvent à rechercher la
présence de l'acide salicylique, principalement dans la
bière et le vin.

Pour rechercher l'acide salicylique, on ajoute au liquide
à essayer un peu d'acide chlorhydrique et un volume
d'éther égal à la moitié du volume du liquide ; on agite,
on décante l'éther, que l'on évapore au bain-marie. Le
résidu sec est alors repris par le benzène, la solution est
filtrée et évaporée à sec. Le résidu est dissous dans un
peu d'eau distillée, et l'on y ajoute quelques gouttes de
perchlorure de fer, qui donnent une coloration violette
très intense, s'il y a de l'acide salicylique dans le liquide
examiné.

Dosage de l'acide salicylique. — Lorsque l'on a constaté la présence de l'acide salicylique dans une matière,
on le dose en traitant 100 centimètres cubes du liquide
à essayer par 100 centimètres cubes d'un mélange fait à
volumes égaux d'éther ordinaire et d'éther de pétrole. On
agite, on laisse séparer les liquides, puis on décante l'eau ;
on ajoute alors 100 centimètres cubes d'eau saturée
d'éther, on agite, on laisse reposer, puis on décante la
partie aqueuse. La partie éthérée est ensuite filtrée ; le
filtre est lavé avec un peu du mélange d'éther et d'éther
de pétrole ; puis, on concentre au bain-marie, de façon à
réduire la liqueur aux quatre cinquièmes. On ajoute
alors un volume d'eau à peu près double, et l'on mesure
l'acidité de la liqueur à l'acide d'une solution titrée alcaline (solution décime contenant 4 grammes d'hydrate de
sodium par litre). On emploie la phtaléine du phénol
comme réactif indicateur.

Usages. — L'acide salicylique et les salicylates sont
employés en médecine pour le traitement des rhuma-
tismes et en chirurgie comme antiseptiques. Les salicylates
les plus employés sont ceux de sodium, de lithium, de
magnésium, de bismuth, de mercure et de quinine.

413. Tannins. — Les tannins sont des matières
d'origine végétale qui, au point de vue chimique, se rapportent au type de l'acide tannique décrit plus haut,
p. 327, ou sont identiques avec cette substance.

On peut distinguer les matières tannantes en deux
catégories, les tannins pathologiques, qui se produisent
dans certaines plantes à la suite de piqûres d'insectes
(noix de galles, etc.), et les tannins physiologiques, qui
se trouvent normalement dans le bois, l'écorce et les
feuilles de divers végétaux. Les tannins de la première

catégorie sont surtout employés pour la fabrication de l'encre, et ceux de la seconde pour le tannage des peaux. On a remarqué que les tannins qui donnent, par l'action de la chaleur, de la pyrocatéchine, sont meilleurs que ceux qui donnent de l'acide pyrogallique, pour l'industrie des cuirs.

1° *Tannage*. — Le tannage a pour objet de transformer la peau des animaux en une matière imputrescible et souple, le cuir. Le tannage s'effectue presque toujours à l'aide de matières riches en tannin ; ce tannin est emprunté à divers végétaux, suivant les pays : à l'écorce de chêne, en France, en Angleterre et en Allemagne ; aux écorces de bouleau, de peuplier et d'aulne, en Suède et en Russie ; aux écorces d'hemloch et de chêne, aux États-Unis.

Les tannins ont pour principale propriété de précipiter la gélatine et l'albumine, en formant avec ces substances des combinaisons imputrescibles. C'est sur cette propriété qui distingue les tannins de diverses autres substances astringentes très voisines, comme l'acide gallique, qu'est fondée l'industrie du tannage. Cette industrie emploie des quantités considérables d'écorces de chêne. En France, les forêts soumises au régime forestier fournissent à elles seules, annuellement, près de 75 millions de kilogrammes de *tan*. L'écorce de chêne, ou tan, renferme, à l'état humide, de 1,5 à 3,7 0/0 de tannin et, à l'état sec, de 6,5 à 11 0/0.

Le tannage des peaux comporte toute une série d'opérations. Le *salage* consiste à recouvrir les peaux d'une couche de sel et à les empiler les unes sur les autres. Le rôle principal du sel est de s'opposer à la putréfaction ; mais, en outre, il permet d'éliminer une substance colloïdale, appelée *coriine*, qui agglutine entre elles diverses cellules ; cette coriine est soluble dans l'eau salée. Après le salage a lieu l'opération du *désaignage*, qui consiste à laver les peaux à l'eau courante pour enlever le sel et la coriine. L'*écornage* vient ensuite ; on sépare les cornes et les oreilles. Les peaux sont mises, après cette opération, dans du *pelain mort*, c'est-à-dire dans un lait de chaux ayant servi plusieurs fois, et presque entièrement transformé en carbonate de calcium. Les peaux passent ensuite dans une série d'autres pelains, de plus en plus actifs ; entre chaque opération, on étend la peau et on la laisse égoutter. L'action totale de la chaux dure environ trois semaines. Le *débourrage* est l'opération suivante : elle consiste dans l'enlèvement des poils ; cette opération se fait en étendant les peaux sur un chevalet et en les ràclant avec un couteau de forme spéciale, que l'on tient des deux mains. Pendant les opérations précédentes, la peau s'est gonflée, la chaux a détruit l'adhérence des poils ; d'après Villon, une fermentation spéciale, produite par une bactérie, détruit les cellules qui entourent les poils et permet l'épilage. Puis les peaux sont passées à l'eau, grattées de nouveau pour enlever l'épiderme et les fragments de chair. Les peaux *décharnées* sont *cuersées* : on les presse fortement pour faire sortir l'eau, enlever la chaux, et débarrasser les peaux des cellules qui se sont détachées. Les peaux, après ces opérations, sont alors conduites à la *passerie*, où on les soumet à l'action du tan. Les peaux fraiches peuvent absorber de 46 à 70 0/0 de matières végétales, en se transformant en cuir. L'action du tan est conduite d'une façon méthodique : les peaux sont foulonnées d'abord dans des jus à peu près épuisés, puis dans des jus de plus en plus forts. L'opération dure en moyenne une année.

On a cherché divers procédés pour rendre le tannage

plus rapide et plus économique. Le *tannage à la flotte* se fait non plus avec de l'écorce de chêne, mais avec des extraits aqueux d'écorce ; ce procédé, qui est plus économique que le procédé ordinaire, dans les pays où la main-d'œuvre est bon marché, est peu employé en France. Le *tannage mixte* emploie simultanément des écorces et des extraits.

Pour rendre plus rapide la transformation des peaux en cuirs, on a eu recours à des procédés mécaniques ou physiques : agitation des peaux, emploi d'une température de 22 à 30°, emploi du vide pour permettre une imprégnation plus complète des peaux.

Le tannage à l'électricité (le premier brevet date de 1859) a reçu dans ces derniers temps de grands développements. D'après MM. Worms et Bolé, on peut transformer de la peau en cuir en une centaine d'heures. Les peaux sont soumises à une agitation constante et brutale, dans un appareil spécial, en présence de jus astringents très riches, additionnés d'essence de térébenthine. Un courant électrique électrolyse ces jus. Dans ces conditions, le tannage est extrêmement rapide, mais on reproche aux cuirs obtenus d'être très hygrométriques, et d'avoir une odeur plus désagréable que les cuirs tannés par les procédés lents. Ils exigent aussi des travaux de corroirie plus soignés.

On a aussi indiqué divers procédés de *tannage minéral*, c'est-à-dire en employant, au lieu de tannin, les matières comme l'alun, le sulfate ferreux, le bichromate de potassium, etc.

Dosage des tannins. — Les matières tannantes employées en tannerie ont une valeur qui dépend surtout de leur richesse en tannin. Il est donc indispensable de pouvoir déterminer la proportion centésimale de tannin contenue dans ces matières premières.

L'analyse de ces matières est difficile, et on a indiqué un assez grand nombre de procédés qui donnent des résultats approchés.

On peut doser les tannins qui précipitent la gélatine et, en particulier, l'acide gallotannique, par le procédé de Davy, modifié par Muller. On traite 20 parties de solution tannante par une liqueur contenant 3 parties de gélatine, et 1 partie d'alun (1). Il se forme un précipité qui contient tout l'acide tannique de la liqueur, si la gélatine est en excès; on vérifie que cette condition est bien remplie en ajoutant un peu d'acide tannique dans une portion de la liqueur qui baigne le précipité. Celui-ci est recueilli sur un filtre taré, on le lave, on le sèche et on le pèse. Son poids multiplié par 0,4 donne le poids de tannin contenu dans les 20 parties employées de la solution tannante.

Dans le procédé Löeventhal, on utilise les propriétés oxydantes du permanganate de potassium. Pour cela, on colore la solution de tannin, acidulée par l'acide sulfurique, à l'aide d'un peu de carmin d'indigo, et on ajoute du permanganate de potassium, qui n'agit sur ce corps que lorsque tout le tannin est oxydé. Le titrage de la solution de permanganate peut se faire à l'aide de tannin pur. Certaines substances, l'acide pectique par exemple, qui se trouvent dans les solutions tannantes, décolorent aussi le permanganate. Pour en tenir compte, on fait deux titrages par le permanganate, l'un avec la liqueur même, l'autre avec la liqueur traitée préalablement par le noir animal. Ce corps absorbe facilement le tannin, et n'absorbe pas l'acide pectique. La différence des volumes

____

(1) Grâce à la présence de l'alun, le précipité de tannate de gélatine ne passe pas à travers le filtre.

de permanganate employés dans ces deux essais peut, sur
un même volume de liqueur tannante, indiquer la quantité de permanganate décolorée par le tannin. Cette
méthode est en défaut, quand la solution contient de
l'acide gallique ; celui-ci décolore le permanganate
comme le tannin et, comme lui aussi, est absorbé par le
noir animal. La méthode, dans ce cas, donne donc des
nombres trop forts.

On a proposé aussi de précipiter le tannin par l'acétate
ferrique, en présence d'acétate de sodium et d'acide acétique libre. En déterminant le poids du précipité et le
poids d'oxyde de fer qui y est contenu, on a par différence
le poids de l'acide tannique. Cette double détermination
est nécessaire, la composition du précipité variant avec
les proportions relatives et la concentration des réactifs
(Handke).

Hammer dose le tannin en formant un volume déterminé de solution, avec un poids connu de matière tannante et prenant la densité à l'aide d'un densimètre. En
agitant ensuite la liqueur avec de la peau desséchée et
pulvérisée, il absorbe le tannin et prend ensuite de nouveau la densité. La différence de densités trouvées permet
de calculer, approximativement, la teneur en tannin.

Terreil traite la solution de tannin par la potasse et
mesure le volume d'oxygène que cette solution est capable
d'absorber.

M. Jean a proposé de doser le tannin en traitant la
solution de ce corps, rendue alcaline par le carbonate de
sodium, par une solution d'iode. L'iode disparu est pro-
portionnel à la teneur en tannin.

2° *Encre*. — L'encre à écrire, la seule dont il soit question ici, parce qu'elle seule contient du tannin, s'obtient
en mélangeant des solutions tannantes avec du sulfate

ferreux et de la gomme arabique, qui épaissit l'encre et empêche le tannate et le gallate de fer, qui se sont formés, de se précipiter. On a employé bien des formules pour obtenir de l'encre. En voici une très employée.

On épuise 1 kilogramme de noix de galle méthodiquement par 15 litres d'eau ; on fait dissoudre, d'autre part, 500 grammes de gomme arabique et 500 grammes de sulfate ferreux dans 1 litre d'eau, et l'on verse cette dissolution dans la première. On abandonne ensuite l'encre ainsi formée à l'action de l'air dans de grands vases ; la couleur devient plus foncée en même temps que les sels ferreux se transforment en sels ferriques. On peut ajouter aussi à la liqueur de 80 à 100 grammes de sucre qui donne à l'encre un peu plus de brillant. Parfois, aussi, on y ajoute un peu de sulfate de cuivre ; mais cette encre, qui a plus d'éclat que l'autre, a, par contre, l'inconvénient d'attaquer plus rapidement les plumes d'acier. Enfin, il est indispensable d'ajouter à l'encre une substance antiseptique, pour empêcher le développement de diverses moisissures, mais il ne faut pas employer pour cela de substances toxiques, comme on le fait quelquefois. La créosote, l'acide phénique, l'essence de lavande, peuvent être employés pour obtenir ce résultat.

CHAPITRE XI

ALCALIS ORGANIQUES

---

§ 1. — GÉNÉRALITÉS

414. Définition et constitution. — Considérons, tout d'abord, les amines. Ce sont des composés azotés ayant une réaction alcaline ; ils ont des propriétés très voisines de celles de l'ammoniac. On les obtient d'une façon très générale en décomposant par la potasse les iodhydrates d'amines, résultant eux-mêmes de l'action de l'ammoniac sur les éthers iodhydriques.

La formation de l'iodhydrate peut se représenter par la formule suivante, où R.I représente un éther iodhydrique :

$$AzH^3 + R.I = AzH^3RI$$

Cet iodhydrate donne une amine, de l'iodure de potassium et de l'eau, au contact de la potasse :

$$AzH^2RI + KOH = AzH^2R + KI + H^2O$$

Mais cette amine (que l'on appelle *primaire*) AzH^2R,

étant analogue à l'ammoniac, peut, comme ce gaz, réagir
sur 1 molécule d'éther iodhydrique, suivant une formule
analogue à la précédente :

$$AzH^2R + R.I = AzH^2R^2I$$

et l'iodhydrate ainsi obtenu donnera, par l'action de
la potasse, une nouvelle amine, que l'on appelle une
amine secondaire :

$$AzH^2R^2I + KOH = AzHR^2 + KI + H^2O$$

Cette nouvelle amine peut réagir de nouveau sur une
molécule d'éther iodhydrique :

$$AzHR^2 + R.I = AzHR^3I$$

et l'iodhydrate ainsi obtenu donne avec la potasse une
nouvelle amine, une *amine tertiaire :*

$$AzHR^3I + KOH = AzR^3 + KI + H^2O$$

Cette amine AzR^3 peut encore fournir une réaction
analogue :

$$AzR^3 + R.I = AzR^4I$$

Mais cet iodure n'est plus décomposable par la potasse; quand on le traite par l'oxyde d'argent, il fournit
une matière alcaline, qui n'est plus comparable à l'ammoniac, mais bien à l'hydrate de potassium KOH ou à
l'hydrate d'ammonium AzH^4OH. Cette dernière réaction
peut se représenter par la formule :

$$AzR^4I + KOH = AzR^4OH + KI$$

ce composé AzR^4OH se nomme un *alcali quaternaire.*

La constitution de ces diverses amines peut s'établir ainsi : si l'on admet que les éléments du radical R de l'éther iodhydrique considéré restent groupés ensemble dans la formation de l'iodhydrate d'amine, les constitutions des divers iodhydrates d'amine dont il a été question ne peuvent être représentées que par les schémas :

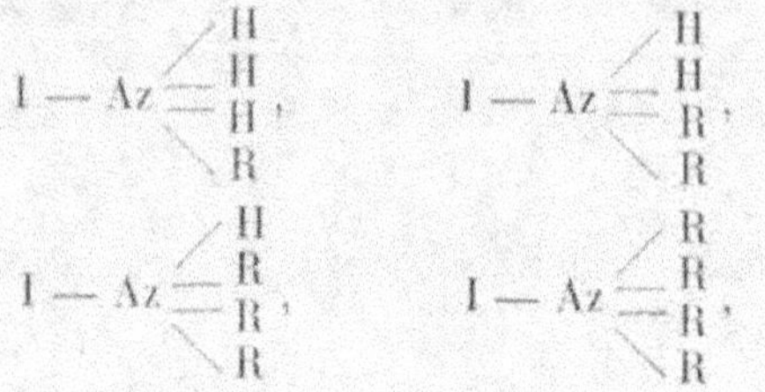

$$I - Az \overset{\displaystyle H}{\underset{\displaystyle R}{\overset{\displaystyle H}{= H}}}, \qquad I - Az \overset{\displaystyle H}{\underset{\displaystyle R}{\overset{\displaystyle H}{= R}}},$$

$$I - Az \overset{\displaystyle H}{\underset{\displaystyle R}{\overset{\displaystyle R}{= R}}}, \qquad I - Az \overset{\displaystyle R}{\underset{\displaystyle R}{\overset{\displaystyle R}{= R}}},$$

et les alcalis correspondants par :

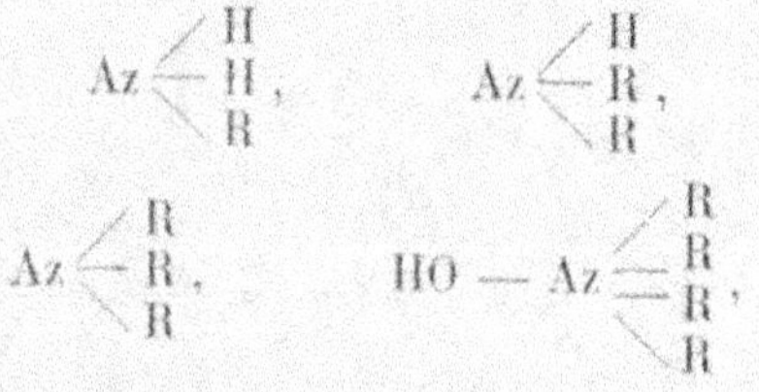

$$Az \overset{\displaystyle H}{\underset{\displaystyle R}{\longleftarrow H}}, \qquad Az \overset{\displaystyle H}{\underset{\displaystyle R}{\longleftarrow R}},$$

$$Az \overset{\displaystyle R}{\underset{\displaystyle R}{\longleftarrow R}}, \qquad HO - Az \overset{\displaystyle R}{\underset{\displaystyle R}{\overset{\displaystyle R}{= R}}},$$

ou plus simplement :

$$AzH^2.R, \qquad AzH : R^2, \qquad Az :. R^3, \qquad HO.Az :: R^4.$$

Examinons maintenant si l'hypothèse que nous avons admise, c'est-à-dire que le groupe R se transportait, comme d'une seule pièce, de l'éther à l'amine, est suffisamment justifiée. Considérons, comme nous l'avons fait jusqu'ici, la plus simple des amines ; c'est la mono-méthylamine qui ne contient qu'un atome de carbone et un atome d'azote. La formule brute d'un molécule est $CAzH^5$. Dans ce composé, l'azote doit être considéré comme trivalent, car ce corps peut se combiner avec l'acide chlorhydrique en donnant le composé $CAzH^6Cl$ que l'on ne peut représenter qu'en supposant l'azote pentavalent.

L'azote étant supposé pentavalent et le carbone tétravalent, on peut représenter le chlorhydrate de méthylamine par une formule où les cinq valences de l'azote et les quatre valences du carbone sont satisfaites, et, par suite, la méthylamine ne peut être représentée, l'azote étant alors trivalent, que par le schéma:

$$\mathrm{H} \diagdown \atop \mathrm{H} \rightarrow \mathrm{C} - \mathrm{Az} < {\mathrm{H} \atop \mathrm{H}}$$

ou plus simplement : $CH^3.AzH^2$.

Nous arrivons donc de cette façon à mettre en évidence la présence d'un groupe CH^3 et d'un groupe AzH^2 dans la méthylamine. Si de ce corps nous passons au corps immédiatement supérieur, comme il suffit, pour l'obtenir, de remplacer l'iodure de méthyle par l'iodure d'éthyle, nous sommes amenés à remplacer dans sa formule le groupe méthyle CH^3 par le groupe éthyle C^2H^5 et à l'écrire $C^2H^5.AzH^2$. Il en est de même des divers homologues supérieurs ; nous mettrons donc en évidence dans les formules de tous ces corps un groupe AzH^2 monovalent, uni à un groupe monovalent, méthyle ou homologues.

Voyons maintenant comment nous représenterons une amine secondaire, obtenue par l'action d'un éther iodhydrique sur une amine primaire.

L'analogie des préparations de ces deux sortes d'amines

tend à faire penser que, pour le second type comme pour
le premier, le groupe R passe comme d'une seule pièce
de l'éther iodhydrique à l'amine. Mais on peut aussi
appuyer cette manière de voir par les considérations
suivantes : la plus simple de ces amines est la diméthylamine AzC^2H^7. L'azote y est trivalent, puisqu'elle peut se
combiner à l'acide chlorhydrique, l'azote devenant alors
pentavalent. Or, il n'y a que deux groupements possibles
pour AzC^2H^7. Ils correspondent aux deux schémas :

$$H-C-C-Az\big\langle{H \atop H} \qquad \text{et} \qquad H-Az\Big\langle{C\langle{H\,H\,H} \atop C\langle{H\,H\,H}}$$

ou plus simplement :

$$C^2H^5.AzH^2 \qquad \text{et} \qquad AzH : (CH^3)^2$$

Or, il existe, en effet, deux corps de formule AzC^2H^7 ;
l'un est l'éthylamine qui correspond au premier schéma,
comme nous venons de le voir un peu plus haut ; par
suite, l'autre est le seul schéma possible pour la diméthylamine. Nous y voyons un radical trivalent AzH uni
à deux groupes monovalents CH^3.

Ces groupes CH^3 figurent donc dans la formule de cette
amine, comme ils figuraient dans les formules de leurs
générateurs :

$$AzH^2.CH^3 + CH^3.I = (H,I) : AzH : (CH^3)^2$$

L'hypothèse admise se trouve donc vérifiée pour la plus
simple des amines de cette seconde catégorie. Si, dans la
préparation précédente, on remplace les composés du
méthyle par les composés correspondants de l'éthyle, on

obtient une amine secondaire analogue, dans la formule
de laquelle on fera figurer, par analogie, deux radicaux
éthyle au lieu de deux radicaux méthyle, etc.

Nous représenterons donc les amines de cette classe par
un schéma contenant un groupe trivalent AzH uni à deux
radicaux monovalents

Par un raisonnement analogue on est conduit à attribuer
aux amines tertiaires une constitution représentée par un
atome d'azote uni à trois radicaux monovalents. Du reste,
il est facile d'établir ces diverses formules dans le cas
général.

Les amines que nous avons considérés jusqu'ici ont pour
formule générale $C^n AzH^{2n+3}$.

On peut remarquer immédiatement que les atomes de
carbone et l'atome d'azote doivent être groupés en chaîne:
en effet, avec n atomes de carbone et 1 atome d'azote il y
a $4n + 3$ valences disponibles; mais, puisqu'il y a
$2n + 3$ atomes d'hydrogène, il restera disponible, pour
lier entre eux les atomes de carbone et l'atome d'azote,
$4n + 3 — (2n + 3)$, soit $2n$ valences. Quand une liaison
est établie entre 2 atomes, chacun des deux a une valence
satisfaite, c'est-à-dire que l'ensemble de ces 2 atomes a
deux valences disponibles de moins. Puisque nous avons
$2n$ valences disponibles, elles nous permettront d'établir n
liaisons entre les n atomes de carbone et l'atome d'azote.
On ne pourra donc pas établir de schéma ayant des
portions fermées. On n'aura que des chaînes, arbores-
centes ou non, telles que celles-ci :

$$C — C — C — Az \quad \text{ou} \quad C — C — C — C — C — Az$$
$$| $$
$$C$$
$$| $$
$$C$$

Quelle sera la place de l'azote dans ces chaînes?

Considérons d'abord une chaîne non arborescente. L'azote pourra être à une extrémité ou ne pas y être. Dans le premier cas, la formule sera $CH^3.CH^2.CH^2...CH^2 — AzH^2$, soit C^nH^{2n+1} ou $R.AzH^2$. Dans le second cas la formule sera :

$$CH^3.CH^2...CH^2 — AzH — CH^2.CH^2...CH^2.CH^3$$

soit :

$$(C^pH^{2p+1}, C^qH^{2q+1}) : AzH \qquad \text{ou} \qquad AzH : (R, R')$$

Considérons maintenant une chaîne arborescente. L'azote peut occuper trois places distinctes, à un chaînon ordinaire, à une extrémité, ou à un point de jonction de deux chaînes, comme le montrent les schémas :

$$C — C — ... C — Az$$

ou

$$C — Az — C — ... C \qquad \text{ou} \qquad C — C — Az — ... — C$$
$$\quad\;\; | \qquad\qquad\qquad\qquad\qquad\qquad\qquad | \;\;$$
$$\quad\;\; C \qquad\qquad\qquad\qquad\qquad\qquad\qquad C \;\;$$

Les formules correspondant à ces trois cas seront respectivement :

$$C^pH^{2p+1}AzH^2 \qquad \text{ou} \qquad (C^pH^{2p+1}, C^qH^{2q+1}) : AzH$$

ou

$$(C^pH^{2p+1}, C^qH^{2q+1}, C^rH^{2r+1}) :. Az.$$

Ces trois sortes d'amines diffèrent, relativement aux formules, par la présence d'un groupe monovalent AzH^2, d'un groupe bivalent AzH ou d'un atome trivalent Az. Expérimentalement on trouve qu'à une formule brute C^nAzH^{2n+3} correspondent un certain nombre d'amines, primaires, secondaires et tertiaires, dès que n est un peu

considérable. Or, si les formules précédentes sont justi-
fiées, on devra obtenir : 1° autant d'amines primaires que
le groupe $C^n H^{2n+1}$ comporte de groupements différents ;
2° autant d'amines secondaires qu'il existera de couples
de groupes $C^p H^{2p+1} C^q H^{2q+1}$ avec la condition $p + q = n$;
3° autant d'amines tertiaires qu'on pourra former d'en-
semble de trois groupes $C^p H^{2p+1}$, $C^q H^{2q+1}$, $C^r H^{2r+1}$, avec la
condition $p + q + r = n$.

Or, c'est ce que l'expérience vérifie. Ainsi soit $n = 3$,
la formule brute de ces amines est $C^3 AzH^9$. On connaît
quatre amines ayant cette formule : 1° deux sont des
amines primaires, car elles peuvent être obtenues par
l'action de l'ammoniac sur l'iodure de propyle pour
l'une, sur l'iodure d'isopropyle pour l'autre ; 2° une autre
est une amine secondaire : on peut l'obtenir par l'action
de la méthylamine sur l'iodure d'éthyle ; 3° la dernière
est une amine tertiaire : on peut l'obtenir par l'action de
la diméthylamine sur l'iodure de méthyle. D'autre part,
ces amines ont les propriétés caractéristiques des amines
primaires pour les deux premières, des amines secondaires ou tertiaires respectivement pour les deux autres
(V. p. 374). Or, si l'on examine tous les schémas possibles
pour $C^3 AzH^9$, on n'en trouve que quatre :

Azote à l'extrémité de la chaîne	$H^3C — CH^3 — CH^2 — AzH^2$ $H^3C — CH — AzH^2$ $\quad\quad\mid$ $\quad\quad CH^3$	propylamine isopropylamine	amines primaires
Azote à l'intérieur de la chaîne	$H^3C — CH^2 — AzH — CH^3$	éthylméthylamine	amine secondaire
Azote à l'intersection de deux chaînes	$H^3C — Az — CH^3$ $\quad\quad\mid$ $\quad\quad CH^3$	triméthylamine	amine tertiaire

On voit que non seulement on trouve autant de schémas que d'amines, mais encore autant de schémas contenant AzH^2 que d'amines primaires, autant de schémas contenant AzH que d'amines secondaires, etc. En outre, dans ces schémas apparaissent les radicaux propyle et isopropyle pour les amines primaires, éthyle et méthyle pour l'amine secondaire, méthyle pour l'amine tertiaire, c'est-à-dire justement les radicaux dont on avait utilisé les composés pour la préparation de ces amines.

Nous dirons donc que, au point de vue des formules, les amines primaires sont caractérisées par un groupe AzH^2, les amines secondaires par un groupe AzH et les amines tertiaires par un atome d'azote uni à trois radicaux monovalents.

Dans ce qui précède, nous avons vu que l'ammoniac pouvait, par la perte d'un, de deux, ou de trois atomes d'hydrogène, donner des restes AzH^2, AzH et Az respectivement mono-, bi- et trivalent.

Pour l'exposition de ce qui va suivre considérons, au lieu des éthers iodhydriques ou chlorhydriques, les alcools dont ils dérivent. Alors la réaction théorique qui lie un alcool monoatomique à l'amine correspondante sera exprimée par la formule

$$R.OH + AzH^3 = R.AzH^2 + H^2O$$

Les amines dont nous venons d'étudier la formation correspondent aux alcools monoatomiques ; considérons maintenant les alcools polyatomiques et, parmi ceux-ci, examinons tout d'abord les alcools diatomiques. Ils contiennent deux groupes OH qui pourront être tous les deux remplacés par un groupe monovalent AzH^2 suivant une réaction analogue à celle qui a fourni les amines primaires ; soit $R'' : (OH)^2$ un alcool diatomique, R'' est un groupe bivalent, on a :

$$R'' : (OH)^2 + 2AzH^3 = R'' : (AzH^2)^2 + 2H^2O$$

On obtient ainsi une *diamine primaire*, qui peut dans une nouvelle réaction jouer le rôle des 2 molécules d'ammoniac de la réaction précédente en donnant :

$$R'' : (OH)^2 + R'' : (AzH^2)^2 = R'' : [R'' : (AzH)^2] + 2H^2O$$
$$= (AzH)^2 :: (R'')^2 + 2H^2O$$

Cette *diamine secondaire* peut à son tour donner une diamine tertiaire par une réaction analogue :

$$R'' : (OH)^2 + (R'')^2 :: (AzH)^2 = Az^2R''^3 + 2H^2O$$

Enfin, on pourra obtenir de même un hydrate de diammonium quaternaire.

Les alcools diatomiques à fonction simple peuvent aussi par l'action d'une seule molécule d'ammoniaque donner un composé à fonction mixte à la fois alcool et amine primaire ; la formation d'un pareil composé est exprimée par la formule :

$$R'' : (OH)^2 + AzH^3 = R'' : (OH,AzH^2) + H^2O$$

L'alcool biatomique considéré peut aussi échanger une de ses fonctions alcool contre une fonction amine, et l'autre contre une fonction acide, éther, aldéhyde, etc. On aura alors des amines à fonctions mixtes, amine-acide, etc.

Les alcools dont on peut faire dériver les amines sont d'ailleurs primaires, secondaires ou tertiaires ; à chacune de ces trois classes correspondent des amines primaires, secondaires et tertiaires ; de même, un alcool secondaire peut donner des amines primaires, secondaires et tertiaires ; il en est de même des alcools tertiaires.

Les phénols se comportent à cet égard comme les
alcools ; ils donnent des amines primaires, secondaires
et tertiaires, caractérisées respectivement par les schémas :

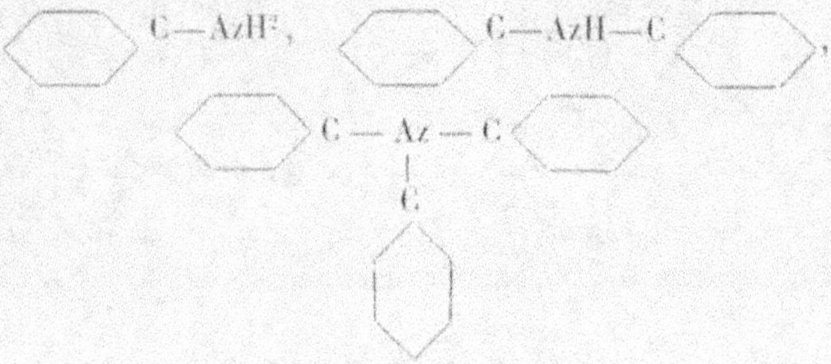

$$C\!-\!AzH^2, \qquad C\!-\!AzH\!-\!C,$$

$$C\!-\!Az\!-\!C$$
$$|$$
$$C$$

On connaît, en outre, des composés analogues aux
amines dans lesquels l'azote est remplacé par du phosphore, de l'arsenic ou de l'antimoine ; ce sont les phosphines, les arsines et les stibines. Ces composés seront
étudiés en même temps que les radicaux et composés
organo-métalliques (V. chap. XIV).

Il résulte de ce qui précède que, pour étudier les amines
et les composés analogues, on peut, après les avoir divisés
en amines à fonctions simples et amines à fonctions mixtes,
les classer en adoptant la classification des alcools dont
elles dérivent ; nous les étudierons dans l'ordre suivant :

I. — Amines dérivées des alcools monoatomiques ;

II. — Amines dérivées des alcools biatomiques ;

. . . .

III. — Amines dérivées des phénols et des naphtols ;

IV. — Amines à fonctions mixtes.

Examinons maintenant des composés d'un ordre
différent. Les amines tertiaires que nous avons considérées jusqu'ici possédaient un atome d'azote uni à trois
radicaux monovalents. Mais il existe d'autres alcalis où

l'atome d'azote est uni à un radical trivalent. La pyridine, la quinoléine et l'acridine peuvent être considérées comme les types de ces genres de composés.

La pyridine est représentée par l'hexagone du benzène; l'un des groupes trivalents CH étant remplacé par un atome d'azote, la quinoléine est représentée par le schéma du naphtalène, un groupe CH étant aussi remplacé par 1 atome d'azote et l'acridine par le schéma de l'anthracène avec une modification analogue Voici ces diverses formules :

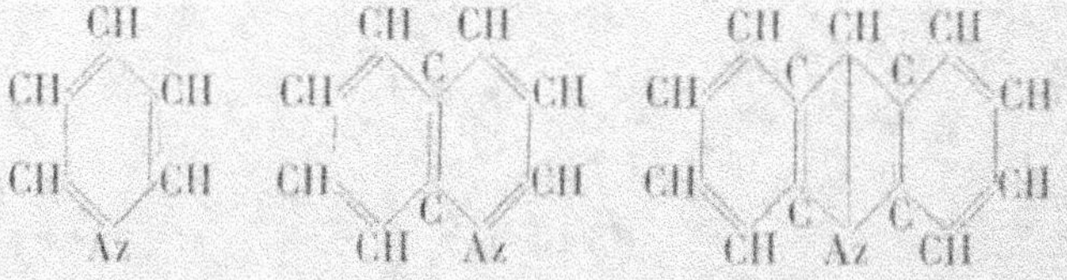

Pyridine   Quinoléine   Acridine

Il existe une série de pyridines qui dérivent de celle dont nous venons de donner la formule par la substitution à de l'hydrogène de radicaux tels que le méthyle.

Il existe de même des quinoléines contenant du méthyle, etc. Tous ces composés ont des propriétés basiques.

Mais la substitution de un atome trivalent d'azote à un groupe trivalent CH peut se produire deux fois, soit sur une molécule de benzène, soit sur une molécule de naphtalène ou même d'anthracène; on a alors les composés suivants :

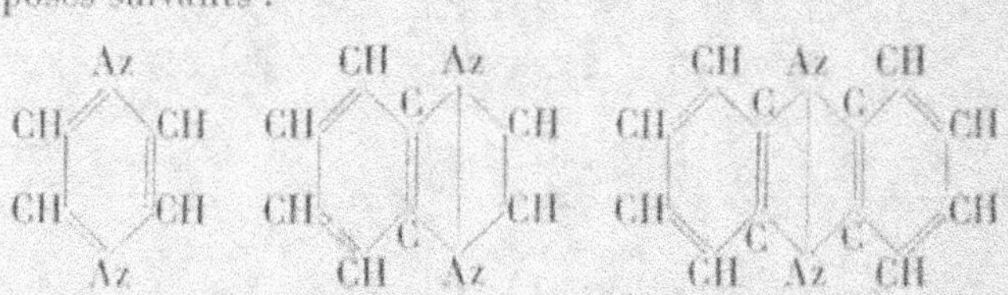

Aldine   Quinoxaline   Phénazine

Les amines secondaires examinées jusqu'ici provenaient de l'union du radical bivalent AzH avec deux radicaux monovalents. Il existe des corps où le radical bivalent AzH est combiné à un radical bivalent. Tel est le pyrrol :

$$CH\!-\!CH$$
$$CH \quad CH$$
$$AzH$$

Nous allons étudier, dans ce qui va suivre, les principaux termes de ces diverses séries. C'est le type d'un groupe de corps auxquel son rattache l'indigo. Ces composés diffèrent notablement des précédents par leurs propriétés générales.

§ 2. — ÉTUDE PARTICULIÈRE DES AMINES

415. Propriétés générales des amines. — Les *amines primaires* se forment, comme nous l'avons vu, par l'action de l'ammoniac sur les éthers iodhydriques. Elles se produisent aussi avec les éthers chlorhydriques, bromhydriques, etc., ou même par l'action de l'alcool à haute température sur le chlorhydrate d'ammoniaque :

$$CH^3.CH^2OH + AzH^3HCl = CH^3.CH^2.AzH^2:(H, Cl) + H^2O.$$

On les obtient aussi par l'action de la potasse sur les éthers isocyaniques :

$$CO : Az.C^2H^5 + 2KOH = C^2H^5.AzH^2 + CO^3K^2$$

L'hydrogène naissant peut transformer en amines les

dérivés nitrés des carbures : il donne, par exemple, de l'aniline $C^6H^5.AzH^2$ avec le nitrobenzène :

$$C^6H^5.AzO^2 + 3H^2 = C^6H^5.AzH^2 + 2H^2O$$

Inversement on peut, étant donnée une amine, revenir au carbure générateur : l'aniline, chauffée à 280° avec de l'acide iodhydrique, donne du benzène et de l'ammoniac par hydrogénation :

$$C^6H^5.AzH^2 + H^2 = C^6H^6 + AzH^3.$$

Cette réaction est importante parce qu'elle permet de connaître les carbures générateurs et de reconnaître, par suite, si une amine est primaire, secondaire ou tertiaire.

Les amines se comportent vis-à-vis des acides comme l'ammoniac ; elles donnent des sels comparables aux sels ammoniacaux.

Les *amines secondaires* ont des propriétés analogues ; on les obtient par l'action des amines primaires sur les éthers iodhydriques des alcools ou par l'action des chlorhydrates d'amines primaires sur les alcools. L'acide iodhydrique à 180° les transforme par hydrogénation dans les carbures générateurs. Ainsi la méthylaniline $C^6H^5.AzH.CH^3$ donne du benzène et du formène :

$$C^6H^5.AzH.CH^3 + 2H^2 = C^6H^6 + CH^4 + AzH^3$$

Elles donnent avec les acides des sels analogues aux sels ammoniacaux.

Les *amines tertiaires* prennent naissance par l'action des amines secondaires sur les éthers iodhydriques ou par l'action de leurs sels sur les alcools. Elles se forment aussi dans la décomposition pyrogénée des alcalis quaternaires ; l'hydrate de tétraéthylammonium donne par exemple de la triéthylamine :

$$[C^2H^5]^3 :: Az.OH = [C^2H^5]^2Az + C^2H^6 + H^2O$$

Si les amines tertiaires comprennent deux ou trois radicaux différents, l'hydrogène naissant, fourni par l'acide iodhydrique à 180°, donne les carbures d'hydrogène correspondant à ces deux ou trois radicaux : l'éthyldiméthylamine donne du méthane et de l'éthane :

$$[C^2H^5,(CH^3)^2] : Az + 3H^2 = C^2H^6 + 2CH^4 + AzH^3$$

La méthyléthylpropylamine donne du méthane, de l'éthane et du propane :

$$(CH^3,C^2H^5,C^3H^7) : Az + 3H^2 = CH^4 + C^2H^6 + C^3H^8 + AzH^3$$

Les chlorhydrates formés par les amines primaires, secondaires et tertiaires donnent, avec le chlorure de platine $PtCl^4$, des chlorures doubles, peu solubles, comme le fait l'ammoniac.

Les *alcalis quaternaires*, bien que formés comme les précédents, présentent des propriétés qui les rapprochent des hydrates alcalins plutôt que de l'ammoniac. Ils donnent des sels en s'unissant aux hydracides avec élimination d'eau, comme le fait l'hydrate de potassium, tandis que l'ammoniac et les amines précédentes donnent des sels avec les hydracides par une simple réaction d'addition.

Si l'on fait agir sur les alcalis quaternaires un éther iodhydrique, au lieu de donner une nouvelle base comme les amines précédentes, ils saponifient cet éther comme le ferait la potasse, en donnant l'alcool correspondant et l'iodure correspondant à l'alcali quaternaire. Ainsi l'hydrate de tétraéthylammonium, en agissant sur l'iodure d'éthyle, donne :

$$(C^2H^5)^4::Az.OH + C^2H^5.I = (C^2H^5)^4::Az.I + C^2H^5.OH$$

Les propriétés physiques des alcalis quaternaires sont aussi très différentes des propriétés des amines ; tandis que celles-ci sont des gaz ou des liquides très volatils, au moins pour les premiers termes, les alcalis quaternaires sont des composés solides.

1. — AMINES DÉRIVANT DES ALCOOLS MONOATOMIQUES

416. Méthylamines. — MONOMÉTHYLAMINE : $CH^3.AzH^2$. Ce gaz a été découvert par Wurtz. On prépare la méthylamine en chauffant dans un appareil distillatoire 2 parties de méthylsulfate et 1 partie de cyanate de potassium, et en traitant le produit qui a distillé, mélange d'éther méthylcyanique et d'éther méthylcyanurique, par la potasse bouillante. Il se produit des vapeurs alcalines que l'on recueille dans de l'acide chlorhydrique pour les transformer en chlorhydrate. Ce sel est ensuite décomposé par la chaux vive; on recueille la méthylamine, qui est gazeuse, sur la cuve à mercure.

Lorsqu'on traite par l'ammoniac en tubes scellés l'éther méthyliodhydrique, on obtient simultanément, à l'état d'iodures, les bases primaire, secondaire, tertiaire, et quaternaire correspondantes. Pour séparer ces bases, on distille le contenu des tubes avec de la potasse étendue: les trois amines primaire, secondaire et tertiaire passent à la distillation; l'alcali quaternaire, non volatil, reste dans la cornue. On recueille ces amines dans l'acide chlorhydrique pour les transformer en chlorhydrates, et on évapore la masse à sec. On la reprend par l'alcool bouillant qui ne dissout pas le chlorhydrate d'ammoniaque, mais dissout les chlorhydrates d'amines. On les distille de nouveau avec de la potasse, et on condense les amines dans un mélange réfrigérant. Après les avoir desséchées en les laissant en digestion avec de la potasse caustique, et distillées de nouveau, on les traite par un léger excès d'éther oxalique qui transforme la monométhylamine en méthylamide oxalique, composé fixe et peu soluble, et la diméthylamine en éther de l'acide diméthyloxamique, composé soluble dans l'eau et volatil vers 250°. La triméthylamine reste inaltérée; on la sépare facilement en chauffant la liqueur. Quant aux autres composés formés avec l'éther oxalique par la méthylamine et la diméthylamine, on les traite séparément par la potasse et elles fournissent l'amine correspondante.

Ce procédé est applicable à la préparation et à la séparation des diverses éthylamines.

La monométhylamine s'obtient aussi facilement à l'état de chlorhydrate en décomposant par la chaleur le chlorhydrate de triméthylamine; il se forme simultanément du chlorure de méthyle :

$$3(CH^3)^3.: AzH.Cl = 2(CH^3)^3Az + 2(CH^3.Cl) + CH^3AzH^3.Cl.$$

Cette réaction est utilisée dans l'industrie : on extrait ainsi des vinasses de betteraves, riches en chlorhydrate de triméthylamine: 1° du chlorure de méthyle, q'on liquéfie et qu'on livre au commerce dans les récipients résistants pour produire du froid et, en particulier, des anesthésies partielles ; 2° de la triméthylamine qui peut être employée pour la préparation industrielle du carbonate de potassium. Le résidu, traité par la potasse, donne de la monométhylamine.

Propriétés. — La monométhylamine est un gaz d'une odeur piquante comme l'ammoniac, mais ayant, en outre, une odeur de poisson.

Elle se condense à quelques degrés au-dessous de 0°. Elle est extrêmement soluble dans l'eau qui en dissout 1.150 fois son volume à 12°,5. Elle se distingue de l'ammoniac avec lequel elle présente tant de points de ressemblance, parce qu'elle est combustible dans l'air, tandis que l'ammoniac ne brûle que dans l'oxygène.

La dissolution de méthylamine précipite un grand nombre d'oxydes de leurs solutions salines.

DIMÉTHYLAMINE $(CH^3)^2$:. AzH. — Ce composé a été découvert par Hoffmann. Pour sa préparation, voir *Méthylamine*.

Gaz combustible, alcalin, liquéfiable à $+ 8°$, très soluble dans l'eau.

TRIMÉTHYLAMINE $(CH^2)^3$. Az. — Elle a été découverte par Hoffmann; on l'obtient en même temps que les amines précédentes dans l'action de l'ammoniaque sur l'éther méthyliodhydrique. On l'obtient industriellement en grande quantité dans le traitement des vinasses de betterave.

C'est un gaz alcalin, d'une odeur piquante et repoussante de poisson pourri ; il est très soluble dans l'eau ; il se condense à $+ 9°$ en un liquide mobile.

HYDRATE DE TÉTRAMÉTHYLAMMONIUM $(CH^3)^4$ :: Az.OH. — On l'obtient par l'action de l'iodure de méthyle sur une solution aqueuse concentrée de triméthylamine : l'iodure de tétraméthylammonium, peu soluble, se précipite sous forme de petits cristaux que l'oxyde d'argent décompose en mettant en liberté l'hydrate correspondant. La liqueur évaporée dans le vide donne une masse cristalline très caustique, très déliquescente, rappelant la potasse caustique par ses propriétés.

417. Éthylamine. — MONOÉTHYLAMINE $C^2H^5.AzH^2$. — Découverte par Wurtz. On la prépare comme la méthylamine à l'aide de l'éther cyanique ou par l'action de l'iodure d'éthyle sur l'ammoniaque. Les diverses éthylamines formées dans cette dernière réaction se séparent comme les méthylamines correspondantes (V. p. 376).

Liquide, mobile (densité : 0,696 à 8°), alcalin, bouillant à 18°,5. Il brûle à l'air facilement. Il se mêle en toutes proportions avec l'eau, l'alcool et l'éther. La dissolution précipite un grand nombre d'oxydes de leur solution saline ; l'alumine ainsi précipitée est même soluble dans un excès d'éthylamine, tandis qu'elle est insoluble dans l'ammoniac.

DIÉTHYLAMINE $(C^2H^5)^2 : AzH$. — Liquide combustible, découvert par Hoffmann. Il bout à 57°,5.

TRIÉTHYLAMINE $(C^2H^5)^3:. Az$. — Liquide combustible découvert par Hoffmann ; il bout à 91°.

HYDRATE DE TÉTRAÉTHYLAMMONIUM $(C^2H^5)^4AzOH$. — Composé analogue à l'hydrate de tétraméthylammonium ; il a été découvert par Hoffmann.

418. Amines diverses. — PROPYLAMINE : $C^3H^7.AzH^2$. — Liquide bouillant à 50°.

BUTYLAMINE $C^4H^9.AzH^2$. — Liquide bouillant à 69-70°.

BENZYLAMINE $C^7H^7.AzH^2$. — Cette amine est isomère de quatre composés dérivant des phénols ; ils seront étu-

diés plus loin. Elle correspond à l'alcool benzylique.
C'est un liquide fluide, miscible avec l'eau, qui bout
à 185°.

II. — AMINES A FONCTION SIMPLE DÉRIVÉES DES ALCOOLS POLYATOMIQUES

419. Éthylène diamine $C^2H^4 : (AzH^2)^2$. — Ce
composé a été découvert par Cloez en 1853. C'est la
diamine primaire correspondant au glycol, alcool diatomique.

On l'obtient en même temps que la diéthylène diamine
$Az^2H^2(C^2H^4)^2$ et la triéthylène diamine $Az^2 (C^2H^4)^3$ dans l'action du bromure d'éthylène $C^2H^4Br^2$ sur l'ammoniaque,
en solution alcoolique ou même en solution aqueuse, mais
à 100°. Les bromures de ces trois bases se forment dans
cette réaction. On met les bases en liberté, à l'état d'hydrates, par l'action de la potasse et de l'oxyde d'argent;
puis on les déshydrate par une digestion prolongée, avec
de la baryte caustique et, enfin, on les sépare par distillation fractionnée.

L'éthylène-diamine est un liquide sirupeux, incolore,
bouillant à 117°. Il est très soluble dans l'eau, très alcalin.
Il donne des sels neutres en s'unissant à deux molécules
d'acide monobasique. Il donne avec les éthers iodhydriques
des iodhydrates de diamines éthyléthyléniques que l'on
peut décomposer par la potasse et qui fournissent alors
les diamines correspondantes. On obtient ainsi de très
nombreux composés.

DIÉTHYLÈNE-DIAMINE $Az^2H^2(C^2H^4)^2$. — C'est un corps
liquide bouillant à 170° ; il semble exister un isomère
solide. Il forme, comme le composé précédent, de nombreux

dérivés. Ils'obtienten même temps que l'éthylène diamine.

TRIÉTHYLÈNE DIAMINE $Az^2(C^2H^4)^3$. — C'est un composé qui bout à 210° et que l'on obtient en même temps que les deux précédents. Il donne aussi de très nombreux dérivés.

III. — AMINES DÉRIVANT DES PHÉNOLS ET DES NAPHTOLS

Les phénols, comme les alcools, donnent par l'action de l'ammoniaque des amines ayant certains points de ressemblance avec les amines précédentes, mais présentant aussi certaines différences, de même que les alcools et les phénols, leurs générateurs, présentent eux aussi des analogies et des différences; les amines dérivant des phénols sont des bases moins énergiques que celles qui dérivent des alcools.

420. Phénylamines. — 1° ANILINE. — La plus simple de ces amines, la monophénylamine, ou aniline $C^6H^5.AzH^2$, a été découverte par Unverdorben, en 1826, parmi les produits de la distillation sèche de l'indigo. L'aniline est la première amine qui ait été découverte, mais ce n'est qu'en 1849, à la suite de recherches théoriques, que Wurtz créa la classe des amines, montra leurs relations générales que les nombreux travaux d'Hoffmann vinrent étendre encore. Enfin, les recherches de Perkin, en 1856, créèrent en peu de temps une des industries les plus florissantes, celle des matières colorantes dérivées des goudrons de houille.

L'aniline se trouve à l'état libre, mais toujours en petite quantité, dans certains goudrons de houille ; mais elle peut s'obtenir simplement en partant du benzène que l'on trouve en assez grande abondance dans les produits de condensation que donne la distillation de la houille.

Préparation. — L'aniline se prépare par l'action de l'hydrogène naissant sur le nitrobenzène :

$$C^6H^5.AzO^2 + 3H^2 = C^6H^5.AzH^2 + 2H^2O$$

Autrefois, cette réduction était opérée en utilisant la décomposition de l'acide sulfhydrique avec mise en liberté de soufre (Zinin). Aujourd'hui, on emploie l'action de la limaille de fer sur l'acide acétique. L'opération se fait dans les laboratoires en ajoutant 12 parties de limaille de fer à un mélange de 10 parties d'acide acétique à 80° et de 10 parties de nitrobenzène. Au début, la réaction est assez vive pour qu'une partie de la masse distille ; on remet dans la cornue ce qui a distillé, et l'on chauffe doucement. On recueille dans le récipient un mélange d'eau et d'aniline.

Propriétés. — L'aniline est un liquide huileux incolore, d'une odeur désagréable, un peu plus dense que l'eau à la température ordinaire, plus légère au-dessus de 42°. Elle se solidifie à 8° et bout à 184°,5. Elle est peu soluble dans l'eau (30 grammes par litre environ à 12°). Elle se mêle en toutes proportions avec l'alcool, l'éther, etc. A l'air et à la lumière elle s'altère et devient brune.

Elle se combine facilement avec les acides pour donner des sels incolores ; cependant elle a des propriétés alcalines moins marquées que l'ammoniac, et elle a peu d'action sur les réactifs colorés.

L'*hydrogène naissant* fourni par la décomposition de l'acide iodhydrique à 280° la transforme en benzène et ammoniac :

$$C^6H^5.AzH^2 + H^2 = C^6H^6 + AzH^3$$

L'*oxygène naissant* la transforme en matières colorantes diverses ; l'hypochlorite de calcium donne une coloration bleue très sensible. Avec le mélange de bichromate de potassium et d'acide sulfurique la liqueur est d'abord rouge, puis violacée, puis bleue. Ce même mélange peut la transformer par une oxydation plus profonde en quinone et hydroquinone.

Usages. — L'aniline est le point de départ de la fabrication d'un grand nombre de couleurs d'un éclat magnifique et d'un prix de revient peu élevé ; les dérivés de l'aniline employés en teinture sont très nombreux (1).

2° DIPHÉNYLAMINE $(C^6H^5)^2$: AzH *ou* PHÉNYLANILINE. — Cette amine secondaire a été découverte par M. Hoffmann. On la prépare en chauffant sous pression de l'aniline avec du chlorhydrate d'aniline sans dépasser 260° :

$$C^6H^5.AzH^2 + C^6H^5.AzH^2:(H,Cl) = (C^6H^5)^2:AzH + AzH^4Cl$$

C'est un corps solide, blanc, fusible à 45°, et bouillant à 310°. L'oxygène naissant le transforme en matières colorantes bleues et violettes.

3° TRIPHÉNYLAMINE $(C^6H^5)^3$: Az *ou* DIPHÉNYLANILINE. — Corps solide, blanc, fusible à 127° et distillant à très haute température.

4° MÉTHYLPHÉNYLAMINE (C^6H^5,CH^3) : AzH *ou* MÉTHYLANILINE. — C'est une amine secondaire que l'on obtient, par la méthode générale, en faisant agir sur l'aniline de l'iodure de méthyle. C'est un liquide incolore, bouillant à 192°.

____

(1) Les couleurs d'aniline dérivant non seulement de l'aniline proprement dite, mais encore de divers autres amines homologues, nous décrirons d'abord celles-ci (pour les couleurs d'aniline, v. p. 437).

5° MÉTHYLDIPHÉNYLAMINE $[(C^6H^5)^2.CH^3]$: . Az. — Cet alcali tertiaire est un liquide huileux, bouillant vers 290°.

6° DIMÉTHYLPHÉNYLAMINE $[(C^6H^5), (CH^3)^2]$: . Az *ou* DIMÉTHYLANILINE. — Cette amine tertiaire fond à 0° et bout à 192°. Elle donne par oxydation une belle couleur violette.

421. Toluidines $C^7H^7.AzH^2$ *ou* C^6H^4 : (CH^3,AzH^2). — Les toluidines sont des amines qui dérivent du benzène C^6H^6 par la substitution à 2 atomes d'hydrogène des deux groupes monovalents CH^3 et AzH^2. Elles doivent donc, comme tous les dérivés bisubstitués du benzène, exister sous trois états isomériques correspondants aux dérivés ortho, méta et para (V. t. I, p. 38). Ces trois amines primaires sont, en outre, isomériques d'une amine secondaire, la méthylphénylamine (C^6H^5, CH^2) : AzH, et d'une amine dérivée d'un alcool véritable, la benzylamine, qui dérive de l'alcool benzylique. Les trois toluidines et la benzylamine traitées par l'hydrogène naissant (acide iodhydrique à 280°) fournissent du toluène ; seule la méthylphénylamine, étant une diamine dérivant de deux carbures différents, donne dans les mêmes conditions un mélange de formène et de benzène.

Préparation. — Les trois toluidines isomères s'obtiennent par l'action de l'hydrogène naissant, produit par l'action de l'acide acétique sur la limaille de fer, sur les trois nitrotoluènes isomères.

Propriétés. — L'*orthotoluidine*, découverte par M. Rosenstiehl, est un liquide huileux, incolore, bouillant à 198°. La *métatoluidine*, découverte par MM. Beilstein et Kuchlberg, est un liquide bouillant à 197°. La *paratoluidine*, découverte par MM. Muspratt et Hoffmann, est un corps solide fondant à 45° et bouillant à 200°. Elle est très peu soluble dans l'eau, mais très soluble dans l'alcool et dans l'éther. C'est cet isomère qui constitue la plus grande partie de la toluidine du commerce.

422. Phénylène-diamines $C^6H^4 : (AzH^2)^2$. — On en connaît trois, isomériques, correspondant aux trois anilines nitrées connues.

ORTHO-PHÉNYLÈNE-DIAMINE. — On l'obtient par la réduction de l'orthonitraniline ou dans la distillation des acides β et γ diamidobenzoïques. C'est un corps solide fondant à 102° et bouillant à 252°.

MÉTAPHÉNYLÈNE-DIAMINE. — On l'obtient par la réduction de la métanitraniline. C'est un corps solide à la température ordinaire, mais qui reste facilement en surfusion. Il fond à 86° et bout à 287°.

PARAPHÉNYLÈNE-DIAMINE. — Ce composé s'obtient en réduisant la paranitraniline par l'étain en présence d'acide chlorhydrique. Lorsque la réaction est terminée, on étend d'eau, on précipite l'étain par l'acide sulfhydrique, et on obtient par concentration des cristaux de chlorhydrate de phénylène-diamine. On les décompose par un carbonate alcalin qui donne la base libre.

C'est un corps solide, cristallisé en lamelles, fusibles à 140° et bouillant à 267°. En s'unissant à 2 molécules d'un acide monobasique, il donne des sels neutres.

423. Naphtylamines. — On connaît deux naphtylamines isomériques que l'on peut obtenir par la réaction générale, action de l'hydrogène naissant sur les naphtalines nitrées. M. Zinin a obtenu de cette façon de l'α-naphtylamine cristallisée en prismes incolores fondant à 50° et bouillant à 300°. Cette base est d'une odeur repoussante ; elle est à peu près insoluble dans l'eau, mais très soluble dans l'alcool.

La β-naphtylamine fond à 112°, bout à 294°. On l'obtient par l'action du chlorure de calcium ammoniacal sur le β-naphtol en vase clos à 240°-280°.

Voici les formules de constitution de ces corps :

$$
\begin{array}{cc}
\text{CH—CH} & \text{CH—CH} \\
\text{CH}\diagdown\text{C}\diagup\text{CH} & \text{CH}\diagdown\text{C}\diagup\text{CH} \\
\text{CH}\diagup\text{C}\diagdown\text{CH} & \text{CH}\diagup\text{C}\diagdown\text{C.AzH}^2 \\
\text{CH——C.AzH}^2 & \text{CH—CH}
\end{array}
$$

α-Naphtylamine   β-Naphtylamine

424. Paraleucaniline $CH :. (C^6H^4.AzH^2)^3$. — Cette triamine dérive d'un carbure, le triphénylméthane $CH :. (C^6H^5)^3$, où trois radicaux phényles se trouvent associés à un groupe trivalent CH.

Ce composé se prépare en réduisant le chlorhydrate de pararosaniline, en solution fortement acide, par le zinc en poudre. La liqueur s'échauffe beaucoup. Lorsque la réaction est terminée, on ajoute un grand excès d'acide chlorhydrique concentré; le chlorhydrate de paraleucaniline, peu soluble dans ces conditions, se précipite; on le redissout dans l'eau et on le précipite de nouveau par l'acide chlorhydrique concentré; après quelques opérations de ce genre, tout le chlorure de zinc est éliminé. On décompose alors le chlorhydrate de paraleucaniline par la soude; il se forme un précipité de paraleucaniline que l'on dissout dans l'alcool bouillant. Cette base cristallise en petites paillettes fusibles à 197°. Elle se rencontre souvent dans les eaux-mères de la fabrication de la fuschine.

425. Leucaniline

$$CH: [(C^6H^4.AzH^2)^2, C^6H^3 : (CH^3, AzH^2)]$$

Ce composé est le dérivé méthylé de la paraleucaniline. Il s'obtient comme le précédent, mais en partant du chlorhydrate de rosaniline et en le réduisant par le zinc. C'est une matière solide qui fond vers 140°.

Les sels de leucaniline sont incolores.

IV. — AMINES A FONCTIONS MIXTES

Parmi ces amines, les plus intéressantes à considérer sont les alcalis-alcools, les alcalis-éthers et les alcalis-acides.

1° ALCALIS-ALCOOLS

426. Pararosaniline $COH : (C^6H^4.AzH^2)^3$. — Ce composé est une triamine primaire possédant, en outre, une fois la fonction alcool tertiaire. Il dérive du triphénylméthane $CH : (C^6H^5)^3$.

La pararosaniline se prépare en chauffant 2 molécules d'aniline et 1 molécule de paratoluidine avec de l'acide arsénique, en solution sirupeuse, qui agit comme oxydant :

$$2C^6H^5.AzH^2 + C^6H^4 : (CH^3, AzH^2) + 3O$$
$$= COH : (C^6H^4.AzH^2)^3 + 2H^2O$$

On épuise ensuite le produit de la réaction par l'acide chlorhydrique faible, et le chlorhydrate de pararosaniline est, à plusieurs reprises, précipité par une dissolution de sel, puis redissous dans l'eau, afin de le séparer du chlorhydrate de violaniline formés simultanément. Le chlorhydrate une fois purifié, on met la pararosaniline en liberté en traitant ce chlorhydrate par de la soude. La base ainsi précipitée est ensuite lavée avec du benzène.

La pararosaniline et ses sels se transforment facilement en paraleucaniline ou en sels de cette base sous l'influence des agents réducteurs.

La pararosaniline a des propriétés très voisines de celles de son dérivé méthylé, la rosaniline ; elle est plus soluble dans l'eau, mais moins soluble dans l'éther que cette dernière base.

427. Rosaniline

$$COH : .[(C^6H^4.AzH^2)^2. C^6H^3(CH^3.AzH^2)].$$

Ce composé peut être considéré comme le dérivé méthylé de la pararosaniline.

On prépare la rosaniline en oxydant, à l'aide d'une solution sirupeuse d'acide arsénique, un mélange, à molécules égales, d'aniline, d'ortho- et de paratoluidine. On épuise ensuite la masse par l'acide chlorhydrique faible et on purifie à l'aide de cristallisations dans l'eau bouillante. Pour avoir la rosaniline elle-même, on décompose le chlorhydrate de cette base, obtenu, comme il vient d'être dit, par de la soude. C'est une matière solide peu colorée, soluble dans l'eau et l'éther.

Les agents réducteurs la ramènent à l'état de leucaniline. Les acides donnent avec la pararosaniline et avec la rosaniline des composés colorés que l'on appelle improprement des sels : ce sont des éthers formés grâce à la fonction alcool que possèdent ces deux bases. Ces composés sont des couleurs très employées; on peut citer comme type la fuschine qui est l'éther chlorhydrique de la rosaniline :

$$CCl :, [(C^6H^4.AzH^2)^2, C^6H^3 : (CH^3, AzH^2)]$$

Il existe un très grand nombre de dérivés de ces corps. Mais, comme ils présentent surtout de l'intérêt au point de vue des applications, nous les étudierons dans le paragraphe 5 (V. p. 437).

428. Névrine $[C^2H^4.OH, (CH^3)^2] :: Az.OH.$ — Ce composé, qui a reçu divers noms : choline, bilineurine, amanitine, etc., a été découvert par Strecker en 1829 en étudiant la bile de divers animaux. La névrine peut être obtenue, d'après Wurtz, en faisant réagir la triméthylamine sur le glycol. Des deux groupes OH du glycol l'un est remplacé par une amine tertiaire $Az(CH^3)^3$ et l'autre reste, de telle sorte que ce composé est à la fois amine tertiaire et alcool. Lorsqu'on fait réagir la triméthylamine sur le glycol monochlorhydrique (éther, alcool), on obtient le chlorhydrate de cette base :

$$Az(CH^3)^3 + C^2H^4(HO, Cl) = HO.C^2H^4.Az[(CH^3)^3, Cl]$$

Ce composé, traité par la potasse, donne la névrine $[C^2H^4.OH, (CH^3)^2] :: Az.OH$ qui est à la fois un alcool et un alcali de la quatrième classe.

Ce composé s'obtient soit par synthèse, comme il vient d'être dit, soit en l'extrayant de la bile de porc ou du cerveau de bœuf.

C'est un liquide incolore, visqueux, insoluble dans l'eau, donnant des sels bien définis et bien cristallisés

On peut ranger dans cette classe, outre la lécithine que nous allons étudier, divers composés formés par la rosaniline et les corps analogues, avec les acides qui doivent être considérés comme les éthers de l'alcool tertiaire qui constitue la rosaniline. Ces composés s'obtiennent comme on l'a vu plus haut dans la préparation de la rosaniline et de ses analogues. A cause de leurs importantes applications, nous les étudierons dans le paragraphe 5 (V. p. 437).

429. Lécithines. — On a désigné sous le nom de lécithines des substances fort complexes, que l'on trouve dans divers liquides organiques, tels que le jaune d'œuf, la laitance de carpe, la bile de porc, le sang veineux, etc. On en trouve aussi dans le cerveau de divers animaux.

La lécithine se dédouble, sous diverses influences, en névrine, acide phosphoglycérique et acides gras. On la prépare en traitant le jaune d'œuf de poule par l'éther bouillant ou par un mélange d'alcool et d'éther. On évapore en ajoutant de temps à autre de l'éther, et, quand la majeure partie de l'éther est chassée, on traite la liqueur limpide par une solution alcoolique de chlorure de platine ; il se forme un chloroplatinate de lécithine qui abandonne du chlorhydrate de lécithine quand on le traite par l'acide sulfhydrique. D'après Strecker, la lécithine du jaune d'œuf de poule aurait les fonctions alcool, éther glycérique d'acides oléique et margarique, acide et base. Il existerait, d'après le même auteur, diverses lécithines différant par la nature des acides gras. On peut aussi considérer la lécithine, qui a pour formule brute $C^{34}H^{39}AzPO^{5}$ comme un éther formé par de la névrine (fonctionnant comme alcool) avec l'acide distéarinophosphorique.

3° ALCALIS-ACIDES

430. Glycocolle CH^2:(AzH^2, COOH) *ou* **glycolla-mine.** — Ce composé dérive de l'acide monochloracé-tique par la substitution du groupe AzH^2 au chlore, comme le montre la réaction signalée par Cahours :

$$CH^2Cl.COOH + 2AzH^3 = AzH^4Cl + CH^2 : (AzH^2, COOH)$$

Le glycocolle a été, tout d'abord, obtenu par Bracon-not, qui l'a découvert parmi les produits de l'action de l'acide sulfurique étendu sur la glycérine. On prépare encore le glycocolle par ce procédé légèrement modifié : on laisse en contact à la température ordinaire pendant vingt-quatre heures, 1 partie de gélatine et 2 parties d'acide sulfurique ; puis, on ajoute 10 parties d'eau et on fait bouillir plusieurs heures. On sature ensuite par de la craie, on filtre et on évapore à consistance sirupeuse ; la liqueur cristallise lentement. On peut aussi dédoubler l'acide hippurique en le traitant par l'acide chlorhydrique concentré.

Le glycocolle se présente sous forme de cristaux durs, sucrés, fondants à 170°, assez solubles dans l'eau (250 grammes par litre), mais très peu solubles dans l'alcool et dans l'éther.

L'*oxygène* naissant fourni par l'action du bioxyde de manganèse sur l'acide sulfurique étendu le transforme en acide carbonique et acide cyanhydrique :

$$CH^2 : (AzH^2, COOH) + O^2 = CO^2 + CAzH + 2H^2O$$

L'acide azoteux le transforme en acide glycocollique :

$$CH^2:(AzH^2,COOH) + AzO^2H = CH^2OH.COOH + Az^2 + H^2O$$

Le glycocolle se combine à la fois aux bases, en vertu de sa fonction acide et aux acides comme alcali ; elle forme aussi des éthers avec les alcools.

Le glycocolle est le type d'une série de corps qui en diffèrent par CH^2, et que l'on peut obtenir par l'action de l'ammoniaque sur les dérivés monochlorés des acides analogues à l'acide acétique. Les principaux sont l'alanine et la leucine.

431. Alanine $C^3H^4:(AzH^2, COOH)$. — Ce composé peut être considéré comme dérivant du glycol propylique ou de l'acide lactique. Strecker l'a obtenu par l'action de l'acide cyanhydrique et de l'eau sur l'aldéhyde :

$$CH^3.CHO + C.AzH + H^2O = C^3H^4 : (AzH^2, COOH)$$

On réalise cette réaction en faisant passer un courant de gaz acide chlorhydrique dans un mélange d'aldéhydate d'ammoniaque et d'acide cyanhydrique. La liqueur, évaporée, laisse déposer l'alanine cristallisée en fines aiguilles (clinorhombiques).

L'acide azoteux la transforme en acide lactique.

432. Leucine $C^6H^{13}:(AzH^2,COOH)$. — Ce composé a été découvert, en 1818, par Proust, dans le vieux fromage. On l'a rencontré dans un grand nombre de tissus et de liquides de l'organisme. Pour le préparer, on fait bouillir, pendant 24 heures, 2 parties de rognures de corne, 5 parties d'acide sulfurique et 13 parties d'eau, en remplaçant au fur et à mesure l'eau qui s'évapore. On neutralise ensuite avec un lait de chaux et on sépare par filtration le sulfate de calcium formé. On peut précipiter la petite quantité de chaux qui reste en solution par un peu d'acide oxalique. Après filtration, on abandonne à elle-même la liqueur ; il se dépose d'abord de la tyrosine, puis de la leucine ; on la purifie par cristallisation dans l'alcool.

C'est une matière blanche, assez peu soluble dans l'eau (40 grammes par litre environ) qui fond à 170°.

L'acide azoteux la transforme en acide leucique, homologue de l'acide lactique.

433. Tyrosine $C^9H^{11}AzO^3$. — On l'obtient en même temps que la leucine dans le traitement des rognures de corne par l'acide sulfurique étendu. Elle se précipite en partie quand on traite la liqueur par le lait de chaux. Ce dépôt de tyrosine et de sulfate de calcium est traité par une lessive étendue de soude à plusieurs reprises ; les liqueurs filtrées sont additionnées de carbonate de sodium pour précipiter la chaux, puis on ajoute de l'acide sulfurique jusqu'à ce que la liqueur ne soit plus que faiblement alcaline ; on l'acidifie ensuite légèrement à l'aide d'un peu d'acide acétique.

La constitution de la tyrosine n'est pas connue avec certitude ; on la considère le plus souvent comme un dérivé amidé de l'acide hydroparacoumarique.

La tyrosine est une matière blanche, peu soluble dans l'eau froide ($0^{gr},5$ par litre à 16°) et encore moins dans l'alcool concentré. Ce composé, comme les corps précédents, se combine aux acides et aux bases.

434. Sarcosine $CH^3(AzH.CH^3, COOH)$ *ou* **méthylglycocolle**. — Ce composé, d'abord obtenu par Liebig dans le dédoublement de la créatine, s'obtient par l'action de l'acide chloracétique sur la méthylamine par une réaction analogue à celle qui fournit le glycocolle. La sarcosine est à la fois acide monobasique et monamine secondaire. En remplaçant la méthylamine par d'autres amines on obtiendrait de nombreux composés analogues. Elle cristallise en prismes incolores, orthorhombiques. Elle est très soluble dans l'eau, très peu soluble dans l'alcool et dans l'éther. Elle se combine avec les acides pour donner des sels, et elle forme des sels doubles avec quelques sels métalliques, tels que les chlorures de platine et de zinc. La solution alcoolique chauffée à 100° avec de la cyanamide pendant quelques heures donne de la créatine par une réaction inverse de celle que Liebig utilisa pour obtenir la sarcosine.

435. Acide aspartique $COOH.CHAzH^2.CH^2.COOH$. — Ce composé est acide bibasique et amine primaire. On peut le considérer comme dérivant d'un acide-alcool, l'acide malique, qui peut être considéré lui-même comme dérivant d'un alcool triatomique inconnu.

On connaît deux acides aspartiques doués de pouvoirs rotatoires moléculaires égaux et de signes contraires, et un acide aspartique inactif par compensation.

L'acide aspartique a été découvert, en 1837, par Plisson.

L'acide aspartique actif s'obtient en faisant bouillir une solution aqueuse d'asparagine avec de l'oxyde de plomb jusqu'à ce qu'il ne se dégage plus d'ammoniac. Le sel de plomb formé ainsi est lavé, puis décomposé par l'acide sulfhydrique. En évaporant ensuite la liqueur, débarrassée du précipité de sulfure de plomb, on obtient de petits cristaux d'acide aspartique ; ce corps possède en solution acide un pouvoir rotatoire dextrogyre ($27°,86$ pour la solution chlorhydrique) et un pouvoir rotatoire lévogyre en solutions alcalines ou neutres. L'acide aspartique, chauffé à 175° avec de l'acide chlorhydrique, avec de l'ammoniaque ou même avec de l'eau, se transforme en acide inactif.

Par l'action de l'acide azoteux, l'acide aspartique est transformé en acide malique actif ou inactif, selon que l'acide aspartique employé est lui-même actif ou inactif.

L'acide inactif peut s'obtenir directement en chauffant à 200° le bimalate d'ammonium, puis faisant bouillir le produit avec de l'acide chlorhydrique pendant plusieurs heures. Le chlorhydrate ainsi formé est inactif.

L'acide aspartique, étant une monamine, se combine avec les acides en donnant des sels actifs et des sels inactifs ; étant un actif bibasique, il donne deux sortes de sels, des sels neutres et des sels acides. On en a préparé un grand nombre, actifs et inactifs.

436. Acide glycéramique $C^3H^3.(AzH^2,OH,COOH)$. — Ce composé dérive de l'acide glycérique (monoacide, dialcool), qui dérive lui-même de la glycérine, alcool triatomique. Il est donc à la fois acide, alcali et alcool.

On obtient ce composé en faisant bouillir, avec de l'acide sulfurique étendu, une matière gélatineuse qu'abandonne la soie brute quand on la traite par l'eau.

L'acide glycéramique cristallise dans le système clinorhombique ; il est notablement soluble dans l'eau (30 grammes par litre à la température ordinaire) ; il est insoluble dans l'alcool et dans l'éther.

L'acide azoteux transforme ce corps en acide glycérique.

437. Oxynévrine $(CH^2)^3:.Az:(CH^2,O):CO$ *ou* **bétaïne.** — Ce composé s'obtient par la réaction générale déjà signalée plus haut, en faisant réagir la triméthylamine sur l'acide chloracétique. Dans cette réaction on obtient le chlorure d'un ammonium quaternaire ; mais,

en faisant réagir sur ce corps soit la potasse, soit l'oxyde
d'argent, on n'obtient pas la base correspondante, mais
un composé qui en diffère par la perte de 1 molécule
d'eau et que l'on peut considérer comme résultant de la
formation d'un sel formé par la fonction acide et la fonction amine de cette base. L'oxynévrine peut s'unir
aux acides sans élimination d'eau. Ce corps est le type
d'une série assez nombreuse de composés que l'on nomme
les bétaïnes. On représente la constitution de l'oxynévrine par le schéma

$$(CH^3)^3.Az \left\langle {CH^2 \atop O} \right\rangle CO$$

On connaît diverses bétaïnes phosphorées où l'azote est
remplacé par du phosphore.

L'oxynévrine est un corps solide bien cristallisé qui
tombe en déliquescence à l'air humide. Elle est très
soluble dans l'eau.

§ 3. — ÉTUDE PARTICULIÈRE

DES BASES PYRIDIQUES, QUINOLÉIQUES ET DES PYRROLS

I. — BASES PYRIDIQUES

On désigne sous ce nom des matières alcalines que l'on
trouve dans les produits de la distillation d'un certain
nombre de matières animales, dans l'huile animale de
Dippel par exemple ; la distillation de divers alcaloïdes
naturels en fournit aussi. La plus simple de ces bases
est la pyridine. Ses principaux homologues sont les

picolines, les lutidines, les collidines, etc. A chacun de ces corps (sauf à la pyridine) correspondent un ou plusieurs isomères appartenant à la série de l'aniline et de ses homologues.

438. Pyridine C^5H^5Az. — La pyridine peut être obtenue par synthèse en faisant réagir 2 molécules d'acétylène sur 1 molécule d'acide cyanhydrique :

$$2C^2H^2 + CAzH = C^5H^5Az$$

Si l'on rapproche cette intéressante réaction de la synthèse du benzène, réalisée par M. Berthelot, par la condensation de 3 molécules d'acétylène, synthèse que l'on peut formuler ainsi :

$$2C^2H^2 + C^2H^2 = C^6H^6$$

on est conduit à donner à la pyridine une formule de constitution analogue à celle du benzène. En se rappelant ce qui a été dit à ce sujet (V. t. I, p. 35) et en adoptant le schéma du prisme triangulaire, on voit que les trois arêtes latérales du prisme qui sont pour le benzène

$$\begin{matrix} CH & CH & CH \\ | & | & | \\ CH & CH & CH \end{matrix}$$

et (soit 3 molécules d'acétylène), seront pour la pyridine, d'après sa synthèse

$$\begin{matrix} CH & CH & CH \\ | & | & | \\ CH & CH & Az \end{matrix}$$

(soit 2 molécules d'acétylène et 1 d'acide cyanhydrique). En adoptant l'hexagone de Kékulé, la formule de la pyridine sera :

$$\begin{matrix} & CH & \\ CH & & CH \\ CH & & CH \\ & Az & \end{matrix}$$

La méthylpyridine ou picoline pourra exister sous trois états isomériques différents ; c'est, en effet, un dérivé bisubstitué du benzène (un groupe CH remplacé par Az, 1 atome d'hydrogène remplacé par le groupe CH³). Il y aura donc trois méthylpyridines correspondant aux positions ortho, méta et para. Un autre composé, isomérique aussi avec les méthylpyridines, mais d'une constitution toute différente, est l'aniline.

La pyridine a été découverte par M. Anderson dans les produits de la distillation sèche des os (huile animale de Dippel). On l'a retiré aussi du goudron de houille. La synthèse de ce corps qui a été réalisée, comme nous l'avons vu, par l'action de l'acétylène sur l'acide cyanhydrique peut l'être aussi par l'action de l'azotate d'amyle sur l'anhydride phosphorique qui agit comme déshydratant :

$$AzO^3.C^5H^{11} = C^5H^5Az + 3H^2O.$$

On prépare la pyridine en l'extrayant de l'huile animale de Dippel. Pour cela on traite d'abord cette matière par l'acide sulfurique étendu de deux fois son volume d'eau et on fait bouillir pour chasser le pyrrol (V. p. 403). Après filtration on sursature par la soude et on distille ; le liquide qui a distillé est neutralisé, puis traité par de l'acide azotique pour détruire l'aniline. Les bases non attaquées (pyridine et homologues) sont ensuite précipitées en ajoutant de la potasse à la liqueur, puis séchées et séparées par distillation fractionnée.

La pyridine est un liquide incolore, très mobile, de densité 0,986 à 0° qui bout à 117°. Elle se mêle à l'eau en toute proportion. Les alcalis ajoutés à cette dissolution en précipitent la pyridine ; elle bleuit le tournesol et se comporte comme une base énergique. Elle forme des sels très solubles et déplace un grand nombre de bases métalliques.

L'*oxygène* naissant (acide chromique ou acide azotique fumant) est sans action sur la pyridine. Le *chlore*, le *brome*, l'*iode* s'unissent directement avec la pyridine pour donner les sels correspondants de cette base. Elle s'unit directement avec l'iodure d'éthyle et ses homologues pour donner un sel, l'iodure d'éthylpyridylammonium. Chauffée pendant plusieurs jours avec du sodium, la pyridine se transforme en dipyridine $C^{10}H^{10}Az^2$ avec un dégagement très faible d'hydrogène.

439. Homologues de la pyridine. — Les homologues de la pyridine, les picolines, lutidines et collidines se distinguent de leurs isomères appartenant à la série de l'aniline par leur caractère de bases tertiaires. Par oxydation, il se forme des acides carbopyridiques ; ainsi, sous l'influence de l'oxygène naissant fourni par une solution alcaline de permanganate de potassium, la méthyl- et l'éthylpyridine fournissent de l'acide monocarbopyridique $C^5H^4::(Az,COOH)$, et cet acide, sous ses divers états isomériques, peut être de nouveau transformé en pyridine par l'action de la chaux qui lui enlève une molécule d'acide carbonique. L'acide bicarbopyridique $C^5H^3::[Az,(COOH)^2]$ doit exister, d'après la théorie de la pyridine, sous six états isomériques différents ; on connaît ces six isomères.

Les PICOLINES $C^5H^4::(Az,CH^3)$ existent sous trois états isomériques. L'α-picoline et la β-picoline s'obtiennent en traitant l'huile de Dippel comme il a été dit plus haut pour la pyridine, mais en recueillant ce qui passe entre 130° et 145°. Cette portion redistillée est séparée en deux parties que l'on traite séparément par le chlorure de platine ; on purifie par des cristallisations répétées les deux chloroplatinates obtenus ; en les décomposant ensuite, on obtient avec l'un, l'α-picoline, liquide bouillant à 131°,9, et avec l'autre, la β-picoline, liquide bouillant à 140°,1. La γ-picoline a été obtenue par l'action de l'ammoniaque en solution alcoolique sur le tribromure d'allyle. Les picolines sont des poisons violents. Elles donnent par oxydation divers acides carbopyridiques.

Les LUTIDINES C^7H^9Az, ou diméthylpyridines, sont, d'après la théorie de la pyridine, au nombre de neuf isomères. On n'en connaît bien que deux, l'une qui bout à 154°, et l'autre qui bout à 165°.

COLLIDINES $C^8H^{11}Az$. — La mieux connue est une triméthylpyridine qui bout à 176°.

440. Aldines $C^4Az^2H^4$. — Ces composés ont une constitution analogue à celle de la pyridine ; ils dérivent d'un noyau benzénique par le remplacement de deux groupes trivalents CH par 2 atomes d'azote triatomique. Cette double substitution sur un noyau benzénique donne lieu à trois isomères: l'orthodiazine, la métadiazine et la paradiazine.

II. — BASES QUINOLÉIQUES

441. Quinoléine C^9H^7Az. — Ce composé se rattache à la fois à la série aromatique et aux bases pyridiques. On a représenté sa constitution par le schéma suivant, qui met en évidence les deux noyaux qui caractérisent ces deux sortes de composés :

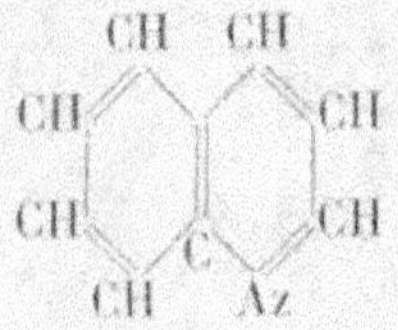

$$\text{CH—CH}$$

On peut aussi rattacher ce composé au naphtalène de la même façon que la pyridine a été rattachée au benzène, c'est-à-dire par la substitution de 1 atome d'azote trivalent à l'un des groupes CH du naphtalène.

Cette base a été obtenue par Gerhardt dans la distillation de diverses bases naturelles telles que la quinine et la cinchonine en présence de la potasse. C'était autrefois le procédé principal de préparation de ce corps. Actuellement on la prépare d'une façon synthétique, en chauffant au bain de sable, dans un ballon muni d'un réfrigérant ascendant 12 parties de nitrobenzène, 19 parties d'aniline, 60 parties de glycérine et 50 parties d'acide sulfurique. Quand le nitrobenzène a à peu près complètement disparu, on étend de plusieurs volumes d'eau et on distille l'excès de nitrobenzène. On projette ensuite le liquide dans de l'ammoniaque étendue de deux fois son volume d'eau : la quinoléine se sépare et vient former au-dessus du liquide une couche que l'on décante, que l'on lave et que l'on distille.

La quinoléine est un liquide bouillant à 235°,6. A peu près insoluble dans l'eau, mais soluble dans l'alcool et dans l'éther. Elle se comporte comme une base tertiaire et donne avec les éthers iodhydriques des iodures de bases quaternaires. Parmi ceux-ci l'iodure d'amylquinoléinammonium est intéressant parce qu'il a fourni par l'action de la potasse une belle matière colorante bleue connue sous le nom de cyanine ou bleu de quinoléine; la lépidine $C^{10}H^9Az$, homologue de la quinoléine fournit une réaction analogue. Ces couleurs sont rapidement altérées par la lumière.

La quinoléine est très stable ; elle n'est pas décomposée à la température du rouge sombre. Traitée par des matières oxydantes, elle fournit un acide dicarbopyridique fondant à 225°. La quinoléine se combine aux acides et forme des sels en général bien cristallisés.

Lépidines $C^{10}H^9Az$. — Ce sont des bases homologues de la quinoléine qui se présentent sous divers états isomériques ; ce sont des méthyl-quinoléines. Quand dans la préparation de la quinoléine on remplace l'aniline par l'une de ses homologues, les toluidines, on obtient des corps que l'on a appelés ortho, méta et paratoluquinoléines. Ce ne sont, d'ailleurs, pas les seuls isomères correspondant à la formule $C^{10}H^9Az$.

442. Acridines. — Les acridines forment une série de corps dont l'acridine est le type. Sa constitution est représentée par le schéma :

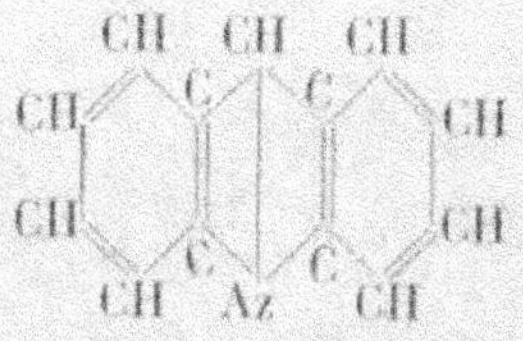

$$\begin{array}{ccc} CH & CH & CH \\ CH\diagdown C & \diagup C\diagdown & C\diagup CH \\ \cdots & \cdots & \cdots \\ CH\diagup C & \diagdown C\diagup & C\diagdown CH \\ CH & Az & CH \end{array}$$

ou :

$$\begin{array}{c} CH \\ C^6H^4 \diamond C^6H^4 \\ Az \end{array}$$

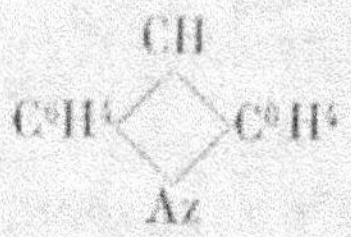

Les acridines sont des bases peu énergiques que l'on obtient d'une façon générale en déshydratant à température élevée un mélange d'un acide organique et d'une amine aromatique secondaire.

443. Quinoxalines. — De même qu'à la pyridine, dérivant du benzène par la substitution d'un atome d'azote à un groupe trivalent CH, correspondaient des aldines, dérivant aussi du benzène, mais par une double substitution de deux atomes d'azote à deux groupes trivalents CH, de même à la quinoléine qui dérive du naphtalène par une seule substitution, analogue aux précédentes, correspondent des quinoxalines qui en dérivent par une double substitution. On représente la quinoxaline par le schéma :

$$
\begin{array}{ccc}
 & \text{CH} \quad \text{Az} & \\
\text{CH} & \text{C} & \text{CH} \\
\text{CH} & \text{C} & \text{CH} \\
 & \text{CH} \quad \text{Az} & \\
\end{array}
$$

444. Phénazine. — Ce composé dérive de l'anthracène comme l'aldine du benzène et la quinoxaline du naphtalène. On représente ce composé par le schéma :

$$
\begin{array}{ccccc}
 & \text{CH} & \text{Az} & \text{CH} & \\
\text{CH} & \text{C} & & \text{C} & \text{CH} \\
\text{CH} & \text{C} & & \text{C} & \text{CH} \\
 & \text{CH} & \text{Az} & \text{CH} & \\
\end{array}
$$

III. — GROUPE DU PYRROL

445. Pyrrol C^4H^5Az. — Ce composé, auquel on rattache divers autres, est le type d'une série de corps que

l'on appelle les pyrrols. Si on veut faire dériver le pyrrol,
comme les corps précédents, du benzène, il faut admettre
qu'un groupe bivalent AzH remplace un groupe bivalent
—CH=CH—, mais il faut remarquer que le pyrrol a des
propriétés très différentes de celles des composés précédemment étudiés : il ne se combine pas avec les acides.
On représente le pyrrol par le schéma :

$$
\begin{array}{ccc}
CH & \!\!\!\!-\!\!\!\! & CH \\
CH & & CH \\
& AzH &
\end{array}
$$

Ce composé est surtout intéressant par ses dérivés et
les relations qu'ils présentent avec une importante couleur naturelle, l'indigo.

Le pyrrol se rattache encore à la série du furfurane
par le remplacement de l'atome bivalent d'oxygène par
le groupe bivalent AzH. On peut, d'ailleurs, l'obtenir dans
la distillation sèche du pyromucate d'ammonium, ce qui
montre les relations du pyrrol avec l'acide pyromucique
et, par suite, avec le furfurane (1).

On extrait le pyrrol de l'huile animale de Dippel, par
distillation fractionnée en recueillant ce qui passe au voisinage de 125°.

(1) L'acide pyromucique diffère du furfurane par le remplacement
d'un atome d'hydrogène par un groupe monovalent COOH. On représente ces deux corps par les schémas

$$
\begin{array}{ccc}
CH\!-\!CH & \qquad & CH\!-\!CH \\
CH\quad CH & & CH\quad C\!-\!COOH \\
O & & O
\end{array}
$$

furfurane   acide pyromucique.

Parmi les dérivés du pyrrol on peut citer : 1° le pyrazol

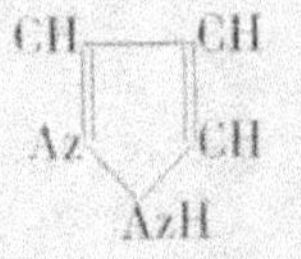

$$\begin{array}{ccc} CH & — & CH \\ | & & | \\ Az & & CH \\ & AzH & \end{array}$$

qui en dérive par le remplacement du groupe trivalent CH par 1 atome d'azote ; 2° la pyrazine

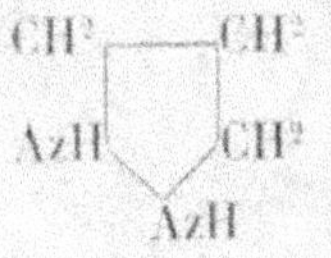

$$\begin{array}{ccc} CH^2 & — & CH^2 \\ | & & | \\ AzH & & CH^2 \\ & AzH & \end{array}$$

où les doubles liaisons du pyrazol ont disparu par suite d'une fixation d'hydrogène ; 3° la pyrazolone

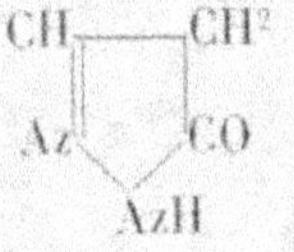

$$\begin{array}{ccc} CH & — & CH^2 \\ | & & | \\ Az & & CO \\ & AzH & \end{array}$$

4° et, enfin, l'antipyrine

$$\begin{array}{ccc} CH^3 — C & === & CH \\ | & & | \\ CH^3 — Az & & CO \\ & Az.C^6H^5 & \end{array}$$

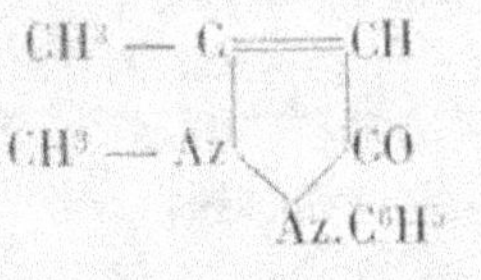

446. Indol C^8H^7Az. — La formule développée qui montre ses relations avec le pyrrol est :

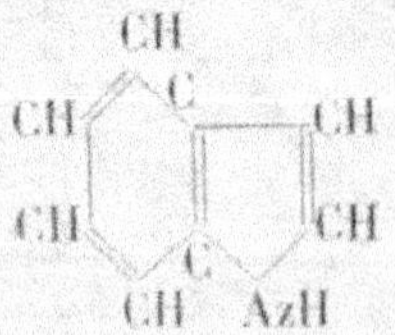

$$\begin{array}{ccc} & CH & \\ CH & C & CH \\ CH & & CH \\ & C & \\ CH & AzH & \end{array}$$

Ce composé s'obtient en distillant l'oxindol avec de la limaille de zinc. Il se produit aussi dans la décomposition des matières albuminoïdes surtout sous l'influence du suc pancréatique. On le prépare en utilisant cette propriété : on maintient 300 grammes d'albumine dissoute dans $4^l,5$ d'eau à 40 ou 45° pendant trois jours en présence de 350 grammes de pancréas de bœuf. Après ce temps, on filtre, on acidule par l'acide acétique et on distille environ 1 litre et demi. On neutralise avec de la chaux le liquide distillé et on l'agite avec de l'éther qui s'empare de l'indol. C'est un corps cristallisé en grandes lamelles fusibles à 52° ; il peut être entraîné en vapeurs par la vapeur d'eau. L'acide azotique le colore en rouge sang.

447. Oxindol C^8H^7AzO. — Ce composé a été obtenu par M. Baeyer en partant de l'acide phénylacétique $C^8H^8O^2$. Cet acide est transformé d'abord en dérivé nitré, puis celui-ci en dérivé amidé à l'aide d'agents réducteurs. Les sels de cet acide, traités par de l'acide sulfurique, abandonnent de l'oxindol que l'on peut considérer comme l'anhydride de cet acide amidé. Ce sont des aiguilles incolores, fusibles à 120°, peu solubles dans l'eau froide. Les réducteurs le transforment en indol et les oxydants en isatine.

Sa formule de constitution est la suivante :

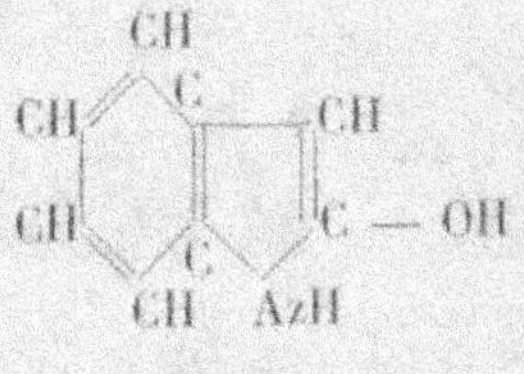

$$
\begin{array}{c}
CH \\
CH\diagup C \diagdown CH \\
CH \diagdown C \diagup C{-}OH \\
CH \quad AzH
\end{array}
$$

448. Dioxindol $C^8H^7AzO^2$. — Ce composé s'obtient en traitant l'isatine par l'amalgame de sodium. C'est un corps facilement oxydable, qui s'oxyde à l'air en reproduisant l'isatine. Il fond à 180° et se décompose un peu au dessus en donnant, entre autres produits, de l'aniline.

Sa formule de constitution est :

$$
\begin{array}{c}
CH \\
CH \diagup \overset{C}{} \quad C - OH \\
CH \diagdown \underset{C}{} \quad C - OH \\
CH \quad AzH
\end{array}
$$

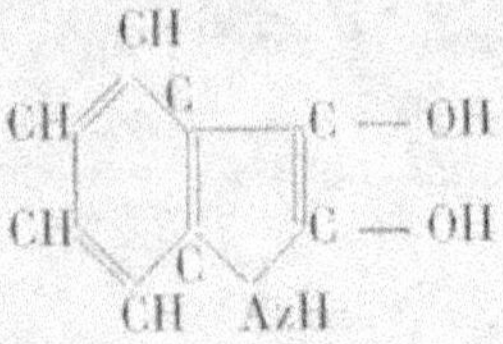

449. Isatine $C^8AzO^2H^5$. — Ce composé diffère du dioxindol en ce que les deux groupes trivalents COH sont remplacés par deux groupes divalents CO, en même temps qu'une liaison double se change en liaison simple. La formule de constitution est :

$$
\begin{array}{c}
CH \\
CH \diagup \overset{C}{} \quad CO \\
CH \diagdown \underset{C}{} \quad CO \\
CH \quad AzH
\end{array}
$$

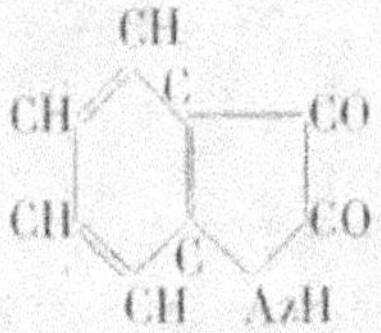

Ce composé s'obtient en versant de l'acide azotique dans de l'eau bouillante tenant de l'indigo en suspension, jusqu'à ce que la couleur bleue ait disparu ; l'isatine cristallise par refroidissement en petits prismes orthorhombiques. C'est une belle matière rouge orangé, fusible à 120°, soluble dans l'eau et dans l'alcool. Elle donne avec le perchlorure de phosphore du chlorure isatique C^8H^4ClAzO que les réducteurs transforment en indigo. Par hydratation, l'isatine se convertit en une matière peu stable, le trioxindol, ou acide isatique.

Les agents réducteurs transforment l'isatine successivement en dioxindol, oxindol et indol.

450. Indigo *ou* **indigotine** $C^{16}H^{10}Az^2O^2$ (1). — L'indigo est une belle matière bleue connue depuis longtemps, que l'on extrait des feuilles de l'*indigofera*, où il se trouve à l'état d'un glucoside particulier appelé *indican*. On peut aussi, grâce aux beaux travaux de M. Baeyer, réaliser la synthèse de l'indigo et, bien que ce procédé ne puisse lutter actuellement d'une façon suffisamment avantageuse avec le traitement des feuilles de l'*indigofera* (V. p. 464), cependant on a utilisé une synthèse partielle de ce corps, effectuée sur l'étoffe à teindre, dans certaines impressions sur calicot.

Synthèse de l'indigotine. — L'acide cinnamique $C^8H^7.COOH$, que l'on extrait du styrax liquide, peut aussi être obtenu synthétiquement en chauffant à 190° de l'éther benzychlorhydrique chloré avec de l'acétate de sodium. On obtient ainsi du cinnamate de sodium, facile à transformer en acide cinnamique. Celui-ci est transformé en dérivé nitré par l'action de l'acide azotique; puis, par l'action du brome, on fixe sur lui 2 atomes de ce corps. On obtient ainsi un acide nitrocinnamique bibromé $C^8H^6Br^2AzO^2.COOH$. Cet acide, traité par la potasse, est transformé en acide phénylpropiolique nitré $C^6H^4(AzO^2).COOH$. Lorsqu'on traite ce corps à 100° par un mélange de glucose et de carbonate de sodium, il fixe de l'hydrogène en se dédoublant en eau, acide carbonique et indigo qui se dépose à l'état cristallisé :

$$2C^8H^4(AzO^2).COOH + 2H^2 = 2CO^2 + 2H^2O + C^{16}H^{10}Az^2O^2$$

(1) On donne plutôt le nom d'indigotine au produit chimique bien défini qui constitue la matière colorante, et le nom d'indigo au produit commercial brut. Cependant on donne aussi quelquefois dans le commerce le nom d'indigotine à des carmins d'indigo (V. plus loin).

Propriétés. — L'indigotine est une matière colorante d'un bleu foncé avec reflet pourpre, qui prend un éclat métallique de cuivre quand on la frotte avec un corps dur. C'est un corps inodore, insipide, insoluble dans les dissolvants. Sa densité est 1,35. Il se volatilise en donnant des vapeurs violettes qui viennent se condenser en fines aiguilles, mais il se décompose en partie.

L'*oxygène* naissant transforme l'indigo d'abord en isatine $C^8H^5AzO^2$, puis en acide nitrosalicylique $C^7H^5(AzO^2)O^3$ et enfin en phénol trinitré $C^6H^2(AzO^2)^3OH$. Lorsqu'on le traite par la potasse en fusion, on le transforme en acide orthoxybenzamique $C^7H^7(AzO^2)$ et en aniline $C^6H^5(AzH^2)$.

L'*hydrogène naissant* décolore l'indigo en le transformant en indigo blanc $C^{16}H^{12}Az^2O^2$ suivant la formule :

$$2(C^8H^5AzO) + H^2 = C^{16}H^{12}Az^2O^2 ;$$

Cette réduction peut être produite par un grand nombre de corps : protoxyde de fer, protochlorure d'étain, mélange de sulfure d'arsenic et de potasse caustique, sucre, etc. L'indigo blanc ainsi obtenu est un corps soluble dans l'eau et qui devient rapidement bleu à l'air en se précipitant en flocons.

La formation de l'indigo blanc, sa fixation sur les tissus et sa transformation en indigo bleu sous l'influence de l'oxygène de l'air, sont constamment utilisées dans les opérations de teinture. On forme par exemple un bain d'indigo en traitant 1 partie de ce corps, bien pulvérisé, par 2 parties de sulfate ferreux, 3 parties de chaux éteinte et 150 parties d'eau. On trempe ensuite les étoffes à teindre dans ce bain, puis on les expose à l'air : c'est le procédé de la cuve à froid à la couperose.

L'*acide sulfurique* concentré dissout l'indigo en le

Principales propriétés des b[ases...]

		NOMS	FORMULES BRUTES	FORMULES DE CONSTITUTION
Amines à fonction simple		monométhylamine	$CAzH^5$	$AzH^2.CH^3$
	Amines de la série grasse	diméthylamine	C^2AzH^7	$AzH:(CH^3)^2$
		triméthylamine	C^3AzH^9	$Az:(CH^3)^3$
		monoéthylamine	C^2AzH^7	$AzH^2.C^2H^5$
		diéthylamine	C^4AzH^{11}	$AzH:(C^2H^5)^2$
		triéthylamine	C^6AzH^{15}	$Az:(C^2H^5)^3$
		propylamine	C^3AzH^9	$AzH^2.CH^3.CH^2.CH^3$
		tripropylamine	C^9AzH^{21}	$Az:(CH^3.CH^2.CH^2)^3$
		isopropylamine	C^3AzH^9	$AzH^2.CH:(CH^3)^2$
		diisopropylamine	C^6AzH^{15}	$AzH:[CH:(CH^3)^2]^2$
		butylamine	C^4AzH^{11}	$AzH^2.CH^2.CH^2.CH^2.CH^3$
		dibutylamine	C^8AzH^{19}	$AzH:(CH^2.CH^2.CH^2.CH^3)^2$
		tributylamine	$C^{12}AzH^{27}$	$Az:(CH^2.CH^2.CH^2.CH^3)^3$
		benzylamine	C^7AzH^9	$AzH^2.CH^2.C^6H^5$
	Amines aromatiques	éthylène-diamine	$C^2Az^2H^8$	$C^2H^4:(AzH^2)^2$
		diéthylène-diamine	$C^4Az^2H^{10}$	$Az^2H^2(C^2H^4)^2$
		triéthylène-diamine	$C^6Az^2H^{12}$	$Az^2(C^2H^4)^3$
		aniline ou phénylamine	C^6AzH^7	$AzH^2.C^6H^5$
		diphénylamine	$C^{12}AzH^{11}$	$AzH:(C^6H^5)^2$
		triphénylamine	$C^{18}AzH^{15}$	$Az:(C^6H^5)^3$
		méthylphénylamine	C^7AzH^9	$AzH:(CH^3, C^6H^5)$
		méthyldiphénylamine	$C^{13}AzH^{13}$	$Az:[CH^3, (C^6H^5)^2]$
		diméthylphénylamine	C^8AzH^{11}	$Az:[(CH^3)^2, C^6H^5]$
		orthotoluidine	C^7AzH^9	[illegible]
		métatoluidine	C^7AzH^9	[illegible]
		paratoluidine	C^7AzH^9	[illegible]
		orthophénylènediamine	$C^6Az^2H^8$	[illegible]
		métaphénylènediamine	$C^6Az^2H^8$	[illegible]
		paraphénylènediamine	$C^6Az^2H^8$	[illegible]
		α-naphtylamine	$C^{10}AzH^9$	[illegible]
		β-naphtylamine	$C^{10}AzH^9$	[illegible]
Amines à fonction mixte	Amines du triphénylméthane	paraleucaniline	$C^{19}Az^2H^{19}$	[illegible]
		leucaniline	$C^{20}Az^3H^{21}$	[illegible]
	alcalis-alcools	pararosaniline	$C^{19}Az^3H^{19}O$	[illegible]
		rosaniline	$C^{20}Az^3H^{21}O$	[illegible]
	alcali-éther	lécithine	$C^{44}H^{90}AzPO^9$	
	alcali-acide	glycocolle	$C^2H^5AzO^4$	$CH^2:(AzH^2, COOH)$
		alanine	$C^3H^7AzO^4$	$C^2H^4:(AzH^2, COOH)$
		leucine	$C^6H^{13}AzO^4$	$C^5H^{10}:(AzH^2, COOH)$
		tyrosine	$C^9H^{11}AzO^6$	
		sarcosine	$C^3H^7AzO^4$	$CH^2:(AzH.CH^3, COOH)$
	alca.-ac.-alco. bétaines	acide aspartique	$C^4H^7AzO^8$	$COOH.CH.AzH^2.CH^2.COOH$
		acide glycéramique	$C^3H^7AzO^6$	$C^2H^3:(AzH^2, OH, COOH)$
		oxynévrine	$C^5H^{13}AzO^4$	$(CH^3)^3, Az:(CH^2, O):CH$

...alcalis organiques

POINTS DE FUSION	POINTS D'ÉBULLITION	SOLUBILITÉS DANS L'EAU	DENSITÉS	PRÉPARATIONS
	— 4° (?)	1150 vol.	1,08 (gaz)	Décomposition par la potasse du chlorhydrate de méthyl-amine. (Ce sel est obtenu dans l'action de la potasse sur l'éther méthylcyanique).
	+ 8°	t. sol.		S'obtiennent en même temps que la précédente par l'action de l'iodure de méthyle sur l'ammoniac.
	+ 9°	t. sol.		
	+ 18°,5	misc.	0,696 à 8°	Ils s'obtiennent simultanément dans la décomposition de l'iodure d'éthyle par l'ammoniac.
	+ 37°,5	misc.		
	+ 91°	misc.		
	+ 50°	misc.	0,7283 à 0°	Action de la potasse sur l'isocyanate de propyle.
	145°			Méthodes générales.
	32°	t. sol.	0,69 à 18°	Méthodes générales.
	84°	p. sol.	0,722 à 22°	Méthodes générales.
	69°-70°	misc.	0,755	Action du zinc sur une solution alcoolique de butyronitrile.
	160			Méthodes générales.
	215		0,791	Méthodes générales.
	185	misc.	0,99	Action de l'ammoniac en solution alcoolique sur le chlorure de benzyle.
	117	t. sol.		Action du bromure d'éthylène sur une solution alcoolique d'ammoniac.
	170			
	210			
... — 8°	184°,5	30° à 12°		Action de l'hydrogène naissant sur le nitrobenzène.
... 45°	310°			Action de l'aniline sur le chlorhydrate d'aniline au-dessous de 260°.
... 127°	> 360°			Action de la benzine bromée sur l'aniline potassée.
	192			Action de l'iodure de méthyle sur l'aniline.
	290			Action de la diphénylamine sur l'alcool méthylique en présence d'acide chlorhydrique.
... 0°,5	192		0,935	Action de la méthylphénylamine sur l'iodure de méthyle.
	198			S'obtiennent par l'action de l'hydrogène naissant sur les nitrotoluènes correspondants.
	197			
... 43°	200	t. p. sol.		
... 102°	252			Action de l'hydrogène naissant sur l'orthonitraniline.
... 86°	287			Action de l'hydrogène naissant sur la métanitraniline.
... 140°	267			Action de l'hydrogène naissant sur la paranitraniline.
... 50°	300	t. p. sol.		Action de l'hydrogène naissant sur l'α-nitronaphtalène.
... 412°	294			Action du chlorure de calcium ammoniacal sur le β-naphtol.
... 197°		p. sol.		Réduction du chlorhydrate de pararosaniline par le zinc.
... 140°		p. sol.		S'obtient comme le précédent, mais avec la rosaniline.
		sol.		Action de l'acide arsénique sur 2 molécules d'aniline et 1 molécule de paratoluidine.
		sol.		Action analogue sur un mélange d'aniline, d'ortho- et de paratoluidine.
				S'extrait du jaune d'œuf de poule par l'éther.
... 170°	250			Action de l'acide sulfurique sur la gélatine.
		sol.		Action de l'acide chlorhydrique sur un mélange d'aldéhyde et d'acide cyanhydrique.
... 170°	40			Action de l'acide sulfurique sur la corne.
	0,5			S'obtient en même temps que le corps précédent.
	t. sol.			Action de l'acide chloracétique sur la méthylamine.
				Action de l'oxyde de plomb sur l'asparagine.
	30°			Action de l'acide sulfurique étendu sur la soie brute.
	t. sol.			Action de l'acide chloracétique sur la triméthylamine.

Principales propriétés des…

	NOMS	FORMULES BRUTES	FORMULES DE CONSTITUTION
Composés divers			
pyridines	pyridine	C^5H^5Az	$Az\langle CH{=}CH,\ CH{-}CH\rangle CH$
	picoline	C^6H^7Az	$Az\langle CH{=}CH,\ C{-}CH\rangle CH$; CH^3
	lutidines	C^7H^9Az	$Az : C^5H^3 : (CH^3)_2$
	collidine	$C^8H^{11}Az$	$Az : C^5H^2 : (CH^3)^3$
quinoléines	quinoléine	C^9H^7Az	$C^9H^4\langle CH{=}CH,\ Az{=}CH\rangle$
	lépidines	$C^{10}H^9Az$	
acridines	acridine	$C^{13}H^9Az$	$C^6H^4\langle CH,\ Az\rangle C^6H^4$
Dérivés du pyrrol	pyrrol	C^4H^5Az	$CH{-}CH,\ CH{-}AzH{-}CH$
	indol	C^9H^7Az	$C^6H^4\langle C{-}CH,\ C{-}AzH{-}CH\rangle$
	oxindol	C^8H^7AzO	$C^6H^4\langle C{-}CH,\ C{-}AzH{-}C{-}OH\rangle$
	dioxindol	$C^8H^7AzO^2$	$C^6H^4\langle C{-}C{-}OH,\ C{-}AzH{-}C{-}OH\rangle$
	isatine	$C^8H^5AzO^2$	$C^6H^4\langle C{-}CO,\ C{-}AzH{-}CO\rangle$
	indigo	$C^{16}H^{10}Az^2O^2$	

...alcalis organiques (*Suite*)

POINTS DE FUSION	POINTS D'ÉBULLITION	SOLUBILITÉS DANS L'EAU	DENSITÉ	PRÉPARATIONS
	117°	misc.	0,986	S'extrait de l'huile animale de Dippel.
	132°,9			S'extrait de l'huile animale de Dippel.
	154 et 165°	sol.	0,937 et 0,930	S'extraient de l'huile animale de Dippel.
	170°		0,921	S'extrait de l'huile animale de Dippel.
	233°,6	t. p. sol.		Action de l'acide sulfurique sur un mélange d'aniline et de glycérine.
				Action analogue, l'aniline étant remplacée par une toluidine.
				Déshydratation d'un mélange d'un acide organique et d'une amine aromatique secondaire.
				S'extrait de l'huile animale de Dippel.
				Distillation de l'oxindol en présence de la limaille de zinc.
				Action de l'acide sulfurique sur un dérivé amidé de l'acide phénylacétique.
120°		p. sol.		Action de l'amalgame de sodium sur l'isatine.
186°		sol.		Action de l'acide azotique sur l'indigo.
120°		ins.	1,35	S'extrait des feuilles de l'indigofera.

transformant en deux dérivés sulfuriques : l'acide sulfopurpurique $C^{16}H^{10}Az^2O^8SO^3$ et l'acide sulfindigotique $C^8H^4AzO.SO^3$. Le premier s'obtient en traitant l'indigo par l'acide sulfurique concentré, mais non fumant, marquant $66°$ B.; on emploie 20 parties d'acide pour 1 partie d'indigo; on délaie l'indigo dans l'acide, et de temps à autre on en prend une goutte que l'on laisse tomber dans beaucoup d'eau. Quand elle se dissout entièrement, l'opération est terminée et on jette le tout dans 40 à 50 parties d'eau. L'acide sulfopurpurique se précipite en flocons rouges. L'acide sulfindigotique se prépare d'une façon analogue, mais en employant l'acide sulfurique fumant ; il est bleu, les deux acides sont monobasiques.

§ 4. — ALCALOÏDES NATURELS

451. Généralités. — On a rencontré depuis longtemps, dans un certain nombre de végétaux, appartenant principalement aux papavéracées, aux rubiacées, aux strychnées et aux solanées, des substances basiques, fixes ou volatiles (1), d'une saveur amère et âcre, capables de se combiner aux acides en fournissant des sels cristallisés, bien définis. Ces corps contiennent tous de l'azote et, par l'action de la potasse, ils mettent en liberté de l'ammoniaque ou des amines. Ces composés, dont la constitution n'est pas connue d'une façon précise et dont on n'a pas encore réalisé la synthèse, semblent se rattacher aux bases pyridiques et quinoléiques par un certain

---

(1) Celles qui sont volatiles sont des composés ternaires (C, H, Az); les autres contiennent, en outre, de l'oxygène.

nombre de leurs réactions. Ils se comportent vis-à-vis des acides comme l'ammoniaque : ils s'unissent directement avec les hydracides ; avec les oxacides la formation de sels est accompagnée de la mise en liberté d'une molécule d'eau.

Les alcaloïdes agissent presque tous sur la lumière polarisée qu'ils dévient les uns à droite, les autres à gauche. Ils ont des actions diverses, mais toujours très énergiques sur l'économie ; ce sont des poisons violents souvent utilisés en médecine à très petites doses ; ils constituent alors des médicaments puissants ; telles sont la quinine, la cocaïne, l'atropine, la morphine, etc.

Les sels formés avec ces alcaloïdes par les acides minéraux sont, en général, solubles dans l'eau. Un certain nombre de sels formés par les acides organiques, par l'acide tannique (1) en particulier, sont insolubles.

Les alcaloïdes se retirent de diverses plantes : selon que l'alcaloïde est à l'état de sel soluble ou insoluble, on extrait le sel à l'état d'infusion aqueuse ou alcoolique, ou bien on traite la matière première par l'acide chlorhydrique qui décompose les sels insolubles et les transforme en chlorhydrates solubles. Ces sels sont ensuite décomposés par la chaux qui donne du chlorure de calcium et laisse déposer l'alcaloïde. Les infusions aqueuses, obtenues dans le cas des sels solubles, sont décomposées par le carbonate de sodium. Dans tous les cas l'alcaloïde précipité est repris par l'alcool et purifié par cristallisations successives.

Les quelques alcaloïdes volatils que l'on connaît sont extraits en faisant bouillir la matière première avec de

---

(1) On utilise le tannin, à cause de cette propriété, pour combattre les empoisonnements dus aux alcaloïdes.

la potasse ; le produit distillé est repris par un acide, et l'on purifie par quelques cristallisations le sel obtenu ; il sert ensuite à donner la base pure par un nouveau traitement à la potasse.

Le peu que l'on sait de la constitution des alcaloïdes ne permet pas de les classer méthodiquement. On pourrait, en s'appuyant sur l'action des iodures alcooliques qui permet de distinguer les alcaloïdes qui correspondent aux types d'alcalis quaternaire, tertiaire, secondaire et primaire, les classer de cette façon ; mais il vaut mieux, au point de vue pratique, étudier ensemble ceux que l'on trouve d'ordinaire réunis dans une même plante. C'est l'ordre que nous suivrons ici en étudiant d'abord les alcaloïdes des rubiacées, quinine, cinchonine, etc., puis ceux des papavéracées, morphine, codéine, ensuite ceux des solanées, nicotine, atropine, etc., ceux des strychnées, strychnine, brucine, et enfin quelques-uns qui ne rentrent pas dans ces groupes.

I. — ALCALOÏDES DES RUBIACÉES

452. Quinine $C^{20}H^{24}Az^2O^2$. — La quinine a été découverte par Pelletier et Caventou en 1820. On l'extrait des écorces des quinquinas. Les cinchonas colissaya et pitago, qui sont les plus riches, contiennent jusqu'à 4 0/0 de quinine. La quinine est mélangée d'autres alcaloïdes, surtout dans les quinquinas rouges et gris (1) : les quin-

---

(1) On a proposé diverses classifications des quinquinas ; en se basant sur la couleur on met souvent dans des groupes différents des quinquinas provenant d'une même espèce ; ainsi les quinquinas gris sont, d'après M. Weddel, de jeunes écorces d'arbres donnant normalement des quinquinas jaunes et rouges. Aussi ce savant a-t-il proposé une classification fondée sur l'examen microscopique des écorces : leur structure serait un indice de leur richesse en alcaloïdes.

quinas blancs ne contiennent même que très peu de quinine, mais surtout de l'aricine. Les quinquinas jaunes, au contraire, contiennent surtout de la quinine.

La quinine s'extrait de son sulfate ou de son chlorhydrate en précipitant ces sels par de l'ammoniac. On obtient ainsi un précipité caséeux qui se transforme peu à peu en une masse cristalline qui est un hydrate de quinine $C^{20}H^{24}Az^2O^2 + 3H^2O$. Ce sont des cristaux incolores, fondant à 57° en perdant de l'eau. La quinine est assez soluble dans l'eau (6 grammes par litre à 15° ; elle est très soluble dans l'éther. Dissoute dans l'alcool à 80° son pouvoir rotatoire est 149°,54.

La quinine anhydre fond à 177°. On peut aussi l'obtenir cristallisée par l'évaporation de sa solution alcoolique. Elle est peu soluble dans l'eau ($0^{gr},51$ par litre à 15°) ; mais elle se dissout facilement dans l'éther et le chloroforme. Dans ce dernier dissolvant son pouvoir rotatoire est — 116°.

La quinine est un alcali diammoniacal tertiaire, car, chauffée avec l'iodure d'éthyle, elle donne un sel d'alcali quaternaire, l'iodure d'éthylquinium $C^{20}H^{24}Az^2O^2,C^2H^5I$ que l'oxyde d'argent transforme en une base quaternaire, alcali très énergique et bien cristallisable.

On donne le nom de *quinio*, au Brésil, à une sorte de quinine brute, obtenue en traitant l'écorce fraîche de quinquina par de la chaux, puis de l'alcool. On obtient, en évaporant l'alcool, une matière jaune, amère, d'apparence résineuse, peu soluble dans l'eau froide, mais se dissolvant facilement dans l'acide sulfurique étendu en donnant du sulfate de quinine.

L'*oxygène* naissant, fourni par le permanganate de potassium, transforme la quinine en dihydroxylquinine. Il se forme en même temps de l'acide pyridino-dicarbonique. L'acide chromique oxyde la quinine et donne l'acide quininique $C^{11}H^9AzO^3$. L'acide azoteux la transforme en oxyquinine $C^{20}H^{23}Az^2O^3$. Sous l'influence de l'*hydrogène* naissant, la quinine passe à l'état d'hydroquinine $C^{20}H^{26}Az^2O^3$. Le *chlore* donne avec la quinine une coloration d'abord rose, puis rouge foncé. La coloration verte que prennent les solutions de sulfate de quinine, quand on les traite successivement par l'eau de chlore et l'ammoniaque est caractéristique. Si, au lieu d'ammoniaque, on ajoute du ferrocyanure de potassium on obtient une coloration rouge intense.

La potasse en fusion décompose la quinine et donne de la quinoléine et des bases homologues.

La quinine fournit avec les acides des sels bien définis, remarquables par la fluorescence bleue que présentent leurs solutions quand on les regarde sous une incidence rasante.

Sels de quinine. — La quinine étant un alcali acide peut donner deux sortes de sels avec les acides monobasiques. Avec l'acide chlorhydrique par exemple on aura le sel acide $C^{20}H^{24}Az^2O^2,HCl$ et le sel neutre $C^{20}H^{24}Az^2O^2,(HCl)^2$. Avec les acides bibasiques, tels que l'acide sulfurique, la formule du sel neutre est $C^{20}H^{24}Az^2O^2,SO^4H^2$. Ce sel est acide aux réactifs colorés, et il a reçu souvent à cause de cela le nom de sulfate acide, tandis que le sulfate basique $(C^{20}H^{24}Az^2O^2)^2SO^4H^2$, qui est neutre aux réactifs colorés, a souvent reçu le nom de sulfate neutre. C'est le plus important des sels de quinine.

Sulfate basique de quinine $(C^{20}H^{24}Az^2O^2)^2SO^4H^2$. — Le procédé le plus ancien, celui de Pelletier et Caventou, consiste à faire bouillir l'écorce de quinquina en poudre grossière avec 8 à 10 parties d'eau additionnée de 12 0/0 d'acide sulfurique concentré. Après une heure d'ébullition, on décante l'eau acidulée, et on la remplace par une nouvelle quantité d'eau plus faiblement acidulée que la première. Après une troisième ébullition avec de l'eau acidulée nouvelle, on peut considérer l'écorce comme épuisée. Les diverses liqueurs sont alors réunies et traitées par un lait de chaux ajouté en très léger excès. Le précipité, séparé de la liqueur, contient, outre l'excès de chaux, du sulfate de calcium, les divers alcaloïdes contenus dans le quinquina et la matière colorante. La liqueur est abandonnée à elle-même pendant quelque temps ; elle fournit souvent un nouveau précipité qui se dépose peu à peu. Quant au précipité primitif, on le soumet à une légère pression pour éliminer le plus possible l'eau qui l'imprègne, et on le traite par l'alcool à plusieurs reprises. La cinchonine est moins soluble dans l'alcool faible que la quinine, aussi lorsque l'écorce traitée est riche en cinchonine, cette base peut se déposer partiellement pendant le refroidissement des solutions alcooliques. Si cela se produit, on sépare les cristaux et on neutralise la liqueur à l'aide d'acide sulfurique jusqu'à réaction acide très faible. On évapore ensuite l'alcool à une douce chaleur, et le sulfate de quinine cristallise ; le sulfate de cinchonine plus soluble reste dans les eaux-mères. Le sulfate de quinine ainsi obtenu est souvent coloré ; pour l'obtenir blanc, on fait une pâte avec de l'eau et on ajoute un peu de noir animal. Après un contact de vingt-quatre heures, on reprend par l'eau bouillante, et le sulfate se dépose par refroidissement en cristaux incolores. On laisse égoutter le sulfate, puis on le fait sécher à l'étuve à basse température pour éviter qu'il ne s'effleurisse.

On peut aussi faire un mélange de poudre de quinquina et de chaux et le traiter par de l'alcool dans un appareil à déplacement. La solution alcoolique est ensuite évaporée, et le résidu est traité par de l'acide sulfurique qui fournit du sulfate de quinine.

Le sulfate de quinine donne, quand on le traite en solution aqueuse chaude par l'iode, de larges lames minces qui cristallisent par refroidissement et qui ont des reflets mordorés : c'est le sulfate d'iodoquinine

$$C^{20}H^{24}Az^2O^2I^2,SO^4H^2 + 5H^2O$$

ou hérapathite.

Le sulfate de quinine est un produit précieux, assez souvent falsifié : on reconnaît la présence de matières minérales (telles que le sulfate de calcium) par l'incinération de la matière qui ne doit fournir aucun résidu. Pour reconnaître la présence de la cinchonine, on met 1 gramme de sulfate à essayer en suspension dans 10 centimètres cubes d'eau à une température comprise entre 12 et 15° et on abandonne le mélange à lui-même pendant une demi-heure, puis on filtre ; on ajoute alors à 5 centimètres cubes de la liqueur filtrée 7 centimètres cubes d'ammoniaque de densité 0,96 : le mélange reste limpide si le sulfate de quinine contient moins de 1 0/0 de sulfate de cinchonine ; dans le cas contraire, il se trouble. Le sulfate de cinchonine existe presque toujours dans le sulfate de quinine à cause de son mode de préparation et l'on admet une tolérance d'environ 3 0/0 ; au delà le sulfate est mal préparé ou sophistiqué. La salicine, que l'on ajoute quelquefois au sulfate de quinine, se reconnaît à l'aide de l'acide sulfurique concentré qui donne avec ce corps une coloration rouge sang.

Un assez grand nombre de matières organiques solubles peuvent être reconnues en précipitant le sulfate de quinine par la baryte, filtrant pour séparer le précipité de quinine et le sulfate de baryum, puis traitant par l'acide carbonique pour précipiter l'excès de baryte ; on cherche ensuite dans la liqueur filtrée s'il y a des matières étrangères.

Les autres sels solubles de quinine s'obtiennent en dissolvant la quinine précipitée du sulfate dans les acides correspondants ; les sels insolubles, tels que le tannate, s'obtiennent par double décomposition.

Dosage de la quinine dans les quinquinas. — Cet essai peut se faire à deux points de vue principaux. On peut chercher à déterminer le plus exactement possible la teneur d'un échantillon de quinquina en quinine, ou bien chercher combien on pourra retirer de quinine de cet échantillon. L'essai fait à ce second point de vue est surtout intéressant pour le fabricant de sulfate de quinine ; cet essai doit être fait en prenant un échantillon moyen de quinquina à essayer en le traitant par le procédé que l'on doit employer pour en retirer le quinquina et, autant que possible, dans les mêmes conditions.

Pour le dosage de la quinine, M. Carles recommande de traiter 20 grammes d'écorce par 8 grammes de chaux éteinte et 35 grammes d'eau. Ce mélange, dont on fait une pâte que l'on étend sur une assiette, est mis à l'étuve ; quand la matière est sèche, on l'introduit dans un digesteur et on la traite par du chloroforme de façon à l'épuiser entièrement. La solution ainsi obtenue est évaporée, et le résidu est traité par 10 à 12 centimètres cubes d'acide sulfurique étendu au dixième. La solution obtenue est filtrée, puis portée à l'ébullition et traitée, lorsqu'elle est refroidie, par de l'ammoniaque, de façon que la réaction soit à peine acide ; le sulfate de quinine basique se précipite ; on l'essore le mieux possible et on

le lave avec quelques gouttes d'eau. Ce procédé est suffisamment exact quand il n'y a pas trop de quinidine et
de cinchonidine.

453. Quinidine $C^{20}H^{24}Az^2O^2$. — Ce composé isomère de la quinine et de la quinicine a été découvert
par Heury et Delondre en 1833. Pasteur a montré ses
principales propriétés. On l'extrait des eaux-mères d'où
l'on a retiré la quinine en précipitant ces eaux-mères,
légèrement acidulées, par l'iodure de potassium. On
obtient ainsi l'iodhydrate de quinidine, sel insoluble dans
l'eau.

La quinidine cristallise en octaèdres orthorhombiques;
elle est peu soluble dans l'eau ($0^{gr}.5$ par litre à $15°$). Elle
est dextrogyre et possède un pouvoir rotatoire moléculaire
considérable $+ 233°,6$ (en solution alcoolique à 1 0/0).

La quinidine est un fébrifuge, comme la quinine ; la
chaleur la transforme en quinicine. C'est aussi une diamine tertiaire donnant avec les éthers iodhydriques des
iodures d'ammonium quaternaires.

La quinidine forme avec les acides des sels neutres
ou acides ; avec l'acide sulfurique, en particulier, on
obtient des composés d'une composition alcoolique analogue à celle des sulfates de quinine.

454. Quinicine $C^{20}H^{24}Az^2O^2$. — Cette base, isomère
des précédentes, a été obtenue par Pasteur en chauffant à $130°$ en tubes scellés du sulfate de quinine ou de
quinidine avec un peu d'eau et d'acide sulfurique. Le
sulfate de quinicine obtenu est ensuite décomposé par un
alcali. C'est une base huileuse qui se solidifie peu à peu en
une masse fusible à $60°$. Elle est peu soluble dans l'eau,
mais assez soluble dans le chloroforme. La solution dans

ce liquide est dextrogyre ; la rotation est de $+ 44°,1$ à $15°$.

155. Cinchonine $C^{20}H^{24}Az^2O$. — La cinchonine, découverte en 1803, par Duncan n'est bien connue q ue depuis les recherches de Pelletier et Caventou. On l'obtient en précipitant par la soude les eaux-mères de la préparation du sulfate de quinine et en faisant cristalliser la base dans l'alcool.

La cinchonine cristallise en prismes clinorhombiques, anhydres, fusibles à $357°$ et assez facilement sublimables. Elle est peu soluble dans l'eau ($0^{gr},26$ par litre à $10°$), plus soluble dans l'éther et surtout dans l'alcool (7 grammes par litre). Ses solutions ne sont pas fluorescentes comme celles de quinine. Elle est dextrogyre et possède un pouvoir rotatoire considérable $+ 213°$ (en solution chloroformique à 5 millièmes).

L'acide azotique bouillant transforme la cinchonine en divers acides : l'acide quinolique $C^9H^6Az^2O^4$, l'acide cinchoméronique $C^{11}H^8Az^2O^5$, l'acide oxycinchoméronique $C^{11}H^8Az^2O^8$, l'acide cinchonique $C^{20}H^{14}Az^2O^4$, etc. L'acide azoteux transforme la cinchonine en un isomère de la quinine, l'oxycinchonine. Le permanganate de potassium la transforme en cinchoténine $C^{18}H^{20}Az^2O^3,3H^2O$, et en hydrocinchonine $C^{20}H^{26}Az^2O^2$.

Chauffée en présence d'acide sulfurique, la cinchonine, comme la quinine, se transforme en un isomère, la cinchonicine. Chauffée avec de la potasse, elle donne aussi de la quinoléine et des bases homologues; mais, traitée par le chlore et l'ammoniaque, elle ne donne pas la coloration verte que l'on obtient avec les sels de quinine.

Les sels de cinchonine ont une composition analogu e à celle des sels de quinine : ils sont, en général, plus solubles que ceux-ci et cristallisent mieux. Le sulfate basique de

cinchonine $(C^{20}H^{24}Az^2O)^2SO^4H^2 + 2H^2O$ est le composé
le plus important; sa solubilité dans l'eau est de $15^{gr},2$
par litre à 13°.

456. Cinchonidine $C^{20}H^{24}Az^2O$. — Cette base,
isomère de la précédente, a été découverte, en 1844, par
Winckler. On l'extrait des eaux-mères qui ont abandonné
le sulfate de quinine. Certaines variétés de quinquinas
(*cinchonas succirubra* et *officinalis*) en contiennent beaucoup. On l'extrait de ses eaux-mères en la faisant cristalliser dans l'alcool. On lave les cristaux à l'éther, on les
transforme en chlorhydrate basique que l'on purifie par
plusieurs cristallisations successives. On la sépare ainsi
de la quinidine qui se précipite tout d'abord avec elle.

C'est une base énergique qui forme des sels très bien
cristallisés, assez solubles dans l'eau. C'est un alcali tertiaire. La cinchonidine se dépose de sa solution alcoolique
en gros cristaux fusibles à 206°. Elle est peu soluble dans
l'eau (environ $0^{gr},6$ par litre à 10°). La chaleur la transforme en cinchonicine. Elle est lévogyre.

457. Cinchonicine $C^{20}H^{24}Az^2O$. — Ce composé,
isomère des précédents, a été obtenu par Pasteur en chauffant la cinchonine en tubes scellés avec de l'acide sulfurique étendu. C'est une masse résineuse fondant vers 50°,
que la chaleur décompose dès 80°. Elle est peu soluble
dans l'eau, mais très soluble dans l'alcool, l'éther et le
chloroforme. Elle est dextrogyre, et son pouvoir rotatoire
moléculaire est $+ 46°,5$ en solution chloroformique à 15°.

458. Émétine $C^{28}H^{40}Az^2O^5$. — Ce composé est le
principe actif des divers ipécacuanhas. L'émétine a été
découverte par Pelletier et Magendie; mais elle n'est bien

connue que depuis les travaux de Lefort et Wurtz. On l'obtient en traitant la racine d'ipécacuanha, réduite en poudre fine, successivement par l'éther, qui enlève une matière grasse, puis par l'alcool bouillant qui dissout la matière active. Cette dissolution refroidie est filtrée, additionnée d'un peu d'eau, et l'alcool est évaporé. Il se dépose alors un peu de matière grasse que l'on enlève par filtration. On fait ensuite bouillir la solution avec de la magnésie; il se forme un précipité que l'on épuise par l'alcool bouillant. La solution obtenue est transformée en tartrate, décolorée par le noir animal, puis décomposée par un alcali.

L'émétine est une poudre blanche légèrement jaunâtre, très peu soluble dans l'eau froide, très soluble dans l'alcool. Elle fond vers 50°. A la dose de $0^{gr},007$, elle provoque des vomissements; les sels cristallisent difficilement.

459. Théobromine $C^7H^8Az^4O^2$. — Ce composé a été découvert par Wos Kreseusky dans le cacao (*Théobroma cacao*). On le prépare en traitant par l'acétate de plomb l'extrait aqueux de cacao. La solution est ensuite décomposée par l'acide sulfhydrique qui précipite le plomb, puis évaporée après filtration. Le résidu sec est repris par l'alcool bouillant et la théobromine cristallise par refroidissement.

Elle se présente sous forme de fines aiguilles qui se subliment à 290° sans décomposition; elle est peu soluble dans l'eau froide ($0^{gr},6$ par litre), beaucoup plus dans l'eau chaude (18 grammes par litre), peu soluble dans l'alcool froid ($0^{gr},7$ par litre) et presque insoluble dans l'éther. La théobromine, qui est l'homologue inférieur de la caféine, peut être transformée en cette dernière base en traitant sa solution ammoniacale par l'azotate d'argent à l'ébullition ; la théobromine argentique qui se dépose peu à peu en petits cristaux $C^7H^6AgAz^4O^2$ est ensuite décomposée par l'iodure de méthyle qui la transforme en méthylthéobromine identique avec la caféine naturelle.

Les sels de théobromine sont cristallisables, mais l'eau les décompose en partie.

460. Caféine $C^8H^{10}Az^4O^2$. — Cette base homologue immédiatement supérieure de la théobromine a été découverte par Robiquet; elle existe dans le thé, le café, les noix de *cola acuminata*, etc.

On la prépare en épuisant par l'alcool un mélange de 2 parties de chaux éteinte avec 10 parties de café en poudre. La solution alcoolique évaporée à siccité est reprise par l'eau, on décante une huile qui se sépare de la solution aqueuse, on décolore par le noir animal et on concentre la solution. La caféine cristallise en aiguilles légères, brillantes, contenant 1 molécule d'eau de cristallisation. Elle fond à 178°, puis se sublime. Elle est assez soluble dans l'eau (10^{gr},7 par litre à 12°), plus soluble dans l'alcool (40 grammes par litre à 20°) et surtout dans le chloroforme (110 grammes par litre).

La synthèse, à partir de la théobromine, a été obtenue comme on l'a vu à propos de cet alcali.

La caféine donne des sels bien définis; la potasse en fusion la décompose en donnant de la méthylamine.

II. — ALCALOÏDES DES PAPAVÉRACÉES

461. Morphine $C^{17}H^{19}AzO^3$. — La morphine a été retirée de l'opium vers 1803, mais son caractère alcalin n'a été établi qu'en 1817 par Sertuerner. Depuis elle a été l'objet d'un assez grand nombre de travaux. La morphine est le plus important des alcaloïdes contenus dans l'opium. Parmi ceux-ci se trouvent la codéine, la narcotine, la thébaïne, etc.

La morphine s'extrait de l'opium. Cette matière s'obtient en incisant les capsules du pavot blanc, quand elles sont proches de leur maturité. Il en sort un suc latescent qui se concrète en forme de larmes que l'on recueille le lendemain ; on fait alors sur une autre partie de la capsule de nouvelles incisions. Les larmes d'opium ainsi recueillies sont ensuite pétries et façonnées en petits pains généralement cylindriques. On obtient parfois (toujours même, d'après quelques auteurs) une qualité d'opium inférieure en exprimant le jus des capsules et des feuilles du pavot. L'opium de bonne qualité contient, d'après Smith, 10 0/0 de morphine, 6 0/0 de narcotine, 1 0/0 de papavérine, 0,3 0/0 de codéine et quelques dix millièmes de divers autres alcaloïdes.

On prépare la morphine en traitant l'extrait aqueux d'opium, filtré et concentré jusqu'à avoir la densité 1,036, par l'ammoniaque et le carbonate de sodium. La morphine est mise en liberté et précipitée. A cet état elle n'est pas pure ; elle est colorée et mêlée d'une matière résineuse ; elle contient, en outre, de la narcotine. On la purifie en la dissolvant dans l'alcool bouillant ; elle cristallise par refroidissement ; en répétant cette opération à plusieurs reprises, on finit par avoir de la morphine pure et peu colorée (1).

La morphine cristallise en prismes orthorhombiques

_____

(1) Le noir animal ne doit être employé qu'en très petite quantité quand on l'utilise pour décolorer la morphine, parce qu'il cause une perte notable.

avec une molécule d'eau de cristallisation ; elle a une saveur amère. Son pouvoir rotatoire moléculaire (lévogyre) est de $67°,5$ en solution alcaline. Elle est assez stable et peut être fondue sans décomposition ; elle ne se décompose que vers $200°$. Elle est peu soluble dans l'eau (1 gramme par litre à froid, 2 grammes par litre à l'ébullition). Elle l'est davantage dans l'alcool (40 grammes à l'ébullition, 25 grammes à froid par litre). Elle est très peu soluble dans l'éther et le chloroforme.

La morphine est un alcali tertiaire, comme le montre l'action de l'iodure d'éthyle qui donne un iodhydrate correspondant à une base quaternaire.

La morphine se transforme en oxymorphine $C^{17}H^{19}AzO^4$, lorsqu'on fait agir son chlorhydrate sur l'azotite d'argent. Du reste, la morphine est très oxydable, elle réduit l'acide iodique, et même l'acide hyperiodique en mettant de l'iode en liberté. Cette réaction peut servir à déceler la morphine. Le chlorure d'or est aussi réduit, ainsi que les sels de peroxyde de fer. Il se produit même avec ceux-ci une belle coloration bleue ; le chlore donne une coloration orangée, et l'acide azotique une coloration rouge.

L'iode se combine avec la morphine en donnant une poudre brune, l'iodomorphine. Chauffée avec de la potasse à $200°$, elle dégage de la méthylamine. Chauffée en tube scellé avec de l'acide chlorhydrique, elle se transforme en apomorphine $C^{17}H^{19}AzO^2$ en perdant H^2O.

La morphine donne avec les acides des sels assez solubles dans l'eau et dans l'alcool, mais insolubles dans l'éther. C'est une base monoacide. Le chlorure

$$C^{17}H^{19}AzO^2,HCl + 3H^2O$$

est très soluble dans l'eau, 50 grammes par litre à froid,

et beaucoup plus à chaud. Le sulfate de morphine

$$(C^{17}H^{19}AzO^3)^2 SO^4H^2 + 5H^2O$$

est très soluble dans l'eau (500 grammes par litre).

La morphine et ses sels sont des poisons violents qui agissent comme stupéfiants.

Pour doser approximativement la morphine contenue dans de l'opium, on traite 10 grammes de cette matière par 100 centimètres cubes d'alcool à 75 0/0 employé en plusieurs fois ; on filtre sur un linge fin, puis on précipite par 3 centimètres cubes d'une solution d'ammoniac. La morphine se précipite peu à peu. Après quarante-huit heures de dépôt, on la recueille sur un filtre taré ; on la lave avec un peu d'eau, puis avec de l'éther qui dissout une résine et la narcotine précipitée simultanément, enfin on sèche et on pèse.

462. Codéine $C^{18}H^{21}AzO^3$. — La codéine a été découverte, en 1832, par Robiquet ; on l'extrait des eaux-mères qui ont déposé le chlorhydrate de morphine. Cette eau-mère est concentrée au bain-marie ; on sépare le chlorhydrate de morphine déposé pendant cette évaporation, puis on ajoute à la liqueur de la potasse caustique en excès qui dissout la morphine et précipite la codéine. On recueille ce précipité, on le lave et on le transforme en chlorhydrate que l'on décolore avec le noir animal et qu'on décompose par un alcali. On l'obtient ensuite cristallisé par l'évaporation de sa solution éthérée.

Petits cristaux brillants, anhydres, amers, fusibles à 150°, solubles dans l'eau (125 grammes par litre à 15°), très solubles dans l'alcool et dans l'éther. La codéine est lévogyre ; son pouvoir rotatoire est à 15° de — 135°,8 en solution alcoolique. Elle est très vénéneuse.

La codéine est un alcali tertiaire qui se comporte, en outre, comme un alcool en donnant des éthers avec les acides. Telle est la chlorocodide, éther chlorhydrique de la codéine $C^{18}H^{20}AzO^2Cl$. Avec un excès d'acide chlorhydrique concentré, cet éther est dédoublé en chlorure de méthyle et apomorphine. Cette réaction, rapprochée de celle que donne la morphine dans les mêmes conditions (V. plus haut), peut faire considérer la codéine comme de la méthylmorphine. La codéine est une base énergique qui donne les sels bien définis; elle est monoacide. Son chlorhydrate $C^{18}H^{21}AzO^2,HCl + 2H^2O$ est très soluble dans l'eau (50 grammes par litre à froid). Son sulfate

$$(C^{18}H^{21}AzO^2)^2SO^4H^2 + 5H^2O$$

est assez soluble dans l'eau (30 grammes par litre à froid).

463. Apomorphine $C^{17}H^{17}AzO^2$. — Ce composé se forme aux dépens de la morphine et de la codéine, quand on chauffe les chlorhydrates de ces bases en présence de l'acide chlorhydrique. C'est un alcali monoacide qui devient vert en s'oxydant à l'air. C'est un vomitif énergique.

464. Papavérine $C^{20}H^{21}AzO^4$. — Cet alcali, découvert par M. Merck et étudié par M. Anderson s'obtient en traitant par l'ammoniaque et l'éther les eaux-mères de l'extrait d'opium qui ont abandonné la morphine et la codéine. On la distingue de la morphine par l'iodure double de cadmium et de potassium qui donnent avec cet alcali des aiguilles faciles à distinguer, surtout au microscope, des lamelles nacrées que donne la papavérine dans les mêmes conditions. La papavérine est très toxique ; elle est convulsivante, mais non soporifique.

465. Narcotine $C^{22}H^{23}AzO^7$. — Cette substance, isolée en 1803 par Derosne et désignée sous le nom de sel de Derosne, s'obtient en traitant par l'acide chlorhydrique étendu, le résidu du traitement de l'opium par l'eau. Le chlorhydrate ainsi obtenu est décomposé par le carbonate de sodium ; le précipité est redissous dans l'alcool, décoloré par le noir animal, et la solution mise à cristalliser. Cristaux anhydres fondant à 178°, insolubles dans l'eau, peu solubles dans l'alcool, plus solubles dans l'éther (30 grammes par litre à 15°) ; la narcotine est lévogyre, ses sels sont dextrogyres.

Vers 200°, la narcotine dégage de la triméthylamine. C'est une base peu énergique, donnant des sels décomposables par l'eau.

III. — ALCALOÏDES DES SOLANÉES

466. Nicotine $C^{11}H^{14}Az^2$. — La nicotine est un alcaloïde que l'on retire du tabac, en épuisant cette matière par l'eau. La solution aqueuse est concentrée fortement, puis reprise par l'alcool ; on met ensuite la nicotine en liberté, en ajoutant de la potasse ; on traite le précipité par l'éther, qui s'empare de la nicotine ; on transforme cet alcali en oxalate, insoluble dans l'éther ; on le décompose de nouveau par la potasse en présence d'éther, et on évapore ce liquide dans un courant d'hydrogène, en chauffant jusqu'à 250°, température à laquelle la nicotine distille. C'est une huile incolore, devenant facilement brune à l'air ; elle se décompose un peu au-dessus de son point d'ébullition. Elle est lévogyre ; pouvoir rotatoire : — 161°,5 à 20°. Cette base est biacide ; ses sels sont assez solubles, mais cristallisent difficilement. Un certain nombre de réactions rattachent ce corps à la pyridine.

467. Atropine $C^{17}H^{23}AzO^3$. — C'est une base tertiaire, découverte par M. Mein dans la belladone. On peut la reproduire en chauffant avec de l'acide chlorhydrique dilué le tropate de tropine, formé par l'union de l'acide tropique $C^9H^{10}O^3$, qui est un acide-alcool, avec la tropine $C^8H^{15}AzO^2$. On l'extrait des racines sèches et pulvérisées de la belladone, par digestion avec de l'alcool. Après traitement par la chaux éteinte et neutralisation par l'acide sulfurique, on filtre et on ajoute du carbonate de potassium qui précipite l'atropine. On reprend cette base par de l'alcool, on décolore par le noir animal et on purifie par quelques cristallisations.

Cristaux en aiguilles, fondant à 113°,5, facilement altérables. Elle est transformée par les corps oxydants en aldéhyde et acide benzoïques. Elle possède, ainsi que ses sels, la propriété de dilater considérablement la pupille ; on l'emploie en médecine pour produire cet effet, surtout à l'état de sulfate neutre $(C^{17}H^{23}AzO^3)^2SO^4H^2$. C'est un sel très soluble dans l'eau.

IV. — ALCALOÏDES DES STRYCHNÉES

468. Strychnine $C^{21}H^{22}Az^2O^2$. — Cet alcaloïde, qui est assez abondant dans la noix vomique et la fève de Saint-Ignace, a été découvert, en 1818, par Pelletier et Caventou. On la retire de ces matières en les réduisant en poudre, les mélangeant avec de la chaux éteinte et traitant la masse desséchée par de l'alcool amylique. On agite ensuite le liquide avec de l'acide sulfurique étendu qui transforme en sulfates solubles les bases, strychnine, brucine, etc., dissoutes par l'alcool. On concentre ensuite la solution sulfurique décantée, et le sulfate de strychnine cristallise le premier; le sulfate de brucine reste dans les eaux-mères. On obtient la base en décomposant le sulfate par l'ammoniaque et en faisant cristalliser à plusieurs reprises dans l'alcool.

C'est une substance dextrogyre, à peu près insoluble dans l'eau froide (0^{gr},14 par litre à 19°), d'une amertume extrême. Une solution aqueuse à un millionième a une saveur amère sensible. On l'a employé, à cause de cela, pour diminuer la proportion de houblon employée pour la fabrication de la bière, mais c'est là une sophistication des plus dangereuses, car c'est un des poisons les plus violents que l'on connaisse.

C'est un alcali tertiaire, donnant des sels bien cristallisés. On le reconnaît par l'action du chlore; avec les solutions de sels de strychnine, ce réactif donne un précipité de strychnine trichlorée; c'est une réaction très sensible, permettant de reconnaître des traces de cette matière.

469. Brucine $C^{23}H^{26}Az^2O^4$. — Ce composé s'extrait des eaux-mères provenant de la préparation de la strychnine. On transforme la brucine en oxalate et, après avoir purifié ce sel par des lavages et quelques cristallisations, on le décompose par la magnésie et on dissout la brucine dans l'alcool.

Elle cristallise en prismes peu solubles dans l'eau froide (1^{gr},2 par litre), plus solubles dans l'alcool, insolubles dans l'éther. Les solutions sont lévogyres. C'est une substance extrêmement toxique. Elle donne, avec l'acide azotique, une coloration rouge extrêmement sensible.

V. — ALCALOÏDES DIVERS

470. Aconitine $C^{33}H^{43}AzO^{12}$. — Cette substance a été découverte par Hesse, en 1833. Pour l'obtenir, on épuise la racine d'*Aconitum napellus* par de l'alcool acidulé par de l'acide chlorhydrique. L'extrait ainsi obtenu est concentré, puis précipité par le carbonate de sodium. Le précipité est repris par l'éther, qui dissout l'aconitine et l'abandonne cristallisée par l'évaporation ; on la transforme ensuite en bromhydrate, que l'on purifie par quelques cristallisations et que l'on décompose par le carbonate de sodium.

Cristaux fusibles à 183°, un peu solubles dans l'eau froide, facilement dans l'eau chaude, l'alcool et l'éther.

471. Cocaïne $C^{17}H^{21}AzO^{4}$. — Cet alcaloïde, découvert par Niemann, dans les feuilles d'*Erythroxylon coca*, s'obtient en épuisant ces feuilles par l'eau à 80°. L'extrait est traité par l'acétate de plomb ; la liqueur, débarrassée du précipité, est traitée par du sulfate de potassium pour précipiter le plomb, puis concentrée et traitée par le carbonate de sodium. La liqueur est alors agitée avec de l'éther, qui s'empare de la cocaïne. L'éther décanté et évaporé donne de la cocaïne cristallisée, que l'on purifie par de nouvelles cristallisations dans l'éther.

La cocaïne fond à 98°. Elle est assez soluble dans l'eau

(1^{gr},4 par litre à 12°), plus soluble dans l'alcool et dans l'éther.

472. Conine $C^8H^{15}Az$, *ou* **coniicine**. — Cet alcaloïde a été découvert, en 1827, par Giesecke. C'est la substance active de la ciguë. On l'obtient en distillant avec une solution étendue de soude les fruits écrasés de la ciguë (*Conium maculatum*). Le liquide distillé est neutralisé par l'acide sulfurique étendu, évaporé à consistance sirupeuse et repris par un mélange d'alcool et d'éther qui dissout le sulfate de conine, mais non le sulfate d'ammonium. Le sulfate, purifié par quelques cristallisations, est ensuite décomposé par une solution de soude dans un appareil distillatoire. On la rectifie ensuite, après l'avoir séchée sur de la chaux vive, dans une atmosphère d'hydrogène.

C'est un liquide incolore, huileux, d'une odeur désagréable, de densité 0^{gr},89. Il bout à 212° ; il est dextrogyre. Il se résinifie à l'air assez promptement. C'est une base puissante monoacide, formant des sels facilement cristallisables ; le plus employé en médecine est le bromhydrate. C'est un des poisons les plus violents.

§ 5. — APPLICATIONS

1° CHLORHYDRATE DE TRIMÉTHYLAMINE

473. Le chlorure de méthyle CH^3Cl est fabriqué en grand dans l'industrie par la décomposition, sous l'influence de la chaleur, du chlorhydrate de triméthylamine ;

c'est un sel que l'on extrait des vinasses de betteraves
(V. *Chlorure de méthyle*, t. I, p. 468).

2° COULEURS D'ANILINE

474. Généralités. — On désigne, sous le nom de
couleurs d'aniline, des composés très complexes et très
divers, dont la fabrication a pour point de départ l'aniline ou ses dérivés et qui proviennent par suite des goudrons de houille, à cause du benzène qui sert à préparer
l'aniline et qui se trouve dans ces goudrons : de là, le
nom de couleurs dérivées du goudron de houille que l'on
donne à ces belles matières colorantes.

L'aniline ou phénylamine, ainsi que ses dérivés méthylés, éthylés, phénylés, etc., n'est pas une matière colorante, non plus que ses sels. Mais l'aniline réagissant sur
la toluidine en présence d'une matière oxydante donne
une nouvelle matière, la rosaniline, que l'on rattache au
triphénylmétane (V. t. II, p. 387) et dont les sels ou plutôt les éthers, ainsi que leurs dérivés, constituent les couleurs d'aniline.

La fabrication des couleurs d'aniline comprend donc
le traitement des goudrons de houille pour en extraire le
benzène et le toluène (V. t. I, p. 211) ; la transformation
de ces corps en dérivés nitrés (V. t. I, p. 219) ; la réduction des dérivés nitrés en amine, aniline et toluidine ; la
transformation de ces amines en dérivés divers, particulièrement en rosaniline ou en composés analogues ; et
enfin les particularités de la fabrication des diverses couleurs d'aniline.

Nous rattacherons aux couleurs d'aniline les couleurs

des deux naphtylamines, par suite des rapports de constitution simple du benzène et du naphtalène, ce dernier corps provenant de l'union de 2 molécules de benzène (V. t. I, p. 151).

Nous étudierons aussi dans ce chapitre certaines couleurs, qui se rattachent par leurs constitutions aux matières traitées dans d'autres chapitres, mais qui, industriellement, ne peuvent être séparées de l'aniline.

475. Fabrication de l'aniline. — On fabrique l'aniline en réduisant le nitrobenzène $C^6H^5AzO^2$ par l'hydrogène naissant (1) ; la réaction peut être représentée par la formule :

$$C^6H^5.AzO^2 + 3H^2 = C^6H^5.AzH^2 + 2H^2O.$$

L'hydrogène naissant nécessaire pour cette transformation doit être obtenu par des réactions ménagées, ne donnant pas un hydrogène trop actif, comme serait l'hydrogène fourni par une réaction capable de donner lieu à un grand dégagement de chaleur ; l'action de l'acide acétique sur la limaille de fer convient très bien pour l'hydrogénation du nitrobenzène. Par raison d'économie, on emploie souvent l'action de l'acide chlorhydrique étendu sur la limaille de fonte, qui donne une action plus ménagée que la limaille de fer (2).

Le traitement se fait dans de grands cylindres dans lesquels on introduit 700 kilogrammes de fonte pulvérisée finement ou en limaille, 40 kilogrammes d'acide acé-

(1) On a proposé aussi de traiter le phénol dans des autoclaves vers 300° soit par un mélange d'oxyde de zinc et de chlorure d'ammonium (Drechsel), soit par le chlorure de zinc ammoniacal (Merz et Weith).

(2) On utilise aussi l'hydrogène fourni par l'électrolyse ; plusieurs brevets ont été pris pour fabriquer ainsi l'aniline.

tique à 8°, étendu de 240 kilogrammes d'eau: puis on introduit peu à peu 500 kilogrammes de nitrobenzène. On remplace souvent l'acide acétique par 25 à 40 kilogrammes d'acide chlorhydrique que l'on étend d'eau. Souvent aussi on place dès le début tout l'acide et tout le nitrobenzène, et l'on introduit peu à peu la fonte, par 50 kilogrammes à la fois, toutes les demi-heures ou même d'une façon continue, mais très lentement. Les cylindres dans lesquels cette hydrogénation s'effectue sont disposés de façon à permettre l'introduction progressive soit du nitrobenzène, soit de la fonte, la condensation des vapeurs de nitrobenzène et d'aniline qui s'échappent et, enfin, l'agitation de la fonte.

Dans l'appareil figuré ci-dessous, le cylindre où se fait la réaction communique par un tube en S avec un réservoir où se trouve le nitrobenzène; les vapeurs qui s'échappent du cylindre par le tube vertical figuré à la partie supérieure se rendent dans un réfrigérant ascendant non représenté dans la figure, elles s'y condensent et retombent dans le cylindre; l'agitateur est mobile autour d'un axe vertical formé par un tuyau qui permet l'introduction de la vapeur. Cette vapeur s'échappe, divisée par 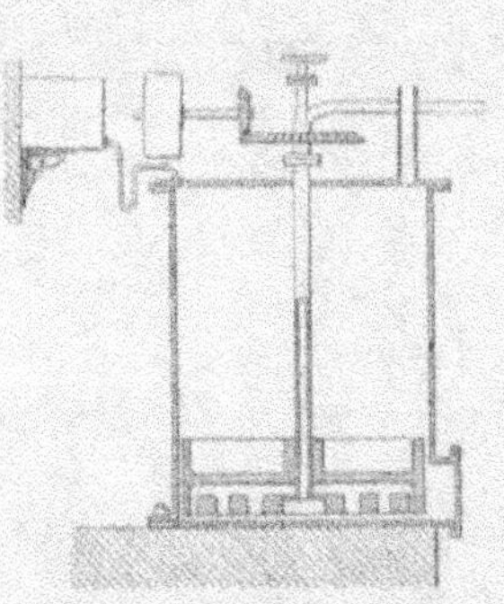 un certain nombre de rainures dont l'agitateur est muni. Un trou d'homme, fermé pendant l'opération, sert à l'introduction de la fonte au début. Un tube de décharge placé à la partie inférieure sert à l'extraction des matières lorsque la réaction est terminée.

L'appareil ci-contre, employé surtout en Angleterre,
se compose de deux parties cylindriques, l'une verticale,
l'autre horizontale. La
fonte est introduite peu
à peu, mais d'une façon
continue à l'aide d'une
trémie qui la fait tomber
dans un petit cylindre où
un transporteur héli-
coïdal l'amène dans le
cylindre supérieur. Un
tuyau en forme de col
d'alambic permet de di-
riger dans un condensa-
teur les vapeurs qui se

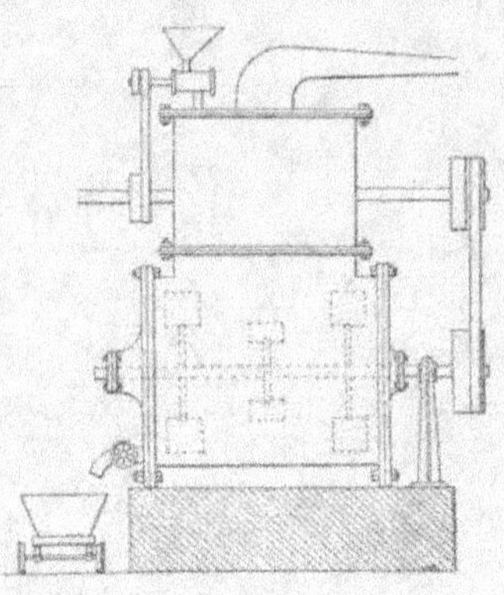

dégagent ; on les reverse de temps à autre dans l'appareil. Le cylindre horizontal est traversé, suivant son axe,
par un arbre muni de palettes qui font office d'agitateur.
On peut introduire de la vapeur d'eau par un tube situé à
la partie inférieure, non représenté sur la figure. Un
orifice de décharge permet d'évacuer les matières qui
restent dans l'appareil après les opérations.

On juge de la marche de l'opération en prenant, de
temps à autre un peu du liquide contenu dans les appareils précédents. Lorsque cet essai se dissout entièrement
dans l'acide chlorhydrique étendu, c'est qu'il ne reste plus
de nitrobenzène ; la réaction principale est alors terminée.
La matière qui se trouve dans les appareils, à ce moment,
est très épaisse ; elle se compose d'hydrate d'oxyde de
fer, d'aniline, d'acétates d'aniline et de fer ; on y ajoute
un peu de chaux pour décomposer l'acétate d'aniline, et
on envoie un courant de vapeur d'eau à 2 atmosphères.
L'aniline distille et va se condenser dans un réfrigérant

descendant. La réaction totale dure environ douze heures. 100 kilogrammes de nitrobenzène donnent en moyenne 70 kilogrammes (théorie : 75,6) (1).

L'aniline du commerce ainsi obtenue a des compositions qui varient suivant la pureté du nitrobenzène employé. Elle contient de l'aniline pure $C^6H^5.AzH^2$, les diverses toluidines isomériques $C^6H^4 : (CH^3, AzH^2)$ et les diverses xylidines $C^6H^3 :.[(CH^3)^2, AzH^2]$; elle contient, en outre, un peu de nitrobenzène. Ces diverses substances proviennent de ce que le nitrobenzène n'était pas pur, par suite des impuretés du benzène employé (toluène et xylène). L'aniline industrielle ayant pour emploi la fabrication des couleurs dites d'aniline, ces matières étrangères qui, le plus souvent, concourent à la formation des matières colorantes, doivent être en proportions convenables pour la préparation de ces couleurs. Aussi, dans le commerce, on désigne sous les noms d'*aniline pour rouge*, d'*aniline pour noir*, d'*aniline pour safranine*, des mélanges en proportions très variables d'aniline pure et des diverses toluidines isomériques. Ces anilines sont obtenues toutes de la même façon, à l'aide de la méthode et des appareils indiqués plus haut, mais en faisant varier la pureté du nitrobenzène, c'est-à-dire en prenant pour la préparation de ce dernier produit, des *benzols de titres différents* (V. t. I, p. 216). L'aniline pour noir est de l'aniline pure; on la fabrique avec des benzols à 90 0/0, et on sépare ensuite par la distillation fractionnée l'aniline obtenue, qui bout à 182°, des toluidines (198°) et des xylidines (214°). On arrive ainsi à obtenir de l'aniline presque pure, contenant 99 0/0 de ce corps. L'aniline

____

(1) On estime que la production journalière de l'aniline est de 6.000 kilogrammes en France, de 10.000 kilogrammes en Allemagne et de 3.000 kilogrammes en Angleterre.

pour rouge contient de 10 à 20 0/0 d'aniline, de 25 à
40 0/0 de paratoluidine et de 30 à 40 0/0 d'orthotoluidine. L'aniline pour safranine contient environ 35 0/0
d'aniline et 65 0/0 de toluidines.

Rectification de l'aniline. — L'aniline, obtenue comme
il vient d'être dit, doit souvent être rectifiée quand
on a besoin d'un produit plus pur que le produit brut.
Cette distillation se fait dans des cornues ordinaires,
chauffées sur voûte, quand l'aniline brute possède à peu
près les proportions d'aniline et de toluidine convenables
pour l'emploi qu'on veut en faire. Mais, si l'on veut
avoir de l'aniline très pure, pour bleu ou pour noir, on
emploie des appareils plus compliqués, analogues à ceux
qui servent pour la rectification des phénols (V. t. I,
p. 381). La figure ci-dessous représente un de ces appareils. Il se compose d'une cornue verticale présentant à la
partie inférieure un tuyau de décharge et à la partie

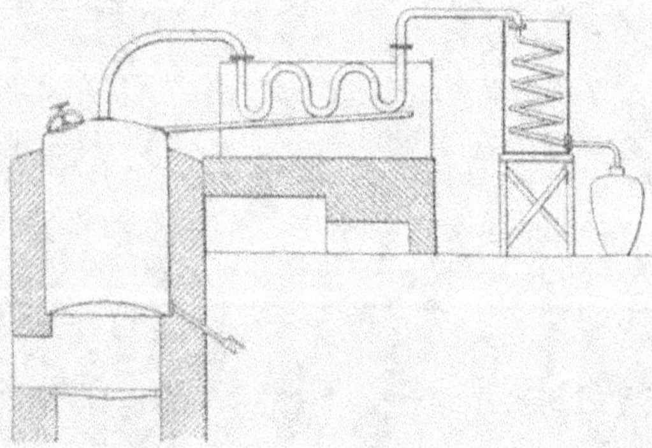

supérieure un trou d'homme et deux tuyaux : l'un, qui
s'élève verticalement pour se recourber ensuite, communique avec une série de tubes en U immergés dans un

récipient ; l'autre est à peu près horizontal, un peu incliné
cependant vers la cornue ; il communique avec les
courbures inférieures des divers tubes en U, de sorte
qu'il ramène dans la chaudière les liquides qui se
condensent dans cette partie. Les vapeurs qui ont échappé
à cette condensation se rendent par l'autre extrémité des
tubes en U, dans un serpentin où elles se liquéfient.
Pour que la condensation partielle, effectuée dans les
tubes en U, soit la plus efficace possible, on met de l'aniline brute dans le récipient où se trouvent les tubes en
U, de sorte que la température de ceux-ci ne dépasse pas
le point d'ébullition de cette aniline ; les vapeurs que
dégage ce bain d'aniline viennent se condenser dans un
autre serpentin contenu dans un récipient, figuré un peu
en arrière. Cette aniline subit ainsi une première rectification. Avec cet appareil on peut obtenir de l'aniline
contenant 99 0/0 de ce corps.

Essais des anilines. — Il résulte de ce qui précède qu'il
est très important de pouvoir déterminer dans une aniline commerciale les proportions relatives d'aniline, d'or-
tho- et de paratoluidine (1). La séparation exacte de ces
matières est difficile ; aussi a-t-on indiqué un procédé
approximatif, dont la précision est suffisante dans bien
des cas : on distille l'aniline à essayer dans un appareil
à distillation fractionnée, muni d'un thermomètre, en
recueillant et en pesant les fractions qui distillent de
5 en 5°. Le tableau suivant (2) indique comment se
comportent dans ces conditions divers mélanges d'ani-

---

(1) La métatoluidine ne s'y trouve qu'en très faibles quantités.

(2) Les nombres de ce tableau sont, comme on le voit, assez irréguliers ;
ils n'ont pas été obtenus dans des conditions absolument analogues ;
tels qu'ils sont, cependant, ils peuvent suffire à une approximation
suffisante dans bien des cas.

line et de toluidine :

| MÉLANGES | | TEMPÉRATURES | | | | | | | |
ANILINE	TOLUIDINE	180°	185°	190°	195°	200°	205°	210°	215°
100	0	2,5	54	34	0	0	0	0	0
90	10	7	50	34	5	0	0	0	0
85	15	2,5	29,5	56,5	7,5	0	0	0	0
80	20	5,5	22	55,5	8,5	0	0	0	0
70	30	3,5	3,5	55,5	15	9	4,5	0	0
62,5	37,5	43	2,5	41	25	8,5	5	4,5	0
60	40	0	7	37	33	0	16	0	0
50	50	3	4,5	7,5	42	19	10	3,5	0
37,5	62,5	2	2	5,5	40	28,5	11	7,5	0
25	75	3	2,5	4,5	17	36	16	8	4,5
0	100	0	2	1,5	8	18	30	19	7

Pour analyser plus exactement l'aniline du commerce, on peut d'abord séparer l'aniline des toluidines à l'aide d'une des méthodes suivantes :

1° On traite la matière par de l'éther additionné d'acide sulfurique, ce qui change l'aniline et les toluidines en sulfates : le sulfate d'aniline, insoluble dans l'éther, se précipite ; les sulfates de toluidine, solubles dans l'éther, restent en solution ; on filtre, on lave à l'éther et on pèse le sulfate d'aniline.

2° La matière est traitée de même par l'éther additionné d'acide oxalique pour transformer le mélange des bases en oxalates ; les oxalates de toluidine, insolubles dans l'éther, se précipitent ; l'oxalate d'aniline, soluble, reste en solution. Cette méthode, inverse de la précédente, peut servir à la contrôler.

Pour doser l'orthotoluidine, on dissout l'aniline brute dans de l'alcool (10 grammes d'aniline pour 200 grammes d'alcool), et on y ajoute de l'acide picrique. Le picrate d'orthotoluidine, insoluble dans l'alcool, se dépose; on le lave à l'alcool, on le sèche et on le pèse.

Pour doser la paratoluidine on peut opérer volumétriquement : pour cela on emploie une solution d'acide oxalique dans l'éther ($5^{gr},892$ d'acide oxalique par litre). Cette liqueur est capable de précipiter exactement volume à volume une solution éthérée contenant 5 grammes par litre de paratoluidine. Un centimètre cube de la solution titrée précipite donc $0^{gr},005$ de paratoluidine. L'essai se fait en dissolvant $0^{gr},200$ d'aniline dans 80 centimètres cubes d'éther et en versant dans la solution, peu à peu, la solution éthérée d'acide oxalique jusqu'à ce qu'il ne se forme plus de précipité ; le nombre de centimètres cubes ajoutés, multiplié par 5, représente en milligrammes le poids de paratoluidine contenu dans $0^{gr},200$ d'aniline. Si l'on a fait les essais indiqués précédemment, c'est-à-dire si l'on a dosé ensemble les toluidines, à l'état d'oxalates, et si l'on a dosé l'orthotoluidine, à l'état de picrate, on connaît approximativement la quantité de paratoluidine que l'on doit trouver, ce qui permet d'opérer plus rapidement dans le dosage volumétrique.

476. Fabrications du chlorhydrate de rosaniline, *ou* fuschine, et de la rosaniline. — La rosaniline, composé à fonction mixte, triamine et alcool tertiaire, s'obtient à l'aide du chlorhydrate de rosaniline ou fuschine dont nous allons d'abord décrire la préparation.

Fuschine *ou* rouge d'aniline. — Deux procédés principaux sont employés pour préparer la fuschine : le procédé à l'acide arsénique et le procédé Coupier. Le premier procédé consiste à faire agir l'acide arsénique sur l'aniline pour rouge (mélange à molécules égales ou à peu près d'aniline, d'ortho- et de paratoluidine). On traite pour cela, dans une chaudière en fonte, un mélange de 1 partie d'aniline et de 2 parties d'acide arsénique à 75 0/0. On opère le plus souvent sur 300 à 400 kilogrammes d'aniline à la fois. L'appareil communique avec un appareil condensateur ; on met en marche l'agitateur de la chaudière et on élève progressivement la température jusque vers 190°. Une

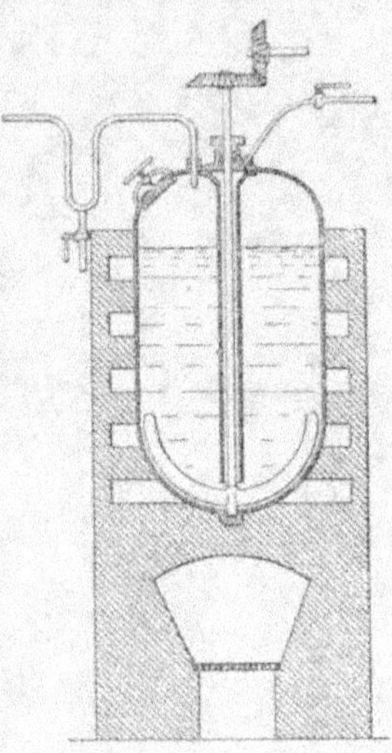

partie de l'aniline échappe à la réaction, elle est condensée dans l'appareil réfrigérant et on l'utilise pour la fabrication de la safranine. Au bout d'un certain temps, lorsqu'un essai rapide a montré que la réaction était terminée, on coule la masse sur des plaques en tôle. D'ailleurs, la quantité de liquide passé à la distillation peut avertir que l'on approche de la fin de la réaction.

L'opération de la vidange est pénible pour les ouvriers qui l'opèrent et qui doivent être préservés des vapeurs d'aniline par une éponge imbibée d'acide acétique faible maintenue devant le nez et la bouche. La masse refroidie est cassante ; on la pulvérise sous des meules en présence d'eau et on passe la matière aux filtres-presses ; on recueille ainsi à l'état de dissolution l'acide

arsénique qui a échappé à la réaction ; la matière solide,
restée dans les filtres et composée d'arséniate et d'arsénite de rosaniline, est alors traitée par l'eau chaude dans
des autoclaves sous une pression de deux atmosphères.
Ces composés se dissolvent, on les sépare de matières
résineuses restées insolubles par un nouveau passage
dans les filtres-presses, et la solution de l'arséniate et
l'arsénite, traitée par une solution de chlorure de sodium,
se transforme en chlorhydrate de rosaniline ou fuschine
qui est insoluble dans l'eau salée et se dépose en petits
cristaux. On les dissout de nouveau dans l'eau bouillante
pour les purifier, et on obtient par refroidissement des
cristaux de fuschine pure. Les eaux-mères sont traitées
par le carbonate de sodium, qui précipite une matière
résineuse entraînant avec elle des matières colorantes
rouges que l'on utilise pour la fabrication de certaines couleurs ; puis les liqueurs donnent par l'évaporation un nouveau dépôt de fuschine, et, par un
nouveau traitement au carbonate de sodium, un précipité que l'on utilise pour la fabrication de couleurs
grenats.

Quant aux divers précipités résineux, on les traite pour
en retirer les matières colorantes, par l'acide chlorhydrique, puis par le carbonate de sodium.

Dans le procédé Coupier qui a l'avantage de ne pas
mettre en œuvre un produit aussi vénéneux que l'acide
arsénique et de fournir des résidus facilement utilisables,
on traite de l'aniline pour rouge par un mélange de nitrobenzène, d'acide chlorhydrique et de limaille de fer.
Dans ce procédé le nitrobenzène joue le rôle de corps
oxydant. L'opération s'effectue dans une chaudière en
fonte émaillée, munie d'un appareil réfrigérant pour condenser les vapeurs d'aniline et de nitrobenzène qui

échappent à la réaction. On chauffe jusqu'à 180°. Quand un essai a montré que la réaction est terminée, on expulse par un courant de vapeur l'aniline et le nitrobenzène en excès et on dissout la matière dans l'eau. Une addition d'eau salée précipite de la solution une fuschine impure que l'on purifie par cristallisation, comme dans le procédé précédent.

En fractionnant les précipitations et les cristallisations de cette fabrication on produit des fuschines de couleurs variables, plus ou moins exemptes de couleurs brunes, de mauvaniline, de grenadine, etc. Toutes les variétés de fuschine ne conviennent pas aussi bien les unes que les autres à la fabrication des divers dérivés ; en particulier les bleus d'aniline doivent être préparés avec de la fuschine exempte de pararosaniline. Avec 100 kilogrammes d'aniline, on obtient environ 30 kilogrammes de fuschine.

Rosaniline. — La rosaniline s'extrait de la fuschine en saponifiant ce corps, qui est un éther chlorhydrique de la rosaniline, par une base. Selon les conditions dans lesquelles on opère on obtient de la rosaniline plus ou moins bien cristallisée.

La rosaniline peut se préparer en traitant la matière brute que l'on obtient dans l'action de l'acide arsénique sur l'aniline, mélange contenant de l'arséniate et de l'arsénite de rosaniline, par un lait de chaux. On emploie une quantité de ce réactif telle que, non seulement les composés de la rosaniline soient saponifiés par cette base, mais qu'il y ait encore une quantité suffisante pour dissoudre la totalité de la rosaniline ainsi mise en liberté. Ce corps, qui est très peu soluble dans l'eau, est notablement soluble dans les solutions alcalines. Parfois on remplace le lait de chaux par de l'hydrate de baryum ou de la lessive de soude.

La rosaniline brute ainsi obtenue est ensuite purifiée par des cristallisations dans l'alcool.

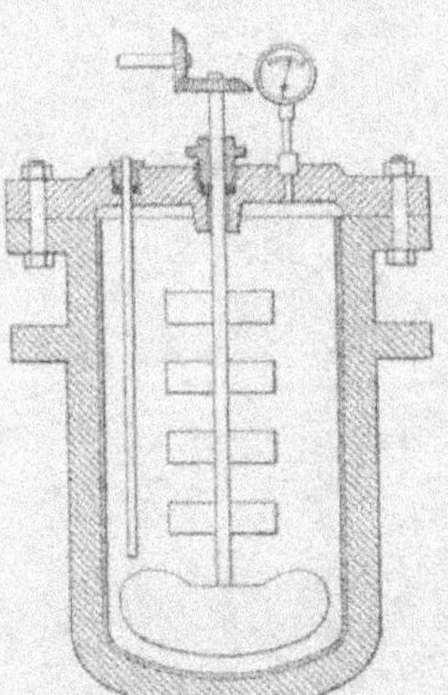

On peut aussi employer, au lieu de la matière brute dont il a été parlé, le chlorhydrate de rosaniline. On dissout ce corps dans de l'eau bouillante et on le traite par de l'eau de chaux : on fait bouillir pendant plusieurs heures, puis on laisse refroidir, et la rosaniline cristallise par refroidissement en cristaux presque incolores. On abrège la durée de l'opération et on peut diminuer la proportion d'eau employée en opérant dans un autoclave tel que celui qui est figuré ci-contre.

Fuschine acide. — On désigne dans l'industrie sous le nom de fuschine acide un dérivé sulfoné de la rosaniline. On l'obtient en traitant la rosaniline à 160° par quatre fois son poids d'acide sulfurique fumant (renfermant 1/5 de son poids d'anhydride). La masse est ensuite versée dans l'eau, saturée par la chaux, puis décomposée par le carbonate de sodium.

477. Bleus d'aniline. — Les bleus d'aniline sont des dérivés phénylés de la rosaniline. On les obtient en traitant la fuschine (bien exempte de pararosaniline) par l'aniline pure (pour bleu), en présence d'un peu d'acide

benzoïque. La fuschine qui sert pour cette opération est
obtenue en traitant la fuschine
commerciale par une quantité de
potasse insuffisante pour précipiter toute la rosaniline et en
laissant digérer le précipité obtenu
avec l'excès de fuschine non décomposée. Comme la pararosaniline déplace la rosaniline de ses
sels, celle qui a pu se précipiter
d'abord rentre en solution et,
après quelques heures de digestion
à la température de l'ébullition,
le précipité ne contient que de la
rosaniline, tandis que la liqueur
est un mélange de chlorhydrates
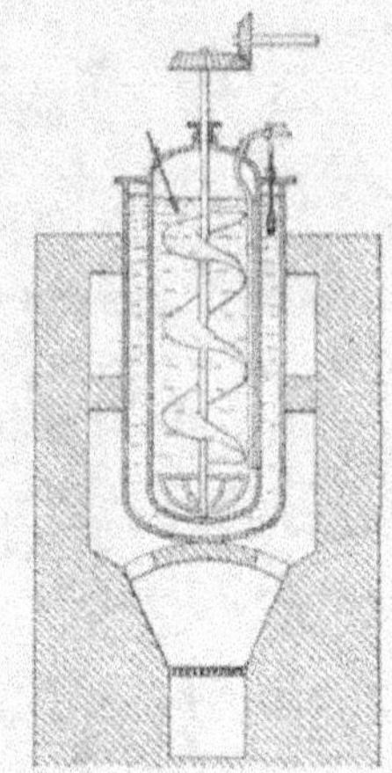
de rosaniline et de pararosaniline. On a utilisé aussi pour
cette séparation les différences de solubilité des deux
bases dans l'alcool ordinaire.

Le traitement de la fuschine purifiée par l'aniline pure,
en présence de l'acide benzoïque, se fait dans un appareil
tel que celui qui est figuré ci-dessus. De temps à autre on
prélève un échantillon que l'on dissout dans l'alcool;
lorsque la matière fournit la nuance bleue que l'on
désire, on cesse de chauffer et on refoule la matière dans
un cuvier plein d'eau acidulée par l'acide chlorhydrique.
La matière colorante se précipite; on lave à plusieurs
reprises par l'acide sulfurique étendu. On obtient ainsi
un bleu d'une belle nuance, soluble dans l'alcool, mais
insoluble dans l'eau. Son dérivé sulfoné est, au contraire,
soluble dans l'eau; il est facile de l'obtenir en chauffant le
bleu insoluble avec six fois son poids d'acide sulfurique
à une température inférieure à 45°, puis en versant la

masse dans l'eau ; on termine en neutralisant par le carbonate de sodium.

On désigne, sous les noms de *bleu de Lyon*, *bleu lumière*, le chlorhydrate de triphénylrosaniline.

Bleu de diphénylamine. — Ce composé, ou plutôt son dérivé sulfoné qui donne des sels alcalins solubles, s'obtient en chauffant à 130°, dans une chaudière en fonte émaillée, un mélange de 2 parties de diphénylamine, 5 parties d'acide oxalique et 1 partie d'acide sulfurique (1). L'opération dure une vingtaine d'heures ; au bout de ce temps, la masse est traitée par l'eau bouillante, puis par l'ammoniaque ; le bleu se dissout ; on le précipite par l'acide sulfurique ; puis, après lavage du précipité, on le traite par la soude qui le redissout en le transformant en sel de sodium.

On a obtenu ainsi en partant soit de la diphénylamine, soit de dérivés méthylés, éthylés, etc., de la diphénylamine, un grand nombre de belles couleurs bleues.

Bleu Victoria. — Ce composé, d'une nuance très pure, s'obtient en traitant 10 parties de tétraméthyldiamidobenzophénone par 9 parties de phényl-α-naphtylamine et 7 parties de trichlorure de phosphore. Il appartient au même type que la fuschine ; il contient comme elle deux groupes C^6H^4 unis à deux groupes $Az(CH^3)^2$, au lieu des groupes AzH^2 du benzène, et un groupe $C^{10}H^6$ uni à $Az(H.C^6H^5)$.

178. Violets d'aniline. — Les réactions qui permettent d'obtenir les bleus de phénylrosaniline en partant

---

(1) En supprimant l'acide sulfurique de ce mélange, on obtient le bleu de diphénylamine au lieu de son dérivé sulfoné.

de la fuschine, c'est-à-dire d'une matière rouge, permettent, quand elles sont ménagées, d'avoir des produits intermédiaires d'une belle nuance violette. Aussi les sels de monophénylrosaniline sont d'un violet rouge et les sels de diphénylrosaniline sont d'un violet bleu. On obtient ces composés en opérant comme pour le bleu de triphénylrosaniline, mais en arrêtant l'opération à temps.

Violets Hofmann. — On désigne sous ce nom des sels de triméthylrosaniline et de triéthylrosaniline. On obtient ces composés en chauffant pendant plusieurs heures, sous pression, dans un autoclave, un mélange de 1 partie de rosaniline, 2 parties d'iodure de méthyle ou d'éthyle et 2 parties d'alcool concentré (méthylique ou éthylique). Parfois l'opération se fait sous la pression ordinaire, mais à l'aide d'un appareil à reflux qui condense et ramène dans la chaudière les vapeurs qui s'en échappent. Lorsque la réaction est terminée, on traite la matière par l'eau, puis on précipite le bleu par de la soude qui passe à l'état d'iodure de sodium, ce qui permet de régénérer l'iode ; après des lavages abondants, on traite le produit par la soude bouillante, puis on neutralise par l'acide dont on veut obtenir le sel.

Violet de Paris. — Cette belle matière colorante, découverte par M. Lauth, se fabrique en beaucoup plus grande quantité que le violet Hofmann. Il a une constitution analogue au chlorhydrate de pararosaniline, mais deux des trois groupes AzH^2 sont remplacés par $Az(CH^3)^2$ et le troisième par $Az(H,CH^3)$. On obtient cette belle couleur en mélangeant 10 parties de diméthylaniline, 3 parties d'azotate de cuivre, 2 parties de chlorure de sodium dissous dans 1 partie d'acide acétique et 100 parties de sable destiné à modérer la réaction. La masse s'échauffe spontanément en se colorant ; on l'agglomère en pains que l'on fait sécher à l'étuve, mais à basse température (40°) jusqu'à ce qu'elle ait acquis une teinte mordorée. On la pulvérise alors, on la dissout et on traite la solution par du sulfure de sodium qui précipite le cuivre à l'état de sulfure. On lave à l'eau le mélange de sulfure de cuivre, de matière colorante (insoluble dans l'eau froide) et de sable ; puis on dissout la matière colorante dans l'eau bouillante et on la précipite par l'addition de chlorure de sodium.

Violet hexaméthylé. — On obtient par l'action de l'oxychlorure de carbone sur un mélange de diméthylaniline et de chlorure d'aluminium un composé dérivant du chlorhydrate de pararosaniline par la substitution de six groupes méthyles aux six atomes d'hydrogène des trois groupes AzH^2.

479. Verts d'aniline. — Le *Vert méthyle* s'obtient par l'action du chlorure de méthyle sur un mélange de

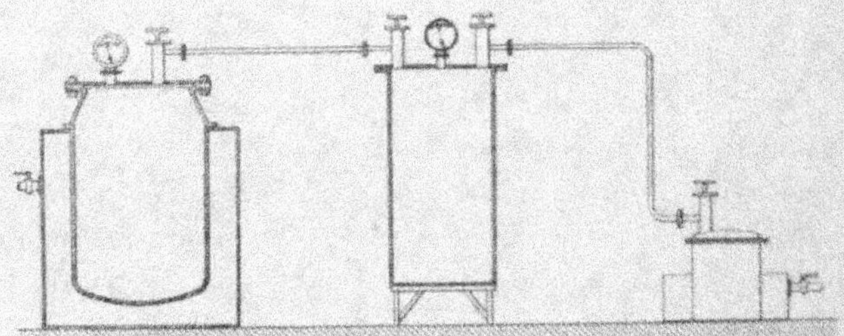

violet de Paris et d'alcool méthylique à une température inférieure à 100°. Pour faire cette opération, on peut employer l'appareil figuré ci-dessous qui se compose de trois récipients. Les deux récipients cylindriques servent : le premier à fabriquer le chlorure de méthyle et le second, qui est au milieu, à recueillir et condenser le chlorure de méthyle produit. Ce cylindre est muni d'un manomètre, d'un tube à niveau permettant de mesurer le volume de chlorure de méthyle qui sort de cet appareil à chaque opération et de deux robinets à vis qui mettent ce cylindre en communication avec l'un ou l'autre des deux autres appareils. C'est dans un récipient de forme ovoïde muni d'un manomètre et chauffé à la vapeur que l'on place les matières sur lesquelles on veut faire agir le chlorure de méthyle. Une fois la réaction terminée, on précipite le violet non altéré par une addition de potasse ; la liqueur est ensuite neutralisée par l'acide chlorhydrique et traitée par un mélange de chlorure de sodium et de chlorure de zinc qui précipite la couleur verte. Ce vert n'est plus beaucoup employé. Les suivants le sont bien davantage.

VERT MALACHITE. — On chauffe au bain-marie dans des chaudières en fonte émaillée un mélange de 120 kilogrammes de diméthylaniline, de 55 kilogrammes d'aldéhyde benzoïque, soit un peu plus de 1 molécule d'aldéhyde pour 2 de diméthylaniline et de 20 kilogrammes d'alcool. On ajoute peu à peu 150 kilogrammes de chlorure de zinc. On chauffe pendant environ douze heures en agitant continuellement ; puis on enlève par un courant de vapeur d'eau les matières volatiles qui ont échappé à la réaction et on traite la masse par l'eau. Par refroidissement il se dépose une masse blanche qui dérive du triphénylméthane $HC:.(C^6H^5)^3$ par la substitution de quatre groupes méthyle CH^3 et de deux groupes AzH^2. Le produit blanc est alors oxydé au moyen du peroxyde de plomb, en présence d'acide chlorhydrique et d'acide acétique. La matière se colore et, lorsque la réaction est terminée, ce dont on s'assure par les essais colorimétriques, on laisse déposer le chlorure de plomb, puis on précipite la liqueur décantée par la soude. On lave, on essore et on traite par l'acide oxalique ou par un mélange d'acide chlorhydrique et de chlorure de zinc, suivant que l'on veut obtenir l'oxalate ou le chlorozincate de cette base. Ces deux composés sont d'un beau vert.

VERT BRILLANT. — Il s'obtient de même en remplaçant la diméthylaniline par la diéthylaniline; l'opération est un peu plus longue. Le produit obtenu est plus jaune que le vert malachite.

Ces deux verts peuvent être transformés en dérivés sulfonés, verts également.

480. Noir d'aniline. — Le noir d'aniline se prépare sur le tissu même que l'on doit teindre; il constitue une couleur très solide, d'une belle teinte veloutée, insoluble dans tous les agents chimiques. L'acide sulfurique concentré ne l'attaque pas, il résiste aux solutions bouillantes de savon. L'acide azotique seul l'attaque en le transformant en acide picrique. On peut l'obtenir par l'action de l'ozone ou de l'oxygène électrolytique sans l'intervention d'aucun métal. Toutefois, dans la pratique, le sulfure de cuivre, et depuis quelque temps les sels de vanadium, sont le plus souvent employés. M. Lauth, qui a imaginé le procédé au sulfure de cuivre, forme un bain composé de 10 litres d'empois d'amidon, 350 grammes de chlorate de potassium, 300 grammes de sulfure de cuivre (à l'état humide), 300 grammes de chlorure d'ammonium et 800 grammes de chlorhydrate d'aniline. On imprime les tissus avec ce mélange et on les porte dans la chambre d'oxydation où les réactions se produisent et où le noir se développe. Depuis, M. Camille Kœchlin a modifié le procédé en employant le tartrate au lieu du chlorhydrate d'aniline, ce qui ménage davantage les tissus délicats et les mordants à côté desquels il se trouve imprimé.

Depuis, on a remplacé le sulfure de cuivre par une petite quantité de chlorure de vanadium ; on en met environ $\frac{1}{60,000}$ du poids du sel d'aniline. Ce composé, comme le sulfure de cuivre, sert d'intermédiaire entre les matières oxydantes et les matières réductrices. Aux dépens du chlorate, il se transforme en vanadate ; le sel d'aniline le ramène en s'oxydant à l'état de chlorure, et les mêmes réactions se reproduisent jusqu'à ce que le sel d'aniline soit entièrement oxydé. La constitution du noir d'aniline est mal connue. L'analyse d'un noir, obtenu par l'oxydation électrolytique, en l'absence de métal, a conduit M. Goppelsrœder à le considérer comme le chlorhydrate d'une tétramine $(C^6H^5Az)^4HCl$. D'autres auteurs le considèrent comme isomères avec la violaniline.

481. Jaunes d'aniline. — Les jaunes d'aniline ont une moindre importance en teinture que les couleurs précédentes.

CHRYSANILINE. — Cette base se retire des eaux-mères qui ont déposé la fuschine ; on les traite par une solution d'azotate de potassium qui donne un précipité d'azotate de chrysaniline, très peu soluble. La chrysaniline teint les étoffes de laine et de soie en un jaune très brillant.

On obtient d'autres jaunes d'aniline par l'action du

stannate de sodium ou du nitrate mercureux sur le chlorhydrate d'aniline.

On obtient encore un jaune, nuance aurore, en traitant la chrysotoluidine par des iodures alcooliques.

482. Bruns d'aniline. — Le brun de MM. Girard et de Laire s'obtient en projetant 1 partie de chlorhydrate de rosaniline dans 4 parties de chlorhydrate d'aniline fondu et en chauffant le mélange jusqu'à 240°.

Le grenat de M. Schultz s'obtient en faisant passer les vapeurs nitreuses dans une solution de soude tenant de l'aniline en suspension.

483. Hexanitrodiphénylamine *ou* **aurantia.** — Ce composé se prépare par l'action de l'acide azotique sur la diphénylamine. C'est un corps d'un brun rouge, soluble dans l'eau, fusible à 238°.

484. Auramine. — On rattache au groupe du diphénylméthane $CH^2 : (C^6H^5)^2$ diverses matières colorantes : telles sont l'auramine et les pyronines.

L'auramine qui a pour formule

$$AzH = C \Big\langle \begin{matrix} C^6H^4 - Az\,(CH^3)^2 \\ C^6H^4 - Az\,[(CH^3)^2,H,Cl] \end{matrix} + H^2O$$

est une matière jaune, peu soluble dans l'eau froide, soluble dans l'alcool. On la prépare en chauffant vers 150° un mélange à parties égales de tétraméthyldiamidobenzophénone et de chlorhydrate d'ammoniac ; on ajoute du chlorure de zinc anhydre pour absorber l'eau qui se dégage.

485. Pyronines. — On désigne sous le nom de pyronine J une matière colorante qui teint en rouge carmin. Elle cristallise en cristaux verts. On la prépare en chauffant, en vase clos, pendant quatre heures, vers 130°, 11 kilogrammes de métaoxydiméthylaniline $C^6H^4 : [OH, Az(CH^3)^2]$ avec 3,4 de chlorure de méthylène CH^2Cl^2. On verse ensuite la matière dans de l'acide sulfurique concentré (60 kilogrammes). Celui-ci est partiellement réduit à l'état d'acide sulfureux et on neutralise par un lait de chaux, on filtre, on précipite par la soude et on redissout le précipité dans de l'acide chlorhydrique. En ajoutant du chlorure de zinc et du chlorure de sodium, la pyronine se précipite.

La pyronine B, qui a une nuance violacée, s'obtient de même en remplaçant le dérivé méthylé de l'aniline par le dérivé éthylé correspondant.

3° COULEURS DÉRIVÉES DES DIAZINES

On peut diviser en trois groupes la classe des matières colorantes appartenant aux diazines. Ces trois groupes sont ceux des eurhodines, des safranines et des indulines.

486. Eurhodines. — On désigne sous le nom de *violet neutre* un composé d'un noir verdâtre, soluble dans l'eau en donnant une liqueur d'un rouge violacé. On le prépare en faisant agir la métaphénylène diamine sur le chlorhydrate de nitrosodiméthylaniline. Sa formule est représentée par le schéma :

$$(CH^3)^2Az - C^6H^3 \diamond C^6H^2\text{-}AzH^2HCl$$

avec Az en haut et Az en bas du noyau central.

Le *rouge neutre* est le dérivé méthylé du corps précédent; on le prépare en remplaçant la métaphénylène-diamine par son dérivé méthylé, c'est-à-dire par la méta-crésylène diamine. Il teint en rouge le coton mordancé au tannin. Sa formule est :

$$(CH^3)^2Az - C^6H^3 \diagup_{Az}^{Az} \diagdown C^6H^3(CH^2)AzH^2HCl$$

487. Safranines. — La safranine proprement dite $C^{21}H^{20}Az^4$ est le type d'une série de corps dont la constitution n'est pas connue avec certitude. Les safranines s'obtiennent, d'une façon générale, en oxydant un mélange d'une molécule d'une paradiamine et de deux molécules d'une monamine. D'ailleurs, les paradiamines s'obtiennent assez facilement en réduisant un dérivé amidoazoïque, ce qui fournit une paradiamine et une monamine ; il ne reste plus alors qu'à oxyder le mélange. Cette fabrication comprend donc trois phases : 1° préparation du dérivé amidoazoïque; 2° réduction de ce composé; 3° oxydation du mélange obtenu.

1° *Préparation du dérivé amidoazoïque.* — Pour obtenir la safranine on prépare de l'amidoazotoluène en faisant agir dans des marmites en fonte émaillée 10 parties de toluidine, en présence de 4 parties d'acide chlorhydrique étendu de 50 parties d'eau, sur 2 à 3 parties d'azotite de sodium, dissous dans 16 parties d'eau. Au début, onre froidit le mélange avec de la glace, puis peu à peu on laisse la température s'élever et on la porte même entre 40 et 50° pendant quelque temps. La réaction est terminée quand un essai prélevé dans la masse ne dégage plus d'azote sous l'action de l'eau bouillante.

2° *Réduction.* — La réduction de l'amidoazotoluène s'obtient par l'action de l'acide acétique ou de l'acide chlorhydrique sur la poudre de zinc. L'opération se fait dans des cuves chauffées à la vapeur et munies d'agitateurs mécaniques. La poudre de zinc est ajoutée peu à peu. Lorsque la réduction est terminée, il reste dans la cuve un mélange de chlorhydrate de toluidine et de crésylène-diamine.

3° *Oxydation.* — L'oxydation se produit à chaud à l'aide du bichromate de potassium en liqueur neutre ou faiblement acide. Quand tout le bichromate a disparu, on ajoute de la chaux qui précipite les oxydes de zinc et de chrome ; la liqueur, débarrassée de ce précipité par son passage dans des filtres-presses, est alors additionnée de sel marin. La safranine se précipite en grande partie ; on la recueille par filtration.

La safranine est une belle matière d'un rouge ponceau qui teint très bien la soie. Ses différents sels sont également colorés en rouge.

Bleu de Bâle $C^{32}H^{30}Az^4Cl$. — Cette matière colorante, brune, mais donnant des dissolutions bleues, s'obtient par l'action de la dicrésylnaphtylène-diamine sur le chlorhydrate de nitrosodiméthylaniline. Elle teint en bleu le coton mordancé avec du tannin.

Bleu neutre $C^{28}H^{20}Az^3Cl$. — Cette matière colorante est brune ; elle donne une solution violette qui devient bleue en présence de l'acide chlorhydrique concentré. On la prépare par l'action du chlorhydrate de nitrosodiméthylaniline sur la phénylnaphtylamine en solution acétique.

Violet de méthylène $C^{24}H^{27}Az^4Cl$. — En remplaçant dans la préparation précédente la phénylnaphtylamine

par un mélange de méta- et de paraxylidine, on obtient
le violet de méthylène. C'est une matière brune donnant
des solutions rouges ; elle teint en violet rouge le coton
mordancé au tannin.

INDAZINE M. $C^{28}H^{25}Az^6Cl$. — Ce corps s'obtient comme
le bleu neutre, mais en remplaçant la phénylnaphtylamine par la diphénylmétaphénylène-diamine. Poudre
bronzée soluble en bleu ; teint en bleu le coton mordancé
au tannin.

VERT D'AZINE GB.$C^{30}H^{25}Az^4Cl$. — S'obtient comme le
précédent, mais en employant la diphénylnaphtylène-
diamine. Poudre d'un vert foncé ; teint le coton mordancé au tannin, en vert olive.

Ces deux couleurs sont très solides.

488. Indulines. — On désigne sous le nom d'indulines une série de matières colorantes dont l'induline
proprement dite, ou bleu Coupier, est le type.

BLEU COUPIER. — Le bleu Coupier est le dérivé sulfoné
de l'induline qui a une constitution représentée par le
schéma :

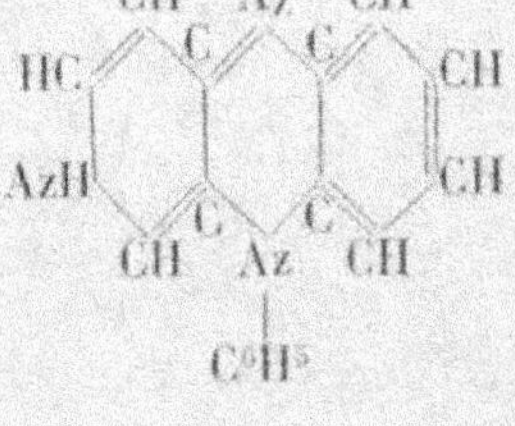

$$
\begin{array}{ccc}
 & CH \quad Az \quad CH & \\
HC & \quad C \quad\quad C & CH \\
AzH & & CH \\
 & C \quad\quad C & \\
 & CH \quad Az \quad CH & \\
 & C^6H^5 &
\end{array}
$$

On connaît des couleurs analogues dérivées du naphtalène : l'hexagone qui renferme le groupe AzH est remplacé par deux hexagones accolés contenant aussi un

groupe AzH. La couleur principale de cette série est la *rosinduline*; son dérivé phénylé, où AzH est remplacé par AzC^6H^5, est la *phénylrosinduline*.

Le bleu Coupier se prépare en faisant agir dans une marmite de fonte sur un mélange de 100 kilogrammes d'aniline et de 50 kilogrammes de nitrobenzène, l'hydrogène naissant fourni par 60 kilogrammes d'acide chlorhydrique et 5 kilogrammes de tournure de fer. La réaction est très vive; quand elle est calmée, on chauffe l'appareil jusqu'à ce qu'une prise d'essai donne par refroidissement une matière mordorée cassante. La masse contenue dans la chaudière est versée pendant qu'elle est encore liquide dans des moules en tôle où elle se solidifie. Puis on la concasse et on l'introduit dans cinq fois son poids d'acide sulfurique concentré pour la transformer en dérivé sulfoné. Ce produit est ensuite traité par la quantité de carbonate de sodium suffisante pour le saturer. Enfin on évapore à sec.

L'induline teint les étoffes en un bleu aussi résistant que l'indigo; l'acide azotique même est sans action sur lui.

BLEU DE PARAPHÉNYLÈNE $C^{24}H^{19}Az^4Cl$. — Ce corps peut être considéré comme une amido-induline. On l'obtient dans l'action de la paraphénylène-diamine sur le chlorhydrate d'amidoazobenzène. Cette couleur teint en bleu le coton mordancé au tannin.

BLEU DE CRÉSYLÈNE $C^{25}H^{21}Az^4Cl$. — C'est un dérivé méthylé du précédent; s'obtient comme lui, mais en partant de la paracrésylène-diamine. Substance teignant en bleu indigo.

AZOCARMIN. — C'est le dérivé bisulfoné de la phénylrosinduline. On le prépare par l'action du chlorhydrate

d'aniline sur la benzène-azonaphtylamine. C'est une pâte
rouge à reflets mordorés teignant la laine en rouge vif.

4° COULEURS DE QUINOLÉINE ET D'ACRIDINE

489. Nous étudierons dans cet article les couleurs
qui dérivent de la quinoléine et de l'acridine.

ROUGE DE QUINOLÉINE $C^{26}H^{19}Az^2Cl$. — Ce composé
s'obtient par l'action déshydratante du chlorure de zinc
sur un mélange de phénylchloroforme, de quinaldine et
d'isoquinoléine. C'est un produit rouge foncé, insoluble
dans l'eau froide, soluble dans l'eau chaude. Cette couleur est employée en photographie (plaques orthochroma-
tiques).

JAUNE DE QUINOLÉINE $C^{18}H^9AzO^2(SO^3Na)^2$. — Ce composé s'obtient en déshydratant un mélange de quinaldine
et d'anhydride phtalique par du chlorure de zinc. Ce produit, insoluble dans l'eau, est ensuite transformé en
dérivé sulfoné par l'action de l'acide sulfurique concentré
puis la matière est neutralisée. On obtient ainsi une
poudre jaune, soluble dans l'eau, teignant la soie en
jaune verdâtre.

ORANGÉ D'ACRIDINE $C^{17}H^{19}Az^3$. — On obtient ce corps
en oxydant la leucoacridine qui se forme dans l'action
des acides sur le tétraméthyltétramidodiphénylméthane.
C'est une poudre orangée, soluble dans l'eau, teignant
la soie en orangé avec une fluorescence verte.

JAUNE D'ACRIDINE $C^{15}H^{16}Az^2Cl$. — On prépare ce corps
en traitant la métacrésyléne-diamine en solution sulfu-

rique par de l'aldéhyde méthylique, puis en chauffant
avec de l'acide chlorhydrique sous pression à 170° le
précipité formé dans la réaction précédente. On oxyde
ensuite le liquide par le perchlorure de fer. Il se dépose
alors des cristaux jaunes, solubles dans l'eau et dans l'alcool. Cette matière teint la soie en jaune avec fluorescence verte.

BENZOFLAVINE $C^{24}H^{20}Az^3Cl$. — On fait d'abord agir
l'aldéhyde benzylique sur la métacrésylène-diamine ;
puis on attaque la combinaison obtenue par le sulfate de
métacrésylène-diamine, ce qui donne du tétramidodicré-
sylphénylméthane, que l'on traite ensuite successivement
par l'acide chlorhydrique et par le perchlorure de fer.
C'est une belle matière colorante jaune.

5° INDIGO

490. Extraction de l'indigo. — L'indigo s'extrait
des feuilles de plusieurs espèces d'*indigofera* (*tinctoria*,
disperma, *argentea*, etc.). Ce sont des plantes herbacées à
tige ligneuse qui peuvent croître dans tous les pays chauds,
mais principalement aux Indes, en Égypte, au Sénégal,
dans l'Amérique centrale, à Java, etc. Les plus estimés
sont ceux du Bengale, de Java et du Guatémala.

Les indigofera se cultivent en semant au printemps et
en repiquant ensuite les jeunes plantes. On enlève les bour-
geons floraux avant leur développement pour augmenter
la croissance des feuilles. Lorsque le moment de la
récolte est arrivé, on coupe les plantes le matin, on les
réunit en paquets et, le soir, on les charge dans des cuves
en maçonnerie : celles-ci sont carrées, larges de 6 mètres et

profondes de 1 mètre ; un revêtement en stuc les rend
imperméables. Les plantes sont tassées dans ces cuves à
l'aide de traverses en bois assujetties à l'aide de coins.
On fait arriver de l'eau dans ces bassins de façon à ce que
tout soit immergé ; une fermentation rapide qui dure de
dix à quinze heures se déclare bientôt ; on en suit les progrès
en examinant la nuance du liquide jaune qui baigne les
plantes. On fait écouler le liquide dans une cuve placée
en contre-bas, et des hommes armés de bambous battent
le liquide durant deux ou trois heures, pendant qu'on vide
et qu'on nettoie la cuve supérieure qui recevra, le soir
même, une nouvelle charge de plantes fraîches. Le liquide
pendant ce battage passe peu à peu au vert pâle, et les
flocons d'indigo se forment peu à peu et restent en suspension. Lorsque le battage est terminé, on laisse reposer,
puis on décante. La bouillie peu épaisse qui reste au fond
de la cuve est alors envoyée à l'aide d'une pompe dans
une chaudière où on la porte à l'ébullition pour détruire
les germes et arrêter une seconde fermentation qui altère-
rait le produit ; on laisse reposer, et, le lendemain, on fait
subir à la matière une nouvelle cuisson. On filtre alors
sur une toile, soutenue par des nattes de jonc, puis on
introduit la pâte dans des boîtes en bois garnies de toiles
et percées de trous ; on applique sur la pâte une toile et
un couvercle percé de trous, et l'on exerce sur celui-ci
une pression graduelle de façon à exprimer le plus d'eau
possible. Le pain que l'on sort de la boîte est ensuite séché
lentement dans de grands séchoirs ouverts de tous côtés,
mais complètement abrités du soleil. On obtient de 18 à
25 kilogrammes d'indigo par cuve de fermentation.

L'indigo de qualité supérieure est d'une pâte fine et
unie ; il possède une belle couleur bleu violet foncé qui
prend un bel aspect cuivré par le frottement de l'ongle. Il

contient environ 70 0/0 d'indigotine. D'autres qualités
d'indigo, très peu inférieures, ont un reflet d'un violet
rouge. Les variétés plus claires sont moins riches en
matière colorante ; parmi ces variétés les meilleures
sont d'un bleu franc ; les qualités inférieures sont d'un
bleu qui tire sur le gris ou le vert.

Essais de l'indigo. — La valeur des indigos dépend à
la fois de leur richesse en indigotine et de leur état
physique qui les rend plus ou moins propres aux opérations de teinture.

Essais préliminaires. — On examine la cassure de
divers morceaux d'indigo en notant leur teinte ; on apprécie
la porosité de la matière en mettant la langue sur une
cassure fraîche ; l'indigo est d'autant plus poreux qu'il
happe plus fortement à la langue ; après l'avoir frotté
avec l'ongle on examine si la matière prend une apparence cuivrée plus ou moins intense. On peut enfin déterminer la densité d'une façon approximative, à condition
d'opérer avec rapidité. Ce sont là des essais, faciles à faire
et rapides, qui permettent d'avoir une première idée de la
valeur d'un indigo.

Dosage de l'indigotine. — Ce dosage peut se faire par
des procédés purement chimiques ou bien en composant,
avec un poids connu d'indigo, un bain de teinture dans
lequel on plongera un poids connu d'une certaine étoffe.
En opérant dans des conditions toujours exactement les
mêmes, on obtiendra des étoffes teintes dont on comparera
l'intensité de nuance avec un certain nombre de types.

Parmi les procédés purement chimiques nous indiquerons celui de M. Schlumberger : ce procédé consiste à comparer 1 gramme de l'indigo à employer à 1 gramme d'indigo pur (indigotine). Cette comparaison se fait à l'aide du
chlorure de chaux. Pour cela on traite 1 gramme de la subs-

tance à essayer par 12 grammes d'acide sulfurique fumant pendant vingt-quatre heures, puis le liquide est étendu d'eau de façon à faire un litre. On en prend 50 centimètres cubes, on verse une solution de chlorure de chaux (à 1°B.) à l'aide d'une pipette graduée, en opérant par $2^{cc},5$ à la fois, jusqu'à ce que la décoloration se produise; on verse alors de nouveau de la solution d'indigo jusqu'à ce que l'on obtienne une couleur jaune verdâtre. Soient N le nombre de centimètres cubes de chlorure de chaux et n le nombre de centimètres cubes de solution d'indigo employés. On opère de même avec l'indigotine, et si n' est le nombre de centimètres cubes qui correspond à N pour l'indigotine, le titre de l'indigo essayé est $\dfrac{n'}{n}$.

On peut aussi oxyder l'indigo à l'aide de bichromate de potassium (Procédé Penny).

CARMIN D'INDIGO. — On utilise en teinture la couleur bleue ou pourpre des acides sulfoconjugués de l'indigo. Souvent aussi on les transforme en une pâte que l'on vend sous le nom de carmin d'indigo. Les carmins d'indigo sont des mélanges de sulfopurpurate et de sulfindigotate de sodium, corps solubles dans l'eau, mais insolubles dans les solutions salines. Pour obtenir ces carmins, on traite la dissolution des acides sulfoconjugués, qui contient un excès d'acide sulfurique, par du carbonate de sodium qui donne avec cet acide du sulfate de sodium. En présence de celui-ci, les deux sels sulfoconjugués se précipitent en flocons que l'on recueille, que l'on lave un peu et qu'on vend sous forme de pâte (contenant 75 à 90 0/0 d'eau).

INDIGO ARTIFICIEL. — Nous avons vu (t. II, p. 408) comment on avait fait la synthèse de l'indigotine. Industriellement cette synthèse n'a pas encore une grande importance. On l'utilise toutefois en transformant, sur le tissu même que l'on veut teindre, l'acide phénylpropiolique nitré en indigotine.

C'est donc la dernière phase de la synthèse qui est utilisée industriellement dans la teinture sur calicot. On imprime ce tissu, à l'aide d'une solution gommée contenant à la fois de l'acide phénylpropiolique nitré, du glucose et du carbonate de sodium; puis, on expose le tissu ainsi imprimé au-dessus d'un vase contenant de l'eau en ébullition. Le dessin apparaît aussitôt en bleu; un lavage à l'eau entraîne ensuite les parties solubles inutiles.

CARMIN D'INDIGO ARTIFICIEL. — Ce produit s'obtient dans l'action de l'acide sulfurique fumant sur le phénylglycocolle. Il est soluble dans l'eau et teint la laine en bleu foncé.

CHAPITRE XII

AMIDES, NITRILES, CARBYLAMINES

———

§ 1. — Généralités. — § 2. — Étude particulière des amides et des nitriles. — § 3. — Applications

1° AMIDES

§ 1. — GÉNÉRALITÉS

491. Définition. — Dumas, en 1830, dans un travail classique sur l'oxamide, montra les principales propriétés du groupe des amides et leurs relations avec les sels ammoniacaux. On avait auparavant soupçonné l'existence de composés azotés, différents des sels ammoniacaux par la lenteur avec laquelle ils abandonnaient leur ammoniac, quand on les traitait par de la soude. Les recherches de Liébig et Wœhler sur la benzamide vinrent généraliser les résultats de Dumas. En 1842, Balard obtint le premier amide de fonction mixte, c'était un amide-acide, et, en 1846, Gerhardt montra que les ammoniaques composées pouvaient, comme l'ammoniaque elle-même, engendrer des amides.

Les amides peuvent être considérés comme résultant de l'union des acides avec l'ammoniac et, par extension, avec les amines ou certains alcalis analogues, avec élimination d'autant de molécules d'eau qu'il entre de molécules d'ammoniac en réaction. Il résulte de cette définition que les amides diffèrent des sels ammoniacaux par l'élimination d'autant de molécules d'eau qu'il y a de molécules d'ammoniac dans le sel considéré. Réciproquement, au précédent mode de formation, qui peut servir de définition aux amides correspond la propriété générale suivante : les amides sont capables, en s'unissant avec l'eau, de reproduire les sels ammoniacaux correspondants, mais cette réaction est lente ; elle ne rappelle nullement l'hydratation des corps déshydratés, mais plutôt la saponification des éthers par les bases ou par l'eau.

492. Constitution. — Les amides peuvent s'obtenir en décomposant par la chaleur les sels ammoniacaux correspondants ou bien par l'action de l'ammoniac sur le chlorure acide, sur l'éther correspondant, ou bien encore sur l'anhydride correspondant. L'acétamide par exemple C^2H^3AzO s'obtiendra par l'action de la chaleur sur l'acétate d'ammonium :

$$CH^3CO.O.AzH^4 = CH^3CO.AzH^2 + H^2O$$

ou par l'action de l'ammoniac sur le chlorure d'acétyle :

$$AzH^3 + CH^3CO.Cl = CH^3CO.AzH^2 + HCl$$

ou par l'action de l'ammoniac sur l'acétate de méthyle :

$$AzH^3 + CH^3CO.O.CH^3 = CH^3CO.AzH^2 + CH^3.OH$$

ou par l'action de l'ammoniac sur l'anhydride acétique

$$2AzH^3 + (CH^3CO)^2O = CH^3CO.AzH^2 + CH^3COO.AzH^4.$$

Les quatre formules précédentes représentent non seulement les principaux modes de formation de l'acétamide, mais encore des réactions très générales, s'appliquant à toutes les amides.

Dans les premiers membres de ces quatre formules ne figurent que des corps de constitution connue, établie dans les chapitres précédents. Il est à remarquer que les divers corps qui y figurent contiennent le groupement monovalent CH^3CO — acétyle; il est rationnel d'admettre par suite que ce groupement figure aussi dans la formule de constitution de l'acétamide. Si de la formule brute de ce corps C^2H^5AzO nous retranchons CH^3CO, il reste — AzH^2 qui constitue un groupe monovalent qui, uni au groupe monovalent déjà mis à part CH^3CO — constitue l'acétamide. La seconde réaction, en particulier, semble une conséquence immédiate de cette façon de concevoir l'acétamide. On peut invoquer aussi d'autres raisons. Si l'on admet la formule $CH^3CO.AzH^2$, l'acétamide peut être considérée comme résultant de la substitution du groupe monovalent CH^3CO à 1 atome d'hydrogène de l'ammoniac, et comme les propriétés de l'ammoniac montrent que les 3 atomes d'hydrogène jouent le même rôle, on doit pouvoir obtenir des combinaisons dérivant de l'ammoniac par la substitution de deux et trois groupes CH^3CO à 2 et 3 atomes d'hydrogène. Ces corps ont été en effet obtenus. Ils peuvent être considérés comme des amides secondaires et tertiaires.

Par généralisation de ce qui précède, nous représenterons donc les amides en mettant en évidence dans leurs formules le groupe qui, uni au chlore, donne les chlorures acides, qui, uni au groupe OH, donne les acides, c'est-à-dire le groupe CH^3CO pour l'acétamide.

Amides a fonctions mixtes. — Si au lieu de considérer, comme nous l'avons fait jusqu'ici, des sels ammoniacaux dérivant d'acide à fonction simple, on prend les sels ammoniacaux à fonctions mixtes, dérivant soit d'acides à fonctions mixtes, soit d'acides polybasiques à fonction simple par une saturation incomplète, ce qui fournit des sels ammoniacaux acides, on obtient des amides à fonctions mixtes.

Amides dérivant d'autres alcalis. — L'ammoniac est, comme nous l'avons vu dans le chapitre précédent, le type d'une série de corps, les amines, dont les propriétés sont très voisines de celles de l'ammoniac. Ces composés donnent aussi des amides, comme l'ammoniac dont elles dérivent. D'autres alcalis, plus éloignés de l'ammoniac que les amines, sont aussi capables cependant de donner des amides.

493. Classification. — La relation étroite qui existe entre les acides et les amides, corps qui dérivent des sels ammoniacaux (ou des sels analogues), permet d'adopter pour l'étude de ces corps une classification fondée sur les propriétés des acides et sur la nature de l'alcali qui leur est combiné.

I. Amides à fonction simple dérivant de l'ammoniac et des acides à fonction simple.	A) monobasiques par la substitution de . . .	AzH^2 à OH ;
	B) bibasiques.	$(AzH^2)^2$ à $(OH)^2$;
	C) tribasiques.	$(AzH^2)^3$ à $(OH)^3$;
	etc.	
I. Amides à fonctions mixtes dérivant de l'ammoniac et des acides.	A) à fonction simple par la substitution de . . . dans la formule d'un acide n fois basique.	$(n — p) AzH^2$ à $(n — p) (OH)$
	B) à fonctions mixtes acides-alcools	
	acides-éthers	
	acides-aldéhydes	
	acides-alcalis, etc.	

III. Amides dérivant ⎧ *A*) d'alcalis à fonction simple ⎧ 1° amines ;
  d'alcalis autres que ⎨   ⎨ 2° autres alcalis.
  l'ammoniac.   ⎩ *B*) d'alcalis à fonction mixte.

IV. Composés divers se rattachant aux amides, mais d'une constitution
  douteuse ou tout à fait inconnue.

Il résulte, en outre, de cette faculté que possède l'ammoniac de donner successivement trois dérivés par la substitution aux 3 atomes d'hydrogène de trois groupes monovalents, qu'il y aura lieu de subdiviser ces groupes en amides primaires, secondaires et tertiaires, caractérisées respectivement par la présence de AzH^2, AzH et Az dans la formule de constitution.

On connaît un grand nombre d'amides ; nous n'étudierons que les principales.

2° NITRILES ET CARBYLAMINES

494. Définition. — Les nitriles sont des composés qui dérivent des sels ammoniacaux par la perte d'autant de fois 2 molécules d'eau qu'il y a de molécules d'ammoniac dans le sel considéré.

Comme propriété fondamentale, réciproque de celle qui vient de servir à les définir, ces corps jouissent de la propriété de reproduire par hydratation le sel ammoniacal correspondant. Comme pour les amides, on peut concevoir l'existence de nitriles dérivant des sels formés par les amines. Si l'on remarque, d'autre part, que pour passer de la formule d'une amine à celles des amines supérieures, il suffit d'ajouter une, deux, etc., fois CH^2 et que, pour passer de la formule d'un acide à celles de ses homologues inférieurs, il suffit de retrancher une, deux, etc., fois CH^2, on voit qu'un sel d'ammonium aura même formule : 1° que le sel formé par la méthylamine (qui diffère de AzH^3 par CH^2 en plus) avec l'acide homologue immédiatement inférieur à celui du sel ammoniacal (qui diffère par CH^2 en moins) ; 2° que le sel formé par l'éthylamine avec l'acide homologue immédiatement inférieur au précédent. On pourra donc obtenir par la déshydratation de ces divers sels, de même formule, des nitriles isomériques. On n'a obtenu jusqu'à présent que les nitriles correspondant aux sels ammoniacaux et aux formiates d'amines. Les premiers sont les nitriles proprement dits, les seconds sont les carbylamines.

495. Constitution. — Les acides sont caractérisés dans leurs formules schématiques par la présence d'un ou plusieurs groupes monovalents $COOH$ selon leur basicité, et les sels ammoniacaux neutres correspondants contiennent autant de groupes monovalents $COOAzH^4$. Les amides ammoniacaux qui en dérivent de la façon qui a été die plus haut, contiennent par cela même dans leurs formules schématiques un ou plusieurs groupes monovalents $CO.AzH^2$; groupe fonctionnel des amides qui reste, quand on enlève H^2O au groupe fonctionnel $COOAzH^4$ des sels ammoniacaux. Quand on enlève encore dans ce groupe $COAzH^2$ les éléments d'une nouvelle molécule d'eau, il reste le groupement monovalent $—C\!\!=\!\!Az$ où l'azote est trivalent. Les corps qui correspondent à ces formules sont les nitriles proprement dits ; les carbylamines contiennent le groupe monovalent $Az\!::\!C$ où l'azote est pentavalent. Tandis que les nitriles donnent en fixant de l'eau d'abord une amide, puis un sel ammoniacal dont l'acide dépend de la nature du nitrile, les carbylamines donnent par hydratation un formiate qui a pour base une amine dont la nature dépend de celle de la carbylamine considérée.

496. Propriétés. — Les nitriles proprement dits s'obtiennent par la déshydratation des sels ammoniacaux en présence de l'anhydride phosphorique, ou en distillant du cyanure de potassium avec les éthers sulfuriques acides.

Ils reproduisent par hydratation le sel ammoniacal dont ils dérivent ; ils s'unissent aux hydracides, comme l'ammoniac, mais en donnant, en général, des composés facilement dissociables. Ils se combinent aussi avec les oxacides organiques en donnant des amides. Ils s'unissent avec les chlorures de métalloïdes et de quelques métaux pour donner des combinaisons peu stables en général ; mais ils ne se combinent pas aux iodures alcooliques.

497. Carbylamines. — Les carbylamines sont des isomères des nitriles ; ils en diffèrent schématiquement par la façon dont le groupe caractéristique CAz est uni au radical correspondant, comme nous venons de le voir et comme le montrent les formules suivantes :

$$CH^3 — C \equiv Az \qquad\qquad CH^2 — Az \equiv C$$

Acétonitrile. $\qquad\qquad\qquad$ Méthylcarbylamine (1).

Mode de formation. — Les carbylamines, que l'on appelle aussi isocyanures, s'obtiennent en traitant du cyanure d'argent sec par un iodure alcoolique. Soit RI un éther iodhydrique ; il se produit la réaction :

$$R.I + 2AgCAz = AgI + (Ag, R) : C^2Az^2$$

Ce cyanure double, traité par le cyanure de potassium, donne un cyanure double d'argent et de potassium et la

(1) On représente aussi très souvent la formule des carbylamines en y supposant le carbone du groupe CAz comme bivalent $CH^3 — Az = C$.

carbylamine correspondante :

$$(Ag, R) : C^2Az^2 + KCAz = (K, Ag) : C^2Az^2 + R.Az :: C$$

Propriétés. — Les carbylamines ont une densité et une tension de vapeur plus faibles que les nitriles correspondants ; leur point d'ébullition est en moyenne de 18° au-dessous de celui des nitriles isomériques.

L'eau les transforme en amide formique :

$$R.Az :: C + H^2O = H.CO.Az : (H, R)$$

tandis que les nitriles isomériques donnent un sel d'ammonium suivant la formule :

$$R - C \equiv Az + 2H^2O = R.COO.AzH^4$$

Les carbylamines se combinent avec un grand dégagement de chaleur avec les hydracides, en donnant des corps comparables aux sels ammoniacaux.

Les carbylamines s'oxydent très facilement. Lorsque l'oxydation est ménagée, on obtient l'amide correspondante :

$$R.Az :: C + O = R.Az : CO$$

ou bien par une hydratation plus complète elles donnent un formiate d'amine :

$$R.Az :: C + 2H^2O = H.COO.Az :: (H^2, R)$$

498. Imides. — Les imides dérivent du type ammoniac AzH^3 par la substitution d'un radical bivalent à 2 atomes d'hydrogène ; telle est la succinimide qui a pour

formule schématique

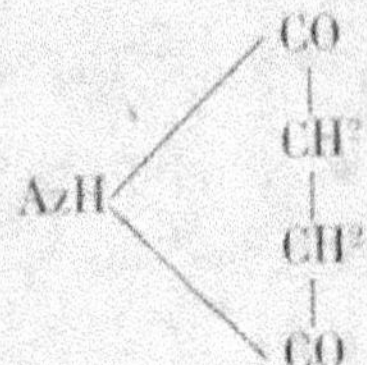

AzH, uni à un groupe bivalent par deux carbonyles (1), est la caractéristique des imides.

Modes de formation. — Les imides s'obtiennent en déshydratant les amides-acides, par exemple l'acide succinamique :

$$COOH-CH^2-CH^2-CO.AzH^2 = H^2O + AzH\begin{cases} CO-CH^2 \\ CH^2-CO \end{cases}$$

ou bien en traitant un anhydride par de l'ammoniac :

$$O\begin{cases} CO-CH^2 \\ CH^2-CO \end{cases} + AzH^3 = H^2O + AzH\begin{cases} CO-CH^2 \\ CH^2-CO \end{cases}$$

ou bien encore en décomposant par la chaleur les diamides

(1) AzH peut aussi être uni à deux groupes monovalents : on a alors une amide secondaire : telle est la diacétamide AzH : (CO.CH³)².

correspondantes

$$\left. \begin{array}{ccc} COAzH^2 & CO \\ | & | \\ CH^2 & CH^2 \\ | & | \\ CH^2 & CH^2 \\ | & | \\ COAzH^2 & CO \end{array} \right\} AzH + AzH^3$$

Propriétés. — Les propriétés les plus importantes des imides sont les suivantes :

Les imides se combinent facilement à l'eau ; si elles ne fixaient qu'une molécule d'eau, elles donneraient l'acide amidé correspondant par une réaction inverse du premier mode de formation ; mais elles en fixent deux et produisent, par suite, le sel acide d'ammonium correspondant.

Les imides, chauffés longtemps en vase clos avec une solution d'ammoniaque, fixent lentement une molécule d'ammoniac par une réaction inverse du troisième mode de formation donné plus haut, en fournissant la diamide correspondante.

Enfin les imides peuvent échanger facilement l'atome d'hydrogène du groupe AzH contre 1 atome de métal en donnant des sels.

L'imide la plus intéressante est la carbimide ou acide isocyanique.

499. Amidines. — Ce groupe de composés est caractérisé au point de vue de la constitution par un groupe monovalent — $C\diagdown_{AzH^2}^{AzH}$ uni à un radical monovalent.

Mode de formation. — Parmi les modes de formation de ces corps nous citerons seulement l'action d'une amide en excès sur l'acide chlorhydrique ; il se forme un chlorhydrate d'amidine ; par exemple, avec l'acétamide on obtient l'acédiamine, suivant la formule :

$$2CH^3.CO.AzH^2 + HCl$$
$$= CH^3.COOH + CH^3.C:.(AzH, AzH^2, HCl).$$

Propriétés générales. — Les amidines sont des bases très énergiques fournissant avec les acides des sels bien cristallisés. L'eau les transforme en amide et en ammoniac. Elles réagissent sur les iodures alcooliques pour donner des amidines où l'hydrogène se trouve partiellement remplacé par le radical de l'iodure alcoolique. On connaît des amidines bi- et trisubstituées obtenues par cette réaction générale.

500. Amidiles. — On désigne sous ce nom des composés qui possèdent dans leur formule de constitution un groupe

$$-C\begin{cases}AzH\\Az\end{cases}$$
$$-C\begin{cases}\\AzH^2\end{cases}$$

uni à deux radicaux monovalents.

Ces corps prennent naissance dans l'action de l'anhydride acétique sur certaines amidines.

§ 2. — ÉTUDE PARTICULIÈRE DES AMIDES ET DES NITRILES

1. — AMIDES ET NITRILES A FONCTION SIMPLE

A. — AMIDES DÉRIVANT DES ACIDES MONOBASIQUES

501. Propriétés. — Les amides primaires appartenant à ce groupe s'obtiennent en utilisant quelques réactions simples signalées dès le commencement de ce chapitre. Elles peuvent reproduire le sel ammoniacal, dont elles dérivent par déshydratation, quand on les chauffe, pendant longtemps avec de l'eau, en tubes scellés, vers 150°. Cette réaction est facilitée par la présence d'un acide énergique qui s'empare de l'ammoniac ou par la présence d'une base qui s'empare de l'acide régénéré. L'acide azoteux et l'acide iodhydrique, l'un oxydant, l'autre réducteur, donnent des réactions intéressantes : l'acide azoteux met de l'azote en liberté en oxydant l'ammoniac :

$$CH^3CO.AzH^2 + AzO^2H = CH^3CO.OH + Az^2 + H^2O\;;$$

l'acide iodhydrique, en hydrogénant les deux groupes monovalents qui figurent dans la formule de l'amide, donne :

$$CH^3CO.AzH^2 + 3H^2 = C^2H^6 + AzH^3 + H^2O.$$

Les amides secondaires peuvent être obtenues par l'action des chlorures acides sur les amides primaires. Les deux radicaux unis à AzH peuvent être différents ou identiques. Si l'on désigne par A_1.COOH et A_2.COOH deux acides, la formule de l'amide secondaire correspondante sera :

$$AzH^3 + A_1.COOH + A_2.COOH$$
$$= 2H^2O + AzH : (A_1COO,A_2COO)$$

De même, A_1.COOH, A_2.COOH, A_3.COOH désignant trois acides, différents ou non, la formule de l'amide tertiaire sera :

$$AzH^3 + A_1.COOH + A_2.COOH + A_3.COOH$$
$$= 3H^2O + Az :. (A_1COO, A_2COO, A_3COO);$$

On peut même obtenir des amides dérivant de 4 molécules d'acide par la perte de 4 molécules d'eau et appartenant au type de l'ammonium.

502. Formiamide $HCO.AzH^2$. — Ce composé, qui a été découvert par Hofmann, s'obtient par la distillation sèche du formiate d'ammonium en recueillant ce qui passe entre 160 et 200°.

C'est un liquide incolore, bouillant à 190°, très soluble dans l'eau, insoluble dans l'éther. L'anhydre phosphorique le transforme dans le nitrile correspondant, identique avec l'acide cyanhydrique.

503. Acétamide $CH^3CO.AzH^2$. — Ce composé a été découvert, en 1847, par Dumas, Malaguti et Le Blanc. On le prépare en recueillant ce qui passe dans la distillation sèche de l'acétate d'ammonium à partir de 200°. On le purifie par une nouvelle distillation.

C'est un corps solide, cristallin, blanc, qui fond à 78° et bout à 221°. Il est soluble dans l'alcool et dans l'éther. Il se combine aux acides, en particulier à l'acide chlorhydrique et à l'acide azotique. On a obtenu un dérivé éthylé $CH^3COAz:(H,C^2H^5)$ et divers dérivés chlorés.

DIACÉTAMIDE $(CH^3CO)^2:AzH$. — Cette acétamide secondaire est un corps solide qui fond à 75°, il bout à 211°.

TRIACÉTAMIDE $(CH^3CO)^3Az$. — Cette acétamide tertiaire est un corps solide, fusible vers 79°.

504. Amides diverses. — PROPIONAMIDE $C^3H^5O.AzH^2$. — Corps solide, fusible à 77°.

BUTYRAMIDE $C^4H^7O.AzH^2$. — Corps solide, fusible à 115°, bouillant à 216°.

Benzamide $C^6H^5.COAzH^2$. — Prismes orthorhombiques, fusibles à 115°, pouvant être sublimés sans décomposition ; ils sont à peu près insolubles dans l'eau froide, mais assez solubles à chaud dans l'eau, l'alcool et l'éther ; la benzamide s'obtient comme les précédentes par les méthodes générales indiquées au début.

B. — AMIDES DÉRIVANT DES ACIDES BIBASIQUES

505. Généralités. — Ces amides dérivent des acides bibasiques par la substitution de deux groupes AzH^2 à deux (1) groupes OH. Le type de ces diamides primaires est l'oxamide dérivant de l'acide oxalique.

A l'acide oxalique $COOH.COOH$ correspond l'oxamide $COAzH^2.COAzH^2$. On peut aussi considérer ces corps comme dérivant de 2 molécules d'ammoniac par la substitution à H^2 d'un groupe bivalent tel que $— CO.CO —$ par exemple pour l'oxamide ou $— COCH^2.CH^2CO —$ pour la succinamide.

Ces diamides peuvent, comme les précédentes, se subdiviser en primaires, secondaires et tertiaires, composés dont la formule s'obtient en remplaçant dans $(AzH^2)^2$ soit H^2, soit $2H^2$, soit $3H^2$ par un, deux ou trois groupes bivalents, tels que les précédents. On a même obtenu des diamides intermédiaires obtenues en remplaçant dans $(AzH^2)^2$ une molécule d'hydrogène H^2 par un groupe bivalent tel que CO, par exemple, et 1 atome d'hydrogène H par un groupe monovalent tel que C^2H^3O. Tel

---

(1) Lorsqu'un seul des deux oxhydriles OH est remplacé par l'amidogène AzH^2, on obtient des composés à fonctions mixtes, ou des amides étudiées plus loin.

est le corps appelé urée benzoïlique :

$$Az^2 \begin{cases} : CO \\ : (H, C^7H^5O) \\ : H^2 \end{cases}$$

On connaît de même des diamides tertiaires tels que la trisuccinamide $(COCH^2.CH^2CO)^3Az^2$ et des diamides où les 3 molécules d'hydrogène H^2 sont remplacées, les unes par un groupe bivalent, les autres par deux groupes monovalents.

506. Carbamide *ou* **urée** $CO : (AzH^2)$. — Le carbonate d'ammonium $CO^3 : (AzH^4)^2$ donne par perte de 2 molécules d'eau l'amide correspondante ou carbamide, plus connue sous le nom d'urée.

L'urée a été découverte, en 1773, par Rouelle le Jeune. Elle fut transformée en carbonate d'ammonium par Vauquelin, ce qui montrait sa fonction amide (inconnue alors). Ce fut Dumas qui l'assimila aux amides. Wœhler réalisa sa synthèse : c'était le premier corps d'origine animale reproduit à l'aide de procédés purement chimiques.

L'urée se forme par une simple transformation isomérique quand on abandonne à lui-même le cyanate d'ammonium. Ce dernier corps s'obtient par double réaction entre le sulfate d'ammonium et le cyanate de potassium : telle est la synthèse de l'urée.

L'urée peut être obtenue comme les amides en général, par l'action de l'ammoniac sur le chlorure acide correspondant :

$$COCl^2 + 4AzH^3 = CO : (AzH^2)^2 + 2(AzH^4Cl).$$

Préparation. — On peut la préparer en utilisant le procédé synthétique qui vient d'être décrit, ou bien en la retirant de l'urine. L'urine humaine contient de 25 à 30 grammes d'urée par litre. Pour l'en retirer, on concentre l'urine, d'abord à feu nu, puis au bain-marie. Lorsque son volume est réduit au quinzième on ajoute à la liqueur refroidie de l'acide azotique qui forme de l'azotate d'urée qui cristallise et se prend en masse, lorsque la concentration a été suffisante ; on égoutte ces cristaux, on les redissout, on décolore la solution par le noir animal et on fait cristalliser de nouveau. On traite ensuite la solution d'azotate d'urée par le carbonate de baryum et on évapore à sec le mélange d'urée et d'azotate de baryum. En reprenant la masse par l'alcool qui ne dissout que l'urée.

Propriétés. — L'urée cristallise en prismes orthorhombiques d'une densité de 1,30. Elle est très soluble dans l'eau (1 kilogramme par litre à 19°), moins soluble dans l'alcool (200 grammes par litre) et à peu près insoluble dans l'éther ; elle fond à 132° et se décompose un peu au dessus.

Le chlore et le brome, les hypochlorites et les hypobromites alcalins, l'acide azoteux et l'azotate mercureux oxydent l'urée et la transforment en eau, acide carbonique et azote :

$$CO : (AzH^2)^2 + 30 = CO^2 + Az^2 + 2H^2O$$

L'eau, chauffée en tubes scellés à 140° avec de l'urée, la transforme en carbonate d'ammonium :

$$CO : (AzH^2)^2 + 2H^2O = CO^3 : (AzH^4)^2$$

L'urée s'unit aux acides à la façon de l'ammoniac en

donnant des sels, tels que l'azotate AzO^3H, CAz^2H^4O et l'oxalate $C^2H^2O^4$, CAz^2H^4O, composés plus stables que la plupart des autres sels d'urée. On connaît aussi diverses combinaisons d'urée avec différents sels ou avec des oxydes métalliques.

Fermentation ammoniacale de l'urée. — Cette fermentation est particulièrement intéressante pour la statique biologique. Les aliments azotés, dont le rôle est si important dans la nutrition des êtres vivants, se trouvent éliminés de l'organisme des animaux supérieurs, principalement à l'état d'urée. Or, l'urée n'est pas directement assimilable par les plantes; aussi l'azote que cette matière contient, avant de pouvoir rentrer dans la circulation générale, doit former des composés directement assimilables par les végétaux. C'est ce qui se produit lorsque de l'urée est abandonnée à l'air; sous l'influence de ferments l'urée fixe 2 molécules d'eau en donnant du carbonate d'ammonium :

$$CO : (AzH^2)^2 + 2H^2O = CO^3 : (AzH^4)^2.$$

C'est pour cela que les urines abandonnées à l'air deviennent assez rapidement ammoniacales. Le principal ferment capable de produire cette transformation est le *micrococcus ureæ;* il se présente au microscope sous forme de chapelets sinueux de petits globules arrondis, ayant en moyenne un diamètre de $0^{mm},0015$. Ce même ferment transforme l'acide hippurique qui se trouve dans l'urine des herbivores en acide benzoïque et glycollamine.

Dosage de l'urée. — Le dosage de l'urée dans les urines présente souvent de l'intérêt au point de vue médical. Le dosage se fait en utilisant la réaction des hypobromites sur l'urée, réaction qui met en liberté de l'azote, l'acide carbonique se trouvant absorbé par l'excès d'alcali de l'hypobromite. Cette réaction se fait dans de petits appareils appelés uréomètres, de formes très  diverses selon les auteurs, et qui permettent de faire réagir les deux liquides, urine et hypobromite, de recueillir et de mesurer l'azote dégagé. L'uréomètre d'Yvon se compose d'un tube gradué de 50 centimètres de long; il est muni vers sa partie supérieure d'un robinet. Une graduation descendante qui commence à ce robinet sert à la mesure de l'azote; une graduation ascendante qui commence au même endroit sert à mesurer les volumes d'urine (et approximativement d'hypobromite) sur lesquels on opère. La solution d'hypobromite est préparée en mélangeant 30 grammes de lessive de soude ordinaire, 5 grammes de brome et 125 centimètres cubes d'eau. Pour faire un dosage, on emplit l'uréomètre de mercure jusqu'au robinet, on le dresse sur une cuve à mercure profonde et on verse dans la partie supérieure 5 centimètres cubes d'une liqueur obtenue en prenant 1 centimètre cube de l'urine à examiner et l'étendant d'eau de façon à faire 10 centimètres cubes. On opère donc sur 1 demi-centimètre cube d'urine. En tournant le robinet avec précaution, on fait pénétrer l'urine étendue à l'intérieur de l'uréomètre; on lave le tube supérieur avec un peu d'eau que l'on laisse aussi pénétrer dans l'intérieur, puis on ajoute 5 centimètres cubes d'hypobromite, que l'on introduit de la même façon; les deux liquides réagissent, l'azote se dégage; lorsque la réaction semble terminée, on ferme

avec le doigt l'extrémité inférieure et on agite. On transporte ensuite le tube sur un vase plein d'eau et l'on
écarte le doigt ; le mercure tombe et est remplacé par de
l'eau. On lit alors le volume de l'azote. Pour en déduire
le poids d'urée, il faudrait tenir compte de la température
et de la pression ; il est plus simple de recommencer en
employant, au lieu d'urine, une solution d'urée contenant
une quantité connue de ce corps, par exemple $0^{gr},01$.

Si v est le volume d'azote fourni par $0^{gr},01$ d'urée et
V le volume fourni par 1 demi-centimètre cube d'urine, il
y aura dans cette quantité d'urine

$$0^{gr},01 \times \frac{V}{v}, \text{ soit } \frac{V}{v} 20 \text{ grammes}$$

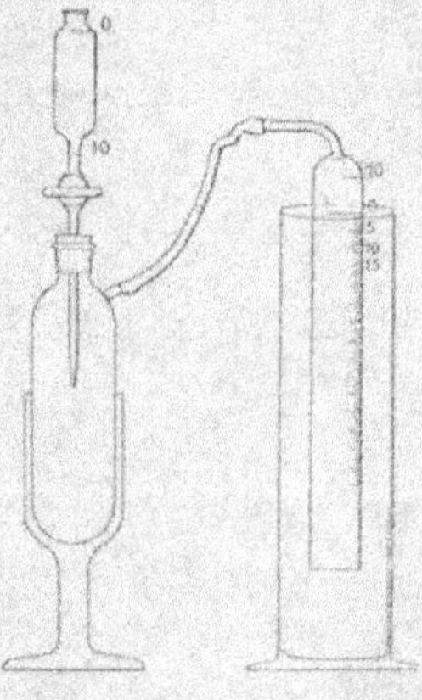

par litre. Si l'on se contente d'une
approximation de 6 à 7 0/0 environ, on peut faire dans cette formule $v = 4$, et l'on a alors 5V
pour le nombre de grammes
d'urée par litre (V étant exprimé
en centimètres cubes) (1).

On peut aussi employer l'appareil figuré ci-contre qui permet
d'opérer sur l'eau et dont il est
facile de comprendre le fonction-
nement d'après ce qui précède.
Il permet d'opérer sur les plus grandes quantités d'urine.

Urée sulfurée CH^4Az^2S. — Ce composé ne diffère de

<hr>

(1) Cette méthode est d'une exactitude suffisante dans la pratique ;
elle comporte plusieurs causes d'erreur : la réaction de l'hypobromite
ne donne jamais tout l'azote théorique même avec l'urée pure ; par
contre, dans l'urine il n'y a pas que l'urée capable de fournir de l'azote
dans ces conditions : les sels ammoniacaux, la créatinine, l'acide urique
en donnent aussi.

l'urée que par la substitution du soufre à l'oxygène. Elle
a été découverte par Reynold. On la prépare en chauffant
pendant quelques heures à 150° le sulfocyanate d'ammonium. En reprenant la matière par l'eau chaude, l'urée
sulfurée cristallise par refroidissement en prismes rhom-
boïdaux fusibles à 149°. Elle donne, comme l'urée, de
nombreuses combinaisons avec les acides, les oxydes et
les bases.

Uréides. — Les sels d'urée, se comportant comme les
sels ammoniacaux, peuvent donner des amides particulières en perdant une molécule d'eau : on obtient ainsi
des *uréides*. Ce sont des composés que l'on trouve dans
l'économie animale. Nous les étudierons un peu plus loin
(V. t. II, p. 506). On peut les considérer comme des dérivés de l'urée où un atome d'hydrogène est remplacé par
un radical d'acide, tel que l'acétyle C^2H^3O ; l'uréide acétique, par exemple, a pour formule :

$$AzH^2.CO.Az(H. C^2H^3O).$$

Les uréides ont été surtout étudiés par Liébig et
Wœhler, par M. Baeyer et par M. Grimaux, à qui l'on
doit la synthèse d'un grand nombre de ces composés.

Urées composées. — On désigne sous le nom d'urées
composées des corps qui dérivent de l'urée par la substitution à 1, 2, 3 ou 4 atomes d'hydrogène de ce corps de
1, 2, 3 ou 4 groupes monovalents, tels que le méthyle et
ses analogues. Telles sont l'éthylurée, la diéthylurée, etc.
On les obtient par l'action de l'acide cyanique sur les
amines ou par l'action de l'ammoniaque sur l'éther cyanique correspondant. C'est Hofmann qui a préparé la première urée composée, la phénylurée ; Wurtz en a préparé

un certain nombre et a montré les propriétés générales des urées composées.

507. Oxamide $(CO.AzH^2)^2$. — Ce composé, obtenu d'abord par Bauhof en 1817, n'est vraiment bien connu que depuis les recherches de Dumas (1830). Comme les monamides, on peut l'obtenir dans la distillation sèche de l'oxalate d'ammonium ou par l'action de l'ammoniac sur l'éther oxalique. Cette dernière réaction est plus avantageuse. On dissout l'éther oxalique dans son volume d'alcool, et on ajoute un volume égal d'une solution aqueuse d'ammoniaque. Un abondant précipité cristallin se forme presque aussitôt ; il augmente rapidement, et bientôt la transformation est totale. Les cristaux sont recueillis sur un filtre et lavés à l'eau froide.

C'est une poudre blanche, inodore et insipide, à peu près insoluble à froid dans l'eau, l'alcool et l'éther. Elle peut être sublimée sans décomposition importante, lorsqu'on la chauffe doucement ; au contraire, si on la chauffe rapidement, elle se décompose partiellement en donnant de l'eau et du cyanogène.

L'eau ne transforme pas, même à 100°, l'oxamide en oxalate d'ammonium ; mais, en tube scellé, à 220°, on peut réaliser cette transformation.

On a préparé un certain nombre de dérivés de l'oxamide résultant de la substitution à de l'hydrogène d'un groupe tel que l'éthyle. Tels sont les deux diéthyloxamides isomériques :

$$CO : (AzH. C^2H^5)^2 \quad \text{et} \quad CO : [AzH^2, Az(C^2H^5)^2]$$

508. Succinamide $C^4H^4O^2 : (AzH^2)^2$. — Ce composé, découvert par Fehling, est un corps peu soluble dans l'eau froide ($4^{gr},5$ par litre), beaucoup plus soluble dans l'eau bouillante (110 grammes par litre) ; il est à peu près insoluble dans l'alcool et dans l'éther. Préparation analogue à celle de l'acétamide.

C. — NITRILES DÉRIVANT DES ACIDES MONOBASIQUES

509. Acide cyanhydrique H.CAz *ou* **nitrile formique.** — L'acide cyanhydrique a été découvert par Scheele; Gay-Lussac établit les propriétés les plus intéressantes de ce corps et montra les analogies de ce corps avec l'acide chlorhydrique, complétant ainsi les analogies du cyanogène et du chlore.

Préparation. — Gay-Lussac préparait ce corps en décomposant le cyanure de mercure par l'acide chlorhydrique, sous l'influence d'une douce chaleur. Il est préférable de décomposer le ferrocyanure de potassium (8 parties) par de l'acide sulfurique étendu (9 parties d'acide et 12 parties d'eau). En chauffant le tout dans un appareil distillatoire, on obtient une solution d'acide cyanhydrique étendue, si l'on se sert d'un réfrigérant descendant, concentrée, au contraire, si l'on emploie un réfrigérant ascendant. Pour avoir l'acide anhydre, il suffit de chauffer la dissolution concentrée en faisant passer les vapeurs sur du chlorure de calcium desséché.

L'acide cyanhydrique se rencontre dans un certain nombre d'eaux distillées végétales. Les amandes, les feuilles de laurier-cerise, les noyaux d'un grand nombre de fruits, le manioc, etc., distillés avec de l'eau donnent de petites quantités d'acide cyanhydrique qui y préexiste parfois ou qui provient le plus souvent du dédoublement de certaines substances comme l'amygdaline sous l'influence du ferment (V. t. I, p. 508).

La synthèse de l'acide cyanhydrique a été obtenue par M. Berthelot, en faisant passer des étincelles électriques dans un mélange d'acétylène et d'azote :

$$C^2H^2 + Az^2 = 2H.CAz$$

Propriétés. — L'acide cyanhydrique est un liquide qui bout à + 26°,1 et se solidifie à — 14°. Il a une odeur spéciale. C'est un poison extrêmement violent : à la dose de $0^{gr},05$ il peut tuer un homme. Il occasionne, lorsqu'on le respire en très petite quantité, des maux de tête et des nausées, mais il s'élimine rapidement de l'économie. Il produit, au moment où on le respire, une sensation de chaleur remarquable dans l'arrière-gorge. Sa densité à l'état liquide est 0,7058 à 7°.

La *chaleur* décompose l'acide cyanhydrique. Ce liquide, maintenu en tubes scellés à 100° pendant quelques heures, se transforme en une masse noire. Après refroidissement on constate, en ouvrant les tubes, qu'il ne s'est dégagé aucun gaz ; mais, si l'on chauffe la matière, il se dégage vers 50° du cyanogène, du cyanure d'ammonium, et il reste un résidu noir.

L'acide cyanhydrique brûle avec une flamme blanche bordée de pourpre.

Le *chlore* sec transforme l'acide cyanhydrique en chlorure de cyanogène et acide chlorhydrique.

L'*hydrogène naissant* (zinc et acide sulfurique étendu) transforme l'acide cyanhydrique en méthylamine :

$$H.CAz + 2H^2 = CH^3.AzH^2$$

Les *métaux* alcalins décomposent l'acide cyanhydrique en donnant le cyanure correspondant.

L'*acide chlorhydrique* sec se dissout dans l'acide cyanhydrique anhydre refroidi à — 15°. Si alors on prend le matras qui renferme le mélange et si on le chauffe à 40° on trouve après refroidissement que la masse a cristallisé ; il s'est formé le composé $CAzH,HCl$ (Gautier). Ce composé se dissout dans l'eau, puis se décompose spontanément en donnant de l'acide prussique et du chlorure d'ammonium.

Usages. — M. Chrestison a proposé d'utiliser les propriétés vénéneuses de l'acide cyanhydrique dans la pêche des baleines. Souvent, lorsqu'on harponne ces animaux, ils plongent à de grandes profondeurs, emportant le harpon et le câble que l'on est parfois obligé de couper. Avec les harpons de M. Chrestison, qui contiennent à leur extrémité une petite fiole en verre mince contenant 30 grammes d'acide cyanhydrique, lorsque le harpon atteint la baleine, l'ampoule se brise dans la plaie et l'acide cyanhydrique agit. Les baleines ainsi harponnées plongent encore, mais beaucoup moins, et leur capture serait ainsi beaucoup facilitée.

D. — NITRILES DÉRIVANT DES ACIDES BIRASIQUES

510. Cyanogène C^2Az^2 *ou* **nitrile oxalique.** — Le cyanogène a été découvert en 1814 par Gay-Lussac. C'était le premier exemple d'un corps composé jouant dans ses combinaisons le rôle d'un corps simple ; c'est peut-être le fait le plus important de l'histoire de ce composé. On peut aussi le considérer comme le nitrile de l'acide oxalique :

$$C^2O^4 : (AzH^4)^2 = 4H^2O + C^2Az^2$$

On le prépare en décomposant par la chaleur le

cyanure de mercure pur, exempt d'oxyde, et bien sec. On peut aussi le préparer par la voie humide en traitant le cyanure de potassium par le sulfate de cuivre ; la double réaction qui se produit, au lieu de donner, en même temps que du sulfate de potassium, le cyanure correspondant, c'est-à-dire le cyanure cuivrique, donne du cyanure cuivreux avec mise en liberté de la moitié du cyanogène.

En dehors de ces réactions que l'on peut utiliser pour la préparation de ce gaz, le cyanogène se produit encore, à l'état de combinaison avec les métaux, quand on fait passer de l'azote sur un mélange de charbon et d'une base alcaline ou alcalino-terreuse (la chaux excepté). L'ammoniaque passant sur les charbons rouges donne du cyanure d'ammonium. Ces réactions sont utilisées pour la préparation de certains cyanures. On a même proposé d'utiliser l'action de l'azote sur le charbon et les alcalis pour obtenir industriellement de l'ammoniac.

Enfin, la distillation sèche de l'oxalate d'ammonium et de l'oxamide donne du cyanogène. Le gaz peut donc être considéré comme le nitrile de l'oxalate d'ammonium.

Propriétés. — Le cyanogène est un gaz incolore, d'une odeur rappelant celle de l'acide cyanhydrique, mais piquant et provoquant le larmoiement. Sa densité à $0°$ est $1,8064$. Il est facile à liquéfier, vers $— 21°$ sous la pression atmosphérique ou à $0°$ sous une pression d'environ $2^{atm},5$. Il est assez soluble dans l'eau (4 fois et demie son volume à $20°$) et plus soluble dans l'alcool (23 fois son volume).

Le cyanogène est assez stable ; toutefois, sous l'action de la chaleur, il se transforme partiellement en un polymère solide, le paracyanogène, quand on le maintient quelque temps au rouge. La présence de certains métaux facilite la décomposition du cyanogène par la chaleur.

Le cyanogène brûle avec une flamme pourpre caractéristique. L'*hydrogène* chauffé à 500° avec le cyanogène ne donne que des traces d'acide cyanhydrique. Les *corps hydrogénants*, tels que l'acide iodhydrique à 280°, le transforment en ammoniac et en éthane.

Le *chlore* sec est sans action. Les *métaux* alcalins se combinent facilement avec formation d'un cyanure métallique analogue au chlorure correspondant.

L'action de l'*eau* est assez complexe. Tout d'abord ce liquide dissout le cyanogène, mais peu à peu la solution s'altère et, au bout de quelques jours, elle a perdu son odeur piquante et il s'est déposé des flocons bruns d'azulmine [1] :

$$C^{11}H^{10}Az^8O^5.$$

La liqueur contient, en outre, de l'oxalate d'ammonium, de l'urée, etc.

Les *acides* facilitent l'hydratation du cyanogène; c'est ainsi qu'en présence de l'acide chlorhydrique il se forme d'abord de l'oxamide par la fixation de 2 molécules d'eau, puis de l'oxalate d'ammonium après une nouvelle fixation de 2 autres molécules d'eau.

Avec un certain nombre de matières organiques, le cyanogène se comporte comme le chlore, il donne des dérivés cyanés et de l'acide cyanhydrique. Par exemple, un mélange de cyanogène et de vapeurs de benzène donne au rouge du benzène mono- et bicyané.

PARACYANOGÈNE. — Ce composé, qui a la même composition centésimale que le cyanogène, a été observé pour

[1] C'est un corps de composition complexe qui paraît se rapporter à la série de la xanthine ; il diffère de 2 molécules de xanthine par la fixation de H^2 et il donne par oxydation à l'aide du permanganate de potassium de la xanthine et de la sarcine.

la première fois par Gay-Lussac. Il a remarqué que, dans
la décomposition du cyanure de mercure par la chaleur,
il restait une matière noire, charbonneuse, de même composition que le cyanogène. C'est à MM. Troost et Haute-
feuille que l'on doit les expériences les plus précises sur
le paracyanogène et sur ses rapports avec le cyanogène.
Ils ont étudié la tension de transformation de ces corps.

La constitution du paracyanogène n'est pas connue.
Il existe pour le cyanogène C^2Az^2 plusieurs formules
schématiques possibles, satisfaisant à la tétravalence du
carbone et à la tri- ou pentavalence de l'azote. Le
paracyanogène est un polymère ou un isomère du cyanogène. Traité par l'acide iodhydrique à 280°, il donne
les mêmes produits que le cyanogène, c'est-à-dire de l'ammoniaque et de l'éthane.

Chlorure de cyanogène $CAzCl$. — Ce composé,
d'abord entrevu par Berthollet, n'est bien connu que
depuis les recherches de Gay-Lussac. On prépare le chlorure de cyanogène en faisant arriver un courant de chlore
dans une solution concentrée et refroidie d'acide cyanhydrique. Après quelque temps la liqueur se sépare en
deux couches. On décante la couche supérieure et on la
traite par l'oxyde de mercure dans un ballon entouré de
glace ; cet oxyde transforme l'acide cyanhydrique qui n'a
pas réagi en cyanure de mercure ; on dessèche la matière
en ajoutant un peu de chlorure de calcium, puis on laisse
réchauffer le ballon. Le chlorure de cyanogène distille ;
on le recueille dans un tube entouré d'un mélange réfrigérant.

Le chlorure de cyanogène est un liquide qui bout à
15°,5. Il se conserve quand il est pur ; mais, en présence
d'un très petit excès de chlore, il donne le chlorure

$C^3Az^3Cl^3$. Il réagit sur l'ammoniaque en donnant du chlorhydrate de cyanimide.

CHLORURE DE CYANOGÈNE SOLIDE $C^3Az^3Cl^3$. — Ce composé s'obtient comme le précédent, mais en employant un excès de chlore et sous l'influence des rayons solaires. C'est un corps solide, jaune, très vénéneux, qui fond à 142° et bout à 188°. L'eau le décompose en acides chlorhydrique et cyanurique :

$$C^3Az^3Cl^3 + 3H^2O = 3HCl + C^3Az^3O^3H^3.$$

BROMURE DE CYANOGÈNE CAzBr. — Ce composé a été découvert, en 1827, par Sérullas. On l'obtient dans l'action du brome sur le cyanure de mercure. C'est un corps solide, fusible vers la température ordinaire ($+ 16°$ d'après Sérullas $+ 40$ d'après Bineau). Il possède une odeur piquante, provoquant le larmoiement.

Il existe un bromure $C^3Az^3Br^3$ obtenu par M. Gautier en chauffant le précédent en tubes scellés vers 140°.

IODURE DE CYANOGÈNE CAzI. — Ce composé a été découvert, en 1816, par Humphry Davy. On l'obtient en faisant réagir l'iode sur le cyanure de mercure. C'est un corps solide, blanc, soluble dans l'eau, l'alcool et l'éther; il se sublime facilement au-dessous de 100° en donnant de fines aiguilles.

E. — IMIDES

511. Acide cyanique *ou* **carbimide** CO : AzH. — Ce composé peut être considéré comme dérivant du carbonate acide d'ammonium par l'enlèvement de 2 molécules d'eau :

$$CO^3 : (H, AzH^2) = CO : AzH + 2H^2O$$

L'acide cyanique donne avec les métaux des sels et avec les radicaux, tels que l'éthyle, des éthers dont la formule dérive de la formule $CO : AzH$ par la substitution à H d'un métal ou d'un radical monovalents. Les éthers ainsi obtenus sont appelés isocyaniques ; ainsi, l'isocyanate d'éthyle a pour formule $CO : Az.C^2H^5$, tandis qu'on réserve le nom d'éthers cyaniques à ceux dans lesquels le groupement $C = Az$ du cyanogène apparaît. Ainsi, le cyanate d'éthyle a pour formule $Az = C — O — C^2H^5$.

On obtient l'acide cyanique, en chauffant l'acide cyanurique dans un appareil distillatoire ; il se dégage des vapeurs d'acide cyanique, que l'on condense dans un mélange réfrigérant. C'est un liquide incolore, qui n'est stable qu'au-dessous de 0°. Quand on le laisse peu à peu revenir à cette température, il se transforme en cyamélide, qui a la même composition centésimale, en produisant de petites explosions, accompagnées de lueurs. Cette transformation se produit avec un dégagement de 52°,9 par molécule de cyamélide.

L'acide cyanique se dissout dans l'eau, mais sa dissolution se décompose rapidement, en donnant du carbonate acide d'ammonium.

Le cyanate de potassium s'obtient par l'oxydation du cyanure ou du ferrocyanure de potassium. On fait un mélange homogène de 200 grammes de ferrocyanure de potassium et de 100 grammes de bioxyde de manganèse bien sec ; on le chauffe, puis on le touche avec un charbon allumé ; il brûle alors comme de l'amadou ; la masse est ensuite reprise par l'alcool bouillant, d'où il se dépose par refroidissement, sous forme de lamelles. C'est un corps

très soluble dans l'eau, mais dont la solution n'est pas
très stable; elle se transforme en un mélange de bicarbo-
nate de potassium et d'ammoniac.

Le cyanate d'ammonium, isomère de l'urée, s'obtient
en traitant le cyanate d'argent, obtenu lui-même par
double décomposition, entre le cyanate de potassium et
l'azotate d'argent, par le chlorure d'ammonium. On
obtient ainsi une dissolution de cyanate d'ammonium;
elle donne de l'urée quand on la concentre.

512. Acide cyanurique $C^3Az^3H^3O^3$. — Ce composé
a été découvert par Scheele. On le prépare en chauffant
l'urée à feu nu dans une capsule; l'urée fond; elle perd
peu à peu de l'ammoniac, en se transformant en une
masse grise d'acide cyanurique :

$$3CO : (AzH^2)^2 = C^3Az^3H^3O^3 + 3AzH^3$$

La masse est reprise par l'eau bouillante et purifiée par
quelques cristallisations successives. On obtient ainsi des
prismes clinorhombiques, renfermant 2 molécules d'eau
de cristallisation, qu'ils perdent facilement par efflores-
cence. Ils sont assez solubles dans l'eau froide (25 grammes
par litre).

Quand on chauffe l'acide cyanurique, il se transforme
partiellement en acide cyanique. La transformation est
limitée en vase clos, par la tension de l'acide cyanique
formé.

Sous l'influence de l'acide sulfurique concentré ou de
la potasse fondante, l'acide cyanurique se transforme en
acide carbonique et en ammoniac :

$$C^3Az^3H^3O^3 + 3H^2O = 3CO^2 + 3AzH^3.$$

L'acide cyanurique est un acide tribasique, donnant avec les métaux monovalents les trois sels suivants :

$$C^3Az^3M^3O^3, \quad C^3Az^3M^2HO^3 \quad et \quad C^3Az^3MH^2O^3$$

L'acide cyanurique a été dernièrement considéré comme de la trioxytriazine : le schéma qui la représente est formé d'un hexagone, dont les sommets sont alternativement occupés par trois Az et trois groupes C—OH.

$$
\begin{array}{c}
Az \\
HOC \diagup\ \diagdown COH \\
Az \qquad Az \\
COH
\end{array}
$$

Cyamélide $(CAzOH)^n$ *ou* acide cyanurique insoluble. — Ce composé s'obtient spontanément quand on abandonne à lui-même l'acide cyanique refroidi au-dessous de 0°. Quand il revient à la température ordinaire, il se décompose peu à peu par petites explosions, en donnant de la cyamélide. C'est un corps solide, de densité $1^{gr},974$ à 0° ; il est insoluble dans l'eau et dans les acides étendus ; il se transforme en acide cyanique quand on le chauffe, mais sa transformation est limitée par la tension de vapeur de l'acide cyanique ainsi formé. Ces tensions, variables avec la température, sont les mêmes que celles qui limitent la transformation inverse de l'acide cyanurique en acide cyanique.

513. Cyanamide $Az : C.AzH^2$. — Ce composé s'obtient en faisant agir l'ammoniac sur le chlorure de cyanogène liquide :

$$CAz.Cl + AzH^3 = HCl + CAz.AzH^2$$

C'est un corps solide, qui cristallise en prismes très solubles dans l'eau, dans l'alcool et dans l'éther ; ils sont déliquescents.

La chaleur décompose ce corps assez violemment, en donnant de la dicyanodiamide $C^2Az^4H^4$, du mélam $C^6H^9Az^{11}$ et un azoture de carbone, le mellon C^6Az^8.

L'*hydrogène naissant* transforme la cyanamide en méthylamine et ammoniac.

Les *acides* se combinent avec la cyanamine et forment des composés qui s'unissent avec un certain nombre de sels.

II. — AMIDES A FONCTIONS MIXTES

A. — AMIDES DÉRIVANT DES ACIDES A FONCTION SIMPLE

Lorsque, dans un acide polybasique caractérisé par n groupes COOH, on remplace dans quelques-uns seulement de ces groupes l'oxhydryle par AzH^2, on obtient des composés à fonctions mixtes, acide et amide. Si, par exemple, dans l'acide oxalique $(COOH)^2$, on remplace un oxhydryle par AzH^2, on obtient un acide-amide, que l'on appelle l'acide oxamique COOH — $COAzH^2$. Ce corps dérive de l'oxalate acide d'ammonium, de la même façon que l'oxamide dérive de l'oxalate neutre d'ammonium. On a, en effet :

Pour l'oxamide :

$$C^2O^2 : (OAzH^4)^2 = C^2O^2 : (AzH^2)^2 + 2H^2O,$$

Pour l'acide oxamique :

$$C^2O^2 : (OAzH^4,OH) = C^2O^2 : (AzH^2,OH) + H^2O.$$

La basicité des acides amidés est la différence entre le nombre qui exprime la basicité de l'acide primitif et le nombre de groupes AzH^2 entrés en substitution.

514. Acide oxamique $COOH.COAzH^2$. — Ce corps, découvert en 1842 par Balard, est le premier acide amidé que l'on ait obtenu. On le prépare par l'une des méthodes générales, en chauffant le sel ammoniacal correspondant, c'est-à-dire l'oxalate acide d'ammonium. On maintient la température pendant deux ou trois heures, vers 225°; il se dégage de l'oxyde de carbone et de l'acide carbonique et il distille de l'acide formique et de l'oxamide; on laisse ensuite refroidir et on traite le contenu de la cornue par de l'eau bouillante qui dissout l'acide oxamique. On filtre et on neutralise la liqueur obtenue par la baryte; on purifie l'oxamate de baryum obtenu par quelques cristallisations, puis on le décompose par une quantité strictement équivalente d'acide sulfurique étendu. Par concentration de la liqueur, on obtient l'acide oxamique sous forme d'une poudre cristalline, fusible à 173°. La chaleur le décompose en oxamide, eau et acides carbonique et formique.

C'est un acide monobasique, permettant d'obtenir divers composés amidés, tels que les oxamates (oxalates acides amidés) des éthers oxamiques, tels que l'oxaméthane ou oxamate d'éthyle $COOC^2H^5 — COAzH^2$ ou des dérivés plus complexes, tels que le diéthyloxamate d'éthyle : $COOC^2H^5 — COAz(C^2H^5)^2$ ou l'acide éthyloxamique $COOH.COAz:(H, C^2H^5)$, etc.

515. Acide succinamique $\begin{vmatrix} CH^2.COOH \\ \\ CH^2.COAzH^2 \end{vmatrix}$. — Ce composé a été obtenu par Fehling en traitant le succinimide par de l'eau. C'est un corps soluble dans l'eau, insoluble dans l'alcool, donnant des sels bien définis et plus faciles à obtenir que l'acide lui-même. On les prépare par l'action des bases sur le succinimide. C'est un acide monobasique.

B. — AMIDES DÉRIVANT DES ACIDES A FONCTIONS MIXTES

Ces amides peuvent être classées suivant les fonctions des acides dont ils dérivent : les acides-alcools donneront des amides-alcools (1). On pourra de même avoir des amides-éthers, des amides-aldéhydes et des amides-alcalis. On pourra même, en partant d'acides possédant plus de deux fonctions, obtenir des amides ayant un rôle plus complexe.

a. — Amides-alcools

516. Glycollamide $CH^2OH.COAzH^2$. — C'est le plus simple des amides-alcools. Il dérive de l'acide glycolique $CH^2OH.COOH$ (acide-alcool). Il est isomère avec la glycollamine ou glycocolle $CH^2AzH^2.COOH$, qui est lui-même un composé à fonction mixte, amine-acide.

La glycollamide a été découverte par Dessaignes, dans la distillation sèche du tartronate d'ammonium, sel acide d'un alcool-acide bibasique. Dans cette décomposition il se dégage en même temps de l'acide carbonique et de la vapeur d'eau :

$$COOAzH^2.CHOH.COOH = CO^2 + H^2O + CH^2OH.COAzH^2.$$

(1) Si l'acide-alcool était polybasique on pourra même avoir des acides-amides-alcools.

C'est une substance solide, très soluble dans l'eau, un peu soluble dans l'alcool, fusible à 120° sans décomposition.

La glycollamide se distingue de son isomère, le glycocolle, en ce qu'elle donne avec l'acide chlorhydrique un éther, tandis que le glycocolle donne un sel dans les mêmes conditions.

517. Iséthionamide $CH^2OH.CH^2SO^2AzH^2$. — C'est l'amide d'un acide-alcool, l'acide iséthionique $CH^2OH.CH^2SO^3H$. On l'obtient par la méthode générale, décomposition par la chaleur de l'iséthionate d'ammonium. Ce composé est isomorphe de la taurine.

518. Taurine $CH^2AzH^2.CH^2SO^3H$. — On l'obtient par la série de réactions suivantes : on transforme en chlorure l'acide iséthionique à l'aide du perchlorure de phosphore :

$$CH^2OH.CH^2SO^3H + 2PCl^5$$
$$= CH^2Cl.CH^2SO^2Cl + 2POCl^3 + 2HCl$$

puis on décompose ce chlorure par l'eau, ce qui donne le composé $CH^2Cl.CH^2SO^3H$ (acide chloréthylène sulfureux). On le chauffe avec de l'ammoniac, ce qui donne la taurine. La synthèse de ce composé est assez intéressante, parce que c'est une substance qui se trouve dans divers tissus, tel que le tissu pulmonaire du bœuf, et que l'on obtient aussi par dédoublement de divers acides que l'on trouve dans la bile, acide taurocholique, etc.

On obtient la taurine en faisant bouillir la bile avec l'acide chlorhydrique pendant quelque temps ; on élimine par filtration diverses matières résineuses, puis on concentre au bain-marie ; il se dépose du chlorure de sodium ;

la liqueur, suffisamment concentrée, est précipitée par l'alcool. La taurine, peu soluble dans ces conditions, se dépose.

C'est une matière cristallisée en prismes clinorhombiques, assez soluble dans l'eau froide (65 grammes par litre), peu soluble dans l'alcool (2 grammes par litre). C'est une matière très stable que la potasse en fusion décompose en donnant de l'acétate et du sulfite de potassium, de l'ammoniaque, de l'eau et de l'hydrogène.

Bien que la taurine ne soit pas à proprement parler une amide, on ne saurait toutefois la ranger non plus parmi les amines, car elle ne se combine pas aux acides pour former des sels. Ses propriétés la rapprochent davantage des amides.

b. — Amide-phénol

519. Salicylamide $C^6H^3(OH,COAzH^2)$. — Ce composé dérive de l'acide salicylique, acide-phénol. Il se présente sous forme de petites paillettes jaunes, fusibles à 142°, peu solubles dans l'eau ; on l'obtient par l'action de l'ammoniac sur l'éther méthylsalicylique.

c. — Amide-alcali-acide

520. Asparagine $CH(COOH.CH(AzH^2).COAzH^2$. — C'est l'amide de l'aspartate acide d'ammonium ; comme l'acide aspartique ou acide amidosuccinique

$$COOH.CH^2.CH(AzH^2).COOH$$

est un alcali-acide bibasique, en s'unissant à une seule molécule d'ammoniaque et en éliminant une molécule d'eau, il donnera un composé amide-alcali-acide monobasique : c'est l'asparagine.

Cette substance existe dans les tiges d'asperges, dans le salsifis noir, dans les racines de guimauve et de réglisse, dans les tiges de pois, de vesces et de haricots. On l'extrait de ces tiges en concentrant le jus que l'on en extrait et en l'abandonnant à la cristallisation.

Elle forme de gros cristaux, appartenant au système du prisme orthorhombique, assez solubles dans l'eau froide (100 grammes par litre). Cette solution est lévogyre.

L'asparagine donne des sels en se combinant, soit avec les acides, soit avec les bases ; elle se décompose sous l'influence de l'eau, en tubes scellés, en acide aspartique et ammoniaque. Ces diverses réactions caractérisent sa triple fonction d'alcali, d'acide et d'amide.

III. — AMIDES DÉRIVANT D'ALCALIS AUTRES QUE L'AMMONIAC

A. — AMIDES DÉRIVANT DES ALCALIS A FONCTION SIMPLE

1° *Amides dérivant des amines*

521. Acétanilide $C^7H^5O.Az:(H,C^6H^5)$. — Ce composé dérive de l'acide acétique et de l'aniline, c'est l'amide de l'acétate d'aniline. Il s'obtient par les méthodes générales signalées pour les acides dérivant de l'ammoniac. On le prépare, par exemple, par l'action du chlorure d'acétyle sur l'aniline ou en faisant bouillir pendant une heure ou deux, dans un ballon muni d'un réfrigérant ascendant, un mélange d'acide acétique cristallisable et d'aniline ; l'acétanilide se dépose ensuite par refroidissement.

Il cristallise en lamelles brillantes, fusibles à 112°, bouillant à 295°. Elles sont peu solubles dans l'eau froide, plus solubles dans l'eau chaude, dans l'alcool et dans l'éther.

522. Oxanilide $(CO.AzH.C^6H^5)^2$. — Les acides bibasiques donnent avec les amines des amides dérivées de 2 molécules d'amines avec élimination de 2 molécules d'eau. Telle est l'oxanilide dérivée de l'oxalate d'aniline. On l'obtient en maintenant quelque temps ce corps à la température de 170° : ce sont de petites écailles, insolubles dans l'eau et dans l'éther, mais un peu solubles dans l'alcool bouillant ; ce corps fond à 245° et distille vers 320° en se décomposant partiellement.

On peut aussi obtenir avec les acides bibasiques par la réaction d'une seule molécule d'aniline et l'élimination d'une seule molécule d'eau, un composé à fonction mixte analogue à ceux qui ont été étudiés plus haut. C'est un acide-amide. Tel est l'acide phényloxamique $COOH.COAz:(H,C^6H^5)$ découvert par Laurent et Gerhardt. On l'obtient comme le composé précédent, mais en opérant en présence d'un excès d'acide oxalique.

2° Amides dérivant de l'urée ou uréides

523. Uréides dérivés de l'acide oxalique. — L'oxalate acide d'urée donne deux uréides par la perte de 1 ou de 2 molécules d'eau en donnant l'acide oxalurique et l'acide parabanique, tous les deux découverts par Liebig et Wœhler.

ACIDE OXALURIQUE $C^3H^4Az^2O^4$. — On l'obtient par l'action des bases sur l'acide parabanique :

$$C^3H^2Az^2O^3 + KOH = C^3H^2KAz^2O^4$$

ACIDE PARABANIQUE $C^3H^2Az^2O^3$ *ou* OXALYLURÉE. — On le prépare par l'action de l'acide azotique sur l'acide urique ou sur l'alloxane. M. Grimaux l'a obtenu synthétiquement par la distillation en présence du brome de la monouréide pyruvique nitrée ; il se forme de l'acide parabanique en même temps que de la tribromopicrine et de l'acide bromhydrique. Il cristallise dans le système clinorhombique ; il est très soluble dans l'eau.

524. Uréides dérivées de l'acide glyoxylique.

— L'acide glyoxylique est le plus simple des acides aldéhydes CHO.COOH. Il donne le glyoxylate d'urée qui, en perdant 1 molécule d'eau, donne l'acide allanturique découvert par Liebig et Wœhler et, en perdant 2 molécules d'eau, l'allantoïne découverte par Vauquelin.

ACIDE ALLANTURIQUE $C^3H^4Az^2O^3$. — C'est un corps déliquescent que l'on obtient à l'état de sel de potassium en chauffant l'allantoïne avec de la potasse ; il se forme en même temps de l'urée :

$$C^6H^8Az^4O^3 + KOH = CH^4Az^2O + C^3H^3KAz^2O^3$$

ALLANTOÏNE $C^4H^6Az^4O^3$. — Cette substance se trouve dans l'urine du veau et dans le liquide amniotique de la vache. On la prépare en traitant peu à peu l'acide iodique en suspension dans l'eau bouillante par du bioxyde de plomb ; il se forme du carbonate de plomb et de l'allantoïne :

$$C^4H^6Az^4O^2 + H^2O + PbO^2 = CO^3Pb + C^4H^6Az^4O^3$$

M. Grimaux l'a obtenu synthétiquement par l'action de l'urée sur l'acide glyoxylique.

L'allantoïne cristallise dans le système clinorhombique ;

c'est une substance incolore, peu soluble dans l'eau froide, qu'on ne peut fondre sans décomposition ; la baryte bouillante la transforme en ammoniaque et oxalate de baryum.

525. Uréides dérivés de l'acide malonique.

— L'acide malonique est un acide bibasique dont le sel acide d'urée donne, en perdant 2 molécules d'eau, de l'acide barbiturique. On doit peut-être rattacher à ce groupe la xanthine.

Acide barbiturique $C^4H^4Az^2O^3$. — M. Grimaux l'a obtenu synthétiquement en faisant agir le perchlorure de phosphore sur un mélange d'urée et d'acide malonique. Les alcalis le transforment en acide malonique.

526. Uréides dérivés de l'acide mésoxalique.

— L'acide mésoxalique $COOH.CO.COOH$ est une cétone-acide bibasique. Le mésoxalate acide d'urée donne en perdant 1 molécule d'eau de l'acide alloxanique, découvert par Liebig et Wohler, et en perdant 2 molécules d'eau de l'alloxane, découverte par Brugnatelli.

Acide alloxanique $C^4H^3Az^2O^5$. — On obtient à l'état de sel de potassium par l'action de la potasse sur l'alloxane :

$$C^4H^2Az^2O^4 + KOH = C^4H^3KAz^2O^5$$

C'est un corps soluble dans l'eau, mais difficilement cristallisable, que l'acide azotique transforme en acide parabanique avec mise en liberté d'eau et d'acide carbonique.

Alloxane $C^4H^2Az^2O^4$. — Ce composé s'obtient en même temps que l'urée par l'oxydation de l'acide urique en présence de l'eau :

$$C^5H^4Az^4O^3 + H^2O + O = C^4H^2Az^2O^4 + CH^4Az^2O$$

Pour cela on chauffe vers 60° un mélange de 1 partie d'acide azotique concentré et de 10 parties d'eau, et on y introduit peu à peu de l'acide urique, tant que ce corps se dissout. On fait ensuite bouillir et on filtre. On réduit ensuite l'alloxane formée à l'état d'alloxantine peu soluble à l'aide du protochlorure d'étain. On recueille le précipité, on le lave et, pour le transformer en alloxane, on le met à digérer avec de l'acide azotique concentré; après quelques jours, on essore la masse et on la purifie par quelques cristallisations dans l'eau.

L'alloxane est une matière solide, qui cristallise facilement en gros cristaux, avec 1 ou 4 molécules d'eau. L'acide azotique étendu la transforme en acide parabanique :

$$C^4H^2Az^2O^4 + O = CO^2 + C^3H^2Az^2O^3$$

tandis que les réducteurs la transforment en alloxantine :

$$2C^4H^2Az^2O^4 + H^2 = H^2O + C^8H^4Az^4O^7$$

Alloxantine $C^8H^4Az^4O^7$. — C'est un uréide plus complexe que les précédents; il dérive non de l'urée, mais d'un uréide, l'alloxane, et d'un acide qui est lui-même un uréide, c'est l'acide dialurique (V. p. 511). On l'obtient comme il a été dit plus haut dans la préparation de l'alloxane. M. Grimaux en a fait la synthèse en réduisant par l'acide sulfhydrique, en présence de l'eau, l'acide malonique bibromé :

$$2C^3H^2Br^2Az^2O^3 + H^2S + H^2O = C^8H^4Az^4O^7 + 4HBr + S$$

L'alloxantine donne avec l'ammoniaque une coloration rouge magnifique due à la formation de la *murexide* ou purpurate d'ammonium $C^8H^5Az^6O^9$ suivant la formule :

$$C^8H^4Az^4O^7 + 2AzH^3 = C^8H^5Az^6O^6 + H^2O,$$

La murexide cristallise en aiguilles mordorées, elle a été découverte par Scheele. On peut l'employer en teinture, mais elle donne des couleurs peu stables.

PURPURATES. — La murexide ou purpurate d'ammonium $C^8H^3 (AzH^4) Az^5O^6$ est le type d'une nombreuse série de sels presque tous verts à l'état solide et rouges en solution. L'acide purpurique paraît être bibasique, et la murexide est le purpurate acide d'ammonium. On connaît deux purpurates d'argent : l'un neutre, qui est rouge brun et peu soluble; l'autre acide, pourpre clair, et peu soluble. La plupart des purpurates sont peu solubles dans l'eau, même les purpurates alcalins et alcalino-terreux; le purpurate de magnésium est, au contraire, très soluble.

Préparation industrielle de la murexide. — On forme avec l'alloxane une solution marquant 30° B., et on la sature peu à peu par l'ammoniaque en évitant d'employer un excès de ce corps. On amène ensuite la masse à l'ébullition, et une magnifique couleur rouge ne tarde pas à se développer; à ce moment on laisse refroidir, et la murexide se sépare peu à peu en cristaux.

La teinture à l'aide de la murexide se fait en utilisant la formation de certaines laques. La soie se teint en la manœuvrant dans un bain formé de murexide et de bichlorure de mercure et acidulé par l'acide azotique; la laine se teint en la passant successivement dans deux bains formés séparément de chacune de ces deux substances. L'importance de cette couleur est tombée aussitôt après la découverte des couleurs d'aniline.

527. Uréides dérivés de l'acide tartronique.

— L'acide tartronique est un acide-alcool bibasique. Le tartronate acide d'urée donne, en perdant 2 molécules d'eau, de l'acide dialurique. On peut aussi considérer l'acide urique comme appartenant à ce groupe et provenant de l'union de 2 molécules d'urée avec 1 molécule d'acide tartronique et élimination de 4 molécules d'eau.

Acide dialurique $C^4H^4Az^2O^4$. — C'est un corps bien cristallisé, soluble dans l'eau chaude, que l'on peut obtenir par l'action de l'acide sulfurique sur l'alloxane ou alloxantine. Il donne des sels bien cristallisés.

Acide urique $C^5H^4Az^4O^3$. — Il a été découvert par Scheele et a fait l'objet d'un grand nombre de recherches. Il présente, en effet, un grand intérêt par suite de sa présence dans l'urine et dans la plupart des tissus, et parce qu'il se transforme facilement par oxydation en donnant la plupart des uréides que nous venons d'étudier (1).

L'acide urique se rencontre en petites quantités dans l'urine de l'homme et des carnivores et dans certains cal-

---

(1) Sa constitution a été longtemps incertaine : on l'avait considéré comme contenant deux radicaux d'urée unis de la même façon à un groupe $\begin{matrix} =C \\ | \\ =C \end{matrix}\Big\rangle CO$, mais il résulte de l'existence de deux acides monométhyluriques isomériques que les deux radicaux d'urée doivent être unis de façon différente. La formule proposée par Médicus rend compte de ce fait et de l'existence d'un acide tétraméthylurique :

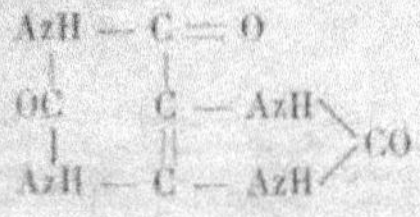

$$\begin{matrix}
AzH - C = O & \\
| & | & \\
OC & C - AzH \\
| & || & \Big\rangle CO \\
AzH - C - AzH &
\end{matrix}$$

culs vésicaux ; il forme une partie importante des excréments des oiseaux et la majeure partie des excréments des serpents. Les excréments des boas constituent la matière première la plus riche que l'on puisse employer pour la préparation de ce corps ; ils contiennent de 90 à 95 0/0 d'acide urique. On les pulvérise et on les traite à l'ébullition par une solution de potasse (1 partie dans 20 parties d'eau) jusqu'à ce que la liqueur ait perdu toute odeur ammoniacale. On filtre alors et on traite par un courant d'acide carbonique qui précipite un urate acide de potassium qui se rassemble assez facilement ; on le lave à l'eau froide, puis on le transforme de nouveau en urate neutre par une ébullition avec la potasse et on décompose ensuite l'urate par l'acide chlorhydrique. L'acide urique, à peu près insoluble, est précipité. Le même traitement peut être appliqué aux excréments des pigeons et au guano ; 100 kilogrammes de cette matière fournissent de 2 à 3 kilogrammes d'acide urique. On peut aussi remplacer dans ces opérations la potasse par le carbonate de potassium ou le borax.

L'acide urique était obtenu autrefois en quantités assez grandes pour la fabrication de la murexide ; on épuisait d'abord le guano par l'acide chlorhydrique qui laissait l'acide urique, mais décomposait un grand nombre de sels en donnant des produits solubles. Le résidu épuisé à plusieurs reprises par l'acide chlorhydrique représentait environ les trois dixièmes du guano primitif et contenait alors 10 0/0 d'acide urique. On traitait ce résidu par la potasse à l'ébullition, on ajoutait un lait de chaux qui précipitait diverses matières organiques, et l'urate de sodium resté en dissolution était ensuite décomposé par l'acide chlorhydrique.

Propriétés. — L'acide urique est le plus souvent en petits cristaux anhydres qui contiennent parfois cependant 2 molécules d'eau. Il est insoluble dans l'alcool et dans l'éther, très peu soluble dans l'eau froide ($0^{gr},06$ par litre), plus soluble dans l'eau bouillante ($0^{gr},55$ par litre). Il forme avec les bases des urates acides peu solubles et des urates neutres beaucoup plus solubles.

L'*hydrogène naissant* transforme d'abord l'acide urique en xanthine $C^5H^4Az^4O^2$, puis en sarcine $C^5H^4Az^4O$, composés que l'on trouve dans les tissus animaux. L'acide iodhydrique à $160°$ le transforme en acide carbonique, ammoniaque et glycolamine. L'*oxygène naissant* fournit de nombreux composés. Tels sont l'alloxane, l'acide alloxanique, l'acide dialurique, l'alloxantine, l'acide barbiturique, les acides oxalurique, parabanique et allanturique, l'allantoïne, etc.

La réaction la plus caractéristique de l'acide urique est de donner, quand on le traite successivement par l'acide azotique, en évaporant à sec, et par l'ammoniac, une coloration rouge intense de murexide. Toutefois cette réaction se produit aussi avec la xanthine et la sarcine.

Dosage. — Le dosage de l'acide urique dans les urines ne donne que des résultats approchés : on traite 250 centimètres cubes d'urine, filtrée et débarrassée d'albumine, s'il y a lieu, par 10 centimètres cubes d'acide chlorhydrique, et on abandonne le tout dans un endroit frais pendant vingt-quatre heures ; l'acide urique mis en liberté est précipité en partie ou déposé sur les parois du vase, on le rassemble sur un filtre taré à l'avance en se servant de l'urine filtrée aussi longtemps qu'il est nécessaire pour rassembler l'acide urique. Lorsque celui-ci est entièrement rassemblé sur le filtre, on le lave avec 35 centimètres cubes d'eau, puis on le sèche et on le pèse ; avec cette quantité d'eau, l'erreur causée par la solubilité de l'acide urique est à peu près compensée par le poids des matières étrangères entraînées par l'acide urique lorsqu'il se précipite.

528. Créatine $C^4H^9Az^3O^2$. — Cet uréide dérive de l'urée et de la sarcosine (ou méthylglycocolle) avec perte d'une molécule d'eau. On peut l'obtenir directement par la combinaison de la cyanamide avec la sarcosine $C^3H^7Az^2O^2 + CAz^2H^2 = C^4HA^3z^3O^2$. Elle se forme aussi dans l'hydratation de la créatinine par les alcalis :

$$C^4H^7Az^3O + KOH = C^4H^8KAz^3O^2$$

Elle existe dans le liquide qui baigne les fibres musculaires, ainsi que dans le sang et dans l'urine.

On l'obtient en dissolvant de l'extrait de viande dans vingt fois son poids d'eau, précipitant par l'acétate de plomb, puis enlevant l'excès de plomb par l'acide sulfhydrique, filtrant et ramenant par évaporation la liqueur au volume de l'extrait de viande employé. Elle cristallise peu à peu en lamelles nacrées, assez peu solubles dans l'eau froide (13 grammes par litre) et dans l'alcool, beaucoup plus solubles dans l'eau bouillante, insolubles dans l'éther. La créatine se combine aux acides pour donner des sels.

Créatinine $C^4H^7Az^3O$. — Elle dérive, comme la créatine, de l'urée et de la sarcosine, mais avec perte de 2 molécules d'eau. On la rencontre dans l'urine et on l'extrait de ce liquide en le traitant (après concentration au huitième) par du chlorure de calcium et un peu de chaux. On filtre ; la liqueur filtrée est traitée par le chlorure de zinc qui donne, après quelques jours, un dépôt d'une combinaison cristallisée formée par ce chlorure avec la créatinine; on le recueille, on le lave, puis on le décompose par l'oxyde de plomb à l'ébullition. On reprend par l'alcool qui dissout la créatinine. L'oxyde de mercure et divers oxydants la transforment en méthylguanidine.

XANTHINE $C^5H^4Az^4O^2$. — C'est une poudre blanche très peu soluble dans l'eau froide, insoluble dans l'alcool ; elle se trouve dans la plupart des tissus animaux. Sa synthèse a été réalisée par M. Gautier qui l'a obtenue en chauffant ensemble de l'acide cyanhydrique et de l'eau, en tubes scellés, avec de l'acide acétique pour neutraliser l'ammoniaque mise en liberté. Il se forme en même temps de la méthylxanthine $C^6H^6Az^4O^2$:

$$11CAzH + 4H^2O = C^5H^4Az^4O^2 + C^6H^6Az^4O^2 + 3AzH^3$$

SARCINE $C^5H^4Az^4O$. — Ce composé, qui est un diuréide pyruvique, s'obtient par l'action de l'amalgame de sodium sur la xanthine. C'est un composé assez répandu dans les tissus animaux.

GUANIDINE CH^5Az^3. — Ce composé, que l'on a considéré comme une diamine-imide $AzH:C:(AzH^2)^2$, peut aussi être considéré comme une combinaison de cyanamide et d'ammoniaque $(CAz, H^2)Az, AzH^3$. Erlenmeyer, en effet, a réalisé sa synthèse en faisant passer du chlorure de cyanogène dans une solution alcoolique d'ammoniac ; il se forme de la cyanamide et du chlorure d'ammonium. Si on chauffe le mélange à 100° pendant quelque temps, il se transforme en chlorhydrate de guanidine. Pour la préparer il est plus simple de chauffer à 190° pendant une vingtaine d'heures du sulfocyanate d'ammonium. Du sulfocarbonate d'ammonium distille en même temps que les produits de sa décomposition, et il reste dans la cornue du sulfocyanate de guanidine. On le dissout dans

l'eau, on le décolore par le noir animal, on filtre et on
traite par le sulfate de cuivre; il se forme du sulfocyanate de cuivre insoluble et du sulfate de guanidine que
l'on décompose par une quantité équivalente de baryte.

La guanidine est une base assez énergique, fixant
l'acide carbonique de l'air; elle est déliquescente. C'est
le type d'une série de composés qui en dérivent par le
remplacement de l'ammoniac par un alcali quelconque.

B. — AMIDES DÉRIVANT D'ALCALIS A FONCTION MIXTE

529. Acide hippurique $COOH.CH^2.Az : (H, C^7H^5O)$.
— C'est l'amide du benzoate de glycolamine. La glycolamine étant un composé mixte alcali-acide, l'acide hippurique est un amide-acide. Ce composé est connu depuis
le siècle dernier, parce qu'il se trouve à l'état de sel dans
l'urine des herbivores. On le prépare en concentrant au
sixième l'urine fraîche de vache et en ajoutant au liquide
refroidi deux à trois fois son volume d'acide chlorhydrique concentré; l'acide hippurique mis en liberté se
dépose peu à peu. On le recueille, on le transforme en
sel de sodium que l'on filtre et que l'on décolore avec un
peu de chlorure de chaux, on le décompose ensuite par
l'acide chlorhydrique, on mêle la solution avec du noir
animal, on filtre et on fait cristalliser. On peut aussi
l'obtenir synthétiquement par l'action du chlorure benzoïque sur le glycocollate de zinc :

$$(CH^2AzH^2.COO)^2 : Zn + 2C^7H^5O.Cl = ZnCl^2$$
$$+ COOH.CH^2Az : (H, C^7H^5O)$$

L'acide hippurique cristallise en aiguilles peu solubles
dans l'eau ($1^{gr},6$ par litre à $0°$) et dans l'éther, beaucoup

plus solubles dans l'eau chaude et dans l'alcool. Il fond
à 130°.

La chaleur décompose l'acide hippurique; vers 240°
il se dégage de l'acide benzoïque, de l'acide cyanhydrique etc. La solution, maintenue longtemps, à l'ébullition en présence d'alcalis ou d'acides, donne de la glycolamine et de l'acide benzoïque. Une réaction de ce genre
se produit pendant la putréfaction de l'urine des herbivores, et elle est utilisée pour la préparation industrielle
de l'acide benzoïque (V. t. II, p. 152).

Il résulte du mode de formation de l'acide hippurique
que c'est, en même temps qu'un amide, un acide monobasique. Il donne en effet des sels bien définis.

530. Acide glycocholique *ou* **cholique**
$C^{24}H^{39}O^4.AzC^2H^4O^2$. — C'est l'amide du cholalate de
glycocolle. En effet, quand on le fait bouillir avec de la
potasse, il se transforme en glycocolle et en cholalate de
potassium. C'est un acide monobasique comme le glycocolle. Il existe dans la bile de l'homme et surtout dans
celle des herbivores. On l'obtient en évaporant la bile de
bœuf à consistance sirupeuse. On la reprend par l'alcool
concentré et on décolore la liqueur par le noir animal;
on évapore ensuite à sec au bain-marie, puis on traite
le résidu par l'alcool absolu et on filtre. En ajoutant
ensuite de l'éther, on précipite du glycocholate de sodium
que l'on redissout dans l'eau et que l'on traite par l'acide
sulfurique étendu. Peu à peu il se dépose de fines
aiguilles d'acide glycocholique.

C'est un corps peu soluble dans l'eau froide et dans
l'éther, assez soluble dans l'eau chaude et dans l'alcool;
il est dextrogyre (+ 29°). C'est un acide monobasique
donnant des sels solubles en général.

Principales proprié[tés]

	NOMS	FORMULE brute	FORMULE de constitution
Amides dérivant de l'ammoniaque — Amides à fonction simple — Amides dérivant des acides monobasiques	formiamide	$CAzH^3O$	$H.CO.AzH^2$
	acétamide	C^2AzH^5O	$CH^3.CO.AzH^2$
	diacétamide	$C^4AzH^7O^2$	$(CH^3CO)^2.AzH$
	triacétamide	$C^6AzH^9O^3$	$(CH^3CO)^3.Az$
	propionamide	C^3AzH^7O	$C^2H^5.CO.AzH^2$
	butyramide	C^4AzH^9O	$C^3H^7.CO.AzH^2$
	benzamide	C^7AzH^7O	$C^6H^5.CO.AzH^2$
	carbamide	CAz^2H^4O	$CO(AzH^2)^2$
Amides dérivant des acides bibasiques	thiocarbamide	CAz^2H^4S	$CS(AzH^2)^2$
	oxamide	$C^2Az^2H^4O^2$	$(CO.AzH^2)^2$
	succinamide	$C^4Az^2H^8O^2$	$(CH^2.CO.AzH^2)^2$
Amides à fonction complexe — Amides dérivant d'acid. à fonct. simp.	ac. oxamique	$C^2AzH^3O^3$	$COOH.CO.AzH^2$
	ac. succinamique	$C^4AzH^7O^3$	$COOH.CH^2.CH^2.CO.AzH^2$ [illegible]
Amides dérivant d'acides à fonction complexe — Amide-dérivant alcool	glycolamide	$C^2AzH^5O^2$	$CH^2OH.CO.AzH^2$
Amide-dérivant phénol	salicylamide	$C^7AzH^7O^2$	$C^6H^4(OH).CO.AzH^2$
Amide-alcali-acide	asparagine	$C^4Az^2H^8O^3$	$CH^2COOH.CHAzH^2.CO.Az$ [illegible]
Amides dérivant d'amines	acétanilide	C^8AzH^9O	$CH^3.CO.Az(H).C^6H^5$
	oxanilide	[illegible]	$CO.Az(H).C^6H^5$ [illegible]
Amides dérivant d'alcalis autres que l'ammoniaque — Amides dérivant d'alcalis à fonction simple — Amides dérivant de l'urée	ac. oxalurique	$C^3H^4Az^2O^4$	$COOH.CO.AzH.CO.AzH^2$ [illegible]
	ac. parabanique	$C^3H^2Az^2O^3$	[structural formula]
	ac. allanturique	$C^4H^7Az^3O^4$	[structural formula]
	allantoïne	$C^4H^6Az^4O^3$	[structural formula]
	ac. barbiturique	$C^4H^4Az^2O^3$	[structural formula]
	ac. alloxanique	$C^4H^4Az^2O^5$	$COOH.CO.CO.AzH.CO.AzH$ [illegible]
	alloxane	$C^4H^2Az^2O^4$	[structural formula]
	ac. dialurique	$C^4H^4Az^2O^4$	[structural formula]
	ac. urique	$C^5H^4Az^4O^3$	[structural formula]
	créatine	$C^4H^9Az^3O^2$	[illegible]
	créatinine	$C^4H^7Az^3O$	[structural formula]
Amides dérivant de l'alloxane	xanthine	$C^5H^4Az^4O^2$	
	alloxanthine	$C^8H^5Az^4O^7$	
	murexide	$C^8H^5Az^6O^6$	
Acides dérivant d'alcalis à fonctions mixtes	ac. hippurique	$C^9H^9AzO^3$	$COOH.CH^2.Az$ [illegible]
	ac. glycocholique	$C^{26}H^{43}AzO^6$	
Nitriles	formonitrile ou acide cyanhydrique	$CAzH$	$H.C.Az$
	oxalonitrile ou cyanogène	C^2Az^2	$Az.C.C.Az$
Imide	carbimide ou acide cyanique	$CAzHO$	$CO.AzH$

es amides

POINTS DE FUSION ou de cristallisation	POINTS D'ÉBULLITION	SOLUBILITÉ DANS			PRÉPARATIONS
		EAU	ALCOOL	ÉTHER	
	190	t. sol.		ins.	Distillation sèche du formiate d'ammonium.
78	221	sol.	sol.	sol.	Distillation sèche de l'acétate d'ammonium.
77	241	t. sol.		t. sol.	Action de l'acide acétique sur l'acétonitrile.
79				sol.	Action de l'anhydride acétique sur l'acétonitrile.
77	213				Action de l'ammoniac sur le propionate d'éthyle.
115	216	sol.	sol.	sol.	— — butyrate
113		tp. sol.	p. sol.	p. sol.	— — chlorure de benzoïle.
132		1.000	200	tp. sol.	S'extrait de l'urine ou par transformation isomérique du cyanate d'ammonium.
119		sol.			Action de la chaleur sur le sulfocyanate d'ammonium.
	sublim.	tp. sol.	t. p. sol.	tp. sol.	Distillation sèche de l'oxalate d'ammonium.
242		4,5	t. p. sol.	tp. sol.	— du succinate d'ammonium.
173		sol.	tp. sol.	ins.	— de l'oxalate acide d'ammonium.
193		sol.	ins.		Action de l'eau sur le succinimide.
120		t. sol.	p. sol.		Distillation sèche du tartronate d'ammonium.
142	270	p. sol.	sol.	sol.	Action de l'ammoniac sur l'éther méthylsalicylique.
		100	ins.	ins.	S'extrait des tiges de pois, de haricots, etc.
113	293	p. sol.	sol.	sol.	Action du chlorure d'acétyle sur l'aniline.
245	320				Action de la chaleur sur l'oxalate d'aniline.
		tp. sol.			Action de la potasse sur l'acide parabanique.
		47			— l'acide azotique sur l'acide urique.
		t. sol.			— la potasse sur l'allantoïne.
		7,6			— du bioxyde de plomb sur l'acide urique.
		p. sol.			— du perchlorure de phosphore sur un mélange d'urée et d'acide malonique.
		sol.	sol.	p. sol.	Action de la potasse sur l'alloxane.
		t. sol.	t. sol.		S'obtient en oxydant l'acide urique par l'acide azotique.
		p. sol.			Action de l'acide chlorhydrique et du chlorate de potassium sur un mélange d'alloxane et d'urée.
		0,06	ins.	ins.	S'extrait du guano ou des excréments de pigeon ou de serpent.
		13		ins.	Se retire de l'extrait de viande.
		sol.	sol.		S'extrait de l'urine.
		tp. sol.			Action de l'eau sur l'acide cyanhydrique en tubes scellés.
		tp. sol.	ins.		S'obtient en même temps que l'alloxane en oxydant l'ac. urique.
		p. sol.	ins.	ins.	S'obtient par l'action de l'ammoniac sur l'alloxanthine.
120	219	1,6	sol.	p. sol.	S'extrait de l'urine de vache.
		p. sol.	sol.		S'extrait de la bile de bœuf.
12	+ 26°,4	misc.			Action de l'acide sulfurique étendu sur le ferrocyanure de potassium.
	— 21°	sol.	t. sol.		Action de la chaleur sur le cyanure de mercure.
		sol.	sol.		Action de la chaleur sur l'acide cyanurique.

ACIDE TAUROCHOLIQUE $C^{26}H^{43}AzSO^7$. — Il dérive de l'acide cholalique et de la taurine. On le trouve dans la bile de l'homme et des herbivores, associé à l'acide glycocholique; il existe seul dans la bile du chien.

ACIDE CHENOTAURIQUE $C^{26}H^{43}AzSO^6$. — Il dérive de l'acide chenocholalique et de la taurine; il existe dans la bile d'oie.

§ 3. — APPLICATIONS

531. Fulminates. — Les fulminates sont des composés explosifs qui dérivent d'un acide fulminique qu'on n'a pas encore réussi à préparer, mais que l'on peut considérer(1) comme de l'acétonitrile mononitré $CH^2.AzO^2CAz$. Les fulminates les plus importants sont les fulminates de mercure et d'argent.

FULMINATE DE MERCURE $C^2Az^2HgO^2$. — Pour préparer le fulminate de mercure, dans 1 kilogramme d'acide azotique (densité 1,40), on verse 100 grammes de mercure, et l'on chauffe doucement dans un appareil distillatoire, de façon à recueillir les vapeurs acides qui se dégagent; on reverse dans la cornue le liquide qui se condense. Lorsque la dissolution est effectuée, on amène la température de la liqueur à 55° et on verse la liqueur dans 830 grammes d'alcool (densité 0,83). L'alcool doit être contenu dans un vase spacieux d'une dizaine de litres. Un dégagement abondant de gaz ne tarde pas à se produire; une mousse

---

(1) On a aussi proposé pour l'acide fulminique la formule

$$HC \equiv Az = C\diagdown\genfrac{}{}{0pt}{}{H}{AzO^2}$$

abondante se forme, et il se dégage des vapeurs très inflammables, riches en azotite d'éthyle ; quand le bouillonnement de la liqueur a cessé, la réaction est terminée. Il s'est produit un précipité de fulminate de mercure que l'on recueille sur un filtre et que l'on lave à l'eau froide jusqu'à ce que les eaux de lavage ne soient plus acides. On sèche ensuite le fulminate obtenu en le divisant par petites masses de 5 grammes environ et à basse température. On obtient ainsi, avec 100 grammes de mercure, environ 130 grammes de fulminate (théoriquement 137).

Le fulminate de mercure est très peu soluble dans l'eau, $7^{gr},7$ par litre à $100°$. Il se dépose par refroidissement en petits cristaux d'un blanc grisâtre.

Lorsqu'il est sec, le fulminate de mercure détone par le choc ou lorsqu'on le chauffe à $186°$. Les capsules de fulminate renferment environ $0^{gr},02$ de ce corps.

En détonant, 1 gramme de fulminate donne 155 centimètres cubes de gaz mesurés à $0°$ et à 760 millimètres. Ces gaz consistent principalement en oxyde de carbone et azote. Cette décomposition dégage $62^c,9$ pour une molécule de fulminate (274 grammes).

Le fulminate de mercure peut faire détoner un grand nombre de matières explosives. Il sert dans les cartouches à enflammer la poudre. Toutefois, à l'air libre, si l'on recouvre avec de la poudre une petite quantité de fulminate et qu'on fasse détoner ce corps, la poudre est souvent projetée sans être enflammée ; mais il n'en est pas de même dans les cartouches, dans un espace clos. Un grand nombre de matières explosives qui brûlent tranquillement quand on les enflamme détonent, au contraire, avec la plus grande violence par l'explosion d'une petite amorce de fulminate. De là l'emploi du fulminate pour amorcer les cartouches de dynamite.

Le fulminate de mercure fait aussi détoner des corps qui, tout en étant assez stables, comme le cyanogène par exemple, sont formés avec absorption de chaleur.

FULMINATE D'ARGENT $C^2Az^2Ag^2O^2$. — Ce composé se prépare en dissolvant 100 grammes d'argent dans 1 kilogramme d'acide azotique, puis en versant la solution dans $2^{kg},700$ d'alcool à 85°. On chauffe le mélange au bain-marie, de façon à produire une légère ébullition, puis on laisse refroidir. Il se dégage un mélange très complexe de vapeurs très inflammables, et il se dépose des aiguilles blanches très fines de fulminate d'argent ; on les recueille sur un filtre et on les lave.

Le fulminate d'argent est une matière blanche opaque, très peu soluble dans l'eau, 27 grammes par litre dans l'eau bouillante. Il se décompose lentement à la lumière en dégageant de l'azote et de l'acide carbonique, et il devient noir.

Il détone avec plus de violence encore que le fulminate de mercure. On l'emploie pour la fabrication des pois fulminants : pour cela, on l'introduit encore humide dans de petites boules en verre et on fait sécher le tout à basse température.

Le fulminate d'argent fournit des fulminates doubles qui sont aussi des explosifs énergiques.

CHAPITRE XIII

COMPOSÉS AZOÏQUES ET DIAZOÏQUES

§ 1. — GÉNÉRALITÉS

532. Définition et constitution. — On désigne sous les noms de composés azoïques et diazoïques des corps qui, au point de vue théorique, sont caractérisés par 2 atomes d'azote trivalent, échangeant entre eux deux atomicités, $R — Az = Az — R'$. Dans cette formule R et R' désignent des radicaux monovalents quelconques.

On appelle *composés azoïques* ceux dans lesquels les deux groupes R et R' sont : 1° des radicaux aromatiques (tels que C^6H^5 par exemple) ; ce sont les dérivés azoïques vrais ; 2° ou bien des radicaux de la série grasse (tels que CH^3), ce sont les dérivés azoïques gras ; 3° ou enfin ceux dans lesquels R est un radical aromatique et R' un radical de la série grasse, ce sont les dérivés azoïques mixtes. Les composés azoïques peuvent donc se subdiviser en trois classes selon la nature de R et de R'. Dans ces trois groupes les atomes d'azote sont reliés à 1 atome de carbone des groupes R et R'. Les composés de beaucoup les plus importants sont ceux où R et R' sont des radicaux aromatiques. Tels sont l'azobenzène $C^6H^5.Az : Az.C^6H^5$, l'azonaphtalène $C^{10}H^7.Az : Az.C^{10}H^7$, etc. Ces corps peuvent donner des dérivés analogues à ceux du benzène. Tels sont :

l'azo-phénol . . . . $OH.C^6H^4.Az : Az.C^6H^4.OH$
l'acide azobenzoïque . . $COOH.C^6H^4.Az : Az.C^6H^4.COOH$
le dichloroazobenzène. $C^6H^4Cl.Az : Az.C^6H^4Cl$
l'amidoazobenzène. . . $C^6H^5.Az : Az.C^6H^4.AzH^2$

Le premier corps de cette famille a été obtenu par Mitscherlich en 1834. C'est l'azobenzène $C^6H^5.Az : Az.C^6H^5$.

Les *composés diazoïques* sont ceux où l'un des groupes R, R' n'est pas un radical hydrocarboné, mais soit un corps simple, tel que le chlore, soit un groupe monovalent, tel que l'oxhydrile OH, l'amidogène AzH^2, etc. Tels sont :

le chlorure de diazobenzène. $C^6H^5.Az : Az.Cl$
l'hydrate de diazobenzène . $C^6H^5.Az : Az.OH$
le diazoamidobenzène . . . $C^6H^5.Az : Az.Az : (H,C^6H^5)$

Ce dernier composé est isomère, comme on le voit, du dernier composé azoïque que nous avons cité comme exemple, l'amidoazobenzène. Dans celui-ci le deuxième atome d'azote du groupe Az : Az est relié à 1 atome de carbone du groupe $C^6H^4.AzH^2$, c'est un dérivé azoïque, tandis que dans celui-là cet atome d'azote est relié à l'azote du groupe $Az : (H, C^6H^5)$; c'est un dérivé diazoïque. L'un des deux groupes monovalents R peut être aussi un radical d'acide monobasique, tel que AzO^2. Tel est :

le nitrate de diazobenzène : $C^6H^5.Az : Az.AzO^3$.

En même temps le radical aromatique peut éprouver, comme pour les composés azoïques, diverses modifications ; il peut fixer COOH en prenant une fonction acide. Tel est :

le nitrate d'acide diazobenzoïque $AzO^3.Az$; $Az.C^6H^4.COOH$.

On voit par ces quelques exemples combien sont nombreux les corps dont la théorie des composés azoïques et diazoïques prévoit l'existence. On a obtenu, en outre, des composés bizazoïques contenant deux groupes Az : Az et des composés plus complexes contenant trois et même quatre semblables groupes. Nous donnerons les propriétés générales des composés azoïques et diazoïques et nous étudierons quelques-uns d'entre eux.

I. — COMPOSÉS AZOÏQUES

533. Propriétés générales des composés azoïques. — Les composés azoïques sont caractérisés, au point de vue expérimental, par les propriétés générales suivantes et surtout par leur mode de formation. Ils sont généralement solides et cristallisés, jaunes ou rouges, peu solubles dans l'eau. Ils donnent facilement des produits de substitution chlorés, bromés, nitrés, sulfonés, etc. Ce sont de belles matières colorantes. Leurs propriétés spéciales dépendent alors de la substitution qu'ils ont éprouvée et de la fonction qui correspond au groupe introduit. On aura, par conséquent, des composés azoïques à fonction acide, ou phénolique, ou basique, etc. La plupart de ces composés sont remarquablement stables et peuvent être distillés sans décomposition : il n'en est pas de même des composés diazoïques, souvent dangereux à manier.

Les composés azoïques se forment dans un grand nombre de circonstances, principalement par la réduction des composés nitrés ou nitrosés, par l'oxydation de certains composés amidés ou par l'action des composés diazoïques sur divers dérivés. Ce dernier mode de formation est continuellement employé dans l'industrie des matières colorantes aromatiques. Voici quelques exemples de ces diverses réactions.

Le nitrobenzène, les acides nitrobenzoïques, etc., traités par l'amalgame de sodium ou le zinc et la potasse, etc., donnent le composé azoïque correspondant. Telle est la formation de l'azobenzène par l'action de l'hydrogène naissant sur le nitrobenzène par exemple :

$$2C^6H^5.AzO^2 + 4H^2 = C^6H^5.Az : Az.C^6H^5 + 4H^2O$$

Le benzène nitrosé $C^6H^5(AzO)$, réduit par l'amalgame de sodium en présence de l'eau, donnera une réaction analogue. Il peut être aussi réduit par de l'aniline et fournir encore de l'azobenzène (1) :

$$C^6H^5.Az : O + C^6H^5.Az : H^2 = C^6H^5.Az : Az.C^6H^5 + H^2O.$$

L'aniline agit dans cette réaction comme réducteur et la benzine nitrosée comme oxydant ; toutes deux ont concouru à la formation de l'azobenzène ; mais, de même que le benzène nitrosé peut aussi donner seul de l'azobenzène par réduction, de même l'aniline peut en donner seule par oxydation :

$$2C^6H^5.Az : H^2 + O^2 = C^6H^5.Az : Az.C^6H^5 + 2H^2O.$$

____

(1) Cette réaction se représente très simplement, comme on le voit, avec la constitution adoptée pour l'azobenzène.

Cette oxydation peut être réalisée à l'aide de permanganate de potassium ou du bioxyde de plomb.

Enfin la réaction suivante permet de passer des composés diazoïques aux composés azoïques ; elle est très importante, étant constamment employée dans l'industrie : quand on traite le chlorure de diazobenzène $C^6H^5.Az : Az.Cl$ par un naphtol $C^{10}H^7.OH$, on obtient l'azobenzonaphtol correspondant et de l'acide chlorhydrique :

$$C^6H^5.Az : Az.Cl + C^{10}H^7.OH$$
$$= C^6H^5.Az : Az.C^{10}H^6.OH + HCl$$

Certains composés diazoïques se changent même spontanément en dérivés azoïques par une transformation moléculaire, comme le représente la formule suivante, relative à la transformation spontanée du diazoamidobenzène en amidoazobenzène :

$$C^6H^5.Az : Az.Az : (H,C^6H^5) = C^6H^5.Az : Az.C^6H^4.AzH^2$$

D'une façon générale, si $R.Az : Az.r$ désigne un composé diazoïque (R étant un radical carboné et r un radical tel que OH, AzH^2, ou même $(Az : H, C^6H^5)$ et si $R'.H$ désigne un composé aromatique, on a entre ces deux corps la réaction représentée par la formule générale :

$$R.Az : Az.r + R'H = rH + R.Az : Az.R'$$

Le composé aromatique $R'.H$ conserve ses groupes fonctionnels en passant dans le dérivé diazoïque ; il perd seulement 1 atome d'hydrogène appartenant au radical aromatique pour former le composé rH.

Les composés azoïques sont pour la plupart assez stables pour qu'on puisse les distiller sans décomposition, et l'on peut remarquer, avec Wurtz, que cette stabilité, comparable à celle du cyanogène, peut être due, comme pour ce corps, à ce que les 2 atomes d'azote sont en relation avec les atomes de carbone. Les dérivés diazoïques, dont un des 2 atomes d'azote fondamentaux n'est pas relié à 1 atome de carbone, sont, au contraire, peu stables ; grâce à cette stabilité, les composés azoïques peuvent éprouver des phénomènes de substitution ; ils donnent des dérivés chlorés, bromés, amidés, sulfonés, etc., et les groupes substitués peuvent s'accumuler facilement dans la même molécule. Les propriétés de ces dérivés dépendent des groupes fonctionnels qui ont été ainsi introduits par substitution. Ils donnent aussi des produits d'addition, la double liaison des 2 atomes d'azote disparaît alors.

Parmi les propriétés les plus intéressantes des composés azoïques, il faut citer les actions de l'oxygène et de l'hydrogène naissants qui produisent les composés azoïques et hydrazoïques.

Composés azoxiques et hydrazoïques. — Les 2 atomes d'azote qui forment le noyau des composés azoïques, échangeant entre eux une double liaison, on pourra, par suite, fixer sur ces corps soit O, soit H', les 2 atomes d'azote n'échangeant plus qu'une seule atomicité. Ces composés sont dits azoxiques et hydrazoïques, ils correspondent aux schémas que voici :

$$
\begin{array}{cc}
\text{Composés oxyazoïques} & \text{Composés hydrazoïques} \\
O\!\!\begin{array}{l} \diagup \ Az - R \\ \diagdown \ Az - R' \end{array} & \begin{array}{l} H - Az - R \\ \quad | \\ H - Az - R \end{array}
\end{array}
$$

Le premier composé oxyazoïque connu, l'azoxybenzène,

$$\begin{matrix} C^6H^5.Az \\ \searrow \\ C^6H^5.Az \end{matrix} O$$ a été découvert par Zinin en 1845, et le premier

composé hydrazoïque, l'hydrazobenzène, $$\begin{matrix} C^6H^5.AzH \\ | \\ C^6H^5.AzH \end{matrix}$$ a été

obtenu par Hofmann en 1863.

Les composés azoxiques se forment par la réduction ménagée des composés nitrogénés. Ce sont des corps intermédiaires qui se produisent dans la plupart des réactions où l'on prépare les composés azoïques ; et il suffit souvent de modérer l'action réductrice, par une dilution convenable de la matière réductrice par exemple, pour obtenir surtout des composés azoïques, tandis qu'une réduction moins ménagée donne les composés azoïques et qu'une réduction plus énergique conduit même aux composés hydrazoïques.

Ils se forment aussi par l'oxydation des composés azoïques et hydrazoïques. Ce sont des composés d'un jaune orangé, moins stables que les composés azoïques et se transformant souvent en ces derniers composés par la distillation sèche.

Les composés oxyazoïques peuvent être modifiés par substitution.

Les composés hydrazoïques dont l'hydrazine Az^2H^4, récemment découverte par Curtius, est le type le plus simple, s'obtiennent soit par la réduction des dérivés azoïques ou oxyazoïques, soit par la réaction même qui donne naissance aux composés azoïques, mais en poussant plus loin la réduction des composés nitrés.

Les composés hydrazoïques sont généralement incolores ; ils sont beaucoup moins stables que les composés azoïques et se transforment facilement en ceux-ci par l'oxydation. Ils se décomposent par la distillation sèche en donnant un composé azoïque et une amine. Un grand nombre s'oxydent lentement au contact de l'air.

En présence des acides faibles, les composés hydrazoïques se transforment dans les amines isomériques, les deux groupes principaux n'étant plus liés par l'intermédiaire de 2 atomes d'azote, mais par 2 atomes de carbone, comme le montre la formule suivante, relative à la transformation de l'hydrazotoluène en toluidine :

$$CH^3.C^6H^4.Az.H \qquad\qquad CH^3.C^6H^3.AzH^2$$
$$|\qquad\qquad\qquad\qquad\qquad |$$
$$CH^3.C^6H^4.Az.H \qquad\qquad CH^3.C^6H^6.AzH^2$$

534. Modes de formation et propriétés générales des composés diazoïques. — On peut considérer ces composés, d'après ce qu'il a été dit plus haut, comme les dérivés, chlorure, hydrate, etc., d'un corps que l'on ne peut isoler. Toutes les amines peuvent donner des composés de ce genre, aussi bien les monamines que les diamines aromatiques ou les amines à fonction complexe. Le principal mode de formation de ces corps consiste dans l'action de l'acide azoteux sur les amines aromatiques ou sur leurs sels ; telle est l'action de l'acide azoteux sur le chlorhydrate d'aniline :

$$C^6H^5.AzH^2HCl + AzO^2H = C^6H^5.Az : Az.Cl + 2H^2O.$$

Dans la préparation précédente on peut remplacer l'acide azoteux libre par l'acide azoteux naissant, mélange d'un azotite alcalin et d'un acide, ou même par un éther azoteux. On peut aussi employer, au lieu d'acide azoteux, du chlorure de nitrosyle. L'oxydation de certains composés hydrazoïques fournit aussi des composés diazoïques, l'oxygène formant une molécule d'eau en enlevant

2 atomes d'hydrogène au composé hydrazoïque :

$$\begin{array}{ccc} HAz.C^6H^5 & & Az.C^6H^5 \\ | & + O = H^2O + & \| \\ HAz.R & & Az.R \end{array}$$

Les composés diazoïques sont très instables et détonent presque tous quand on les chauffe. Ils diffèrent beaucoup en cela des composés azoïques, malgré leur constitution analogue.

Les composés diazoïques qui renferment un corps simple comme le chlore, ou un radical acide, peuvent être considérés comme des sels ; ils se prêtent facilement à un grand nombre de doubles décompositions : l'eau bouillante les transforme en phénols, les hydracides concentrés en éthers du phénol, l'acide sulfurique en dérivé sulfoné, l'acide azotique en dérivé nitré, etc. Ces composés sont solubles dans l'eau, peu solubles dans l'alcool et insolubles dans l'éther ; ils donnent des sels doubles avec le chlorure de platine.

En réagissant sur les *amines* aromatiques primaires ou secondaires, les dérivés diazoïques fournissent des composés diazoamidés qui se transforment facilement en composés azoïques. Avec les amines tertiaires, on obtient immédiatement un composé amidoazoïque. Il en est de même avec les diamines ; on obtient un dérivé diamidoazoïque.

Avec les dérivés nitrés de la série grasse, comme le *nitrométhane* ou plutôt son dérivé sodé $CH^2Na(AzO^2)$, on obtient des composés azoïques mixtes $R.Az : Az.CH^2(AzO^2)$. Avec les phénols, les dérivés diazoïques donnent naissance à un composé azoïque, jouissant de la fonction phénol.

En solution alcaline, les diazoïques sont facilement décomposés par le *chlorure stanneux* ; il se dégage de l'azote, et le carbure générateur du diazoïque est mis en liberté.

Les *hydracides* concentrés détruisent les composés diazoïques en mettant en liberté de l'azote et un dérivé halogéné du carbure aromatique. Cette réaction, qui n'est pas toujours complète, le devient, au contraire, en présence de cuivre ou d'un sel cuivreux (Sandmeyer). On peut de cette façon en remplaçant l'hydracide par un cyanure alcalin et en agissant en présence de cyanure cuivreux, obtenir les nitriles correspondant aux composés azoïques. En remplaçant le cyanure par un isocyanate, on obtient l'isocyanate aromatique correspondant.

Les *sulfites alcalins* donnent des composés particuliers désignés sous le nom de sulfazides. Le benzène-sulfazide a pour formule : $C^6H^5.AzH.AzH.SO^3.C^6H^5$. Ce composé, traité par un acide, donne le sel de l'hydrazine correspondante.

Les composés diazoïques peuvent former des *composés d'addition*, mais on ne connaît que les corps correspondant aux composés hydrazoïques. Le perbromure de

$$\text{diazobenzène} \quad \begin{matrix} Br - Az - C^6H^5 \\ | \\ Br - Az - Br \end{matrix} \quad \text{est le type de ce genre de}$$

composés.

§ 2. — ÉTUDE PARTICULIÈRE DES COMPOSÉS AZOÏQUES
ET DIAZOÏQUES

I. — COMPOSÉS AZOÏQUES

A. — COMPOSÉS AZOÏQUES PROPREMENT DITS

535. Azobenzène $C^6H^5.Az : Az.C^6H^5$. — Ce composé s'obtient en distillant un mélange de nitrobenzène et de potasse alcoolique, ou en traitant une solution de nitrobenzène dans l'éther aqueux par de l'amalgame de sodium. On obtient ainsi l'azobenzène qui cristallise sous forme de lames ou de prismes orangés, fusibles à 66°,5 et bouillant à 293°. Ils sont solubles dans l'alcool et dans l'éther, insolubles dans l'eau.

Il donne un grand nombre de dérivés ; ce sont surtout les dérivés sulfonés, qui sont solubles, ou plutôt les sels de sodium de ces dérivés, que l'on utilise comme matières colorantes (V. au § 3).

La chaleur décompose l'azobenzène en cyanure d'ammonium, acide cyanhydrique, ammoniac, anthracène, chrysène et diphényle.

L'oxygène naissant (acide chromique à 150°) le transforme en azoxybenzène, l'hydrogène naissant en hydrazobenzène.

536. Azotoluènes $CH^3.C^6H^4.Az : Az.C^6H^4.CH^3$. — On connaît plusieurs isomères ayant cette formule, selon les positions relatives des groupes CH^3 et de l'azote par rapport aux deux groupes C^6H^4.

COMPOSÉ ORTHO $CH^3.C^6H^4.Az : Az.C^6H^4.CH$. — S'obtient par l'action du zinc en poudre et de la soude caustique sur l'orthonitrotoluène. Il fond à 55°.

COMPOSÉ MÉTA $CH^3.C^6H^4.Az : Az.C^6H^4.CH^3$. — S'obtient de même, mais en partant du métanitrotoluène. Matière orangée, bien cristallisée, fusible à 54°.

COMPOSÉ PARA $CH^3.C^6H^4.Az : Az.C^6H^4.CH^3$. — S'obtient en partant du paranitrotoluène, sous forme de lamelles fusibles à 163° (1).

(1) On peut aussi concevoir l'existence de composés à la fois ortho et méta, par exemple tels que $CH^3.C^6H^4.Az : Az.C^6H^4.CH^3$.

B. — COMPOSÉ AZOÏQUE MIXTE

537. Benzène azoéthane (Dérivé nitré du) $C^6H^5.Az:Az.C^2H^4.(AzO^2)$. — Ce composé s'obtient en faisant réagir le nitrate de diazobenzène sur le nitrométhane iodé, ce qui donne un dérivé nitré du benzène azoéthane suivant la formule :

$$C^6H^5.Az : Az.AzO^2 + C^2H^4Na(AzO^2) = AzO^3Na$$
$$+ C^6H^5.Az : Az.C^2H^4(AzO^2).$$

Le benzène azoéthane correspondant à ce dérivé nitré n'est pas connu. Ce dérivé nitré donne avec les bases des sels bien cristallisés.

C. — COMPOSÉ AZOÏQUE GRAS

538. Éthane azoéthane (1) (Dérivé binitrosé de l') $(AzO).C^2H^4.Az : Az.C^2H^4.(AzO)$. — Ce composé s'obtient en réduisant par l'amalgame de sodium l'acide éthylnitrolique $CH^3.C \big\langle {}^{AzO^2}_{Az\,-\,OH}$. La réaction doit être surveillée avec soin ; on fait agir l'amalgame sur de l'acide nitrolique additionné de cinq fois son poids d'eau et refroidi dans un mélange réfrigérant. C'est un corps cristallisé en aiguilles jaunes, à peu près insolubles dans les divers dissolvants. Il fond à 142° et détone à une température très peu élevée.

______

(1) Ce composé est aussi appelé acide éthylazaurolique.

II. — COMPOSÉS AZOXIQUES (1)

539. Azoxybenzène $O\begin{cases} Az.C^6H^5 \\ | \\ Az.C^6H^5. \end{cases}$ — On prépare
ce corps en faisant agir l'amalgame de sodium sur une
solution alcoolique de nitrobenzène en maintenant la
liqueur légèrement acide par des additions d'acide acétique. Après avoir enlevé par ébullition l'alcool et l'excès
de nitrobenzène, la liqueur se prend en masse. On la
purifie par des cristallisations dans l'alcool.

L'azoxybenzène cristallise en aiguilles d'un jaune pâle,
insolubles dans l'eau, mais très solubles dans l'alcool et
dans l'éther. Quand on le chauffe, il fond à 36°; puis, vers
150°, se décompose assez vivement en donnant principalement de l'azobenzène et de l'aniline.

540. Orthoazoxytoluène $O\begin{cases} Az.C^6H^4.CH^3 \\ |^{(1)} \qquad {}^{(2)} \\ Az.C^6H^4.CH^3_2. \end{cases}$ ${}^{(1)}$ — Ce
composé s'obtient d'une façon analogue ; il cristallise en
lamelles jaunes, fusibles vers 60°.

III. — COMPOSÉS HYDRAZOIQUES OU HYDRAZINES

Nous avons vu que les composés azoïques R.Az : AzR′,
proprement dits, mixtes ou gras, suivant la nature de R
et de R′ peuvent donner par fixation d'hydrogène les
composés hydrazoïques dont le type est $\begin{cases} H.Az.R \\ | \\ H.Az.R′ \end{cases}$.

(1) Ces composés ne sont pas encore connus en assez grand nombre
pour qu'il y ait lieu de les subdiviser comme il a été fait pour les composés azoïques et comme il sera fait un peu plus loin pour les composés
hydrazoïques.

Il y a donc des composés hydrazoïques proprement dits, mixtes et gras. Nous allons étudier successivement les principaux corps de ces trois classes.

A. — COMPOSÉS HYDRAZOIQUES PROPREMENT DITS

541. Hydrazobenzène *ou* **diphénylhydrazine** $\begin{vmatrix} H.Az.C^6H^5 \\ H.Az.C^6H^5 \end{vmatrix}$ — On prépare ce corps par l'action de l'azotite de sodium sur une solution alcoolique et acide de diphénylamine. On ajoute de l'eau peu à peu, de façon à précipiter la presque totalité de la diphénylnitrosamine formée dans la réaction précédente. Le dépôt est ensuite lavé d'abord avec un peu d'alcool, puis à l'eau. On le purifie par cristallisation dans de l'éther de pétrole. On réduit ensuite la diphénylnitrosamine par de la poudre de zinc et de l'acide acétique. La réaction est très vive ; on refroidit par un courant d'eau. Lorsqu'elle est terminée, on ajoute de l'acide chlorhydrique, et il se forme un chlorhydrate qui cristallise en aiguilles blanches, peu solubles dans l'eau. Ce chlorhydrate, traité par de la soude, donne la diphénylhydrazine sous forme d'une huile jaunâtre qui s'épaissit vers — 17°.

B. — COMPOSÉS HYDRAZOIQUES MIXTES

542. Méthylphénylhydrazine $\begin{vmatrix} H.Az.C^6H^5 \\ H.Az.CH^3 \end{vmatrix}$ — On opère comme pour le composé précédent, mais en partant de la méthylphénylamine. La réduction par la poudre de zinc doit se produire à basse température ; on ne doit pas dépasser 20°. Le produit de la réaction est transformé en chlorhydrate, puis traité par la soude.

La méthylphénylhydrazine est un liquide qui ne se solidifie pas à — 17; elle bout à 223° (pression : 715 millimètres). Elle est peu soluble dans l'eau, miscible avec l'alcool et l'éther.

C — COMPOSÉS HYDRAZOIQUES GRAS

543. Diéthylhydrazine. — On connaît sous ce nom un composé qui semble être un isomère
$$\begin{array}{c} C^2H^5.Az.C^2H^5 \\ | \\ H.Az.H. \end{array}$$
du composé hydrazoïque véritable
$$\begin{array}{c} H.Az.C^2H^5 \\ | \\ H.Az.C^2H^5. \end{array}$$
On l'obtient par l'action de l'hydrogène naissant sur la nitrosoéthylamine.

IV. — COMPOSÉS DIAZOIQUES

544. Dérivés du diazobenzène $C^6H^5.Az : Az.R$. — 1° Azotate de diazobenzène $C^6H^5.Az : Az.AzO^3$. — Ce composé, qui a été découvert par Griess en 1860, s'obtient en dissolvant 13 parties d'aniline dans 36 parties d'acide azotique à 36° B., étendu de 70 parties d'eau et en versant peu à peu cette liqueur dans une solution refroidie à 0° de 10 parties d'azotite de sodium dans 60 parties d'eau. Il faut opérer à basse température et modérer avec soin la réaction à cause de l'instabilité des dérivés diazoïques. De temps à autre on regarde si la réaction est terminée, en traitant une prise d'essai par de la soude ; celle-ci neutralise l'acide azotique et met de l'aniline en liberté, tant qu'elle n'est pas entièrement transformée ; elle se sépare en une petite couche huileuse. Lorsque la réaction est terminée on ajoute à la matière trois fois son volume d'alcool et de l'éther ; l'azotate de diazobenzène presque insoluble dans l'alcool éthéré se précipite ; il est, au contraire, très soluble dans l'eau. A l'état sec, il détone violemment par la chaleur ou par le choc. Ce composé peut servir à obtenir les autres dérivés du diazobenzène.

CHLORURE DE DIAZOBENZÈNE $C^6H^5.Az : Az.Cl$. — On l'obtient comme l'azotate, mais en partant du chlorhydrate d'aniline. Il forme avec le chlorure d'or et le chlorure de platine des chlorures doubles.

SULFATE DE DIAZOBENZÈNE $C^6H^5.Az : Az.SO^4H$. — S'obtient par une réaction analogue ou en décomposant par l'acide sulfurique étendu l'azotate de diazobenzol. Il est très soluble dans l'eau, insoluble dans l'éther. Il est plus stable que l'azotate. Il détone cependant quand on le chauffe à 100°.

HYDRATE DE DIAZOBENZÈNE $C^6H^5.Az : Az.OH$. — Ce corps s'obtient en décomposant l'azotate de diazobenzène par la potasse, en opérant avec des solutions refroidies et concentrées.

DIAZOAMIDOBENZÈNE $C^6H^5.Az : Az.Az(H,C^6H^5)$. — Ce composé s'obtient facilement par l'action de l'aniline sur les sels de diazobenzène.

V. — PRODUITS D'ADDITION DES COMPOSÉS DIAZOÏQUES

Dans ces composés, la double liaison des 2 atomes d'azote disparaît par la fixation de 2 atomes monovalents. Le perbromure de diazobenzène peut être considéré comme le type de ces composés.

545. Perbromure de diazobenzène $\begin{matrix} Br.Az.C^6H^5 \\ | \\ Br.Az.Br. \end{matrix}$

— Ce composé s'obtient en traitant une solution aqueuse d'azotate de diazobenzène par du brome dissous dans de l'acide chlorhydrique concentré. Ce corps perd facilement 2 atomes de brome, par des lavages à l'éther, par exemple. L'ammoniac transforme ce corps en diazobenzénimide, selon la formule :

$$C^6H^5.Az.Az.Br \underset{|\ \ |}{\underset{Br\ Br}{}} + AzH^3 = 3HBr + C^6H^5.Az \begin{matrix} Az \\ \| \\ Az \end{matrix}$$

546. Phénylhydrazine $\begin{matrix} H.Az.C^6H^5 \\ | \\ H.Az.H. \end{matrix}$ — On peut aussi ranger la phénylhydrazine dans ce groupe, non seulement par analogie de formule, mais aussi par suite des relations de ce composé avec le diazobenzène : le chlorure de diazobenzène peut, en effet, être transformé par l'action du bisulfite de sodium dans le composé $\begin{matrix} H.Az.C^6H^5 \\ | \\ H.Az.SO^3Na, \end{matrix}$ qui donne de la phénylhydrazine quand on le traite par de l'acide chlorhydrique.

La phénylhydrazine se prépare en dissolvant à froid 20 parties d'aniline dans un mélange de 50 parties d'acide chlorhydrique et de 80 parties d'eau. On fait de même une dissolution de 25 parties d'azotite de potassium dans 50 parties d'eau légèrement acidulée par l'acide chlorhydrique. On mélange les deux solutions, puis on les verse aussitôt dans une solution saturée de sulfite de sodium refroidie à 0° et contenant 50 parties de sulfite. Il se forme un diazophénylsulfite de sodium qui se précipite en majeure partie sous forme de flocons cristallins jaunes. On ajoute alors de l'acide acétique et on chauffe au bain-marie jusqu'à la dissolution complète du précipité. A ce moment on ajoute de la limaille de zinc. On filtre ensuite et on ajoute de l'acide chlorhydrique qui forme du chlorhydrate de phénylhydrazine qui est peu soluble et qui se dépose par le refroidissement en petites lamelles. Pour avoir ensuite la phénylhydrazine libre, on traite le chlorhydrate par de la soude et on épuise la masse par de l'éther.

Le phénylhydrazine est un liquide huileux, incolore, bouillant à 233°. Elle est peu soluble dans l'eau, mais elle est miscible avec l'alcool et l'éther.

Elle est facilement attaquée par les matières oxydantes et transformée alors en azote, aniline et benzène.

La phénylhydrazine donne avec les aldéhydes une série de corps, très peu solubles dans l'eau, que l'on appelle des *azones*; c'est une réaction caractéristique des aldéhydes et des cétones. Par exemple avec l'aldéhyde éthylique elle donne une azone que l'on appelle l'éthylidène phénylhydrazine :

$$\underset{H.Az.H}{\overset{C^6H^5.Az.H}{|}} + CH^3.CHO = CH^3.CH\underset{Az.H}{\overset{Az.C^6H^5}{<\ |}} + H^2O$$

La phénylhydrazine donne avec les glucoses des *osazones*, composés très peu solubles, dont la formation peut caractériser les glucoses :

$$CH^2OH.(CHOH)^4.CH^2OH + 2\left(\underset{HAz.H}{\overset{C^6H^5.Az.H}{|}}\right)$$

$$= \underset{(H,CH^5)\ :\ Az.Az\ \ Az.Az\ :\ (H,C^6H^5)}{\overset{CH^2OH(CHOH)^3.C—CH}{\|\ \ \|}} + 2H^2O + H^2$$

VI. — COMPOSÉS BI-, TRI- ET TÉTRAAZOÏQUES

547. Dérivés bisazoïques. — Les dérivés bisazoïques renferment deux groupes $Az : Az$. On peut les
obtenir de plusieurs façons : 1° par une double réaction
successive : un chlorhydrate d'amine aromatique traité
par l'azotite de sodium donne, comme nous l'avons vu, un
sel, composé diazoïque $R.Az : Az.Cl$. Celui-ci, traité par un
composé aromatique $R'.H$, donne un composé azoïque
$R.Az : Az.R'$.

R et R' sont des noyaux aromatiques plus ou moins
substitués. Si l'un d'eux contient un groupe AzH^2, par
exemple R' que nous écrirons $R''.AzH^2$, son chlorhydrate
pourra réagir sur l'acide azoteux, et un nouveau groupe
$Az : Az$ s'introduira dans la molécule :

$$R.Az : Az.R''.AzH^2,HCl + AzO^3H$$
$$= R.Az : Az.R''.Az : Az.Cl + 2H^2O.$$

Ce dérivé azodiazoïque (une fois azoïque et une fois
diazoïque), réagissant sur un composé aromatique quelconque $R_1.H$, donnera un dérivé bisazoïque :

$$R.Az : Az.R''.Az : Az.Cl + R_1.H = HCl$$
$$+ R.Az : Az.R''.Az : Az.R_1.$$

2° Si, au lieu de prendre comme point de départ une
monamine aromatique, on prend une diamine, les 2 molécules d'acide azoteux qu'on avait fait agir successivement pourront agir simultanément sur les deux groupes
AzH^2. Ainsi soit $R'' : (AzH^2)^2, 2HCl$ un sel d'une diamine
aromatique ; elle donnera par l'action de 2 molécules

d'acide azoteux un corps deux fois diazoïque :

$$R'' : (AzH^2)^2 2HCl + 2AzO^2H = 4H^2O$$
$$+ Cl.Az : Az.R''.Az : Az.Cl.$$

Ce composé bidiazoïque, traité par 2 molécules d'un composé aromatique R.H, donnera :

$$Cl.Az : Az.R''.Az : Az.Cl + 2R.H = 2HCl$$
$$+ R.Az : Az.R''.Az : Az.R.$$

Le dérivé bidiazoïque se trouve ainsi changé en dérivé bisazoïque. Au lieu de faire agir simultanément 2 molécules identiques R.H, on peut faire agir, soit successivement, soit en même temps, 2 molécules différentes.

3° On peut aussi faire agir un composé diazoïque sur un composé azoïque. Soient R.Az : Az.Cl un composé diazoïque, et R'.Az:Az.R''.H un composé azoïque ; ils donneront par une réaction réciproque un composé bisazoïque :

$$R.Az : Az.Cl + R'.Az : Az.R''.H$$
$$= HCl + R.Az : Az.R'.Az : Az.R'.$$

Dans ces composés, comme dans les composés azoïques et diazoïques simples, les groupes R, R', R'' conservent leurs groupes fonctionnels.

On peut donc à l'inspection de la formule d'un composé bisazoïque reconnaître facilement les composés générateurs. Soit, par exemple, l'orseilline BB, dérivé bisazoïque dont la formule est (V. *tableau des matières bisazoïques*) :

$$(SO^3Na,CH^3) : C^6H^3.Az : Az.C^6H^3(CH^3).Az :$$
$$: Az.C^{10}H^5 : (OH,SO^3Na).$$

Proposons-nous d'appliquer à la préparation de ce

corps les trois modes de formation que nous venons
d'indiquer.

Première méthode. — Nous formerons le chlorhydrate
d'amine $(SO^3Na,CH^3) : C^6H^3.AzH^2HCl$ (chlorhydrate
d'amidotoluènesulfonate de sodium), nous le traiterons
par l'acide azoteux AzO^2H, ce qui fournira 2 molécules
d'eau et un dérivé diazoïque (chlorure de diazotoluène-
sulfonate de sodium) :

$$(SO^3Na,CH^3) : C^6H^3.Az : Az.Cl$$

Ce dérivé diazoïque sera traité par un composé aromatique à fonction amine, de façon à pouvoir être diazoté de
nouveau, c'est-à-dire à réagir sur 1 molécule d'acide azoteux. Ce composé aromatique devra avoir pour formule
$C^6H^4 : (CH^3,AzH^2)$; c'est une toluidine. On aura alors une
réaction représentée par la formule

$$(SO^3Na,CH^3) : C^6H^3.Az : Az.Cl + C^6H^4 : (CH^3,AzH^2)$$
$$= (SO^3Na,CH^3) : C^6H^3.Az : Az.C^6H^3 : (CH^3,AzH^2)HCl.$$

Le chlorhydrate de cet azoïque à fonction amine, ainsi
obtenu, sera traité par l'acide azoteux, ce qui donnera en
même temps que 2 molécules d'eau un composé une
fois azoïque et une fois diazoïque :

$$(SO^3Na,CH^3) : C^6H^3.Az : Az.C^6H^3(CH^3).Az : Az.Cl.$$

Il faudra, enfin, traiter ce corps par du naphtolsulfonate de sodium $C^{10}H^6 : (OH,SO^3Na)$, ce qui donnera l'orseilline BB, en même temps que 1 molécule d'acide chlorhydrique.

Deuxième méthode. — La diamine dont on doit partir
correspond au radical compris entre les deux groupes

Az:Az. Cette diamine a donc pour formule $CH^3.C^6H^3\begin{cases}AzH^2\\AzH^2\end{cases}$; c'est une des toluènes-diamines. Prenons donc le chlorhydrate d'une de ces toluènes-diamines isomériques et faisons agir sur elle 2 molécules d'acide azoteux :

$$CH^3.C^6H^3 : (AzH^2HCl)^2 + 2AzO^2H$$
$$= CH^3.C^6H^3\begin{cases}Az : Az.Cl\\Az : Az.Cl\end{cases} + 4H^2O.$$

Nous obtenons ainsi un composé bidiazoïque sur lequel nous ferons agir non pas 2 molécules identiques, mais 1 molécule de $C^6H^4 : (CH^3,SO^3Na)$ toluènesulfonate de sodium et 1 molécule de $C^{10}H^6 : (OH.SO^3Na^2)$ naphtolsulfonate de sodium. Ces divers corps existant sous plusieurs états isomériques, l'orseilline BB aura de très nombreux isomères.

Troisième méthode. — Action d'un dérivé azoïque sur un dérivé diazoïque. On pourra, par exemple, faire agir le composé diazoïque dont nous avons vu plus haut la formation :

$$(SO^3Na,CH^3) : C^6H^3.Az : Az.Cl$$

sur le composé azoïque toluèneazonaphtolsulfonate de sodium :

$$C^6H^4(CH^3).Az : Az.C^{10}H^5 : (OH,SO^3Na),$$

ce qui donnera 1 molécule d'acide chlorhydrique et l'orseilline BB. On aurait pu aussi prendre comme dérivé diazoïque le chlorure de diazonaphtolsulfonate de sodium $Cl.Az : AzC^{10}H^5 : (OH,SO^3Na)$ et le faire agir sur le composé azoïque toluèneazotoluènesulfonate de sodium :

$$(SO^3Na,CH^3) : C^6H^3.Az : Az.C^6H^3(CH^3).$$

548. Dérivés trisazoïques. — Ils s'obtiendront de même par une série de diazotations successives. Les dérivés trisazoïques ont pour formule générale :

$$R'.Az : Az.R''.Az : Az.R''_1.Az : Az.R'_1.$$

On peut les considérer comme dérivant des composés suivants $R'.AzH^2$, $R'':(H, AzH^2)$, $R''_1:(H, AzH^2)$ et $R'_1.H$. Tous les groupes fonctionnels des radicaux R', R'', R''_1, R'_1. subsistant dans le dérivé trisazoïque. Mais les trois groupes fonctionnels AzH^2 des composés considérés ont disparu dans la diazotation et ont concouru à former, avec l'azote des 3 molécules d'acide azoteux les trois groupes $Az : Az$. S'il existe dans R', R'', R'' et R'_1 d'autres groupes AzH^2 que ceux que nous avons mis en évidence, ils ne disparaissent pas.

Quant aux méthodes qui permettent d'obtenir ces composés, elles sont plus nombreuses que pour les bisazoïques, mais elles reposent sur les mêmes principes; sans examiner tous les cas possibles, remarquons qu'on pourra fixer successivement. par trois diazotations successives, les trois groupes R'',R''_1 et R'_1 sur le composé $R'.AzH^2$ pris comme point de départ ; ou bien on pourra faire réagir un composé azoïque, $R'.Az : Az.R''.H$ par exemple, sur un dérivé bidiazoïque $Cl.Az : Az.R''_1.Az : AzR'_1$; etc. Comme exemples, voir le tableau des composés trisazoïques.

549. Dérivés tétrazoïques. — Ces composés ont pour formule générale :

$$R'.Az : Az.R'.Az : Az.R'_1.Az : Az.R''_2.Az : Az.R'_1.$$

Les méthodes de formation sont encore plus nombreuses

que dans le cas précédent. Il résulte des exemples cités dans le même tableau que, dans la pratique, la méthode la plus employée consiste, comme pour la préparation du benzo-brun J par exemple, à faire agir un composé bisazoïque $H.R''.Az : Az.R''.Az : Az.R''_2.H$, ici le brun Bismarck, sur 2 molécules, identiques ici, d'un dérivé diazoïque $R'.Az : Az.Cl$ et $R'_1.Az : Az.Cl$, l'acide diazosulfanilique dans l'exemple cité. L'un des avantages de cette méthode est qu'il existe un grand nombre de matières colorantes bisazoïques, comme le brun Bismarck, qui sont prépa-rées industriellement et qui peuvent servir pour préparer à leur tour les colorants tétrazoïques.

A mesure que la molécule de ces composés se com-plique, que les substitutions s'accumulent, les nuances obtenues deviennent de plus en plus foncées.

§ 3. — Applications

550. Généralités. — Les composés azoïques sont très employés comme matières colorantes, et cette in-dustrie s'est considérablement développée dans ces der-nières années. D'ailleurs, si les formules des composés azoïques sont compliquées, les préparations de ces corps sont simples ; elles n'exigent qu'un outillage relativement restreint. Il serait fastidieux et inutile d'indiquer le mode de préparation des diverses matières colorantes azoïques. Nous nous contenterons d'indiquer la préparation des ma-tières premières, les méthodes générales de fabrication et les principaux appareils ; nous réunirons ensuite dans une série de tableaux la fabrication et l'étude des diverses matières colorantes : ces tableaux sont dressés dans l'ordre suivant : I. Matières colorantes monoazoïques ;

II. Matières colorantes bisazoïques ; III. Matières colorantes trisazoïques ; IV. Matières colorantes tétrazoïques ; V. Matières colorantes diverses. Dans chacun de ces tableaux se trouvent indiquées la formule de constitution du corps, la préparation et la couleur de la matière, puis la couleur dont elle teint la laine ou le coton, mordancé ou non, en bain alcalin ou acide ; enfin, la couleur de sa solution aqueuse, alcaline ou sulfurique.

A. — PRÉPARATION DES MATIÈRES PREMIÈRES

L'industrie des matières colorantes azoïques utilise des composés nitreux et des composés aromatiques. Le principal composé nitreux employé est l'azotite de sodium. Toutefois on a employé aussi les vapeurs nitreuses et les cristaux des chambres de plomb ou sulfate acide de nitrosyle. Les composés aromatiques employés sont très nombreux ; très souvent ils sont à fonctions mixtes. Nous étudierons la préparation des principaux d'entre eux non encore étudiés, en suivant l'ordre adopté dans l'ensemble de cet ouvrage (1).

554. Fabrication de l'azotite de sodium. — On prépare l'azotite de sodium en réduisant par le plomb métallique l'azotate de sodium. La réaction a lieu suivant la formule :

$$AzO^3Na + Pb = PbO + Az'O^2Na.$$

L'opération se fait dans de grandes marmites en fonte,

(1) Voir *Aniline*, t. II, pp. 381 et 438 ; *Nitronaphtalène*, t. I, p. 224 ; *Benzidine* ou *phénylène diamine*, t. II, p. 385 ; α et β-*naphtylamine*, t. II, p. 385.

chauffées à feu nu, mais protégées contre l'action directe
de la flamme par une voûte en maçonnerie. Un agitateur mécanique permet de brasser énergiquement la ma-

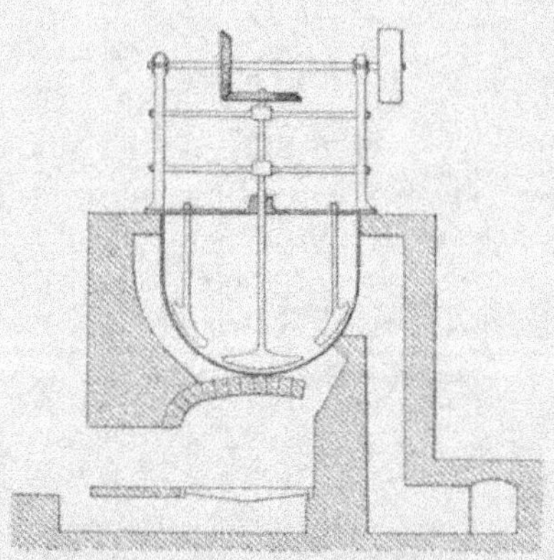

tière. On introduit
150 kilogrammes
d'azotate de sodium
dans la chaudière et,
quand ce sel est fon-
du, on ajoute peu à
peu 410 kilogram-
mes de plomb, c'est-
à-dire un peu plus
de plomb que ne
l'exige la formule
donnée plus haut.
L'opération dure en-
viron douze heures. Lorsque la réaction est terminée, on
lessive la masse encore chaude avec des eaux de lavage
d'une opération antérieure qui contiennent déjà un peu
d'azotite. La majeure partie du plomb reste à l'état de
litharge insoluble ; une portion est en dissolution à l'état
de plombate de sodium. Il est indispensable, pour l'industrie des couleurs azoïques, de précipiter ce plomb ;
on y arrive à l'aide d'un courant d'acide carbonique.
Le carbonate de plomb ainsi précipité et les litharges de
la matière épuisée par l'eau sont transformés en minium
ou régénérés à l'état de plomb métallique, qui peut rentrer dans la fabrication. La solution contient l'azotite de
sodium en même temps que de l'azotate et du carbonate
de sodium. On détruit ce dernier sel par de l'acide azotique étendu. On concentre les liqueurs et on les fait
cristalliser. Les cristaux qui se forment d'abord sont
riches en azotite ; on les essore et on les sèche, tandis

que l'azotate de sodium, plus soluble, reste dans les eaux-mères. On évapore celles-ci à siccité et on emploie le résidu solide obtenu pour une nouvelle opération, en le mêlant à l'azotate de sodium.

Il est indispensable de connaître la richesse en azotite de la matière ainsi préparée : pour cela on prend 50 centimètres cubes d'une solution de permanganate de potassium de titre connu, tel que, par exemple, 50 centimètres cubes puissent oxyder, transformer en azotate, $0^{gr},2$ d'azotite pur. On l'acidule fortement par l'acide sulfurique et on chauffe le tout dans un ballon vers 40°. La plupart du temps l'addition de l'acide sulfurique suffit à amener la liqueur à la température convenable. On verse alors avec une burette graduée une dissolution de l'azotite à essayer faite en dissolvant 1 gramme de cette matière dans 50 centimètres cubes, dans la solution titrée de permanganate. S'il faut employer n centimètres cubes de cette liqueur pour décolorer les 50 centimètres cubes de permanganate, n centimètres cubes contiennent $0^{gr},2$ d'azotite pur, et par suite 1 gramme de l'azotite employé contient $\dfrac{50}{n} \times 0,2$ ou $\dfrac{10}{n}$. Ou bien encore 100 grammes contiennent $\dfrac{1.000}{n}$ d'azotite pur. Il suffit donc de diviser 1.000 par le nombre n de centimètres cubes employés pour avoir immédiatement la richesse centésimale de l'azotite essayé.

552. Autres composés nitreux. — On emploie aussi les vapeurs nitreuses, obtenues en chauffant de l'acide azotique avec des corps réducteurs, tels que l'amidon. Ce procédé peut être facilement utilisé dans les laboratoires. Il est très peu employé en industrie.

Le sulfate-acide de nitrosyle $SO^4\begin{cases}H\\AzO\end{cases}$ que l'on peut employer aussi, s'obtient par l'action de l'anhydride sulfureux sur l'acide azotique ou du peroxyde d'azote sur l'acide sulfurique. Ce procédé est très peu employé.

553. Préparation du binitrobenzène (1). — Ce composé se prépare en faisant arriver, dans une marmite en fonte, munie d'un agitateur mécanique, contenant 120 kilogrammes de mononitrobenzène (V. t. I. p. 219), un mélange de 100 kilogrammes d'acide azotique à 40° et de 150 kilogrammes d'acide sulfurique à 66°. Il est quelquefois nécessaire de chauffer légèrement pour terminer la réaction. Le binitrobenzène, encore chaud et liquide, est envoyé dans des appareils de lavage alimentés à l'eau chaude, où il perd son excès d'acide. Après lavage on le décante ; il se prend en masse par refroidissement. C'est, en effet, une matière solide qui fond à 85°. Elle sert à préparer la métaphénylènediamine (V. t. II, p. 385).

554. Acides naphtalènesulfoniques. — Acide α-naphtalènesulfonique $C^{10}H^7,SO^3H$. — Les deux acides isomériques (α et β) s'obtiennent simultanément; mais, en opérant à basse température (40°) et en présence d'un excès de naphtalène, c'est le composé α qui domine, tandis que c'est l'inverse à température élevée (200°) et en présence d'un excès d'acide sulfurique.

L'acide α se prépare en chauffant, vers 40°, 100 kilo-

---

(1) Le binitrobenzène n'est pas le seul dérivé des carbures d'hydrogène utilisé dans cette industrie, mais les autres carbures: benzène, toluène, naphtalène et leurs dérivés, tels que le mononitrobenzène nitronaphtalène, etc., ont déjà été décrits dans le tome I.

grammes de naphtalène et 75 kilogrammes d'acide sulfurique à 66° B. La réaction terminée, on verse dans l'eau, on filtre pour séparer le naphtalène non attaqué, on sature seulement l'excès d'acide par la chaux; puis, après filtration, on traite par le carbonate de sodium. En faisant cristalliser on met à part les premiers cristaux, formés surtout de sel β, qui est moins soluble.

Le naphtol correspondant, l'α-naphtol $C^{10}H^7.OH$ s'obtient en chauffant vers 300° le composé précédent (1) avec de la soude caustique.

L'acide β-naphtalènesulfonique $C^{10}H^7SO^3H$ s'obtient en traitant à 200° poids égaux de naphtalène et d'acide sulfurique à 66° B. La réaction une fois terminée, la masse est traitée par l'eau, puis par le chlorure de sodium. Le sel β peu soluble se précipite, on concentre; les impuretés restent dans les eaux-mères.

Le naphtol correspondant, le β-naphtol $C^{10}H^7.OH$ s'obtient en traitant par la soude en fusion le composé précédent.

ACIDE NAPHTALÈNE DISULFONIQUE (2,7) $C^{10}H^6(SO^3H)^2$. — On prépare ce composé en versant dans 300 kilogrammes d'acide sulfurique concentré, chauffé à 180°, 100 kilogrammes de naphtalène; après quelques minutes de contact seulement, on verse dans une grande masse d'eau, et on transforme l'acide formé en sel de calcium, que l'on purifie par cristallisation. Ce sel, traité par le carbonate de sodium, se transforme en sel de sodium.

Ce composé, attaqué par la soude en fusion, donne d'abord un naphtolmonosulfonate de sodium, puis un naphtol diatomique $C^{10}H^6(OH)^2$.

555. Acides naphtol sulfoniques. — Nous venons de voir, par plusieurs exemples, comment prenaient naissance les composés sulfonés, dans l'action de l'acide sulfurique concentré. Aussi allons-nous résumer rapidement les circonstances de production des principaux acides naphtolsulfoniques.

Acide naphtolsulfonique 1,2.	Action de l'acide sulfurique sur l'α naphtol vers 60°.
Acide naphtolsulfonique 1,4 ; 1,5 et 1,8.	Décomposition par l'eau bouillante du dérivé diazoïque des acides naphtylamine-sulfoniques (1,4), (1,5) ou (1,8).
Acide naphtolsulfonique 2,6	Action de l'acide sulfurique sur le β naphtol vers 200°.
Acide naphtolsulfonique 2,7	Action de la soude fondue sur le naphtalène disulfonate de sodium (2,7).
Acide naphtoldisulfonique 1,2,4.	Action de l'acide sulfurique en excès sur l'α-naphtol.
Acides naphtoldisulfoniques 1,4,8 et 1,3,8.	Décomposition par l'eau bouillante du dérivé diazoïque des acides naphtylamine disulfoniques 1,4,8 ou 1,3,8.
Acides naphtoldisulfoniques 2,3,6 et 2,6,8.	Action de 100 kilogrammes de β-naphtol sec sur 300 kilogrammes d'acide sulfurique à 66° B., il se forme simultanément les acides (2,3,6) et (2,6,8). On transforme en sels de sodium : 2,3,6 cristallise d'abord, 2,6,8 reste dans les eaux-mères.

ACIDE DINAPHTOLMONOSULFONIQUE $C^{10}H^{5} :. [SO^{2}H (OH)^{2}]_{(4) (1,8)}$. — On obtient ce corps par l'action de la soude en fusion sur un naphtalène trisulfoné ou sur un naphtoldisulfonique (1,4,8).

ACIDE DINAPHTOLDISULFONIQUE $C^{10}H^{4} :: [(OH)^{2}, (SO^{3}H)^{2}]$ s'obtient en faisant bouillir avec de l'eau un acide amido-naphtoldisulfonique $C^{10}H^{4} :: (AzH^{2},OH,SO^{3}Na,SO^{3}H)$ qui se transforme en fixant 1 molécule d'eau en :

$$C^{12}H^4 :: [(OH)^2, SO^3Na, SO^3AzH^4],$$

qui est le sel ammoniaco-sodique de l'acide considéré.

556. Fabrication de la nitraniline

$$C^6H^4 : (AzO^2, AzH^2).$$

On obtient la nitraniline en traitant l'azotate d'aniline bien sec par l'acide sulfurique concentré et refroidi. L'azotate d'aniline se prépare lui-même par l'action directe de l'acide azotique sur l'aniline à basse température, au voisinage de 0°. Les cristaux de nitrate d'aniline qui se déposent sont essorés, puis séchés avec précaution à la température ordinaire. C'est un corps instable qui s'enflamme parfois, spontanément en un point, puis bientôt l'incandescence gagne toute la masse.

On évite cette décomposition en laissant dans la masse un léger excès d'aniline. Les eaux-mères, qui ont déposé le nitrate d'aniline, sont ensuite saturées par la soude et soumises à la distillation pour régénérer l'aniline. Une fois l'azotate d'aniline bien sec, on le traite par 5 parties d'acide sulfurique concentré et froid. Il se forme du sulfate d'aniline que l'acide azotique, mis en liberté, transforme en nitraniline. Après un contact de quelques heures, pendant lesquelles on maintient la température basse, afin d'avoir surtout de la paranitraniline, on projette dans une grande masse d'eau froide, on filtre et on lave.

557. Toluidines $C^6H^4 : (CH^3, AzH^2)$. — Ces composés, au nombre de trois isomères, s'obtiennent souvent, en même temps que l'aniline, quand on attaque les benzols

du commerce, mélanges de benzène et de toluène, par l'acide azotique d'abord, puis par l'hydrogène naissant. Souvent aussi on les prépare directement par la méthode générale. Pour cela on traite le toluène par un mélange d'acide azotique et d'acide sulfurique. Il se forme surtout de l'orthonitrotoluène (62 0/0) et du paranitrotoluène (32 0/0).

Il y a, en outre, une perte d'environ 6 0/0. Le mélange de ces toluènes nitrés est ensuite réduit par la fonte et l'acide chlorhydrique ou par le fer et l'acide acétique.

Pour séparer le dérivé ortho du dérivé para on peut opérer sur les dérivés nitrés ou sur les amines : pour séparer les dérivés nitrés on utilise les points de fusion. L'ortho-nitrotoluène ne se solidifie pas à — 20°, tandis que le paranitrotoluène fond à + 54°. En refroidissant le mélange à — 20°, les 3/4 du paranitrotoluène cristallisent, on essore et on comprime à la presse hydraulique.

Pour séparer les amines on emploie l'acide sulfurique en quantité équivalente à la paratoluidine ; cette amine s'unit à l'acide sulfurique, tandis que l'orthotoluidine reste libre ; on la volatilise par un courant de vapeur d'eau ; puis on décompose par une base le sulfate de para-toluidine.

558. Composés sulfonés et amidés. — 1° ACIDES SULFANILIQUES. — Parmi les trois isomères de l'acide sulfanilique $C^6H^4 {\displaystyle <} {SO^3H \atop AzH^2}$, les deux plus importants sont le composé para et le composé méta.

L'*acide parasulfanilique* $C^6H^5 : (SO^3H, AzH^2)$ se prépare en chauffant dans des caisses en tôle, disposées dans un four maintenu entre 185 et 190°, 8 kilogrammes d'aniline et 5 kilogrammes d'acide sulfurique à 66° B. (par caisse). Il se forme d'abord un sulfate acide d'aniline $SO^4\Big\langle{}^{AzH^3.C^6H^5}_{H}$, qui se transforme peu à peu en acide parasulfanilique par perte de 1 molécule d'eau, suivant la formule :

$$SO^4 : (H,AzH^3.C^6H^5) = H^2O + C^6H^4 : (SO^3H,AzH^2).$$

La masse est ensuite extraite des caisses de tôle, jetée dans l'eau et traitée par le carbonate de sodium pour transformer l'acide en sel de sodium, plus fréquemment employé. Lorsque la matière brute contient un trop grand excès d'acide sulfurique, on précipite cet acide par la chaux, avant de traiter par le carbonate de sodium.

On obtient environ 95 0/0 du rendement théorique.

L'*acide métasulfanilique* $C^6H^4 : (SO^3H,AzH^2)$ s'obtient en partant de l'acide métanitrobenzène sulfonique. On prépare ce dernier composé en faisant agir à 100°, pendant dix heures, 100 kilogrammes de nitrobenzène sur 300 kilogrammes d'acide sulfurique fumant contenant un quart d'anhydride. On agite la matière énergiquement pour maintenir un contact intime. La réaction terminée, on verse la matière dans l'eau, et on ajoute de la tournure de fonte pour transformer l'acide métanitrobenzène-sulfonique formé $C^6H^4 : (SO^3H,AzO^2)$ en dérivé amidé $C^6H^4 : (SO^3H,AzH^2)$. Lorsque la réaction est terminée, on sature par la chaux ; le sel de calcium est envoyé aux filtres-presses, on transforme la matière en sel de sodium à l'aide du carbonate de sodium.

Le rendement est d'environ 90 à 95 0/0 du rendement théorique.

Dosage des acides sulfaniliques. — Le procédé de dosage qui va être indiqué est très général ; il s'applique à la plupart des dérivés amidés. Il consiste à traiter un poids connu d'acide sulfanilique par une liqueur titrée d'azotite de sodium en opérant par le procédé dit *à la touche*. L'azotite de sodium, en tombant dans la liqueur qui contient l'acide sulfanilique, transforme aussitôt ce composé en dérivé diazoïque, et il n'y a dans la liqueur d'azotite libre que lorsque tout l'acide sulfanilique a disparu. De temps à autre on prend une goutte de la liqueur avec un agitateur et on la dépose sur un papier amidonné à l'iodure de potassium qui donne une coloration bleue d'iodure d'amidon dès qu'il y a de l'acide azoteux dans la liqueur ; on s'arrête à ce moment. A 1 molécule de nitrite de sodium (69 grammes) correspond 1 molécule (173 grammes) d'acide sulfanilique. Il est donc facile, connaissant le titre de la solution de nitrite et le nombre de centimètres cubes de cette solution nécessaire pour faire disparaître un poids connu d'acide sulfanilique brute de déterminer la richesse centésimale de ce dernier.

2° ACIDES NAPHTYLAMINESULFONIQUES $C^{10}H^{6}:(AzH^{2},SO^{3}H)$. — Le plus important de ces acides est l'acide naphtionique (1) ou naphtylaminesulfonique (1,4). On le pré-

---

(1) Le naphtalène $C^{10}H^{8}$ a pour formule de constitution le schéma suivant dans lequel nous indiquons par des chiffres la position des divers atomes de carbone :

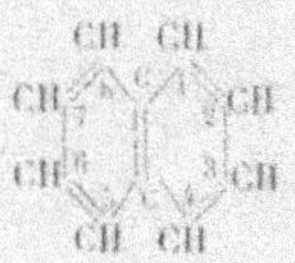

$$\text{CH CH} \atop \text{CH} \quad \text{CH} \atop \text{CH} \quad \text{CH} \atop \text{CH CH}$$

La formule de l'acide naphtylaminesulfonique 1,4 s'obtient en remplaçant l'atome d'hydrogène 1 par AzH^{2}, et l'atome d'hydrogène 4 par $SO^{3}Na$. De même pour les autres composés isomériques.

pare à l'aide de l'appareil figuré ci-contre: il se compose d'un vase cylindrique en fonte dans lequel se meut un agitateur ; diverses lames, fixées au couvercle de ce cylindre, concourent avec les lames de l'agitateur à diviser la matière. Une enveloppe pleine d'eau permet de régulariser la réaction. La température, surveillée à l'aide d'un thermomètre T, est amenée au degré voulu, soit par de la vapeur qui arrive en V, soit par de l'eau froide qui entre en E et sort en S.

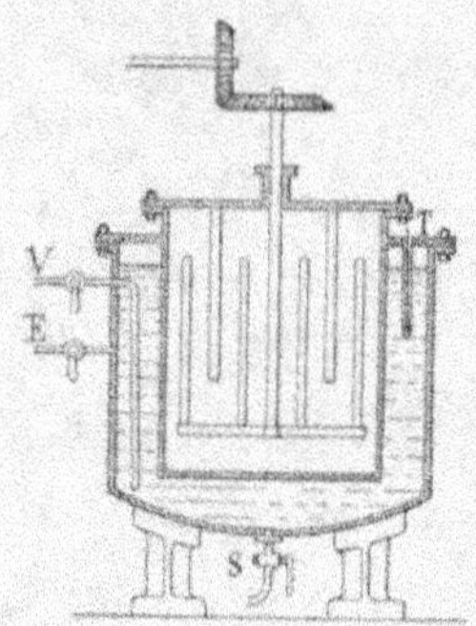

Dans cette chaudière on introduit 300 kilogrammes d'acide sulfurique à 66° ; puis, l'agitateur étant en marche, on ajoute peu à peu 75 kilogrammes d'α-naphtylamine presque pure (98 0/0), concassée en fragments grossiers. La chaleur dégagée est considérable ; la masse reste fluide ; on maintient la température au-dessous de 100° à l'aide de la circulation d'eau froide, si cela est nécessaire.

Cette première phase dure environ huit heures. Lorsque la chaleur dégagée diminue, on interrompt le courant d'eau froide, et bientôt même on chauffe à la vapeur de façon à terminer la réaction au voisinage de 100°. Cette seconde phase dure aussi huit heures environ. La réaction est terminée lorsqu'une prise d'essai, neutralisée par de la soude, donne une liqueur à peine trouble. On envoie alors toute la masse dans une cuve contenant un mètre cube d'eau. L'acide naphtionique très peu soluble se précipite ; on le recueille et on le lave avec le moins d'eau possible ; puis, pour le transformer en sel de sodium, plus employé que l'acide lui-même, on le traite par une solution bouillante de carbonate de sodium.

Nous résumons dans le tableau suivant la préparation des composés isomères utilisés dans l'industrie des couleurs azoïques.

Naphtylaminesulfonate (1,2)	Action d'une température de 250° sur le naphtionate de sodium.
Ac. naphtylaminesulfonique (1,5)	Action à froid de l'acide sulfurique fumant sur l'α-naphtylamine.
Ac. naphtylaminesulfonique (1,8)	Action de l'acide azotique sur l'acide α-naphtalène-sulfonique; puis, transformation du composé nitré en composé amidé par la poudre de zinc.
Ac. naphtylaminesulfonique (2,6)	Action d'une température de 250° sur le sulfate acide de β-naphtylamine.
Ac. naphtylaminesulfonique (2,7)	Action d'une température de 175° sur le sulfate-acide de β-naphtylamine.

3° ACIDES NAPHTYLAMINEDISULFONIQUES. — Le plus important de ces acides est l'acide (1, 3, 8). Pour le préparer, on traite 20 kilogrammes de naphtalène par 100 kilogrammes d'acide sulfurique, contenant 23 0/0 d'anhydride en refroidissant et en agitant constamment. Lorsque la dissolution est effectuée, on refroidit au voisinage de 0°, et on ajoute peu à peu 14 kilogrammes d'acide azotique à 45° B. Lorsque la réaction est terminée, on verse la matière dans 1 mètre cube d'eau, on sature par la chaux et on transforme le dérivé nitré disulfonique ainsi obtenu en dérivé amidé par l'action du fer et de l'acide sulfurique. On le change ensuite en sel de sodium à l'aide du carbonate sodique et on concentre la liqueur. Le sel de sodium de l'acide 1,4,8 qui s'est formé simultanément cristallise le premier. On le sépare, puis on traite les eaux-mères par l'acide chlorhydrique; il se forme un sel acide de l'acide 1,3,8 qui est peu soluble et qui se dépose. On le purifie par cristallisation.

L'acide naphtylamine disulfonique 1,4,8 se prépare en même temps que le précédent, comme nous venons de le voir. L'acide 1,2,5, s'obtient en traitant par l'acide sulfurique fumant l'acide naphtylaminemonosulfonique 1,2.

L'acide (2,3,6) s'obtient par l'action de l'ammoniac sur l'acide naphtoldisulfonique 2,3,6.

559. Acide métaamidobenzoïque

$$C^6H^4 : (AzH^2, COOH).$$
$$\quad\,_{(1)} \qquad _{(3)}$$

Ce composé se prépare en chauffant légèrement un mélange à molécules égales d'acide benzoïque et d'azotate de sodium en présence d'un grand excès d'acide sulfurique ; il se forme dans ces conditions les trois acides nitrobenzoïques $C^6H^4 : (AzO^2, COOH)$, mais le composé méta prédomine. On jette le produit dans l'eau bouillante : l'acide benzoïque non attaqué se dissout. Le précipité est alors lavé, puis traité par la poudre de zinc, en présence de l'acide chlorhydrique, ce qui transforme le groupe AzO^2 en groupe AzH^2.

B. — PROCÉDÉS GÉNÉRAUX DE FABRICATION

560. Diazotation.

— Nous avons vu plus haut (pp. 526 et 541) les méthodes employées pour la préparation des composés azoïques. Lorsque le composé que l'on veut obtenir est monoazoïque R.Az : Az.R′, on commence par obtenir un dérivé diazoïque, un chlorure, par exemple R.Az.Az.Cl, en faisant agir sur le chlorhydrate d'amine contenant le radical R, dont la formule est

$R.AzH^2HCl$, 1 molécule d'azotite de sodium ; puis sur le composé diazoïque obtenu on fait agir un composé aromatique $R'.H$, qui le transforme en composé azoïque.

L'action de l'azotite de sodium est, en général, très rapide ; on emploie le plus souvent ce réactif à l'état de dissolution contenant 33 0/0 d'azotite. La chaleur dégagée par la réaction élèverait rapidement la température si l'on ne prenait pas des précautions spéciales pour l'éviter, ce qui est indispensable, étant donnée la faible stabilité des composés diazoïques. Aussi on refroidit au voisinage de $0°$ le composé aromatique que l'on veut diazoter, soit en y projetant des morceaux de glace, soit en faisant parcourir des serpentins, immergés dans le liquide, par un courant d'eau salée fortement refroidie. La solution d'azotite de sodium, froide également, est alors introduite plus ou moins lentement, selon les moyens de réfrigération dont on dispose, mais de façon que la température ne s'élève que très peu.

561. Réaction. — La réaction du composé diazoïque sur le composé aromatique se fait le plus souvent dans des cuves différentes des premières. Le composé aromatique est introduit dans ces cuves, refroidi vers $0°$, et on y fait arriver lentement le composé diazoïque en surveillant avec soin la température, qui souvent ne doit pas dépasser $10°$.

Parfois, dans le cas particulier où l'on a $R'H = R.AzH^2$, les deux opérations, diazotation et réaction se font simultanément en mettant un excès du composé aromatique en présence de l'azotite de sodium ; dans ce cas, il se produit d'abord un composé diazoïque suivant la formule :

$$2(R.AzH^2HCl) + AzO^2Na =$$
$$R.Az : Az.Az : (H,R)HCl + NaCl + 2H^2O$$

Puis on laisse la température s'élever un peu, vers 40°
par exemple, et le composé diazoïque peu stable se transforme, sans changement de composition centésimale, en
un dérivé azoïque comme le montre la formule :

$$R.Az : Az.Az : (H,R)HCl = R.Az : Az.R''.AzH'HCl$$

en posant $R''.H = R$.

Telle est, par exemple, la préparation du *jaune d'aniline* ou amidoazobenzène; il suffit de faire $R = C^6H^5$ et,
par suite, $R'' = C^6H^4$ dans les formules précédentes pour
avoir les formules de préparation de cette matière colorante.

Pour les matières colorantes bi-, tri- et tétrazoïque
nous avons vu (p. 544) les méthodes de préparation
employées ; elles reposent aussi sur une ou plusieurs
diazotations suivies de réactions. Ces opérations se font
comme les précédentes.

C. — PRINCIPAUX APPAREILS

Il résulte de ce qui précède que les opérations à effectuer sont simples et n'exigent que des appareils peu compliqués, des cuves à diazotation et à réaction, des filtres,
des appareils réfrigérants, quelques appareils distillatoires, des monte-jus pour le transvasement des liquides.

562. Cuves. — Les cuves à diazotation sont en bois
doublées de plomb, en tôle plombée, ou en fonte émaillée;
elles sont, en général, cylindriques ; elles contiennent un
agitateur mû mécaniquement qui fonctionne sans inter-
ruption pendant les diazotations. Lorsque les cuves sont
en métal, elles peuvent être refroidies extérieurement par
de la glace ; plus souvent elles renferment un serpentin

dans lequel on fait circuler, plus ou moins rapidement de l'eau salée, refroidie vers — 10 à — 15°. Les cuves à réaction sont plus grandes que les précédentes et souvent d'une forme carrée; elles sont munies aussi de réfrigérants.

Des monte-jus à air comprimé qui n'ont rien de particulier servent à faire passer les divers liquides d'une cuve dans une autre.

563. Filtres et plaques sécheuses. — Les

filtres que l'on emploie pour séparer les matières colo-

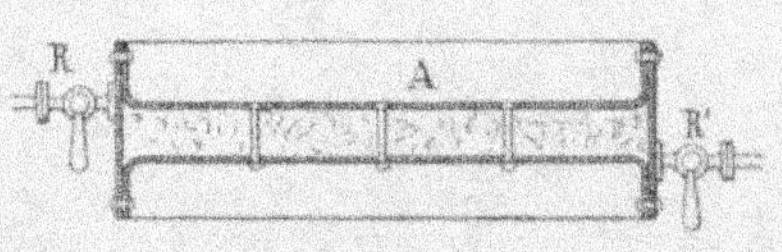

rantes précipitées sont des filtres-presses (V. t. I, p. 631). Une fois les précipités recueillis et lavés, on les sèche en les plaçant dans des boîtes plates à double fond, telles que celle qui est figurée ci-dessus. La vapeur arrive en R et sort en R' avec l'eau de condensation. On place en A, étalé sous une petite épaisseur, le précipité que l'on veut sécher.

564. Appareils réfrigérants. — Les fabriques

de matières colorantes azoïques consomment de grandes quantités de glace, la plupart des réactions devant être effectuées au voisinage de 0°, malgré la chaleur qu'elles dégagent. Au lieu de mettre de la glace dans les cuves, ce qui modifie la concentration des liqueurs, ou bien au lieu de la mettre autour des cuves à réaction, ce qui ne permet pas de régler facilement la température, il est préférable de refroidir fortement une dissolution de sel marin ou de chlorure de calcium à l'aide des machines ordinaires qui servent à la fabrication de la glace : machine continue à ammoniac, ou machine à acide sulfureux. Il est ainsi beaucoup plus facile de maintenir au point voulu la température des cuves. On fait circuler ensuite la dissolution saline fortement refroidie dans les serpentins immergés dans les cuves et, en réglant cette circulation avec un robinet, on modifie à volonté la température des cuves.

565. Appareils distillatoires. — Ces appareils sont très simples, n'étant pas destinés à séparer par distillation divers produits, mais seulement à recueillir les matières premières échappées à la réaction, ou mises en excès. Ces alambics sont tantôt chauffés à feu nu, tantôt chauffés à la vapeur, par barbotage de vapeur ou à l'aide d'un serpentin parcouru par de la vapeur d'eau.

D. — FABRICATION DES MATIÈRES COLORANTES AZOÏQUES

566. Généralités. — La fabrication des principales matières colorantes azoïques se trouve résumée dans les tableaux qui suivent. Ces couleurs sont classées en mono-, bi-, tri- et tétraazoïques, puis subdivisées d'après les dérivés aromatiques dont ils dérivent : benzène, naphtalène, biphényle, bicrésyle, stilbène. Dans chacune de ces catégories les corps ont été rangés suivant le nombre de leurs fonctions phénol et des groupes SO^3Na qu'ils contiennent.

Un même nom désigne souvent plusieurs couleurs, quelquefois assez différentes ; de là l'usage des lettres ou des chiffres qui suivent ces noms et qui complètent la désignation de la matière colorante.

Les formules données pour ces corps sont les formules

de constitution qui présentent cet avantage de permettre à leur inspection de reconnaître les matières premières que l'on peut employer pour préparer les couleurs correspondantes (V. p. 545). Pour certaines couleurs, le produit commercial est un mélange de plusieurs isomères ; pour d'autres ce sont des produits bien définis et, pour les distinguer des autres isomères, employés aussi comme matières colorantes, on a indiqué par des chiffres la position relative des différents groupes.

Ainsi les formules de l'azococcine 2R, de l'écarlate de cochenille 4R et de l'écarlate R qui ne diffèrent que par la position relative des groupes OH et SO^3Na sont complétées par l'adjonction de chiffres qui indiquent les positions de ces groupes dans le noyau du naphtalène. Il en est de même pour les dérivés du benzène :

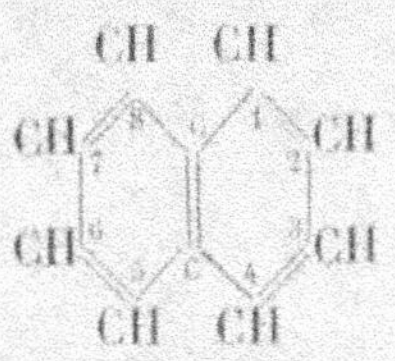

naphtalène 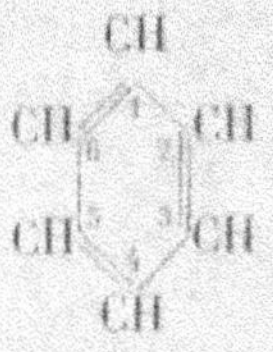   benzène

Les préparations sont indiquées dans deux colonnes : pour les composés monoazoïques, on a mis dans la première colonne le nom du composé aromatique transformé en dérivé diazoïque par l'action de l'azotite de sodium (D. d. signifie dérivé diazoïque), et dans la deuxième colonne on a indiqué le nom du composé aromatique que l'on fait agir sur le dérivé diazoïque. Pour les composés bisazoïques la première colonne donne : 1° soit le nom du composé aromatique transformé en dérivé azoïque que l'on traite ensuite par l'azotite de sodium, ce qui donne un composé à la fois azoïque et diazoïque ; la deuxième colonne comprend alors un composé aromatique que l'on fait agir sur le corps précédent ; 2° soit un dérivé bidiazoïque (D. *bd.* signifie dérivé bidiazoïque) dérivant d'une diamine, et alors il y a dans la deuxième colonne soit un corps, soit deux. Quand il n'y a qu'un corps, on opère sur 2 molécules de ce corps pour une du composé bidiazoïque qui se trouve ainsi transformé en un composé bisazoïque symétrique. Quand il y a deux corps indiqués on fait agir successivement 1 molécule de chacun de ces deux corps sur le composé bidiazoïque ; la première réaction donne un composé une fois azoïque et une fois diazoïque que la deuxième réaction transforme en un corps bisazoïque.

Dans tous les tableaux les cinq colonnes qui suivent indiquent la couleur de la matière, de la teinture qu'elle fournit, ainsi que celle des solutions aqueuse, alcaline et sulfurique de la matière colorante. Dans la colonne relative à la couleur de la teinture se trouvent les observations suivantes :

C, l'étoffe teinte est du coton non mordancé ;

CM, l'étoffe teinte est du coton ; la teinture a lieu sur bain de sel marin ;

CA, coton teint sur bain alcalin ;

CS, coton teint sur bain de savon ;

CT, coton mordancé au tannin ;

L, l'étoffe est de la laine, teinte sur bain acide ;

LC, laine mordancée au chrome ;

B.S, étoffe teinte sur bain de bisulfate de sodium ;

C.G. indique des couleurs insolubles dans l'eau, non employées pour la teinture des étoffes, mais servant à la coloration des vernis et des corps gras, dans lesquels elles sont solubles.

III. — Tableau des principales colorantes trisazoïques

NOMS	FORMULES	PRÉPARATIONS	COULEURS			COULEURS de la matière en présence	
			de la teinture	sur l'étoffe lainée	de la solution alcaline	de la soude	de l'acide sulfurique
Brun Congo R.	[illegible]	Diazodiphényle sur l'acide salicylique sur la résorcine; action obtenue sur l'acide paradiazosulfonique.	brun	brun C		rouge	violet
Benzo gris	[illegible]	Tétrazodiphényle sur l'acide ... puis sur l'α-naphtylamine; ... ce produit par l'acidité de ... on le fait agir sur l'acide sulfonique.	noir gris	gris C	brun cuivre		bleu
Vert diamine	[illegible]	... paranitrodiazobenzène sur ... naphtoldisulfonique; un composé obtenu sur le produit ... du tétrazodiphényle sur ... rylique.	vert foncé	vert C	vert terne		violet

IV. — Tableau des principales colorantes tétrazoïques

NOMS	FORMULES	PRÉPARATIONS	COULEURS			COULEURS de la matière en présence	
			de la teinture	sur l'étoffe lainée	de la fibre bottom acétique	de la soude	de l'acide sulfurique
Dina racbleu	[illegible]	Action du brun Bismarck, puis action des molécules de métaphénylène...	brun foncé	brun C	brun	brun	brun noir
Benzobrun J	[illegible]	... du brun Bismarck sur l'acide diazotique.	brun noir	brun CM			violet sale
Benzobrun R	[illegible]	... du brun Bismarck sur l'acide diazotique.	brun noir	brun CM	brun	rouge foncé	noir violet
Brun de Hesse BB	[illegible]	... du tétrazodiphényle sur 2 molécules de chrysoïne.	noir brun	brun C	brun	rouge brun	noir violet
Brun de Hesse MM	[illegible]	... du tétrazodiphényle sur 2 molécules de chrysoïne.	brun	brun C	brun	bleu	vert noir
Benzoïdine noir J	[illegible]	... le dérivé bisazoïque de l'acide ...-sulfonique sur l'α-naphtylamine; diazotation de ce composé, puis ... sur l'acide α-naphtéténisulfonique.	noir	gris bleu C	noir bleu	bleu	

COMPOSÉS DIVERS

567. Jaune soleil $O\!<\genfrac{}{}{0pt}{}{Az.C^6H^3(SO^3Na).CH}{Az.C^6H^3(SO^3Na).CH}$ — On
obtient ce corps en faisant bouillir avec de la soude caustique le paranitrotoluènesulfonate de sodium. C'est une matière colorante brune ; elle donne une solution aqueuse d'un jaune brun et une solution sulfurique violette. Elle teint la laine et la soie, sur bain acide en jaune orangé.

568. Rouge de Saint-Denis

$$O\!<\genfrac{}{}{0pt}{}{Az.C^6H^3(CH^3).Az : Az.C^{10}H^5 : (OH,SO^3Na)}{Az.C^6H^3(CH^3).Az : Az.C^{10}H^5 : (OH,SO^3Na)}$$

C'est une matière azoxique qui est, en outre, bisazoïque. Pour la préparer, on fait d'abord une diamine azoxique (1). Celle-ci s'obtient en réduisant la nitrotoluidine en liqueur alcaline et on applique la méthode générale ; l'azotite de sodium transforme cette diamine en dérivé bidiazoïque que l'on fait réagir sur 2 molécules d'acide α-naphtolsulfonique.

C'est une matière colorante rouge, soluble dans l'eau ; en présence de la soude, elle prend une coloration rouge brique ; sa solution sulfurique est rouge. Elle teint le coton non mordancé en rouge.

569. Sulfone azurine

$$SO^2\!<\genfrac{}{}{0pt}{}{C^6H^3(SO^3Na).Az : Az.C^{10}H^6.AzH.C^6H^5}{C^6H^3(SO^3Na).Az : Az.C^{10}H^6.AzH.C^6H^5}$$

---

(1) Type de ce genre de composé $O\!<\genfrac{}{}{0pt}{}{Az.R.AzH^2}{Az.R.AzH^2}$
Dans l'exemple cité plus haut, R est le radical bivalent du toluène $C^6H^3(CH^3)$.

Pour préparer ce corps, on part de la benzidinesulfone

$$SO^2 \Big\langle \begin{matrix} C^6H^3.AzH^2 \\ | \\ C^6H^3.AzH^2 \end{matrix}$$

que l'on transforme d'abord en dérivé disulfonique, puis en dérivé bidiazoïque par l'action de l'azotite de sodium. Sur ce dérivé bidiazoïque on fait agir deux molécules de β-naphtylamine phénylée en solution alcoolique.

C'est une matière d'un bleu gris, se dissolvant dans l'eau en bleu, dans l'acide sulfurique en violet. Elle teint la laine sur bain de sulfate de sodium, ou le coton sur bain de savon, en bleu indigo.

570. Jaune de carbazol

$$AzH \Big\langle \begin{matrix} C^6H^3.Az : Az.C^6H^3 : (OH,COONa) \\ | \\ C^6H^3.Az : Az.C^6H^3 : (OH,COONa) \end{matrix}$$

Le carbazol $AzH \Big\langle \begin{matrix} C^6H^4 \\ | \\ C^6H^4 \end{matrix}$ est d'abord transformé en dérivé nitré par l'action de l'acide azotique sur une solution acétique de carbazol. Puis, le dérivé binitré est transformé en dérivé biamidé en le réduisant par le zinc et la soude. Ce dérivé biamidé est ensuite transformé en dérivé bidiazoïque par l'action de l'azotite de sodium. On fait enfin agir 2 molécules d'acide salicylique sur ce dérivé bidiazoïque.

571. Bordeaux coton

$$HO.Az : C \Big\langle \begin{matrix} C^6H^3.Az : Az.C^{10}H^5 : (AzH^2,SO^3Na) \\ | \\ C^6H^3.Az : Az.C^{10}H^5 : (AzH^2,SO^3Na) \end{matrix}$$

On obtient ce composé, qui est un dérivé bisazoïque

d'une cétoxime (1) par les méthodes générales qui servent à obtenir les cétoximes et les composés azoïques; on part d'une cétone diamidobiphénylique $CO\begin{cases} C^6H^3.AzH^2 \\ | \\ C^6H^3.AzH^2 \end{cases}$ que l'on traite par une solution de chlorhydrate d'hydroxylamine, ce qui la transforme dans la cétoxime correspondante

$$HO.Az : C\begin{cases} C^6H^3.AzH^2 \\ | \\ C^6H^3.AzH^2 \end{cases}$$

Le chlorhydrate de cette diamine, traité par l'azotite de sodium, donne un dérivé bidiazoïque sur lequel on fait ensuite agir 2 molécules de naphtylaminemonosulfonate de sodium.

C'est une poudre d'un rouge brun, donnant avec l'eau une solution amarante et avec l'acide sulfurique une solution bleue. Elle teint le coton non mordancé en une nuance de rouge connue sous le nom de rouge Bordeaux.

572. Jaune coton J

$$CO : [AzH.C^6H^4.Az : Az.C^6H^3 : (OH, COONa)]^2$$

Ce composé s'obtient en faisant agir l'acide salicylique sur le dérivé diazoïque de la paraamidoacétanilide. Le produit obtenu est alors chauffé avec de l'acide sulfurique étendu, qui le transforme en un composé amidé qui,

---

(1) La formule générale des cétoximes, obtenus par l'action de l'hydroxylamine $HO.AzH^2$ sur les cétones avec élimination d'une molécule d'eau, est :

$$HO.Az : C\begin{cases} R \\ R' \end{cases}$$

R et R' désignant les radicaux de la cétone R.CO.R'.

après avoir été neutralisé par la soude, a pour formule
$AzH^2.C^6H^4.Az : Az.C^6H^3 : (OH,COONa)$.

Sur ce composé on fait agir de l'oxychlorure de carbone; 1 molécule de ce corps agit sur 2 molécules du
corps précédent en donnant 2 molécules d'acide chlorhydrique. Les deux groupes AzH^2 ont perdu 1 atome
d'hydrogène et se trouvent réunis au groupe CO, suivant
la formule donnée plus haut.

C'est une matière colorante jaunâtre, qui devient
orangée en présence de la soude. Elle teint le coton sur
bain de savon en un jaune pur.

573. Rouge saumon

$$CO : [AzH.C^6H^5.Az : Az.C^{10}H^4 : (AzH^2,SO^3Na)]^2$$

Ce composé s'obtient comme le précédent, mais en
remplaçant l'acide salicylique par l'acide naphtylaminesulfonique. C'est une poudre brunâtre, donnant avec l'eau
une solution orangée, avec l'acide sulfurique une solution
rouge fuschine.

Elle teint le coton non mordancé, sur bain alcalin, en
nuances rouge chair, plus ou moins foncées.

574. Narcéine

$$\begin{array}{c} H.Az.C^6H^4(SO^3Na) \\ | \\ SO^3Na.Az.C^{10}H^6.OH \end{array}$$

— Ce composé
s'obtient par l'action du bisulfite de sodium $SO^3 : (H,Na)$
sur une substance azoïque, l'orangé II (V. *Tableau des
matières colorantes monoazoïques*). Sous l'influence du
bisulfite, l'un des atomes d'azote fixe le groupe SO^3Na,
l'autre H, et la double liaison de l'azote disparaît. C'est
une matière orangée, devenant d'un rouge brun au
contact de la soude, se dissolvant en brun jaune dans
l'acide sulfurique. On l'emploie en impression.

575. Azarine S
$$\begin{array}{c} H.Az.C^6H^2Cl^2(OH) \\ | \\ SO^3AzH^4.Az.C^{10}H^5(OH) \end{array}$$
. — Ce composé s'obtient d'une façon analogue : action du bisulfite d'ammonium sur un composé azoïque. Ce composé azoïque est préparé en faisant agir le β-naphtol sur le dérivé diazoïque du dichloroamidophénol.

L'azarine du commerce est une pâte jaune, rappelant l'alizarine ; sa solution aqueuse est jaune, elle devient violette au contact de la soude ; l'acide sulfurique la dissout en donnant une coloration rouge fuschine.

Cette couleur teint le coton mordancé à l'alumine en nuances semblables à celles de l'alizarine.

576. Tartrazine
$$\begin{array}{c} COOH.C : Az.AzH.C^6H^4.SO^3Na \\ | \\ COOH.C : Az.AzH.C^6H^4.SO^3Na \end{array}$$
. —
Ce composé s'obtient dans l'action du phénylhydrazine-monosulfate de sodium sur l'acide dioxytartrique. Cet acide s'obtient lui-même en décomposant par l'eau l'acide nitrotartrique, et le phénylhydrazinemonosulfonate s'obtient par l'action du dérivé diazoïque de l'acide sulfanilique sur le bisulfite de sodium.

C'est une matière colorante orangée qui teint les étoffes en jaune pur, résistant bien à la lumière. Sa solution alcaline est jaune orangé.

577. Vert azoïque
$$C \begin{cases} O \overline{\qquad\qquad} CO \\ C^6H^4.Az : Az.C^6H^3 \\ C^6H^4.Az : (CH^3)^2 \\ C^6H^4.Az : (CH^3)^2 \end{cases} OH.$$
— Ce composé se rattache à la fois aux dérivés azoïques et au triphénylméthane. Il est vert comme le vert malachite, autre dérivé du triphénylméthane (V. t. II, p. 453), tandis que les matières azoïques ne sont pas vertes (vert

diamine excepté), mais il donne des nuances beaucoup plus stables que les verts du triphénylméthane, suivant la propriété assez générale des dérivés azoïques.

Par l'action de l'aldéhyde nitrobenzylique sur la diméthylphénylamine on obtient un dérivé mononitré du triphénylméthane :

$$C^6H^4 : (AzO^2, CHO) + 2\,Az :. [(CH^3)^2, C^6H^5]$$

$$= H^2O + CH {\Large\langle} \begin{matrix} C^6H^4.Az : (CH^3)^2 \\ C^6H^5.Az : (CH^3)^2 \\ C^6H^4.AzO^2. \end{matrix}$$

Ce composé nitré est transformé en composé amidé par le zinc et l'acide chlorhydrique, et le composé amidé est diazoté par l'azotite de sodium, ce qui donne le composé diazoïque dont voici la formule :

$$CH {\Large\langle} \begin{matrix} C^6H^4.Az : Az.Cl \\ C^6H^4.Az : (CH^3)^2 \\ C^6H^4.Az : (CH^3)^2 \end{matrix}$$

On traite alors ce composé diazoïque par l'acide salicylique, ce qui donne un composé azoïque où le radical $C^6H^3 : (OH, COOH)$ de l'acide salicylique remplace le chlore du composé diazoïque. En traitant alors ce composé azoïque par du bioxyde de plomb, on forme avec les atomes d'hydrogène des groupes CH et COOH une molécule d'eau, et l'on obtient alors le vert azoïque avec la formule indiquée plus haut.

C'est une matière colorante d'un vert foncé qui teint en vert la laine mordancée au chrome.

578. Les composés suivants ont une constitution mal connue.

La *primuline* est une matière jaune que l'on obtient en

chauffant vers 200° un mélange de soufre et de paratoluidine. On transforme ensuite le produit obtenu en dérivé
sulfoné à l'aide de l'acide sulfurique fumant. C'est une
matière colorante jaune, assez faible par elle-même, mais
qui donne des dérivés diazoïques qui, en agissant sur
l'ammoniac ou sur les amines, fournissent de belles
matières colorantes.

Le *mimosa* s'obtient par l'action de l'ammoniaque sur
un dérivé diazoïque de la primuline ; il teint le coton non
mordancé en jaune un peu orangé.

Le *brun alcalin* s'obtient par l'action de la métaphénylènediamine sur un dérivé diazoïque de la primuline.
Il teint en brun le coton non mordancé.

CHAPITRE XIV

COMPOSÉS ORGANO-MÉTALLIQUES

——

§ 1. — Généralités

579. Définition. — On désigne sous le nom de composés organo-métalliques des corps que l'on peut considérer comme dérivant par substitution de deux types différents, celui des chlorures métalliques et celui des carbures d'hydrogène.

Les composés dérivant des chlorures métalliques proviennent de la substitution à un ou plusieurs atomes de chlore d'un ou plusieurs groupements monovalents, tels que le méthyle CH^3, l'éthyle C^2H^5, etc. Comme d'ailleurs la distinction des corps simples en métaux et métalloïdes est assez arbitraire, on range aussi parmi ces composés ceux que l'on peut dériver de chlorures de métalloïdes, tels que les chlorures de phosphore et d'arsenic. C'est même avec ce dernier corps que l'on a obtenu le premier composé appartenant à cette famille : c'est le cacodyle $(CH^3)^2As — As(CH^3)^2$ découvert, en 1842, par Bunsen. On en connaît maintenant un grand nombre.

Les composés métalliques que l'on peut considérer

comme dérivant d'un carbure d'hydrogène sont moins nombreux. C'est M. Berthelot qui les a découverts en 1866. Ces composés dérivent de l'acétylène.

580. Classification. — Parmi les composés qui peuvent être considérés comme dérivant de chlorures métalliques, il y a lieu de considérer deux groupes, selon qu'ils dérivent de composés saturés ou non. Les corps qui dériveront de chlorures saturés par la substitution à un certain nombre d'atomes de chlore d'un nombre égal de groupements monovalents seront eux-mêmes des corps saturés. Les autres ne le seront pas; ils pourront fixer encore du chlore, de l'oxygène, etc.; ils joueront, en un mot, le rôle de radicaux mono- ou plurivalents. Ainsi il existe deux chlorures d'étain dont la formule est $SnCl^2$ et $SnCl^4$. Ce dernier est saturé. Tous les deux donnent des dérivés éthylés. On connaît le composé $(C^2H^5)^2Sn$, qui dérive du chlorure stanneux et n'est pas saturé; ce corps, le stannodiéthyle, est un radical organo-métallique bivalent; il peut se combiner par addition avec d'autres corps en donnant par exemple :

Le chlorure de stannodiéthyle $(C^2H^5)^2 : Sn : Cl^2$
L'iodocyanure   — $(C^2H^5)^2 : Sn : (I,CAz)$
L'oxyde   — $(C^2H^5)^2 : SnO$
Le sulfate   — $(C^2H^5)^2 : Sn : SO^4$,   etc.

Le stannodiéthyle se comportera comme un métal en donnant des sels et des composés haloïdes.

Le composé éthylé, qui dérive du perchlorure $SnCl^4$ par la substitution de 4 groupements C^2H^5 à 4 atomes de chlore, a pour formule $(C^2H^5)^4 :: Sn$. On sait le préparer, et l'on a déterminé ses propriétés. Comme la théorie le faisait prévoir, il ne donne pas de produits d'addition ; en présence de l'iode il se décompose en deux corps qui se combinent chacun à 1 atome d'iode. La réaction qui se produit est :

$$(C^2H^5)^3 :: Sn + I^2 = (C^2H^5)^3 :. Sn.I + C^2H^5.I$$

Nous voyons apparaître dans cette réaction un nouveau corps $(C^2H^5)^3SnI$, que l'on peut considérer comme l'iodure d'un radical particulier monovalent, le stannotriéthyle, car ce corps pourra donner des dérivés tels que :

Le chlorure de stannotriéthyle. . $(C^2H^5)^3 :. Sn.Cl$
L'oxyde   — $[(C^2H^5)^3Sn]^2 : O$
Le sulfate   — $[(C^2H^5)^3Sn]^2 : SO^4$
L'azotate   — $(C^2H^5)^3Sn.AzO^3$, etc.

Quant au stannotriéthyle, radical monovalent, il n'a pas été isolé, comme c'est la règle presque sans exception, mais on a obtenu le corps qui résulte de l'union de 2 molécules de stannotriéthyle $(C^2H^5)^3 :. Sn :. (C^2H^5)^3$.

On peut classer ces corps, pour les étudier, en plaçant ensemble ceux qui proviennent de métaux de même valence. Les métaux monovalents, tels que le potassium, donneront des dérivés, mais non des radicaux métalliques. Avec les métaux plurivalents on pourra obtenir des composés de ces deux ordres.

A un certain nombre de chlorures des corps simples, que nous avons considérés pour établir la formule des dérivés et des radicaux organo-métalliques, et principalement aux chlorures de métalloïdes correspondent des hydrures de même formule. Les radicaux organo-métalliques qui dérivent de ces chlorures et, par suite, de ces hydrures, conservent certaines propriétés de ces corps. Ainsi le phosphure, l'antimoniure et l'arséniure d'hydrogène donnent des dérivés triéthylés bivalents, puisque le phosphore, l'antimoine et l'arsenic sont pentavalents; ces dérivés peuvent, par suite, se combiner à Cl^2 à O, etc.; mais, comme l'ammoniac dont ils ont le type, ils peuvent aussi se combiner à l'acide chlorhydrique en jouant un rôle analogue à l'ammoniac.

581. Préparation. — On a, pour préparer les dérivés organo-métalliques, trois méthodes générales. La première consiste à décomposer, par le métal dont on veut préparer un dérivé, l'iodure du radical que l'on veut fixer sur lui. Ainsi, pour préparer le stannodiéthyle, on fera réagir l'étain sur l'iodure d'éthyle :

$$2(C^2H^5,I) + Sn^2 = (C^2H^5)^2 : Sn + Sn : I^2$$

Quelquefois cette méthode est légèrement modifiée en employant, au lieu du métal lui-même, un alliage de ce métal. C'est ainsi que, dans la préparation du zinc-éthyle, on emploie un alliage de 4 parties de zinc pour 1 partie de sodium.

La seconde méthode consiste à déplacer dans un radical organo-métallique le métal qu'il contient par celui dont on veut obtenir un dérivé :

$$(C^2H^5) : Hg + Zn = (C^2H^5)^2 : Zn + Hg$$

Dans la troisième méthode on fait agir sur un radical organo-métallique un sel métallique ou un chlorure de métalloïde :

$$3(C^2H^5)^2 : Zn + 2As \therefore Cl^3 = 2(C^2H^5)^3 \therefore As + 2ZnCl^3$$

582. Propriétés physiques. — Quand on considère les corps d'une même série, la densité va en augmentant à mesure que le poids moléculaire augmente lui-même. Mais la propriété la plus remarquable de ces composés est qu'ils sont tous volatils à des températures relativement basses et qu'ils sont pour la plupart volatils sans décomposition.

583. Propriétés chimiques. — L'*hydrogène* est sans action sur les dérivés organo-métalliques.

L'*oxygène* agit, au contraire, sur la plupart ; les uns s'enflamment spontanément au contact de l'air, comme le zinc-éthyle, qui donne de l'oxyde de zinc, de l'eau et de l'acide carbonique. Lorsque l'action de l'oxygène est moins complète, on obtient, en général, avec les radicaux organo-métallique, des produits d'oxydation ; ainsi le cacodyle $As^2(CH^3)^4$ donne un oxyde $As^2(CH^3)^4O$. Avec les composés saturés on obtient des dérivés particuliers : par exemple, le zinc-éthyle sur lequel on fait agir l'oxygène d'une façon ménagée pour éviter son inflammation donne la réaction :

$$(C^2H^5)^2Zn + O^2 = C^2H^5.O.Zn.O.C^2H^5$$

Le *soufre* agit d'une façon analogue, mais donne des réactions beaucoup moins énergiques.

Le *chlore*, le *brome* et l'*iode* donnent avec les radicaux organo-métalliques des produits d'addition, et avec les dérivés saturés il se produit un dédoublement. Par exemple, le chlore, non en excès, donne avec le stanno-diéthyle un chlorure de stanno-diéthyle :

$$Sn : (C^2H^5)^2 + Cl^2 = Sn : : [(C^2H^3)^2, Cl^2]$$

qui est un corps saturé. Avec les radicaux qui dérivent de 2 molécules de chlorure il y a à la fois addition et dédoublement. Le cacodyle, par exemple, éprouve une réaction de ce genre :

$$As^2(CH^3)^4 + Cl^2 = 2As(CH^3)^2Cl.$$

Avec les dérivés saturés on obtient un dédoublement avec formation d'un éther. Ainsi le stanno-tétréthyle donne, avec le chlore, du chlorure d'éthyle et du chlorure de stanno-triéthyle :

$$Sn(C^2H^5)^4 + Cl^2 = C^2H^5Cl + Sn(C^2H^5)^3Cl.$$

L'*eau* décompose la plupart de ces dérivés ; elle donne un hydrate et un carbure d'hydrogène saturé. Le zinc-éthyle, par exemple, donne de l'hydrate de zinc et de l'hydrure d'éthyle :

$$Zn(C^2H^5)^2 + 2H^2O = Zn(OH)^2 + 2C^2H^6.$$

L'*acide sulfhydrique* qui, dans un grand nombre de réactions, se comporte comme l'eau, donne avec ces composés des réactions intéressantes : tandis que l'eau fait sortir le métal de la combinaison organique dans laquelle il était engagé et donne un oxyde, l'acide sulfhydrique ne précipite pas les métaux à l'état de sulfures, mais il transforme ces composés en dérivés sulfurés. Telle est, par exemple, la réaction :

$$(CH^3)AzCl^2 + H^2S = (CH^3)AzS + 2HCl.$$

Les *acides* attaquent la plupart de ces composés ; les radicaux s'unissent aux acides pour donner des combinaisons analogues à des sels ; les dérivés saturés sont dédoublés ; il se forme un carbure saturé et un sel d'un radical dérivant de ce composé saturé.

L'*acide azotique* agit d'une façon spéciale, comme oxydant. Aussi détermine-t-il avec la plupart de ces corps de violentes explosions. Quelques-uns cependant, comme le silicium-méthyle, résistent à l'action de l'acide fumant, même à 200°.

§ 2. — ÉTUDE PARTICULIÈRE DES COMPOSÉS ORGANO-MÉTALLIQUES

I. — COMPOSÉS DÉRIVANT DES CHLORURES DE MÉTAUX OU DE MÉTALLOÏDES

584. Métaux monovalents. — Le potassium, le sodium et le lithium ont donné des combinaisons avec le méthyle et l'éthyle ; on a obtenu, en outre, des combinaisons de ces composés avec le zinc-éthyle.

Ces composés se préparent par l'action du métal alcalin sur le mercure-méthyle ou le mercure-éthyle. Le potassium-éthyle s'obtient, par exemple, d'après la formule :

$$(C^2H^5)^2Hg + K^2 = Hg + 2(C^2H^5.K)$$

Avec le zinc-éthyle on n'obtient pas de potassium-éthyle, mais une combinaison de ce corps avec le zinc-éthyle.

585. Métaux bivalents. — On connaît diverses combinaisons du glucinium, du magnésium, du zinc, du cadmium et du mercure avec l'éthyle, le méthyle et leurs homologues. On les prépare par les méthodes générales précédemment indiquées :

Glucinium-éthyle $(C^2H^5)^2Gl$, liquide incolore, fumant à l'air, bouillant vers 186°.

Glucinium-propyle $(C^3H^7)^2Gl$, liquide incolore fumant à l'air, bouillant vers 245°.

Magnésium-méthyle $(CH^3)^2Mg$, liquide spontanément inflammable.

Magnésium-éthyle $(C^2H^5)^2Mg$, liquide spontanément inflammable.

Zinc-méthyle $(CH^3)^2Zn$, liquide spontanément inflammable, bouillant vers 46°.

Zinc-éthyle $(C^2H^5)^2Zn$, liquide spontanément inflammable, bouillant vers 118°.

Zinc-propyle $(C^3H^7)^2Zn$, liquide spontanément inflammable, bouillant vers 148°.

Zinc-butyle $(C^4H^9)^2Zn$, liquide spontanément inflammable, bouillant vers 186°.

Zinc-amyle $(C^5H^{11})Zn$, liquide non spontanément inflammable, bouillant à 221°.

Cadmium-éthyle $(C^2H^5)^2Cd$, liquide spontanément inflammable.

Mercure-monométhyle $(CH^3)Hg$, connu seulement à l'état de sels et de combinaison avec le chlore, le brome, l'iode, le soufre, etc.

Mercure-diméthyle $(CH^3)^2Hg$, liquide non spontanément inflammable, de densité 3,07, bouillant vers 95°.

Mercure-monoéthyle $(C^2H^5)Hg$, connu seulement, à l'état de sels et de combinaisons avec le chlore, le brome, l'iode, le soufre, etc.

Mercure diéthyle $(C^2H^5)^2Hg$, liquide non spontanément inflammable, de densité 2,44, bouillant vers 114°.

Mercure-propyle $(C^3H^7)Hg$, liquide non spontanément inflammable, de densité 2,12, bouillant vers 190°.

Mercure-butyle $(C^4H^9)^2Hg$, liquide non spontanément inflammable, densité 1,835, bouillant vers 206°.

Mercure-amyle $(C^5H^{11})^2Hg$, liquide non spontanément inflammable, de densité 1,666, décomposable.

Mercure-octyle $(C^8H^{17})^2Hg$, liquide non spontanément inflammable, de densité 1,342.

Mercure-phényle $(C^6H^5)^2Hg$, solide, fusible à 120°, formant de nombreux sels.

Mercure-naphthyle $(C^{10}H^7)^2Hg$, solide, fusible à 243°, se décomposant avant de distiller.

586. Métaux et métalloïdes trivalents. — Le bismuth et le thallium parmi les métaux, le bore parmi les métalloïdes, donnent des dérivés nombreux.

Bismuth-éthyle $(C^2H^5)Bi$, radical bivalent dont on connaît un grand nombre de composés d'addition ;

Bismuth-triéthyle $(C^2H^5)^3Bi$, dérivé saturé, liquide, spontanément inflammable, de densité 1,8 ; il se décompose avec explosion quand on veut le volatiliser ;

Thallium-diéthyle $(C^2H^5)^2Tl$; ce composé, radical monovalent, n'existe pas à l'état de liberté, mais on en connaît d'assez nombreux dérivés ;

Bore-méthyle $(CH^3)^3Bo$, gaz incolore, d'une odeur insupportable, de densité 1,9 ; il se liquéfie à 10° sous une pression de 3 atmosphères ; il est spontanément inflammable ;

Bore-éthyle $(C^2H^5)^3Bo$, liquide, de densité 0,696, bouillant à 95°.

587. Métaux et métalloïdes quadrivalents. — Le plomb, l'étain et l'aluminium forment de nombreux composés organo-métalliques. Un grand nombre de dérivés organiques du silicium se rapportent aussi à ce type :

Plomb-triméthyle $(CH^3)^3Pb$, radical monovalent non

isolé ; on connaît un certain nombre de sels formés par ce radical ;

Plomb-tétraméthyle $(CH^3)^4Pb$, liquide, d'une odeur camphrée, de densité 2,03, bouillant à 110° ;

Plomb-triéthyle $(C^2H^5)^3Pb.Pb(C^2H^5)^3$, liquide jaunâtre, de densité 1,471 ; il donne, en se dédoublant, de nombreux dérivés ;

Plomb-tétréthyle $(C^2H^5)^4Pb$, liquide incolore, de densité 1,62, bouillant vers 200° ;

Plomb-triisoamyle $(C^5H^{11})^3Pb.Pb(C^5H^{11})^3$, liquide qui donne en se dédoublant de nombreux sels ;

Stannodiméthyle $(CH^3)^2Sn$, non obtenu à l'état de pureté ; ses sels sont obtenus facilement ;

Stannotriméthyle $(C^2H^5)^3Sn$, radical monovalent non obtenu à l'état libre ; on en connaît divers sels ;

Stannotétraméthyle $(C^2H^5)^4Sn$, non obtenu à l'état de pureté ; dérivé saturé ;

Stannodiéthyle $(C^2H^5)^2Sn$, liquide huileux, d'une odeur irritante, de densité 1,56, bouillant à 150° en se décomposant partiellement. Radical bivalent dont on connaît de nombreux produits d'addition ;

Stannotriéthyle $(C^2H^5)^3Sn.Sn(C^2H^5)^3$, liquide incolore, bouillant à 265° ; il donne, en se dédoublant, un grand nombre de sels ;

Stannotétréthyle.

On connaît aussi des composés mixtes où un, deux, trois groupes éthyles sont remplacés par un, deux ou trois groupes méthyles.

Stannopropyle ;

Stannotripropyle ;

Stannotétrapropyle.

On connaît aussi des dérivés butylés, amylés et phénylés, ainsi que des dérivés mixtes.

Aluminium-méthyle $(CH^3)^6Al^2$, liquide spontanément inflammable, bouillant à 130°.

Aluminium-éthyle $(C^2H^5)^6Al^2$, liquide visqueux, spontanément inflammable, bouillant à 194°;

Aluminium-propyle $(C^3H^7)^6Al^2$, liquide spontanément inflammable; bouillant vers 250°;

Aluminium-isobutyle $(C^4H^9)^6Al^2$, liquide fumant à l'air.

DÉRIVÉS SILICIÉS. — La plupart ont été préparés par M. Friedel.

Silicium-tétraméthyle Si $(CH^3)^4$, liquide incolore, bouillant à 30°,5;

Silicium-tétréthyle Si $(C^2H^5)^4$, liquide non spontanément inflammable; bout à 152°,5;

Silicium-triéthyle $(C^2H^5)^3$ Si.Si $(C^2H^5)^3$, liquide bouillant vers 252°;

Silicium-tétrapropyle $(C^3H^7)^4Si$, liquide incolore, bouillant à 213°.

Ces divers composés ont fourni de nombreux dérivés; on a d'ailleurs obtenu un certain nombre de composés mixtes contenant, au lieu de trois ou quatre groupes identiques, des groupes C^nH^{2n+1} différents, et même des groupes contenant de l'oxygène. Tels sont les nombreux éthers siliciques.

588. Métaux et métalloïdes pentavalents. — L'antimoine parmi les métaux, l'arsenic et le phosphore parmi les métalloïdes, ont donné de très nombreux dérivés. Les composés analogues formés par l'azote, les amines, ont déjà fait l'objet d'un chapitre spécial, à cause de leur importance.

L'*antimoine-diméthyle* $(CH^3)^2Sb.Sb(CH^3)^2$ et l'*antimoine-tétraméthyle* $(CH^3)^4Sb.Sb(CH^3)^4$ ne sont pas connus, mais on connaît des sels de ce dernier composé.

L'*antimoine-triméthyle* $(CH^3)^3Sb$ est un radical bivalent dont on connaît divers sels ; c'est un liquide incolore qui bout à $80°,6$; il s'enflamme parfois spontanément à l'air.

L'*antimoine-pentaméthyle* $(CH^3)^5Sb$ n'a été obtenu qu'à l'état impur ; il paraît distiller vers $100°$.

Antimoine-triéthyle $(C^2H^5)^3Sb$, liquide incolore, d'une odeur d'oignon insupportable, bouillant à $160°$. C'est un radical bivalent dont on connaît de nombreux produits d'addition.

Antimoine-tétréthyle $(C^2H^5)^4Sb$, radical monovalent inconnu à l'état de liberté ; un certain nombre de ses sels sont bien connus.

Antimoine-pentéthyle $(C^2H^5)^5Sb$; composé saturé non obtenu à l'état pur. On connaît aussi quelques dérivés amylés de l'antimoine.

DÉRIVÉS DE L'ARSENIC. — Parmi ces dérivés ceux qui sont du type AsR^3 s'appellent des arsines ; ils se combinent avec les éthers iodhydriques pour donner des iodures de composés quaternaires que l'on peut transformer en hydrates et qui ont alors des propriétés basiques énergiques qui les rapprochent de l'hydrate de potassium et des hydrates des ammoniums et phosphoniums quaternaires. Parmi les autres dérivés, le cacodyle, le plus anciennement connu, a été l'objet de nombreuses recherches, et l'on connaît actuellement un grand nombre de corps qui en dérivent.

Arsenic-monométhyle $(CH^3)As$, radical tétravalent non isolé ; nombreux dérivés connus.

Arsenic-diméthyle $(CH^3)^2As$. $As(CH^3)^2$, ou cacodyle, ou liqueur fumante de Cadet. Il a été découvert, en 1760, par Cadet, en distillant un mélange d'acide arsénieux et d'acétate de potassium (1) ; il obtint ainsi une liqueur d'une odeur extrêmement fétide, fumant à l'air et dont les vapeurs sont très dangereuses à respirer. Bunsen a montré, depuis, que le produit obtenu dans cette réaction est un mélange de cacodyle et d'oxyde de cacodyle. La constitution de ce corps n'est cependant bien établie que depuis les travaux de MM. Cahours et Riche.

On le prépare en distillant au bain de sable dans une cornue en verre un mélange de parties égales d'acide arsénieux et d'acétate de potassium bien sec. Le ballon réfrigérant qui fait suite à la cornue doit être bien refroidi et muni d'un long tube qui envoie au dehors les produits non condensés qui sont très dangereux à respirer. Lorsque la distillation est terminée, on trouve dans le ballon deux couches de liquide. La partie inférieure, d'une couleur brune, est du cacodyle impur ; la couche supérieure contient de l'acétone et de l'acide acétique ; on décante avec un siphon le liquide de la couche inférieure et on le fait arriver dans de l'eau contenue dans un flacon, afin d'éviter qu'il ne soit en contact avec l'air et qu'il ne s'enflamme. On le lave avec de l'eau, on le rectifie sur de la potasse solide, puis avec de l'acide chlorhydrique on le transforme en chlorure de cacodyle $(CH^3)^2AsCl$, qui bout vers $100°$. Pour le transformer en cacodyle on chauffe ce dernier corps en tube scellé avec du zinc. On traite ensuite la masse par l'eau qui dissout le chlorure de zinc, et le cacodyle qui se sépare de cette solution est décanté, desséché sur du chlorure de calcium et distillé en présence d'un gaz inerte.

Le cacodyle est un liquide incolore, visqueux, fumant

______

(1) Cette réaction est souvent utilisée dans les analyses qualitatives de sels pour reconnaître les acétates.

à l'air et ne tardant pas à s'y enflammer, d'une odeur très désagréable, facile à reconnaître, peu soluble dans l'eau. Il bout à 170° et cristallise à 60°. On connaît un très grand nombre de dérivés de ce corps.

Arsenic-triméthyle $(CH^3)^3As$, ou triméthylarsine, liquide bouillant un peu au-dessous de 100°.

Arsenic-tétraméthyle $(CH^3)As$, radical monovalent, non connu à l'état de liberté; on a préparé quelques-uns de ses sels;

Arsenic-pentaméthyle $(CH^3)^5As$, dérivé saturé peu connu;

Arsenic-monoéthyle $(C^2H^5)As$, radical tétravalent non isolé, quelques sels connus;

Arsenic-diéthyle $(C^2H^5)^2As.As(C^2H^5)^2$, ou éthyl-cacodyle. Liquide huileux, d'une odeur désagréable, bouillant à 185°; il est spontanément inflammable à l'air; on connaît quelques dérivés de ce corps;

Arsenic-triéthyle $(C^2H^5)^3As$, ou triéthylarsine. Liquide huileux bouillant vers 150°. Il fume à l'air et s'enflamme parfois spontanément. Nombreux dérivés connus;

Arsenic-tétréthyle $(C^2H^5)^4As$, radical monovalent non isolé, mais dont on connaît d'assez nombreux dérivés.

A côté de ces composés on en connaît un grand nombre d'autres où les groupes C^nH^{2n+1}, qui sont unis à 1 atome d'arsenic, sont différents; d'autres composés, nombreux aussi, contiennent des groupements C^nH^{2n+1} modifiés par la substitution à un ou plusieurs atomes d'hydrogène d'un nombre correspondant d'atomes de corps mono- ou bivalent.

On connaît aussi des dérivés analogues à ceux dont nous venons de donner la liste, mais où l'éthyle est remplacé par le propyle, l'amyle, le phényle, etc.

Dérivés du phosphore. — Les dérivés du type PR^3 se nomment des *phosphines*; leurs propriétés rappellent celles des arsines et des amines.

Phosphore-monométhyle $PH^2(CH^3)$, c'est un gaz d'une odeur affreuse qui se condense à 14° en un liquide incolore; ce gaz fume à l'air en s'oxydant et donnant de l'acide méthylphosphinique $CH^3PO^3H^2$;

Phosphore-diéthyle $PH(CH^3)^2$, liquide spontanément inflammable, qui bout à 25°;

Phosphore-triméthyle $P(CH^3)^3$, liquide incolore, d'une odeur insupportable; il bout vers 40° et fume à l'air en s'oxydant. Assez nombreux dérivés connus;

Phosphore-monoéthyle $PH^2(C^2H^5)$, liquide incolore, qui bout à 25°;

Phosphore-diéthyle $PH(C^2H^5)^2$, liquide d'une odeur très désagréable, bouillant à 85°;

Phosphore-triéthyle $P(C^2H^5)^3$, liquide de densité 0,81 qui bout à 127°,5. Très nombreux dérivés connus;

Phosphore-tétréthyle, radical monovalent non isolé, mais dont on connaît un certain nombre de composés.

On connaît, en outre, comme pour l'arsenic, un grand nombre de composés mixtes et des composés où les groupes C^nH^{2n+1} ont été modifiés par des substitutions. On connaît aussi des dérivés propylés, butylés, etc., ainsi que des dérivés phénylés, crésylés, xylylés et naphtylés.

589. Métaux hexavalents. — Le tungstène a fourni des dérivés du *tungstène tétraméthyle*, tels que l'iodure $(CH^3)^4TuI^2$ et divers autres sels, mais ce radical bivalent n'a pas été isolé.

II. — COMPOSÉS DÉRIVANT DE L'ACÉTYLÈNE
ET DE SES HOMOLOGUES

La connaissance de ces corps résulte uniquement des recherches de M. Berthelot. Parmi ces composés les uns peuvent être considérés comme dérivant de l'acétylène par substitution atome à atome d'un métal monovalent; les autres dérivent du type C^2HR' ou C^2HR^2, ils ne sont pas saturés et ils n'ont pas été obtenus à l'état libre ; on a obtenu seulement des produits d'addition de ces composés qui, eux, sont saturés, par exemple les chlorures $C^2HR'Cl, C^2HR^2Cl$ et les oxydes $(C^2HR')^2 : O$ et $(C^2HR^2)^2 : O$.

590. Acétylures. — 1° Les composés de la première série sont les suivants:

Acétylure de potassium. — Quand on chauffe du potassium dans une atmosphère d'acétylène, il prend feu et donne une matière noirâtre moins bien définie que les composés du sodium. Cette matière décompose l'eau avec une grande violence en régénérant de l'acétylène.

Acétylures de sodium. — Ils sont mieux connus que le composé du potassium. Le sodium fondu dans l'acétylène se transforme en acétylure alcalin en mettant en liberté une quantité équivalente d'hydrogène :

$$C^2H^2 + Na = C^2HNa + H$$

Comme, d'autre part, l'hydrogène peut transformer l'acétylène en éthylène et hydrure d'éthyle, on trouve toujours ces gaz mélangés en petites quantités à l'hydrogène mis en liberté.

Si l'on élève la température jusqu'au rouge sombre, la réaction devient plus complète ; la matière noire charbonneuse est un carbure de sodium :

$$C^2H^2 + Na^2 = C^2Na^2 + H^2$$

La chaleur de formation de ce corps est de $9^c,76$ depuis le carbone à l'état de diamant (de Forcrand). Ces deux carbures décomposent l'eau en mettant en liberté de l'acétylène.

ACÉTYLURE DE BARYUM C^2Ba. — Ce composé a été obtenu par M. Maquenne [1], tout d'abord en chauffant de l'amalgame de baryum avec du charbon en poudre dans une atmosphère d'hydrogène, puis en réduisant le carbonate de baryum par le magnésium (méthode Winkler) en présence de carbone (V. t. I, p. 134). La matière que l'on obtient contient, en moyenne, 38 0/0 d'acétylure de baryum ; le reste est de la magnésie, du charbon et du carbonate de baryum.

ACÉTYLURE DE CALCIUM C^2Ca. — Ce composé, obtenu à l'état impur par Wœhler dans l'action du carbone sur un alliage de zinc et de calcium, a été obtenu depuis, dans un grand degré de pureté, par M. Moissan [2], en chauffant pendant quinze à vingt minutes, dans un four électrique (350 ampères, 70 volts), un mélange intime de 120 grammes de marbre et de 70 grammes de charbon de sucre. Le composé obtenu contenait de 37,3 à 37,8 0/0 de carbone (théorie : 37,5) et de 61,7 à 62,7 0/0 de calcium (théorie : 62,5). Avec les proportions indiquées plus haut on obtient de 120 à 150 grammes de carbure de calcium.

---

(1) *Comptes rendus de l'Académie des Sciences*, 15 février 1892.
(2) *Comptes rendus de l'Académie des Sciences*, 5 mars 1894.

Le produit obtenu se présente sous forme d'une masse noire, homogène, fondue, facilement clivable, à cassure cristalline. Sa densité est 2,22.

L'eau décompose rapidement ce carbure en donnant de l'acétylène presque pur (98,4 0/0).

Depuis, on a préparé ce corps industriellement en assez grande quantité, à cause de l'intérêt qu'il présente pour la préparation de l'acétylène (brevet Wilson de janvier 1895) (V. t. II, p. 597).

2ª Les composés de la seconde série sont ces combinaisons formées par le cuprosacétyle, l'argentacétyle, l'argentallyle, le mercuracétyle, l'aurosacétyle et le chromosacétyle.

591. Combinaison de cuprosacétyle. — Quand on traite par l'acétylène une solution ammoniacale de chlorure cuivreux, on obtient un précipité rouge caractéristique. En lavant ce précipité avec de l'ammoniaque concentrée, puis avec de l'eau pure, on obtient un composé bien défini, l'oxyde de cuprosacétyle $(C^2HCu)^2O$; après dessiccation, c'est une poudre d'un brun marron qui détone vers 120° ou par un choc violent ; il se décompose alors en cuivre, carbone, oxyde de carbone et acide carbonique.

Les hydracides décomposent ce corps et ne fournissent pas de sels correspondants. Les oxacides ne le décomposent que difficilement, sauf l'acide azotique qui le détruit rapidement.

Quand on traite le chlorure cuivreux dissous dans du chlorure de potassium par de l'acétylène, on obtient un précipité jaune cristallin de chlorure double de cuprosacétyle et de potassium que l'on lave avec une solution saturée de chlorure de potassium pour enlever le chlorure cuivreux qui l'imprègne. On connaît un composé analogue formé par le chlorure d'ammonium.

On connaît aussi un oxychlorure de cuprosacétyle qui constitue la majeure partie du précipité formé tout d'abord dans l'action de l'acétylène sur le chlorure cuivreux ammoniacal.

On prépare un bromure et un iodure, ainsi que les oxybromure, oxycyanure de cuprosacétyle par des procédés tout semblables.

Combinaisons de cuprosallyle. — Elles sont moins bien connues que les précédentes : l'allylène, homologue immédiatement supérieur de l'acétylène, est absorbé très abondamment par la dissolution de chlorure cuivreux dans le chlorure de potassium ; il donne un précipité jaune qui est un chlorure de cuprosallyle impur. Le chlorure cuivreux ammoniacal, contenant du chlorhydrate d'ammoniaque, absorbe l'allylène, mais sans donner de précipité. Aussi emploie-t-on cette dissolution quand on veut constater la présence de l'acétylène dans un mélange de gaz qui renferme de l'allylène : la formation d'un précipité rouge d'acétylure cuivreux n'est pas masquée, dans ces conditions, par la formation d'un précipité jaune de cuprosallyle (M. Berthelot).

592. Combinaisons de l'argent-acétyle. —

On connaît un oxyde, un chlorure et quelques sels formés par ce radical.

L'oxyde d'argent-acétyle s'obtient en absorbant de l'acétylène dans de l'azotate d'argent ammoniacal ; on le lave d'abord à l'ammoniaque, puis à l'eau distillée. C'est une poudre blanche, amorphe, que la lumière décompose et qui détone violemment par une légère élévation de température. Sa formule est $(C^2HAg^2)O^2$.

Le chlorure d'argent-acétyle (C^2HAg^2) Cl s'obtient par l'action de l'acétylène sur une solution ammoniacale de chlorure d'argent. Les acides le décomposent.

L'acétylène précipite aussi les solutions ammoniacales de sulfate, de phosphate et de benzoate en donnant un sulfate, un phosphate et un benzoate d'argent-acétyle. Ce dernier composé ne peut pas être obtenu pur ; les lavages le décomposent et il ne reste que l'oxyde d'argent-acétyle.

Le chlorure d'argent-diallyle $[C^3H^3Ag\ (C^3H^3Ag^2)]$ Cl s'obtient par l'action de l'allylène sur le chlorure d'argent dissous dans l'ammoniaque. C'est un précipité blanc que la lumière décompose. Le chlorure d'argent allyle $(C^3H^3Ag^2)$ Cl n'a pas été obtenu. On n'a pas obtenu non plus les oxydes correspondants à ces deux chlorures. Mais on a obtenu à l'état impur le sulfate d'argent-diallyle.

593. Combinaisons du mercuracétyle. — L'oxyde de ce corps $(C^3HHg^3)^2O$ s'obtient en traitant l'iodure mercurique dissous dans l'iodure de potassium en présence d'ammoniaque par un courant d'allylène ; il se forme un précipité blanc cristallin qu'on lave à l'iodure de potassium ; c'est un corps très explosif.

§ 3. — Applications

594. Carbure de calcium. — La seule application industrielle des composés qui viennent d'être étudiés est encore à son début ; elle consiste dans la fabrication de l'acétylure ou carbure de calcium C^2Ca, que l'on com-

mence à utiliser pour la fabrication en grand de l'acétylène. L'acétylène, étant un gaz très éclairant (46 fois plus
que le méthane, 34 fois plus que l'éthylène, d'après
Vivian Lewes), peut être employé seul pour l'éclairage,
en utilisant des becs spéciaux, ou être employé à l'état
de mélange pour rehausser le pouvoir éclairant du gaz
ordinaire.

La préparation de ce corps a été indiquée plus haut
page 593, telle que l'a décrite M. Moissan. Nous donnons
ici la figure de l'appareil em-
ployé par la Wilson Aluminium Company (1). A est un
creuset de graphite ou d'un
charbon bon conducteur, tel
que les charbons artificiels
employés pour les arcs électriques. Il est entouré d'une
maçonnerie en briques iso-
lantes B et repose sur une
plaque en fer F qui est reliée
par P' avec la borne d'une
dynamo ; l'autre borne de la
dynamo communique par l'intermédiaire de la lame P avec
un cylindre C en charbon de

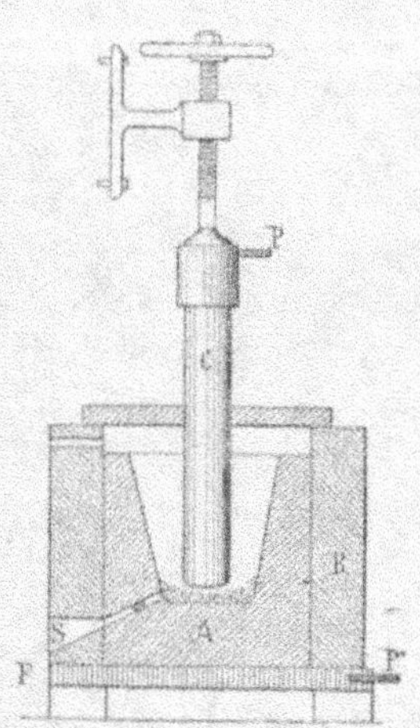

cornue, ou charbon conducteur aggloméré ; celui-ci
constitue l'autre pôle du four électrique ; il peut être
monté ou descendu à volonté à l'aide d'une vis manœu-
vrée par un volant. En S est un trou de coulée bouché
par un tampon d'argile que l'on détruit, quand l'opéra-

(1) Voir : *Une révolution dans l'éclairage au gaz*, E. Urbain, dans *la
Revue générale des Sciences*, t. VI, p. 447 (30 mai 1895).

tion est terminée, pour procéder à la coulée du carbure.

Au début on opérait avec des courants continus de 2.000 ampères et 35 volts représentant une puissance d'environ 100 chevaux-vapeurs. On traitait 30 kilogrammes de chaux par opération. Cette chaux était, au préalable, mélangée avec 50 litres de brai de goudron, et le mélange était séché avant d'être introduit dans le four électrique. De cette façon on obtenait un mélange très intime de chaux et de charbon.

Depuis, on emploie les courants alternatifs, ce qui montre que le courant agit par la température élevée qu'il produit et non par électrolyse.

Les renseignements fournis sur le prix de revient de ce produit sont un peu contradictoires. Il serait de 100 francs par tonne, d'après le Dr Suckert. Il atteindrait 150 francs, d'après d'autres auteurs. Quoi qu'il en soit, on doit considérer ce prix comme très bas et très encourageant, cette industrie étant à son début. Au prix de 150 francs la tonne, l'acétylène fabriqué avec ce carbure donnerait un éclairage qui, à intensité égale, reviendrait au même prix que l'éclairage des becs Auer, au gaz ordinaire d'éclairage, du prix de 0 fr. 30 le mètre cube.

Pour obtenir le gaz acétylène avec ce carbure, il suffit de faire arriver lentement de l'eau sur le produit : on recueille le gaz dans des cloches comme pour le gaz d'éclairage, ou bien on le comprime dans des vases en fer très résistants. Il se liquéfie à peu près comme l'acide carbonique ; on peut le garder liquide dans des bouteilles en fer, comme celles qui servent depuis quelques années pour le transport de l'acide carbonique liquide.

Depuis peu de temps l'acétylène comprimé a fait son apparition dans le commerce.

On peut aussi préparer l'acétylène au moment même où on l'utilise en se servant d'appareils analogues au briquet à hydrogène. Ces appareils ont la forme de lampe; leur pouvoir éclairant est de cinq carcels (1).

(1) Trouvé, *Comptes rendus de l'Académie des Sciences*, 8 juin 1896.

CHAPITRE XV

MATIÈRES ALBUMINOÏDES

§ 1. — Généralités. — § 2. — Étude particulière des matières albuminoïdes. — § 3. — Applications

§ 1. — Généralités

595. Constitution. — On appelle matières albuminoïdes, ou matières protéiques, de nombreuses substances qui existent dans les tissus des animaux et des végétaux. Elles sont beaucoup moins abondantes dans ces derniers. Ces corps possèdent un ensemble de propriétés communes ; toutefois, certaines substances ont des propriétés assez différentes, comme l'albumine du blanc d'œuf et la gélatine.

Leur constitution n'est connue que pour quelques-unes ; elle est fort compliquée. Nous étudierons seulement la constitution de la gélatine et de l'albumine. Elle a été établie par M. Schutzenberger, après de longues et intéressantes recherches sur l'hydratation qu'éprouvent les matières albuminoïdes, quand on les chauffe en présence d'hydrate de baryum, dans des autoclaves. La *gélatine*, par exemple, donne dans ces conditions de l'ammoniaque des acides acétique, carbonique et oxalique et enfin des composés amidés de deux sortes, les *leucines* et les *leucéines*.

Les leucines sont des amides-acides dont le plus simple est le glycocolle $CH^2AzH^2.COOH$; ses homologues supérieurs sont l'alanine $CH^2AzH^2.CH^2.COOH$, puis les acides amidobutyrique $CH^2AzH^2.CH^2.CH^2.COOH$, amido-valérique $CH^2(AzH^2).(CH^2)^3.COOH$, amido-caproïque $CH^2.AzH^2.(CH^2)^4COOH$. Ce sont ces leucines que l'on trouve dans le produit de l'hydratation des matières albuminoïdes ; elles y sont d'autant plus abondantes que leur formule est plus simple : le glycocolle y domine.

On trouve encore dans ces produits un corps cristallisé qui semble être une combinaison de glycocolle et d'alanine, c'est la glycalanine.

Les leucéines provenant de l'hydratation de la gélatine sont au nombre de deux : leurs formules sont $C^4H^7O^2Az$ et $C^5H^9O^2Az$. M. Schutzenberger représente la formule de la leucine en C^5 par le schéma : $C^3H^4 : Az.CH^2. COOH$.

Lorsqu'au lieu d'opérer entre 160 et 200°, comme dans les expériences qui viennent d'être rapportées, on opère à 100°, on obtient un dédoublement moins complet : il se forme des glucoprotéines, $C^n H^{2n} O^4 Az^2$ (n variant entre 7 et 11). La formule proposée par M. Schutzenberger, pour rendre compte des divers dédoublements qu'éprouve la gélatine, est :

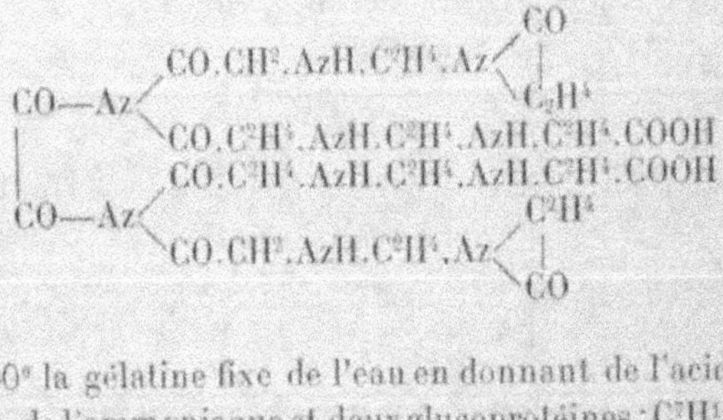

$$
\begin{array}{l}
\Bigg\langle
\begin{array}{l}
CO.CH^2.AzH.C^2H^4.Az \Big\langle \begin{array}{l} CO \\ C_2H^4 \end{array} \\
CO.C^2H^3.AzH.C^2H^4.AzH.C^2H^4.COOH
\end{array} \\
CO-Az \\
\;\;| \\
CO-Az \\
\Bigg\langle
\begin{array}{l}
CO.C^2H^4.AzH.C^2H^4.AzH.C^2H^4.COOH \\
CO.CH^2.AzH.C^2H^4.Az \Big\langle \begin{array}{l} C^2H^4 \\ CO \end{array}
\end{array}
\end{array}
$$

A 100° la gélatine fixe de l'eau en donnant de l'acide oxalique, de l'ammoniaque et deux glucoprotéines : $C^7H^{14}O^4Az^2$

et $C^8H^{16}O^4Az^2$. 8 molécules d'eau prennent part à cette hydratation en se séparant en 8H et 8HO ; la molécule de gélatine se trouve scindée partout où une liaison existait entre l'azote et le carbonyle CO. Chacune de ces liaisons disparaissant, l'azote fixe autant d'atomes d'hydrogène qu'il avait de liaisons avec des groupes CO, et les groupes CO fixent chacun un groupe OH ; il se forme ainsi :

$$COOH + AzH^3 + \begin{cases} COOH.CH^2.AzH.C^3H^4.Az\big\langle{}^H_{C^3H^3.COOH} \\ COOH.C^3H^4.AzH.C^3H^4.AzH.C^3H^4.COOH \\ COOH.C^3H^4.AzH.C^3H^4.AzH.C^3H^4.COOH \\ COOH.CH^2.AzH.C^3H^4.Az\big\langle{}^{C^3H^4.COOH}_H \end{cases}$$
$$COOH + AzH^3 +$$

c'est-à-dire

<table>
<tr><td>1 molécule
d'acide
oxalique</td><td>deux
molécules
d'ammoniac</td><td>deux molécules de glucoprotéine en C7,
deux molécules de glucoprotéine en C8.</td></tr>
</table>

Ces deux glucoprotéines $C^7H^{14}O^4Az^2$ et $C^8H^{16}O^4Az^2$ se dédoublent à leur tour, quand on fait agir la baryte à une température plus élevée en leucine et en leucéine ; par exemple, la glucoprotéine en C^7 donne de la leucine en C^2 ou glycocolle et de la leucéine en C^5.

$$COOH.CH^2.AzH.C^3H^4.AzH.C^3H^4COOH =$$
$$= COOH.CH^2.AzH^2 + C^3H^4.Az.C^3H^4.COOH$$

<table>
<tr><td>glycocolle</td><td>leucéine en C5</td></tr>
</table>

L'*albumine* a une constitution analogue, mais plus compliquée. M. Schutzenberger l'a établie d'après les mêmes phénomènes d'hydratation sous l'influence de la baryte, soit à 100°, ce qui donne des glucoprotéines, soit entre 160° et 200°, ce qui donne des leucines et des leucéines.

Voici la formule de constitution de l'albumine :

$$
CO\!-\!Az\!\begin{cases} CO.C^3H^8.AzH.CH^2.Az\!<\!\begin{array}{l}CO\\ \mid\\ C^2H^4\end{array}\\[1em] CO.C^5H^{10}.AzH.C^2H^4.AzH.C^3H^4,COOH\end{cases}
$$

$$
CO\!-\!Az\!\begin{cases} CO.CH^3\\[1em] CO\!\diagdown\\ \qquad C^7H^{12}\!<\!\begin{array}{l}AzH.CH^2.AzH.C^3H^3.COOH\\[0.5em] \mid\\ AzH.CH^2.AzH.C^3H^3.COOH\end{array}\\ CO\!\diagup\end{cases}
$$

$$
CO\!<\!\begin{array}{l}Az\!\diagdown\\ \quad H\\ Az\!\diagup\end{array}\!\begin{cases} CO.C^5H^{10}.AzH.C^2H^4.AzH.C^3H^4.COOH\\[1em] CO.C^4H^8.AzH.CH^2.Az\!<\!\begin{array}{l}C^2H^4\\ \mid\\ CO\end{array}\end{cases}
$$

Une première hydratation à 100° produit, par un dédoublement des molécules d'eau H.OH en H, qui se fixe sur l'azote, et en OH qui se fixe sur le carboxyle, analogue à celui dont nous avons parlé pour la gélatine, 1 molécule d'acide oxalique, 1 molécule d'acide carbonique, 4 molécules d'ammoniac, des glucoprotéines et de la *dileucéine* $C^{17}H^{30}O^8Az^4$. Il se forme donc par la fixation de 14 molécules d'eau les composés suivants :

$$
\begin{array}{l}
COOH\!+\!AzH^3\!+\!\left|\begin{array}{l}COOH.C^3H^8.AzH\,\blacksquare\,CH^2.Az\!<\!\begin{array}{l}H\\ C^3H^4.COOH\end{array}\\ COOH.C^5H^{10}.AzH\,\blacksquare\,C^2H^4.AzH.C^3H^4.COOH\\ COOH.CH^3\end{array}\right.\\[2em]
COOH\!+\!AzH^3\!+\!\left|\begin{array}{l}COOH\!\diagdown\\ \qquad C^7H^{12}\!<\!\begin{array}{l}AzH\,\blacksquare\,CH^2.AzH.C^3H^3.COOH\\ \mid\\ AzH\,\blacksquare\,CH^2.AzH.C^3H^3.COOH\end{array}\\ COOH\!\diagup\end{array}\right.\\[2em]
+CO\!<\!\begin{array}{l}OH\!+\!AzH^3\\ OH\!+\!AzH^3\end{array}\!\left|\begin{array}{l}COOH.C^5H^{10}.AzH\,\blacksquare\,C^2H^4.AzH.C^3H^4.COOH\\ COOH.C^4H^8.AzH\,\blacksquare\,CH^2.Az\!<\!\begin{array}{l}C^2H^4.COOH\\ H\end{array}\end{array}\right.
\end{array}
$$

c'est-à-dire

<table>
<tr><td>une molécule
d'acide
oxalique
et une molécule
d'acide
carbonique</td><td>quatre
molécules
d'ammoniac</td><td>une molécule de glucoprotéine en C2.
une molécule de glucoprotéine en C11,
une molécule d'acide acétique.
une molécule de dileucéine.
une molécule de glucoprotéine en C11,
une molécule de glucoprotéine en C2.</td></tr>
</table>

Sous l'influence de la baryte à une température plus élevée ($160°$-$200°$), les 2 molécules de glucoprotéine en C^9, les 2 molécules de glucoprotéine en C^{11} et la dileucéine éprouvent un nouveau dédoublement (1). Ces glucoprotéines se dédoublent en s'hydratant en leucines $C^n H^{2n+1} O^2 Az$ et en oxyacides $C^n H^{2n+1} O^3 Az$ qui, en se déshydratant ensuite, donnent des leucéines et des acides hydroprotéiques ; par exemple, la glucoprotéine en C^9 donne :

$$C^9 H^{18} O^4 Az^2 + H^2 O = COOH.C^4 H^8.AzH^2$$
$$\text{glucoprotéine} \qquad\qquad \text{leucine}$$
$$+ OH.CH^2.AzH.C^2 H^4.COOH$$
$$\text{oxyacide}$$

Cet oxyacide $C^4 H^9 O^3 Az$ se déshydrate en donnant un acide hydroprotéique :

$$2C^4 H^9 O^3 Az = H^2 O + C^8 H^{16} O^5 Az^2$$

et une leucéine :

$$2C^4 H^9 O^3 Az = 2H^2 O + C^8 H^{14} O^4 Az^2.$$

La glucoprotéine en C^{11} donne naissance à un dédoublement analogue.

La dileucéine, en fixant 1 molécule d'eau, se convertit en un acide protéique et en une glucoprotéine spéciale, non dédoublable comme les précédentes en leucine et oxyacide :

$$C^{17} H^{30} O^8 Az^4 + H^2 O = C^9 H^{18} O^4 Az^2 + C^8 H^{14} O^5 Az^2.$$
$$\text{dileucine} \qquad\qquad \text{glucoprotéine} \qquad \text{acide protéique}$$

---

(1) Les liaisons où se font ces dédoublements sont représentées dans les formules schématiques précédentes par des ▉.

Bien que la constitution de la gélatine et de l'albumine se trouvent ainsi établies par les expériences de M. Schutzenberger, toutes les expériences de synthèse de ces corps ont échoué jusqu'ici.

596. Classification.

— Une classification rationnelle des matières albuminoïdes exigerait la connaissance exacte de la constitution de tous ces corps. On ne saurait donc les classer par les méthodes qui ont été utilisées dans les chapitres précédents ; les classifications qui ont été proposées sont assez artificielles, elles reposent sur la solubilité de ces corps dans l'eau, les solutions salines, acides ou alcalines, et dans l'action de quelques réactifs. Nous adopterons ici, à défaut d'une classification rationnelle actuellement impossible, l'ordre suivant :

1° *Albumines :* matières solubles dans l'eau pure, coagulables par la chaleur. Type : blanc d'œuf ;

2° *Caséines :* matières insolubles dans l'eau pure, solubles dans les alcalis et les acides étendus. Type : caséine du lait ;

3° *Fibrines :* matières insolubles dans l'eau pure, mais se gonflant et produisant des pseudo-solutions. Type : fibrine de la viande ;

4° *Peptones :* matières solubles dans l'eau pure, dans l'alcool étendu et non coagulables. Type : peptone de l'albumine ;

5° *Gélatine :* matières peu solubles à froid, très solubles à chaud, se prenant en gelée par refroidissement. Type : gélatine des os ;

6° *Matières diverses.*

Il existe peu de réactions générales et caractéristiques des matières albuminoïdes. On peut toutefois indiquer les suivantes : dégagement d'ammoniaque quand on les soumet à la distillation avec un alcali, odeur de corne(1) brûlée quand on les chauffe. L'acide chlorhydrique fumant dissout la plupart de ces substances en se colorant en bleu violacé au contact de l'air. L'acide nitrique concentré les colore en jaune, et la coloration passe à l'orangé si on ajoute de l'ammoniaque. Le *réactif de Millon*(2) est un des plus sensibles, il colore en rouge les liqueurs contenant des matières albuminoïdes; la réaction, lente à froid, est rapide à l'ébullition.

La réaction de l'acide chlorhydrique ne réussit bien qu'avec certaines précautions : la matière albuminoïde doit être traitée, à plusieurs reprises, par l'alcool bouillant et l'éther pour enlever les matières grasses, et ensuite on la traite par l'acide chlorhydrique, de densité 1,196. On peut reconnaître ainsi un millième d'albumine dans l'urine, en lavant à l'alcool et à l'éther le précipité d'albumine formé par l'ébullition avec l'acide acétique. Cette réaction ne réussit pas avec quelques matières albuminoïdes : elle ne donne pas de coloration violette avec l'hémoglobine et la chondrine, par exemple.

Les matières albuminoïdes solides donnent une belle coloration bleue avec l'acide sulfurique additionné d'acide molybdique. Lorsqu'on mélange une solution alcaline de matière albuminoïde et une solution alcaline de diazobenzènesulfonate de sodium, on obtient une belle coloration jaune orangé ou rouge de sang.

Les matières albuminoïdes sont précipitées par divers réactifs de deux façons différentes : ou bien il se forme

---

(1) La corne fait partie des matières albuminoïdes.

(2) On l'obtient en dissolvant du mercure dans un poids égal d'acide azotique concentré et en étendant la liqueur de deux fois son volume d'eau ; après vingt-quatre heures on décante la partie claire qui constitue le réactif de Millon.

une matière spéciale insoluble dans l'eau pure, ou bien la matière albuminoïde est précipitée sans changement de nature, elle est insoluble dans la liqueur où elle a été précipitée, mais elle est restée soluble dans l'eau pure.

Les matières albuminoïdes sont précipitées de la première façon, par un très grand nombre de corps : acides minéraux concentrés, acide acétique, tannin, phénol, acide picrique, iodures doubles de potassium et de mercure ou de potassium et de bismuth, ferrocyanure de potassium, sels de cuivre, de plomb, d'argent, etc. Ces divers réactifs n'ont pas la même sensibilité et ne se comportent pas tous de la même façon avec les diverses matières albuminoïdes. La précipitation n'est pas totale, le plus souvent, surtout en présence de certaines substances. Le tannin, les acides phosphomolybdique et phosphotungstique, les iodures doubles, cités plus haut, précipitent toutes les matières albuminoïdes ; ce sont en même temps les réactifs les plus sensibles. En solution acide, ces réactifs permettent de reconnaître la présence d'un cent millième de matières albuminoïdes.

Les matières albuminoïdes peuvent être précipitées sans changement de nature, quand on ajoute à leurs solutions divers sels alcalins ou alcalino-terreux. Souvent on doit ajouter le sel en nature jusqu'à ce que la solution soit saturée ; le plus souvent la précipitation n'est pas totale. Un très grand nombre de recherches ont été faites sur ces précipitations : influence de la nature du métal et de l'acide du sel produisant la précipitation ; influence de la matière albuminoïde, de la concentration, etc.

§ 2. — ÉTUDE PARTICULIÈRE DES MATIÈRES ALBUMINOÏDES

597. Albumines. — ALBUMINE DES ŒUFS. — On la prépare en étendant le blanc d'œuf de 2 fois son volume d'eau et en le mettant à digérer avec de l'hydrate d'oxyde de plomb, tant que celui-ci se dissout. En décantant la liqueur et en y ajoutant une autre portion de la solution d'albumine, il se précipite de l'albuminate de plomb que l'on lave et que l'on traite par l'acide sulfhydrique. Après filtration pour enlever la majeure partie du sulfure de plomb on traite par le noir animal qui absorbe le sulfure de plomb qui reste dissous ou en suspension dans la liqueur filtrée. Pour obtenir de l'albumine exempte de globulines on bat les blancs d'œufs en neige et on traite le liquide clair, qui s'est rassemblé sous la mousse après un repos de vingt-quatre heures, par du sulfate de magnésium jusqu'à ce que la liqueur en soit saturée. Les globulines sont séparées par filtration, puis l'albumine est débarrassée de son sel de magnésium par une dialyse prolongée. On évapore ensuite la solution dans le vide ou à l'étuve, mais en ne dépassant pas la température de 45°.

L'albumine ainsi obtenue est une masse blanche ou d'un blanc jaunâtre, d'un aspect corné, qui contient toujours, même quand elle est soumise à une dialyse prolongée, des traces d'acide phosphorique, de fer et de chaux (1). Le pouvoir rotatoire de l'albumine de l'œuf est

_____

(1) Tous les œufs ne semblent pas donner une albumine identique ; celle que nous décrivons se rapporte à l'albumine des œufs de poule et, en général, des oiseaux qui éclosent couverts de duvet et les yeux ouverts. Ceux, au contraire, qui naissent nus et aveugles (moineaux, hirondelles, etc.) ont une albumine qui, par la coagulation, se transforme en une masse vitreuse et transparente.

de — 37°,75, d'après Starke. Elle se coagule à 100° plus ou moins facilement, selon qu'elle est plus ou moins étendue, plus ou moins privée de sels par dialyse. L'albumine, telle que le blanc d'œuf brut, se coagule (1) partiellement vers 63° et complètement vers 75°. L'albumine coagulée par la chaleur ne se redissout plus dans l'eau froide. L'alcool et l'acide azotique concentrés précipitent l'albumine ; l'acide chlorhydrique la dissout en la transformant en syntonine. L'eau de baryte donne avec l'albumine de la leucine $C^6H^{13}AzO^2$, de la leucine valérique C^5H^{11},AzO^2, de la leucine butyrique $C^4H^9AzO^2$, ainsi que des leucéines, comme l'a montré M. Schutzenberger. Le sous-acétate de plomb coagule l'albumine, mais le précipité est facilement détruit par l'acide sulfhydrique, et l'albumine soluble se trouve régénérée.

Le bichlorure de mercure coagule aussi l'albumine, et cette combinaison est imputrescible ; aussi utilise-t-on souvent le bichlorure de mercure pour la conservation des pièces d'histoire naturelle.

L'albumine insoluble peut de nouveau être transformée en albumine soluble ; pour cela on la traite par la potasse qui la dissout et l'on élimine ensuite la potasse par la dialyse.

Sous l'influence des oxydants faibles, comme le permanganate de potassium, l'albumine est décomposée ; elle donne de l'urée et de l'acide carbonique.

L'albumine des œufs est employée en photographie pour la préparation des papiers dits albuminés, pour *coller* les vins : l'albumine, en se coagulant sous l'influence de l'acide tartrique et du tannin, entraîne les matières en suspension et clarifie le vin.

------

(1) La portion coagulable à 63° a pour pouvoir rotatoire — 43°, et la portion coagulable à 75° a pour pouvoir rotatoire — 26°.

ALBUMINE DU SÉRUM, *ou* SÉRINE. — Cette albumine présente la plupart des propriétés de l'albumine des œufs; elle s'en distingue en ce que, agitée avec de l'éther, elle n'est pas coagulée. Elle est beaucoup plus employée dans l'industrie que l'albumine des œufs. On l'obtient en faisant coaguler dans des vases plats le sang recueilli dans les abattoirs; après vingt-quatre heures ce sang s'est pris en un caillot que l'on découpe en tous sens. Il s'écoule d'abord un liquide rougeâtre que l'on recueille à part, puis un liquide blanchâtre ayant une teinte opaline : on l'évapore dans une étuve chauffée à 45°.

Elle est utilisée pour la préparation des couleurs à l'albumine, pour la fixation sur les tissus d'un certain nombre de couleurs insolubles, pour clarifier des liquides, comme le sirop de sucre, etc.

598. Caséines, — CASÉINE DU LAIT. — Le lait contient de l'eau, de la lactose, du beurre, de la caséine et de l'albumine. Quand on abandonne le lait à lui-même, de petits globules remplis de matière grasse montent à la surface et forment la crème. Le liquide inférieur contient les autres substances; sous l'influence des acides minéraux, de la présure ou de l'acide lactique, la caséine se précipite : le lait est caillé. Lorsque le lait caille spontanément, cela est dû à la formation d'acide lactique produit par la fermentation lactique. Le caillé est ensuite lavé et redissous dans le carbonate de sodium; une petite quantité de beurre qui avait échappé à la première séparation est mise en liberté et se rassemble à la partie supérieure; on la décante. La caséine est alors précipitée de nouveau par l'acide sulfurique étendu et lavée à l'alcool et à l'éther.

La caséine constitue la partie la plus abondante des fromages. Les fromages gras sont obtenus en faisant cailler le lait non écrémé ; pour les fromages maigres on emploie le lait écrémé. La caséine forme avec les alcalis des combinaisons solubles dans l'eau, qui ont des propriétés très voisines, identiques même, d'après quelques auteurs, avec les solutions alcalines d'albumine (1).

La caséine n'a pas d'autre application que de constituer la majeure partie des fromages.

CASÉINE DU SÉRUM. — Le sang renferme, mais en petite quantité, une matière voisine de la caséine du lait par toutes ses propriétés.

CASÉINE VÉGÉTALE. — On désigne le plus souvent sous ce nom la partie du gluten frais qui est insoluble dans l'alcool ; elle se dissout dans les alcalis.

LÉGUMINE. — C'est aussi une caséine végétale, analogue aux précédentes et que l'on retire des semences des légumineuses.

CONGLUTINE. — Substance très voisine de la précédente ; on la trouve dans les amandes.

599. Fibrines. — FIBRINES DU SANG (2). — La fibrine est une substance insoluble dans l'eau qui existe en dissolution dans le sang, mais qui se précipite lorsque le sang caille ; la fibrine mélangée aux globules rouges du sang constitue la majeure partie du caillot. Pour extraire la fibrine du sang on le bat pendant qu'il est frais avec un petit balai ; de longs filaments de fibrine s'attachent aux

(1) Elles s'en distinguent toutefois par leur pouvoir rotatoire qui est notablement plus considérable.

(2) Le sang des divers animaux ne paraît pas donner des fibrines identiques ; ainsi la fibrine du sang de cheval se dissout à 30° dans l'eau additionnée d'un peu d'acide cyanhydrique, tandis que celle du sang de bœuf est insoluble dans ce réactif.

brins du balai ; on la détache et, par un lavage prolongé
à l'eau, on arrive à l'obtenir blanche. On termine alors
par des lavages à l'alcool et à l'éther ; c'est une masse
blanche élastique.

On la dessèche dans le vide à la température ordinaire
et l'on obtient une matière insoluble dans l'eau, mais
soluble dans l'acide acétique, les alcalis et dans les solutions tièdes de divers sels alcalins, le chlorure de sodium
et l'azotate de potassium par exemple. Les acides transforment la fibrine de ces solutions en syntonine qui se précipite ; la chaleur ne les coagule pas. La fibrine décompose l'eau oxygénée en mettant l'oxygène en liberté.

Sous l'influence d'une température de 60°, la fibrine se
modifie et possède alors la plupart des propriétés de l'albumine coagulée ; elle ne décompose plus l'eau oxygénée.

On utilise souvent la fibrine en poudre pour déterminer
le pouvoir dissolvant des pepsines.

600. Peptones. — Les peptones sont les produits
de transformation de diverses matières albuminoïdes :
fibrine, caséine, gluten, albumine, etc., par la pepsine,
ferment que l'on trouve dans le suc gastrique. Ce sont
des substances solubles, probablement de natures différentes selon la matière albuminoïde dont elles dérivent.
Les peptones proprement dites ne précipitent pas par les
acides étendus. Quelques-unes de ces peptones se distinguent par leurs réactions sur l'acide azotique concentré, l'acide acétique et le ferrocyanure de potassium.
Certaines sont précipitées par ces trois réactifs, d'autres
ne le sont que par le premier ou par les deux derniers.

A côté des peptones proprement dites, solubles dans
l'eau, il y a lieu de placer la parapeptone, insoluble dans
l'eau pure, mais soluble dans les acides étendus et la

métapeptone. Lorsqu'on neutralise exactement les liquides digestifs, il se précipite de la parapeptone; la liqueur débarrassée par filtration de la parapeptone et traitée par un excès convenable d'acide donne un précipité de métapeptone qu'un excès d'acide plus considérable redissout.

601. Gélatines $C^{33}H^{52}Az^{10}O^{12}$. — La gélatine est une substance qui prend naissance quand on traite par l'eau, sous l'influence de la chaleur, divers tissus animaux comme le derme, le tissu conjonctif ou l'osséine.

L'*osséine* est la substance que l'on obtient lorsqu'on traite les os par de l'acide chlorhydrique étendu qui dissout le phosphate de calcium et décompose le carbonate de calcium. De temps à autre on remplace le liquide acide par d'autre, puis on termine par des lavages à l'eau, puis à l'alcool et à l'éther. Quand on opère sur les os de jeunes animaux, on obtient ainsi de l'osséine bien pure.

La peau des bêtes, le cuir, semblent être formés d'une matière très voisine de l'osséine. On les transforme facilement en gélatine, comme l'osséine elle-même, surtout quand on les a mis en contact, au préalable, avec de la chaux.

La gélatine s'obtient avec les déchets de peau, les tendons, les cartilages, les intestins et les os.

Propriétés. — La gélatine pure est blanche, solide, transparente; elle est neutre; son pouvoir rotatoire est

— 138° en solution aqueuse; il diminue de $\frac{1}{4}$ environ

quand on ajoute un acide ou une base. La gélatine au contact de l'eau froide se gonfle sans se dissoudre; dans l'eau chaude elle se dissout et, par le refroidissement, se prend en une gelée transparente. Elle donne, sous l'influence de l'eau de baryte à 100°, de l'ammoniaque, de l'acide carbonique, de l'acide acétique et de l'acide oxalique; des leucines, comme le glycocolle et l'alanine, et des acides amido-butyrique et amido-valérique en petites quantités. Il se produit, en outre, une substance intermédiaire entre le glycocolle et l'alanine que l'on nomme glycalanine.

602. Matières albuminoïdes diverses. — Mucine. — On rencontre cette substance dans divers liquides de l'organisme, synovie, bile, urine, crachats, etc. On peut l'isoler des autres matières albuminoïdes en utilisant sa précipitation par l'alcool et l'acide acétique et sa dissolution dans l'eau de chaux. Elle ne se coagule pas à 100°.

Myosine. — C'est une matière albuminoïde contenue dans la gaine des fibres musculaires; elle se coagule spontanément après la mort et produit ainsi la rigidité cadavérique. Pour la retirer des muscles on hache de la viande, on la décolore par des lavages à l'eau, on la broie avec du sel marin et l'on ajoute assez d'eau pour avoir 100 grammes de sel par litre de matière. La myosine est soluble dans cette solution; on filtre et à la liqueur filtrée on ajoute du sel marin solide; la myosine, insoluble dans une solution saturée de chlorure de sodium, se précipite.

Syntonine. — On obtient ce corps en traitant la viande hachée par de l'eau contenant $\frac{1}{1.000}$ d'acide chlorhydrique. La liqueur filtrée est neutralisée exactement à l'aide de carbonate de sodium. Il se forme un précipité blanc floconneux de syntonine.

HÉMOGLOBINE. — On désigne sous le nom d'hémoglobine la matière colorante du sang. Pour obtenir cette substance on défibrine le sang par le battage, puis on mêle le liquide obtenu avec dix fois son volume d'une solution étendue de sel marin (1). On abandonne le mélange à lui-même à la température de 0°; les globules du sang se précipitent. On les lave à plusieurs reprises avec la solution de sel marin ; on les dissout ensuite dans l'eau pure et on ajoute de l'éther au liquide pour enlever les matières grasses. On filtre, on ajoute au liquide filtré le quart de son volume d'alcool, et on abandonne le mélange à lui-même à une température inférieure à 0°. L'hémoglobine cristallise. La forme des cristaux varie avec les animaux dont le sang a servi à la préparation.

L'hémoglobine est soluble dans l'eau, les solutions alcalines, la glycérine. Elle est insoluble dans l'alcool et dans l'éther. L'hémoglobine humide ou en solution s'altère très vite; sèche, elle est plus stable. Elle absorbe facilement l'oxygène en donnant l'oxyhémoglobine dont les solutions sont caractérisées en analyse spectrale, par la présence dans son spectre d'absorption de deux bandes obtenues dans la région DE du spectre. L'hémoglobine, réduite par l'exposition dans le vide de l'oxyhémoglobine ou en traitant celle-ci par le sulfhydrate d'ammoniaque ne présente plus qu'une bande entre D et E. La combinaison d'oxyde de carbone et d'hémoglobine présente deux raies entre D et E, mais disposées un peu autrement que celles de l'oxyhémoglobine. Cette combinaison d'oxyde de carbone et d'hémoglobine peut être observée dans le sang des personnes asphyxiées par l'oxyde de car-

(1) Cette solution étendue est obtenue en ajoutant dix fois son volume d'eau à une dissolution saturée de sel marin.

bone. Lorsque l'on a constaté la présence de deux bandes d'absorption entre D et E, pour distinguer si elles sont dues à l'oxyhémoglobine ou à la combinaison d'oxyde de carbone et d'hémoglobine, on ajoute au sang un peu de sulfhydrate d'ammoniaque. Si la combinaison examinée est l'oxyhémoglobine, elle est réduite par le sulfhydrate, et les deux bandes sombres disparaissent, tandis qu'une bande sombre apparaît entre les places occupées auparavant par les deux autres. Si, au contraire, on examine la combinaison d'oxyde de carbone et d'hémoglobine, l'aspect du spectre ne change pas par l'addition du sulfhydrate d'ammoniac. Ces propriétés sont très importantes parce qu'elles peuvent servir à caractériser le sang dans les recherches légales.

MATIÈRES COLORANTES DE LA BILE. — On a rattaché ces matières à l'hémoglobine en les considérant comme provenant de réactions éprouvées par cette substance. La bile, liquide sécrété par le foie, est un liquide mucilagineux de couleur jaune, verte ou brune, de saveur amère. On extrait les matières colorantes de la bile des calculs biliaires. On les traite successivement par l'éther, l'eau chaude, le chloroforme et l'acide chlorhydrique. Le chloroforme dissout la bilifuscine (matière brune) et un peu de bilirubine (matière rouge orangé). Un traitement à l'alcool enlève aux calculs biliaires la biliprasine (matière verte). La bilifuscine est purifiée en évaporant à sec le chloroforme et en reprenant le résidu par l'alcool bouillant qui dissout la bilifuscine et laisse la bilirubine. On désigne sous le nom de bilihumine le résidu laissé par les calculs biliaires après ces divers traitements.

§ 3. — APPLICATIONS

603. Albumine. — L'albumine du commerce s'extrait des œufs de poule et du sang.

Un œuf de poule contient, en moyenne, 40 grammes de blanc et 20 grammes de jaune. Le blanc contient en moyenne, pour 100 grammes, $12^{gr},5$ d'albumine, 86 grammes d'eau et $1^{gr},5$ de matières grasses, membranes, sels. Le jaune renferme 16 0/0 de vitelline qui est un isomère de l'albumine, 28 0/0 de matières grasses, 50 0/0 d'eau et 6 0/0 de matières diverses.

Un œuf de poule renferme donc environ 5 grammes d'albumine, et il faut, par suite, deux cents œufs pour obtenir 1 kilogramme d'albumine sèche et $0^{kg},5$ de jaune. En réalité, à cause de la séparation imparfaite du blanc et du jaune et des pertes, il faut compter prendre trois cents œufs pour obtenir 1 kilogramme d'albumine sèche. Les œufs sont cassés par le milieu, le blanc est séparé du jaune par les ouvrières, avec une dextérité et une rapidité remarquables ; le jaune est mis dans des tonneaux et expédié à des mégisseries. Le blanc est évaporé à basse température et parfois dans le vide ; le blanc est placé pour cela dans des vases plats en porcelaine, en faïence ou même en zinc qui en contiennent 2 kilogrammes. Ces vases ont été préalablement frottés avec un linge enduit de vaseline pour éviter l'adhérence de l'albumine, une fois sèche. Tous ces plats, au nombre de deux ou trois cents, sont disposés dans une étuve, chauffée à $30°$ et énergiquement ventilée, ou dans des pièces aérées ; la dessiccation est alors plus lente que dans l'étuve où elle est complète en quarante-huit heures ; on retrouve dans chaque vase 200 grammes d'albumine sèche.

Lorsqu'on opère dans le vide, l'étuve est formée d'un grand cylindre horizontal en tôle enveloppé d'un autre cylindre de façon à chauffer l'étuve à la vapeur. Dans le grand cylindre se trouvent des rails sur lesquels on peut faire rouler des chariots qui portent les vases plats où l'on a versé le blanc d'œuf. Les extrémités du cylindre sont munies de portes étanches qui permettent, d'un côté, l'entrée et, de l'autre, la sortie des petits wagonnets. On fait le vide à l'intérieur à l'aide de pompes à air, et l'on chauffe l'étuve à 40° ; dans ces conditions, l'évaporation ne dure que cinq heures.

L'albumine du sang se retire du sang frais provenant des abattoirs ; ce sang est passé sur un tamis, puis abandonné à lui-même pendant vingt-quatre heures, vers 15 ou 20°, dans de grandes caisses plates. Le sang se coagule. On divise alors la masse avec un couteau et on la met à égoutter pendant quarante-huit heures sur un tamis à mailles fines ; le sérum s'écoule ; ou bien on met le sang caillé dans des sacs en toile fine que l'on passe à l'essoreuse. Le sérum qui s'écoule est rougeâtre au début, parce qu'il renferme des globulines ; on les enlève à l'aide d'appareils spéciaux fondés sur le même principe que les écrémeuses utilisées pour le lait. Dans les usines qui n'ont pas ces appareils, le sérum rougeâtre qui s'écoule au début est recueilli à part.

Le sérum une fois recueilli, on le dégraisse en le battant avec 2 0/0 d'essence de térébenthine que l'on décante après qu'elle est remontée à la surface. Puis, on décolore le sérum en y ajoutant 1 0/0 d'eau oxygénée ou 0,1 0/0 de bioxyde de sodium. La solution est ensuite évaporée avec les mêmes précautions que l'albumine de l'œuf, c'est-à-dire à basse température. On admet qu'un litre de sérum donne environ 100 grammes d'albumine

et qu'un bœuf de taille moyenne fournit de 700 à
800 grammes d'albumine sèche.

Usages. — Le principal usage de l'albumine est son
emploi dans l'impression des tissus de coton, pour ani-
maliser la fibre et lui permettre de fixer des matières colorantes.

La coagulation, facile sous l'influence du tannin ou des
acides, fait employer l'albumine pour le collage (clarification) des vins et des vinaigres ; en se coagulant, elle entraîne les matières solides en suspension.

Elle est employée en photographie pour la préparation
des papiers positifs albuminés.

On l'utilise dans la fabrication de certains cirages pour
leur donner du brillant.

Un mélange de 1 partie de chaux et de 3 parties d'albumine forme une sorte de ciment qui durcit assez rapidement et qu'on emploie comme lut dans les appareils
de chimie. ou pour raccommoder les verres, la porcelaine, etc.

Elle est aussi employée en médecine comme contre-
poison des composés minéraux, avec lesquels elle forme
des produits insolubles, et comme antidiarrhéique.

604. Gélatine. — La gélatine s'extrait des os et de
diverses matières animales, que l'on désigne sous le
nom de colles-matières, telles que les cartilages, les
résidus de peaux, les tendons, etc.

I. *Traitement des colles-matières.* — Les colles-matières
sont d'abord traitées par la chaux à deux reprises différentes pour les purifier, les débarrasser des débris de sang,
de graisse, de chair, etc. Ces deux *chaulages* s'effectuent
dans des cuves en pierre et en ciment, et ils sont suivis
de lavages à l'eau courante, puis d'une exposition à l'air

pour carbonater la chaux qui reste adhérente. Ce double chaulage sert non seulement à purifier la matière, mais aussi à retarder sa putréfaction ; on n'est pas obligé ainsi de traiter les matières premières au fur et à mesure de leur arrivée à l'usine. Ces matières, avant le chaulage, dégagent des odeurs infectes, et il s'effectue le plus souvent dans des usines spéciales, loin des villes.

La *cuisson* des colles-matières a ensuite pour objet la séparation de la gélatine. Cette cuisson peut être obtenue à feu nu ou à la vapeur, en fractionnant ou non la cuite ; de là, diverses qualités de gélatine.

La cuisson exige trois cuves : une cuve de cuisson, chauffée à feu nu ou à la vapeur, une cuve supérieure pleine d'eau bouillante qui sert à alimenter la chaudière précédente, suivant les besoins ; elle est chauffée par la chaleur perdue de la première. Enfin, la troisième cuve, chauffée à la vapeur ou par un foyer spécial, sert à recueillir, à mélanger et à clarifier les solutions de gélatine qui sortent de la première cuve, avant de les envoyer dans les moules.

Les colles-matières, préalablement chaulées et lavées, sont mises à macérer dans de l'eau pendant quarante-huit heures, puis dans de l'eau acidulée de 5 0/0 d'acide azotique. Toutes les matières se gonflent, ce qui pouvait rester de chaux est saturé ; on les lave pour enlever l'excès d'acide, on les plonge dans l'eau chaude de la première cuve et on chauffe rapidement jusqu'à l'ébullition ; un double fond, percé de trous, isole les matières du fond de la chaudière et les préserve des surchauffes locales. Une partie de la gélatine se dissout, et la matière que l'on avait entassée par-dessus le bord de la cuve s'affaisse peu à peu. Après un certain temps on décante la dissolution de gélatine dans la troisième cuve ; elle fournirait de la gélatine de qualité supérieure. Le plus souvent on ajoute à cette gélatine de première coulée celle des coulées suivantes, ce qui donne un produit moyen de bonne qualité. Dans le procédé anglais on met de suite en présence la totalité de l'eau et des matières à traiter, et l'on obtient une gélatine de seconde qualité.

La *clarification* de la gélatine se fait dans la cuve inférieure en y ajoutant de l'alun, si la solution de gélatine est alcaline (500 grammes d'alun par tonne de solution) ou de l'albumine si la solution est acide ; les matières étrangères forment une écume que l'on enlève, et l'on coule la gélatine dans des moules en bois ou en métal. Après vingt-quatre heures on démoule, on coupe les pains en lames, et l'on sèche.

Le *séchage* est l'une des opérations les plus délicates ; on étend les lames de gélatine sur des filets, dans des hangars bien ventilés, lorsque la saison le permet. Les gelées fendillent la colle, les températures trop élevées la font se ramollir et passer à travers les mailles des filets ; le brouillard pique les plaques de gélatine ; une dessiccation trop rapide les fait fendiller, etc. A ce premier séchage, effectué à l'air libre, succède un séchage dans une série d'étuves à températures croissantes : 20, 40 et 60°. Une fois les plaques séchées, on les lustre en les trempant dans l'eau bouillante et en les frottant avec une éponge imbibée d'eau tiède, puis on les porte de nouveau à sécher dans une étuve.

II. *Traitement des os.* — On commence par trier les os de façon à enlever les matières étrangères et à mettre de côté les os qui peuvent servir à des usages spéciaux, puis on les passe dans des broyeurs qui les réduisent en poudre ou seulement les concassent en morceaux d'une grosseur déterminée. Ces broyeurs sont des moulins ou

des machines à fléau ; des grillages métalliques permettent de séparer les morceaux d'après leur grosseur et
de ramener dans les broyeurs les parties trop grosses.

La matière albuminoïde contenue dans les os est de
l'osséine qui se transforme en gélatine en présence de
l'eau sous l'influence d'une température élevée. Les os
peuvent être traités de deux façons, par les acides ou
par la vapeur d'eau.

1° *Par les acides.* — Les os sont lavés à l'eau froide,
puis dégraissés, soit en les passant dans l'eau bouillante,
soit à l'aide du sulfure de carbone. On traite ensuite les
os méthodiquement par de l'acide chlorhydrique à 6° B.
en quantité égale au poids des os. Pour cela, les os sont
répartis dans une série de cuviers où circule l'eau acidulée ; cette eau pénètre dans le premier cuvier pour sortir
par le dernier ; les os, au contraire, passent de cuvier en
cuvier, mais en suivant une marche inverse de celle de
l'acide ; de cette façon l'acide neuf, dont les propriétés
dissolvantes n'ont pas été épuisées, rencontre tout d'abord
des os appauvris en matière minérale et les attaque, tandis que, lorsqu'il est à son tour appauvri en acide, il
passe dans le dernier cuvier où l'on vient de mettre des
os non encore traités, riches, par conséquent, en matière
minérale, et il peut encore les attaquer un peu. Les
matières minérales des os, consistant principalement en
carbonate et phosphate neutre de calcium, sont décomposées par l'acide chlorhydrique en donnant du chlorure
et du phosphate acide de calcium qui se dissolvent et de
l'acide carbonique qui se dégage. Cette solution, traitée
par la chaux, donne un précipité de phosphate tricalcique, que l'on utilise pour la fabrication du phosphore
ou que l'on transforme en superphosphate et que l'on
vend comme engrais. L'osséine, au contraire, est restée

inattaquée et elle a conservé la forme extérieure que possédaient les os ; elle forme une masse spongieuse. On lave l'osséine avec soin jusqu'à disparition complète de l'acide ; on termine le lavage par un chaulage suivi d'un nouveau lavage, et on traite enfin l'osséine à peu près comme les colles-matières : dissolution, clarification, moulage, découpage et séchage.

2° *Par la vapeur d'eau*. — Les os, dégraissés comme précédemment, sont soumis à l'action de la vapeur d'eau, sous pression dans un autoclave à une température voisine de 130°. Tantôt les os sont placés dans un panier métallique suspendu dans l'autoclave, tantôt ils emplissent l'autoclave entier. On fait arriver la vapeur dans l'autoclave, et plusieurs fois par heure on soutire la solution de gélatine formée par l'eau condensée. Après quatre ou cinq heures, les os sont réduits en bouillie ; on les évacue par un robinet placé à la partie inférieure et on les laisse refroidir. On les broie ensuite, et on traite cette masse comme les colles-matières ; la solution de gélatine obtenue est souvent ajoutée à celles que l'on avait extraites de l'autoclave et, lorsque l'ensemble est à 70°, on y ajoute un peu d'alun pulvérisé et on agite rapidement ; après cette clarification on laisse reposer, puis on décante dans des moules.

Si la température de l'autoclave est maintenue entre 120 et 130°, on obtient une gélatine de qualité supérieure, mais le rendement est faible ; dans ce cas la bouillie d'os que l'on retire contient encore assez de matières organiques pour pouvoir être transformée en un noir animal de qualité médiocre, par calcination en vase clos. Si, au contraire, la température de l'autoclave dépasse 135°, la gélatine est fortement colorée, mais le rendement est bon. En général, on opère entre 130 et 135°.

Usages. — On connaît plusieurs variétés de gélatine. La gélatine incolore dite *colle blanche*, ou *grénétine*, est sous forme de feuilles minces transparentes portant les marques du filet sur lequel elles ont séché ; elles servent au collage des vins, à la préparation du gélatino-bromure d'argent et à la fabrication des gelées alimentaires. Les *colles de Flandre* et *de Hollande* sont un peu jaunâtres et plus épaisses ; elles sont principalement employées dans l'apprêt des étoffes et pour la peinture à la colle. La *colle de Givet* est la colle forte, brune et cassante, qu'emploient les menuisiers. Gâchée avec du plâtre, la colle forte donne une matière très résistante, très dure et susceptible de prendre un assez beau poli : c'est le stuc.

La *colle anglaise* est une colle forte de qualité inférieure à la précédente. La *colle à bouche* s'obtient avec de la gélatine, du sucre et un parfum, extrait de menthe ou de citron.

La gélatine est aussi employée dans divers procédés d'impressions photographiques (collographie). Quand à une dissolution chaude de gélatine on ajoute du bichromate de potassium, on obtient par refroidissement une gelée qui, exposée à la lumière, cesse d'être soluble. Cette propriété a été utilisée dans la zincophotogravure ; une plaque de zinc bien dressée est recouverte d'une couche de gélatine bichromatée ; on l'expose à la lumière, recouverte du cliché négatif que l'on veut reproduire. Les parties blanches du négatif laissent passer la lumière ; la gélatine devient insoluble en ces points, tandis que, dans les parties correspondant aux noirs, elle reste soluble. Un lavage à l'eau permettra donc de développer la plaque en dissolvant les parties sur lesquelles la lumière a été sans action. On a utilisé aussi la même réaction pour coller ensemble des feuilles de papier, sans que l'eau puisse ensuite les décoller en dissolvant la gélatine bichromatée devenue insoluble par une insolation suffisante. On peut faire ainsi en papier des objets de formes assez compliquées.

CHAPITRE XVI

FERMENTATIONS
CONSERVATION DES MATIÈRES FERMENTESCIBLES

---

§ 1. — *Fermentations ; Étude des liquides fermentés*
§ 2. — *Conserves alimentaires*

§ 1. — FERMENTATIONS : ÉTUDE DES LIQUIDES FERMENTÉS

A. — VIN

605. Généralités. — La fermentation est un phénomène général ; elle se produit dans un certain nombre de transformations chimiques qui sont caractérisées par ce fait d'avoir lieu en même temps qu'un être organisé, appelé ferment, se développe, le développement du ferment étant, d'ailleurs, la cause des transformations observées. Ainsi le glucose peut, sous l'influence de divers ferments, tels que *saccharomyces cerevisiæ*, *pastorianus*, *ellipsoïdus*, *exiguus*, etc., se transformer en alcool et acide carbonique ; c'est la fermentation alcoolique. De même, l'alcool, sous l'influence d'un autre ferment, le *mycoderma aceti*, est transformé en acide acétique ; c'est la fermentation acétique.

Les liquides fermentés utilisés dans l'alimentation sont les boissons alcooliques, vin, bière, cidre, etc., les alcools et les vinaigres. Nous étudierons donc plus particulièrement la fermentation alcoolique et la fermentation acétique.

606. Fermentation alcoolique du glucose.

— Le jus du raisin, obtenu en le foulant dans une cuve, constitue ce que l'on appelle le moût; il contient du sucre interverti, des matières albuminoïdes, des matières grasses, des principes colorants, des acides organiques libres ou combinés à la potasse, tels que les acides tartrique et malique, et des sels à acides minéraux, tels que le phosphate de calcium, le sulfate de potassium et le chlorure de sodium. Sous l'influence de divers ferments, principalement du ferment appelé *saccharomyces ellipsoïdus*, qui se présente sous forme de cellules elliptiques ayant $0^{mm},006$ de long et $0^{mm},004$ ou $0^{mm},005$ de large, le glucose contenu dans le moût se transforme en divers produits, parmi lesquels dominent l'alcool et l'acide carbonique.

L'équation suivante montre la possibilité de ce dédoublement:

$$C^6H^{12}O^6 = 2C^2H^6O + 2CO^2.$$

Mais en même temps il se forme de la glycérine $C^3H^8O^3$ et de l'acide succinique $C^4H^6O^4$. L'équation suivante proposée par Monoyer rend compte de cette réaction accessoire:

$$4C^6H^{12}O^6 + 3H^2O = C^4H^6O^4 + 6C^3H^8O^3 + 2CO^2 + O.$$

Cet oxygène ne se dégage pas; il sert à la vie du ferment. La première réaction prédomine de beaucoup. On trouve en moyenne que 94 0/0 du glucose se transforme en alcool et acide carbonique, tandis que 4,5 0/0 donnent de la glycérine et de l'acide succinique et 1,5 0/0 sont utilisés pour le développement du ferment (formation de cellulose, de matières grasses, etc.). Bien que la glycérine et l'acide succinique ne se forment qu'en petite quantité, ce sont des produits constants de la fermentation alcoolique.

Les phénomènes de la fermentation, longtemps obscurs, ont été étudiés par un grand nombre de savants, parmi lesquels on doit citer tout particulièrement Pasteur, auquel on doit presque exclusivement la théorie aujourd'hui admise.

Le phénomène principal de la fermentation est le dédoublement du glucose en alcool et en acide carbonique sous l'influence indispensable d'un être organisé qui se développe, se multiplie pendant ce dédoublement. Cet être organisé peut être autre qu'un *saccharomyces*. Il n'y a pas que ces êtres unicellulaires qui produisent ces transformations. Des végétaux très inférieurs, mais cependant d'un ordre un peu plus élevé que les *saccharomyces*, tels que les *penicillium*, les *mucor*, les *aspergillus*, peuvent agir de même et transformer le sucre en alcool quand on les met dans un milieu convenable à l'abri de l'oxygène de l'air.

Les saccharomyces, les levures de bière, quand on les met dans un moût sucré et qu'on laisse l'air arriver facilement, se développent très rapidement en donnant une sorte de fermentation tumultueuse ; le glucose disparaît alors en ne donnant que peu d'alcool, mais en produisant surtout de l'eau et de l'acide carbonique comme le font, dans les mêmes conditions, des êtres un peu supérieurs, les moisissures. Quand, au contraire, le ferment se trouve en présence d'un moût sucré et soustrait à l'action de l'oxygène libre, on peut penser, avec Pasteur, que ce ferment respire avec l'oxygène emprunté à la matière fermentescible et que c'est dans cet acte physiologique qu'on doit placer l'origine du caractère ferment.

La plupart des cellules végétales produisent des fermentations analogues : ainsi MM. Lechartier et Bellamy, reprenant une ancienne expérience de Bérard, ont montré en plaçant des fruits, séparés de l'arbre, dans une atmosphère exempte d'oxygène que le sucre disparaissait, transformé en alcool, sans qu'on puisse constater la présence de la levure de bière. Des fruits très divers, tels que poires, pommes, citrons, cerises, châtaignes, prunes, grains de blé et graines de lin, subirent cette transformation.

Mais, tandis que les *penicillium* ne transforment qu'une faible partie du sucre en alcool, à l'abri de l'oxygène de l'air, et que leur développement se trouve bientôt arrêté par la présence de l'alcool formé, les saccharomyces peuvent produire une transformation beaucoup plus complète et le liquide fermenté atteindre une richesse alcoolique bien supérieure à celle que donnent les *penicillium*.

La fermentation alcoolique étant produite par un organisme vivant, certaines conditions de milieu sont nécessaires pour que le sucre puisse être transformé en alcool et acide carbonique. La température doit être convenable et le ferment doit trouver dans le milieu les éléments nécessaires à sa nutrition et à son développement. Pour ce qui concerne la température, on a constaté que c'est entre 25 et 30° que la fermentation se fait le mieux. Une température trop basse ralentit ce phénomène ; la température de 0° ne suffit pas, d'ailleurs, pour faire périr la levure. Les températures un peu supérieures à 30° doivent être évitées, parce que les fermentations qui se produisent alors donnent des produits secondaires désagréables ou nuisibles pour la bonne conservation du vin. C'est pour cela qu'en Algérie il est indispensable, pour obtenir des fermentations normales des moûts de raisin, de refroidir

artificiellement les locaux où se produit la fermentation (1).
La température de 55° suffit pour tuer la levure contenue
dans une liqueur. Au contraire, si la levure est séchée à
basse température, elle peut résister, à l'état sec, à la température de 100°. La lumière favorise la fermentation
alcoolique.

On a fait un grand nombre d'expériences pour étudier
l'action de diverses substances, des sels en particulier,
sur la fermentation. Ainsi, Dumas a trouvé que le bitartrate de potassium, qui se trouve constamment dans les
vins, n'entrave pas la fermentation. D'autres, au contraire,
ont une action très nuisible ; tel est le borax, par exemple,
dont les propriétés antiseptiques expliquent l'action.
L'acide carbonique et l'alcool gênent la fermentation ; si
on fait, en effet, le vide au-dessus d'une liqueur en fermentation, de façon à éliminer constamment l'acide carbonique et l'alcool produits, on constate que la fermentation est très active ; au contraire, les moûts très sucrés
qui produisent des vins très alcooliques et mousseux,
quand on empêche le départ total de l'acide carbonique,
conservent une partie de leur sucre que la levure ne peut
transformer dans ce milieu riche en alcool et en acide
carbonique.

Les alcalis et les acides peuvent arrêter la fermentation,
quand leur proportion est trop considérable. Normalement la levure est acide ; une quantité d'acide équivalant
à cent fois l'acidité de la levure suffit pour empêcher la
fermentation ; une quantité d'alcali équivalant à vingt-

______

(1) M. le capitaine Toutée a proposé récemment d'employer comme
cuves de fermentation des cuves métalliques de façon à permettre plus
facilement le refroidissement par l'air ambiant. Depuis quelques années
on a recours à des circulations d'eau froide dans des serpentins immergés dans les cuves pour abaisser leur température. En Algérie on a
même utilisé de la glace pour refroidir les cuves de fermentation.

cinq fois l'acidité de la levure arrête la fermentation.

Il y a donc des conditions de milieu à éviter pour que la fermentation puisse se produire; il y en a d'autres, au contraire, que l'on doit rechercher. L'analyse des ferments, en indiquant les produits qu'ils contiennent, nous renseigne sur les matières qu'il faut leur fournir pour qu'ils se développent. On y trouve: de la cellulose, 37 0/0; des matières albuminoïdes, 45 0/0; des peptones, 2 0/0; des matières grasses, 5 0/0; des matières minérales, 5 0/0, formées surtout de phosphate de potassium et de magnésium, avec un peu de chaux et des traces de soude, de fer, d'acide silicique et d'acide sulfurique. Il faut donc fournir à la levure non seulement des matières carbonées, le sucre suffit pour cela, mais aussi des matières contenant l'azote nécessaire à la formation des matières albuminoïdes. Une expérience célèbre de Pasteur a montré qu'en mettant une trace de levure (de la grosseur d'une tête d'épingle à l'état humide) dans un liquide composé de :

$$
\begin{aligned}
&\text{Eau distillée.} \dots \dots \dots \quad 100^{gr} \\
&\text{Sucre} \dots \dots \dots \dots \dots \quad 10^{gr} \\
&\text{Tartrate d'ammonium.} \dots \quad 0,1
\end{aligned}
$$

et les cendres de 15 grammes de levure pour fournir les matières minérales qui se trouvent normalement dans la levure et qui sont nécessaires à son développement, on obtenait une fermentation lente, mais très nette ; au bout d'un mois, la moitié environ ($4^{gr},5$) du sucre avait disparu en même temps que 6 milligrammes d'ammoniaque, et il s'était développé des cellules de levure qui, une fois sèches, pesaient 43 milligrammes. La trace de levure introduite s'était donc comportée comme une semence, et la levure s'était développée en empruntant au sucre et à l'acide tartrique le carbone nécessaire à la formation de sa cellulose, à l'ammoniaque l'azote nécessaire à la formation de ses matières albuminoïdes, et aux cendres les matières minérales.

Le glucose n'est, d'ailleurs, pas la seule matière sucrée capable de fermenter : le lévulose, le maltose et le lactose jouissent de la même propriété. En outre, d'autres sucres, sous l'influence des acides, de la diastase ou même du ferment, se transforment d'abord en glucose, en s'hydratant, puis fermentent ensuite : tels sont le sucre de canne ou saccharose, le mélitose, le tréhalose, le mélézitose ; tels sont encore l'amidon, la dextrine, certaines gommes, le glycogène, etc.

Toutes les matières donnent par la fermentation de l'alcool et de l'acide carbonique comme produits principaux, de la glycérine et de l'acide succinique comme produits accessoires constants, et enfin de très petites quantités de diverses autres matières : d'abord des homologues de l'alcool éthylique, tels que les alcools propylique, butylique, amylique, caproïque, puis des acides gras, tels que l'acide acétique et l'acide butyrique.

607. Préparation et fermentation du moût. — Lorsque les raisins sont mûrs, mais d'une maturité pas trop complète (1), on les cueille et on les place dans une grande cuve en chêne ou en ciment hydraulique ; la cuve doit, autant que possible, être remplie en un jour ; elle doit donc être proportionnée à l'exploitation. Tantôt on foule le raisin placé tel quel dans la cuve, tantôt on le foule après l'avoir égrappé. Parfois même on ne le foule pas. La fermentation alcoolique ne tarde pas à se

____

(1) Des raisins complètement mûrs donnent pour les vins rouges des vins peu riches en tannin, se conservant mal et sans bouquet. Il n'en est pas de même pour les vins blancs et pour les vins très liquoreux.

déclarer, et elle est très active au bout de vingt-quatre à trente-six heures; l'acide carbonique se dégage avec une grande abondance.

Pour les vins blancs on presse le raisin blanc ou rouge de façon à obtenir le jus séparé des grappes et des peaux, et on le fait fermenter. Le jus obtenu ainsi n'est pas rouge, la couleur rouge passant de la pellicule du raisin dans le moût à mesure que celui-ci fermente et s'enrichit en alcool. Aussi, pour augmenter le plus possible la couleur des vins rouges, on laisse les grains entiers, ou bien on refoule chaque jour le *chapeau* qui se forme à la surface de la cuve pour le plonger dans le liquide, ou bien encore à l'aide de filets on maintient complètement immergées les grappes écrasées.

Les cuves employées sont tantôt ouvertes, tantôt fermées avec une ouverture qui laisse passer l'acide carbonique. Les cuves ouvertes, plus simples, ont l'inconvénient d'exposer à l'aigrissement le *chapeau* de la cuve; par contre, elles se prêtent mieux, par suite de l'accès de l'air, au développement de la couleur du vin. Les cuves fermées possèdent une bonde par où l'acide carbonique s'échappe soit librement, soit par une fermeture hydraulique qui permet mieux de se rendre compte de la rapidité du dégagement. Il est aussi indispensable dans les pays chauds de surveiller la température. A partir de 36° une partie du glucose ne se transforme plus en alcool, mais en d'autres produits; il ne faut donc pas que le moût atteigne cette température; il est même bon de le maintenir au voisinage de 30°. On peut y arriver soit avec des cuves métalliques qui se prêtent mieux au refroidissement par l'air, soit avec un serpentin immergé dans la cuve et que l'on fait parcourir par de l'eau. On règle ainsi beaucoup plus facilement la température. Cette disposition est indispensable dans les pays chauds ; sans cela les vins obtenus ne se conservent pas. Dans les pays froids, c'est l'inverse : si la température du moût est de 12 à 13°, la fermentation ne s'établit pas ou à grand'peine ; on chauffe alors le local, ou on verse dans la cuve une portion du moût préalablement chauffée. On prend, d'ailleurs, des précautions pour que la chaleur que dégage la fermentation, quand elle commence, ne se perde que le moins possible ; on entoure les cuves de matières mauvaises conductrices, telles que des paillassons, etc.

La fermentation tumultueuse dure de trois à douze jours selon la température et la composition du moût. On décuve quand elle est terminée. On juge du moment convenable soit parce que le dégagement d'acide carbonique a cessé, soit parce que la température baisse, soit parce que la densité du liquide (1), prise à l'aréomètre, ne diminue plus en vingt-quatre heures.

Lorsqu'on veut avoir des vins doux, des vins blancs sucrés, on soutire, au contraire, le vin avant sa complète fermentation, avant la disparition totale du sucre et, pour arrêter cette fermentation, on l'agite à l'air en le transvasant à plusieurs reprises, et on le met dans des tonneaux où l'on a fait brûler du soufre : c'est le muttage ; on mutte aussi les vins par addition d'alcool, de façon à amener la richesse alcoolique à 17 ou 18 0/0 d'alcool ; la fermentation s'arrête. On mutte aussi, mais à tort, avec de l'acide salicylique.

608. Amélioration des moûts. — La *chaptalisation* consiste à ajouter à un moût provenant de raisins non suffisamment mûrs et, par suite, trop pauvres en

(1) La densité du moût, riche en glucose, est supérieure à celle de l'eau : la fermentation transformant le glucose en alcool plus léger que l'eau, la densité diminue continuellement.

glucose, du sucre de canne. Il est bon, au préalable, de
l'intervertir avec un peu d'acide tartrique ; cette pratique
n'est pas considérée comme une fraude ; elle est même
favorisée par l'abolition des droits sur les sucres.

La *gallisation* est une pratique analogue : on ajoute du
sucre pour augmenter la richesse alcoolique, mais en
même temps on ajoute de l'eau pour diminuer l'acidité.

La substitution du glucose du commerce au sucre de
canne n'est pas à conseiller ; ce glucose est souvent très
impur.

PLÂTRAGE DES VINS. — Le plâtrage des vins est une
opération pratiquée depuis très longtemps dans le Midi
de la France, en Espagne et en Italie. Elle consiste à
ajouter du plâtre aux raisins, dans la cuve de fermentation, 500 grammes de plâtre pour 100 litres de moût, ou
bien à mettre le plâtre dans le vin. Ce procédé clarifie le
vin, rend sa coloration rouge plus franche, moins violette ; en même temps, et c'est là le principal avantage, le vin devient beaucoup moins altérable, beaucoup
moins propre au développement des micodermes. L'acidité totale du vin ne change pas ; on admet que la crème
de tartre contenu dans le vin donne avec le sulfate de
calcium, du tartrate de calcium qui se précipite, du sulfate neutre de potassium et de l'acide tartrique libre.

Les vins plâtrés se reconnaissent à l'analyse par la
forte proportion de sulfate de potassium que contiennent
les cendres et à la présence du sulfate de calcium.

Au point de vue de la santé publique, les avis des hygié-
nistes ne sont pas absolument identiques. On peut penser que l'usage des vins légèrement plâtrés présente les
mêmes inconvénients que celui des eaux séléniteuses qui
sont dures et indigestes. Toutefois, comme le plâtrage

permet de garder facilement des vins qui ne se conserveraient pas seuls, il est toléré dans certaines limites. D'après la loi Brousse (11 janvier 1871) la limite du plâtrage, pour les vins mis en vente, correspond à une teneur de 2 grammes de sulfate de potassium par litre.

Les pratiques du salage et de l'alunage sont moins fréquentes; on reconnaît le chlorure de sodium et l'alun par l'analyse des cendres ; les vins naturels renferment très rarement plus de $0^{gr},1$ de chlorure de sodium par litre; la limite légale est de 1 gramme par litre. Parfois le chlorure alcalin des vins provient du *déplâtrage* : le vin est additionné d'une certaine quantité de chlorure de baryum qui donne du sulfate de baryum qui se précipite et du chlorure de potassium.

Le vin ne renferme au plus que $0^{gr},02$ d'alumine par litre. Dès qu'il en contient plus de $0^{gr},05$, on peut le considérer comme aluné.

609. Clarification et collages. — On clarifie les vins par la décantation, ou *soutirage*, ou par la filtration. Celle-ci s'effectue dans de grandes chausses de toile, garnies parfois de pâte de papier. On élimine ainsi une partie des matières en suspension. Pour compléter le dépôt de ces matières, on colle les vins en y ajoutant des matières albuminoïdes, albumine, colle de poisson, gélatine, etc., qui, au contact du tannin contenu dans les vins, se coagulent en entraînant toutes les matières en suspension, sous forme de *lies*. On peut employer six blancs d'œufs par barriques de 220 litres.

610. Composition des vins. — La composition des vins est très variable; toutefois il existe entre la proportion de ses éléments certaines relations qui permettent, dans la plupart des cas, de reconnaître qu'un vin est naturel. La composition change avec les crus et, pour un même cru, avec les années ; en comparant la composition d'un vin, vendu comme étant d'un cru et d'une récolte déterminés, avec celle que l'on a trouvé pour ce cru et cette année, on pourra reconnaître si le vin est bien celui qui est indiqué : de là, l'intérêt des nombreuses analyses de vins publiées tous les ans et concernant tous les départements. Nous donnons dans le tableau suivant, quelques exemples de composition de vins, et plus loin (page 639), les procédés employés pour faire les divers dosages relatifs à ces analyses.

611. Maladies des vins. — Les maladies des vins sont produites par le développement de divers ferments qui transforment l'alcool et les autres matières existant normalement dans le vin en produits nouveaux, acides acétique, lactique, etc., en même temps que le vin perd sa saveur ordinaire. Ces ferments semblent exister normalement dans le moût où ils accompagnent le ferment alcoolique ; mais, lorsque les conditions d'une bonne vinification sont remplies (température, composition du moût convenables, etc.), le ferment alcoolique se développe seul et les autres ferments se trouvent ensuite détruits et éliminés par les traitements que l'on fait subir au vin : soutirage, collage, mutage, etc. Lorsque la fermentation s'est produite dans de mauvaises conditions, ou lorsque le vin a été ensuite mal soigné, collages insuffisants, emplois de tonneaux contaminés, mouillages, etc., ces ferments se développent peu à peu et détruisent les qualités du vin. Les principales maladies sont : l'acescence, la tourne, l'amertume, la pousse et la graisse.

1° *Acescence ou maladie des vins piqués.* — Cette

Composition moyenne (1) de quelques vins
Français et Étrangers

Origine des vins	Densité à 15°	Alcool 1/0 en vol.	Extrait à 100 par litre	Extrait dans le vide par litre	Matières réductrices par litre	Sulfate de potassium par litre	Tartre par litre	Cendres par litre	Acidité par litre (en SO4H2)	Rapport de l'alcool à l'extrait	Somme alcool + acide
VINS ROUGES											
Aude (non plâtré)	0,9972	9,0	19,2	24,3	1,1	0,55	2,96	2,67	4,85	3,8	13,85
Aude (plâtré)	0,9971	9,6	20,1	24,8	1,3	1,53	2,62	3,42	4,78	4,0	13,39
Charente		8,2	18,7	22,0	1,6	0,42	2,56	3,07	6,06	3,5	14,26
Charente-Infér.		9,2	19,0	23,5	1,3	0,61	1,87	2,90	4,26	4,0	13,45
Cher	1,0006	7,7	19,1	24,8	0,9	<1°	3,09	2,43	5,25	3,2	12,95
Côte-d'Or	0,9965	9,5	18,3	24,2	1,1	0,49	2,72	2,26	4,79	4,2	14,29
Gard (non plâtré)	0,9979	8,6	18,7	23,3	1,1	0,43	2,94	2,03	4,62	3,7	13,22
Gers (non plâtré)		9,9	21,7	25,6	1,2	<1		2,43	5,37	3,7	15,27
Gironde	0,9964	9,6	18,9	24,0	1,1	0,54	2,59	2,66	4,39	4,1	13,99
Hérault	0,9972	9,0	18,4	23,3	1,2	0,54	3,12	2,70	4,87	4,0	13,87
Rhône	0,9970	9,1	18,0	23,4	0,8	0,48	2,53	2,37	4,74	4,1	13,84
Saône-et-Loire	0,9974	9,1	18,9	24,8	1,4	0,45	2,71	2,28	4,76	3,9	13,86
Seine-et-Oise	1,0008	7,5	19,6	23,3	0,9	0,36	3,36	2,52	6,31	3,1	13,81
Algérie (non plâtré)	0,9967	10,5	23,0	29,0	1,9	0,57	2,39	3,06	4,76	3,8	15,26
Tunisie		10,6	26,3	32,0	2,4	0,48	2,48	4,50	4,80	3,4	15,4
Espagne (non plâtré)	0,9975	12,1	25,3	31,5	3,2	0,45	2,50	3,08	4,41	4,2	16,51
Grèce		12,5	25,9	34,0	2,2	1,07	2,60	3,78	4,63	4,0	17,13
Italie (non plâtré)		12,8	29,6	38,6	4,6	0,52	2,23	3,06	4,80	4,0	17,6
VINS BLANCS											
Côte-d'Or	0,9957	8,6	14,6	26,0	0,8	0,39	2,22	2,24	4,39	4,8	12,99
Gironde	0,9976	10,1	20,1	28,4	4,3	1,25	1,80	2,63	4,15	4,8	14,25
Maine-et-Loire	1,0025	7,8	20,3	31,5	4,3	0,84	2,38	2,45	6,06	3,7	13,86
Saône-et-Loire		9,4	15,4	21,4	4,2	0,62	1,91	1,84	5,27	5,0	14,67
Yonne	0,9962	9,1	16,8	21,6	0,8	0,33	2,20	1,87	5,15	4,4	14,25
Alsace		8,5	16,3		1,0	<1		2,20	4,67	4,1	12,97
Algérie	0,9929	11,6	17,8	22,9	1,9	0,30	1,79	2,27	4,24	5,6	16,84
Espagne	0,9924	11,8	15,7	31,5	1,8	1,63	1,78	3,56	3,68	6,6	15,48
Grèce		12,6	20,2								5,4	
Italie		12,6	21,1		1,0	0,48					4,6	
Vin du Rhin		8,9	13,8		0,8						5,2	

(1) Ces nombres sont empruntés aux analyses de vins naturels faites par le Laboratoire municipal sur plus de 7.000 échantillons entre 1880 et 1891.

maladie est la plus fréquente : le vin, surtout lorsqu'il est pauvre en alcool et exposé à l'air par de grandes surfaces, comme dans les tonneaux en vidange, peut permettre le développement du *micoderma aceti*, qui fixe l'oxygène et change l'alcool du vin en acide acétique. Ce ferment se présente en chapelets d'articles légèrement étranglés vers le milieu et dont le diamètre, quelque peu variable, est en moyenne de 1μ,5. Sa longueur est à peu près double. Ce ferment est souvent accompagné du *mycoderma vini* qui forme les fleurs du vin et qui transforme l'alcool en eau et acide carbonique (sans formation d'acide acétique).

2° *Tourne.* — La maladie de la tourne est produite par des filaments organisés, très fins, qui produisent un chatoiement, quand on agite le vin en plein soleil ; le vin est trouble, et sa couleur tourne au marron. On trouve dans le vin tourné des acides tartronique, acétique et lactique ; c'est, en général, une maladie des vins ordinaires.

3° *Amertume.* — Cette maladie est produite par des filaments analogues aux précédents, mais moins fins, plus ramifiés et se recouvrant à la longue d'incrustations de matières colorantes. Cette maladie attaque surtout les grands vins.

4° *Pousse.* — Filaments analogues à ceux de la tourne ; le vin atteint de cette maladie contient de l'acide acétique et de l'acide propionique.

5° *Graisse.* — Maladie attaquant surtout les vins blancs faibles. Elle est produite par des chapelets de petits grains sphériques très petits : le vin devient trouble, filant, huileux.

612. Pasteurisation. — Le seul moyen pratique de prévenir ces maladies et quelquefois de les arrêter au commencement de leur apparition consiste à employer la méthode Pasteur, c'est-à-dire à chauffer les vins entre 55 et 60°. L'emploi des antiseptiques, acide borique, acide salicylique, abrastol ou autres doit être rejeté. Pour stériliser les liquides et les objets, il faut, en général, employer une température de 120°; quelques germes résistent, en effet, même à 100°. Pour le vin, si l'on atteignait cette température on lui donnerait un goût spécial, un goût de *cuit*. L'expérience a d'ailleurs montré qu'une température de 55 à 60° était suffisante pour tuer les ferments qui se trouvent dans le vin et qu'elle ne développait pas ce goût de cuit.

Le vin à pasteuriser peut être en bouteilles ou en tonneaux. S'il est en bouteilles il suffit de le placer dans des étuves convenablement réglées entre 55 et 60° et de les y laisser séjourner, jusqu'à ce qu'une bouteille témoin, placée dans les mêmes conditions et munie d'un thermomètre, indique cette température. Ce procédé n'est applicable qu'en petit et, par conséquent, pour les vins de grand cru, de grande valeur. On ficelle les bouchons sur les bouteilles pour éviter que le bouchon ne parte.

Pour le chauffage des vins en tonneaux il est nécessaire d'employer des appareils plus compliqués et de recevoir le vin échauffé dans des tonneaux ébouillantés, c'est-à-dire stérilisés à la vapeur. Les principes du chauffage des vins sont les suivants : Aucune partie du vin ne doit se trouver en contact avec des surfaces portées à une température supérieure à 60° ; toutes les parties du vin doivent être portées à une température comprise entre 55 et 60°. Le chauffage doit être opéré en vase clos pour éviter les pertes de gaz, d'alcool ou de bouquet. Le refroidissement doit avoir lieu en vase clos, pour la même raison et pour éviter l'oxydation par l'air. D'autre part, les appareils véritablement pratiques sont ceux qui fonctionnent d'une façon continue ; c'est donc par une circulation réglée de vin dans un appareil maintenu à une température constante que l'on réalisera ces diverses conditions de la façon la plus pratique. Divers appareils ont été décrits ; l'un des plus commodes est celui de Houdart : le vin fourni par un réservoir situé à un étage supérieur circule dans un serpentin plongé dans un bain-marie en forme de thermosiphon. Un robinet gradué avec soin permet de régler le débit du vin d'après les indications du thermomètre. Le bain-marie est chauffé par des becs de gaz munis d'un thermo-régulateur, c'est-à-dire que le débit du gaz varie avec la température, augmentant quand celle-ci diminue, et inversement. Avant de pénétrer dans le bain-marie, le serpentin circule dans un échangeur de température où circule aussi le vin sortant du chauffeur ; de cette façon ce dernier vin, qui doit être ramené à la température ordinaire avant de sortir de l'appareil, se refroidit en échauffant le vin qui entre : il y a donc en même temps économie de combustible. On construit des appareils de ce genre de diverses grandeurs qui permettent de chauffer de 1.000 à 3.000 litres de vin par heure. Le prix du chauffage est de 0 fr. 70 par 1.000 litres, le prix du gaz étant de 0 fr. 30 le mètre cube.

613. Traitement des marcs. — Les marcs additionnés d'eau sucrée tiède et d'un peu d'acide tartrique fournissent par fermentation une boisson appelée vin de marc, de deuxième cuvée, piquette, etc. Ce sont des boissons saines, mais qui ne sauraient être ajoutées à des vins, sans fraude. Toutefois, on les emploie très souvent pour cet usage.

614. Vins et piquettes de raisins secs. — Les raisins secs sont déchirés, puis mis à gonfler dans de l'eau froide et enfin pressés. On fait fermenter le moût obtenu à basse température vers 25°. On obtient ainsi des boissons hygiéniques à bon compte. Mais, au lieu d'être vendus sous leur véritable nom de vins de raisins secs, ces liqueurs servent trop souvent pour couper les vins étrangers ou les vins du Midi, riches en alcool.

615. Analyse des vins. — L'analyse des vins naturels et la recherche des falsifications est une opération très délicate, trop complexe pour pouvoir l'aborder dans un ouvrage tel que celui-ci. Nous nous bornerons à indiquer les dosages principaux en utilisant surtout l'*Instruction pratique pour l'analyse des vins et la détermination du mouillage dans les laboratoires de l'État en France*, publiée par le Comité consultatif des Arts et Manufactures.

1° *Richesse alcoolique* (V. t. I, p. 329). — Les divers ébullioscopes peuvent être utilisés pour faire un examen sommaire, mais dans les cas litigieux on devra toujours avoir recours à la distillation pratiquée sur 300 centimètres cubes au moins pour permettre l'emploi d'alcoomètres poinçonnés. La lecture est faite au haut du ménisque. Les liquides devront être neutralisés, avant la distillation.

2° *Poids de l'extrait sec.* — On évapore au bain-marie d'eau bouillante 20 centimètres cubes de vins placés dans une capsule de platine à fond plat, de diamètre tel que la hauteur du liquide ne dépasse pas 1 centimètre. La capsule sera plongée dans la vapeur ; elle émergera seulement de 1 centimètre de la plaque sur laquelle elle sera supportée. Les capsules devront être placées sur le bain préalablement porté à l'ébullition, et l'évaporation sera continuée pendant six heures.

3° *Poids de l'extrait dans le vide*. — On le détermine en opérant sur 10 centimètres cubes de vin placés dans des vases de verre à fond plat, numérotés et tarés, de 50 millimètres de diamètre. Ces vases sont placés dans des étuves où l'on fait le vide en présence d'acide sulfurique. Ce dosage demande quatre jours.

4° *Poids des cendres*. — L'extrait sec à 100°, après avoir été pesé, est incinéré à basse température, de façon à brûler le charbon, mais sans fondre les cendres ni volatiliser les chlorures.

5° *Acidité*. — On fait usage d'une liqueur alcaline titrée, convenablement étendue, après avoir eu le soin de porter préalablement le liquide jusqu'à l'ébullition, dans le but de chasser l'acide carbonique qu'il pourrait contenir. On arrête l'addition de la liqueur alcaline, lorsque le précipité qui se forme dans le vin devient persistant. L'acidité est exprimée en acide sulfurique (c'est-à-dire que l'on donne le nombre de grammes d'acide sulfurique qui neutraliseraient la même quantité de la solution alcaline qu'un litre de vin : on opère sur 25 centimètres cubes).

6° *Sucre*. — Le vin, préalablement décoloré par une addition ménagée de sous-acétate de plomb, est essayé à la liqueur cupropotassique (V. t. I, p. 667) et examiné au polarimètre (V. t. I, p. 668).

7° *Sulfate de potassium*. — On procède à un essai sommaire avec une liqueur de chlorure de baryum acidulée (7 grammes de chlorure de baryum cristallisé et 15 centimètres cubes d'acide chlorhydrique pur par litre ; 5 centimètres cubes de cette liqueur correspondent à 1 gramme de sulfate de potassium par litre en opérant sur 25 centimètres cubes de vin).

Dans le cas où le vin examiné contiendrait moins de 1 gramme de sulfate de potassium par litre, on s'en tiendra à cet essai ; dans le cas contraire, on déterminera le poids du sulfate de potassium par les méthodes usuelles.

8° *Calcul du vinage.* — a) *Vins rouges :* L'expérience a démontré que, dans les vins de vendange naturels, il existe un rapport déterminé entre le poids de l'extrait sec et celui de l'alcool.

Le poids de l'alcool est au maximum quatre fois et demie celui de l'extrait. Lorsque ce rapport est dépassé (avec une tolérance de 1/10 en plus, soit 4,6), on doit conclure au vinage.

Pour déterminer le rapport, on divisera le poids de l'alcool (obtenu en multipliant la richesse exprimée en volume par 0,8) par le poids de l'extrait réduit (1).

b) *Vins blancs.* — Pour les vins blancs le rapport maximum est fixé à 6,5. A titre de renseignements on pourra se servir des indications fournies par la densité ; l'expérience a en effet montré que, dans la grande majorité des cas, la densité des vins est voisine de celle de l'eau et jamais inférieure à 0,985. Lors donc qu'un vin aura une densité inférieure à 0,985, on pourra être certain qu'il a été viné.

9° *Calcul du vinage accompagné de mouillage.* — Dans certains cas il peut être intéressant de rechercher si un

___

(1) Dans le cas des vins plâtrés ou sucrés on diminue le poids de l'extrait sec trouvé des poids de sulfate de potassium et de sucre trouvés, et on ajoute 2. Le nombre obtenu s'appelle *extrait réduit.*

vin a été viné et mouillé, c'est-à-dire additionné d'eau ; la règle suivante peut être appliquée.

Dans tous les vins normaux la somme de l'alcool pour cent, en volume, et de l'acidité par litre, en poids, n'est presque jamais inférieure à 12,5. L'addition d'eau affaiblit ce nombre, l'addition d'alcool, au contraire, l'augmente.

Lorsque l'on soupçonnera un vin d'avoir été mouillé et alcoolisé, on déterminera d'abord le rapport de l'alcool à l'extrait ; si le nombre obtenu est supérieur à 4,5, on ramène par le calcul le rapport à 4,5 et on aura ainsi le poids réel de l'alcool et, par suite, la richesse alcoolique du vin naturel, la différence avec la richesse trouvée directement représentera la surforce alcoolique ; puis on fera la somme acide + alcool telle qu'elle a été précédemment définie ; si le vin a été mouillé, le nombre deviendra inférieur à 12,5, c'est-à-dire anormal, et le mouillage sera manifeste.

Soit, par exemple, un vin donnant :

$$
\begin{aligned}
&\text{Extrait sec par litre.} \dots \dots \dots \dots & 14,200 \\
&\text{Acidité par litre.} \dots \dots \dots \dots \dots & 3,100 \\
&\text{Alcool en volume 0/0.} \dots \dots \dots \dots & 16,000 \\
&\text{Le rapport en poids alcool : extrait est.} \dots & 9,01 \\
&\text{La somme alcool + acide est.} \dots \dots \dots & 19,100
\end{aligned}
$$

En ramenant le rapport à être 4,5, on a :

$$
\begin{aligned}
&\text{Poids de l'alcool naturel.} \dots \quad 14,200 \times 4,5 = 63,900 \\
&\text{Richesse alcoolique correspondante : } 63,900 : 0,8 = 7,99 \\
&\text{Surforce alcoolique} \dots \dots \dots 16 - 7,99 = 8,01 \\
&\text{La somme alcool + acide devient.} \dots \dots = 11,090
\end{aligned}
$$

Cette somme étant inférieure à 12,5, il y a en plus mouillage.

10° *Glycérine.* — On évapore 250 centimètres cubes de vin au cinquième, puis on sature par l'eau de baryte, on ajoute un peu de sable bien lavé et on dessèche dans le vide. Le résidu de l'évaporation est épuisé par un mélange d'alcool et d'éther fait à volumes égaux. Ce mélange dissout la glycérine contenue dans l'extrait. On concentre la solution au bain-marie, puis on termine l'évaporation dans le vide. On reprend par un peu d'alcool, on introduit la solution dans une nacelle de platine et on dessèche dans le vide ; on pèse et on obtient ainsi le poids de la glycérine plus celui des matières étrangères ; on chauffe alors la nacelle dans un tube à 120° où l'on fait le vide ; la glycérine distille. La perte de poids éprouvée par la nacelle représente le poids de la glycérine contenue dans 250 centimètres cubes de vin.

Lorsque le vin est plâtré, après que l'on a évaporé à sec et que l'on a repris par l'alcool, on ajoute de l'acide hydrofluosilicique pour précipiter la potasse ; après un repos de vingt-quatre heures, on filtre, on sature par l'eau de baryte et on termine comme ci-dessus.

11° *Tartre.* — On traite 20 centimètres cubes de vin par 80 centimètres cubes d'un mélange d'alcool absolu et d'éther à 65°, fait à volumes égaux ; après un repos de vingt-quatre heures, on recueille sur un filtre le précipité de bitartrate de potassium, on le lave avec l'alcool éthéré ; puis, on le dissout dans l'eau et avec une solution de potasse normale décime on mesure l'acidité. Chaque centimètre cube de cette solution correspond à 0^{gr},94 de tartre, par litre, dans ces conditions.

12° *Acide tartrique.* — On traite 20 centimètres cubes de vin par deux gouttes d'une solution alcoolique d'acétate de potassium à 20 0/0 ; puis, on continue comme pour un dosage de tartre. On retranche du volume de potasse employé le volume nécessaire dans le dosage du tartre ; la différence, exprimée en centimètres cubes et multipliée par 0,75, donne l'acide tartrique en grammes par litre.

B. — BIÈRE

616. Principes de la fabrication de la bière. — La bière est une boisson alcoolique résultant de la transformation de l'amidon contenu dans l'orge en maltose, puis en alcool et acide carbonique. La transformation de l'amidon en dextrine d'abord, puis en maltose, se produit sous l'influence d'une diastase qui se forme pendant la germination de l'orge ; cette germination produit ce que l'on appelle le *malt*. L'orge germé, ou malt, est ensuite traité par l'eau, et le produit de ce *brassage* est un *moût* que l'on houblonne et que l'on fait ensuite fermenter. Sous l'influence de la levure de bière (*saccharomyces cerevisiæ*) le maltose formé, principalement pendant le brassage, se transforme en alcool et en acide carbonique.

L'étude de la fabrication de la bière comporte donc les parties suivantes : 1° matières premières : orge, houblon, levure, eau ; 2° le maltage ; 3° le brassage, qui comprend la préparation et la fermentation du moût.

617. Matières premières. — Ces matières sont l'orge et accessoirement les autres céréales, le houblon, la levure, l'eau.

1° *Orge.* — L'orge est la céréale de beaucoup la plus employée pour la fabrication de la bière ; on lui ajoute parfois du blé, du maïs, du riz ou du seigle et de l'avoine comme dans le *kwass* des Russes.

Plusieurs sortes d'orge sont employées ; les principales sont l'orge à six rangs et l'orge à deux rangs ; cette dernière est presque exclusivement employée en Bavière et en Angleterre. L'orge doit peser de 65 à 70 kilogrammes par hectolitre ; elle doit germer presque complètement : 95 grains sur 100. L'orge fraîche germe mal (50 0/0) ; l'orge récoltée depuis trente mois a atteint son maximum de germination (98 à 100 0/0). Comme le pouvoir germinatif de l'orge est la principale qualité à constater, on la mesure de la façon suivante : sur une plaque percée de 100 trous on dispose 100 grains d'orge. Par dessus on met une couche d'ouate mouillée, puis un couvercle percé de quelques trous. La plaque aux 100 trous est disposée dans un vase plein d'eau à quelques centimètres de la surface de l'eau. Au bout de trois jours, on regarde les grains qui n'ont pas germé ; il doit y en avoir 4 ou 5 au plus.

L'orge de bonne qualité, séchée à l'air, contient :

Amidon	54,07
Eau	13,88
Mat. albuminoïdes	12,43
Cellulose	7,76
Mat. grasse	2,66
Sucre	2,43
Dextrine	1,70
Matières diverses	5,07
	100,00

Elle fournit 7,33 de cendres, dont 1,07 insolubles.

2° *Houblon*. — On désigne, en brasserie, sous le nom de houblon, les fleurs femelles du *humulus lupulus*. La récolte du houblon doit se faire un peu avant la maturité, lorsque la *lupuline*, ou poussière jaune du houblon, est descendue jusqu'à l'extrémité des cônes. Une fois cueilli, le houblon doit être séché, soit à l'air libre, soit en étuve si le temps est humide : on évite ainsi que le houblon ne moisisse. Dans des étuves bien ventilées le séchage doit être réglé et progressif : la température doit monter lentement de 40° à 52° et ne pas dépasser 55°. Voici la composition d'un houblon :

$$
\begin{array}{lr}
\text{Huile essentielle volatile.} & 2,3 \\
\text{Substance amère.} & 7,4 \\
\text{Substance gommeuse.} & 4,9 \\
\text{Substance résineuse.} & 73,0 \\
\text{Cellulose.} & 0,12 \\
\text{Tannin.} & 7,7 \\
\end{array}
$$

On conserve le houblon sec en le rangeant en balles serrées que l'on renferme parfois dans des caisses fermées maintenues dans des endroits froids et secs.

3° *Levure*. — Il est indispensable de prendre de la levure pure, exempte de germes étrangers ; et, comme il existe plusieurs variétés de saccharomyces propres à donner de bonne bière, mais avec des qualités un peu différentes, il est bon, pour une brasserie, d'adopter une de ces variétés et d'employer toujours la même : dans ces conditions, la fermentation aura une marche bien connue, et il sera plus facile d'obtenir une bière de qualité constante.

4° *Eau*. — L'eau doit être aussi pure que possible ; elle doit être filtrée et ne contenir que le moins possible de

sels calcaires ; en tous cas elle ne doit pas marquer plus
de 30° hydrotimétriques.

618. Maltage. — Le maltage a pour objet de transformer l'amidon contenu dans l'orge en maltose à l'aide
de la diastase qui se développe pendant la germination
de l'orge. L'orge, une fois germée, doit être séchée, privée
de ses radicelles et légèrement grillée.

1° *Germination.* — L'orge est nettoyée dans des tamis
tournants parcourus par un courant d'air, puis mouillée
soit dans des cuves, soit dans des mouilloires spéciales.
Le mouillage permet de séparer les bons grains des mauvais qui viennent flotter à la surface (orge d'écumage pour
la nourriture des bestiaux), tandis qu'au bout de quelques
heures tous les bons grains sont au fond ; de plus, la
poussière, retenue encore par l'orge, est entraînée avec
l'eau. Mais le but principal est de ramollir le grain, de
lui faire absorber de l'eau et de faciliter ainsi sa germination. Après six heures de mouillage on change l'eau, et
on continue de douze heures en douze heures. Le mouillage dure quarante-huit heures en été et le double en hiver.
Pendant ce temps l'orge absorbe à peu près la moitié de
son poids d'eau.

La germination proprement dite se produit dans des
caves convenablement ventilées ; le grain est étendu sur
le sol, bien dallé, sous une épaisseur de 10 centimètres.
On le retourne avec une pelle en bois d'abord toutes
les six heures, puis toutes les huit heures. On voit bientôt apparaître la radicelle et l'ensemble de la tigelle et
de la gemmule, qu'on appelle le *germe* dans le langage
courant. On arrête la germination toujours à peu près
au même point, lorsque le germe a atteint les 3/4 de la
longueur du grain : les radicelles ont alors une fois ou

une fois et demie cette même longueur. La durée de la germination est de trois jours en moyenne.

On a imaginé des appareils destinés à obtenir une germination plus régulière : dans le système Saladin, par exemple, l'orge est contenue dans des cuves dont le fond est percé de trous ; un ventilateur envoie de l'air à travers ces ouvertures, ce qui élimine l'acide carbonique produit par la germination et refroidit le grain. Des thermomètres placés dans le grain indiquent sa température ; l'air du ventilateur passe dans un appareil parcouru par de l'eau froide, de façon que l'on peut modifier ainsi sa température et, par suite, celle du grain. Un retourneur à hélice, mû mécaniquement, et que l'on peut facilement transporter d'une cuve à l'autre, permet de remuer le grain matin et soir. Cet appareil produit, avec une main-d'œuvre très restreinte, une germination très régulière. Dans ce procédé, comme dans les autres d'ailleurs, il ne faut jamais employer à la fois plusieurs espèces d'orge qui se mouillent différemment et germent dans des temps différents.

619. Séchage et touraillage. — L'orge germée est appelée *malt vert* ; lorsqu'on a décidé d'arrêter la germination, on sèche le malt vert en l'exposant à l'air dans des greniers bien ventilés et on le retourne plusieurs fois par jour. Lorsqu'il est un peu sec, il est assez facile de le débarrasser des radicelles à l'aide de machines spéciales. On le sèche ensuite complètement. On le *touraille* ensuite, c'est-à-dire qu'on l'expose à une température un peu élevée, ce qui produit les effets suivants : la germination, déjà bien ralentie pendant le séchage, est totalement arrêtée ; la diastase formée commence à transformer l'amidon en maltose ; certains éléments prennent, pendant cette sorte de grillage, une coloration brune et un goût agréable. Le touraillage se produit dans de grandes étuves spéciales parcourues par un courant d'air chaud. Dans les tourailles anglaises, l'air chaud qui circule est l'air même du foyer, mêlé de fumée ; dans les tourailles allemandes, c'est de l'air chaud, non mêlé avec les produits de la combustion. Le malt vert se trouve étalé sur des plaques percées que traverse l'air chaud ; des pelleteurs mécaniques remuent la masse de temps à autre.

100 kilogrammes d'orge donnent :

> 150 kilogrammes de malt vert ;
> 92 kilogrammes de malt sec ;
> 80 kilogrammes de malt touraillé.

Si l'on compare la composition du malt et de l'orge qui a fourni ce malt, on trouve que la dextrine a augmenté, 6,6 au lieu de 5,6 ; le sucre a augmenté, 0,7 au lieu de 0,0 ; l'amidon a diminué ; 58,5, au lieu de 67,0. Un touraillage plus énergique peut même amener la proportion de dextrine à 10,2 et celle du sucre à 0,9, celle de l'amidon descendant à 47,6.

Le malt, une fois touraillé, est broyé sous des meules.

620. Brassage. — Le brassage comprend la préparation du moût et la fermentation de ce liquide.

Préparation du moût. — Dans la préparation du moût, on traite le malt touraillé par l'eau, ce qui a pour effet de dissoudre la dextrine et la maltose déjà contenues dans le malt, de permettre la transformation presque complète de l'amidon qui reste en maltose, et, enfin, de transformer en peptones diverses matières albuminoïdes, ce qui donne à la bière un pouvoir nutritif assez grand.

Le traitement se fait dans des cuves munies d'agitateurs ; ces cuves s'appellent des *vagueurs*.

On brasse par infusion ou par décoction. Quand on opère par infusion, le malt est placé dans le vagueur, puis on envoie de l'eau d'abord tiède, puis de plus en plus chaude, jusqu'à ce que la masse soit à 75°, température convenable pour l'action de la diastase. On soutire le moût, puis on recommence deux autres fois ; on peut réunir les trois infusions, ou les traiter séparément, ce qui donne trois qualités différentes de bière. On emploie ainsi, en trois fois, 200 litres d'eau pour 100 kilogrammes de malt. Ce qui reste de matière solide s'appelle la *drèche*. Quand on opère par décoction, on délaye le malt dans le quart de son poids d'eau froide, puis on ajoute peu à peu une quantité d'eau bouillante égale à la première ; on agite continuellement ; la température monte à 35°. On soutire alors 1/3 du moût et on le porte à l'ébullition pendant quarante-cinq minutes, puis on l'envoie dans la cuve ; la température s'élève à 50°. On soutire ensuite les 2/3 du moût, on les porte à l'ébullition pendant une heure, et on reverse dans la cuve dont la température s'élève à 65°. On soutire encore du moût, on le fait bouillir et on l'ajoute dans la cuve dont la température doit être voisine de 75° sans la dépasser. On remue, puis on laisse en repos pendant deux heures ; on soutire ensuite. Le moût est alors lavé à deux reprises, ce qui fournira de la petite bière.

Le procédé par infusion est plus simple, mais le procédé par décoction donne une bière plus moelleuse ; c'est le procédé employé en Bavière et en Bohême.

Houblonnage du moût. — Le moût, une fois soutiré des vagueurs, est porté à l'ébullition, ce qui détruit la diastase et coagule diverses matières albuminoïdes ; en même temps on y ajoute du houblon, 1 kilogramme par hectolitre (en moyenne de 500 à 1.500 grammes) ; les principes amers du houblon se dissolvent et son tannin facilite la précipitation des matières albuminoïdes. Le houblonnage se fait très souvent en cuves fermées pour mieux conserver son arome. La cuisson du moût dure en moyenne deux heures. Tous les germes que pouvait contenir le moût se trouvent détruits ; on le dirige alors dans des appareils où il se refroidit, à l'abri des germes de l'air, jusqu'à 20°, si la bière doit subir la fermentation haute, jusqu'à 10° pour la fermentation basse.

Fermentation. — On détermine la fermentation du moût en y ajoutant de la levure, $0^{kg},5$ en moyenne par hectolitre de moût. Suivant la température et la nature de la levure, la fermentation se produit différemment et donne à la bière qui en résulte des propriétés spéciales. On distingue deux modes principaux de fermentation : la fermentation haute, produite vers 20° par la levure haute ; la fermentation basse, produite entre 5 et 10° par la levure basse. La fermentation haute, appliquée surtout aux moûts riches en sucre, donne une bière qui ne se conserve pas très bien ; la fermentation basse produit, au contraire, une bière de garde. C'est cette dernière qui est la plus employée : elle donne les meilleurs produits.

La fermentation, haute ou basse, est effectuée dans des cuves en bois de chêne verni, placées dans des caves où l'on maintient la température constante à l'aide d'une circulation d'eau ou d'un liquide incongelable fortement refroidi par des machines à ammoniac ou à acide sulfureux. Cette température est de 20° pour la fermentation haute, de 5° pour la fermentation basse.

Pour introduire la levure, il existe plusieurs procédés. On peut délayer la levure dans un peu de moût, la verser

dans la cuve et remuer. Ou bien on délaye la levure dans
du moût et on la verse dans un vingtième ou un trentième
du moût, on laisse fermenter pendant quelques heures ;
enfin, on ajoute le restant du moût. La fermentation est
à son maximum après vingt-quatre heures environ ; la
mousse persiste pendant trois à quatre jours. Du reste, on
peut hâter ou ralentir la fermentation, en variant les conditions : une forte proportion de levure, une température
plus élevée accélèrent la fermentation ; une cuisson plus
prolongée du moût, un touraillage plus accentué, un
houblonnage plus fort retardent, au contraire, la fermentation.

Une fois la fermentation principale terminée on décante
la bière dans de grands tonneaux de 2 à 3 mètres cubes,
placés dans des caves très froides de 2 à 4° ; la bière continue à fermenter. On la soutire après quelque temps.

On clarifie la bière quand elle en a besoin soit par fil-
trage sur du papier ou sur de la pâte à papier, soit par
précipitation des matières en suspension à l'aide de collage (par la colle de poisson de préférence).

621. Composition de la bière. — Voici dans le
tableau suivant la composition d'un certain nombre de
bières, prises à l'exposition nationale de brasserie de 1887
et analysées par le laboratoire municipal de Paris.

	Densité à 15°	Alcool p. 100 en vol.	Extrait à 100° par litre	Sucre calculé en glucose par litre	Dextrine par litre	Matières albumineuses par litre	Acidité calculée en SO$_4$H^2 par litre	Cendres par litre	Acide phosphorique par litre	Rapport du poids de l'extrait à celui de l'alcool
Grande Brasserie de l'Est (Maxeville)..............	1,0252	4,9	82,84	14,70	38,83	3,45	1,87	2,64	0,92	2,1
Pavard et Cirier (Saint-Germain-en-Laye).....	1,0232	4,4	73,04	13,15	36,82	1,86	1,60	3,04	0,59	1,9
Brasserie Gallia (Montrouge)................	1,0202	5,5	70,92	7,93	42,06	1,89	1,44	2,28	0,52	1,6
Welten (Marseille).......	1,0201	6,1	61,96	7,14	37,93	2,17	1,24	2,38	0,41	1,3
Tourtel (Tantonville).....	1,0221	5,5	68,24	6,25	37,94	2,17	1,40	2,28	0,79	1,3
Fischer et Leppert (Bordeaux)................	1,0280	4,7	84,29	10,00	45,74	1,89	0,80	1,88	0,46	2,6
Chaune (Vosges).........	1,0181	5,2	63,43	8,46	28,46	1,74	1,52	3,00	0,31	1,4
G^{de} Brasserie de l'Ouest (Le Havre).............	1,0210	5,4	66,24	11,90	21,29	0,99	1,40	2,28	0,67	1,5
Phénix (Marseille).......	1,0254	4,9	70,20	6,17	36,76	1,88	1,22	2,68	0,81	1,8
Webel, à Tours	1,0180	6,0	65,20	8,33	36,54	2,03	1,08	2,12	0,43	1,3
Laubenheimer (Nérac)...	1,0262	4,1	51,48	0,66	34,05	1,32	0,72	2,28	0,47	1,5
Peters (Puteaux).........	1,0202	6,4	74,28	9,43	43,23	2,93	1,44	2,80	0,59	1,3

622. Analyse de la bière. — Elle se fait, d'une
façon générale, comme celle du vin, après qu'on l'a agité,
dans un ballon pour faire dégager la plus grande partie
de l'acide carbonique. La densité se détermine à 15° avec
un densimètre donnant le dix-millième. La richesse alcoolique se détermine sur 200 centimètres cubes en employant
un appareil distillatoire de 500 centimètres cubes, à cause
de la mousse (1) ; à part cela on opère comme pour le vin.
L'extrait sec et le sucre se déterminent comme pour le
vin ; il en est de même des cendres et de la glycérine ;
pour l'acidité on commence par faire bouillir la bière au
réfrigérant ascendant, pour chasser l'acide carbonique ;

(1) Si cela ne suffit pas, on ajoute du tannin ou de petits bouts de
papier.

puis, on dose l'acidité avec la potasse décime normale par le procédé à la touche, sur du papier de tournesol.

Le dosage de la dextrine et des matières albuminoïdes se fait de la façon suivante : dans 100 centimètres cubes d'alcool absolu on fait tomber peu à peu 25 centimètres cubes de bière ; puis, on agite, on ajoute 50 centimètres cubes d'alcool absolu et on laisse reposer douze heures. On filtre ensuite sur un filtre taré, et on lave à l'alcool absolu ; on sèche et on pèse ; le poids obtenu représente la somme des poids de la dextrine, des matières albuminoïdes et des substances minérales. Sur une portion du précipité on dose les matières albuminoïdes par le procédé Kjeldahl (V. t. I, p. 56). D'après l'azote trouvé, on calcule le poids de matières albuminoïdes, en admettant qu'elles renferment 15,5 0/0 d'azote. L'autre portion du précipité est incinérée à basse température, ce qui donne le poids des substances minérales ; la dextrine se calcule par différence.

Les principales falsifications qu'il y a lieu de chercher dans la bière sont :

1° Les *matières féculentes* et le *glucose*; l'examen des cendres, le dosage de l'acide phosphorique, pourront renseigner à cet égard.

2° Les *amers* remplaçant le houblon, en totalité ou en partie : les plus employés sont l'acide picrique, le fiel de bœuf, l'aloès, le quassia amara, le buis, la mousse d'Islande, etc. Leur recherche est longue et délicate, il faut opérer au moins sur 2 litres de bière. La méthode de Dragendorff, modifiée par Kubicky, consiste à évaporer 2 litres de bière à moitié, puis à précipiter la matière amère du houblon par l'acétate de plomb basique : on filtre, on précipite l'excès de plomb par l'acide sulfurique et on filtre de nouveau.

Si la bière ne contient que du houblon comme matière amère, elle a perdu son amertume après ce traitement. Si elle l'a conservée en tout ou en partie, il y a lieu de chercher la falsification. Sans entrer dans le détail de la méthode assez compliquée, disons que l'on concentre la bière davantage, que l'on précipite la dextrine par l'alcool absolu ; puis, après avoir chassé l'alcool, on agite la solution aqueuse concentrée, tantôt rendue acide par l'acide sulfurique, tantôt rendue ammoniacale, soit avec de l'éther de pétrole ou du benzène, et l'on recherche dans ces liquides les substances amères introduites dans la bière.

3° Les *agents de conservation* les plus employés sont les sulfites, l'acide salicylique, l'acide borique ; ce dernier se retrouve dans les cendres. Pour rechercher l'acide sulfureux, on acidifie la bière par l'acide sulfurique et on fait passer un courant d'acide carbonique qui entraîne l'acide sulfureux dans une dissolution d'iode et de chlorure de baryum. L'iode, en présence de l'eau, oxyde l'acide sulfureux qui donne alors un précipité de sulfate de baryum. L'acide salicylique se recherche en agitant la bière, acidulée par l'acide sulfurique, avec de l'alcool amylique que l'on décante et que l'on évapore ; le résidu est repris par l'eau : une goutte de perchlorure de fer y donne une coloration violette s'il y a de l'acide salicylique.

4° *Matières colorantes.* — On ajoute parfois du caramel, de la chicorée, de la nitrorhubarbe, etc. Les matières colorantes naturelles de la bière sont précipitées par le tannin, tandis que celles que nous venons de citer ne le sont pas.

C. — CIDRE

623. Fabrication du cidre. — Le cidre est le produit de la fermentation du jus de pommes. Les pommes peuvent se classer, au point de vue de la fabrication du cidre, en pommes douces, amères et acides ou en pommes précoces et tendres (août, septembre), demi-dures (octobre), tardives et dures (novembre). Il ne faut pas mélanger les pommes qui mûrissent à des époques différentes ; mais il y a avantage à mélanger dans la proportion de 2/3 les pommes amères aux pommes douces. Le cidre obtenu est plus agréable et d'une meilleure conservation. Les pommes douces et amères sont riches en sucre, mais donnent peu de jus ; elles fournissent un cidre fort ; les pommes acides donnent beaucoup de jus, mais ce jus est peu sucré, il donne un jus faible ; il y a avantage à les mélanger.

On ajoute aussi des poires aux pommes : les poires fournissent près de moitié plus de jus que les pommes, leur jus est très sucré et fournit une boisson, le poiré, qui est plus alcoolique que le cidre.

Après la récolte on laisse les fruits en tas pendant quelque temps pour que la maturité s'achève ; mais il ne faut pas attendre, comme on le fait souvent, que les fruits soient blets ; ils ont alors perdu le tiers du sucre qu'ils avaient à leur maturité.

On broie les pommes soit sous une meule de bois verticale reliée à un manège et tournant dans une auge circulaire, soit, ce qui est préférable, avec un moulin genre moulin à noix, qui divise la chair sans la mettre en bouillie et sans écraser les pépins. La pulpe est ensuite abandonnée dans des cuves pendant vingt-quatre heures avant d'être pressée. Le pressurage a pour objet de séparer le jus de la pulpe. La pulpe est mise dans le pressoir, en couches séparées par des lits de paille pour faciliter l'écoulement du jus. Le pressurage doit se faire lentement, progressivement. Les pommes de bonne

qualité renferment environ 80 0/0 de jus; les presses
ordinaires permettent d'en extraire la moitié; les presses
hydrauliques extraient 75 0/0. Il y a donc avantage à
employer la presse hydraulique pour la fabrication des
cidres pur jus (1); mais le jus qui reste dans les pommes
pressées par les méthodes ordinaires n'est pas perdu :
On ajoute au marc, retiré du pressoir, les 2/3 de son
poids d'eau; on laisse macérer quelques heures, puis
on presse. Souvent on traite le marc ainsi épuisé par le
tiers de son poids d'eau et, après pressurage, on mélange
les deux liquides obtenus; ils donnent par fermentation
du petit cidre.

Fermentation. — Le jus de pomme fermente dans de
bonnes conditions, quand la température est comprise
entre 15 à 18°, sous l'influence d'une levure particulière,
le *saccharomyces apiculatus*. La fermentation se fait dans
de grands tonneaux en chêne remplis de cidre jusqu'à la
bonde. La fermentation tumultueuse dure un mois environ. Puis, on ferme la bonde, en laissant ouvert un très
petit trou pour le dégagement de l'acide carbonique qui
se forme encore. Il est bon ensuite, bien que ce soit un
procédé peu employé, de soutirer le cidre au lieu de le
laisser en contact avec la lie et de le coller. Par hectolitre
de cidre on emploie 10 grammes de tannin et un peu de
colle de poisson, puis on procède à un dernier soutirage.
On a alors un cidre d'une limpidité parfaite.

On peut admettre en moyenne que 4 hectolitres de
pomme donnent 1 hectolitre de cidre.

Maladies du cidre. — D'une façon normale, le cidre
ne se conserve guère que douze à quinze mois. Toutefois,

---

(1) Les cidres pur jus sont rares, même en Normandie et en Bretagne ;
les bons cidres contiennent souvent un quart d'eau, parfois un tiers.

par des soutirages soignés suivis d'un collage, on peut conserver le cidre pendant trois ou quatre ans. Les maladies du cidre sont analogues à celles du vin : on connaît l'*acescence*, la *graisse* et la *pousse* du cidre, comme celles du vin. De plus, le noircissement est une maladie spéciale au cidre : on dit que le cidre *se tue*; cette altération paraît due à l'emploi d'eaux calcaires ou chargées de matières organiques (1) ou encore à la présence du fer. Dans ce dernier cas, on combat cette présence en mettant dans le tonneau des copeaux de hêtre ou de l'écorce de chêne.

Composition. — Voici la composition moyenne du cidre déduite d'un certain nombre d'analyses du Laboratoire municipal.

DENSITÉ	ALCOOL p. 100 en volume	ALCOOL total (2)	EXTRAIT à 100° par litre	EXTRAIT réduit (3) par litre	SUCRE PAR LITRE		CENDRES par litre	ACIDITÉ EN SO⁴H	
					avant interversion	après interversion		totale	fixe
1,0139	3,9	3,2	32,67	33,90	21,31	21,62	3,26	5,27	2,83

Analyse. — L'analyse du cidre se fait, d'une façon

(1) Ces eaux impures ont été ajoutées au jus de pomme avant sa fermentation; il faut se rappeler que la fermentation ne détruit pas les microbes que l'eau peut apporter. D'ailleurs, d'après une coutume déplorable et très suivie, on *choisit* l'eau des mares, envahies par la basse-cour, recevant le jus du fumier et où les bestiaux viennent boire et uriner.

« Cette eau, espèce de purin, est fortement foncée en couleur, elle est légèrement onctueuse, deux qualités singulièrement appréciées, et on s'empresse d'y puiser. »

Denis Dumont, *Propriétés médicales et hygiéniques du cidre.*

(2) On désigne sous le nom d'alcool total la somme de l'alcool existant dans le cidre (ici 1,9 0,0), de l'alcool que pourrait encore donner le sucre restant dans la liqueur et de l'alcool qui a disparu en se transformant en acide acétique.

(3) On appelle extrait réduit l'extrait total augmenté d'une unité, mais diminué de la quantité de sucre trouvé. C'est l'extrait qu'on aurait eu avec une fermentation normale (ne laissant qu'un gramme de sucre).

générale, comme celle du vin. Pour la mesure de l'acidité il y a lieu de distinguer l'acidité fixe de l'acidité totale ; celle-ci se détermine comme précédemment, par le procédé à la touche. L'acidité fixe se détermine en évaporant le cidre dans le vide, à siccité, reprenant par un peu d'eau, évaporant de nouveau ; on dose ensuite l'acidité après avoir dissous l'extrait dans un peu d'eau. Les acides volatils, l'acide acétique en particulier, ont disparu pendant ces évaporations.

Falsifications du cidre. — La principale est le mouillage. D'après M. Girard, un cidre doit être considéré comme mouillé, lorsque l'analyse donne des résultats inférieurs aux minima suivants :

Alcool en volume. 3 0/0
Extrait . . . . . . 10 gr. par litre
Cendre . . . . . . 1^{gr},7 par litre

Cependant, dans les cidres doux, on doit tenir compte de ce que le sucre n'a pas totalement fermenté et calculer l'alcool qu'aurait pu fournir le sucre restant.

On ajoute aussi parfois des matières antiseptiques pour favoriser sa conservation : acide salicylique, sulfite ; on les recherche comme dans la bière et le vin ; parfois aussi on ajoute des matières colorantes, les mêmes en général que pour la bière. Leur recherche est délicate.

Conservation du cidre. — M. Lechartier [1] a indiqué un procédé commode qui permet d'avoir du cidre nouveau, en quelque sorte, à toute époque de l'année. Pour cela, on arrête la fermentation du cidre avant qu'elle ne soit achevée en le chauffant à 60° ; ce qui détruit non seulement les ferments de la fermentation régulière, mais aussi

[1] LECHARTIER, *Comptes rendus de l'Académie des Sciences*, t. CV, p. 653.

les germes étrangers. Le cidre, ainsi pasteurisé, peut se garder aussi longtemps qu'on veut, mais il a pris un goût spécial de cuit qui l'empêche d'être marchand. Quelques jours avant de le vendre ou de le consommer, on y ajoute un trentième environ de cidre ordinaire non chauffé, qui renferme des ferments; une fermentation complémentaire se développe pendant laquelle le cidre se charge d'acide carbonique et perd son goût de fruit cuit : on a alors du cidre doux, piquant, analogue au cidre jeune.

D. — VINAIGRE

624. Fabrication du vinaigre (1). — La préparation du vinaigre repose sur la transformation de l'alcool en acide acétique au contact de l'oxygène de l'air sous l'influence d'un ferment spécial, le *mycoderma aceti*. Nous allons étudier successivement les conditions de l'existence et du développement de ce ferment, puis les procédés employés dans l'industrie pour appliquer ces résultats.

Le *mycoderma aceti* se présente sous forme de cellules un peu allongées d'un quatre centième de millimètre environ, étranglées souvent par le milieu, qui se reproduisent rapidement en se divisant en deux.

Si, dans une liqueur alcoolique faible, exposée à l'air, on dépose à la surface une trace du ferment, le *mycoderma aceti* se développe très rapidement et forme, au bout de vingt-quatre heures, un voile qui s'épaissit de plus en plus

(1) Pour la préparation industrielle de l'acide acétique concentré, on part de l'acide pyroligneux (V. t. II, p. 76) que l'on transforme en acétate de calcium (V. t. II, p. 112); c'est ce sel qui, décomposé par l'acide sulfurique, donne l'acide acétique concentré employé dans les arts. On rectifie l'acide dans un appareil à colonnes pour avoir l'acide cristallisable.

à la surface du liquide. Ce voile est gras au toucher, il se
laisse difficilement mouiller ; le ferment ne s'est développé
qu'à la surface ; une portion de l'alcool a été transformée
en acide acétique, par suite de la fixation d'une quantité
correspondante d'oxygène, emprunté à l'air. Théoriquement, 1 kilogramme d'alcool exige 22 à 24 mètres cubes
d'air.

Si, au lieu de déposer le ferment à la surface du liquide,
on le délaye dans un peu de liquide et qu'on le mêle à
toute la masse, le *mycoderma aceti* se développe au sein
du liquide sous forme mucilagineuse, mais il ne se produit
pas d'acide acétique. Il faut donc non seulement que les
conditions de température et de milieu soient remplies
pour que le ferment se développe, mais il faut, de plus,
pour que ce développement soit accompagné de la formation d'acide acétique, que le contact du ferment avec l'air
soit le plus grand possible ; c'est ce que l'on cherche à
réaliser dans les divers procédés qui servent à la fabrication du vinaigre.

L'expérience apprend que, pour que le vinaigre soit
de bonne qualité, il faut qu'il ait un bouquet spécial
emprunté au liquide dont il provient ; ce bouquet ne se
conserve pas si l'acétification est poussée jusqu'à la disparition totale de l'alcool. Le vinaigre le meilleur est le
vinaigre de vin.

Procédé d'Orléans. — Dans le procédé d'Orléans,
l'acétification se produit dans des tonneaux à moitié
pleins ; on emploie du vin à 9 0/0 d'alcool ; on peut
employer soit du bon vin, soit du vin altéré par l'acescence ou la pousse ; ces vins perdent leur mauvais
goût dans la fermentation. Les tonneaux sont percés de
deux trous, l'un vers le milieu d'un fond, l'autre vers la
partie supérieure de l'autre, de manière à permettre la

circulation d'air. Dans le tonneau on verse d'abord 80 à 90 litres de vinaigre, qui contiennent le ferment nécessaire; puis, tous les huit jours, on ajoute 10 litres de vin et, à la fin du mois, avant une nouvelle addition de 10 litres de vin, on retire 40 litres de vinaigre. De temps à autre, on vide le tonneau et on le nettoie. Ce procédé est lent, mais il fournit du vinaigre de qualité excellente. Son principal inconvénient est qu'il se développe dans le vinaigre des anguillules qui gênent souvent l'action du ferment. C'est un véritable combat pour la vie, pour l'oxygène, entre l'anguillule et le ferment.

Pasteur a modifié ce procédé en opérant dans des cuves plates fermées, et en introduisant le vin par des tubes plongeant jusqu'au fond, de façon à ne pas déchirer à chaque fois le voile formé par le micoderme. Le procédé Pasteur est plus rapide, mais le produit obtenu a moins de bouquet.

Procédé Allemand. — C'est un procédé encore plus rapide, mais il donne des produits de qualité inférieure, et on ne l'emploie pas pour le vin, mais pour l'alcool d'industrie :

Dans un tonneau en chêne placé verticalement, on a disposé des copeaux de hêtre sur un faux fond percé de trous. Au-dessous de ce fond sont percées, dans les parois du tonneau, des ouvertures qui laissent entrer l'air. Le fond supérieur du tonneau est également percé de trous que bouchent en partie des ficelles retenues par des nœuds. Le liquide alcoolique est versé sur le fond supérieur; il s'écoule lentement et se trouve ainsi réparti d'une façon uniforme sur les copeaux de hêtre. C'est là que se produit l'acétification : à cause de la grande surface exposée à l'air, l'acétification est rapide, la température élevée et, par suite, la perte en acide acétique et en produits aromatiques beaucoup plus importante ; aussi le rendement et la qualité du vinaigre sont moindres. Ce procédé toutefois est très employé en Allemagne à cause de sa rapidité ; on emploie de l'alcool d'industrie ou de l'eau-de-vie de marc, étendus d'eau, de façon à marquer 9 à 10° alcooliques.

Dans le procédé précédent, avec un tonneau unique, il faut repasser trois fois le liquide dans le tonneau pour que l'acétification soit complète. Pour éviter cela, on a imaginé diverses combinaisons : l'une consiste à disposer au-dessous les uns des autres trois tonneaux semblables. Toutes les deux heures on verse 20 litres d'eau alcoolisée à la partie supérieure, et on recueille à peu près autant de vinaigre à la partie inférieure. On a employé aussi des tonneaux tournants ou, comme dans l'appareil Villon, une roue en spirale analogue au tympan de Vitruve. Toutes ces dispositions ont pour objet de diminuer la main-d'œuvre et de rendre l'opération continue. Mais on doit se rappeler que l'on ne peut augmenter la rapidité de l'acétification sans nuire à la qualité des produits obtenus, parce qu'on opère à une température plus élevée où le bouquet de vinaigre disparaît.

Composition du vinaigre. — Voici, d'après un certain nombre d'analyses effectuées par le Laboratoire municipal de Paris, quelle est la composition moyenne du vinaigre de vin et du vinaigre d'alcool. Ces nombres, qui se rapportent à 1 litre de vinaigre, montrent qu'il est facile de les distinguer par plusieurs caractères.

	Densité à 15°	Extrait à 100°	Sucre	Tartre	Cendres	Acidité en acide acétique	Rapport entre l'acidité et l'extrait
Vinaigre de vin ...	1,0175	19,31	2,16	1,65	3,21	63,3	3,3
Vinaigre d'alcool ..	1,0160	3,34	traces	0	0,45	63,4	19,4

Analyse du vinaigre. — L'extrait, le sucre, le tartre, les cendres, se déterminent comme pour le vin et la bière. Pour l'acidité, on opère avec une liqueur normale décime de potasse, en employant la phtaléine comme réactif indicateur, ou en procédant à la touche sur du papier de tournesol.

Falsification du vinaigre. — Les principales falsifications du vinaigre sont : l'addition de vinaigre d'alcool ou d'acide pyroligneux, ou bien encore l'addition d'alcool au vin destiné à fournir le vinaigre. On admet qu'il y a addition de vinaigre d'alcool quand le rapport de l'acidité à l'extrait est supérieur à 5,4 (le maximum pour les vinaigres purs est 4,9 ; on accorde 1/10 en plus). La présence du vinaigre de glucose se reconnaît à la proportion relative de sucre à l'extrait, proportion beaucoup plus grande dans le vinaigre de glucose que dans les autres. La présence du vinaigre de bois, ou acide pyroligneux, se reconnaît en recherchant le furfurol, qui donne avec l'aniline une coloration rouge qui disparaît rapidement. Enfin, on ajoute parfois au vinaigre des acides minéraux libres. On reconnaît leur présence à l'aide du violet de méthylaniline : quelques gouttes d'une solution à 1 0/0 donnent une coloration qui tourne au vert quand il y a des acides minéraux ; l'acide acétique, au contraire, ne change pas de couleur.

§ 2. — Conservation des matières fermentescibles

625. Généralités. — L'altération à l'air des matières alimentaires étant due au développement de ferments et de microbes, et l'existence de ces êtres exigeant certaines conditions de milieu et de température, on doit, pour conserver les matières alimentaires, se placer dans des conditions où ils soient détruits, ou bien où ils ne puissent tout au moins se développer. Ou bien on peut mettre ces matières et les maintenir à l'abri de tout germe. On peut donc conserver une substance alimentaire soit par destruction des germes et conservation à l'abri de nouveaux germes apportés par l'air dans des vases hermétiquement clos, soit en modifiant le milieu de façon à le rendre impropre au développement des ferments, et l'on peut pour cela modifier la température, dessécher complètement la matière ou employer des antiseptiques. Nous étudierons donc les procédés suivants : 1° stérilisation par la chaleur ; 2° dessiccation ; 3° conservation par le froid ; 4° emploi des antiseptiques.

626. Stérilisation par la chaleur. — Ce procédé est plus particulièrement applicable aux viandes ; il a été imaginé par Appert au commencement de ce siècle ; il consiste à placer les viandes à conserver, déjà cuites aux trois quarts, dans des boîtes de fer-blanc que l'on soude ensuite hermétiquement. On les chauffe ensuite dans un autoclave à 108° pendant un temps variable avec la grosseur des boîtes, de façon que le centre atteigne bien cette température. Les germes de toutes sortes sont détruits, et la matière se conserve indéfiniment. Comme précaution à prendre, il faut seulement n'employer que de l'étain pur pour la fabrication du fer-blanc et pour la soudure ; on a constaté à plusieurs reprises des cas d'empoisonnements dus à la présence du plomb ou du cuivre. En outre, la stérilisation doit être complète : la température doit être suffisamment élevée et maintenue un temps suffisant. On conserve de cette façon les viandes, les poissons et les légumes.

Au point de vue analytique il y a lieu de rechercher dans les conserves la présence des métaux toxiques, plomb et cuivre, et, par un examen microscopique, les altérations que les viandes avaient pu subir avant le traitement, ainsi que les parasites qu'elles contenaient.

Ce procédé de conservation est le plus parfait.

Un procédé analogue au précédent, mais moins bon, consiste à cuire les aliments, ce qui détruit les germes, puis à les soustraire, partiellement, au contact de l'air par des *enrobages* divers. C'est ainsi que l'on conserve les volailles, par exemple, sous une couche de graisse (confit d'oie, terrines de gibier, etc.). Les matières se conservent ainsi moins longtemps qu'avec la méthode précédente. Au lieu de graisse on a employé bien des enrobages, tels que le talc, la fécule, le sucre, la gélatine, la suie, le collodion, etc. On emploie aussi des matières liquides, comme l'eau salée, l'huile, le lait caillé, le miel, l'alcool ; ce dernier agit en même temps comme antiseptique. Ces matières ne peuvent servir qu'à retarder pendant quelque temps la décomposition des substances qu'elles entourent.

On peut encore ranger dans cette catégorie la conservation de certaines substances qui, par leur nature même, ne renferment pas de germe, comme les œufs, et qu'il suffit de préserver du contact de l'air. L'eau de chaux est très employée pour la conservation des œufs.

Un procédé intermédiaire entre la méthode Appert et celles qui vont suivre (dessiccation) consiste à concentrer ou à dessécher partiellement la matière à conserver : cette méthode s'applique surtout au lait (laits concentrés, viande desséchée et comprimée (densité : 2,4), etc.

627. Dessiccation. — Les matières absolument sèches, végétales ou animales, peuvent se conserver longtemps. On applique cette méthode en divisant la matière de façon à rendre rapide la dessiccation ; on opère dans des étuves à basse température et ventilées énergiquement (dessiccation des légumes, tels que carottes, navets, etc.). Ce procédé s'applique aussi à la viande réduite en lanières minces et séchée au soleil (*carne seca* de l'Amérique du Sud). On peut aussi faire cuire la viande dans de l'eau, puis la découper en petits morceaux que l'on sèche ensuite à l'étuve vers 70° (procédé Dizé).

On peut aussi rapporter à la méthode précédente la préparation des extraits de viande. On les obtient en évaporant à sec des bouillons de viande. Ce procédé ne peut être appliqué que lorsque le prix de la viande est très bas, comme dans l'Uruguay, où l'on abattait autrefois le bétail uniquement pour en avoir la peau.

La dessiccation s'applique encore aux fruits : figues, prunes, raisins, etc. ; au lait, lait en poudre, en tablettes.

La *farine lactée* est une poudre obtenue en mélangeant du lait concentré, du pain très cuit et du sucre ; on mélange le tout, on le dessèche et on le réduit en poudre.

628. Conservation par le froid. — Ce procédé est un des plus parfaits, au point de vue des résultats obtenus, mais il n'est pas d'un emploi commode. On conserve dans de la glace, mais sans contact immédiat avec elle, la viande et le poisson. Ce procédé est applicable surtout pour le transport des lieux de production aux lieux de consommation ; on l'a appliqué pour le transport de la viande d'Amérique en Europe ; on l'applique journellement pour le transport du poisson.

629. Emploi des antiseptiques. — Les substances antiseptiques, c'est-à-dire s'opposant au dévelop-

pement des germes, ou même les tuant, sont nombreuses ;
mais celles que l'on peut employer pour la conservation
le sont beaucoup moins ; elles doivent être choisies avec
soin : non seulement elles ne doivent pas être vénéneuses,
mais elles ne doivent pas entraver les phénomènes de la
digestion ; or, des ferments divers jouent un rôle dans ces
phénomènes, et les antiseptiques mis pour conserver les
matières alimentaires peuvent rendre ces matières indigestes. Un autre inconvénient des antiseptiques, c'est
que le goût de la matière conservée est parfois absolument changé : le goût du hareng saur, par exemple, ne
rappelle en rien celui du hareng frais, etc.

Les matières antiseptiques les plus employées sont : le
sel marin, le sel de conserve, le sucre, l'alcool, le
vinaigre, la créosote, l'acide sulfureux ; on emploie aussi
l'oxyde de carbone.

L'acide sulfurique, assez employé aussi, est interdit.

Le *chlorure de sodium* est employé depuis très longtemps pour conserver soit les viandes de porc et de bœuf,
soit les poissons. Le sel peut être employé en dissolution
saturée (saumure) ou à l'état solide. Les morceaux de
viande sont disposés dans des tonneaux ou des vases en
grès, séparés les uns des autres par des couches de sel
de 2 centimètres d'épaisseur ; le vase une fois rempli, on
place sur la dernière couche de sel une planche en bois
chargée de poids pour comprimer le tout et immerger la
viande sous la saumure qui ne tarde pas à se faire, une
partie du sel se dissolvant dans l'eau empruntée à la
viande. La qualité du produit dépend beaucoup de la
variété du sel employé ; certains sels sont préférables,
le sel de la baie de Vigo au Portugal est renommé pour
cet usage. Le sel de la fontaine de Salies sert à obtenir
les jambons de Bayonne depuis longtemps renommés.

Souvent on ajoute au sel marin 1 0/0 d'azotate de potassium qui donne au produit une coloration rouge et non d'un brun foncé, comme le fait le sel marin pur.

Sel de conserve. — On vend sous ce nom un mélange qui contient surtout du biborate de sodium. L'emploi de ce sel pour conserver les viandes a été autorisé après une assez longue discussion.

Le *sucre* est utilisé principalement pour conserver les fruits ; on l'emploie soit à l'état de sirop, soit plus ou moins intimement mélangé aux fruits comme dans les marmelades, les gelées ou les confitures. Quand on l'emploie à l'état de sirop, il doit être lui-même préservé de l'altération en le gardant en vases clos.

L'*alcool* est aussi employé, moins pour conserver les fruits que pour obtenir avec eux un produit spécial, les fruits à l'eau-de-vie.

Le *vinaigre* sert à conserver quelques produits : cornichons, légumes.

La *créosote* et l'acide pyroligneux sont les agents antiseptiques principaux qui agissent dans le boucanage ou le fumage des viandes ou des poissons. Presque toujours le fumage est employé concurremment avec le salage : les viandes ou les poissons salés sont d'abord séchés, puis soumis à l'action de la fumée dans des chambres spéciales où ils sont suspendus. On emploie du bois produisant une fumée claire ; on ajoute des aromates, feuilles de lauriers, clous de girofle ou autres, qui donnent à la fumée une odeur aromatique dont s'imprègnent les matières fumées.

L'*acide sulfureux* et les *sulfites* sont quelquefois employés. L'acide sulfureux est employé à l'état de gaz le plus souvent ; la viande paraît se bien conserver dans une atmosphère d'acide sulfureux, mais l'air doit être

éliminé avec soin pour éviter la formation d'acide sulfurique. Par la cuisson, l'acide sulfureux disparaît
ensuite.

L'*oxyde de carbone* a été aussi proposé. Son emploi
mériterait d'être étudié de nouveau.

TABLE DES MATIÈRES

CHAPITRE VIII

HYDRATES DE CARBONE

§ 1. — Généralités

§ 3. — Applications

CHAPITRE IX

ACIDES MONOBASIQUES A FONCTION SIMPLE

§ 1. — Généralités

§ 2. — Etude particulière des acides monobasiques à fonction simple

A. — Acides complets ou gras

§ 3. — Acides monobasiques de la série aromatique

§ 4. — Applications

A. — Corps gras naturels

CHAPITRE X

ACIDES POLYBASIQUES A FONCTION SIMPLE
ET ACIDES A FONCTIONS MIXTES

---

§ 1. — Généralités

§ 3. — Etude particulière des acides polybasiques à fonction simple

I. — *Acides bibasiques*

A. — Acides complets

4° *Acides-aldéhydes*

5° *Acides-cétones*

6° *Acides-alcools-cétones*

7° *Acides-phénols-éthers*

8° *Acide-éther-aldéhyde*

§ 4. — Applications

CHAPITRE XI

ALCALIS ORGANIQUES

4° *Amines à fonctions mixtes*

A. — Alcalis-alcools

B. — Alcalis-éthers

C. — Alcalis-acides

§ 3. — Etude particulière des bases pyridiques, quinoléiques et des pyrrols

A. — Bases pyridiques

§ 5. — Applications

CHAPITRE XII

AMIDES, NITRILES, CARBYLAMINES

§ 1. — Généralités

A. — Amides

B. — Nitriles et carbylamines

§ 2. — Étude particulière des amides et des nitriles

A. — Amides et nitriles à fonction simple

a. — *Amides dérivant des acides monobasiques*

b. — *Amides dérivant des acides bibasiques*

c. — *Nitrile dérivant d'un acide monobasique*

d. — *Nitrile dérivant d'un acide bibasique*

e. — *Imide*

B. — Amides à fonctions mixtes

a. — *Amides dérivant d'acides à fonction simple*

b. — Amides dérivant d'acides à fonctions mixtes

1° Amides-alcools

2° Amide-phénol

3° Amide-alcali-acide

C. — Amides dérivant d'alcalis autres que l'ammoniac

a. — Amides dérivant d'alcalis à fonction simple

1° Amides dérivant des amines

2° Amides dérivant de l'urée ou uréides

CHAPITRE XIII

COMPOSÉS AZOÏQUES ET DIAZOÏQUES

---

§ 1. — Généralités

§ 2. — Etude particulière des composés azoïques
et diazoïques

A. — Composés azoïques

a. — Composés azoïques proprement dits

b. — Composé azoïque mixte

A. — Préparation des matières premières

B. — Procédés généraux de fabrication

C. — Principaux appareils

D. — Fabrication de matières colorantes azoïques

CHAPITRE XIV

COMPOSÉS ORGANO-MÉTALLIQUES

§ 1. — Généralités

§ 2. — Etude particulière des composés organométalliques

I. — Composés dérivant des chlorures de métaux ou de métalloïdes

II. — Composés dérivant de l'acétylène et de ses homologues

B. — Bière

C. — Cidre

D. — Vinaigre

§ 2. — Conservation des matières fermentescibles

TABLE ALPHABÉTIQUE